面向新工科的电工电子信息基础课程系列教材

教育部高等学校电工电子基础课程教学指导分委员会推荐教材

工程与科学制图

郭朝勇　主　编

刘启明　闵银星　副主编

清華大学出版社

北　京

内容简介

本书是传统"工程制图"课程教学改革的新编教材，以教育部"普通高等院校工程图学课程教学基本要求"为基本依据，加入了科学制图的相关内容，构成了新的课程内容体系。将工程制图、科学制图及计算机绘图融为一体，是本书的突出特色。

主要内容包括：绪论，制图的基本知识与基本技能，正投影法和三视图，点、直线和平面的投影，基本几何体及其表面上点的投影，截切体和相贯体的视图，组合体的视图及尺寸标注，轴测投影图，机件常用表达方法，通用零件及其连接的图样表达，零件图，装配图，房屋建筑图，用 AutoCAD 绘制工程图样，科学制图基础，用 MATLAB 绘制科学图形等。

本书可作为高等工科学校电工电子信息类等非机械、非土建类专业"工程制图"课程的教材，亦可供其他专业师生和工程技术人员参考。

图书在版编目(CIP)数据

工程与科学制图/郭朝勇主编. —北京：清华大学出版社，2023.3
面向新工科的电工电子信息基础课程系列教材
ISBN 978-7-302-61411-1

Ⅰ. ①工… Ⅱ. ①郭… Ⅲ. ①工程制图－高等学校－教材 Ⅳ. ①TB23

中国版本图书馆 CIP 数据核字(2022)第 134009 号

责任编辑：文 怡
封面设计：王昭红
责任校对：李建庄
责任印制：朱雨萌

出版发行：清华大学出版社
网　　址：http://www.tup.com.cn，http://www.wqbook.com
地　　址：北京清华大学学研大厦 A 座　　**邮　　编**：100084
社 总 机：010-83470000　　**邮　　购**：010-62786544
投稿与读者服务：010-62776969，c-service@tup.tsinghua.edu.cn
质量反馈：010-62772015，zhiliang@tup.tsinghua.edu.cn
课件下载：http://www.tup.com.cn，010-83470236
印 装 者：三河市龙大印装有限公司
经　　销：全国新华书店
开　　本：185mm×260mm　　**印　　张**：27.5　　**字　　数**：632 千字
版　　次：2023 年 5 月第 1 版　　**印　　次**：2023 年 5 月第1 次印刷
印　　数：1～1500
定　　价：89.00 元

产品编号：089456-01

前言

随着科学技术的发展及工程教育改革的深化，电工电子信息类等工科专业相关知识的综合性和交叉性对制图类课程的教学提出了更高的要求。“工程与科学制图”课程是高等工科院校电工电子信息类等非机械、非土建类各专业普遍开设的“工程制图”课程的替代课程，它以教育部“高等学校工程图学课程教学基本要求”为基本依据，按照“学生中心、产出导向、持续改进”的工程教育新理念，统筹考虑工科对课程的新要求，增强课程的适应性和针对性，着力提升学生解决工程及科学图示问题的基本能力。从完善学生工程及科学图示知识的系统性和完整性及图示实践训练的全面性出发，尝试构建面向新工科、适应学科综合性和交叉性要求的“工程与科学制图”课程知识体系。基本考虑是，以常用工程图样的阅读为主线，在不大幅增加课程学时和基本不降低投影制图内容教学要求的前提下，适当拓宽课程的内涵，增加科学制图及计算机绘图教学内容，为学生从事工程设计及科学研究打下图示方面的理论和应用基础。

本书由制图基础（第 1 章），投影基础（第 2～7 章），图样画法（第 8、9 章），工程图样（第 10、11、12 章），科学制图基础（第 14 章）以及计算机绘图（第 13、15 章）6 个模块组成。主要内容包括：绪论，制图的基本知识与基本技能，正投影法和三视图，点、直线和平面的投影，基本几何体及其表面上点的投影，截切体和相贯体的视图，组合体的视图及尺寸标注，轴测投影图，机件常用表达方法，通用零件及其连接的图样表达，零件图，装配图，房屋建筑图，用 AutoCAD 绘制工程图样，科学制图基础，用 MATLAB 绘制科学图形等。

在教材编写过程中，我们重点关注下述 11 个方面的内容：

(1) 把握课程的工科通识教育属性。本课程是高等工科院校中非机械、非土建类专业普遍开设的通识教育类课程，在教学内容上不专门针对任何行业和专业。本书作为“面向新工科的电工电子信息基础课程系列教材”中的一本，对所述专业的支撑主要体现在对零件和图例的选取上有所侧重。

(2) 对于科学制图内涵的理解。目前，科学制图尚无明确的定义。本书中，我们将其限定为科学与技术中所涉函数关系可视化表达中的基础和共性问题。

(3) “投影基础”以“体”为中心。投影基础部分打破了传统的点、线、面、体的教材体系，采用从体出发分析面、线、点，使点、线、面的分析寓于体之中，以期符合由具体到抽象、再由抽象到具体的辩证唯物主义认识规律。

(4) 适当体现形体构型设计及零件设计的基本内容。目前，在各高等工科院校中，电工电子信息等非机械、非土建类各专业开设的机械类相关课程只有“工程制图”和“工程技术训练”。在这两门课程中，前者只介绍形体的图样识读与形体的图样表达问题，后者只解决形体的成型与加工问题，而形体的设计问题（即形体的来源问题）则没有相关课程涉及，从学生整体的知识结构来看，是不完整的。着眼于此，本书适当安排了形体设计知识的介绍：在“组合体的视图及尺寸标注”一章中设置了“组合体的构型设计”一节，适当进行以视图为基础的形体构型设计的训练和形象化创新能力的培养；在“零件图”一章中设置了“零件的设计”一节，对基于功能要求的机械零件构型设计进行了概略的介绍和简单的示范，对基于工艺要求的机械零件构型设计进行了初步的知识普及。

（5）适当增加了对专业所涉相关零件及结构的图示介绍。考虑电工电子信息及仪表类设备中较多采用弯制件及结合件的情况，本书的“零件图”一章对此两类零件及其图样表达特点分别进行了介绍，并给出了相应的图例。

（6）对计算机绘图内容的认识和处理。从计算机绘图作用的“工具性”定位出发，模块中相关内容的设计采用了“写意”和“以点带面”的处理方式，只介绍主要功能，常用命令与函数，以及绘图的基本过程，不过多考虑各类命令和函数叙述的系统性与完整性，以及软件使用和操作的细节，以免增大教材的篇幅和冲淡教材内容的主体。如，AutoCAD绘图仅做概略性和项目驱动式的介绍，MATLAB 软件也默认读者已具备相应的编程基础。从而在控制篇幅的同时，也兼顾了与“数学实验”“CAD”“计算机绘图”等相关课程内容的呼应与衔接。

（7）设置“章前思考”栏目。每章的章首均设置有“章前思考”栏目，期望能够启发学生主动思索、探究相关内容，带着问题开启新一章内容的学习。

（8）教材与习题集的集成化及习题类型的多样化。目前的制图类教材，几乎全部采用主教材和学生实践教材（习题集）各自独立的方式，本书将两者集成为一册，并从便于使用出发，对习题类型及作图方式进行了一定的尝试和探索。每章的章后都安排有一定数量的思考与练习题，以帮助学生掌握和巩固该章的主要内容。从“契合内容、方便使用”的角度出发，设计了选择题、填空题、简答题、分析题、作图题、编程题等多种题型，形式多样活泼，便于学生以不同形式、从不同角度深入理解和掌握课程内容。

（9）加大徒手图的使用。在作图练习中，除少量的仪器作图题需在单独的绘图纸上严格按投影关系和规定的线型绘制外，大多采用了绘制徒手草图的形式。徒手绘图是现代工程技术设计尤其是创意设计的一种必需的能力，本书将部分尺规作图改为徒手图，以加强绘制徒手图能力的培养，提高创意设计绘图能力和作图的效率。

（10）适当体现思政元素。例如在绪论中，适当介绍了我国古代和现代对工程和科学制图发展所做的贡献。

（11）电子资源支持。为方便读者学习，书中以二维码的形式在插图附近提供了近200 个相关电子学习资源链接，主要有：书中图例及练习涉及的立体、零件、装配体的三

前言

维电子模型,机械运动及装配过程动画,作图过程动画,教学视频,用于 AutoCAD 上机实践的 DWG 基础图形文件,MATLAB 科学制图示例程序等。章后"思考与练习题"中题号右上角标"※"号的题目,"附录"中有对应于图号的二维码。用手机扫描制图类题目的二维码,习题图形对应的三维模型即刻呈现,可通过屏幕操作,实现对模型的缩放、旋转及实时剖切,以及对模型分别做六个基本投射方向的正投影,并可方便地切换模型的三维显示方式;用手机扫描编程类题目的二维码,可下载相应的 MATLAB 程序。书中以二维码方式呈现的三维电子模型网页系采用广州中望龙腾软件股份有限公司开发的"CADbro 2020"生成。

本书的参考教学课时为 40～60 学时。

为方便老师教学和学生学习,本书配有系统、完整且内容较为丰富的 PPT 教学课件(近 900 页)以及"思考与练习题"解答。

本书由陆军工程大学(石家庄校区)郭朝勇教授担任主编,陆军工程大学(石家庄校区)刘启明教授、陆军步兵学院闵银星讲师担任副主编。参加编写的还有王艳、曹洪娜、程兆刚、孙立明、韩校粉、赫万恒、刘琦峰、吕玉涛等。此外,北京工业大学郭宇豪同学绘制了书中的部分插图,闵银星制作了本书的二维码电子学习资源及习题解答,刘琦峰制作了本书的配套 PPT 教学课件。

本书的写作和出版得到了陆军工程大学教务处、石家庄校区教学科研处及车辆与电气工程系的大力支持,清华大学出版社也给予了大力支持,在此表示诚挚的感谢。

教学改革是一项艰巨而细致的工作,而教学内容和课程体系改革又是教改中的重点和难点。目前国内尚未见有将工程制图和科学制图及计算机绘图集成在一起的教材,本书只是一个初步的尝试。限于时间和作者水平,书中难免有不当之处,恳请使用本书的老师和同学批评、指正。联系邮箱为:tupwenyi@163.com。

编　者

2023 年 2 月

目录

目录

目录

目录

目录

目录

目录

目录

绪论

0.1 图及图样

语言、文字及图形被认为是表达人类思维的三个重要的手段。图是人类交流的重要工具、认识世界的基础、空间思维的具象、科学研究的工具和信息传递的重要方式。图的形象性、直观性、简洁性和准确性等特征使得人们可以通过图来探索科学真理、认识人类的未知世界。一张图可以表达艺术家的创造性思维,而一张工程图可以表达工程技术人员的设计构思。在工程界,图形的表达比起语言和文字的表达更为重要。正像文字是作家的生命一样,图形的表达是所有工程技术人员的基本素质。

在人类社会和科学技术的发展历程中,图或图样发挥了语言文字所不能替代的巨大作用。没有图或图样,科学技术活动都难以进行。我国是一个具有丰富图学传统的国家,我国历代的图学家们创造了人类文明史上堪称凿空之举的奇迹,其典籍之盛,状若汪洋。无论是图学思想、图学理论,或是制图技术,都取得了巨大的科学成就。这些成就和思想闪烁着中华文明的奇光异彩,它不仅为近代中国图学走向现代打下了基础,也为图学的未来发展树立了楷模。特别是我国古代图学将科学技术与艺术完美结合,为当今科学技术和艺术的整体发展提供了历史的借鉴。

早在2000多年前,我国已有图样史料的记载。例如,在春秋时代的技术著作《周礼·考工记》中,有画图工具"规、矩、绳墨、悬、水"的记载;在《周髀算经》中,有关于勾股和方圆相切的几何作图问题的记载。自秦汉以来,建筑宫室都有图样。河北省平山县中山王墓出土的战国时期的兆域图(公元前309—前308年)(图0.1)是一幅近似采用平行投影法绘制的陵墓建筑工程规划施工图,也是世界上极为罕见的早期工程图样之一。

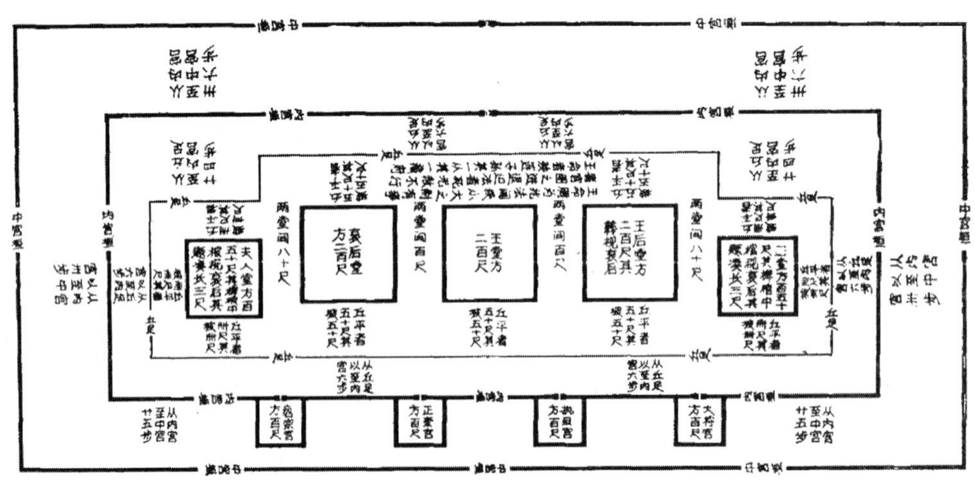

(a) 兆域图(复原)

图0.1 兆域图

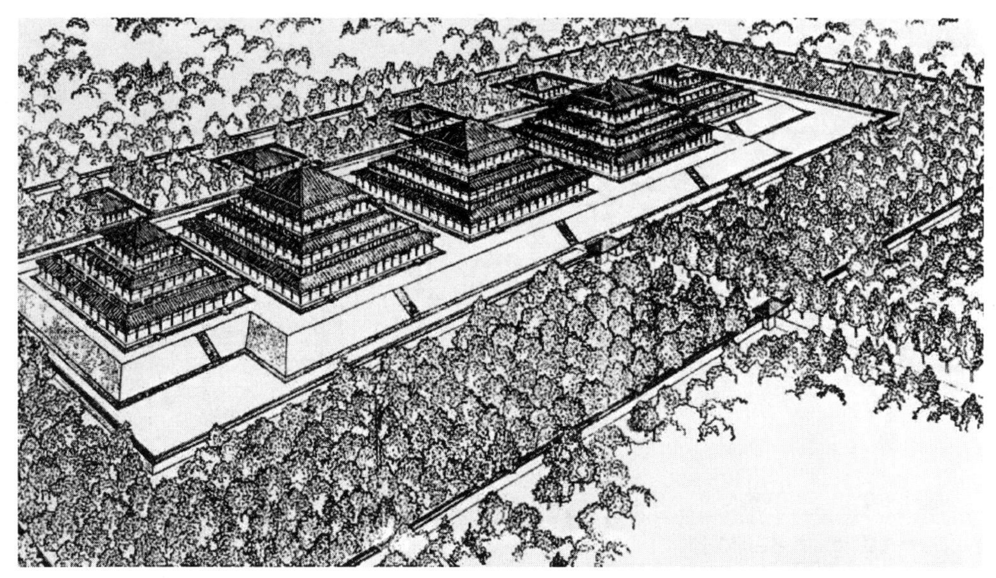

(b) 兆域图建筑(推测)

图 0.1 (续)

宋代李诫所著《营造法式》是我国建筑技术的一部经典著作,书中正确使用了正投影法和轴测投影法表达建筑造型和结构,如图 0.2 所示的广胜下寺大殿木结构图即是正投影图。明代宋应星所著《天工开物》中的大量图例正确运用了轴测图表示工程结构。随着生产技术的不断发展,农业、交通、军事等器械日趋复杂,为了更清楚地表达机器构造,图样的形式和内容日益接近现代工程图样。如在清代程大位所著《算法统筹》一书的插图中,有丈量步车的装配图和零件图。这些都说明我国在图样发展上不仅有悠久的历史,而且有较高的水平。中华人民共和国成立后,党和政府十分重视工程图学的发展。1959 年,我国颁布了《机械制图》等多项国家标准,并随技术的发展和进步多次进行了修订。改革开放后,为方便我国与国际的技术交流,我国的国家标准逐步向国际标准化组织(ISO)标准靠拢,大多实现了"国际标准的中国化"。近年来,我国专家学者在标准化方面做出了突出的贡献,制定的一些国家标准已经被 ISO 采用,实现了"中国标准的国际化",为国际标准化的发展贡献了中国智慧,中国的专家也成为国际标准化组织的领导者。与此同时,广大科技、教育工作者在改进制图工具和图样复制方法、图学理论研究以及编写出版图学教材等方面都取得了可喜的成绩,推动了工程图学的发展。

科学技术、生产建设的高速发展,对绘图的准确度和速度提出了更高的要求。CAD 及计算机绘图技术目前已完全取代手工绘图,广泛用于科学研究、工程设计、产品生产及工业管理工作的全过程,显示了巨大的优越性。

本书将介绍工程制图与科学制图的基本原理与方法,以及运用制图软件进行工程和科学图样的计算机绘制。

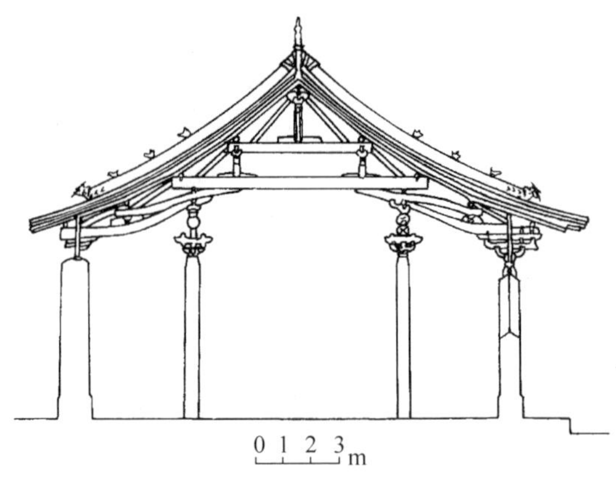

图 0.2 广胜下寺大殿木结构

0.2 工程与工程图样

工程是积淀人类文明的重要创造性活动，是将自然科学的理论应用到工业、军事、建筑、水利、海洋等具体领域所形成的多种学科的总称。人类历史的长河中出现了无数凝聚智慧的伟大工程，从战国时期的都江堰水利工程到明代的北京故宫，从现代的632m超高摩天大楼到500m口径球面射电望远镜“天眼FAST”，这些工程都是当时科学技术最强的应用成果。

无论科技如何发展，工程中所采用的技术手段如何变化，工程图样都是工程中用以准确传递信息、表达设计思想、存储建造方案的主要方法。

在工程技术中，为了正确表示机器、仪器、设备及建筑物的形状、大小、规格、技术要求和材料等内容，通常将物体按一定的投影方法、国家标准规定和有关技术规定表达在图纸上，这种根据正投影原理、国家标准或有关规定表示工程对象，并附有必要的技术说明的图称为工程图样，包括机械工程的装配图、部件图、零件图以及建筑图、电气仪表图、电路图、化工设备图、化工流程图等。

工程图样是设计与制造中工程与产品信息的载体，是表达和传递设计信息的主要媒介，并在机械、建筑、电力、电子、化工等工程领域的技术与管理工作中广泛应用，被称为工程界的技术语言。在工程图样中，人们用抽象的“形”表示工程中的“物”对象，形的表示方式、展现形式和标识方式符合人类的基本认知。“可表意、可理解、可存储、准确而无歧义”是工程制图的基本目标和要求。在这样的应用需求和目标的驱动之下，人们发展工程图样的理论、方法和技术手段。

图0.3(a)所示是水杯的三维图形，轮廓形状清晰，一目了然，可与设计思维融为一体；图0.3(b)所示是水杯的二维图形，其表达的信息量较大，内容广泛，结构形状表达完整、清晰唯一。图0.4所示为某房屋建筑及其平面图样。

(a) 三维图形

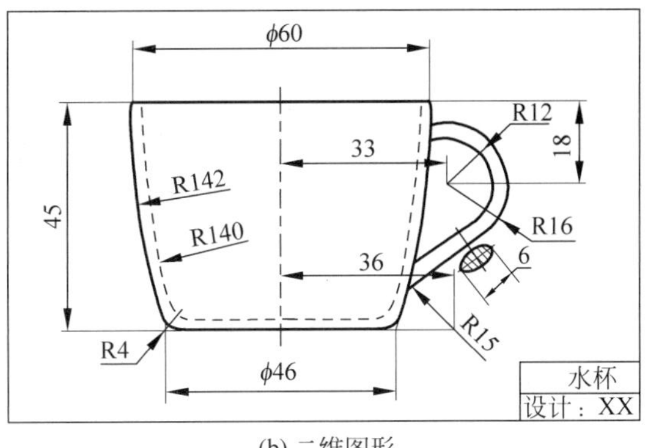

(b) 二维图形

图 0.3　水杯图

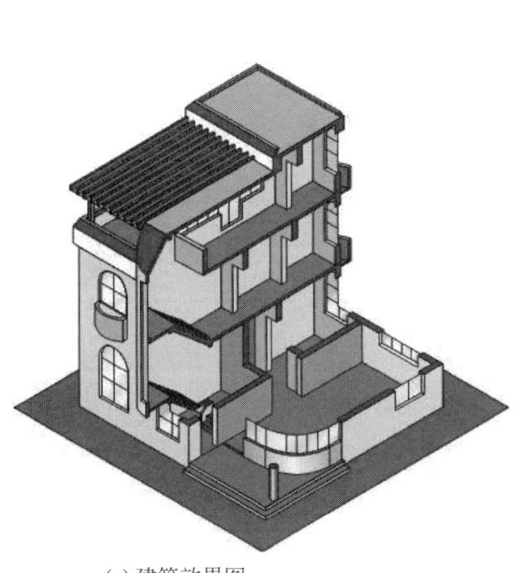

(a) 建筑效果图

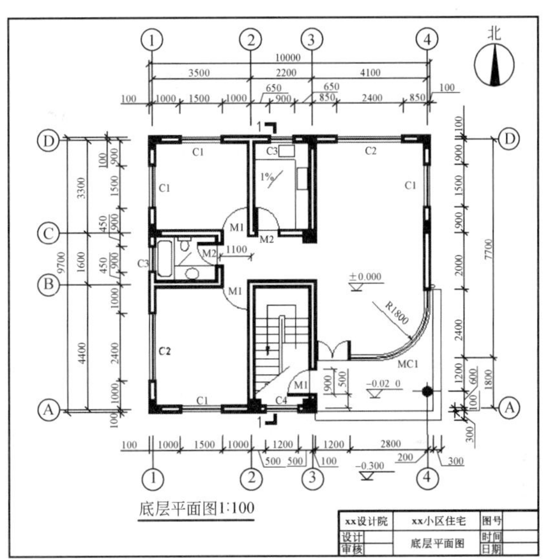

(b) 建筑平面图

图 0.4　房屋建筑及其工程图样

机械工程中常用的图样是装配图和零件图。机械图样是现代工业生产不可缺少的依据，设计者通过图样表达设计意图；制造者通过图样了解设计要求，组织制造和指导生产；使用者通过图样了解机器设备的结构和性能，进行操作、维修和保养。因此，图样是传递、交流技术信息和思想的媒介与工具，是工程界通用的技术语言。例如，图 0.5 所示的“螺纹调节支承”是某机器中的一个部件，它由底座、套筒、调节螺母、支承杆及螺钉 5 个零件组成，其作用是通过转动调节螺母来调整支承物的高低。设计螺纹调节支承时，需要画出它的部件装配图(图 0.6)和每一个零件的零件图(图 0.7 为其中一个零件“零件调节螺母”的立体图及零件图)；制造螺纹调节支承时，首先要根据零件图加工出各种零件，然后按照装配图把零件装配成部件。可见，机械图样是工业生产中的重要技术文件。

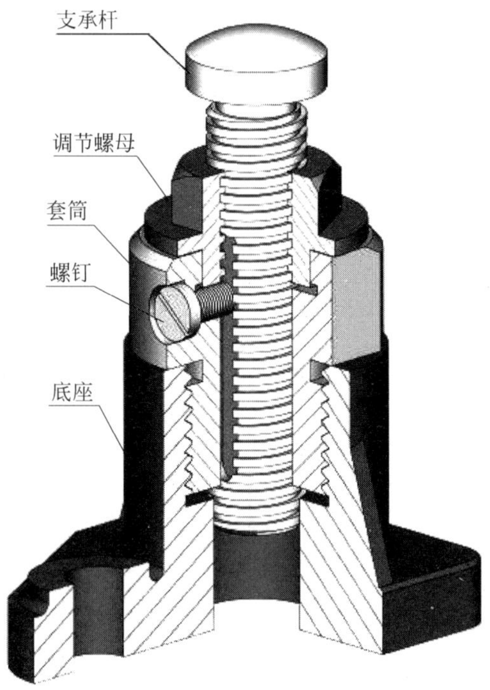

图 0.5 “螺纹调节支承”立体图

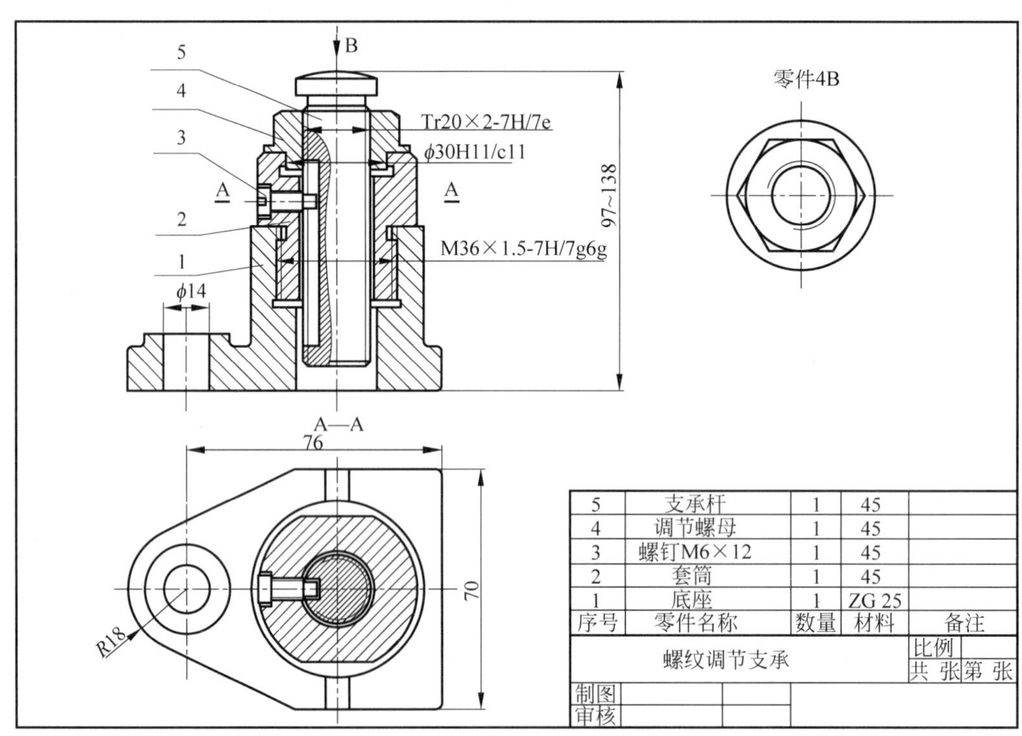

图 0.6 “螺纹调节支承”装配图

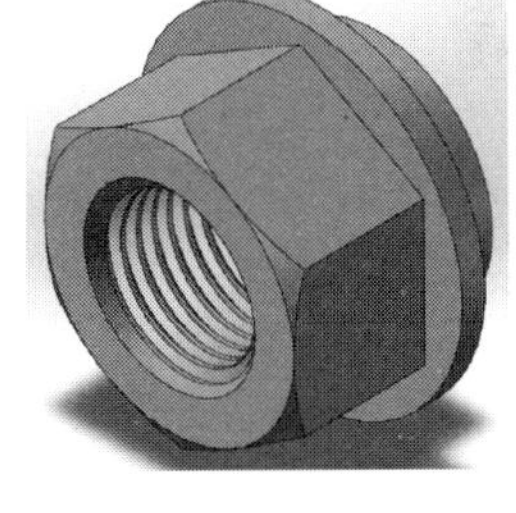

(a) 立体图

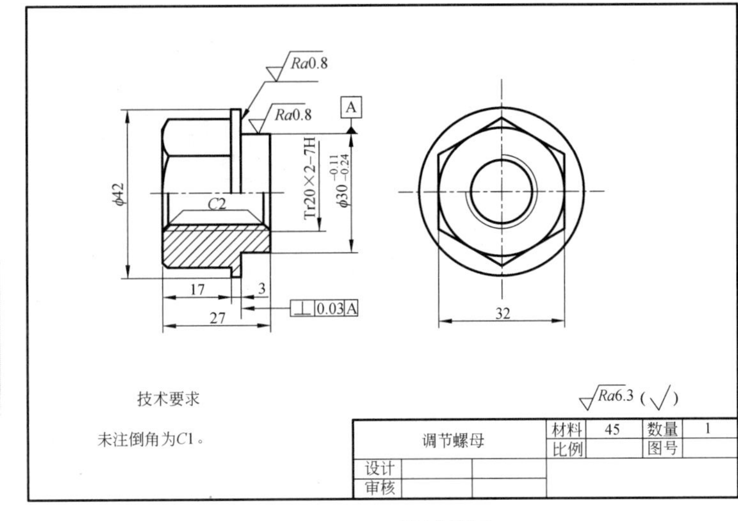

(b) 零件图

图 0.7 “调节螺母”及其零件图

随着新技术的不断出现和发展，工程图的制图工具也在不断地变革、优化，保证工程图制图更高效、表达更准确、使用更方便。在信息技术飞速发展的时代，借助计算机图形学和工程制图应用软件的发展，计算机工程绘图成为一种新的工程制图方法，工程制图的工具从传统的尺规制图工具，开始逐渐过渡到计算机绘图工具。

本课程的“工程制图”部分以图形表达为核心，以形象思维为主线，通过工程图样与形体建模培养学生工程设计与表达的基本能力和基本素质，是认识工程、走进工程的知识纽带与桥梁。

0.3 科学制图

科学制图目前并无明确的定义，泛指科学和技术研究中所用到的图形绘制技术。在本书中，主要是指在科学研究和工程技术中，根据由实验、计算、仿真、统计等各种方式获取的数据及函数关系，绘制其相应图形的过程。结果图形如图 0.8 所示。

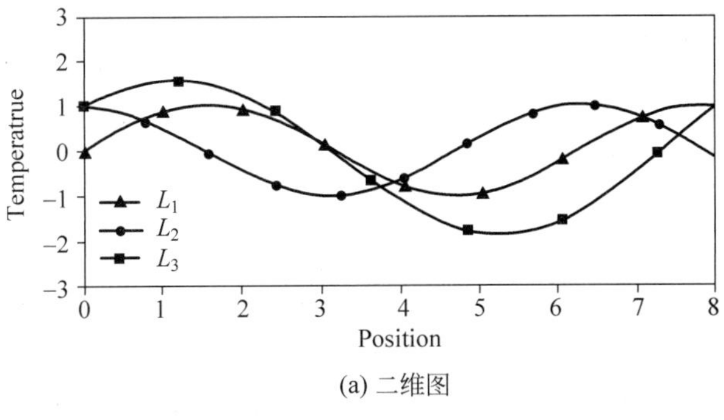

(a) 二维图

图 0.8 科学制图示例

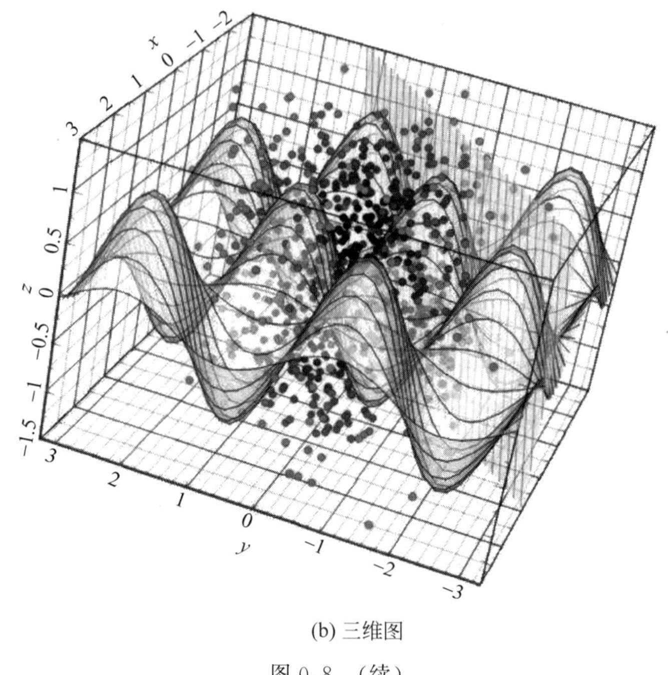

(b) 三维图

图 0.8 （续）

0.4 课程教学目的和基本要求

本课程的教学目的是培养学生的工程图样及科学图形的绘制能力、工程图样的识读能力以及空间想象能力。其基本要求是：

（1）掌握正投影法图示空间形体的基本原理和方法；

（2）培养和发展空间形象思维及形体构型设计能力；

（3）树立工程意识和贯彻执行国家标准的意识；

（4）具备一定的工程图样绘图能力，能绘制中等复杂程度零件的零件图；

（5）具备一定的工程图样读图能力，能识读中等复杂程度零件的零件图，能识读简单装配体的装配图，能识读简单房屋建筑的建筑图；

（6）熟悉科学制图的基本原理和方法；

（7）了解常用工程制图软件和科学制图软件的主要功能和绘图过程与方法；

（8）养成耐心细致的工作作风和严肃认真的工作态度。

0.5 课程学习方法

本课程是一门既有理论又具有较强实践性的技术基础课，其核心内容是学习如何用二维平面图形来表达三维空间形体或函数关系，以及由二维平面图形想象三维空间物体的形状。因此，学习本课程的重要方法是自始至终把物体的投影与物体的空间形状紧密联系，不断地“由物想图”和“由图想物”，既要想象构思物体的形状，又要思考图形间的投影规律，逐步提高空间想象能力、空间思维能力以及构型设计能力。

学与练相结合，每堂课后，要认真完成相应的习题和作业，才能使所学知识得到巩固。虽然本课程的教学目标是以识图为主，但是“读图源于画图”，所以要“读画结合”，通过画图训练促进读图能力的培养。

要重视实践，树立理论联系实际的学风。平时要有意识地增强工程意识，多观察周围的机械等工程产品，了解它们的功能特点、结构形状、运动方式等，努力获取工艺、设计等方面的工程知识。

工程图样不仅是中国工程界的技术语言，也是国际通用的工程技术语言，不同国籍的工程技术人员都能看懂。工程图样之所以具有这种性质，是因为工程图样是按国际上共同遵守的若干规则绘制的。这些规则可归纳为两方面，一方面是规律性的投影作图，另一方面是规范性的制图标准。学习本课程时，应遵循这两方面的规律和规定，不仅要熟练地掌握空间形体与平面图形的对应关系，具有一定的空间想象力以及识读和绘制图样的基本能力，同时还要了解并熟悉“技术制图”“机械制图”“建筑制图”“电气制图”“CAD 制图”等国家标准的相关内容，并严格遵守。

第1章 制图的基本知识与基本技能

章前思考

1. 图样要画在纸上,随便拿一张纸都可用作图纸吗?你认为对图纸应有哪些要求?应该由谁来规定相关的要求呢?

2. 零件多大,图样就必须画多大吗?对于较大或较小的零件,你认为绘图时应怎样处理?

3. 请分析图0.6和图0.7所示的装配图和零件图,它们是由哪些基本图形元素组成的?

4. 在图样上应如何表达零件的大小呢?

在绘制工程图样之前,必须熟悉并严格遵守"技术制图""机械制图""建筑制图""电气制图"等国家标准中的有关规定,掌握绘图工具的正确使用方法及常见几何图形的画法,培养耐心细致、一丝不苟的工作作风,从而保证绘图的质量,加快绘图速度。本章主要介绍制图的基础知识和绘图的基本方法,为后续内容的学习打下基础。

1.1 国家标准关于工程制图的一般规定

图样是工程界用以表达设计意图和交流技术思想的"语言",所以,其格式、内容、画法等都应作统一规定,这个统一规定就是国家标准"技术制图"和"机械制图""建筑制图"等。

图样在国际上也有统一标准,它是由国际标准化组织(International Organization for Standardization,ISO)制定的,简称ISO标准。我国从1978年加入ISO后,国家标准的许多内容已经与ISO标准相同。

本节主要介绍国家标准"技术制图"和"机械制图""建筑制图"中有关图纸幅面及格式、比例、字体及图线等的基本规定,每个从事工程技术的人员都必须熟悉并遵守这些规定。

1.1.1 图纸幅面和格式

1. 图纸幅面尺寸

为了便于图纸的装订和保存,GB/T 14689—2008[①] 规定图纸的基本幅面有A0、A1、A2、A3和A4五种,各种图纸的幅面大小规定是以A0为整张,自A1开始依次是前一种幅面大小的一半,其尺寸关系如图1.1所示,每一基

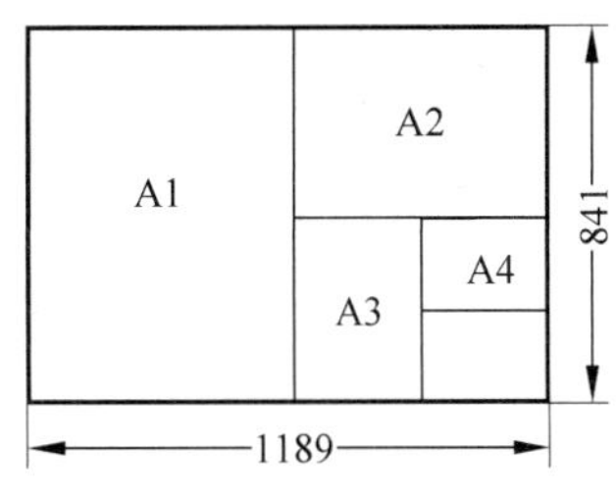

图1.1 各种图纸幅面的大小

① GB/T 14689—2008的含义为:"GB"表示"国家标准",是"国标"二字汉语拼音字母的缩写;"T"表示"推荐性标准",是"推"字汉语拼音字母的缩写;"14689"表示标准的顺序号;"2008"表示该标准发布的年份。

本幅面的具体尺寸见表 1.1。

必要时也可沿基本幅面的长边加长，加长部分应为基本幅面短边长度的整数倍。

表 1.1　基本幅面及图框尺寸　　单位：mm

幅面代号	A0	A1	A2	A3	A4
$B\times L$	841×1189	594×841	420×594	297×420	210×297
e	20		10		
c	10			5	
a	25				

2. 图框格式

在每张图纸上，绘图前都必须用粗实线画出图框。图框有两种格式，一种是留装订边，一般采用 A4 幅面竖放或 A3 幅面横放，如图 1.2 所示；另一种则不留装订边，也有竖放和横放两种，如图 1.3 所示。各种图框的尺寸按表 1.1 选用。

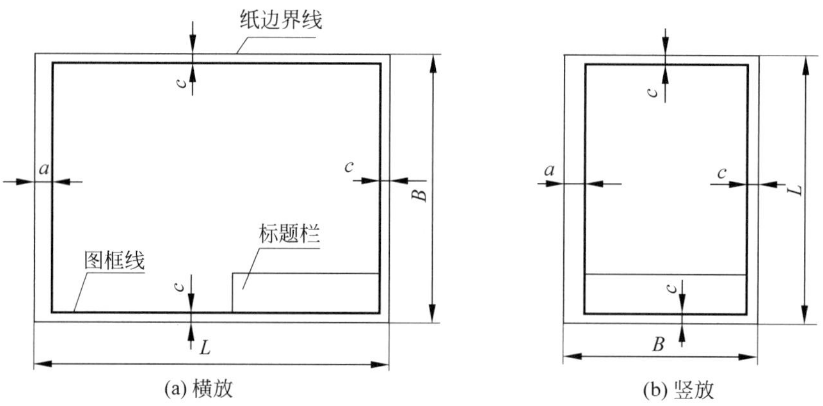

图 1.2　需要装订的图纸图框格式

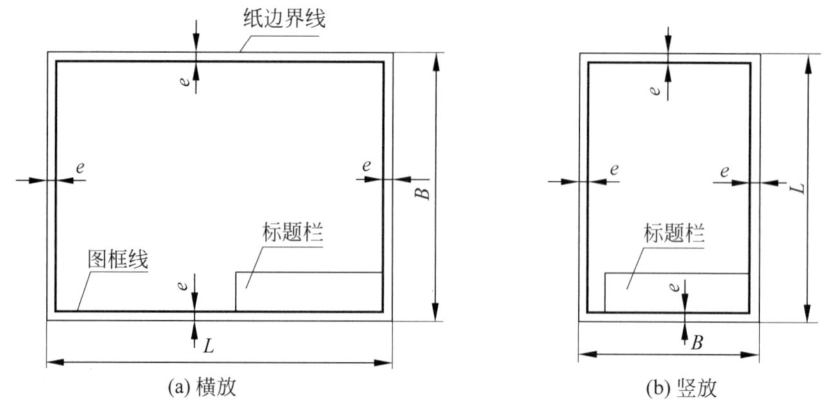

图 1.3　不需要装订的图纸图框格式

3. 标题栏

每张图纸都必须有一个标题栏，它应画在图纸右下角，并紧贴图框线，如图 1.2 和图 1.3 所示。

标题栏的格式和内容应符合 GB/T 10609.1—2008 中的有关规定，如图 1.4 所示。本课程的制图作业中建议采用如图 1.5 所示的简化标题栏样式。标题栏中的文字方向为看图的方向。

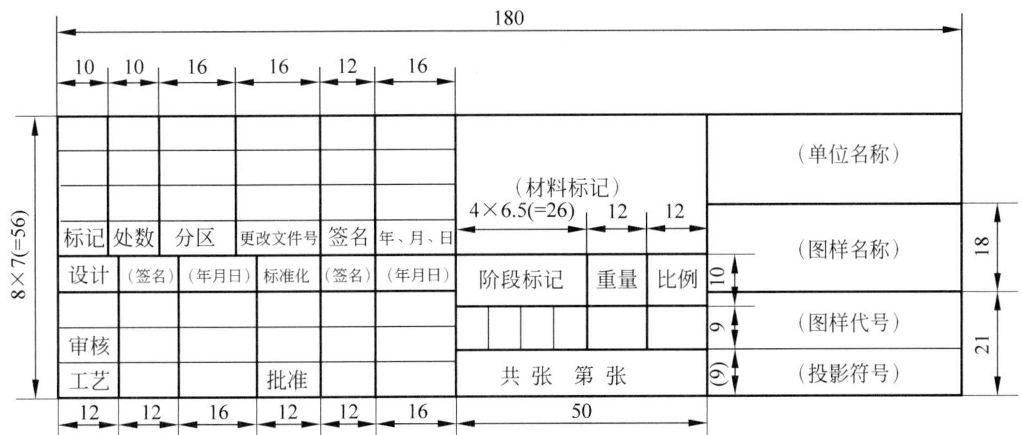

图 1.4 标题栏的格式和尺寸

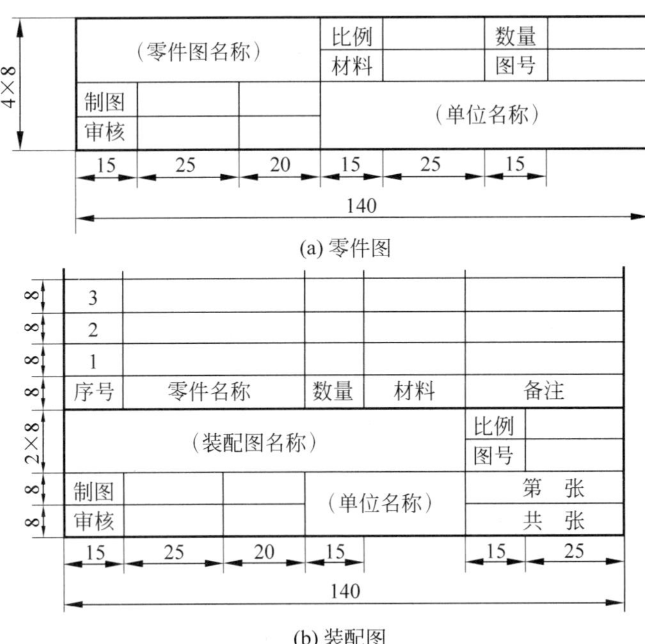

图 1.5 简化标题栏的格式和尺寸

1.1.2 比例

图中图形与其实物相应要素的线性尺寸之比，称为比例。

绘制图样时，一般应优先选用表 1.2 中所列的比例。

表 1.2 常用比例(摘自 GB/T 14690—1993)

比　　例	种　　类	比　　例
常用比例	与实物相同	1∶1
	缩小的比例	1∶2,1∶5,1∶10,$1:2\times10^n$,$1:5\times10^n$,$1:1\times10^n$
	放大的比例	2∶1,5∶1,$2\times10^n:1$,$5\times10^n:1$,$1\times10^n:1$
可用比例	缩小的比例	1∶1.5,1∶2.5,1∶3,1∶4,1∶6,$1:1.5\times10^n$,$1:2.5\times10^n$,$1:3\times10^n$,$1:4\times10^n$,$1:6\times10^n$
	放大的比例	2.5∶1,4∶1,$2.5\times10^n:1$,$4\times10^n:1$

注：n 为正整数。

绘图时，尽可能按机件的实际大小画出，即采用 1∶1 的比例，这时可从图样上直接看出机件的真实大小。根据机件的大小及其形状复杂程度的不同，也可采用放大或缩小的比例。但无论采用何种比例，所注尺寸数字均应是物体的实际尺寸，与比例无关，如图 1.6 所示。

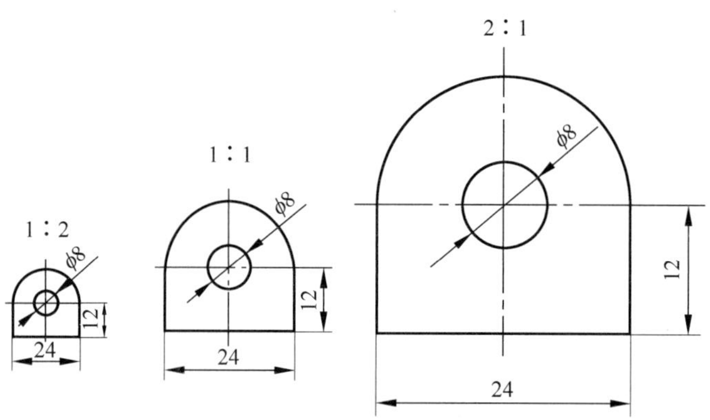

图 1.6　不同比例的尺寸标注

绘制同一机件的各个视图时，应采用相同的比例，并在标题栏的比例一栏中填写，例如 1∶2。当某些图样的细节部分需局部放大，用到不同的比例时，则必须在该放大图样旁另行标注，如Ⅰ/10∶1、Ⅱ/5∶1。

1.1.3 字体

图样中除了表示机件形状的图形外，还要用文字、数字、符号表示机件的大小、技术要求，并填写标题栏。GB/T 14691—1993 对字体、数字、字母的书写形式作了统一规定。

在图样中书写汉字、数字、字母时必须做到：字体工整、笔画清楚、间隔均匀、排列整齐。

字体的号数，即字体的高度 h，其公称尺寸系列为 20、14、10、7、5、3.5、2.5、1.8（单位：mm），如需要书写更大的字，其字体高度应按$\sqrt{2}$的比率递增。

1. 汉字

汉字规定用长仿宋体书写，并采用国家正式公布的简化汉字。汉字的高度不应小于 3.5mm，字体宽度一般为 $h/\sqrt{2}$。长仿宋字的特点是字体细长，字形挺拔，起、落笔处均有笔锋，棱角分明。书写长仿宋字时应做到：横平竖直、结构匀称、注意起落、填满方格。

以下为常用的长仿宋体字的示例：

10号字

字体工整　笔画清楚　间隔均匀　排列整齐

7号字

横平竖直注意起落结构均匀填满方格

5号字

技术制图机械电子汽车航空船舶土木建筑矿山井坑港口纺织服装

2. 字母和数字

字母和数字分直体和斜体两类。斜体字的字头向右倾斜，与水平基准线成 75°。图样上一般采用斜体字。

（1）字母示例。

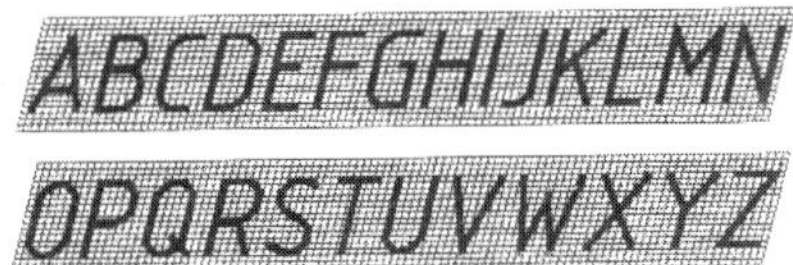

abcdefghijklmn

opqrstuvwxyz

（2）数字示例。

0123456789

I II III IV V VI VII VIII IX X

1.1.4 图线

GB/T 17450—1998 规定了技术制图所用图线的名称、型式、结构、标记及画法规则，用于统领规范各种技术制图中的图线，如机械、电气、建筑和土木工程等。

GB/T 4457.4—2002 对机械图样中常用的图线名称、线型、线宽及一般应用都做了具体的规定。绘制机械图样时，应采用表 1.3 中规定的图线。

表 1.3　图线的名称、线型、线宽及应用

图线名称	线　型	线宽	一般应用
粗实线	d	d	可见轮廓线
细实线		$d/2$	尺寸线及尺寸界线；剖面线；重合断面轮廓线；过渡线等
波浪线		$d/2$	断裂处边界线；视图与剖视的分界线
双折线		$d/2$	断裂处边界线
细虚线	4　1	$d/2$	不可见轮廓线；不可见棱边线
细点画线	10~25　2~3	$d/2$	轴线、对称中心线；剖切线、分度圆(线)
粗虚线	4　1	d	允许表面处理的表示线
粗点画线	10~25　2~3	d	极限范围表示线
细双点画线	10~20　3~4	$d/2$	相邻辅助零件的轮廓线；可动零件极限位置的轮廓线；成型前的轮廓线等

在机械图样中，图线分为粗、细两种。粗线的线宽 d 应按图的大小和复杂程度来定，一般在 0.25～2mm 之间选择，优先采用 0.7mm 或 0.5mm，同一图样中，粗线的线宽应相同。细线的线宽约为粗线线宽的 1/2。

机械图样中，图线的应用示例如图 1.7 所示。鉴于细虚线及细点画线在机械制图中应用非常广泛，为叙述简洁起见，本书将此两种线型名称中的“细”字省略，直接简称为虚线和点画线。

绘制图线时还应注意以下几点：

(1) 同一图样中同类图线的线宽应基本一致。虚线、点画线及细双点画线的线段长度和间隔应大致相等。

(2) 绘制圆的对称中心线时，圆心应为线段的交点。点画线及双点画线的首末两端应是线段而不是短划，并应超出轮廓线 2～5mm。在较小图形上绘制点画线或双点画线有困难时，可用细实线代替。

(3) 点画线、虚线等非实线间相交以及和其他图线相交时，都应在线段处相交。

(4) 当虚线处于粗实线的延长线上时，粗实线应画到分界点，连接处应留有空隙。

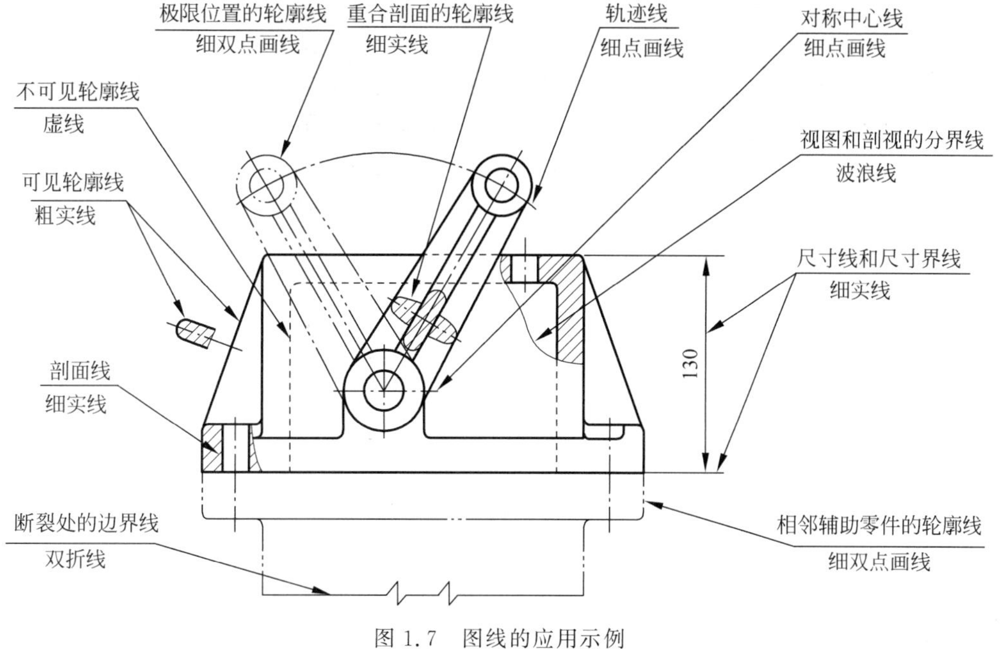

图 1.7 图线的应用示例

国家标准对建筑图样中常用比例，以及图线名称、线型、线宽及应用的规定详见 12.3 节。

1.2 尺寸标注

图形只能表达机件的形状，机件的大小必须通过标注尺寸才能确定。标注尺寸是一项极为重要的工作，要严格按照 GB/T 4458.4—2003 的有关规定，严谨细致地正确标注。如果尺寸有疏漏或错误，会给生产带来困难或损失。

1.2.1 基本规则

(1) 机件的真实大小应以图样上所标注的尺寸数字为依据，与图形的大小及准确度无关。

(2) 图样中的尺寸，以毫米为单位时，无须标注计量单位代号或名称。

(3) 图样中所标注的尺寸，为该图所示机件的最后完工尺寸，否则应另加说明。

(4) 机件的每一尺寸，一般只标注一次，并应标注在反映该结构最清晰的图形上。

1.2.2 尺寸的组成

一个完整的尺寸一般应包括尺寸界线、尺寸线、尺寸数字及表示尺寸线终端的箭头或斜线。

1. 尺寸界线

尺寸界线用细实线绘制，并应由图形的轮廓线、轴线或对称中心线处引出。也可利用轮廓线、轴线或对称中心线作尺寸界线。尺寸界线一般应与尺寸线垂直，并超出尺寸线的终端 2mm 左右，必要时允许倾斜，如图 1.8 所示。

2. 尺寸线

尺寸线用细实线绘制，不能用其他图线代替，一般也不得与其他图线重合或画在其延长线上。标注线性尺寸时，尺寸线必须与所标注的线段平行，当有几条互相平行的尺寸线在同一方向上标注尺寸时，大尺寸要注在小尺寸外面，以免尺寸线与尺寸界线相交。在圆或圆弧上标注直径或半径尺寸时，尺寸线一般应通过圆心或其延长线通过圆心，如图 1.9 所示。

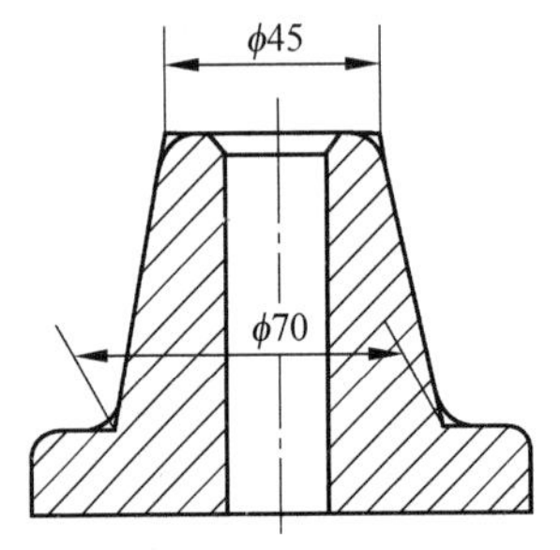

图 1.8　尺寸界线与尺寸线倾斜

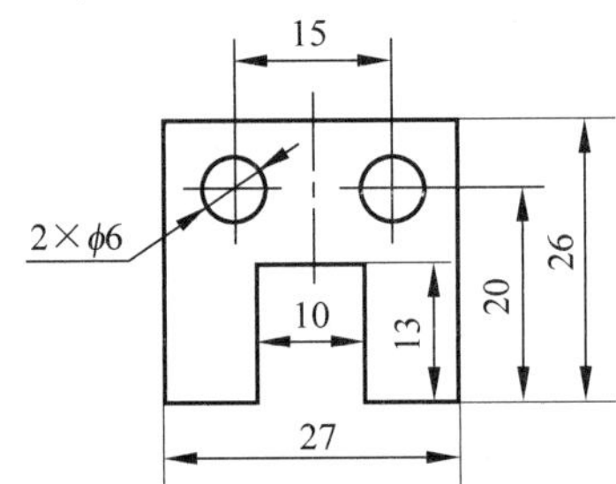

图 1.9　尺寸界线与尺寸线的画法

尺寸线的终端有两种形式：箭头和斜线，如图 1.10 所示。

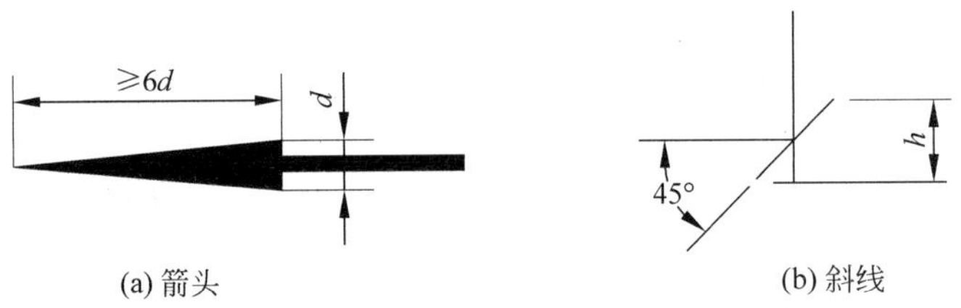

(a) 箭头　　(b) 斜线

图 1.10　尺寸线终端的两种形式

箭头适用于各种类型的图样，图中的 d 为粗实线的宽度。箭头多用于机械图样。

斜线用细实线绘制，图中的 h 为尺寸数字的高度。斜线多用于建筑图样或徒手绘制的草图。

3. 尺寸数字

线性尺寸的数字一般应注写在尺寸线的上方，也允许注写在尺寸线的中断处。同一图样中，应尽可能采用一种方法。尺寸数字不得被任何图线所通过，当无法避免时，必须将图线断开，如图 1.11 所示。

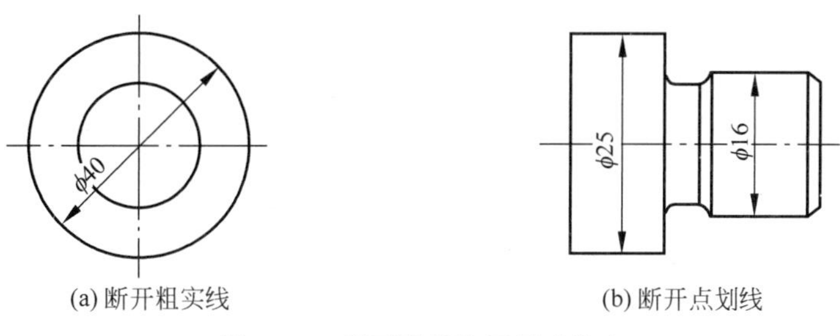

(a) 断开粗实线　　(b) 断开点划线

图 1.11　断开图线注写尺寸数字

1.2.3　常见尺寸的标注方法

标注尺寸时，应尽可能使用符号和缩写词。常用的符号和缩写词见表 1.4。

表 1.4　尺寸符号和缩写词(摘自 GB/T 4458.4—2003)

名　　称	符号或缩写词	名　　称	符号或缩写词
直径	ϕ	45°倒角	C
半径	R	深度	↧
球直径	$S\phi$	沉孔或锪平	⌴
球半径	SR	埋头孔	⌵
厚度	t	均布	EQS
正方形	□	弧长	⌒

常见尺寸的标注方法如表 1.5 所示。

表 1.5　常见尺寸标注方法示例

项　　目	图　　例	说　　明
线性尺寸数字的注写方向	30°　16　30°　(a)　(b)	① 水平尺寸字头朝上，垂直尺寸字头朝左，倾斜尺寸应保持字头朝上的趋势，如图(a)所示； ② 尽可能避免在图示 30°范围内标注尺寸，当无法避免时，可按图(b)形式标注
角度的标注	90°　65°　20°　5°　60°	① 尺寸界线沿径向引出，尺寸线是以角顶为圆心的圆弧； ② 角度数字一律水平注写，一般注写在尺寸线的中断处。必要时也可注写在尺寸线外或引出标注

续表

项　目	图　例	说　明
圆和圆弧的尺寸标注	$\phi30$ $\phi40$ $\phi30$ $R24$ $R30$ $R80$ $SR50$	① 标注直径或半径尺寸时，尺寸线通过圆心，箭头与圆弧接触，在数字前分别加注符号 ϕ 或 R； ② 圆和大于半圆的圆弧标注直径，半圆和小于半圆的圆弧标注半径； ③ 当圆弧半径过大或图纸范围内无法标明圆心位置时，可按图中所示方法标注。左下图需标圆心，右下图不需标圆心
圆球和球面的尺寸标注	$S\phi30$ $R10$ $R8$	① 标注球面直径或半径时，应在 ϕ 或 R 前加注符号 S； ② 在不致引起误解的情况下，也可省略符号 S（如螺钉的头部）
光滑过渡处尺寸的标注	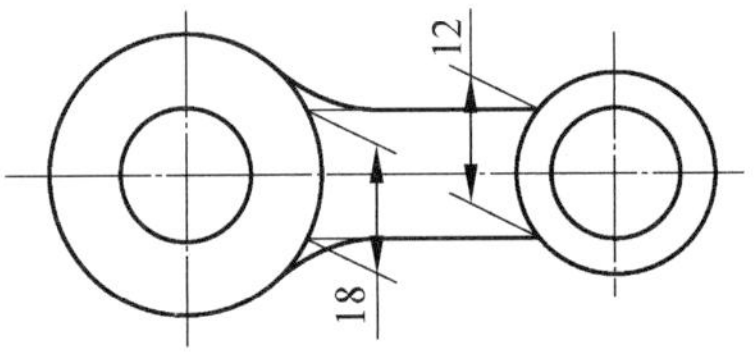 12 18	① 在光滑过渡处，必须用细实线将轮廓线延长，并从它们的交线引出尺寸界线； ② 尺寸界线如垂直尺寸线，则图线很不清晰，此时允许倾斜
狭小部位的尺寸标注	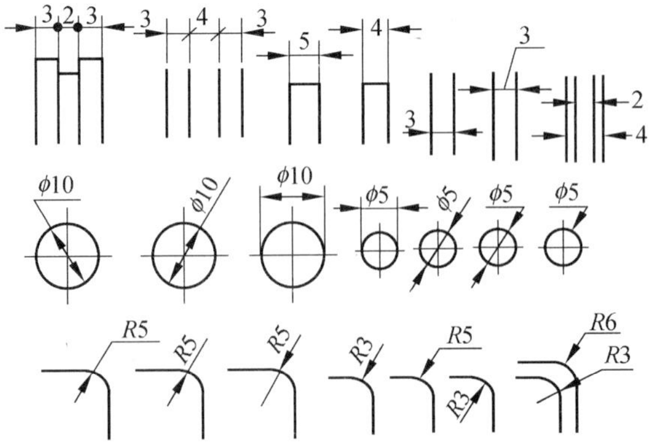 3 2 3 3 4 3 5 4 3 3 2 4 $\phi10$ $\phi10$ $\phi10$ $\phi5$ $\phi5$ $\phi5$ $\phi5$ $R5$ $R5$ $R5$ $R3$ $R5$ $R3$ $R6$ $R3$	① 当没有足够的位置画箭头或注写尺寸数字时，可按左图形式标注； ② 几个小尺寸连续标注时，中间的箭头可用圆点或斜线代替

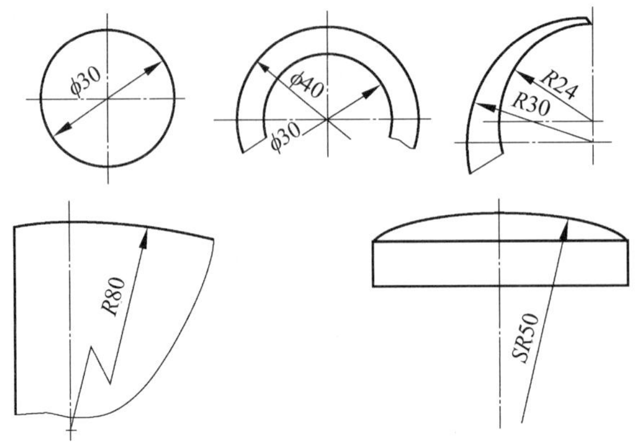

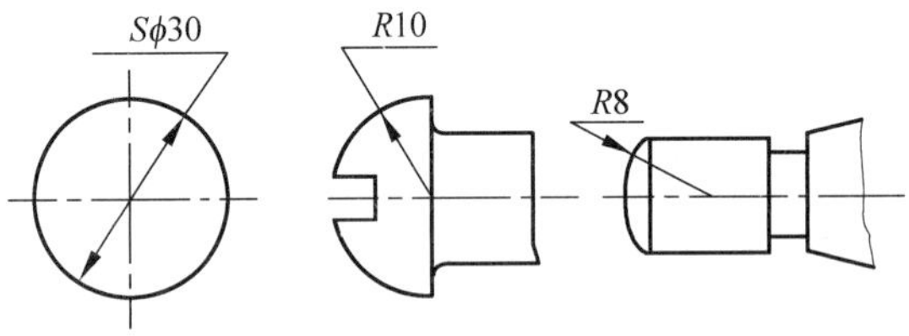

1.3 常用绘图工具和用品及其使用方法

1.3.1 绘图工具

1. 绘图板、丁字尺和三角板

绘图板是绘图时用来铺放图纸的垫板，要求板面平整、光洁、工作边平直，否则将会影响绘图的准确性。绘图时，用胶带纸将图纸固定在图板的适当位置，如图 1.12 所示。

丁字尺由尺头和尺身两部分构成。尺头与尺身互相垂直，尺身带有刻度。丁字尺必须与图板配合使用，画图时，应使尺头紧靠图板左侧的工作边，上下移动到位后，自左向右画出一系列水平线，如图 1.13 所示。

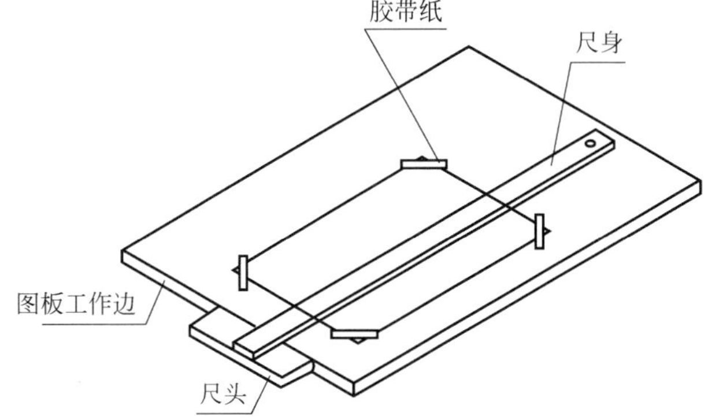

图 1.12 图板、丁字尺及图纸的固定

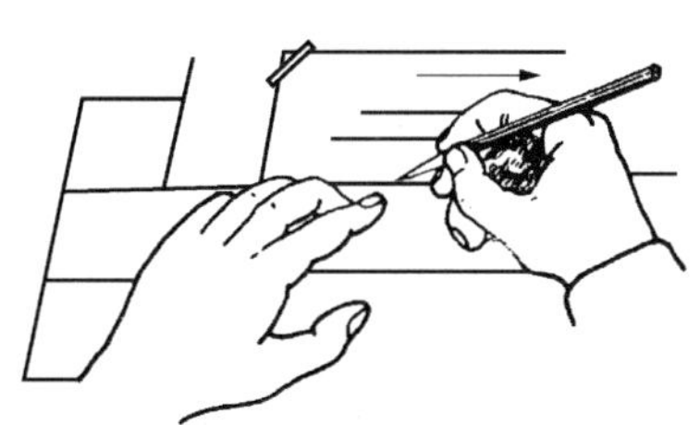
图 1.13 用丁字尺画水平线

三角板由两块板组成一副，其中一块是两锐角都等于 45°的直角三角形，另一块是两锐角分别为 30°、60°的直角三角形。三角板与丁字尺配合，可画出一系列垂直线，如图 1.14 所示。三角板与丁字尺配合还可画出各种 15°倍数角的斜线，如图 1.15 所示。

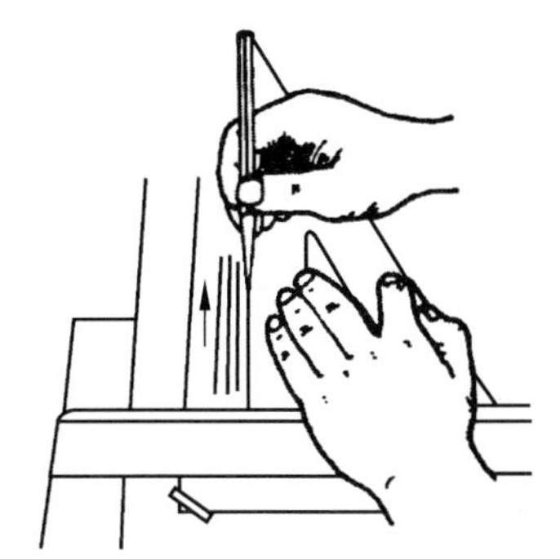
图 1.14 用三角板和丁字尺画垂线

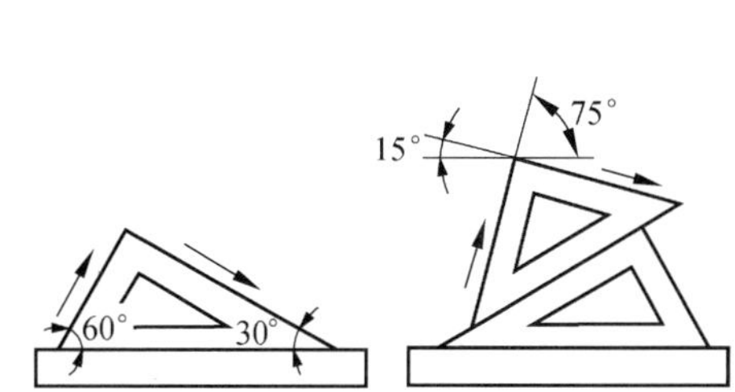

图 1.15 用三角板和丁字尺配合画 15°倍数角斜线

2. 分规和圆规

分规是用来量取线段的长度和等分线段的工具。

分规的两腿端部均为钢针，当两腿合拢时，两针尖应对齐。分规的使用方法如图 1.16 所示。

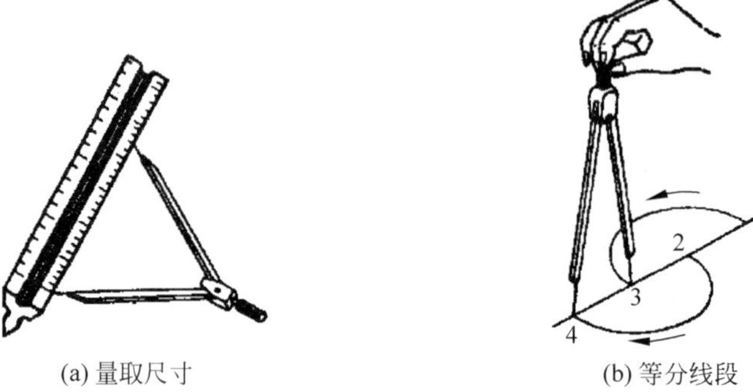

(a) 量取尺寸　　(b) 等分线段

图 1.16　分规的用法

圆规是用来画圆和圆弧的工具。

圆规的两腿中一条为固定腿，装有钢针；另一条是活动腿，中间具有肘关节，可以向里弯折，在其端部的槽孔内可安装插脚。插脚装上铅芯插腿时可以画铅笔线的圆及圆弧，装上钢针插腿时可以当作分规使用。

圆规的铅芯也可磨削成约 75°的斜面，在使用前应先调整圆规针腿，使针尖略长于铅芯，见图 1.17(a)，然后按顺时针方向并稍有倾斜地转动圆规，见图 1.17(b)。

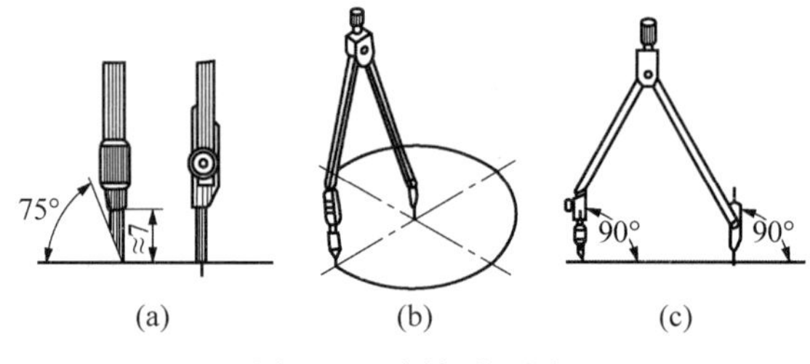

(a)　(b)　(c)

图 1.17　圆规的用法

画圆或圆弧时，可根据不同的直径或半径，将圆规的插脚部分适当地向里弯折，使铅芯、钢针尖与纸面垂直，见图 1.17(c)。

1.3.2　绘图用品

绘图的一般用品包括绘图纸、铅笔、橡皮、铅笔刀、砂纸、胶带纸、擦图片等。

1. 绘图纸

绘图纸要求纸面洁白，质地坚实，不易起毛并且上墨不渗水。绘图时，应将绘图纸固定在图板的适当位置，使图板下方能放得下丁字尺，并用丁字尺测试绘图纸的水平边是否已放正，如图 1.18 所示。

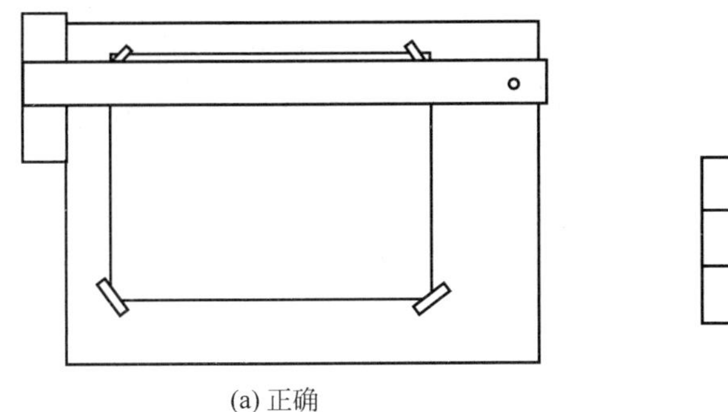

(a) 正确

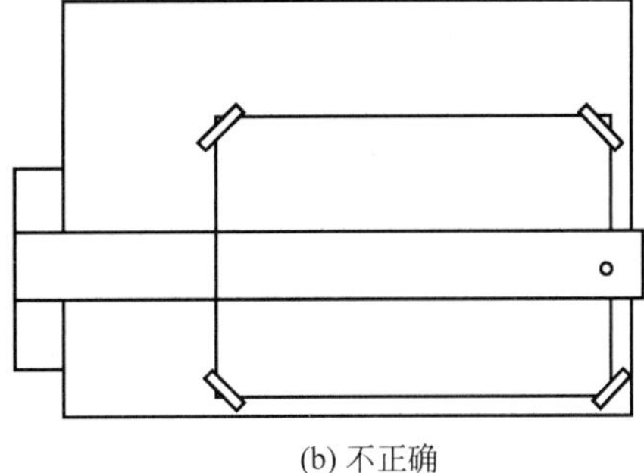

(b) 不正确

图 1.18 绘图纸的固定

2. 绘图铅笔

绘图铅笔的铅芯有软、硬之分，可根据铅笔上的字母来辨认。字母 B 表示软铅，有 B、2B～6B 共 6 种规格，B 前的数字越大，表示铅芯越软；字母 H 表示硬铅，它有 H、2H～6H 共 6 种规格，H 前的数字越大，表示铅芯越硬；字母 HB 则表示铅芯软硬适中。

在绘图时一般用 H 或 2H 型铅笔画底稿，用 B 或 2B 型铅笔来加深粗实线，加深虚线及细实线用 H 型铅笔，写字和画箭头用 HB 型铅笔。画圆时，圆规的铅芯应比画直线的铅芯软一级。

不同型号的铅笔用来画粗细不同的线条，所用铅笔的磨削要采用正确的方法，如图 1.19 所示。

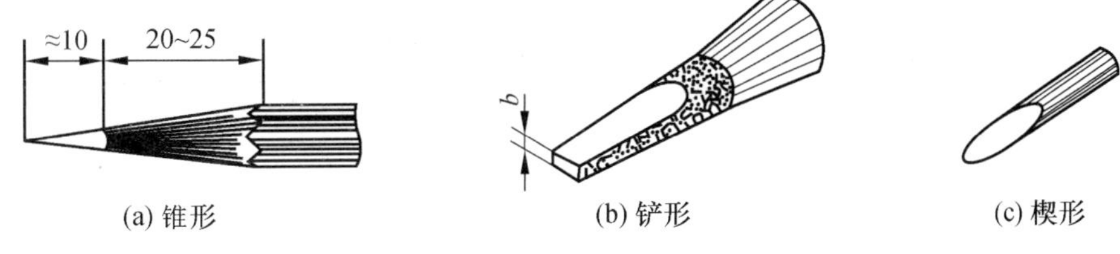

(a) 锥形 (b) 铲形 (c) 楔形

图 1.19 铅笔的磨削形状

1.4 常用几何图形的画法

机械零件的形状虽各不相同，但都是由各种基本的几何图形组成的，利用常用的绘图工具进行几何作图是绘制各种平面图形的基础，也是绘制工程图样的基础。

1.4.1 等分圆周和作正多边形

以六等分圆周和作正六边形为例：

用圆规等分圆周作图(以外接圆半径为半径画弧，如图 1.20 所示)；用丁字尺和三角板作图(利用三角板 30°及 60°的斜边,如图 1.21 所示)。

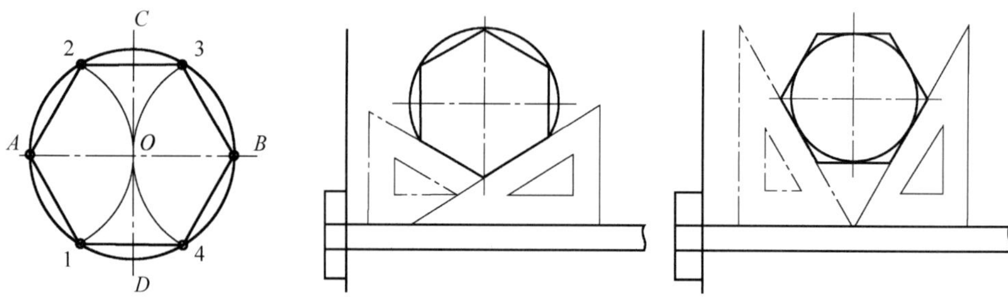

图 1.20　六等分圆周并作正六边形

图 1.21　用丁字尺和三角板作正六边形

1.4.2　圆弧连接

绘图时常会遇到用一圆弧光滑连接两已知线段(直线或圆弧),这种光滑连接,在几何中称为相切,在绘图中则称为圆弧连接,起连接作用的圆弧称为连接弧。为保证连接光滑,必须使连接弧与已知线段(直线或圆弧)相切。因此,作图时应准确地求出连接弧的圆心及切点。

1. 圆弧连接的基本原理

圆弧连接作图时主要是依据圆弧相切的几何原理,求出连接弧的圆心和切点,如表 1.6 所示。

表 1.6　圆弧连接的基本原理

类　　型	连接弧与已知直线相切	连接弧与已知圆 O_1 外切	连接弧与已知圆 O_1 内切
图例	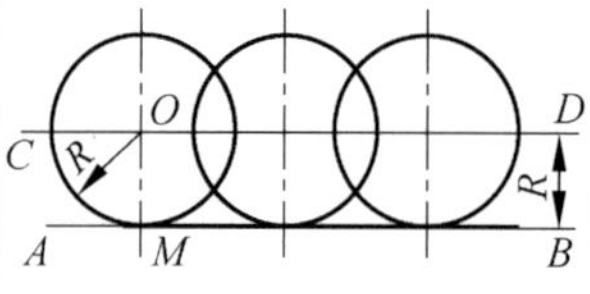	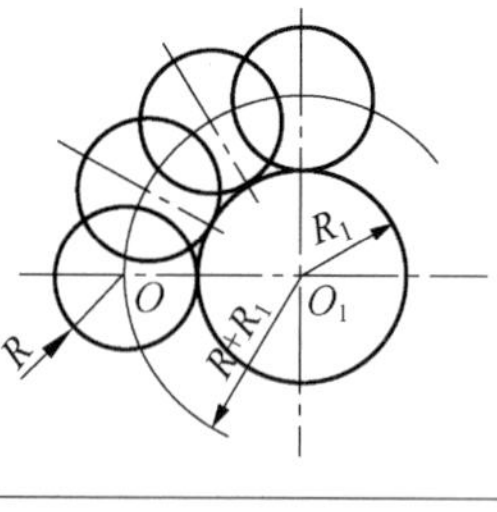	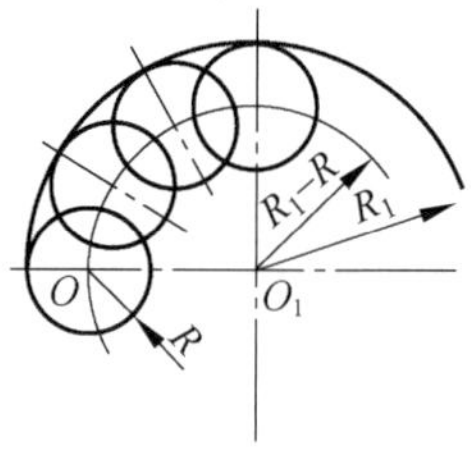
连接弧的圆心轨迹	半径为 R 且与已知直线 AB 相切的圆的圆心轨迹为与已知直线 AB 平行的直线 CD,并且距离为 R	半径为 R 且与已知圆 O_1 相外切的圆的圆心轨迹为与已知圆 O_1 同心的圆,并且半径为 $R+R_1$	半径为 R 且与已知圆 O_1 相内切的圆的圆心轨迹为与已知圆 O_1 同心的圆,并且半径为 R_1-R
切点位置	过连接弧圆心 O 向已知直线 AB 作垂线,垂足 M 即为切点	连心线 OO_1 与已知圆周的交点即为切点	连心线 OO_1 延长线与已知圆周的交点即为切点

2. 圆弧连接的形式

圆弧连接的基本形式有圆弧连接两直线、圆弧连接直线与圆弧以及圆弧连接两已知圆弧三种。无论哪一种形式,其作图都包含三个关键步骤:找圆心、找切点、切点之间画圆弧。

现以圆弧连接直线与圆弧为例介绍圆弧连接作图的基本过程。其他两种圆弧连接的作图与此相似,此处不再逐一详述。

【例 1.1】 已知直线 AB 及圆弧圆心 O_1、半径 R_1、连接弧半径 R,求作以 R 为半径且外切于已知圆弧 O_1,并与直线 AB 相切的连接弧。

作图方法如图 1.22 所示,具体步骤如下:

(1) 找圆心。以 R 为间距作直线 AB 的平行线;以 O_1 为圆心,$R+R_1$ 为半径画圆弧;所作圆弧与直线 AB 的平行线相交于 O 点,O 点即为所求连接弧的圆心。

(2) 找切点。连 OO_1 与已知圆弧相交于 M 点,由 O 点作 AB 的垂线得垂足 N,M、N 点即分别为与已知圆弧及直线的切点。

(3) 切点之间画圆弧。以 O 为圆心,R 为半径自 M 点到 N 点画圆弧即为所求的连接弧。

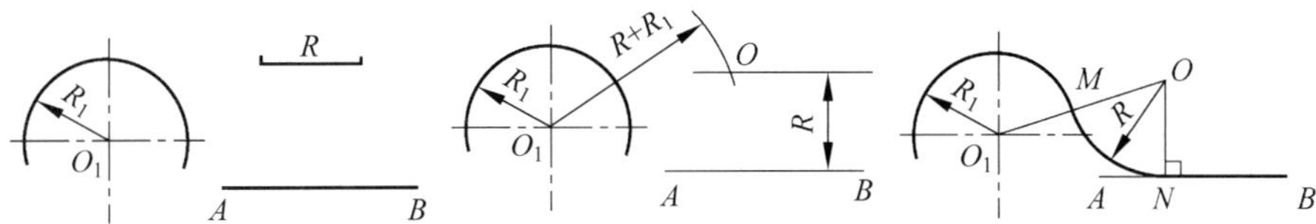

图 1.22 圆弧连接直线与圆弧

1.4.3 斜度和锥度

1. 斜度

斜度是指一直线(或平面)对另一直线(或平面)的倾斜程度。其大小用这两条直线夹角的正切表示,在图样中以 $1:h$ 的形式标注。

标注斜度时,在比数之前应加注斜度符号"∠",斜度符号的方向应与图中斜度的方向一致。斜度的作法及标注如图 1.23(a)所示。

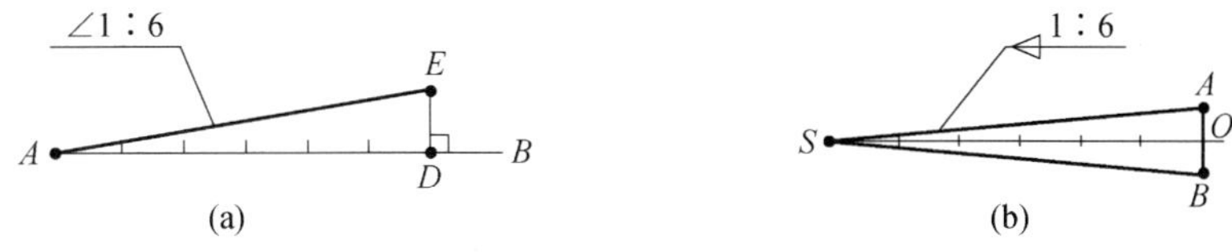

图 1.23 斜度和锥度的作法及标注

2. 锥度

锥度是指正圆锥的底圆直径与圆锥高度之比，对于正圆锥台则为两底圆直径之差与其高度之比，在图样中常以 1∶n 的形式标注。

标注锥度时，在比数之前应加注锥度符号"◁"，锥度符号的方向应与图中锥度的方向一致。锥度的作法及标注如图 1.23(b)所示。

1.5 平面图形的画法

平面图形是由线段(直线与圆弧)组成的。线段按图形中所给尺寸分为已知线段、中间线段、连接线段三种。为了能迅速而有条理地绘制平面图形，必须对平面图形中的尺寸加以分析，从而确定线段的性质，然后按已知线段、中间线段、连接线段的顺序依次绘图。由于图形中常遇到圆弧连接，因此以平面图形中的圆弧为例，对其尺寸与线段性质进行分析。

1.5.1 尺寸分析

平面图形中的尺寸按其作用可分为定形尺寸和定位尺寸。

1. 定形尺寸

用来确定平面图形中各组成部分形状和大小的尺寸，称为定形尺寸，例如圆的直径、圆弧的半径、线段的长度、角度的大小等。如图 1.24 所示，所有直径与半径尺寸均为定形尺寸。

2. 定位尺寸

用来确定平面图形中各组成部分之间相对位置的尺寸，称为定位尺寸。例如，确定圆弧圆心的水平与垂直两个方向位置的尺寸、直线段位置的尺寸等，如图 1.24 中，尺寸 7 和 4 即为定位尺寸。

标注定位尺寸的出发点称为尺寸基准，平面图形中常用对称线、较大圆弧的中心线或较长轮廓直线作尺寸基准。如图 1.24 中，A 和 B 即为尺寸基准线。

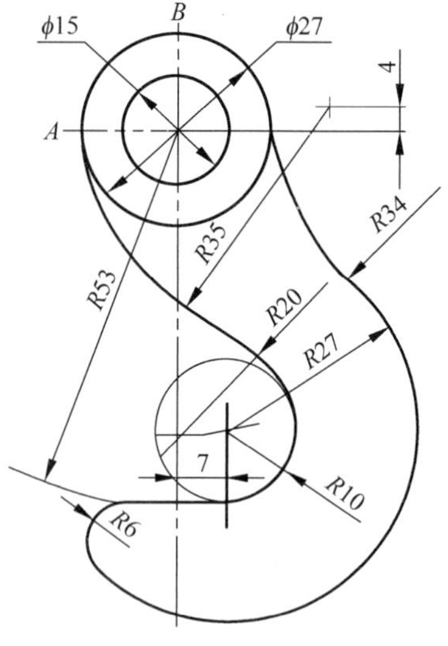

图 1.24　吊钩的平面轮廓图

1.5.2 线段分析

以绘制圆弧为例，要绘出一段完整的圆弧，必须知道其定形尺寸 R 或 ϕ 并确定其圆心位置的水平与垂直两方向的定位尺寸。圆弧按照所给出的尺寸条件可分为以下三种。

1. 已知弧

在平面图形中，半径的大小(定形尺寸)及圆心的位置(两个定位尺寸)都已标注，这种尺寸齐全的圆弧称为已知弧。在画图时，根据图中所给的尺寸可直接画出已知弧。如图 1.24 中的圆 $\phi15$、$\phi27$ 和圆弧 $R53$ 为已知弧。

2. 中间弧

在平面图形中，半径为已知，但圆心的两个定位尺寸只标注出其一，这种尺寸不齐全的圆弧称为中间弧。中间弧在画图时，需根据图中给出的定形尺寸和定位尺寸及与相邻线段的连接要求才能画出。如图 1.24 中的圆弧 $R10$、$R27$、$R35$ 都为中间弧。

3. 连接弧

在平面图形中，只有半径为已知，圆心的两个定位尺寸都未标注，这种尺寸不齐全的圆弧称为连接弧。连接弧在画图时，需根据图中给出的定形尺寸及与两端相邻线段的连接要求才能画出。如图 1.24 中的圆弧 $R6$、$R20$、$R34$ 都为连接弧。

1.5.3 绘图方法和步骤

为了提高绘图的质量和速度，除了要熟悉制图标准、掌握几何作图的方法和正确使用绘图工具外，还应按一定的步骤进行绘图，使绘图工作有条不紊地进行。

1. 准备工作

(1) 准备好所用的绘图工具和仪器，磨削好铅笔及圆规上的铅芯。

(2) 安排工作地点，使光线从图板的左前方射入，并将需要的工具放在取用方便之处。

(3) 根据所画图形的大小及复杂程度选取比例，确定图纸幅面。再用胶带纸将图纸固定在图板的适当位置。图纸较小时，应将图纸布置在图板的左下方，但要使图板的底边与图纸下边的距离大于丁字尺尺身的宽度。

2. 画底稿

选用较硬的 H 型或 2H 型铅笔轻轻地画出底稿。画底稿的一般步骤是：

(1) 画图框及标题栏。

(2) 布置图面。按图的大小及标注尺寸所需的位置，将各图形布置在图框中的适当位置。

(3) 画图时，应按一定步骤进行，先画基准线、对称中心线、轴线等，再画图形的主要轮廓线，最后画细节部分。以画图 1.24 的吊钩轮廓线为例，作图步骤如图 1.25 所示。

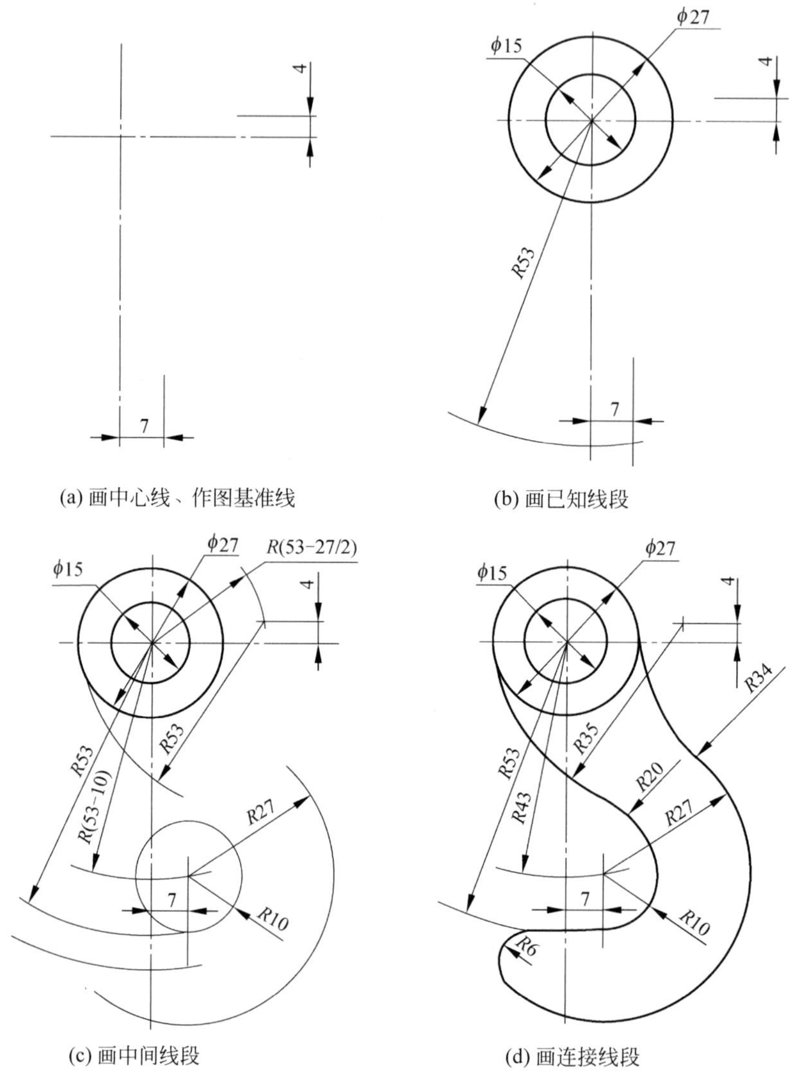

(a) 画中心线、作图基准线　(b) 画已知线段

(c) 画中间线段　(d) 画连接线段

图 1.25　吊钩的平面轮廓图的作图步骤

(4) 画尺寸线及尺寸界线。

3. 加深

加深时,应该做到线型正确,粗细分明,连接光滑,图面整洁。

加深的一般步骤如下:

(1) 先画细线后画粗线,先画曲线后画直线,先画水平方向的线段后画垂直及倾斜方向的线段。

(2) 先画图的上方后画图的下方,先画图的左方后画图的右方。

(3) 画箭头,填写尺寸数字、标题栏及其他说明。

(4) 检查全图,并做必要的修饰。

1.6 草图的画法

草图也称徒手图，是通过目测来估计物体的形状和大小，不借助绘图工具和仪器而徒手绘制的图样。当画设计草图以及现场记录所需技术资料时，常用草图来迅速准确表达，所以徒手草图应基本上做到图形正确、线型分明、比例匀称、字体工整、图面整洁。

画草图一般选用 HB 或 B、2B 的铅笔，也常用印有浅色方格的纸画图。画各种图线时手腕要悬空，小指接触图纸，画图过程中可根据需要随时将图纸转至适当的角度，故图纸不必固定。

画水平直线时，眼睛要看着图线的终点，图纸可放斜一些，由左向右运笔。画铅垂线时，由上向下运笔比较顺手。每条图线最好一笔画完；当直线较长时，也可用目测在直线中间定出几个点，分几段画出。画短线常用手腕运笔，画长线则以手臂动作。

画 30°、45°、60°的斜线时，按直角边的近似比例定出端点后，连成直线，如图 1.26 所示。

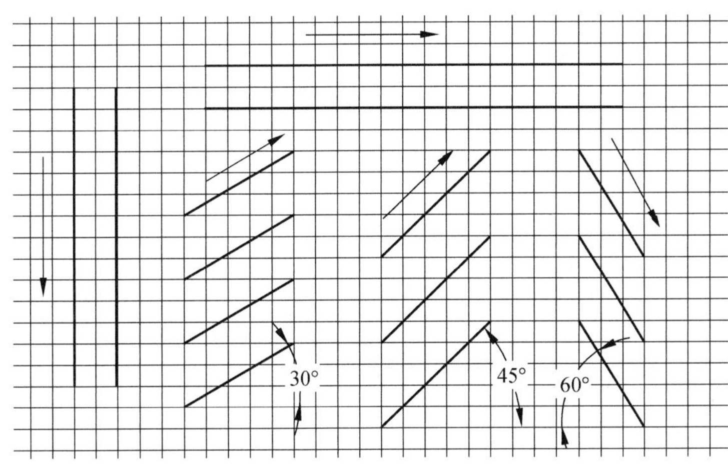

图 1.26 徒手画直线的方法

画直径较小的圆时，按半径目测在中心线上定出四点，然后徒手连成圆，如图 1.27(a) 所示。画直径较大的圆时，可过圆心再画几条不同方向的直线，按半径目测定出一些点，再徒手连成圆，如图 1.27(b)所示。

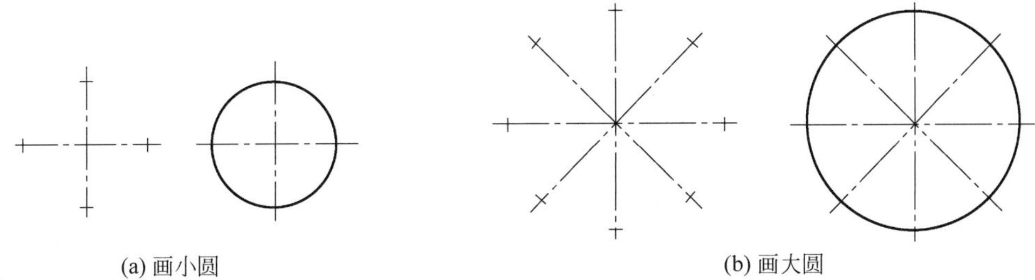

(a) 画小圆　　(b) 画大圆

图 1.27 圆的草图画法

思考与练习题

1. 填空题

(1) 图纸的基本幅面共分为(　　)种,其中,A(　　)最大,A(　　)最小;一张 A1 图纸可裁分为(　　)张 A3 图纸;在图纸的周边部分应绘制(　　),在其右下角处应绘有(　　)。

(2) 图样的比例是指(　　)大小与(　　)大小之比;当比值(　　)1 时为放大绘制,当比值(　　)1 时为缩小绘制;某零件的长度为 200,当采用 1∶2 的比例绘图时,其在图上的长度应为(　　)。

(3) 图样中的汉字应采用(　　)体书写,其高度与宽度之比约为(　　)。

(4) 机械图样中的图线共有(　　)种,按图线宽度可分为(　　)类,其粗线和细线的宽度之比为(　　)。

(5) 图样中一个完整的尺寸标注共由(　　)、(　　)、(　　)三部分组成。在标注直径尺寸时应在直径数字前面加注符号(　　),在标注半径尺寸时应在半径数字前面加注符号(　　)。

(6) 进行圆弧连接作图时,最关键的是要正确找到圆弧的(　　)和(　　)。

2. 分析题

请分析图 0.7(b)所示零件图中使用了哪些图线。

3. 画图题

请参照教材中的要求正确磨削铅笔,并借助三角板和圆规,在 A4 图纸上练习绘制出粗实线、细实线、虚线及点画线的直线和圆,注意保证每种图线中线段、短划及间隔之间的长度关系,以及不同图线之间的宽度关系。

第2章 正投影法和三视图

章前思考

1. 机械零件都是三维的立体，而机械图样均为二维的平面图形，你认为该如何用平面图形来表达零件的三维形状呢？

2. 对于图 2.1(a)所示的图形，设计者方便标注尺寸和各种技术要求吗？制造者容易领会设计意图并能加工出符合要求的零件吗？

3. 即便应用这类图形，再加上一些辅助说明勉强能将意图表述清楚，那么对于如图 2.1(b)所示形状更为复杂的一些零件呢，是否能表达清楚意图？

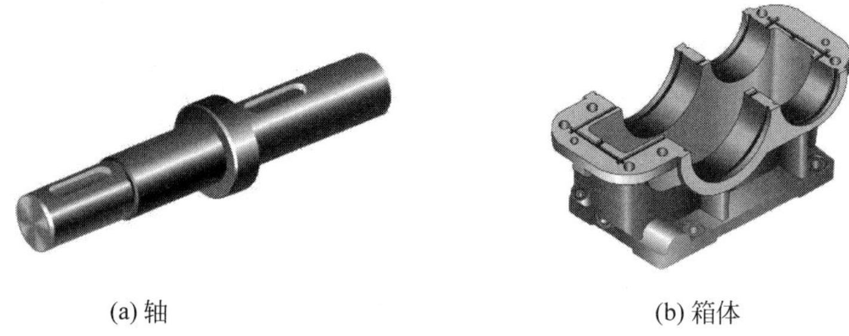

(a) 轴　　(b) 箱体

图 2.1　机械零件

在工程技术及实践中，人们常遇到各种图样，如机械制造用的机械图样、建筑工程用的建筑图样等，这些图样都是按不同的投影法绘制的，即通过投射的方法将空间的三维物体转换为二维的平面图形来表示。本章将介绍投影法的基本原理和物体三面正投影图(三视图)的形成、投影规律及其绘制方法。

2.1　投影法及正投影

在日常生活中人们经常看到，物体在日光或灯光照射时，在地面或墙壁上会产生影子，这就是一种投影现象。经过长期的生产实践，将这种现象进行科学的总结和概括，形成了影子与物体形状之间的对应关系，这种对应关系称为投影法。投影法就是用投射线通过物体，向选定的投影面进行投射，并在该面上得到图形的一种方法。工程上常用物体的投影表示空间物体。

如图 2.2 所示，把光源 S 抽象为一点，称为投射中心。S 点与物体上任一点的连线(如 SA)称为投射线，平面 P 称为投影面。投射线 SA 与投影面 P 的交点 a 称为空间点 A 在投影面 P 上的投影。同样，b 称为空间点 B 在投影面 P 上的投影。

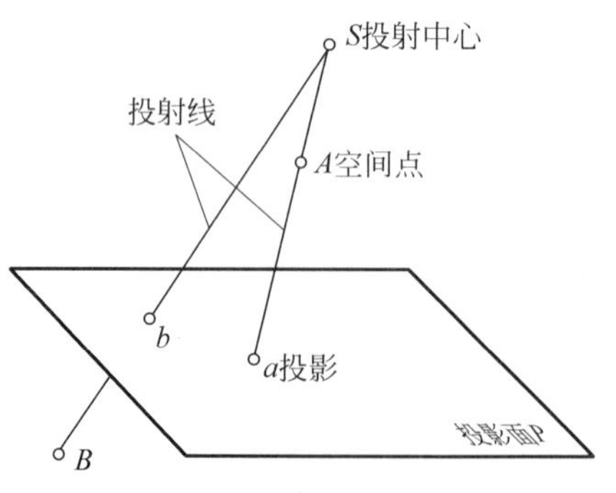

图 2.2　投影法

根据投射线的类型(平行或汇交),投影法分为中心投影法和平行投影法两种。

2.1.1 中心投影法

投射线汇交于一点的投影法称为中心投影法,如图 2.3 所示。

采用中心投影法绘制的图形具有较强的立体感,符合人们的感官视觉,常用于绘制建筑物的外形图。但用中心投影法得到的投影图不反映空间物体的真实大小,且作图复杂、度量性差,因而不适于绘制工程图样。

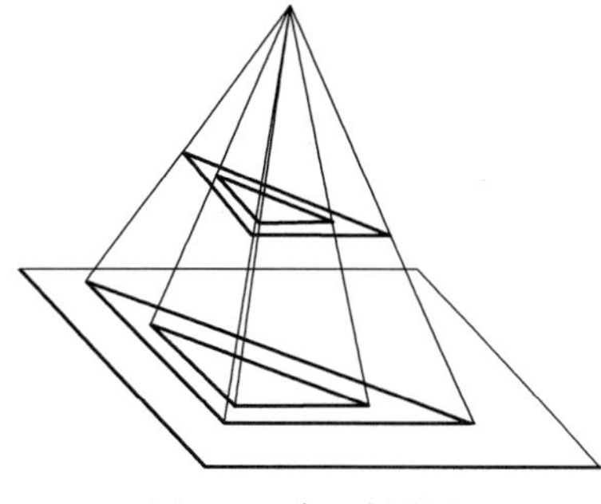
图 2.3 中心投影法

2.1.2 平行投影法

投射线相互平行的投影法称为平行投影法。

在平行投影法中,根据投射线与投影面夹角的不同,又分为正投影法和斜投影法。

(1) 正投影法:投射线与投影面垂直,见图 2.4。

(2) 斜投影法:投射线与投影面倾斜,见图 2.5。

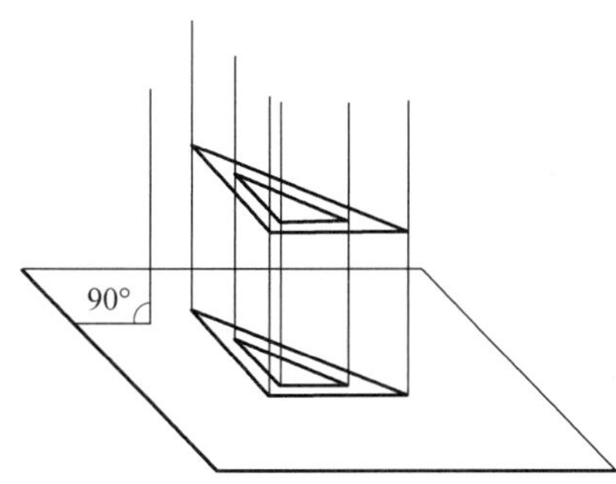

图 2.4 平行投影法——正投影

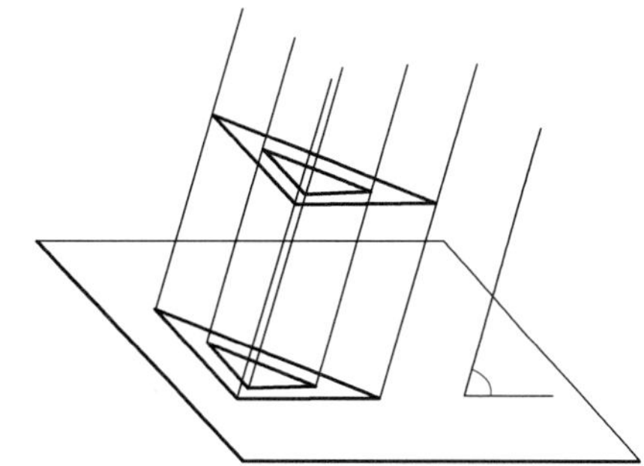
图 2.5 平行投影法——斜投影

采用正投影法得到的投影能够反映物体的真实形状和大小,具有较好的度量性,绘制也较为简便,故在工程上得到了广泛的应用,机械图样也主要是采用正投影法绘制的。因此,正投影法的原理是绘制机械图样的理论基础。后面章节中所用到的投影法,如无特别说明,均指正投影法。

2.1.3 正投影的基本特性

1. 真实性

当直线或平面与投影面平行时,直线在该投影面上的投影为实长,平面在该投影面上的投影为实形，如图 2.6 所示。

2. 积聚性

当直线或平面与投影面垂直时，直线的投影积聚为一点，平面的投影积聚成一条直线，如图 2.7 所示。

3. 类似性

当直线或平面与投影面倾斜时，直线的投影仍为一直线，但小于直线的实长；平面的投影是小于平面实形的类似形，即投射后平面形的边数不变，凹凸性不变，平行性不变，但面积变小，如图 2.8 所示。

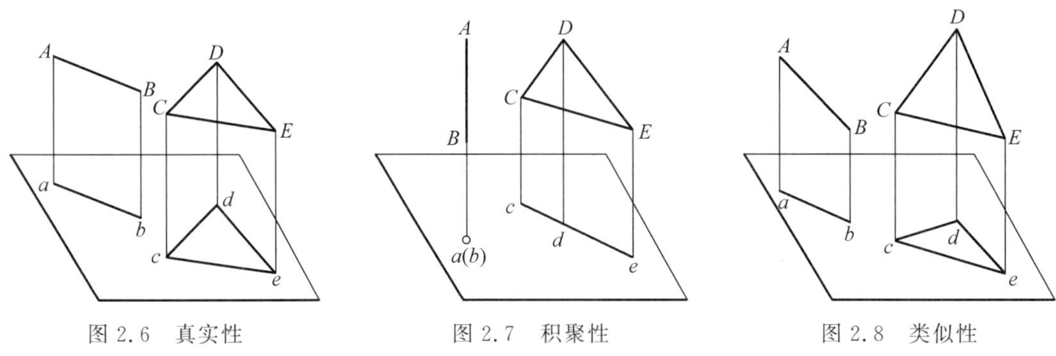

图 2.6 真实性　　图 2.7 积聚性　　图 2.8 类似性

2.2 物体的三视图

图 2.9 所示三个不同的物体，其在一个投影面上的投影完全相同，这说明仅依物体的一个投影是不能确定空间物体的形状和结构的。为了完整地表达空间物体的形状，在工程图样中常用多面正投影图(称为视图)表示物体。

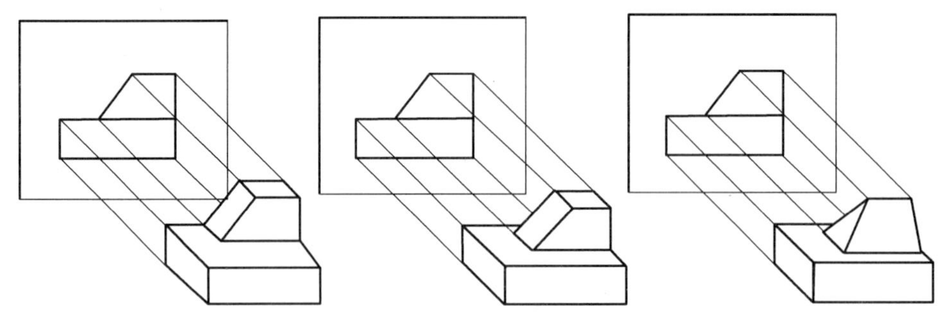

图 2.9 一个投影不能确定物体的形状

为了准确、完整地反映物体的形状，通常将物体放在三个互相垂直的投影面所构成的三投影面体系中进行投射，得到三面投影图。

2.2.1 三投影面体系

如图 2.10 所示，设立三个互相垂直的平面作为投影面，并把正对观察者的投影面称为正立投影面，简称正面，用 V 表示；水平放置的投影面称为水平投影面，简称水平面，用 H 表示；右侧的投影面称为侧立投影面，简称侧面，用 W 表示。三个投影面的交线 OX、OY、OZ 称为投影轴，OX、OY、OZ 轴简称为 X、Y、Z 轴。三个投影轴交于原点 O。这样的三个投影面称为三投影面体系，简称三面体系。

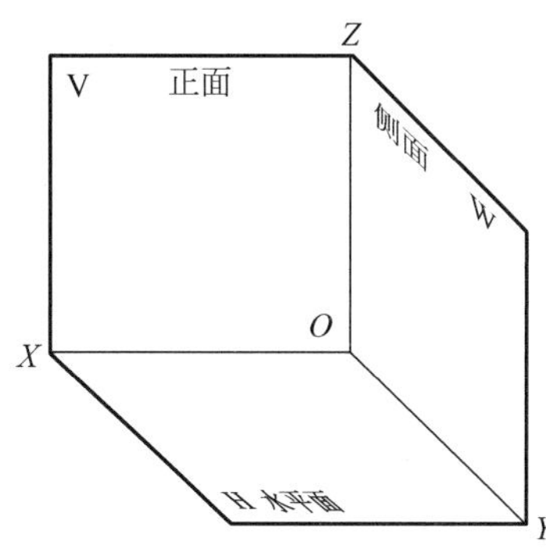

图 2.10　三投影面体系

2.2.2 三视图的形成

如图 2.11(a)所示，把物体放在三投影面体系中，分别向三个投影面投射，得到三个投影图，简称三视图：

- 由前向后投射，在 V 面上所得的投影图，称为主视图。
- 由上向下投射，在 H 面上所得的投影图，称为俯视图。
- 由左向右投射，在 W 面上所得的投影图，称为左视图。

在放置物体时，通常使物体上尽可能多的表面平行或垂直于投影面，这样得到的投影图能较多反映物体的真实形状，并且画图简单。

2.2.3 投影面的展开

为了将三个视图画在同一平面内，必须把三个互相垂直相交的投影面展开摊平成一个平面。其方法如图 2.11(b)所示，正面(V)保持不动，水平面(H)绕 X 轴向下旋转 90°，侧面(W)绕 Z 轴向右旋转 90°，使它们与正面(V)处于同一平面内，如图 2.11(c)所示。投影面展开后 Y 轴被分为两处，分别用 Y_H(在 H 面上)和 Y_W(在 W 面上)表示。

在工程图样中，只要求表达物体的形状，而不必表达物体到投影面的距离，且投影面的大小可根据物体的大小任意扩大，因此通常不必画出投影面的边框线和投影轴，各个

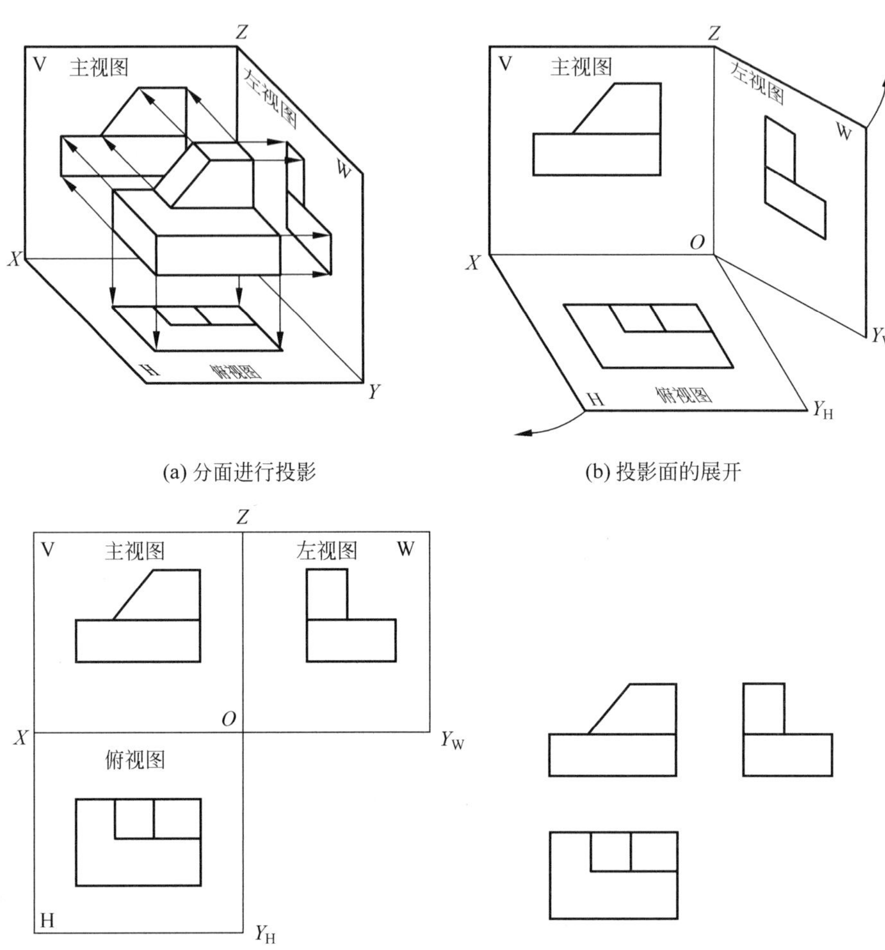

(a) 分面进行投影　(b) 投影面的展开

(c) 投影展开摊平后的三面视图　(d) 三视图

图 2.11　三面视图的形成

投影面和视图的名称也不需要标注，可由其位置关系来识别，如图 2.11(d)所示。

2.3　三视图的配置与投影规律

从三视图形成的过程中，可以归纳、总结出三视图之间的关系以及物体与三视图之间的关系。

2.3.1　三视图的配置

如图 2.11(c)和(d)所示，物体的三视图按规定展开，摊平在同一平面上，其位置关系是：以主视图为准，俯视图在主视图的正下方，左视图在主视图的正右方。画三视图时必须按此关系配置三个视图。

2.3.2 三视图的投影规律

如图 2.12 所示，在三视图中，主视图反映了物体长度和高度方向的尺寸；俯视图反映了物体长度和宽度方向的尺寸；左视图反映了物体高度和宽度方向的尺寸。而每两个视图均共同反映了物体的长、宽、高三个方向中某一个方向的尺寸：主视图和俯视图同时反映了物体的长度；主视图和左视图同时反映了物体的高度；俯视图和左视图同时反映了物体的宽度。因此，物体三视图之间的对应关系可归纳为：

- 主、俯视图——长对正；
- 主、左视图——高平齐；
- 俯、左视图——宽相等。

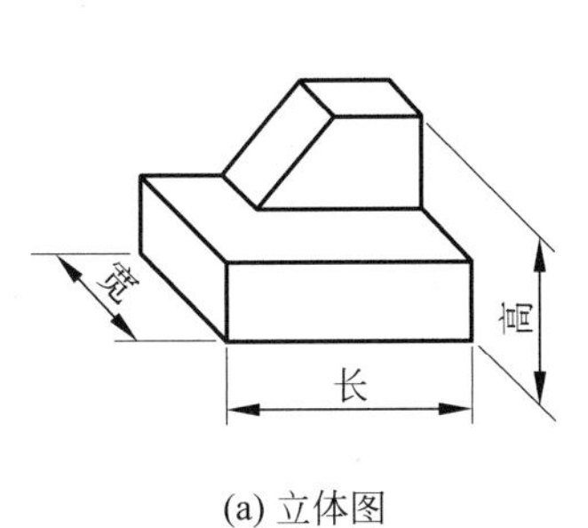

(a) 立体图

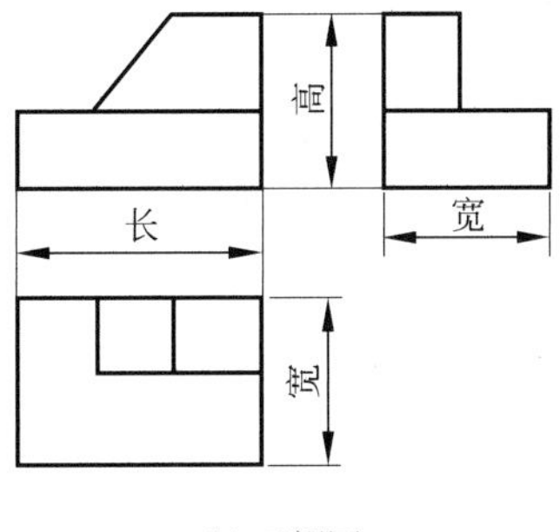

(b) 三视图

图 2.12 三视图的投影关系

其中，“长对正”，不仅表达了主、俯视图之间具有“长度相等”的关系，而且意味着两视图“上下对正”；“高平齐”，也不仅表明了主、左视图之间具有“高度相等”的关系，而且隐含着两视图“水平对齐”之意。

“长对正、高平齐、宽相等”是画图和看图必须遵循的最基本的投影规律。它不仅适用于整个物体的投影，也适用于物体上每个局部的投影，乃至物体上任何顶点、线段及平面形的投影。

如图 2.13 所示，在三视图中，每个视图都表达了物体上一个方向的形状、两个方向的尺寸和四个方位的关系。

- 主视图反映了从物体前面向后看的形状，长度和高度方向的尺寸，以及上下、左右方向的位置；
- 俯视图反映了从物体上面向下看的形状，长度和宽度方向的尺寸，以及前后、左右方向的位置；

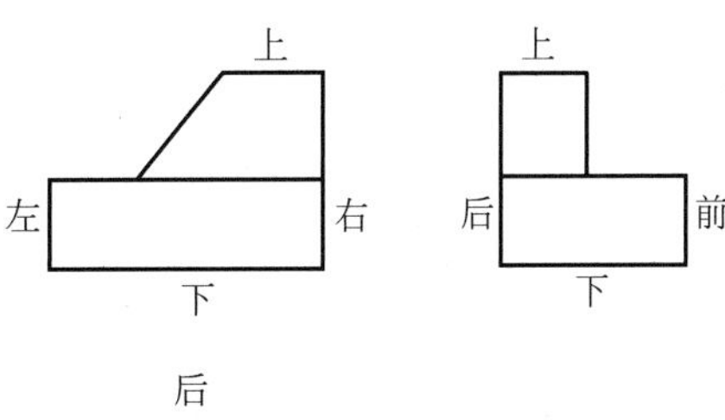

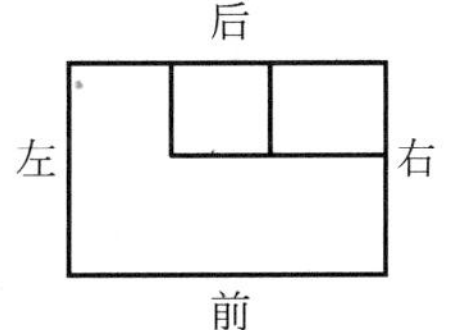

图 2.13 三视图的方位关系

- 左视图反映了从物体左面向右看的形状，高度和宽度方向的尺寸，以及前后、上下方向的位置。

需要特别注意的是俯、左视图的前后关系，以主视图为基准，在俯视图和左视图中，靠近主视图的一边是物体的后面，而远离主视图的一边是物体的前面。因此，在俯、左视图上量取宽度时，不但要注意量取的起点，还要注意量取的方向。

2.4 绘制物体三视图的方法步骤

下面结合绘制图 2.14(a)所示立体三视图的过程介绍绘制物体三视图的方法和步骤。

(1) 确定物体的摆放位置和主视图的投射方向(这也就同时确定了俯视和左视图的投射方向，如图 2.14(a)箭头所示)；

(2) 在草稿纸上分别画出物体的主视图、俯视图和左视图的草图(具体方法见本章 2.2 节)，不可见的轮廓要用虚线绘制(如左视图中下部切口的投影)；

(3) 在图纸上画出主视图，如图 2.14(b)所示；

(4) 依据“主、俯视图长对正”的投影关系由主视图对应画出俯视图(顺序如图 2.14(c)中向下的箭头所示)；

(5) 在主视图的右下方绘制一条倾斜 45°的辅助线，依据“主、左视图高平齐”和“俯、左视图宽相等”的投影关系由主视图和俯视图对应画出左视图(顺序如图 2.14(d)中向右和向上的箭头所示)；

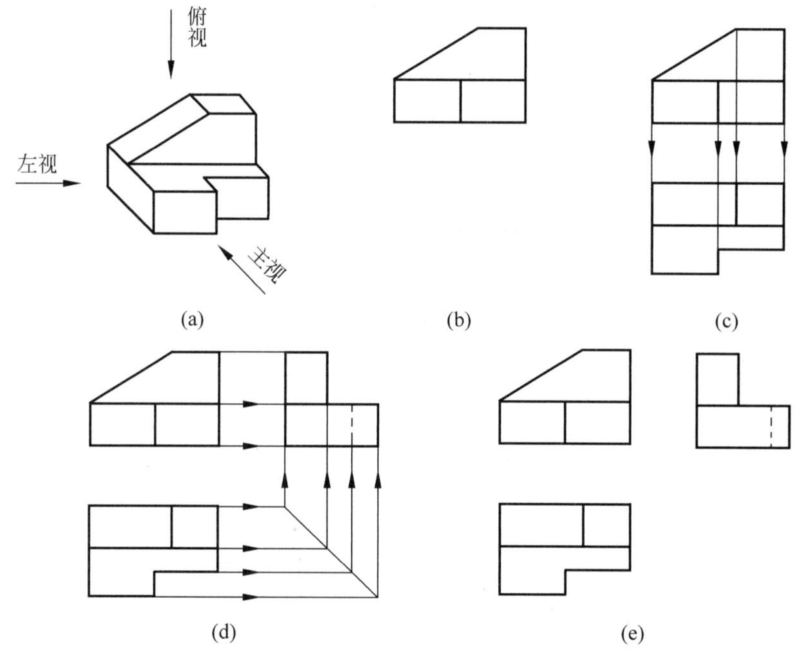

图 2.14 绘制物体三视图的方法步骤

(6) 检查无误后用规定的线型加深、加粗,结果如图 2.14(e)所示。

思考与练习题

1. 简答题

(1) 正投影法有哪些基本特性?

(2) 三视图是采用哪种投影方法得到的?

(3) 三视图的配置关系是怎样的?

(4) 三视图之间的投影规律是什么?

(5) 在三视图中如何判断物体的上下、左右和前后位置?

2. 分析题

结合图 2.15 所示坦克的三视图,分析三个视图之间的投影规律(尺寸关系、方位关系)。

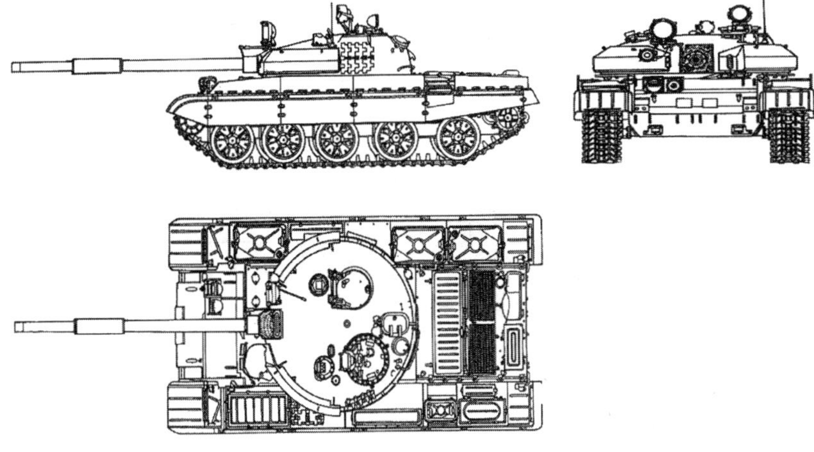

图 2.15 坦克的三视图

3. 选择题

(1) 某项设计中选择了 TO-220F 型三极管,根据生产厂家提供的图 2.16 右侧所示立体图,则其正确的视图是(　　)。

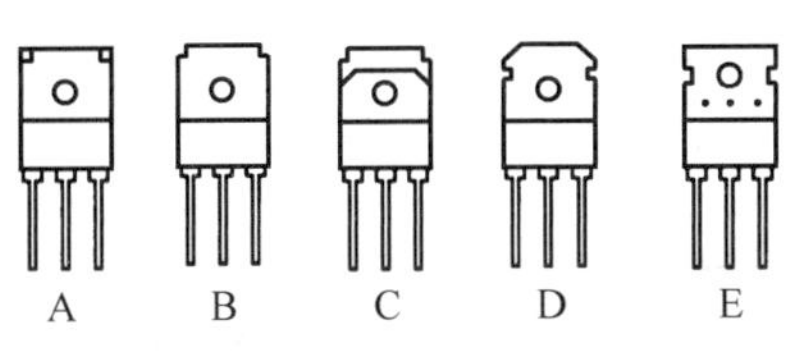

图 2.16 三极管及其视图

(2) 在图2.17中,按箭头所示的投射方向,选择正确的俯视图,并将对应的图号填入立体图的圆圈内。

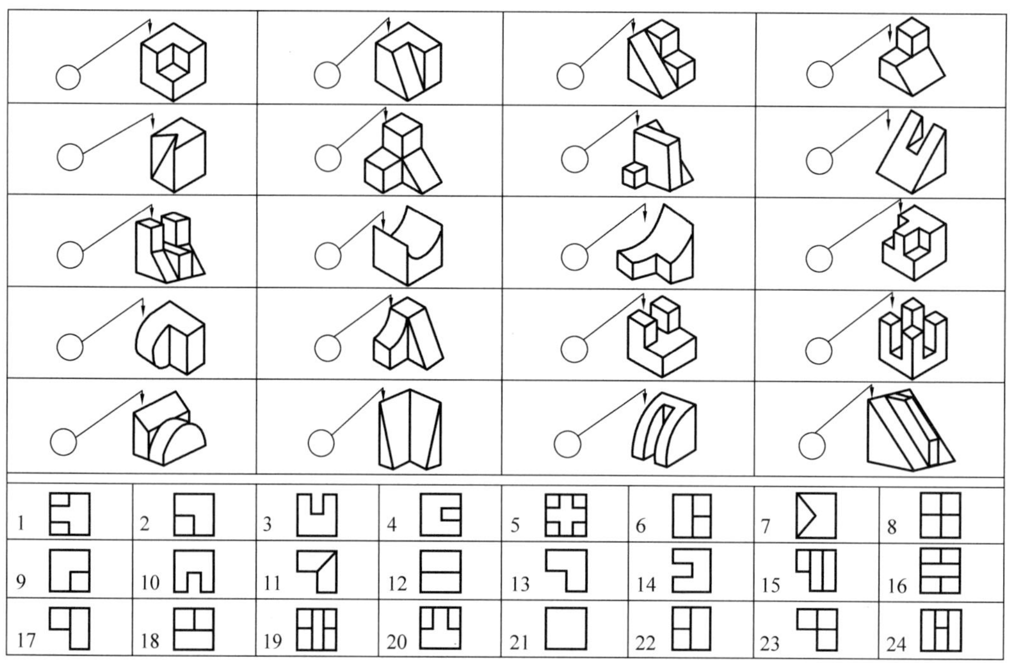

图2.17 立体及其视图

(3) 在图2.18中,根据主、左视图,并参照立体图,选择正确的俯视图。

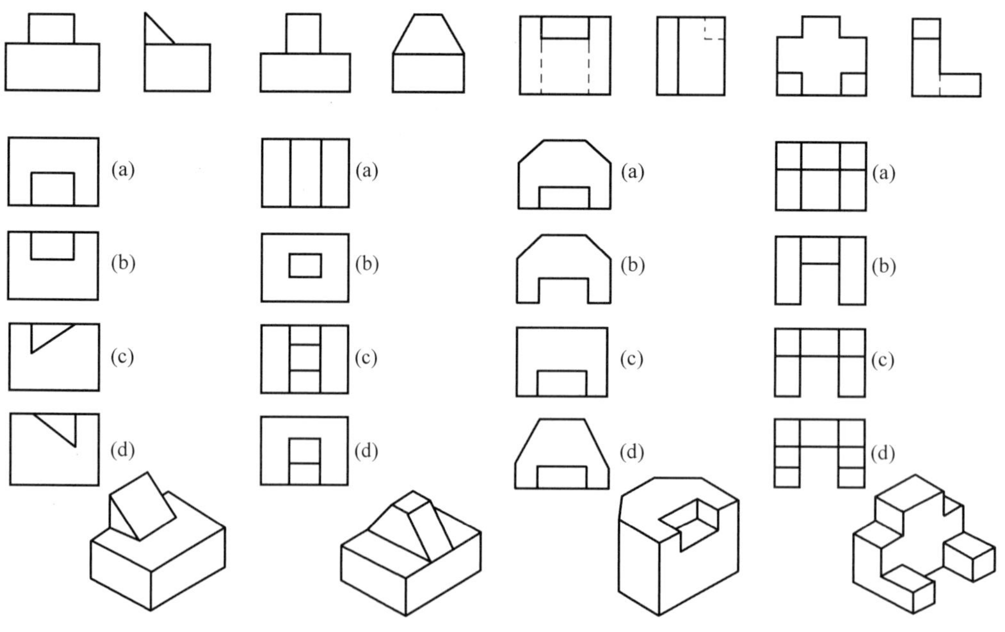

图2.18 立体及其视图——选择俯视图

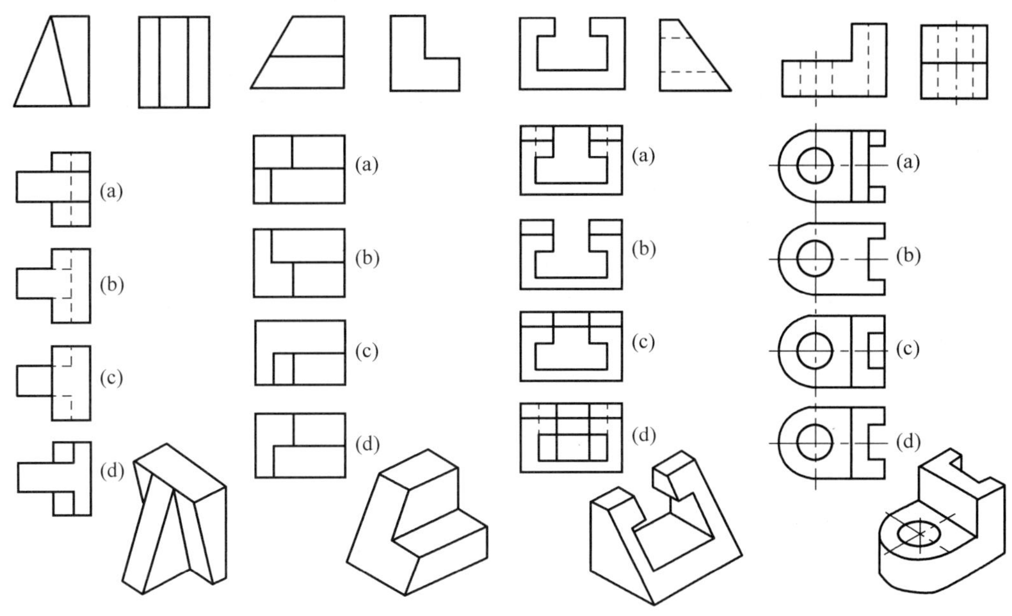

图 2.18 （续）

（4）分析图 2.19 所示立体，选择正确的三视图，并将三视图序号填入与其对应的立体图圆圈内。

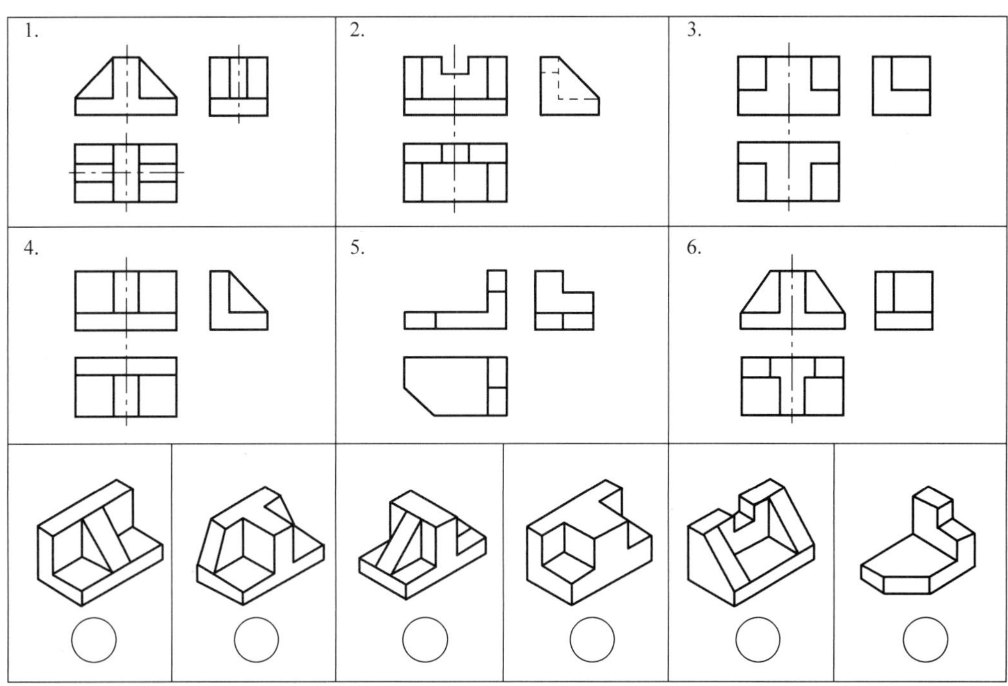

图 2.19 立体及其三视图选择题

4. 补线题

(1) 在图2.20中对照立体图分析三视图的画法，补齐三视图中所缺的图线，并用细实线分别画出“长对正、高平齐及宽相等”的对应线。

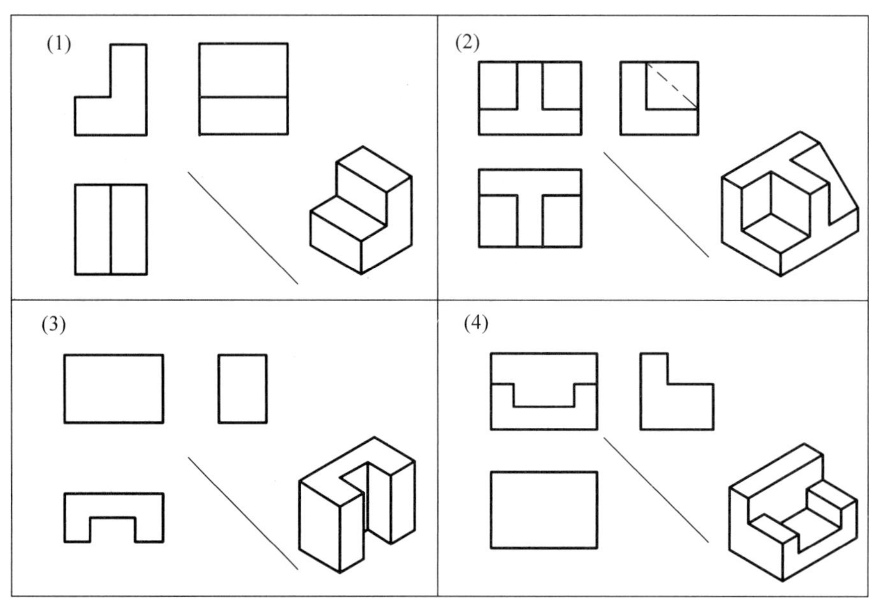

图2.20　三视图的画法及投影关系

(2) 在图2.21中，参考立体图，补齐三视图中所缺图线。

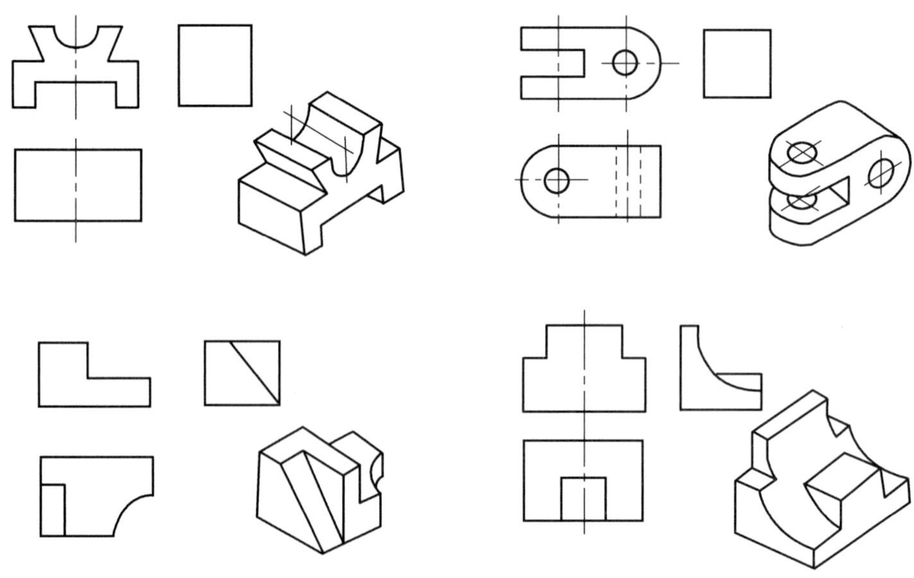

图2.21　三视图补线

5. 三视图草图绘图练习题

在草稿纸上徒手画出图2.22所示各立体图的三视图，再找出与各立体图对应的三视图，将立体图图号填入三视图的括号内，最后对照检查自己所画三视图的正确性。

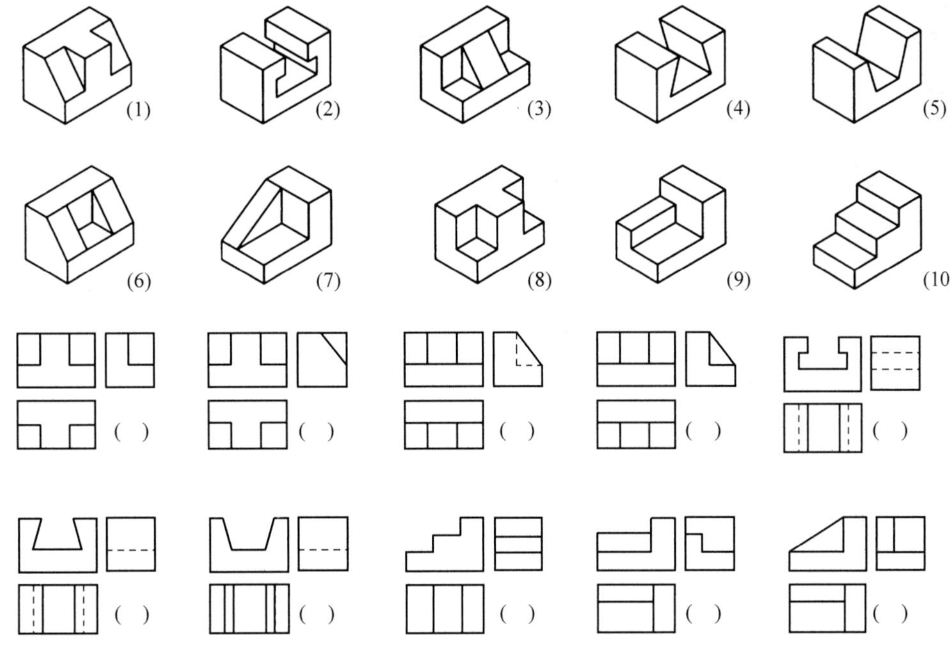

图2.22 三视图草图绘图练习

6. 三视图绘图题

在图纸上绘制如图2.23所示各立体的三视图，尺寸量图确定，比例自定。要求：图形正确，三视图之间符合"长对正、高平齐、宽相等"的对应关系，图线规范。

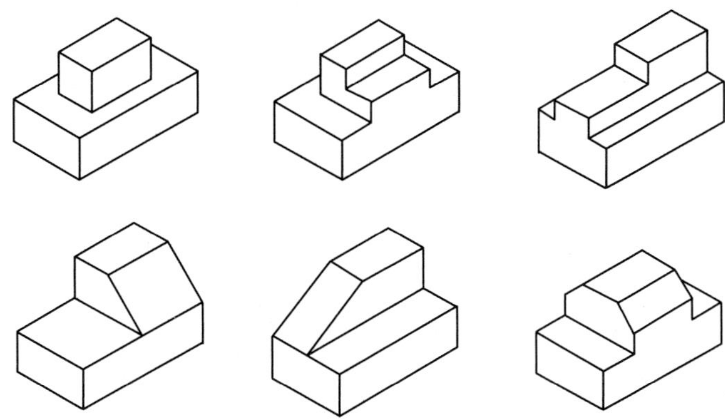

图2.23 三视图绘图练习

第3章 点、直线和平面的投影

章前思考

1. 如何绘制图 3.1 所示三棱锥等不规则平面立体的三视图?

2. 该三棱锥由哪些三角形平面、棱边和顶点围成?

3. 如果能够知道三棱锥四个顶点的三面投影,那么对于确定棱边、三角形表面的投影,以及绘制三棱锥的三视图将会有哪些帮助?

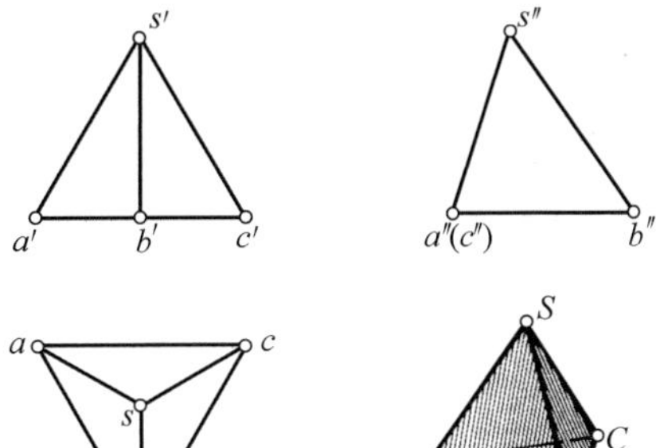

图 3.1 三棱锥及其三视图

第 2 章概略介绍了立体视图的概念及三视图的形成及画法,无论物体具有怎样的构型,它总是由几何元素(点、直线、平面)依据一定的几何关系组合而成。为了正确地表达空间物体的形状,加深对三视图画法及投影规律的理解,必须熟悉点、直线、平面等几何元素的投影特点和投影规律。

3.1 点的三面投影

3.1.1 点的空间位置和直角坐标

如图 3.2 所示,点的空间位置可由其空间直角坐标值来确定,如 $A(x, y, z)$。

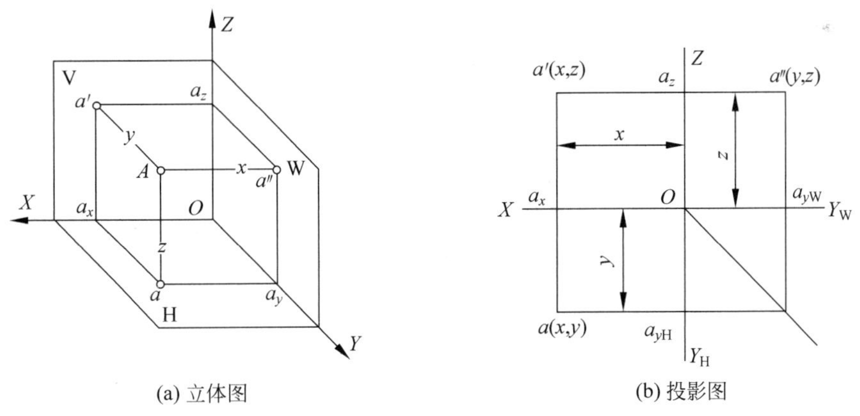

(a) 立体图　　(b) 投影图

图 3.2 点的投影和直角坐标

3.1.2 点的三面投影

为了统一起见,规定空间点用大写字母表示,如 A、B、C 等;水平投影用相应的小写字母表示,如 a、b、c 等;正面投影用相应的小写字母加一撇表示,如 a'、b'、c';侧面投影用相应的小写字母加两撇表示,如 a''、b''、c''。

如图 3.3(a)所示,将点 $A(x,y,z)$ 置于三投影面体系之中,过 A 点分别向三个投影面作垂线(即投射线),交得三个垂足 a、a'、a'' 即分别为 A 点的 H 面投影、V 面投影、W 面投影。

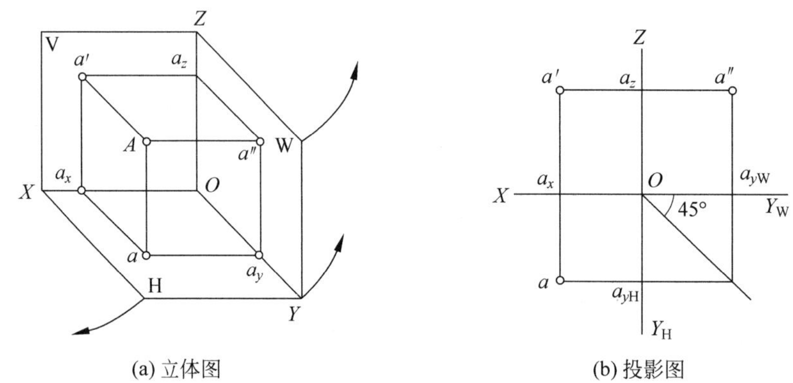

(a) 立体图　　(b) 投影图

图 3.3　点的三面投影

A 点在 H 面上的投影 a,称为 A 点的水平投影,它由 A 点到 V、W 两投影面的距离或坐标值 y、x 所决定;A 点在 V 面上的投影 a',称为 A 点的正面投影,它由 A 点到 H、W 两投影面的距离或坐标值 z、x 所决定;A 点在 W 面上的投影 a'',称为 A 点的侧面投影,它由 A 点到 V、H 两投影面的距离或坐标值 y、z 所决定。

如图 3.3(b)所示,三投影面体系展开后,点的三个投影在同一平面内,即可得到点的三面投影。应注意的是,投影面展开后,同一条 OY 轴旋转后出现了两个位置。

3.1.3　点的投影规律

(1) 点的两面投影连线垂直于相应的投影轴,即 $aa' \perp OX$,$a'a'' \perp OZ$,$aa_{yH} \perp OY_H$,$a''a_{yW} \perp OY_W$。

(2) 点的投影到投影轴的距离,等于该点到相应投影面的距离。如点 A 的正面投影到 OX 轴的距离 $a'a_x$ 等于点 A 到水平投影面的距离 Aa。

为了表示点的水平投影到 OX 轴的距离等于侧面投影到 OZ 轴的距离,即 $aa_x = a''a_z$,常采用图 3.3(b)所示作 45°角平分线的方法。

【例 3.1】 已知点 $A(25,15,20)$,求作点 A 的三面投影图。

解:作图步骤如下。

(1) 画出投影轴,自原点 O 沿 OX 轴向左量取 $x=25$,得点 a_x,如图 3.4(a)所示;

(2) 过 a_x 作 OX 轴的垂线,在垂线上自 a_x 向上量取 $z=20$,得点 A 的正面投影 a',自 a_x 向下量取 $y=15$,得点 A 的水平投影 a,如图 3.4(b)所示;

(3) 过 O 向右下方作 45°辅助线,并过 a 作 OY_H 垂线与 45°线相交,然后再由此交点作 OY_W 轴的垂线,与过 a' 点且垂直于 OZ 轴的投影线相交,交点即为 a'',如图 3.4(c)所示。

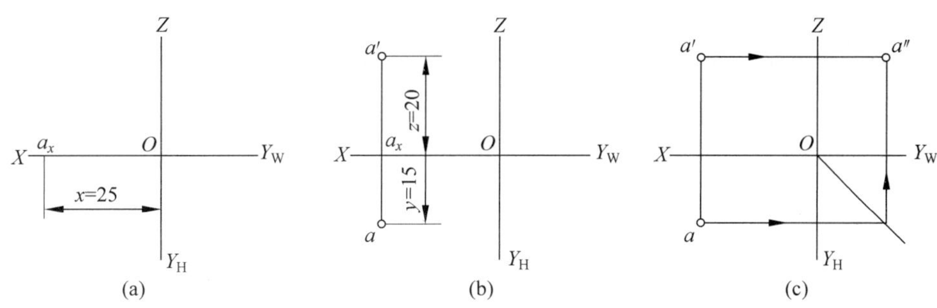

图 3.4　求作点的三面投影图

3.1.4　重影点

当空间两点处于某一投影面的同一条投射线上时，这两点对该投影面的投影重合为一点，这两点称为该投影面的一对重影点。图 3.5(a)所示的 A、B 两点就是水平投影面的一对重影点。

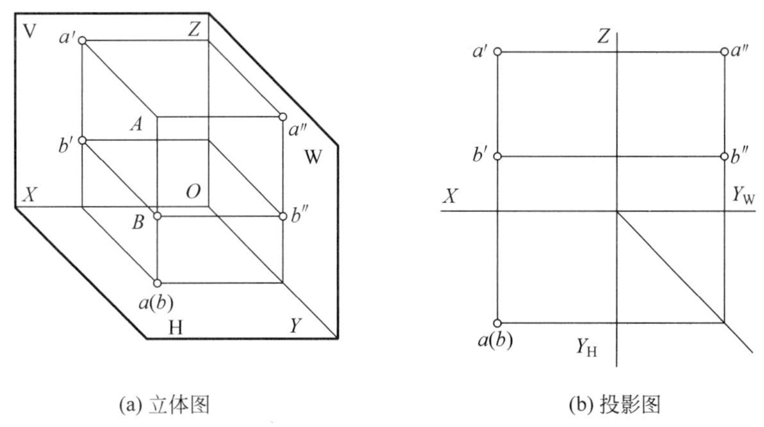

图 3.5　重影点的投影

重影点可见性判别的原则：两点之中，对重合投影所在的投影面的距离或坐标值较大的点是可见的，而另一点是不可见的。即前遮后、上遮下、左遮右。因此，图 3.5(a)中 A 点为可见、B 点为不可见。

标记时，应将不可见点的投影用括号括起来。如图 3.5(b)中 B 点的水平投影(b)。

3.2　直线的三面投影

一般情况下，直线的投影仍是直线。特殊情况下，若直线垂直于投影面，则直线在该投影面上的投影积聚为一点。

3.2.1　直线的投影

直线的投影可由直线上两点的同面投影连接得到。如图 3.6 所示，分别作出直线上

两点 A、B 的三面投影，将其同面投影相连，即得到直线 AB 的三面投影。

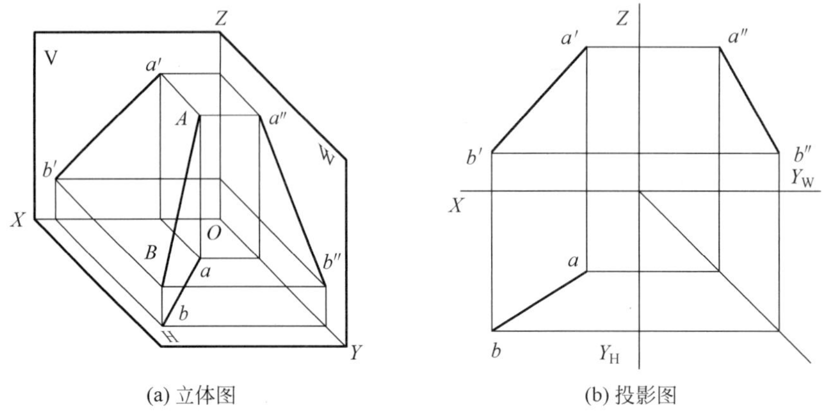

图 3.6　直线的投影

立体上直线的投影在立体的同面投影上，且符合“长对正、高平齐、宽相等”的投影规律。图 3.7 中，直线 SA 在三棱锥上，其水平投影 sa、正面投影 $s'a'$ 和侧面投影 $s''a''$ 分别在三棱锥的水平、正面和侧面投影上，且 $s'a'$ 和 sa 长对正，$s'a'$ 和 $s''a''$ 高平齐，sa 和 $s''a''$ 宽相等（均为 Δy）。

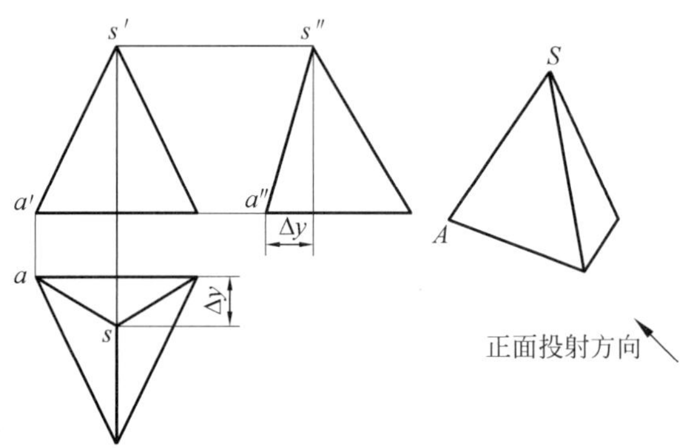

图 3.7　立体上直线的投影

3.2.2　各种位置直线的投影特性

空间直线根据其对三个投影面的位置不同，可分为三类：投影面平行线、投影面垂直线和一般位置直线。投影面平行线和投影面垂直线又称为特殊位置直线。

1. 投影面平行线

平行于一个投影面，与另外两个投影面都倾斜的直线称为投影面平行线。它平行于一个投影面，与另外两个投影面倾斜。与 H 面平行的直线称为水平线，与 V 面平行的直线称为正平线，与 W 面平行的直线称为侧平线。

投影面平行线的投影特性为：在所平行的投影面上的投影为一反映实长的倾斜直线；其余两个投影分别为平行于相应投影轴且长度缩短的直线。它们的投影图、投影特性及其在三视图中的应用见表3.1。

表3.1 投影面平行线的投影特性

类型	立体图	立体三视图	直线投影图	投影特性
正平线	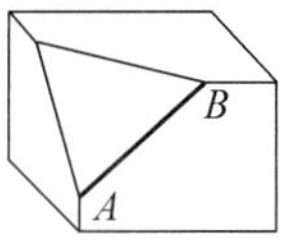	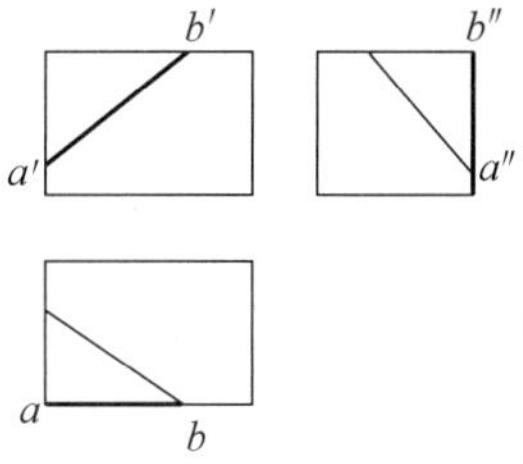	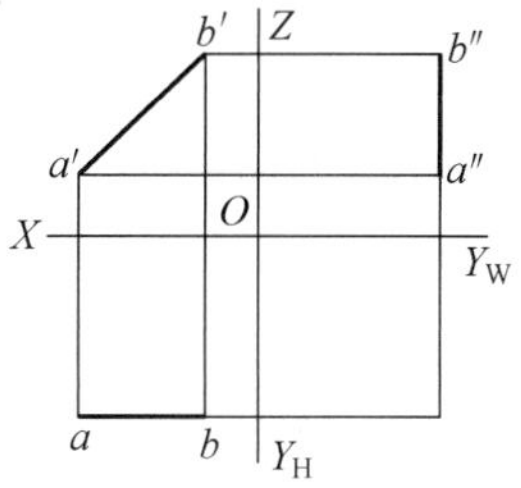	(1) $ab // OX$，$a''b'' // OZ$，长度缩短； (2) $a'b'$反映实长
水平线	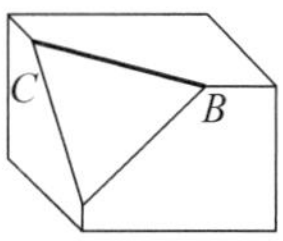	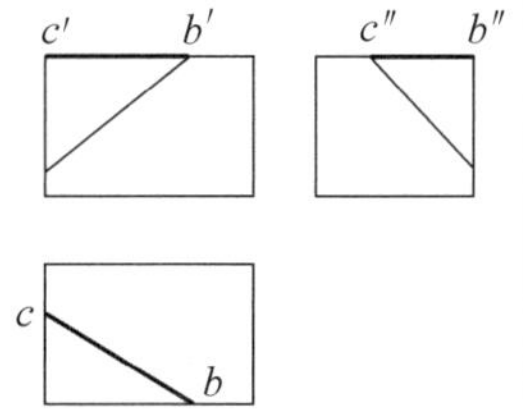	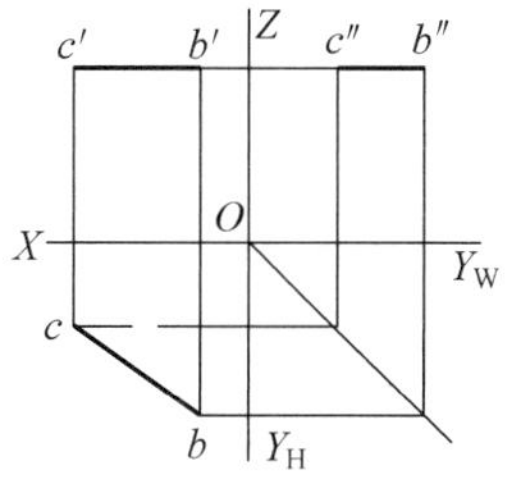	(1) $c'b' // OX$，$c''b'' // OY_W$，长度缩短； (2) cb 反映实长
侧平线	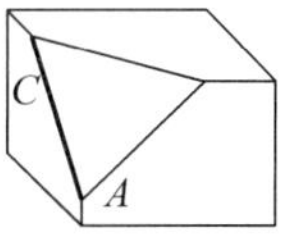	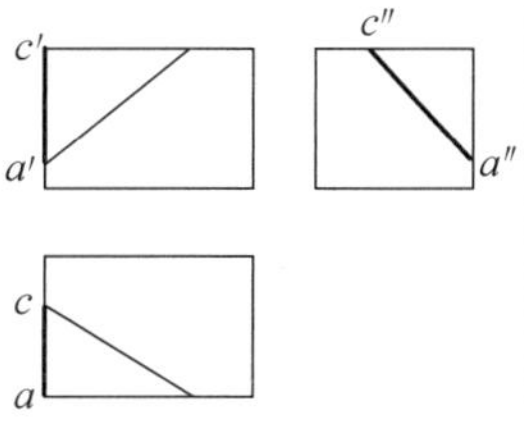	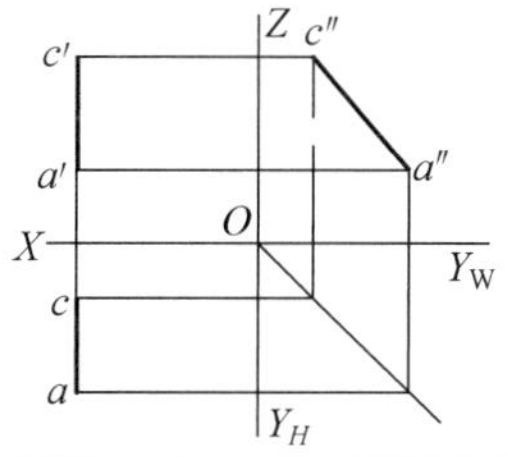	(1) $c'a' // OZ$，$ca // OY_H$，长度缩短； (2) $c''a''$反映实长

2. 投影面垂直线

与一个投影面垂直的直线称为投影面垂直线。它垂直于一个投影面，与另外两个投影面平行。与H面垂直的直线称为铅垂线，与V面垂直的直线称为正垂线，与W面垂直的直线称为侧垂线。

投影面垂直线的投影特性为：在所垂直的投影面上的投影积聚为一点；其余两个投影均为平行于某一投影轴且反映实长的直线。它们的投影图、投影特性及其在三视图中的应用见表3.2。

3. 一般位置直线

一般位置直线与三个投影面都倾斜，因此在三个投影面上的投影都是长度缩短的倾斜直线，如图3.6及图3.8中的AB直线，图3.7中的SA直线等。

表 3.2　投影面垂直线的投影特性

类型	立体图	立体三视图	直线投影图	投影特性
正垂线				(1) $a'b'$ 积聚成一点； (2) $ab /\!/ OY_H$，$a''b'' /\!/ OY_W$，并反映实长
铅垂线				(1) ac 积聚成一点； (2) $a'c' /\!/ OZ$，$a''c'' /\!/ OZ$，并反映实长
侧垂线				(1) $a''d''$ 积聚成一点； (2) $a'd' /\!/ OX$，$ad /\!/ OX$，并反映实长

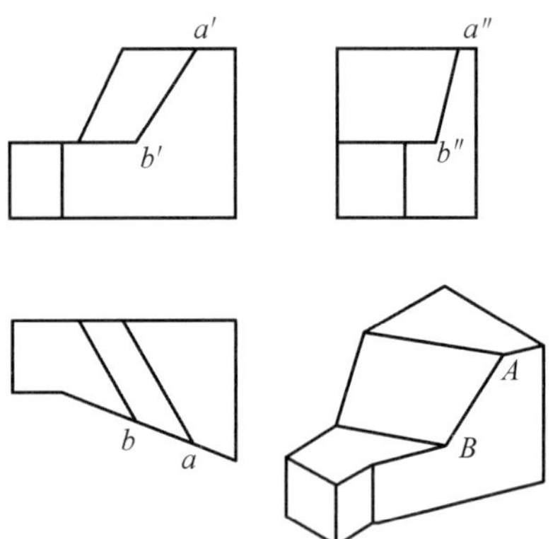

图 3.8　三视图中一般位置直线的投影

3.3　平面的三面投影

一般情况下，平面图形的投影仍是其类似形。特殊情况下，若平面垂直于投影面，则平面在该投影面上的投影积聚为一条直线。

3.3.1　平面的投影

平面的投影可由围成平面的各边及顶点的投影确定，如图 3.9 所示。

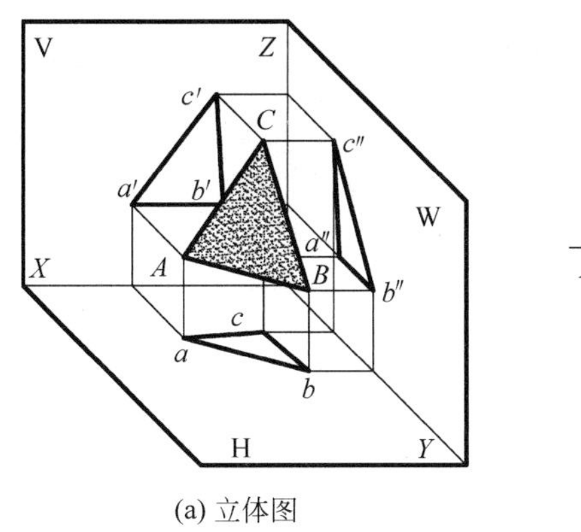

(a) 立体图

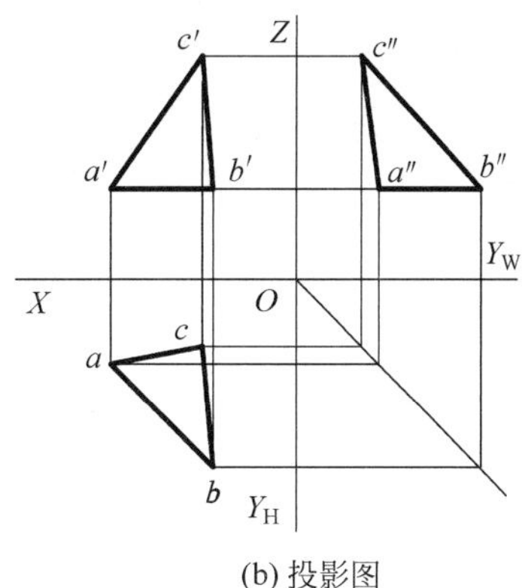

(b) 投影图

图 3.9 平面的投影

立体上的平面是由若干条线段围成的平面图形，因此，立体上平面的投影就是这些线段的投影。平面的三面投影也应符合“长对正、高平齐、宽相等”的投影规律。

3.3.2 各种位置平面的投影特性

空间平面根据其对三个投影面的位置不同，可分为三类：投影面垂直面、投影面平行面和一般位置平面。投影面垂直面和投影面平行面又称为特殊位置平面。

1. 投影面垂直面

在三投影面体系中，垂直于一个投影面、倾斜于另外两个投影面的平面，称为投影面垂直面。垂直于 H 面的平面，称为铅垂面；垂直于 V 面的平面，称为正垂面；垂直于 W 面的平面，称为侧垂面。

投影面垂直面的投影特性为：在所垂直的投影面上的投影积聚为一倾斜于相应投影轴的直线；其余两个投影均为小于实形的类似形。它们的投影图、投影特性及其在三视图中的应用见表 3.3。

表 3.3 投影面垂直面的投影特性

类型	立体图	立体三视图	平面投影图	投 影 特 性
正垂面	S	s′ s″ s	Z X O Y_W Y_H	(1) 正面投影积聚成直线； (2) 水平投影和侧面投影为类似形

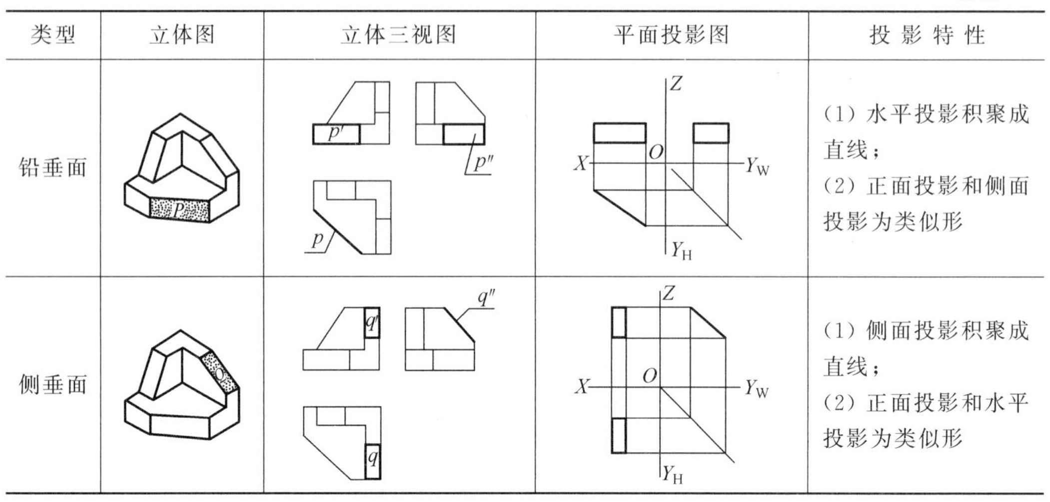

续表

类型	立体图	立体三视图	平面投影图	投影特性
铅垂面				(1) 水平投影积聚成直线； (2) 正面投影和侧面投影为类似形
侧垂面				(1) 侧面投影积聚成直线； (2) 正面投影和水平投影为类似形

2. 投影面平行面

在三投影面体系中，平行于一个投影面、垂直于另外两个投影面的平面，称为投影面平行面。平行于 H 面的平面，称为水平面；平行于 V 面的平面，称为正平面；平行于 W 面的平面，称为侧平面。

投影面平行面的投影特性为：在所平行的投影面上的投影反映实形；其余两个投影积聚为平行于相应投影轴的直线。它们的投影图、投影特性及其在三视图中的应用见表 3.4。

表 3.4　投影面平行面的投影特性

类型	立体图	立体三视图	平面投影图	投影特性
正平面				(1) 正面投影反映实形； (2) 水平投影积聚成直线，且平行于 OX 轴； (3) 侧面投影积聚成直线，且平行于 OZ 轴
水平面				(1) 水平投影反映实形； (2) 正面投影积聚成直线，且平行于 OX 轴； (3) 侧面投影积聚成直线，且平行于 OY_W 轴

续表

类型	立体图	立体三视图	平面投影图	投影特性
侧平面				(1) 侧面投影反映实形； (2) 正面投影积聚成直线，且平行于 OZ 轴； (3) 水平投影积聚成直线，且平行于 OY_H 轴

3. 一般位置平面

在三投影面体系中，与三个投影面均倾斜的平面，称为一般位置平面。图 3.9 及图 3.10 中所示的△ABC 平面均为一般位置平面。

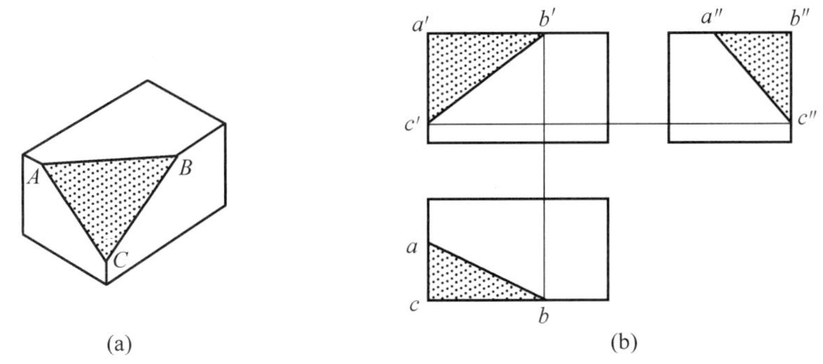

图 3.10　形体上的一般位置平面及其投影

一般位置平面的投影特性为：三个投影均为小于实形的类似形。

若平面的三面投影都是类似形，则该平面一定是一般位置平面。

【例 3.2】 运用上述三类平面的投影特性，分析图 3.11 所示形体上各面的空间位置。

图 3.11 所示是一个由五个平面形围成的形体。顶面为△ABC，底面为△DEF，三侧面为四边形 $BCEF$、$ABFD$ 和 $ACED$。

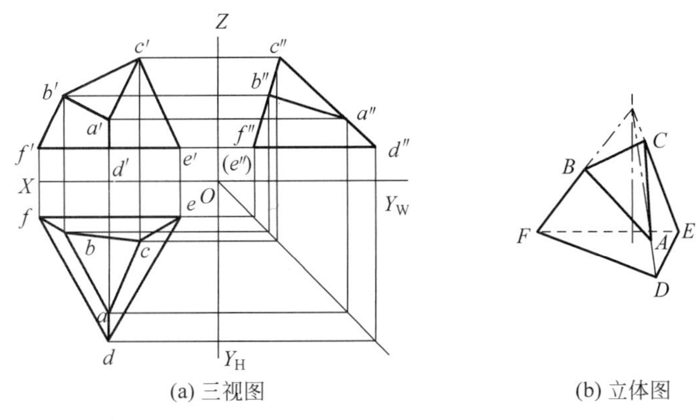

(a) 三视图　(b) 立体图

图 3.11　三视图中面的投影分析

截头三棱锥
三维模型

$\triangle ABC$ 的三面投影都是类似的三角形，分别是 $\triangle abc$、$\triangle a'b'c'$ 和 $\triangle a''b''c''$，因而可以确认 $\triangle ABC$ 是一般位置平面。

$\triangle DEF$ 的正面投影为直线 $d'e'f'$，$d'e'f' /\!/ OX$ 轴；侧面投影为直线 $d''e''f'' /\!/ OY_W$ 轴；水平投影为 $\triangle def$。可以判定 $\triangle DEF$ 是水平面，其水平投影反映 $\triangle DEF$ 的实形。

四边形 $BCEF$ 的侧面投影 $b''c''(e'')f''$ 是与 OZ 轴倾斜的直线，水平投影和正面投影 $bcef$、$b''c''e''f''$ 为类似形，可以判定 $BCEF$ 为侧垂面。

四边形 $ACED$ 的三面投影 $aced$、$a'c'e'd'$ 和 $a''c''e''d''$ 均为类似形，可以判定四边形 $ACED$ 是一般位置平面。同理，可判定四边形 $ABFD$ 也是一般位置平面。

3.4 平面上点和直线的投影

3.4.1 平面上的直线

直线在平面上的条件：

(1) 一直线通过属于该平面的两点；

(2) 一直线通过属于该平面的一点，且平行于属于该平面的另一直线。

【例 3.3】 如图 3.12 所示，已知平面 $\triangle ABC$，试作出属于该平面的任一直线。

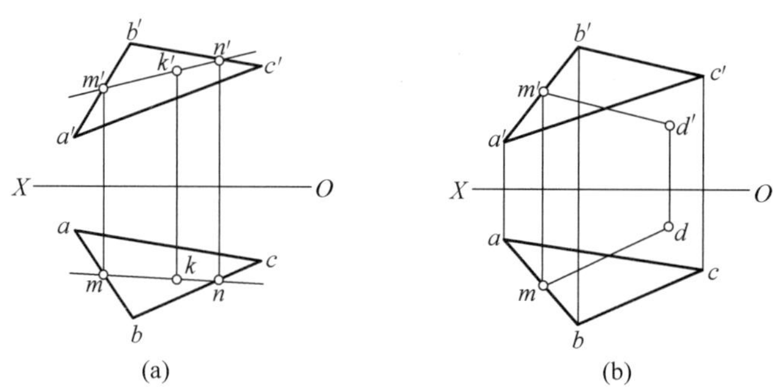

图 3.12 属于平面的直线

作法一(根据条件(1)作图，如图 3.12(a)所示)：

任取属于直线 AB 的一点 M，它的投影分别为 m 和 m'；再取属于直线 BC 的一点 N，它的投影分别为 n 和 n'。连接两点的同面投影。由于 M、N 皆属于平面，所以 mn 和 $m'n'$ 所表示的直线 MN 必属于 $\triangle ABC$ 平面。

作法二(根据条件(2)作图，如图 3.12(b)所示)：

通过属于平面的任一点 M(投影为 m 和 m')，作直线 MD(投影为 md 和 $m'd'$)平行于已知直线 BC(投影为 bc 和 $b'c'$)，则直线 MD 必属于 $\triangle ABC$。

3.4.2 平面上的点

点在平面上的条件：若点属于直线，直线属于一平面，则点必属于该平面。

因此，在取属于平面的点时，首先应取属于平面的线，再取属于该线的点。

图 3.12(a)表示了在属于△ABC 平面的直线 MN 上取一点 K 的作图方法。由于 K 在 MN 上，所以根据点属于直线的特性可知，k'必在 $m'n'$上，再过 k'作 OX 轴的垂线，交 mn 于 k，则 k 和 k'即为点 K 的两面投影。

【例 3.4】 如图 3.13(a)所示，已知属于△ABC 平面的点 E 的正面投影 e'，求作其水平投影。

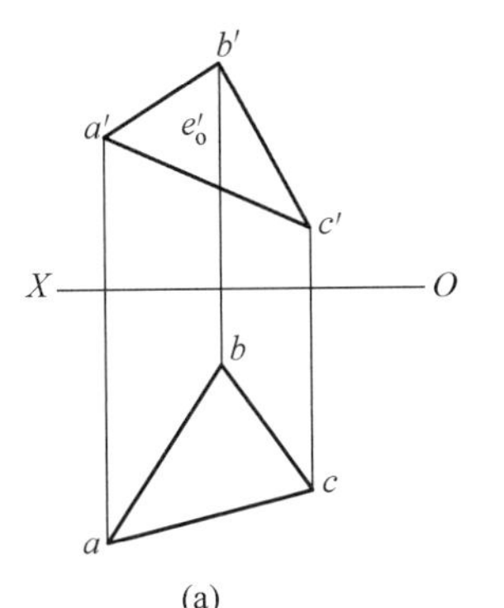

(a)

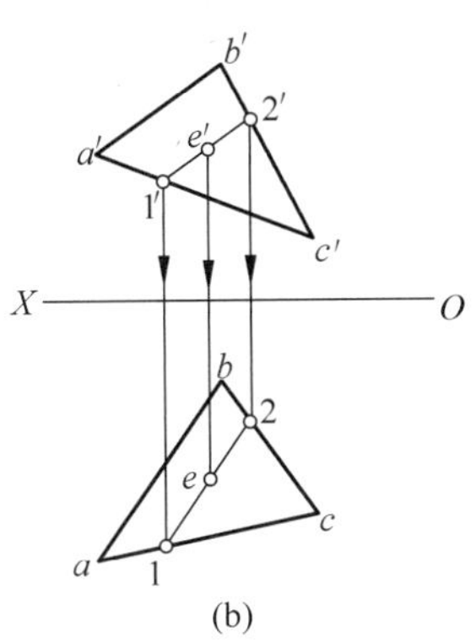

(b)

图 3.13 属于平面的点

分析：因为点 E 属于△ABC 平面，故过 E 作一条属于△ABC 平面的直线，则点 E 的投影必属于相应直线的同面投影。

具体作图过程如图 3.13(b)所示，过 E 作直线 $I\ II$ 平行于 AB，即过 e'作 $1'2'/\!/a'b'$，再求出水平投影 12；然后过 e'作 OX 轴的垂线与 12 相交，交点即为点 E 的水平投影 e。

思考与练习题

1. 简答题

(1) 平面立体的三视图与立体顶点、边线及围成立体的各平面图形的投影有什么关系？

(2) 已知一点的任意两个投影，能够作出第三个投影吗？为什么？

(3) 投影面平行线和投影面垂直线各有什么位置特点？其各分为哪三种？投影分别有什么特性？

(4) 投影面平行面和投影面垂直面各有什么位置特点？其各分为哪三种？投影分别有什么特性？

2. 分析题

(1) 分析图 3.14 所示立体及其三视图中各投影面平行线的投影，并判断其具体类型及重影点的可见性(不可见的点加括号表示)。

(2) 分析图 3.15 所示立体及其三视图中各投影面垂直线的投影,并判断其具体类型及端点的可见性(不可见的点加括号表示)。

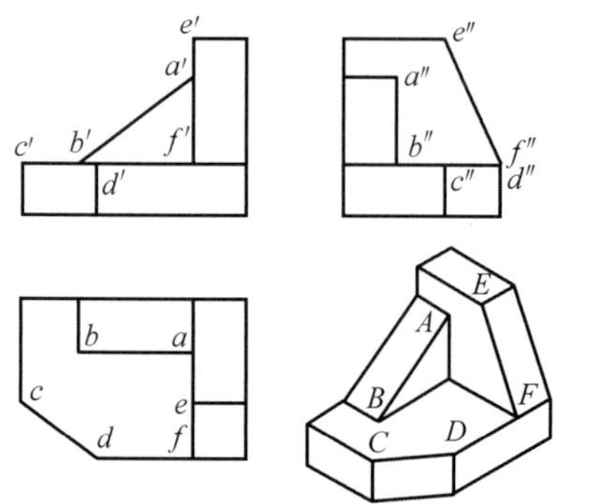

图 3.14　三视图中投影面平行线的投影

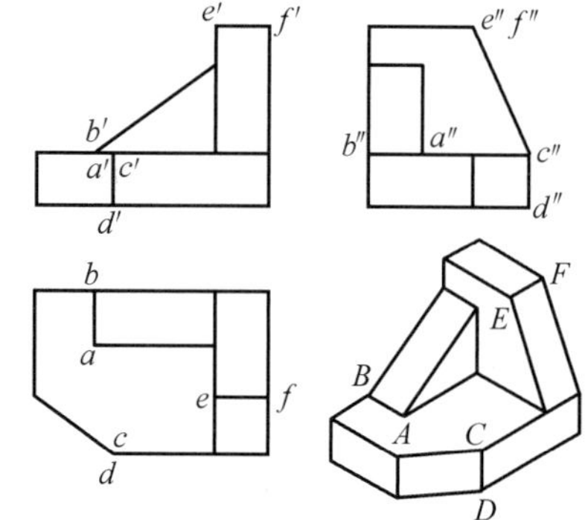

图 3.15　三视图中投影面垂直线的投影

(3) 分析图 3.16 所示立体及其三视图中各投影面垂直面的投影,并判断其具体类型。

(4) 分析图 3.17 所示立体及其三视图中各投影面平行面的投影,并判断其具体类型。

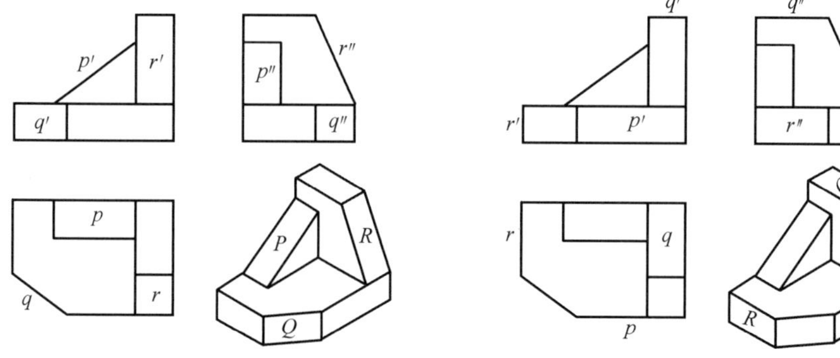

图 3.16　三视图中投影面垂直面的投影　　图 3.17　三视图中投影面平行面的投影

(5) 对照图 3.18 所示立体及其三视图,找出其中的一般位置平面 P,在图中分别进行标注,并分析倾斜平面投影的类似性特征。

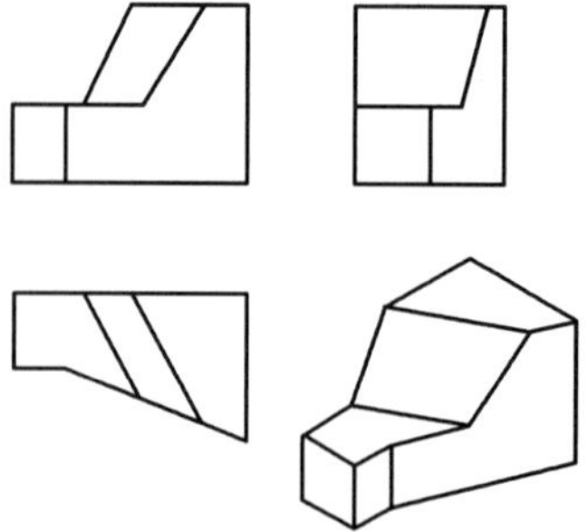

图 3.18　立体及其三视图中的一般位置平面

第4章 基本几何体及其表面上点的投影

章前思考

图 4.1 所示形体为工程中常见的零、部件，请分析它们分别是由哪些基本几何体组合而成的？你能画出这些基本几何体的三视图吗？试试看。

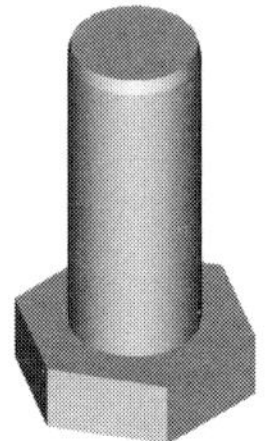

(a) 螺栓毛坯

(b) 水管阀门

图 4.1　常见零、部件的几何构成

任何复杂的立体都可以视为由若干基本几何体经过叠加、切割以及穿孔等方式而形成。熟悉常见基本几何体及其三视图，对于深入学习制图是非常重要的。基本几何体按其表面性质分为平面几何体和曲面几何体两类。平面几何体的表面完全由平面所围成，如棱柱、棱锥和棱台等；曲面几何体的表面由曲面或曲面和平面共同围成，如圆柱、圆锥、圆球等。

在进行工程形体的作图时，常常归结到立体表面上取点的问题，即已知立体表面上点的一个投影，求它的其余两个投影。解决此类问题需要熟悉基本几何体表面上点的投影作图，本章将介绍常见基本几何体的视图及其表面上点的投影的作图方法，目的是为后续内容的学习和作图奠定基础。

4.1　平面几何体及其表面上点的投影

工程上常见的平面几何体有棱柱和棱锥，棱台可看作是棱锥的截切。

平面几何体的表面是由若干个平面所围成，几何体上相邻两表面的交线称为棱线。画平面几何体的视图，实质就是画出围成几何体的各表面、棱线和顶点的投影，并将不可见部分的投影用虚线表示。

平面几何体的表面完全由平面所围成，因此求平面几何体表面上点的投影，可归结为求平面上点的投影。首先确定出点所在的平面，然后按照第 3 章中介绍的平面上取点的方法即可求出点的投影。

4.1.1　棱柱及其表面上点的投影

正棱柱的形体特征：顶面和底面为平行且相同的正多边形，各棱面均与顶面和底面相垂直，均为矩形。

1. 视图分析

图 4.2 所示为一正六棱柱的立体图及其三视图。正六棱柱的三视图即六棱柱的顶面、底面、各棱面和棱线在三个投影面上投影的组合，这些平面和直线的投影均符合第 3 章所述平面和直线的投影特性。如六棱柱的顶面和底面为水平面，它们在俯视图中的投影为反映实形的正六边形，在主视图和左视图中的投影积聚为一直线段。棱面 $ABCD$ 为铅垂面，因此，在俯视图中的投影积聚为一直线段，而在主视图和左视图中的投影均为类似形(矩形)。棱线 AD 为铅垂线，在俯视图中的投影积聚为六边形的顶点 $a(d)$，在主视图和左视图中的投影为反映实长的直线段。

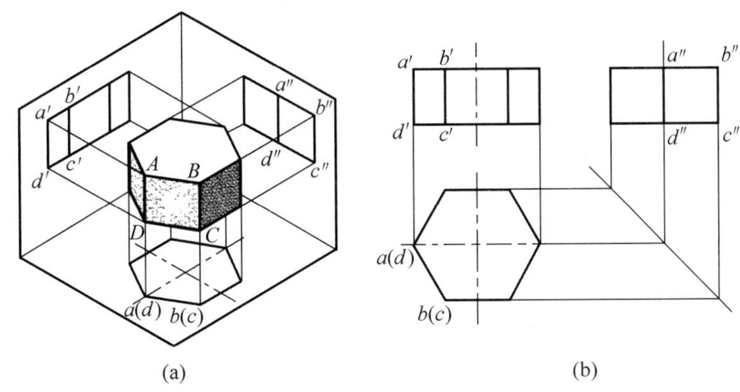

(a) (b)

图 4.2 正六棱柱及其三视图

正六棱柱三维模型

不难分析，正置正棱柱三视图的特征是：一个视图为多边形，多边形反映顶面和底面的实形，其边线为各棱面的积聚性投影；其他两个视图均由矩形组成，图形外轮廓内的线为棱线的投影，矩形为棱面的投影。

2. 视图画法

以六棱柱为例，画棱柱三视图的步骤如图 4.3 所示。

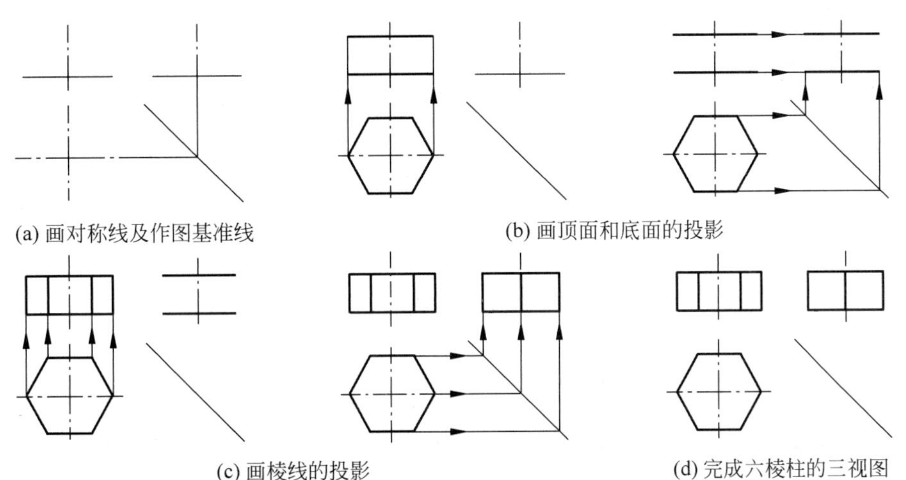

(a) 画对称线及作图基准线 (b) 画顶面和底面的投影

(c) 画棱线的投影 (d) 完成六棱柱的三视图

图 4.3 棱柱三视图的画图步骤

正六棱柱三视图画法视频

3. 棱柱表面上点的投影

棱柱的各个表面均为特殊位置平面，因此可利用平面投影的积聚性来求点的投影。点的可见性依据点所在平面的可见性来判断，若平面可见或投影具有积聚性，则该平面上点的同面投影为可见，反之为不可见。

【例 4.1】 如图 4.4 所示，已知棱柱面上点 A 和 B 的正面投影 $a'(b')$，求作它们的水平投影和侧面投影。

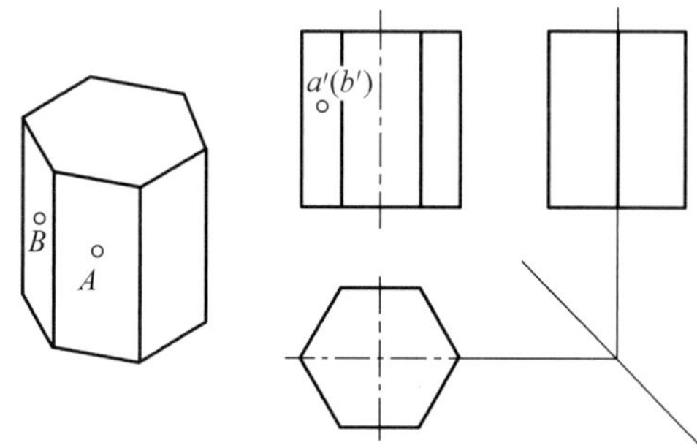

图 4.4　棱柱表面上点的投影

由正面投影可知，点 A 和 B 位于六棱柱的左前或左后棱面上，由于点 A 的正面投影 a' 可见，可判断点 A 位于左前棱面上；点 B 的正面投影 b' 不可见，可判断点 B 位于左后棱面上。由于六棱柱的各个棱面均为铅垂面，其水平投影积聚为直线，则棱面上所有点的水平投影必定位于该直线之上。因此，可利用平面的积聚性投影直接求得点的水平投影，然后根据点的投影规律由正面投影和水平投影求出侧面投影。

具体作图过程如图 4.5 所示。

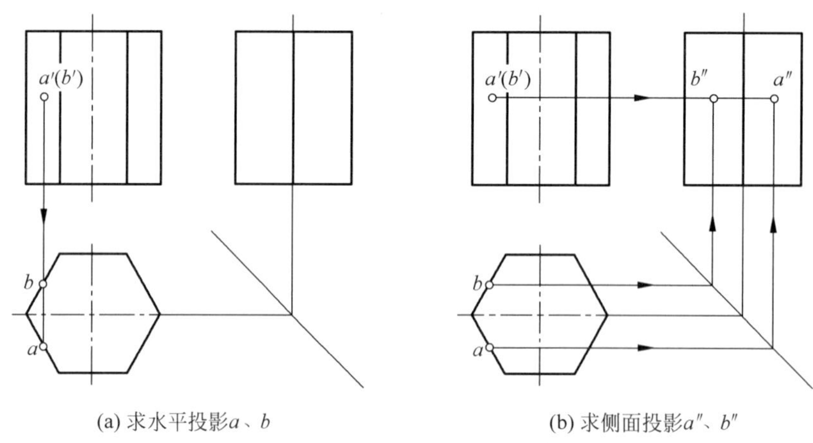

(a) 求水平投影 a、b　　(b) 求侧面投影 a''、b''

图 4.5　求棱柱表面上点的投影

4.1.2　棱锥及其表面上点的投影

正棱锥的形体特征：底面为多边形，各棱面均为三角形，各条棱线交于一点（即锥顶),锥顶位于过底面中心的垂直线上。

1. 视图分析

图4.6所示为一正三棱锥的立体图及其三视图。棱锥的底面△ABC为一水平面,它在俯视图中的投影△abc反映实形,在主视图和左视图中的投影分别积聚为一直线段。棱锥的棱面△SAB、△SBC是一般位置平面,它们在各个视图中的投影均为类似形。棱面△SAC为侧垂面,其在左视图中的投影$s''a''(c'')$积聚为一直线段,在主视图和俯视图中的投影均为类似形。三棱锥过锥顶S的各条棱线均为一般位置直线,在各个视图中的投影均为反映类似性的直线段,直线段交于锥顶的投影。

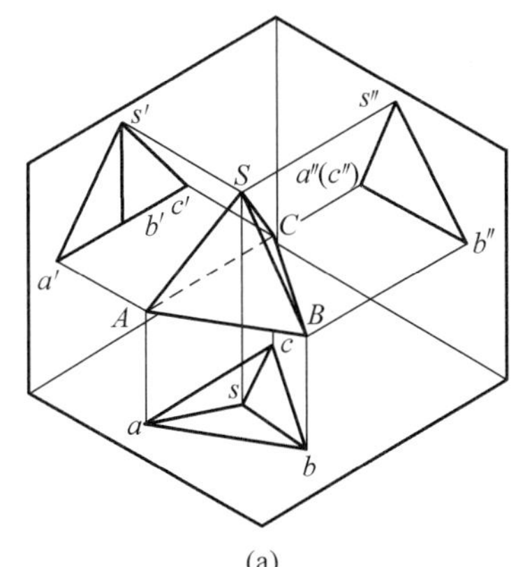

(a)

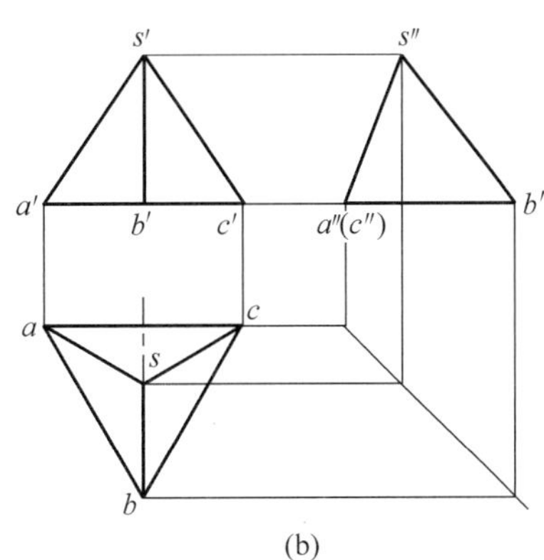

(b)

图4.6 正三棱锥及其三视图

可见,正置正棱锥三视图的特征是:三个视图均由三角形组成,其中一个视图的外形轮廓为多边形,反映底面的实形,其他两个视图的外形轮廓均为三角形;图形内的线为各棱线的投影,三角形为各棱面的投影。

2. 视图画法

以三棱锥为例,画棱锥三视图的步骤如图4.7所示。

3. 棱台的三视图

棱锥被平行于底面的平面截去其锥顶部分,所剩的部分称为棱台。不同棱台及其三视图如图4.8所示。

4. 棱锥表面上点的投影

棱锥的各个表面有的为特殊位置平面,有的为一般位置平面。对于特殊位置平面上的点,可利用平面投影的积聚性来求其投影;而一般位置平面上的点,需要利用辅助线法来求其投影。对于棱线上的点,可利用点的从属性求出其投影。

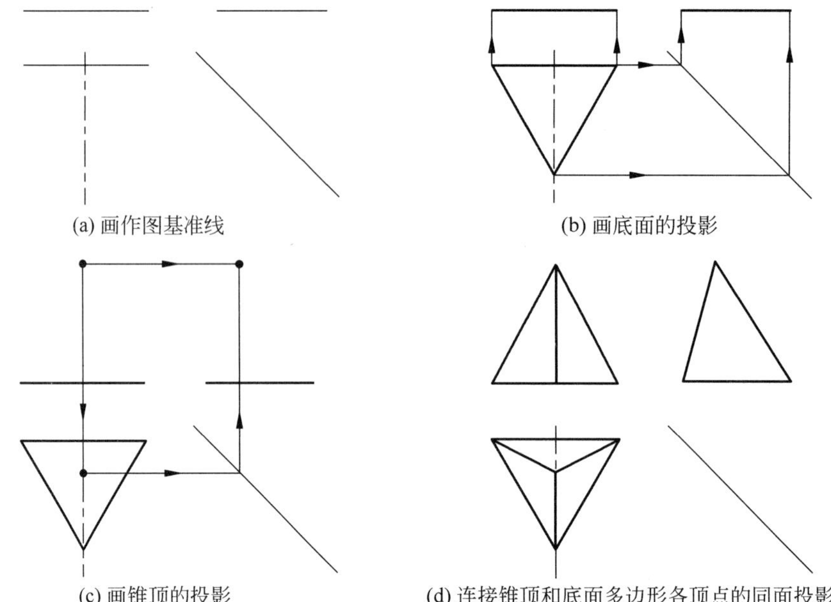

图 4.7　棱锥三视图的画图步骤

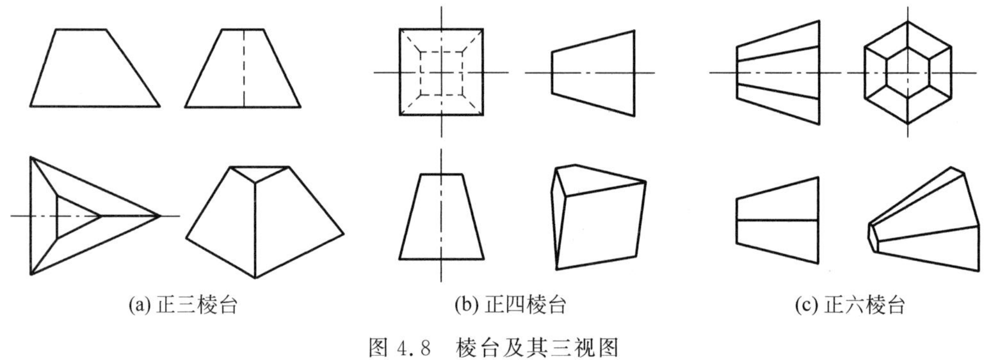

图 4.8　棱台及其三视图

辅助线法即先在平面内取一条辅助线，再在辅助线上取点。由于直线在平面内，点又在直线上，所以，点必定在平面上。所作辅助线应满足以下两个条件：①辅助线的各面投影便于求解；②所求点位于辅助线上。常用的辅助线有两种：平行于底边的辅助线及过锥顶的辅助线。

【例 4.2】 如图 4.9 所示，已知棱锥面上点 T 的正面投影 t'，求作它的水平投影和侧面投影。

由已知条件可知，点 T 位于三棱锥的左前棱面或后棱面上，由于点 T 的正面投影 t' 可见，可判断点 T 位于左前棱面（棱面 SAB）上。由于该棱面为一般位置平面，各面投影均无积聚性。因此，必须利用辅助线法来求其上点的投影。

采用过锥顶的辅助线，具体作图过程如图 4.10 所示。

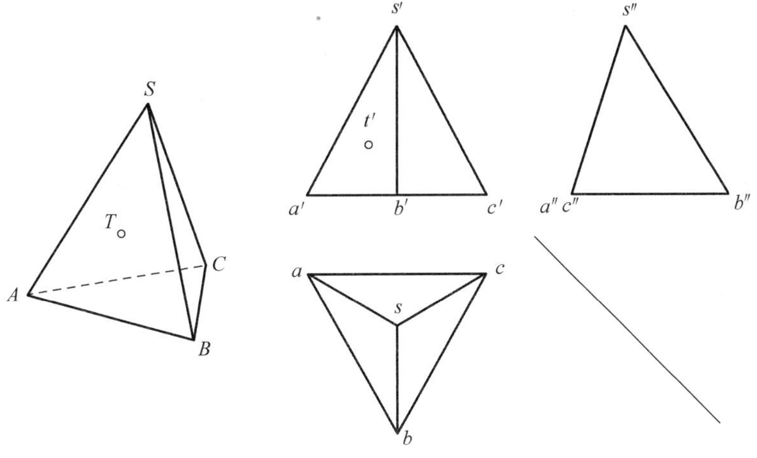

图 4.9 棱锥表面上点的投影

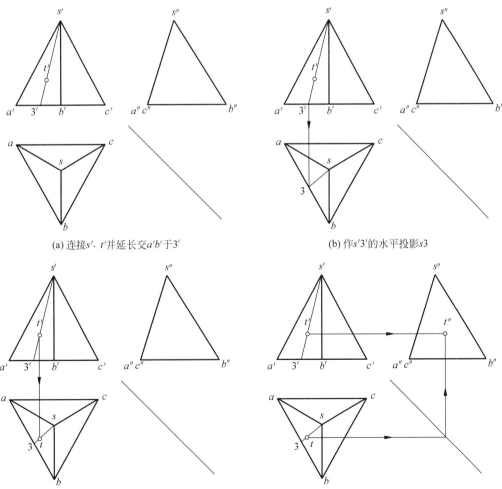

(a) 连接s'、t'并延长交$a'b'$于$3'$

(b) 作$s'3'$的水平投影$s3$

(c) 求点T的水平投影t

(d) 求点T的侧面投影t''

图 4.10 用过锥顶的辅助线求棱锥面上点的投影

4.2 曲面几何体及其表面上点的投影

常见的曲面几何体是回转体。回转体是由回转面或回转面和平面围成的立体。回转面是由一动线(可以是直线或曲线)绕轴线旋转而成的。该动线称为母线,回转面上任意位置的母线称为素线。

画回转体的视图,就是要画出其上回转面和平面的投影。由于回转面的表面光滑无棱,故在画回转面的投影时,必须按不同的投影方向,把确定该回转面范围的轮廓素线画出,这种轮廓素线同时也是回转面在视图上可见与不可见的分界线,又称为转向轮廓线。在回转体的视图中,轴线的非积聚性投影以及圆的对称中心线均需用点画线绘制。

工程上最常用的回转体有圆柱、圆锥和圆球等。

曲面几何体的表面由曲面或曲面和平面所围成,因此求曲面几何体表面上点的投影,实际上就是求它的平面或曲面上点的投影,其中求曲面上点的投影方法与求平面上点的投影方法类似。

4.2.1 圆柱及其表面上点的投影

圆柱由圆柱面、顶面和底面所围成,圆柱面由直线绕与其平行的轴线旋转而成。

1. 视图分析

图 4.11 所示为圆柱轴线垂直于 W 面时的立体图和三视图。圆柱的顶面和底面为侧平面,其在左视图中的投影为反映实形的圆,在主视图和俯视图中的投影积聚为一直线段。

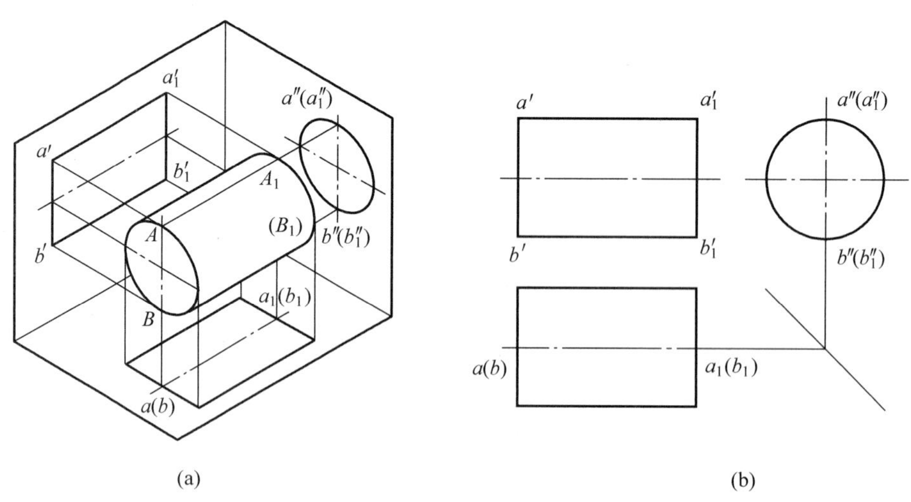

图 4.11 圆柱及其三视图

由于圆柱的轴线为侧垂线，圆柱面上所有的素线均为侧垂线，因此圆柱面在左视图中的投影积聚为圆周。圆柱面在主视图中的投影为一矩形，矩形的上下两条边是圆柱面上最上和最下两条素线的投影，也是前、后半圆柱面投影可见与不可见的分界线(即圆柱面投影的前后转向轮廓线)。圆柱面在俯视图中的投影也为一矩形，矩形的前后两条边是圆柱面上最前和最后两条素线的投影，也是上、下半圆柱面投影可见与不可见的分界线(即圆柱面投影的上下转向轮廓线)。

不难分析，正置圆柱三视图的特征是：一个视图为圆，该圆反映顶面和底面实形，圆的圆周是圆柱面的积聚性投影；其他两个视图为相等的矩形，矩形的两条相互平行的边分别是圆柱顶面和底面的积聚性投影，另两边是圆柱面投影的转向轮廓线。

在圆柱的三视图中，为圆的视图上须用点画线画出中心线，两中心线的交点为圆柱轴线的投影；为矩形的两个视图上也须用点画线画出轴线的投影。

2. 视图画法

以轴线垂直于 H 面的圆柱为例，画圆柱三视图的步骤如图 4.12 所示。

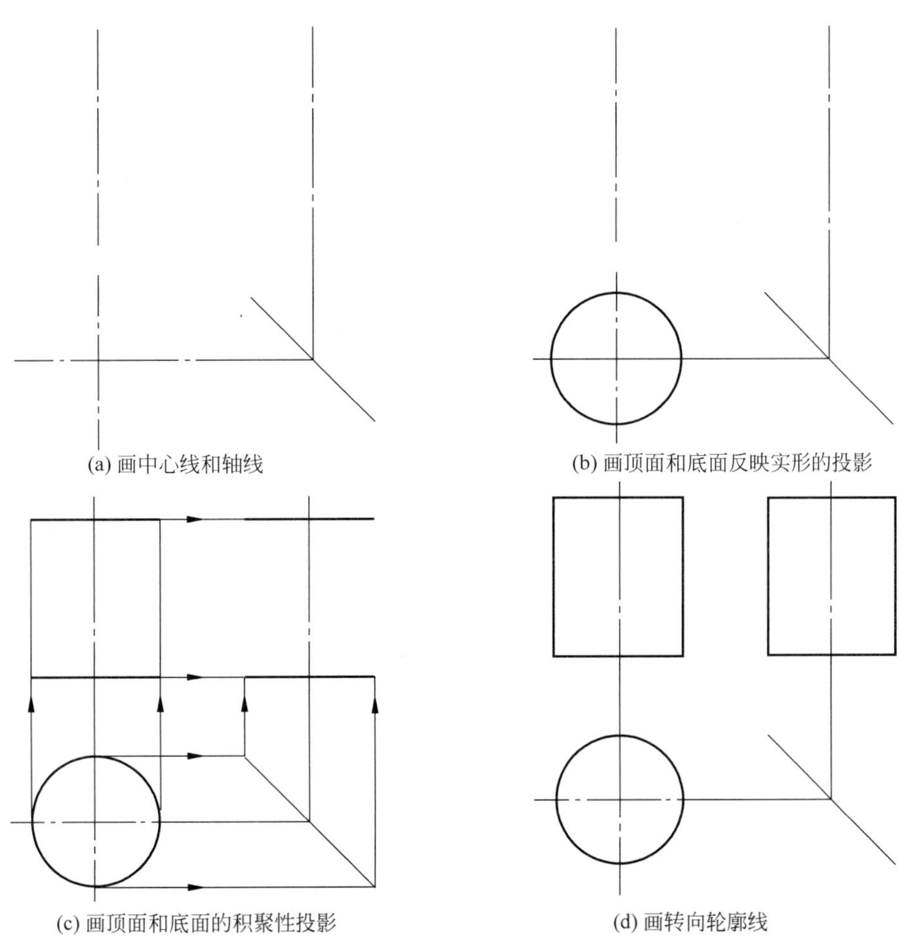

(a) 画中心线和轴线
(b) 画顶面和底面反映实形的投影
(c) 画顶面和底面的积聚性投影
(d) 画转向轮廓线

图 4.12　圆柱三视图的画图步骤

3. 圆柱表面上点的投影

对于轴线处于投影面垂直线位置的圆柱，其顶面、底面及圆柱面均为特殊位置面，因此，其表面上的点可利用面的积聚性投影求出其投影。对于圆柱转向轮廓线上的点，可利用点的从属性求出其投影。

【例 4.3】 如图 4.13 所示，已知半圆柱面上点 A 的正面投影 a'，求作它的水平投影和侧面投影。

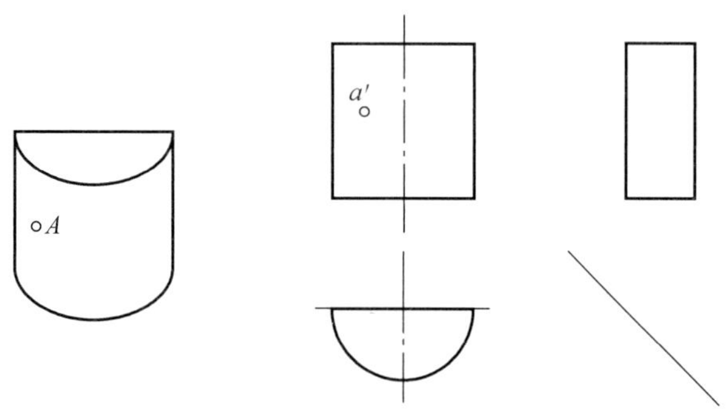

图 4.13　圆柱表面上点的投影

由正面投影可知，点 A 位于半圆柱的前半个圆柱面或后部平面上，由于点 A 的正面投影 a'可见，可判定点 A 位于半圆柱面左前$\frac{1}{4}$圆柱面。由于圆柱面垂直于水平面，其水平投影积聚为半圆周，则圆柱面上所有点的水平投影必定位于该段圆周上。因此，可利用面的积聚性投影直接求得点的水平投影，然后根据点的投影规律由正面投影和水平投影求出侧面投影。

具体作图过程如图 4.14 所示。

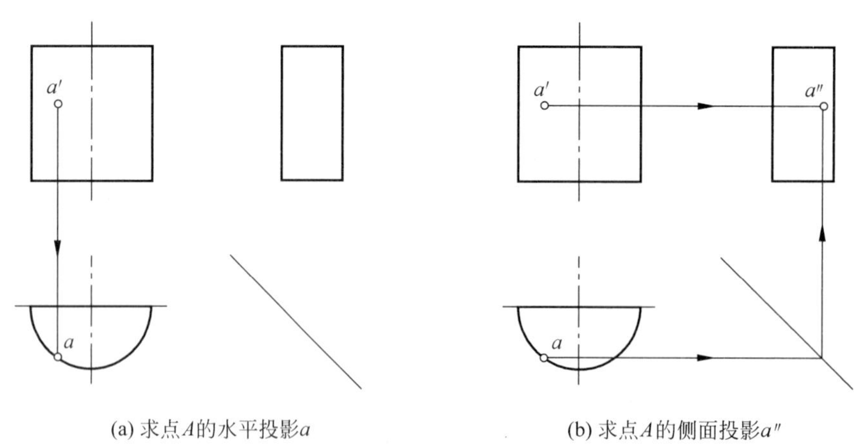

(a) 求点A的水平投影a　　(b) 求点A的侧面投影a''

图 4.14　求圆柱表面上点的投影

4.2.2 圆锥及其表面上点的投影

圆锥由圆锥面和底面所围成。圆锥面由直线绕与它相交的轴线旋转而成。

1. 视图分析

图4.15所示为轴线垂直于H面圆锥的立体图和三视图。圆锥的底面为水平面,其在俯视图中的投影为反映实形的圆,在主视图和左视图中的投影积聚为一直线段。

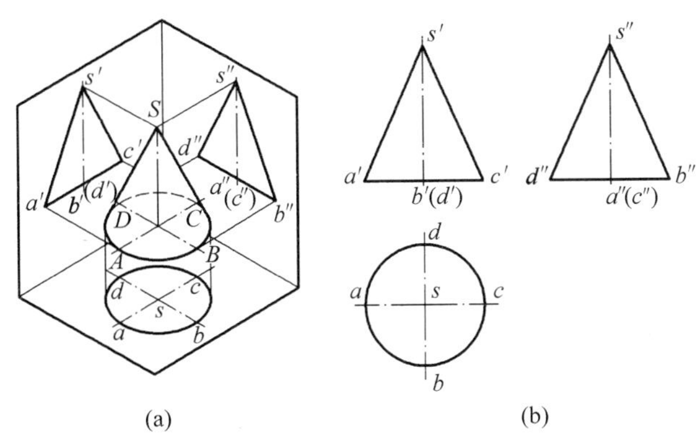

图4.15 圆锥及其三视图

圆锥面在俯视图中的投影与底面圆的投影重合,其在主视图中的投影为一三角形,三角形的左右两条边是圆锥面上最左和最右两条素线的投影,也是前、后两半个圆锥面投影可见与不可见的分界线(即圆锥面投影的前后转向轮廓线)。圆锥面在左视图中的投影也为一三角形,三角形的前后两条边是圆锥面上最前和最后两条素线的投影,也是左、右两半个圆锥面投影可见与不可见的分界线(即圆锥面投影的左右转向轮廓线)。

可见,正置圆锥三视图的特征是:一个视图为圆,该圆反映底面实形,同时也是圆锥面的投影;其他两个视图为相等的等腰三角形,三角形的底边是圆锥底面的积聚性投影,其余两边是圆锥面投影的转向轮廓线。

在圆锥的三视图中,为圆的视图上须用点画线画出中心线,中心线的交点为圆锥轴线的投影,同时也是锥顶的投影;为三角形的两个视图上须用点画线画出轴线的投影。

2. 视图画法

以轴线垂直于W面的圆锥为例,画圆锥三视图的步骤如图4.16所示。

3. 圆台的三视图

圆锥被平行于其底面的平面截去其锥顶部分,所剩的部分叫作圆锥台,简称圆台。不同方位的圆台及其三视图如图4.17所示。

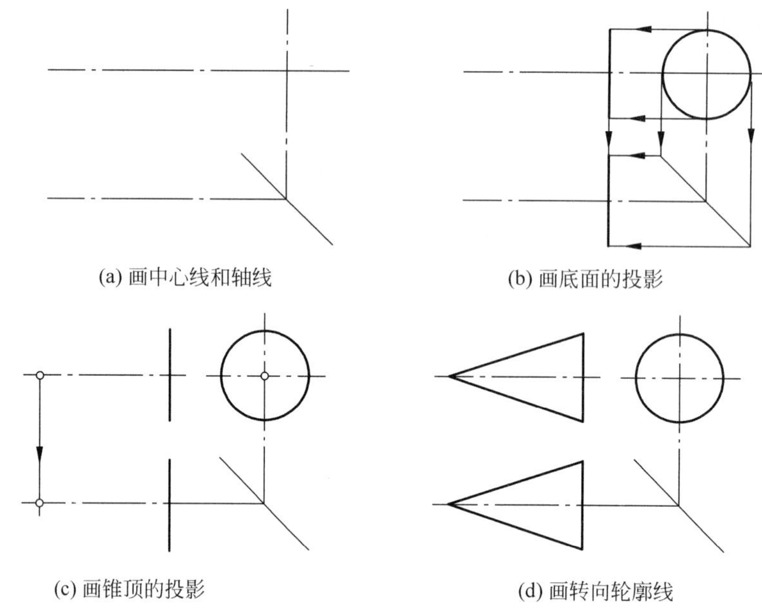

图 4.16　圆锥三视图的画图步骤

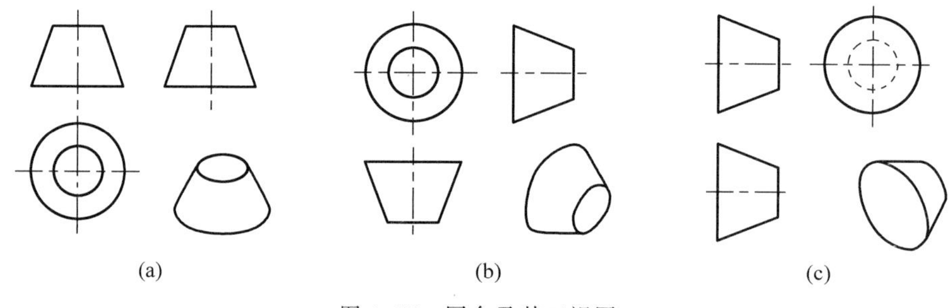

图 4.17　圆台及其三视图

4. 圆锥表面上点的投影

对于轴线处于投影面垂直线位置的圆锥，其底面为投影面平行面，底面上的点可利用面的积聚性投影求出其投影；对于圆锥转向轮廓线上的点，可利用点的从属性求出其投影；而圆锥面上的其余点均可利用锥面上的特殊辅助线（纬圆、素线）来求出其投影，分别称为辅助纬圆法和辅助素线法。

【例 4.4】 如图 4.18 所示，已知圆锥面上点 B 的正面投影 b'，求作它的水平投影和侧面投影。

由已知条件可知，点 B 为圆锥面上的一般点，由于其正面投影 b' 可见，可判断点 B 位于前半个圆锥面上。因为圆锥面的各面投影均无积聚性，因此，可利用辅助纬圆法求其上点的投影，具体作图过程如图 4.19 所示。

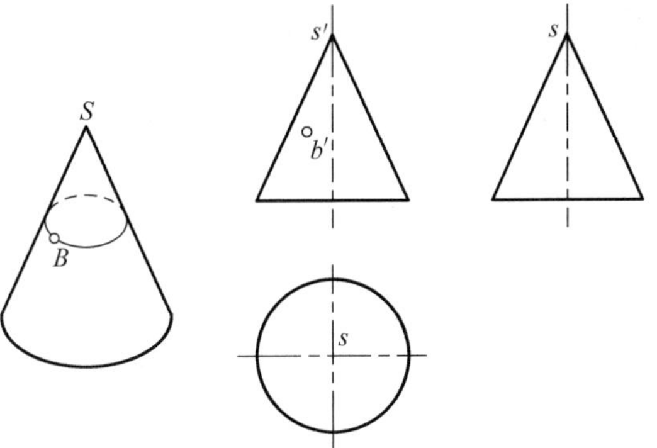

图 4.18　圆锥表面上点的投影

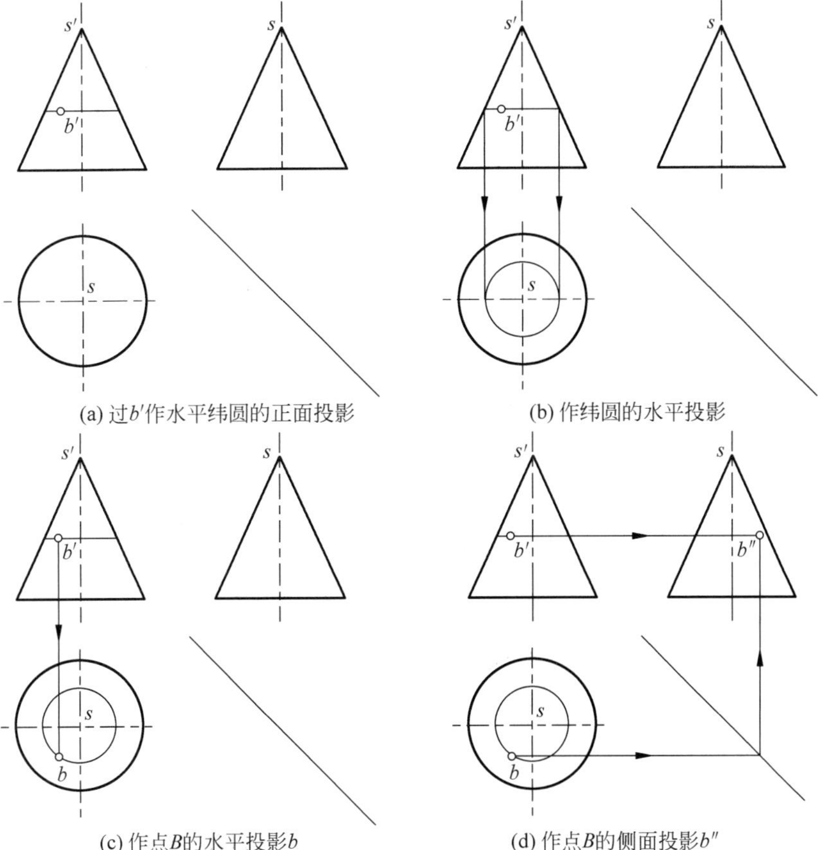

图 4.19　利用辅助纬圆法求圆锥面上点的投影

作图视频

4.2.3 圆球及其表面上点的投影

圆球由球面所围成。球面由一圆绕其任一直径为轴旋转而成。

1. 视图分析

如图 4.20 所示，圆球的三个视图均为圆，其直径与圆球直径相等，它们分别是圆球面三个投影的转向轮廓线。主视图中的圆是球面上最大正平圆的投影，它是前、后两半个球面投影可见与不可见的分界线(即球面投影的前后转向轮廓线)；俯视图中的圆是球面上最大水平圆的投影，它是上、下两半个球面投影可见与不可见的分界线(即球面投影的上下转向轮廓线)；左视图中的圆是球面上最大侧平圆的投影，它是左、右两半个球面投影可见与不可见的分界线(即球面投影的左右转向轮廓线)。这三个最大圆在另两个视图中的投影，都与圆的相应中心线重合。

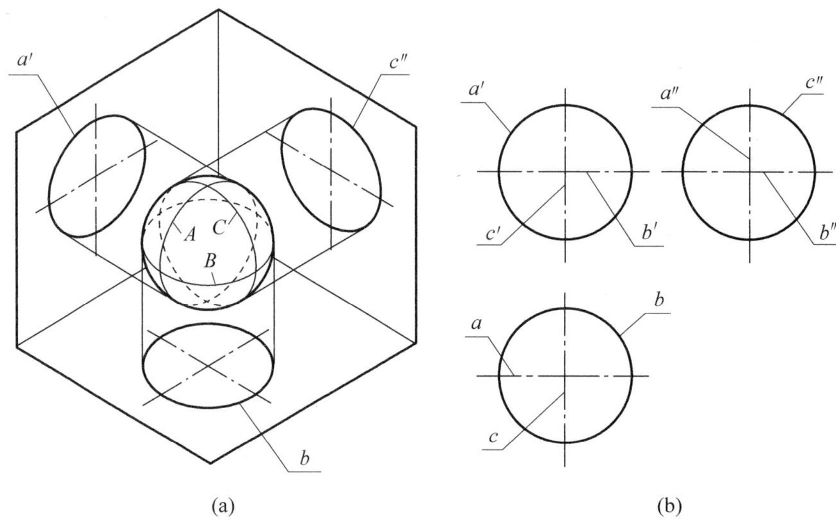

图 4.20　圆球及其三视图

不难分析，圆球三视图的特征是：三个视图都是与球直径相等的圆，它们分别是球面对不同投影面投影的转向轮廓线。

在圆球的三视图中，各视图上均须用点画线画出圆的中心线。

2. 视图画法

画圆球三视图的步骤如图 4.21 所示。

3. 圆球表面上点的投影

由于球面的三个投影均无积聚性，除位于转向轮廓线上的点，投影可利用从属性直接求出外，球面上的其余点均需利用辅助纬圆法求出其投影。

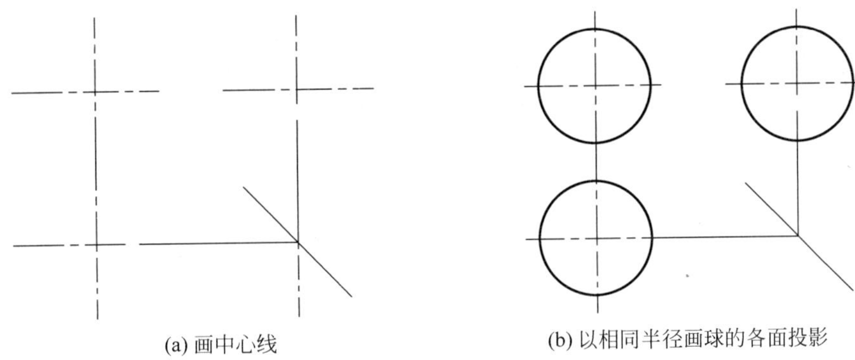

(a) 画中心线
(b) 以相同半径画球的各面投影

图 4.21　圆球三视图的画图步骤

【例 4.5】 如图 4.22 所示，已知半球面上点 B 的正面投影 b'，求作它的水平投影和侧面投影。

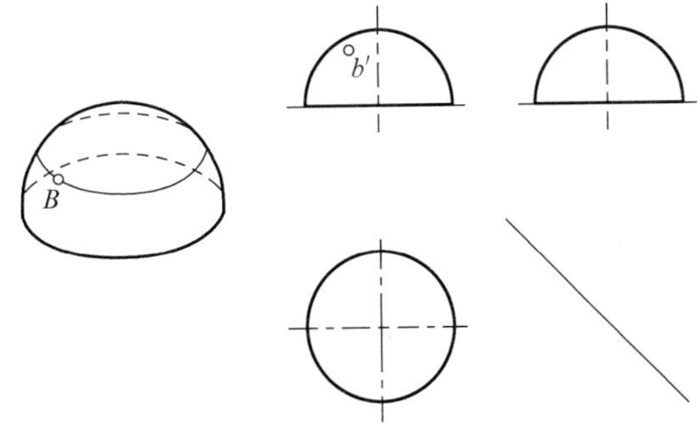

图 4.22　圆球表面上点的投影

由图 4.22 可知，点 B 为圆球面上的一般点，由于其正面投影 b'可见，可判断点 B 位于前$\frac{1}{4}$个球面上。由于圆球面的各面投影均无积聚性，因此，需利用纬圆来求其上点的投影。

具体作图过程如图 4.23 所示。

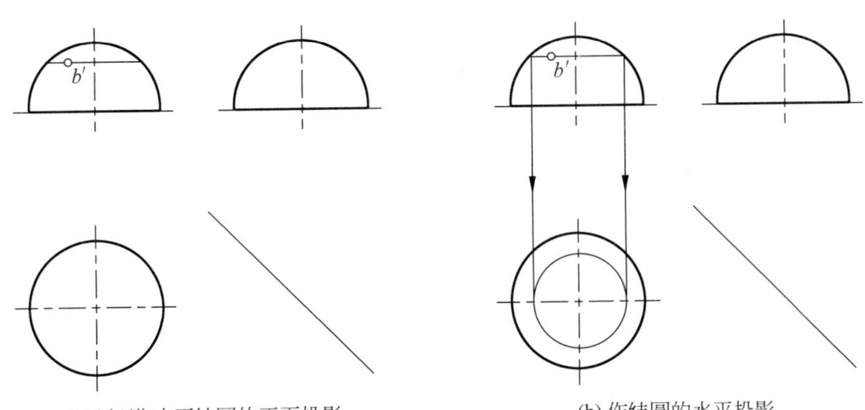

图 4.23　利用辅助纬圆法求圆球表面上点的投影

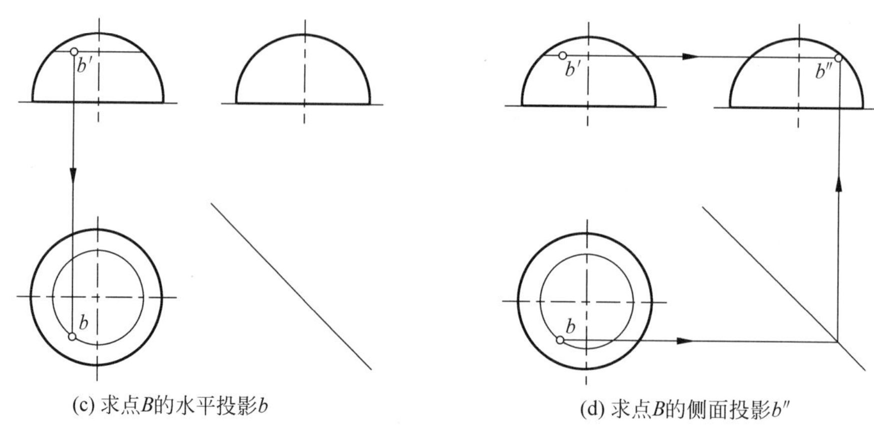

(c) 求点B的水平投影b　　(d) 求点B的侧面投影b''

图 4.23 （续）

思考与练习题

1. 简答题

（1）正置正棱柱的三视图具有哪些特征？

（2）正置正棱锥的各条棱线在三个视图中的投影一般是否具有积聚性？

（3）正置圆柱的三视图和正置圆锥的三视图有何不同？试分析两组三视图中圆视图的含义。

（4）基本几何体表面取点的方法有哪几种？在球面上取点能用辅助直线吗？为什么？

（5）哪些几何体表面上点的投影可以利用面投影的积聚性作图？哪些几何体表面上点的投影可以利用辅助纬圆法作图？

（6）如何判断立体表面上点的可见性？

2. 分析与作图题

（1）图 4.24 为一正五棱柱的三视图，请分析其顶面、底面和各侧面对投影面的相对位置及其三面投影，并完成其表面上点 A 的另两投影。

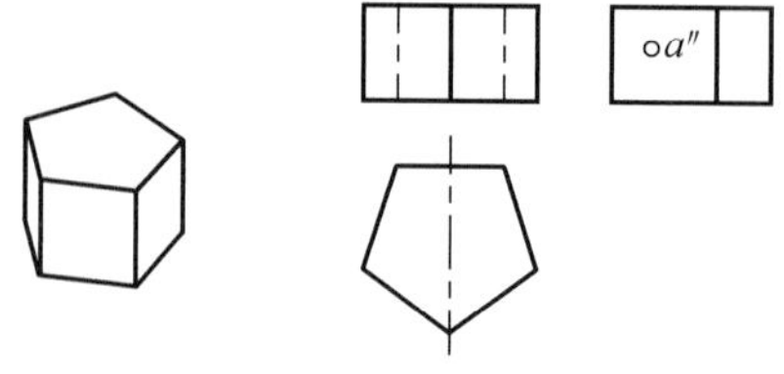

图 4.24　五棱柱及其三视图

(2) 图 4.25 为一正四棱锥的三视图，请分析其底面和各侧面对投影面的相对位置及其三面投影，并完成其表面上点 B 的另两投影。

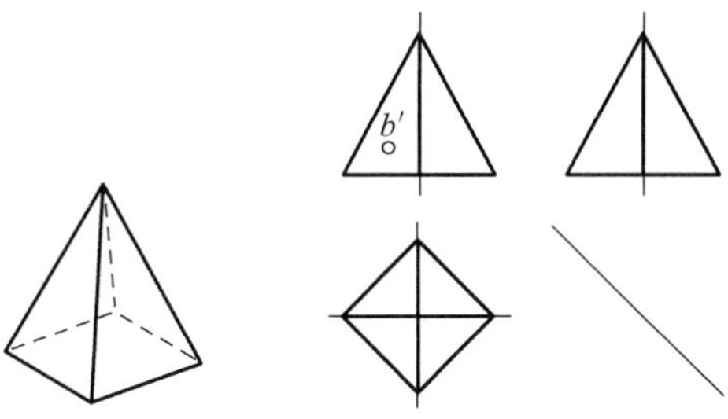

图 4.25 四棱锥及其三视图

3. ※选择题

根据图 4.26 中各带孔圆柱体的主、俯视图，选择正确的左视图。

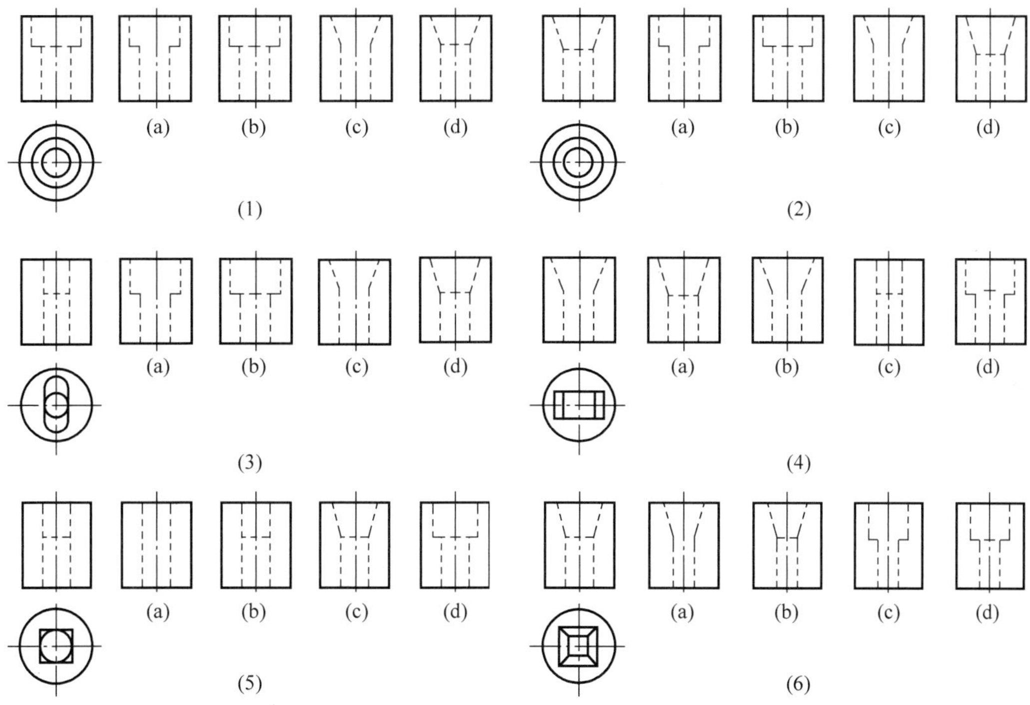

图 4.26 圆柱体的三视图

4. 三视图识读题

根据图 4.27 中的三视图，分析、想象其对应立体的空间形状，并将正确的立体图序号填入三视图的括号内。

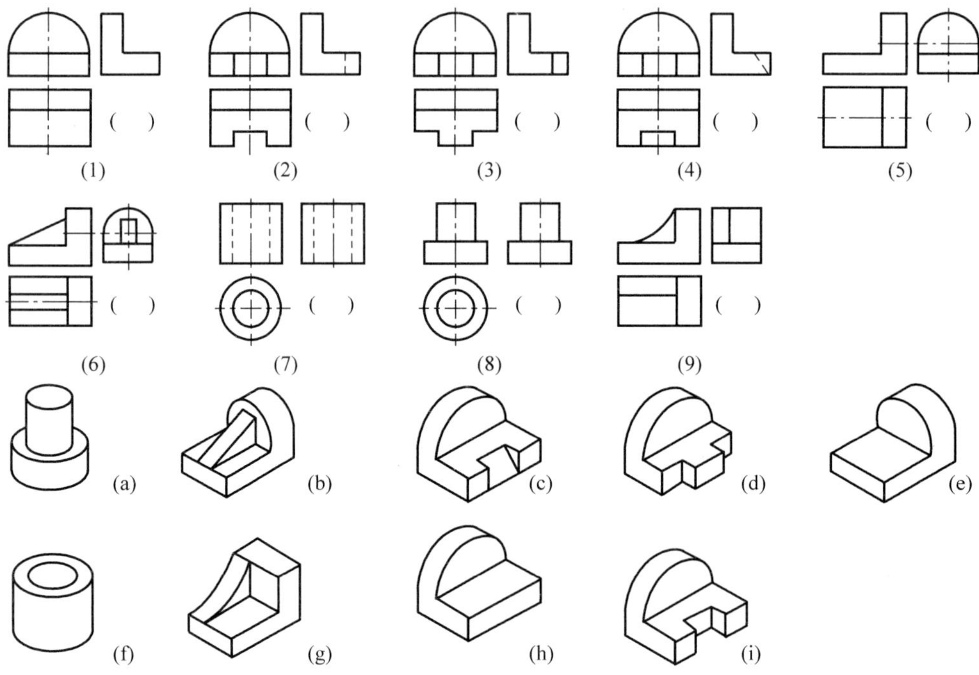

图 4.27 简单三视图的识读

第5章 截切体和相贯体的视图

章前思考

1. 观察图 5.1 所示零件，它们分别是如何由圆柱体演化而来的？
2. 绘制图 5.1 所示零件的视图与绘制圆柱体视图有何不同？其主要区别在何处？

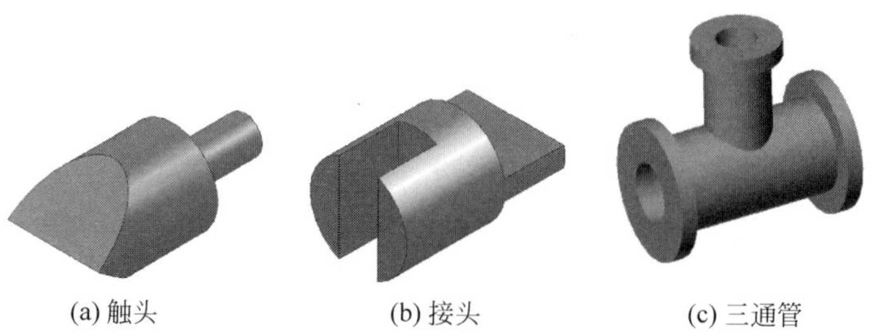

图 5.1 截切和相贯类典型零件

由基本几何体形成机器零件时，因结构的需要，有时要截切掉一部分，这种被平面截切后的基本几何体称为截切体；在工程上还常常会遇到基本几何体相交后形成的形体，通常把由相交基本几何体构成的立体称为相贯体。熟悉截切体和相贯体的视图画法是绘制复杂形体视图的基础。

5.1 截切体

几何体被平面截切后，在它的外形上会产生表面交线，这些表面交线称为截交线，如图 5.2 所示。截交线所围成的封闭平面称为截断面。为了清楚地表达截切体的形状，必须正确画出其上截断面的投影，关键是求出截交线的投影。

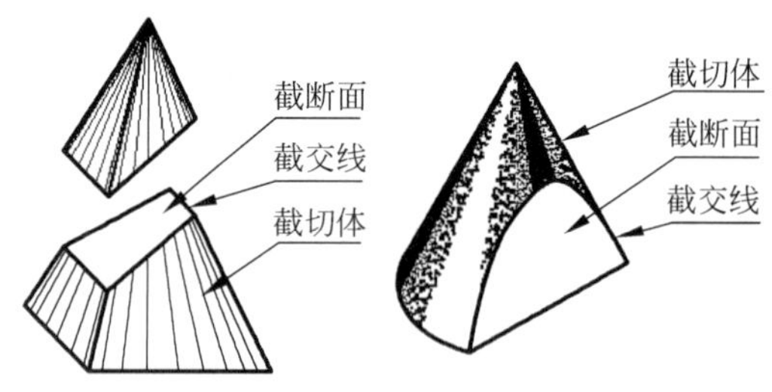

图 5.2 截切体

5.1.1 截交线的性质及作图方法

1. 截交线的性质

(1) 截交线既在截平面上，又在立体表面上，因此截交线是截平面与立体表面的共有线,截交线上的点为截平面与立体表面的共有点。

(2) 由于立体表面是封闭的,因此截交线是封闭的平面图形。

(3) 截交线的形状取决于立体的形状以及立体与截平面的相对位置。

2. 截交线的一般作图方法

当截交线的投影为简单曲线(直线或圆)时,可根据投影的对应关系直接求出;当截交线的投影为非简单曲线(如椭圆等)时,可根据截交线的共有性,采用表面取点法求出,即:先求出截交线上一系列点的投影,再将这些点光滑地连接成线。

5.1.2 平面立体的截交线

如图5.2所示,平面立体的截交线是一个封闭多边形。多边形的各边是平面立体各表面与截平面的交线,多边形各顶点是平面立体各棱线及边线与截平面的交点。因此,求平面立体的截交线可归结为下述两种基本方法:

(1) 求出各表面与截平面的交线,即得截交线。

(2) 求出各棱线及边线与截平面的交点,并顺次相连即得截交线。

【例5.1】 如图5.3所示,完成六棱柱被正垂面截切后的左视图。

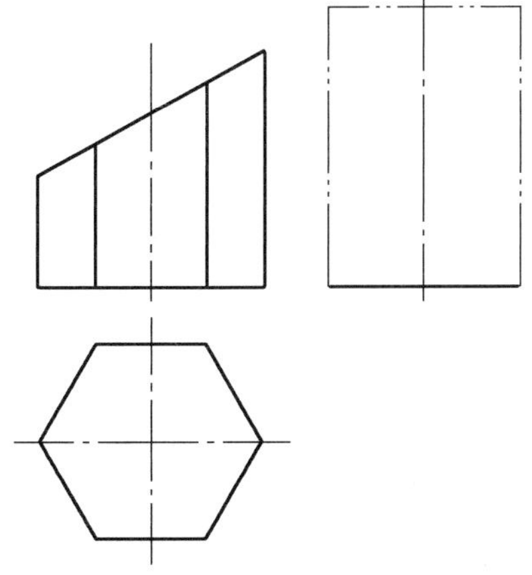

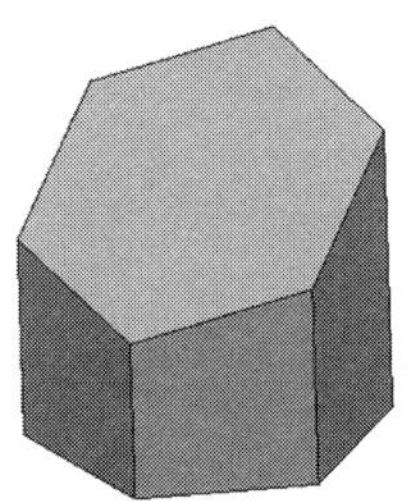

图5.3 六棱柱被截切

分析:要完成六棱柱被正垂面截切后的视图,即在完整六棱柱的视图之上求出产生的截断面的投影,并去掉六棱柱被截去部分的投影。而截断面由截交线所围成,故求出截交线即可确定截断面。因截平面与六棱柱的六个棱面都相交,所以截交线为六边形,六边形的各个顶点在六棱柱的六条棱线上,用方法(2)求截交线较为方便。

作图:具体步骤如图5.4所示。

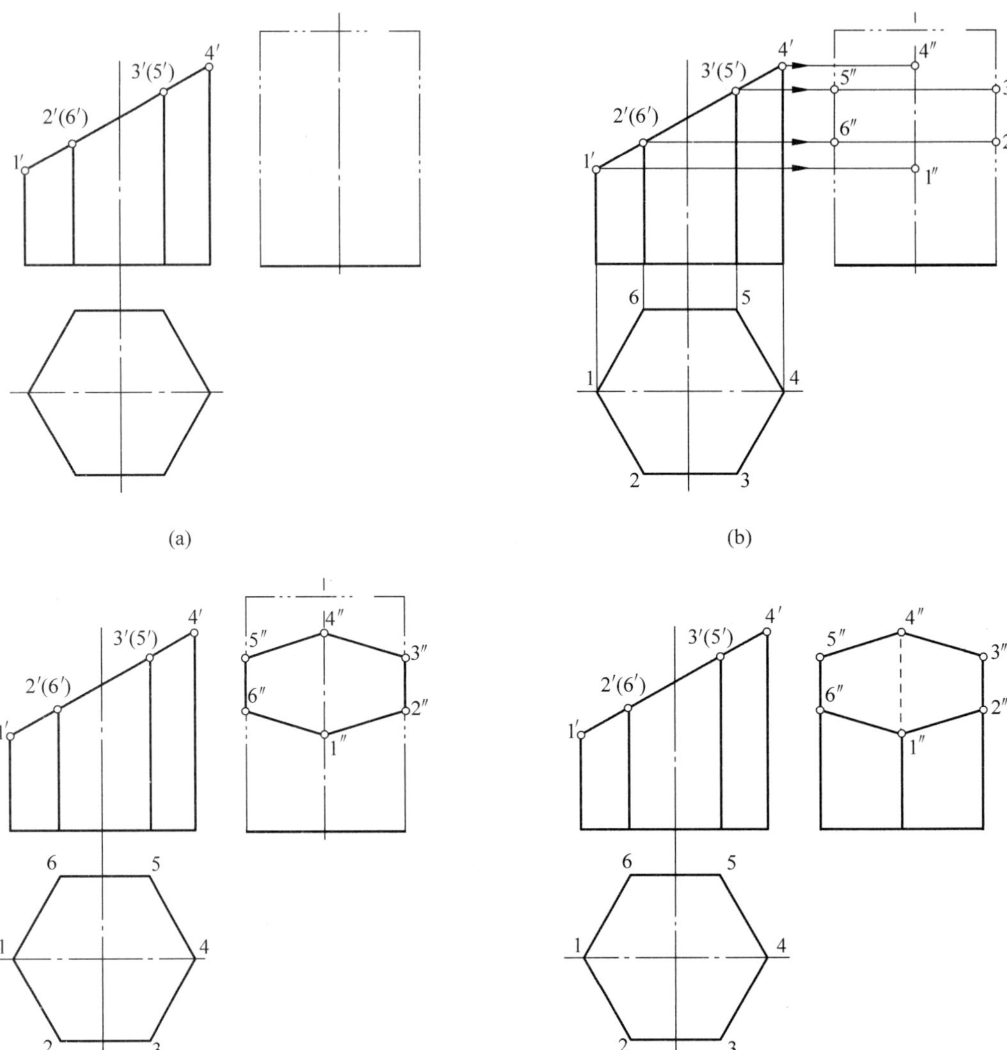

讲解视频

图 5.4　被截切六棱柱的作图过程

【例 5.2】 如图 5.5 所示，完成四棱柱被开槽后的俯视图和左视图。

分析：立体被开槽或切口，实际上是一个完整的立体被多个平面截切后形成的。其视图的绘制方法和立体被一个平面截切后视图的绘制方法相同，只是需求出每个截平面截切后产生的截交线，以及各截平面之间的交线。

由图 5.5 可知，四棱柱上开的通槽是由三个特殊位置平面截切形成的。通槽的两侧面为侧平面，其正面和水平投影均积聚为直线段，侧面投影反映实形，并重合在一起。通槽的底面是水平面，其正面和侧面投影均积聚成直线段，水平投影反映实形。由于棱柱的前、后两条棱线在切口之上的部分已被截去，故对应部分的侧面投影不存在。

作图：具体步骤如图 5.6 所示。

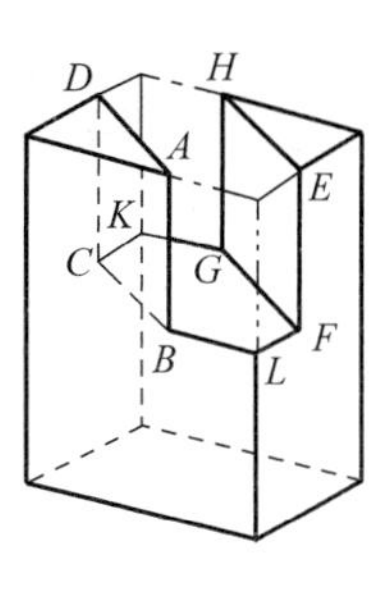

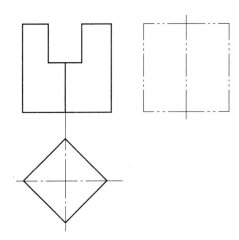

开槽四棱柱三维模型

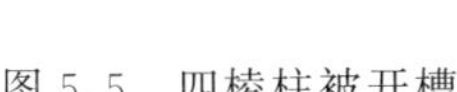
图 5.5 四棱柱被开槽

(a)

(b)

(c)

(d)

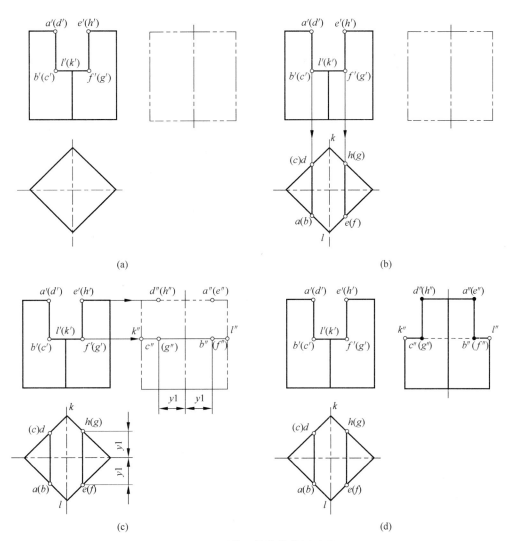

图 5.6 开槽四棱柱的作图过程

截头四棱锥三维模型

讲解视频

【例 5.3】 如图 5.7 所示，完成四棱锥被正垂面截切后的俯视图和左视图。

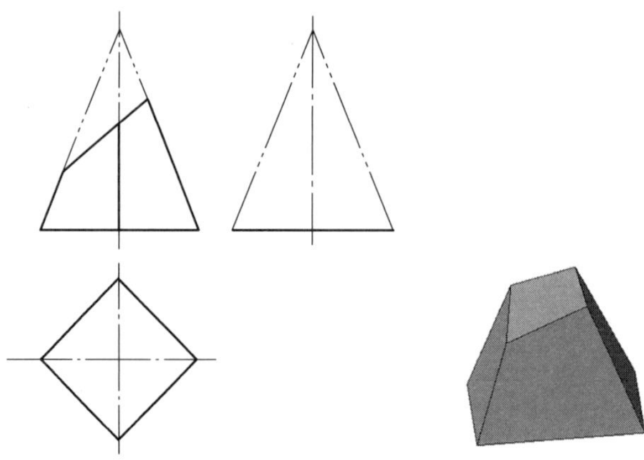
图 5.7　四棱锥被截切

作图：具体过程如图 5.8 所示。

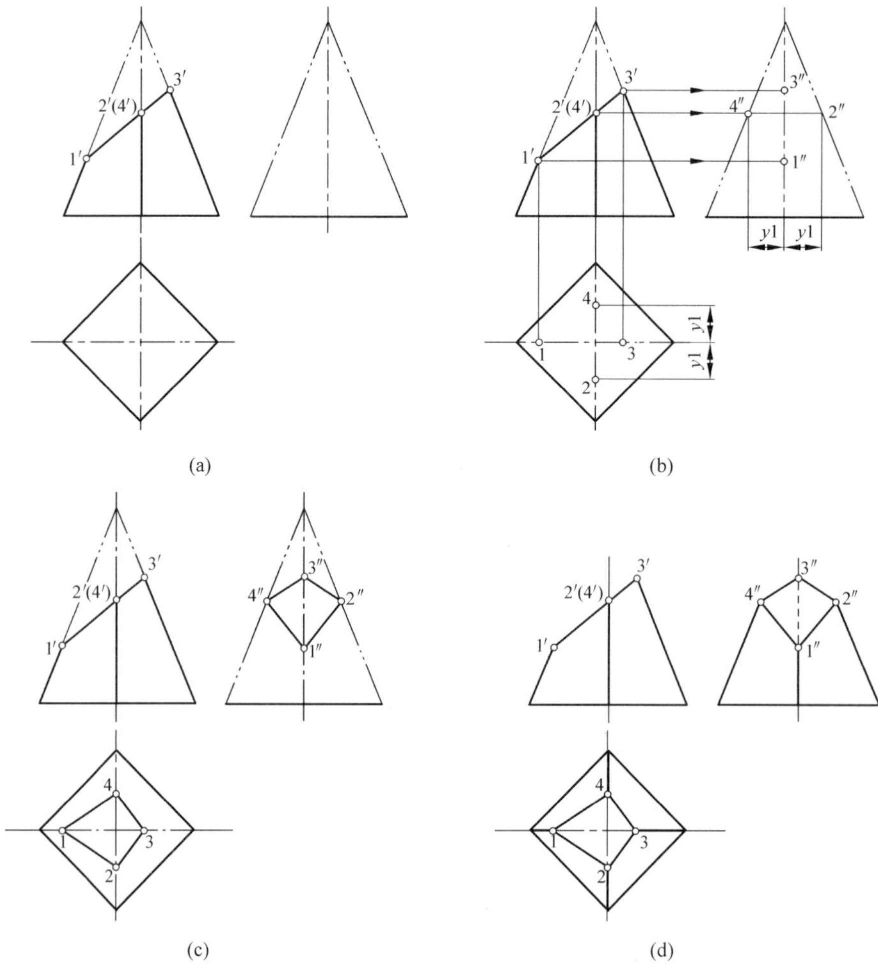

图 5.8　被截切四棱锥的作图过程

5.1.3 曲面立体的截交线

如图 5.9 所示，曲面立体的截交线或是封闭的平面曲线，或是由曲线和直线组成的平面图形，或是由直线组成的平面图形。当截平面或立体表面垂直于投影面时，截交线的投影就积聚在截平面或立体表面的同面投影上，可利用积聚性直接作图。

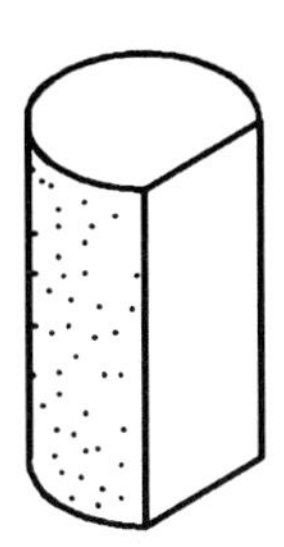
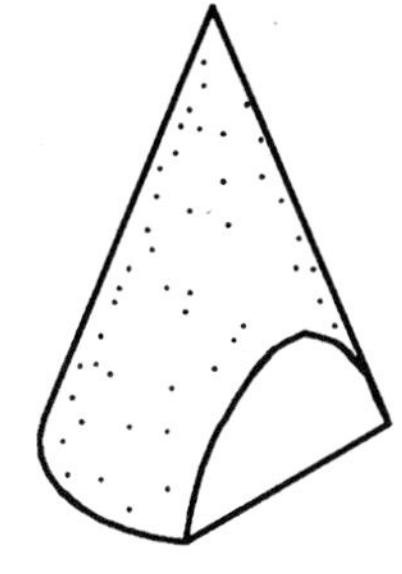
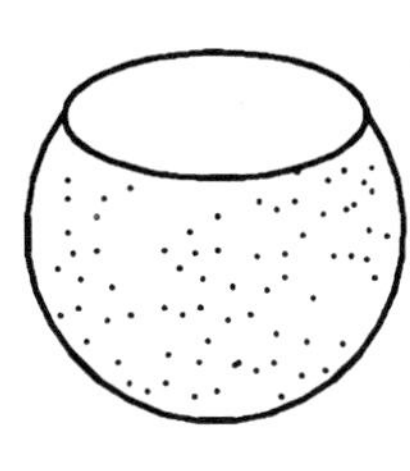

图 5.9 曲面立体的截交线

1. 圆柱的截交线

根据截平面与圆柱轴线相对位置的不同，截交线有三种基本形式，见表 5.1。

表 5.1 圆柱截交线的基本形式

截平面位置	垂直于轴线	平行于轴线	倾斜于轴线
轴测图	P	P	P
投影图			
截交线	圆	矩形	椭圆

【例 5.4】 如图 5.10(a)所示，已知斜截圆柱的主视图和俯视图，求作其左视图。

分析：圆柱的轴线为铅垂线，截平面为正垂面，截交线为椭圆，其正面投影积聚为一段直线，水平投影为圆，侧面投影一般为椭圆(但不反映实形)。

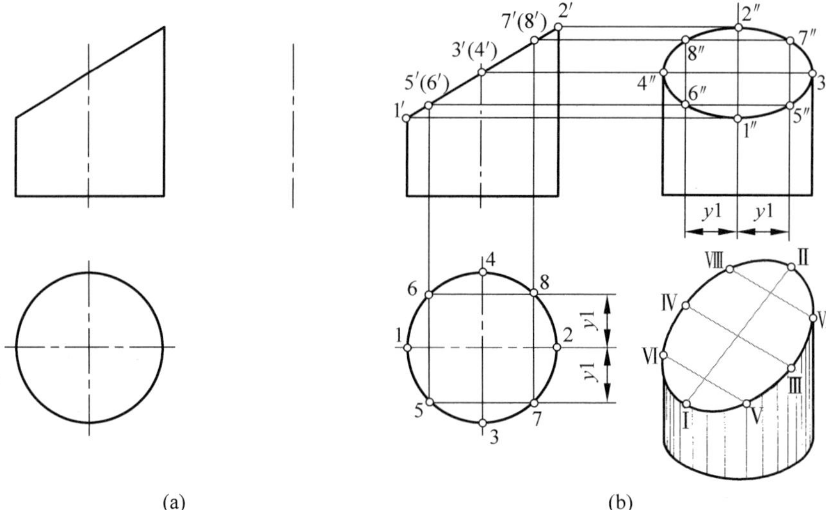

图 5.10　斜截圆柱的三面投影图

作图：具体方法如图 5.10(b)所示。

(1) 画出完整(截切前)圆柱的侧面投影。

(2) 求截交线的侧面投影。

① 求截交线上特殊点(主要指轮廓线上的点)的侧面投影。由圆柱面正面投射方向轮廓线上的点Ⅰ、Ⅱ的正面投影 1′、2′及圆柱面侧面投射方向轮廓线上点Ⅲ、Ⅳ的正面投影 3′、4′,求得侧面投影 1″、2″、3″、4″及相应的水平投影 1、2、3、4。

② 求适当数量一般点的侧面投影。为使作图准确,还应在特殊点之间的适当位置,取截交线上的若干点。如在已知的正面投影上取 5′、6′,利用圆柱表面取点的方法,按"高平齐、宽相等"的投影规律,在水平投影上求出 5、6,进而在侧面投影上求得 5″和 6″；同理,可求得 7″和 8″。

③ 按截交线水平投影的顺序,平滑连接所求各点的侧面投影,即为截交线的侧面投影——椭圆。

(3) 整理侧面投影图中的轮廓线并判别可见性。圆柱面的侧面投影轮廓线到 3″、4″为止,其余部分不存在。侧面投影图中所有图线均可见。

(4) 检查投影图的正确性,擦去多余的图线,按国标规定图线完成全图。

若圆柱被几个平面截切,可看成是上述基本截切形式的组合。画图前,先分析各截平面与圆柱的相对位置,弄清截交线的形状,然后分别画出截交线的投影,以及截平面交线的投影。

【例 5.5】 如图 5.11 所示,完成圆柱开槽后的俯、左视图。

分析：圆柱上部通槽是被两个侧平面和一个水平面截切形成。完成圆柱开通槽后的视图即在完整圆柱视图的基础上求出产生的截交线的投影,并去掉被截去部分的投影。侧平面平行于圆柱的轴线,与圆柱面的截交线为平行于侧平面的两个矩形；水平面垂直于圆柱的轴线,与圆柱的截交线为平行于水平面的两段圆弧。可利用截平面和圆柱面投影的积聚性,直接求出截交线的投影。

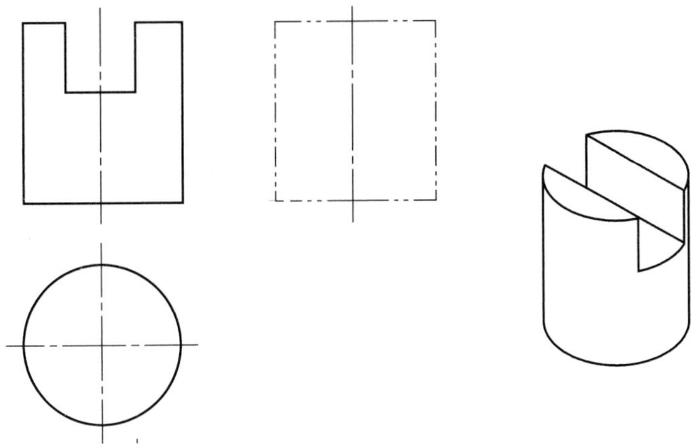

图 5.11　圆柱开槽

作图：具体过程如图 5.12 所示。

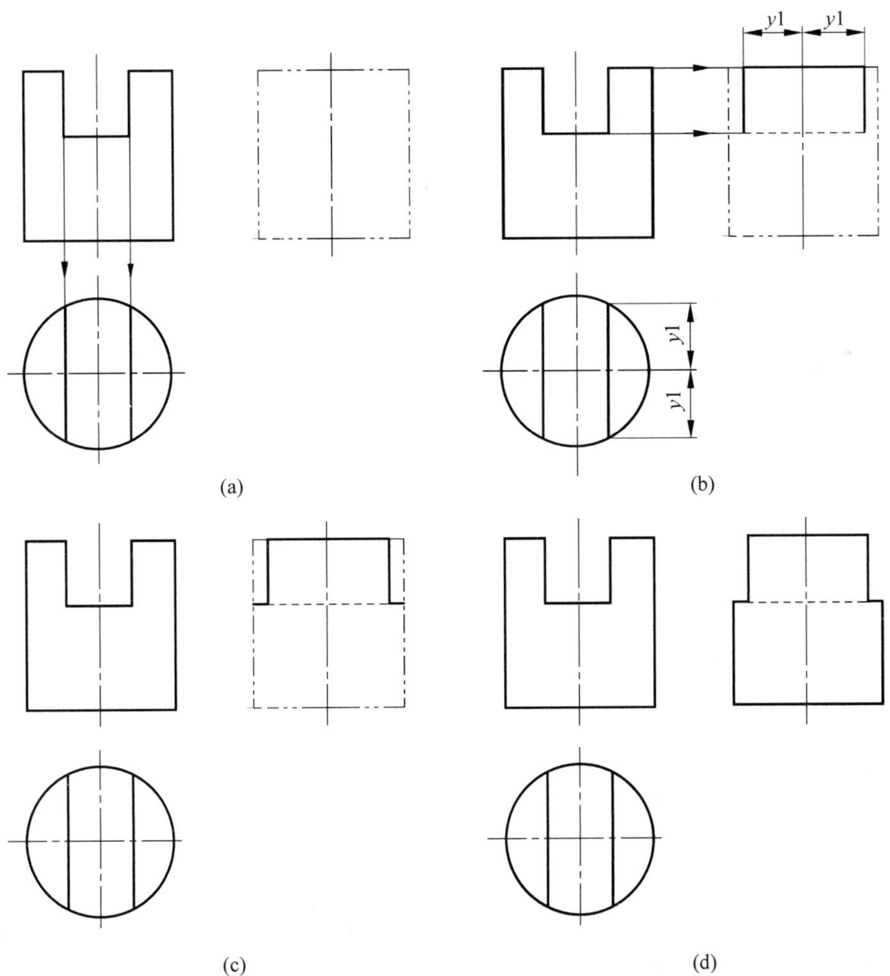

图 5.12　开槽圆柱的作图过程

【例 5.6】 如图 5.13(a)所示,求开槽圆柱筒的左视图。

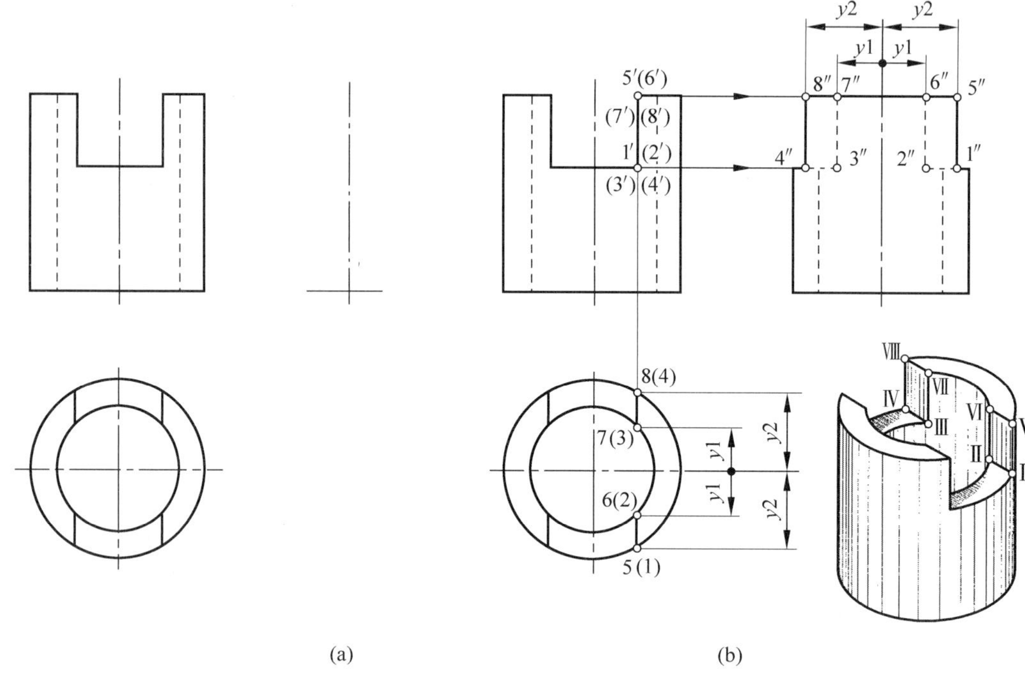

开槽圆柱筒
三维模型

图 5.13　开槽圆柱筒的三视图

分析:在上例开槽圆柱的基础上,做出一个与外圆柱面同轴的圆柱孔,就形成了开槽的圆柱筒,它把槽断成两部分。

作图:具体过程如图 5.13(b)所示。在主视图上,内外圆柱面与槽的各平面交线的投影是类似的。但要注意,截平面间交线的侧面投影是不可见的,并且 2″、3″间不能连线。圆柱孔的轮廓线及截平面与圆柱孔的截交线的侧面投影均不可见。

2. 圆锥的截交线

根据截平面与圆锥轴线相对位置的不同,截交线有 5 种基本形式,见表 5.2。

下面举例介绍截切圆锥的作图步骤。

【例 5.7】 如图 5.14(a)所示,已知截切圆锥的主视图,求作其俯、左视图。

分析:截平面为平行于轴线的侧平面,截交线是双曲线和直线。截交线的正面投影和水平投影都积聚成一段直线,其侧面投影反映实形。

作图:具体过程如图 5.14(b)所示。

(1) 画出圆锥的水平和侧面投影。

(2) 求截交线的水平投影和侧面投影。

① 求特殊点。Ⅰ是双曲线的顶点,也是最高点,在正面投影中,它在圆锥左侧轮廓素线上,即 1′。Ⅱ、Ⅲ两点是双曲线的最低点,也是最前、最后点,其正面投影 2′、3′在底圆的正面投影上。由 1′、2′、3′可求得 1、2、3 和 1″、2″、3″。

表 5.2　圆锥截交线的基本形式

截平面位置	过锥顶	垂直于轴线	与轴线倾斜 $\theta>\alpha$	与轴线倾斜 $\theta=\alpha$	与轴线平行或倾斜 $\theta=0°$或$\theta<\alpha$
轴测图					
投影图					
截交线	三角形	圆	椭圆	抛物线和直线	双曲线和直线

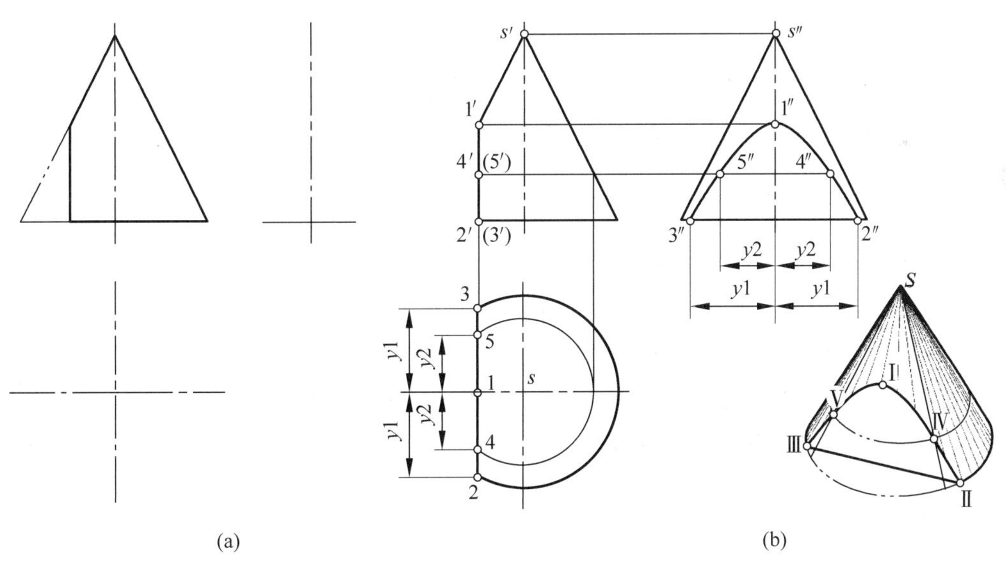

图 5.14　平行于轴线截切圆锥

② 求适当数量的一般点(以点Ⅳ、Ⅴ为例)。在截交线已知的正面投影上的适当位置取 4′、5′,可利用辅助线法(图中用辅助圆,亦可用辅助素线)在圆锥表面取点,求得 4、5 及 4″、5″。

③ 依次连接各点的侧面投影成光滑曲线，即 2″4″1″5″3″为双曲线的实形；水平投影 24153 是直线。2″3″与锥底面投影重合。

(3) 整理轮廓线并判别可见性。水平投影图和侧面投影图中的轮廓均可见。在水平投影图中 2、3 左边的部分不存在。

(4) 检查投影，按规定图线完成全图。

【例 5.8】 如图 5.15(a)所示，已知带切口圆锥的主视图，求作其俯、左视图。

切口圆锥三维模型

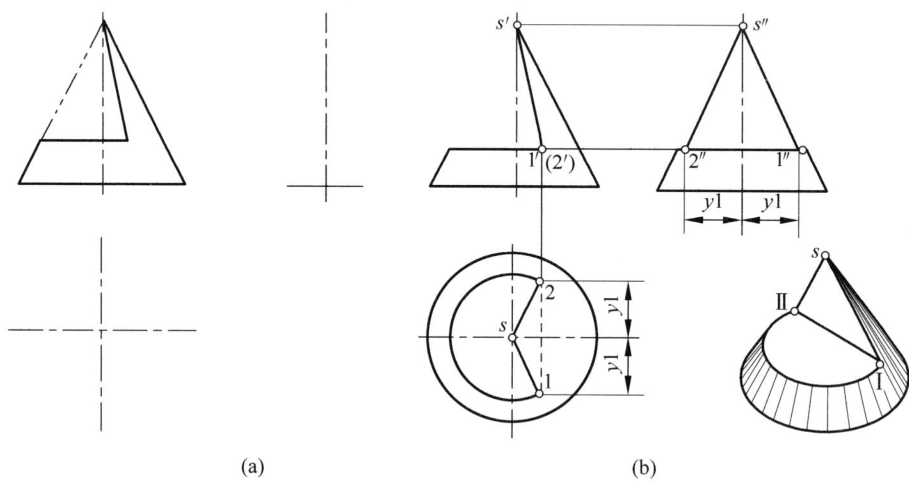

图 5.15 切口圆锥的作图过程

分析：切口由两个截平面形成，一个为过锥顶的正垂面，另一个为垂直于轴线的水平面。正垂面截圆锥面得两条直线，水平面截圆锥得部分圆，两截平面的交线为正垂线。

作图：具体过程如图 5.15(b)所示。

(1) 画出圆锥的水平投影和侧面投影。

(2) 分别画出各截平面与圆锥的截交线及截平面之间交线的投影。

(3) 整理轮廓线并判别可见性。侧面投影图中水平截平面以上的轮廓线不存在。在两个投影图中除两截平面交线的水平投影 12 不可见外，其余均可见。

(4) 检查投影，按规定图线完成全图。

3. 球的截交线

根据截平面位置的不同，常见的平面截切球的投影有两种形式，见表 5.3。

平面截切球时，截交线总是圆。该圆的直径大小与截平面到球心的距离有关，截交线圆的投影有圆、椭圆、直线三种情况，它们与截平面对投影面的相对位置有关。

表 5.3　截切球的两种投影形式

截平面位置	投影面的平行面(如正平面)	投影面的垂直面(如正垂面)
轴测图		
投影图		

当截平面平行于某一投影面时,截交线在该投影面上的投影反映实形,其余两个投影积聚为直线段,线段的长度等于截交线圆的直径。图 5.16 所示为用水平面截切圆球时的截交线。画图时,一般先确定截平面的位置,即先画出截交线积聚成直线的投影,然后再对应画出为圆的投影。

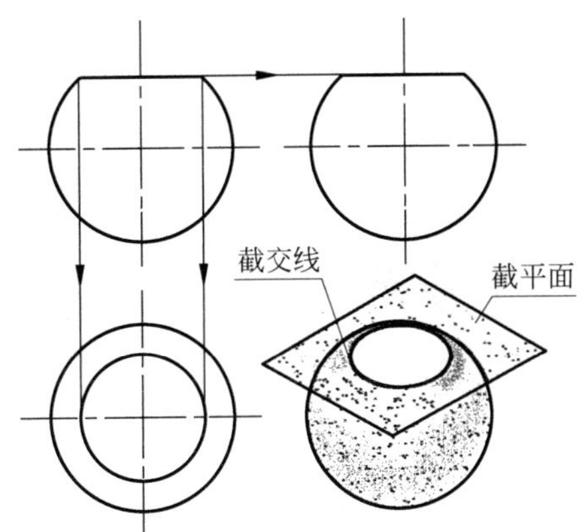

图 5.16　圆球截交线的作图

下面举例介绍平面截切球所成截交线的作图步骤。

【例 5.9】　如图 5.17(a)所示,完成半球开槽后的俯、左视图。

分析:槽由两个侧平面和一个水平面组成,左右对称。两个侧平面截球面得到的截交线均为一段圆弧,其侧面投影反映实形且重合;水平面截球面得到的截交线为两段圆弧,其水平投影反映实形;两侧平面与水平面的交线为正垂线。

作图:具体过程如图 5.17(b)所示。在水平投影图和侧面投影图中根据不同的半径画各段圆弧及相应的积聚性投影——直线段。但应注意,截平面交线Ⅲ Ⅳ的侧面投影 3″4″不可见,应画成虚线,球的轮廓大圆在侧面投影图中只画到 1″、2″为止。

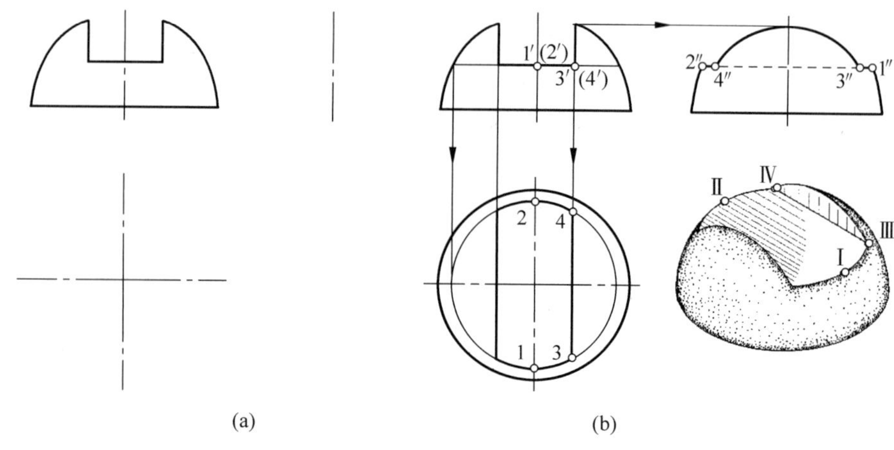

图 5.17　开槽半球的作图过程

5.2　相贯体

两立体相交时,它们的表面所产生的交线称为相贯线,常见的是两回转体表面的相贯线。例如,在图 5.18 所示的三通管和阀体上就均含有两个回转体的相贯线。在绘制相贯体的视图时,不可回避地必须画出其表面上相贯线的投影。由相贯线的概念可知,相贯线是两相交立体表面的共有线,同时属于相贯的两个表面。

三通管三维模型

阀体三维模型

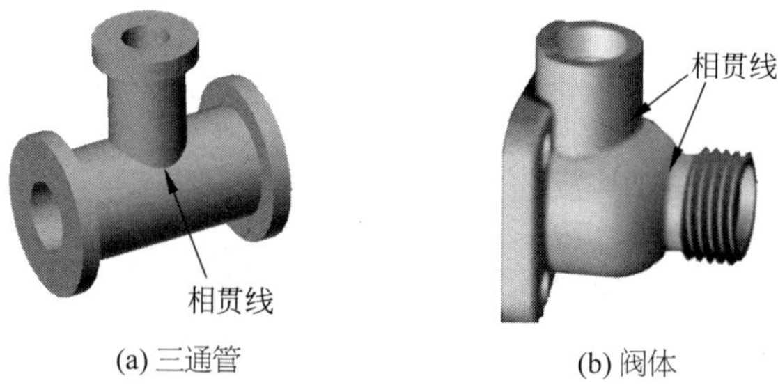

(a) 三通管　　(b) 阀体

图 5.18　相贯体及其相贯线

5.2.1　正交圆柱的相贯线

两圆柱的轴线垂直相交称为正交,其相贯线为一封闭的马鞍形空间曲线,且相对轴平面等呈对称关系。当两圆柱轴线分别与某投影面垂直时,可利用圆柱表面的积聚性求相贯线。

1. 正交圆柱相贯线投影的一般作图方法

如图 5.19 所示,两圆柱轴线分别垂直于水平面和侧面,两圆柱面在水平投影面和侧立投影面上的投影分别积聚为圆,故相贯线在此两投影面上的投影为已知。由水平投影

作图视频

和侧面投影可求出相贯线的正面投影。

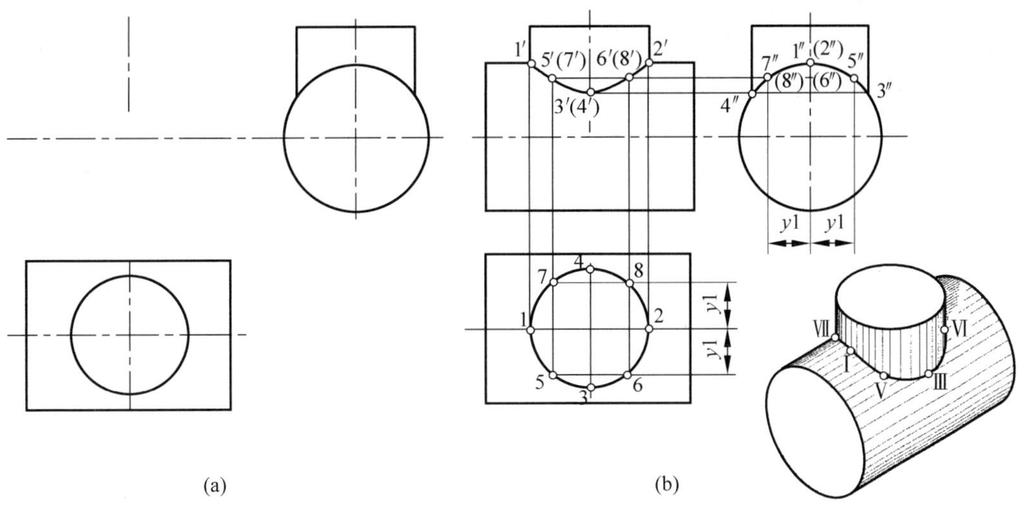

图 5.19　两圆柱正交相贯

作图方法如下：

(1) 画出相贯立体的正面投影轮廓。

(2) 求相贯线的正面投影。

① 求特殊点。由正面投射方向轮廓线上的共有点Ⅰ、Ⅱ和侧面投射方向轮廓线上的共有点Ⅲ、Ⅳ的水平投影和侧面投影，求出其正面投影 1′、2′、3′、4′。

② 求适当数量的一般点。如图 5.19(b)中的Ⅴ、Ⅵ点，先在水平投影中确定 5、6，再求得侧面投影 5″、6″，进而求得正面投影 5′、6′，同理得到Ⅶ、Ⅷ点的三面投影。

③ 依次连点成光滑曲线(按竖直小圆柱的积聚性投影——水平投影上的顺序连线)，得到相贯线的正面投影。

(3) 整理轮廓线并判别可见性。轮廓线画到共有点的投影 1′、2′为止。1′、2′之间为实体，不应连线。

判别可见性应遵循如下原则：当两立体表面在某一投影面上的投影均可见时，其相贯线在该投影面上的投影才可见，否则为不可见。由于两圆柱的相贯线前后对称，前半部分的正面投影可见，后半部分的正面投影不可见，但前后部分相贯线的正面投影重合，故画成粗实线。

(4) 检查投影，按规定图线完成全图。

2. 正交圆柱相贯线投影的变化趋势

两圆柱正交相贯，其相贯线的投影情况与两圆柱的相对大小有关，如图 5.20 所示。

(1) 如图 5.20(a)、(b)所示，相贯线的投影都是由小圆柱向大圆柱内弯曲的双曲线。

(2) 如图 5.20(c)所示，两圆柱直径相等时，相贯线为两个椭圆，其正面投影为相交两直线。

相贯线
变化动画

相贯线变化
趋势动画

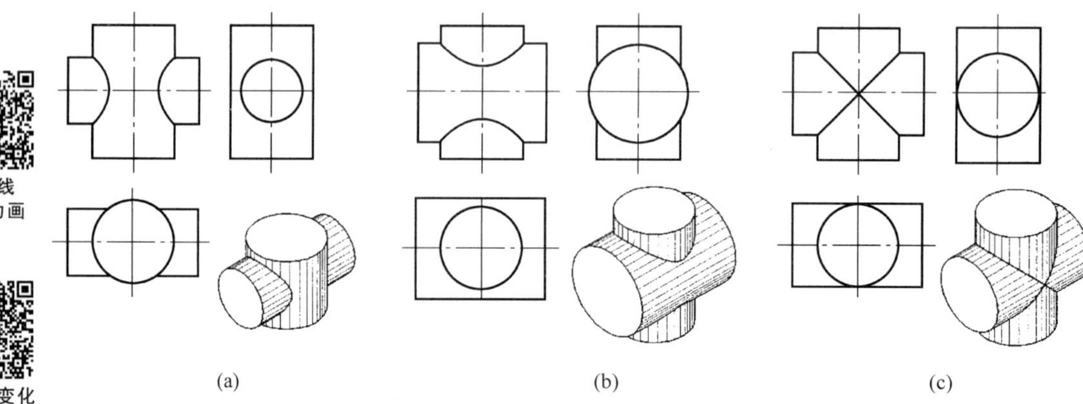

图 5.20 相贯线的变化趋势

3. 正交圆柱相贯线投影的简化画法

图 5.19 所示主视图中相贯线的实际投影为双曲线，在工程制图中，为方便作图，常采用简化画法，即相贯线在与两圆柱轴线所定平面平行的投影面上的投影用圆弧来代替双曲线。具体作图过程如图 5.21 所示：以相贯两圆柱中大圆柱的半径为圆弧的半径，圆弧的圆心位于小圆柱的轴线上，圆弧凸向大圆柱的轴线方向。

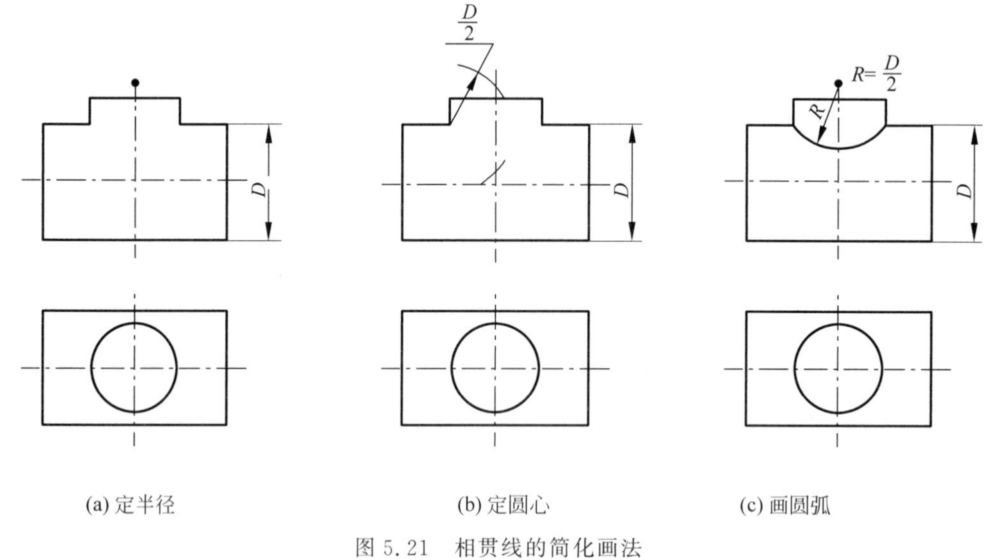

(a) 定半径　　(b) 定圆心　　(c) 画圆弧

图 5.21 相贯线的简化画法

5.2.2 相贯线的基本形式

两立体表面的相贯线可能产生在外表面上，也可能产生在内表面上，图 5.22 给出了两圆柱正交相贯时，相贯线的三种形式。无论是哪一种形式，相贯线都具有同样的形状，其作图方法也是相同的。

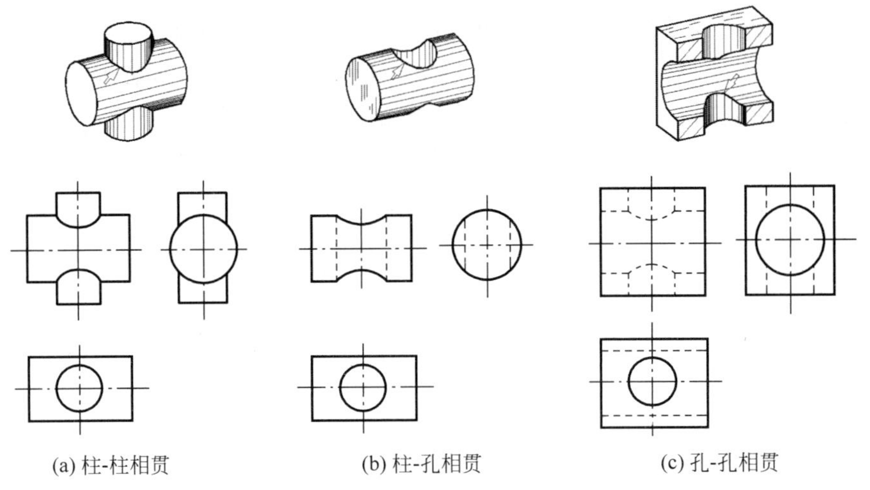

(a) 柱-柱相贯　　(b) 柱-孔相贯　　(c) 孔-孔相贯

图 5.22　正交圆柱相贯线的三种形式

5.2.3　曲面几何体相贯线投影的一般作图方法

(1) 当两相贯回转体之一为圆柱,且其轴线垂直于某一投影面时,则相贯线在该投影面上的投影为已知,因此通过在另一立体表面上取点的方法可求得其他投影。

作图时应从圆柱面的积聚性投影中确定特殊点的已知投影。如图 5.23 所示的圆柱与半球的相贯,不难分析,其中的Ⅰ、Ⅱ、Ⅲ、Ⅳ为圆柱轮廓线上的点,Ⅴ、Ⅵ、Ⅶ、Ⅷ为半球轮廓线上的点,Ⅸ、Ⅹ为相贯线上的最低的和最高点(为简洁起见,这些点未在立体图上标出)。具体作图过程此处不再赘述。

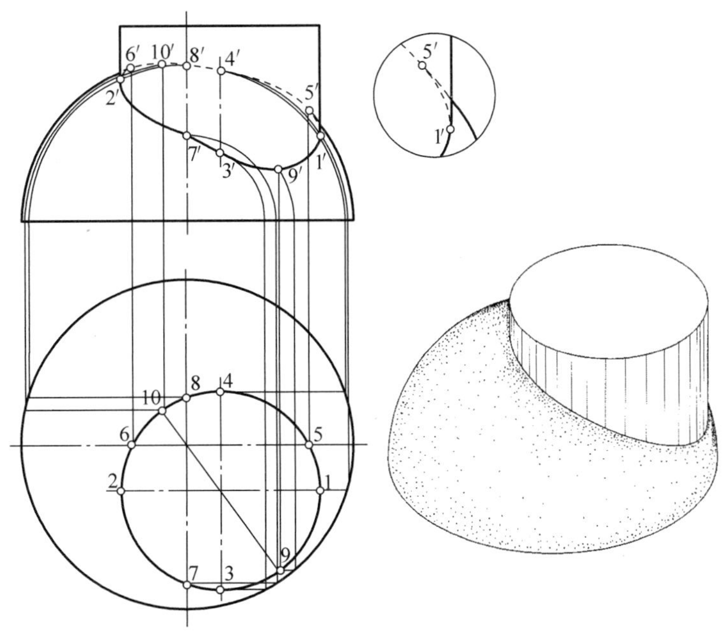

图 5.23　利用积聚性投影作相贯线

(2) 若两相贯回转体的三个投影都没有积聚性，则可利用辅助平面法求相贯线的投影。

为了求得相贯线，在两立体共有部分的适当位置选择一个辅助平面，使它与两立体表面分别截交，得到两条截交线，这两条截交线的交点即为相贯线上的点。改变辅助平面的位置，可求得一系列共有点，再依次平滑连接这些共有点的同面投影，就可得到相贯线的投影。

选择辅助平面的原则是，辅助平面与两个立体截交线的投影都是简单易画的图线——直线或圆弧。

图 5.24 所示圆台和半球相贯线投影的作图，就是利用了上述的辅助平面法。具体作图过程如下：

圆台-半球
相贯三维模型

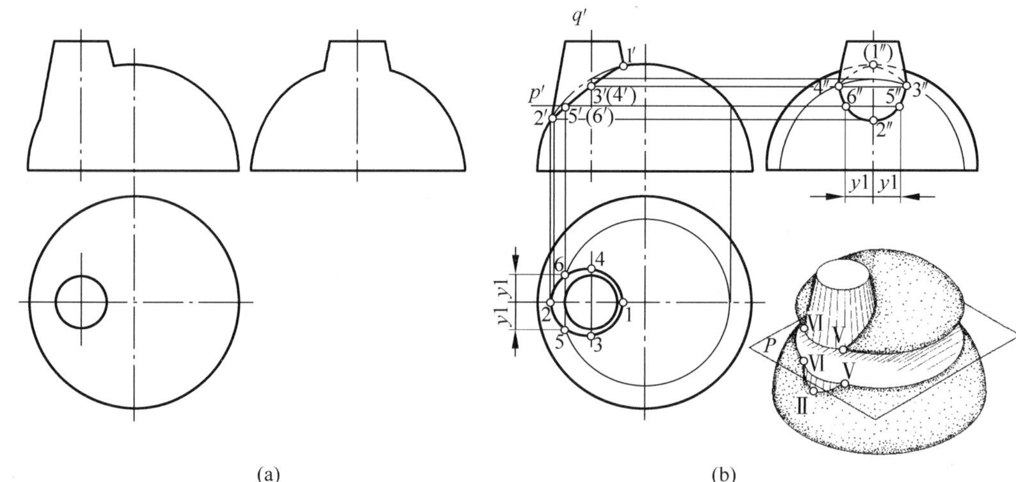

(a) (b)

图 5.24 圆台与半球相贯

① 求特殊点。正面投射方向轮廓线上的点Ⅰ、Ⅱ既是相贯线上的最右、最左点，又是最高、最低点。由 1′、2′可求得 1、2 和 1″、2″。

过圆台轴线作平行于侧面的辅助平面 Q，它与圆台锥面交于侧面投射方向的轮廓线，与球面的交线为一段圆弧。侧面投影轮廓线与圆弧的交点为 3″、4″，由 3″和 4″求得 3′、4′及 3、4。

② 求适当数量的一般点(如图中的Ⅴ、Ⅵ)。

在适当位置选取水平面 P，它与圆台和球面的交线均为圆，两个圆的水平投影交点为 5、6，由 5、6 求得 5′、6′和 5″、6″。

③ 依次连点成平滑曲线。

④ 整理轮廓线并判别可见性。

主视图中，球面的轮廓线只画到 1′、2′为止，中间不应连线。左视图中，球面被圆台挡住的部分轮廓线应画成虚线，圆台的轮廓线画到 3″、4″为止。3″、4″是相贯线侧面投影可见与不可见的分界点，圆台的轮廓线可见。相贯线 3″1″4″为不可见，画成虚线，其余图线都画成粗实线。

5.2.4 回转体相贯线的特殊情况

一般情况下，两回转体的相贯线是空间曲线，但在一些特殊情况下，也可能是平面曲线或直线。

(1) 两同轴回转体的相贯线是垂直于轴线的圆，当轴线平行于某投影面时，相贯线在该投影面上的投影是直线段，在与轴线垂直的投影面上的投影反映交线圆的实形，如图 5.25(a)所示。

(2) 当轴线平行的两圆柱相交时，其相贯线是平行于轴线的两条直线，如图 5.25(b)所示。

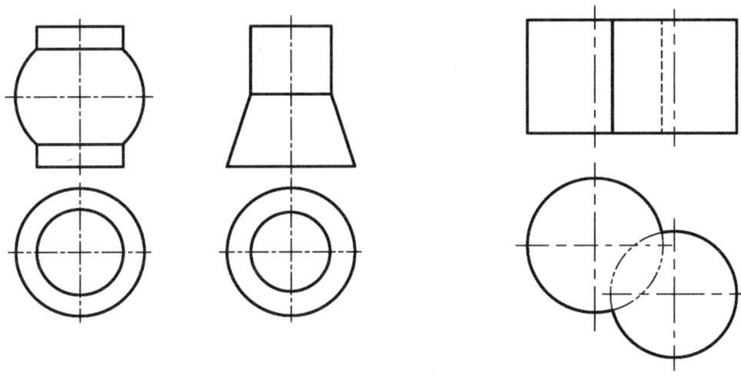

(a) 同轴回转体相贯　　(b) 两圆柱轴线平行

图 5.25　相贯线的特殊情况

【例 5.10】 补画图 5.26 所示立体相贯线的投影。

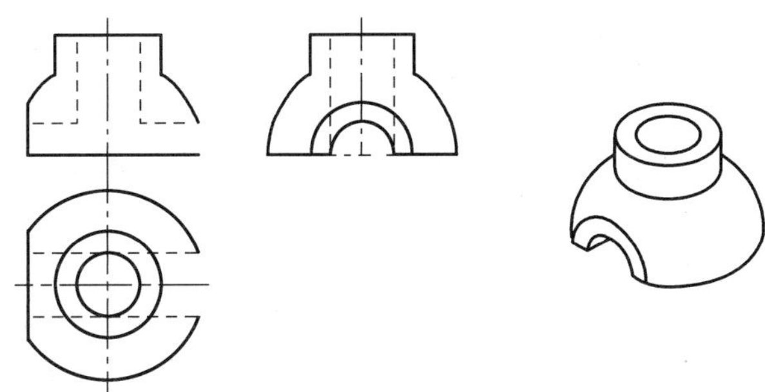

图 5.26　补画立体相贯线的投影

圆柱-半球相贯三维模型

分析：对于涉及多个立体彼此相交的情况，补画相贯线时，首先要进行形体分析，明确参与相交的是什么立体，分析其相对位置和投影特点，然后应用有关相贯线的作图方法，逐一作出每条相贯线。

图 5.26 所示立体由上部圆柱和下部半球组成，圆柱和半球同轴相贯，圆柱内有铅垂圆柱通孔，半球左侧被侧平面截切，并从左至右打了半个侧垂圆柱孔。因此，图中需要补画出圆柱和半球相贯的相贯线、半球与打侧垂半圆柱孔的相贯线以及内部铅垂圆柱通孔和侧垂半圆柱孔的相贯线。

具体作图步骤如图 5.27 所示。

① 在主、左视图上作出圆柱和半球同轴相贯的相贯线的投影，均为积聚性的直线，如图 5.27(a)所示；

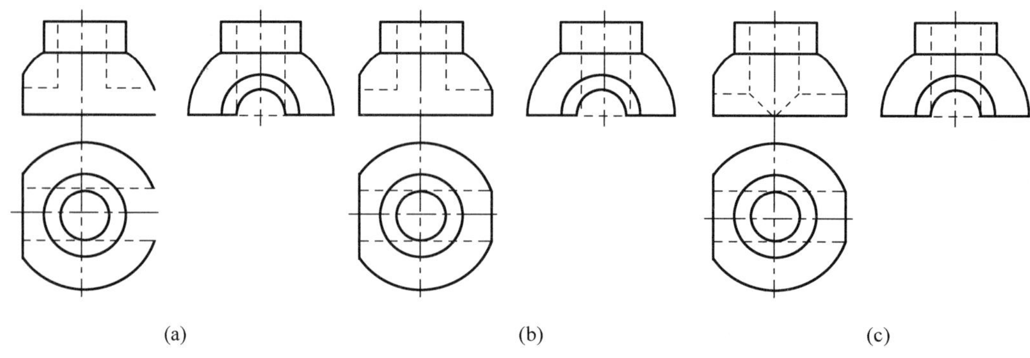

(a) (b) (c)

图 5.27 补画相贯线的作图过程

② 在主、俯视图上作出半球和侧垂半圆柱孔相贯线的投影，为积聚性的直线，如图 5.27(b)所示；

③ 在主视图上作出内部铅垂圆柱通孔和侧垂半圆柱孔相贯线的投影，由于两圆柱孔等径相贯，故相贯线的投影为相交的直线，如图 5.27(c)所示。

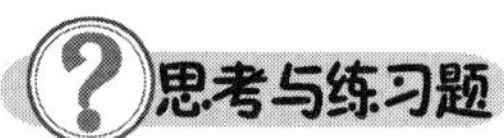

思考与练习题

1. 简答题

(1) 画截切体和相贯体视图的关键分别是什么？

(2) 什么是截交线？什么是相贯线？

(3) 当截交线或相贯线的投影为直线、圆弧等简单曲线时，如何准确地画出这些交线？

(4) 当截交线或相贯线的投影为非直线、圆弧等简单曲线时，如何画出这些交线？

(5) 多平面截切立体时，除了求作截平面与被截立体表面的截交线外，还应求作什么交线？

(6) 非等径正交圆柱相贯线在轴平面平行投影面上的投影可以用什么替代？如何替代？

(7) 等径正交圆柱相贯线的空间形状是什么曲线？其在轴平面平行面上的投影是什么线？

(8) 回转几何体间的相贯线有哪些常见的特殊情况？

2. 分析题

(1) ※对照立体图，分析图 5.28 所示开方孔圆柱及开方孔圆筒截交线及其投影的情况(为清晰展示立体的内部结构，立体图上假想切去了左前部分)。

(2) ※对照立体图，分析图 5.29 所示各组正交圆柱(孔)相贯及相贯线投影的情况；当采用简化画法、用圆弧代替相贯线的投影时，如何画出这些相贯线圆弧？(圆弧所在的位置？圆弧的半径？如何确定圆弧的圆心？相贯线的虚实？)

(3) ※分析图 5.30 所示 3 组同轴回转体相贯的情况，请分别指出各是由哪些曲面几何体同轴相贯？这些相贯线的空间形状均是什么线？在图示各视图中，这些相贯线的投影均是什么线？

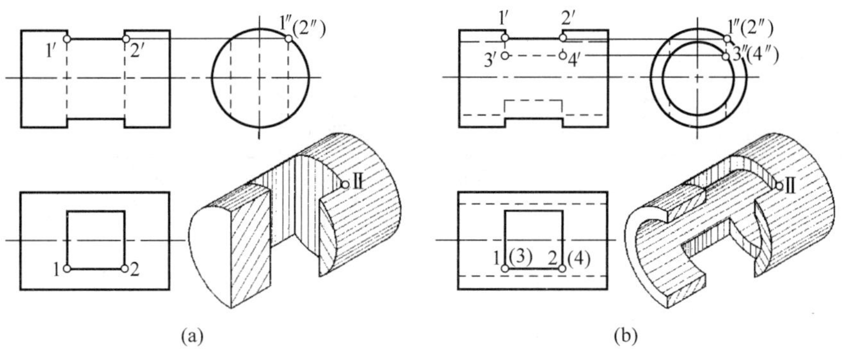

图 5.28 圆柱及圆柱筒上挖方孔的截交线

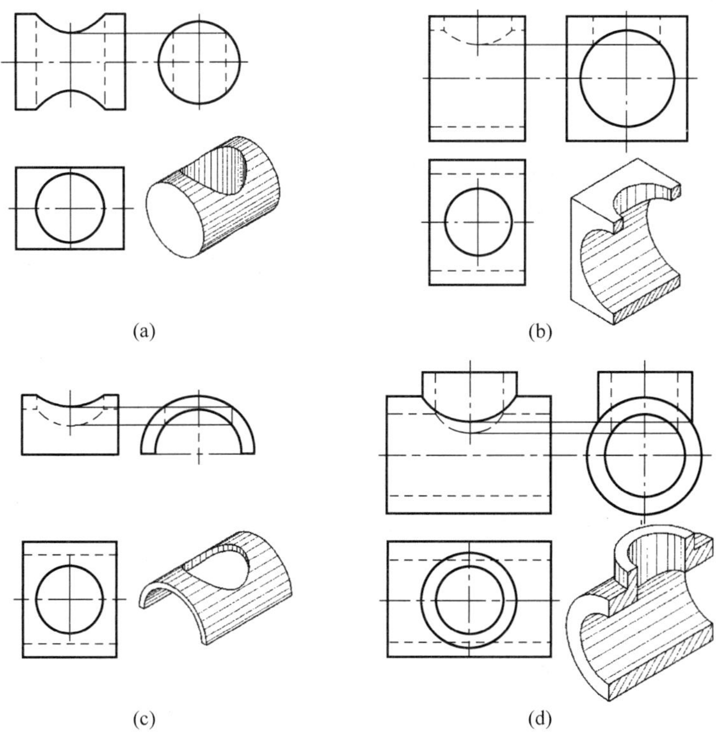

图 5.29 圆柱孔的相贯及其相贯线

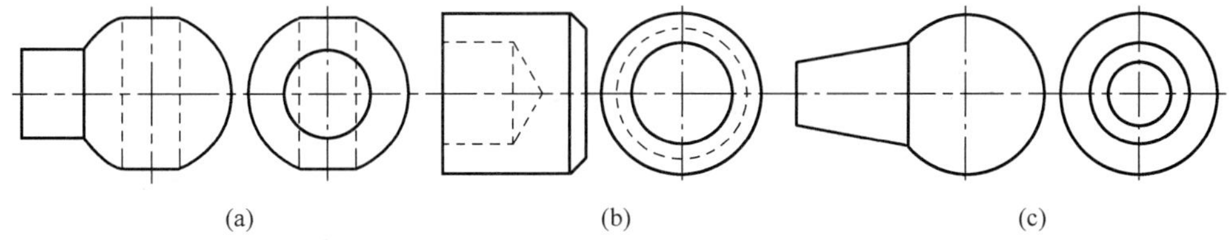

图 5.30 同轴回转体相贯

3. 选择题

(1) ※根据图 5.31 所示各组主、俯视图，选择正确的左视图或正确的一组视图。

(2) ※根据图 5.32 所示各组主、左视图，选择正确的俯视图。

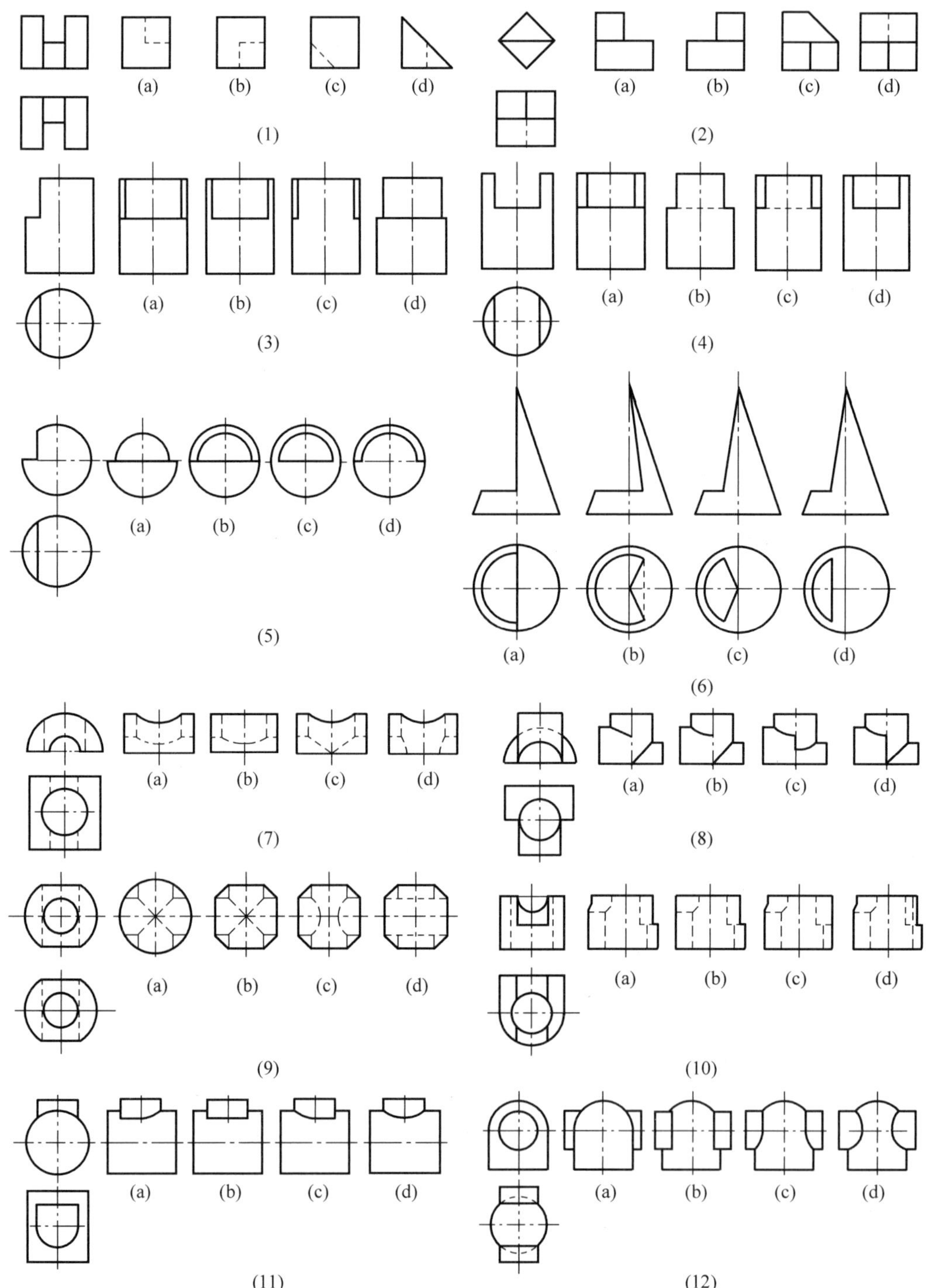

图 5.31 选择正确的左视图

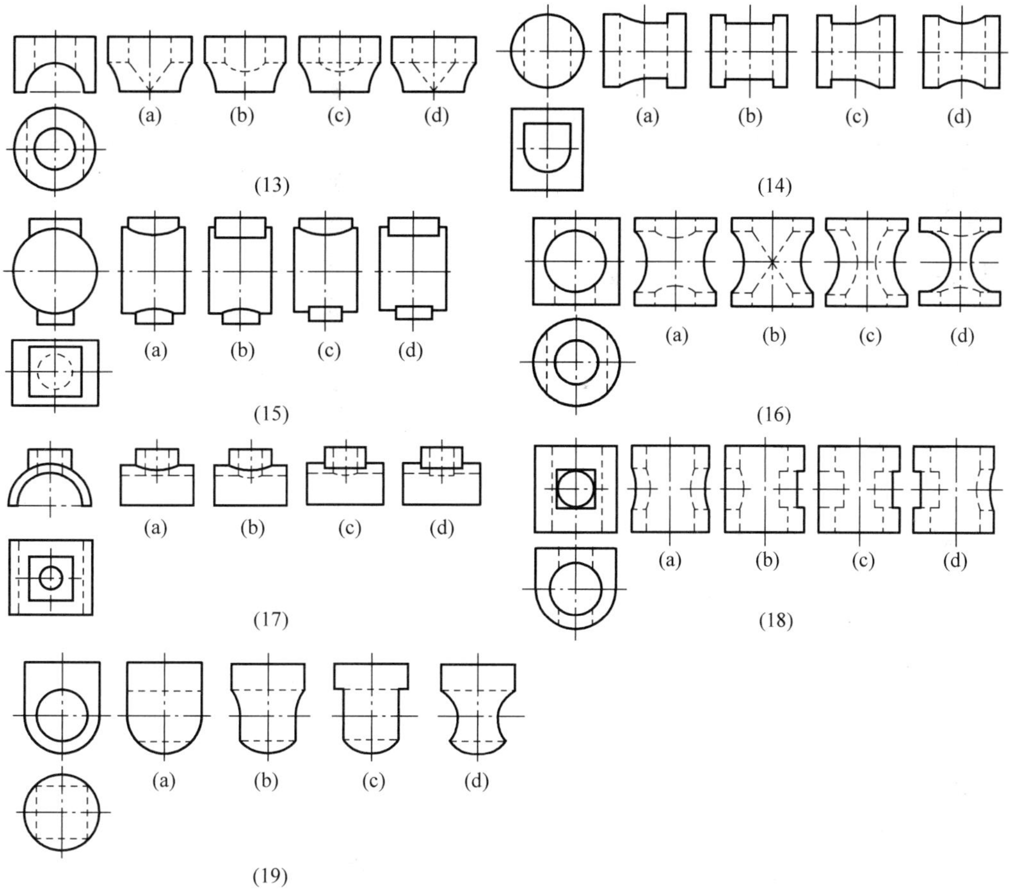

(13)

(14)

(15)

(16)

(17)

(18)

(19)

图 5.31 （续）

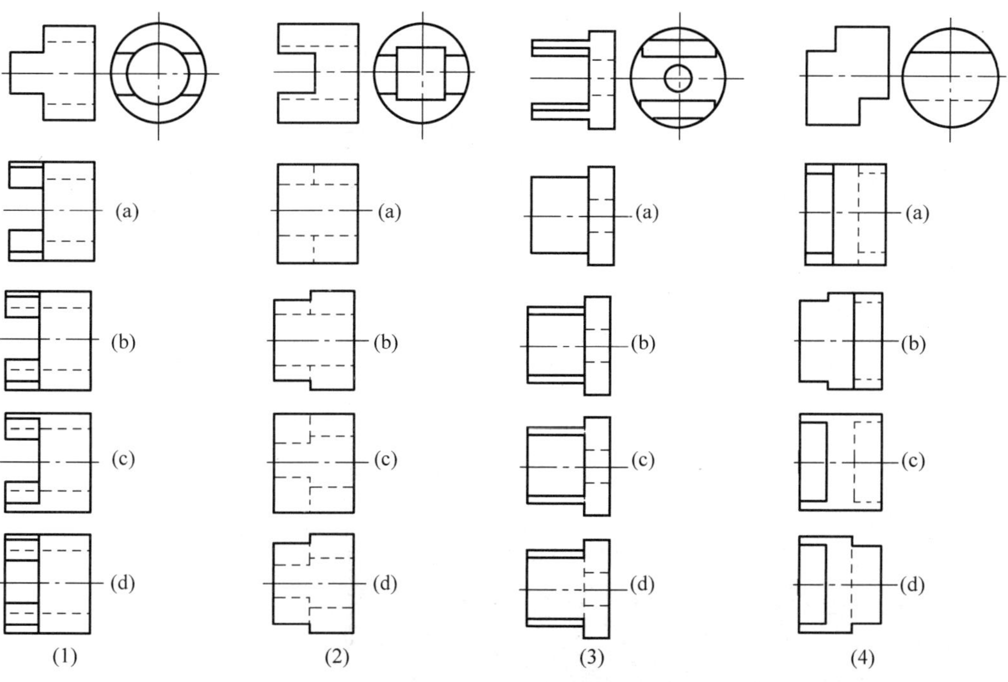

图 5.32 选择正确的俯视图

第6章 组合体的视图及尺寸标注

章前思考

1. 图 6.1 所示零件分别由哪些基本形体组合而成？是通过什么方式组合在一起的？

2. 这些零件的三视图与构成它们的基本形体的三视图之间有着怎样的关系？

3. 如何才能确定零件各部分的大小和相对位置？

4. 由一个视图能够确定立体的形状吗？两个视图能够唯一确定立体的形状吗？三个视图一定能够唯一确定立体的形状吗？

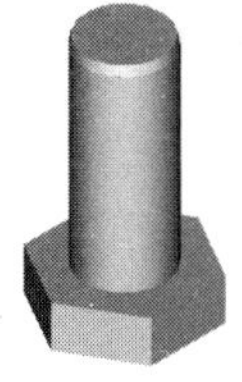
(a) 螺栓毛坯

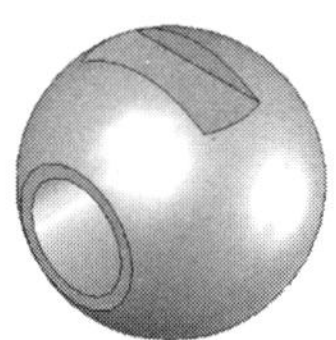
(b) 阀芯

(c) 支座

图 6.1　常见零件

从几何的角度分析，复杂形体大多可以看成是由基本形体按一定的方式组合而成的，由基本形体通过叠加或切割构成的立体称为组合体。本章将在前述基本形体投影的基础上，进一步学习组合体视图的画图和看图方法，以及组合体的尺寸标注方法。

6.1　组合体的组合形式及形体分析

6.1.1　组合体的组合形式

组合体的形状有简有繁，各不相同，但就其组合形式而言，不外乎叠加、切割和综合三种基本形式。

（1）叠加式：由若干基本形体叠加而成，如图 6.2(a)所示。

（2）切割式：在基本形体上进行切割、开槽、钻孔后得到的形体，如图 6.2(b)所示。

（3）综合式：既有叠加又有切割而得到的组合体，如图 6.2(c)所示。常见的组合体大部分为综合式组合体。

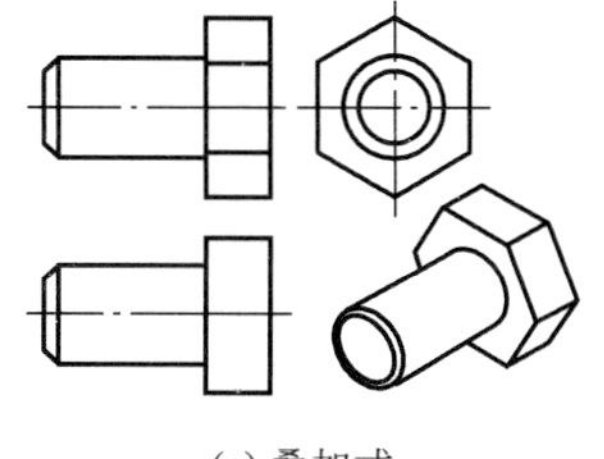
(a) 叠加式

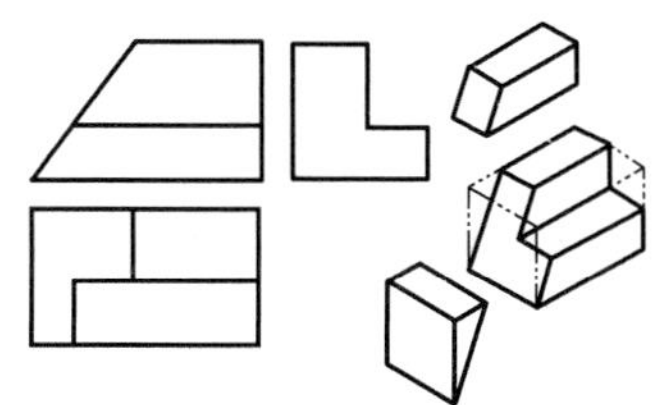
(b) 切割式

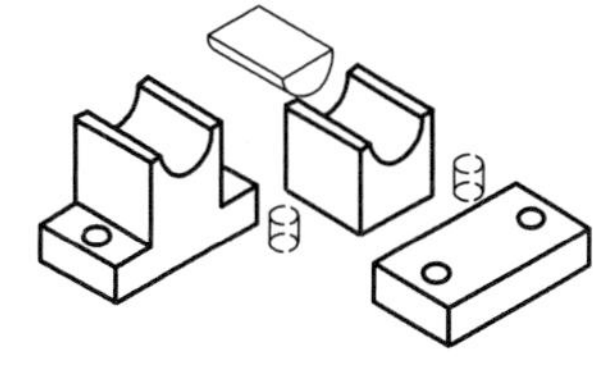
(c) 综合式

图 6.2　组合体的组成形式

6.1.2 组合体相邻两表面的连接关系

无论是叠加还是切割，由于各形体之间的相对位置不同，其表面连接关系有如下三种：平齐、相切和相交（相贯），如图 6.3 所示。

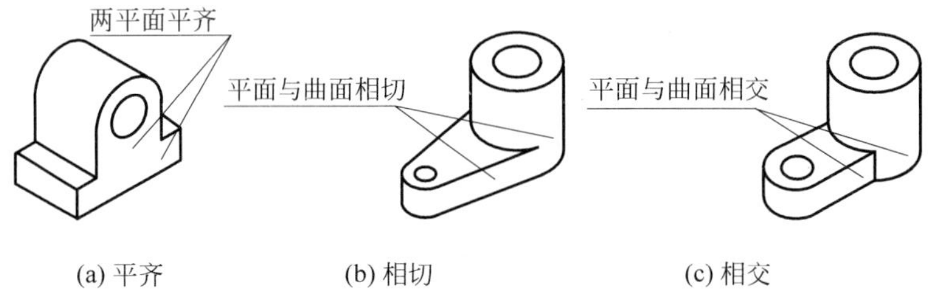

图 6.3 组合体相邻表面的连接关系

1. 平齐

两立体表面平齐，实际上就是“共面”，不存在分界的问题，故在视图中没有“分界线”的投影，如图 6.4 所示。

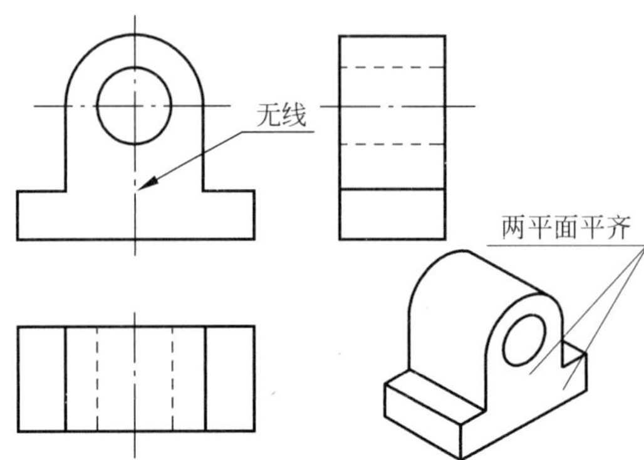

图 6.4 表面平齐的画法

2. 相切

两立体表面相切时，相切处是光滑过渡的，没有分界线，所以在相切处不画出切线。如图 6.5 所示，底板顶面在主、左视图中应画到切线的切点处，但不应画出切线。

3. 相交

两立体表面相交时，其表面的交线就是相贯线，在视图中应画出立体表面的交线，即相贯线的投影，如图 6.6 所示。

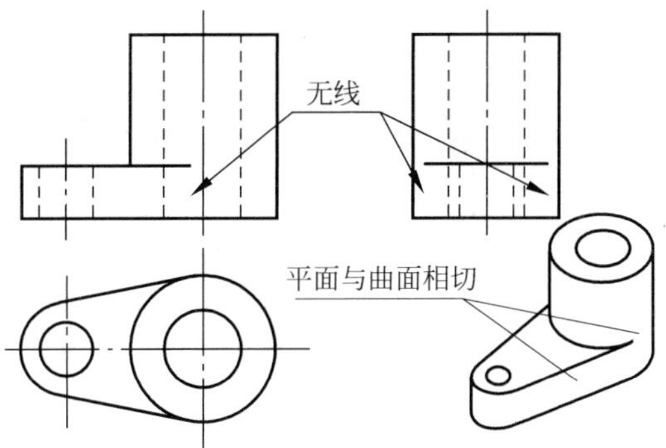

图 6.5 表面相切的画法

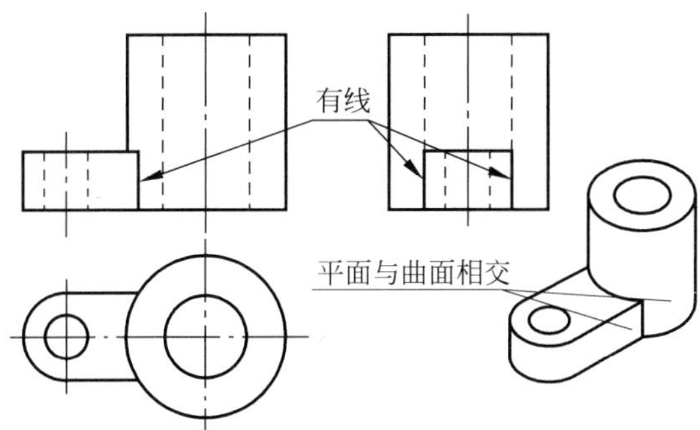

图 6.6 表面相交的画法

6.1.3 组合体的形体分析与形体分析法

假想把复杂的立体分解成由若干基本形体按不同方式组合而成，进而分析各形体之间的相对位置和连接方式，使得组合体的画图、读图和标注尺寸问题得以简化，这一过程称为形体分析，这种分析和处理复杂形体的思维方法称为形体分析法。

如图 6.2(c)所示的组合体，经形体分析，可看成是由两个基本形体叠加而成，上部为挖掉了一个半圆柱的长方体，下部为挖掉了两个小圆柱的长方体。

6.2 画组合体视图

画组合体视图的基本方法是形体分析法。其基本思路是：先对组合体进行形体分析，然后依次画出各基本形体的视图，再根据各基本形体之间的组合方式和表面连接关系修正视图，从而得到完整的组合体视图。具体画图时一般按以下步骤进行：①形体分析；②选择主视图；③选比例、定图幅；④绘图。下面结合绘制图 6.7(a)所示支座的三视图，介绍画组合体视图的方法和步骤。

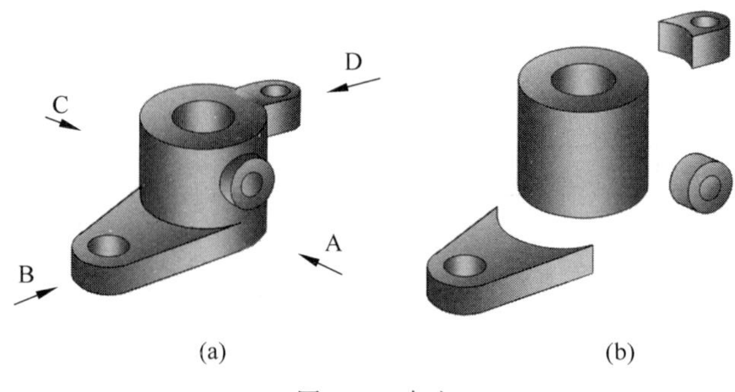

(a) (b)

图 6.7 支座

形体分析动画

6.2.1 形体分析

根据组合体的结构形状将其假想分解为若干个基本形体,并分析各个基本形体之间的组合方式、相对位置及表面连接关系,为下一步画图打下基础。如图 6.7(b)所示,经形体分析,支座可以分解为底板、圆柱筒、圆柱凸台和半圆头耳板四个基本形体。其中,底板叠加在圆柱筒左侧,其前、后表面与圆柱筒的外圆柱面相切;圆柱凸台叠加在圆柱筒前方,与圆柱筒相贯;半圆头耳板叠加在圆柱筒的右上方,其前、后表面与圆柱筒的外圆柱面相交,其上表面与圆柱筒顶面平齐。

6.2.2 选择主视图

组合体主视图的选择,一般应遵循以下原则:

主视图选择对比动画

(1) 反映形体的形状特征最明显;

(2) 立体处于自然摆放位置(符合工作位置或视觉习惯);

(3) 视图上的虚线最少。

如图 6.7(a)所示,当支座处于图示自然摆放位置时,主视图的投射方向有 A、B、C、D 四个方向可供选择。从形状特征的角度比较,A 向和 C 向较之 B 向和 D 向反映支座的形状特征更为明显;若以 C 向为主视图的投射方向,则视图上虚线较多,故可选择 A 向作为支座主视图的投射方向。

当主视图的摆放位置和投射方向确定后,俯视图和左视图的投射方向也就随之确定了。

6.2.3 选定比例和图幅

画图之前,首先要根据立体的真实大小和复杂程度选定画图的比例,在可能的情况下,优先选择 1∶1 的比例,以便于绘图和读图。

确定作图比例之后,再根据图样的大小选取合适幅面的图纸。选取图幅时,既要考虑图形区域的大小，还要给标注尺寸和绘制标题栏等留出足够的空间。

6.2.4 绘图

绘制组合体的三视图一般按照如下步骤进行：

（1）布图。布置好三个视图在图纸上的位置，画出作图基准线。作图基准线一般选立体的对称平面、较大的端面或圆柱的轴线、中心线等的投影。

（2）打底稿。按照形体分析，逐个画出各基本形体的三视图，并处理好与已画形体之间表面连接关系的投影。在画每个基本形体的视图时，可按照"长对正、高平齐、宽相等"的对应关系将其三个视图同时画出，以便于保证投影关系并提高绘图效率。具体作图时，应先画反映立体形状特征明显的那个视图，之后再对应画出其余两个视图。在打底稿的过程中，图线可以均画成细线，并尽量轻、淡。

（3）检查、加深。在检查的过程中，擦去多余的图线，特别要重点关注各结构之间分界处画法的正确性。检查确认无误后，最后用规定的线型加深、加粗图形。加深、加粗的顺序一般为：先圆后直，先细后粗，先上后下，先左后右。

支座三视图的绘制过程如图6.8所示（为表达清晰，图中每步所画基本形体的视图以加粗表示）。

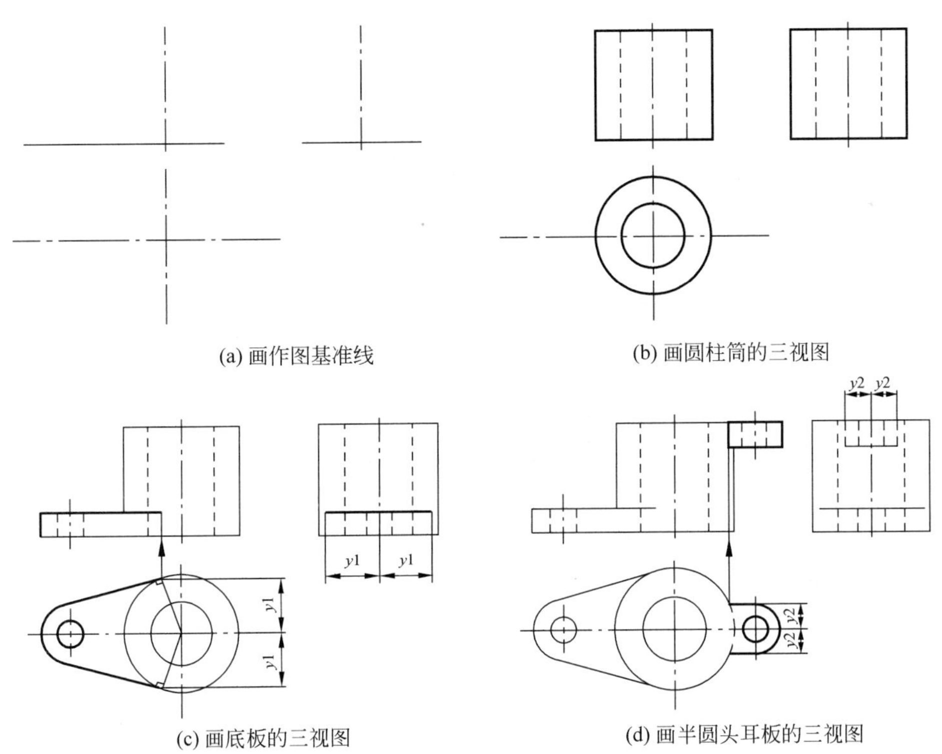

(a) 画作图基准线　　(b) 画圆柱筒的三视图

(c) 画底板的三视图　　(d) 画半圆头耳板的三视图

图6.8　支座三视图的绘制过程

绘图过程视频

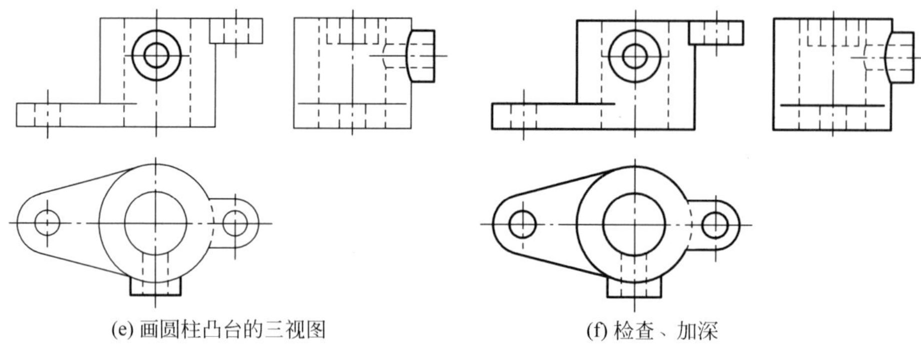

(e) 画圆柱凸台的三视图　　(f) 检查、加深

图 6.8 （续）

6.3 读组合体视图

画图是运用正投影规律用若干个视图来表达立体形状的过程。读图则是根据立体的视图,经过投影及空间分析,想象出立体空间形状的过程。可见,读图是画图的逆过程。为了正确、迅速地读懂视图,必须掌握读图的基本要领和基本方法。

6.3.1 读图的基本要领

1. 熟悉基本形体的视图

组合体是由若干个基本形体组合而成的。若要读懂组合体的视图,必须先能轻松读懂基本形体的视图。图 6.9 所示为一些基本形体的三视图示例。

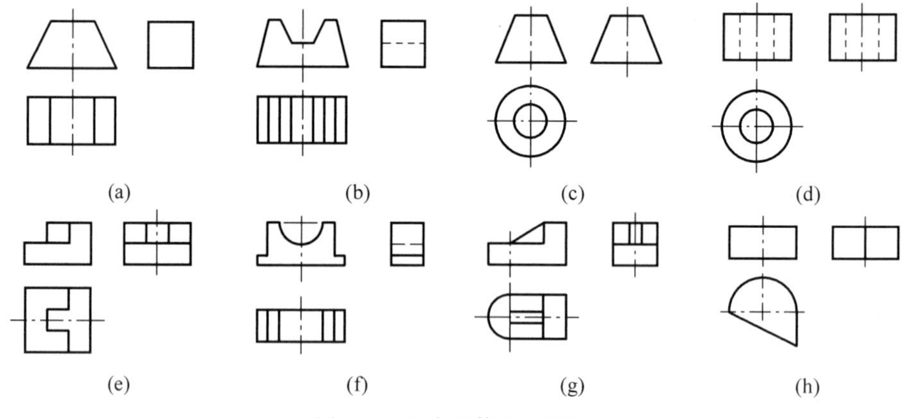

(a)　(b)　(c)　(d)

(e)　(f)　(g)　(h)

图 6.9　基本形体的三视图

2. 联系几个视图一起看

组合体的形状是由一组视图共同确定的,每个视图只能反映立体一个方向的形状,因此必须将一组视图联系起来,互相对照着看,才能确定立体各部分的结构形状。

如图 6.10 所示，立体的俯视图完全相同，而不同的主视图和俯视图一起确定了不同形状的立体。

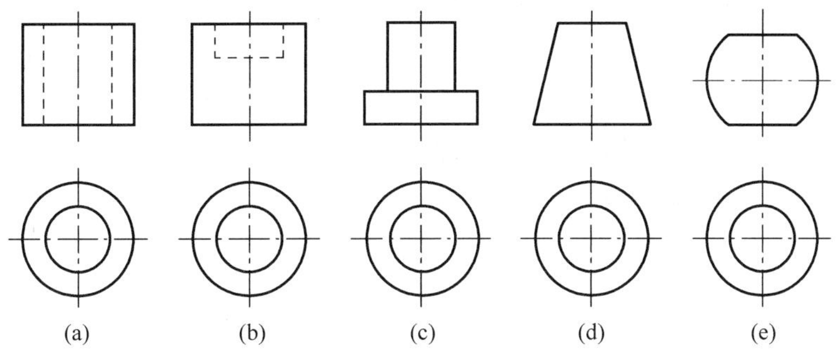

图 6.10 一个视图相同的不同立体

如图 6.11 所示，立体的主、俯视图完全相同，但也表达了不同形状的立体。

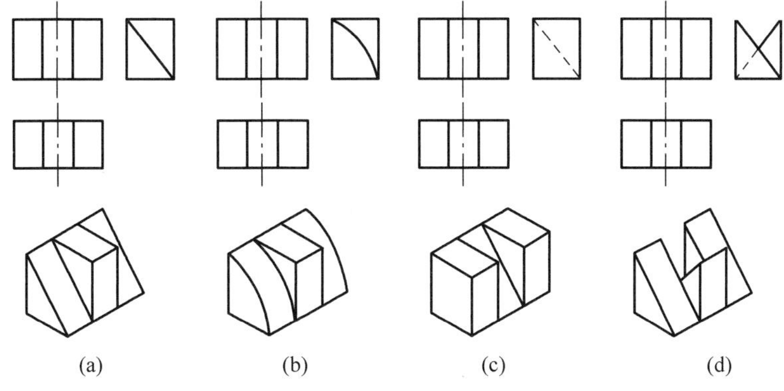

图 6.11 两个视图相同的不同立体

3. 注意利用特征视图

特征视图是指反映立体的形状特征和各组成部分之间的位置特征最明显的视图。

如图 6.12(a)所示底板的三视图，假如只看主、左两个视图，那么除了底板的长、宽及厚度以外，其他形状不能确定。如果将主、俯视图配合起来看，即使不要左视图，也能确定它的形状。显然，俯视图是反映该立体形状特征最明显的视图。用同样的分析方法可知，图 6.12(b)中的主视图、图 6.11 中的左视图是反映立体形状特征最明显的视图。

在图 6.13 中，如果只看主、俯视图，立体上凸出和凹进结构的位置不能确定，因为这两个图可以表示为图 6.13(a)的情况，也可以表示为图 6.13(b)的情况。但如果将主、左视图配合起来看，则凸出和凹进结构的位置就可以确定。显然，左视图是反映该立体各组成部分之间相对位置特征最明显的视图。

读组合体视图时，应注意利用立体的形状特征视图和位置特征视图，这样才能够准确地判断立体各部分结构的形状和具体位置，从而正确、迅速地读懂视图。

形状特征
立体 A
三维模型

形状特征
立体 B
三维模型

位置特征
立体 A
三维模型

位置特征
立体 B
三维模型

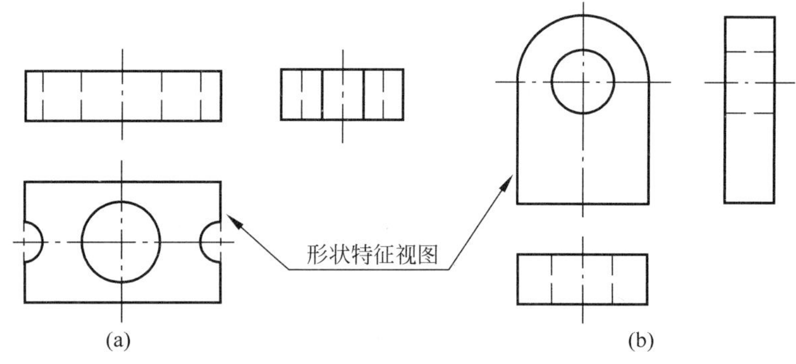

图 6.12　形状特征视图

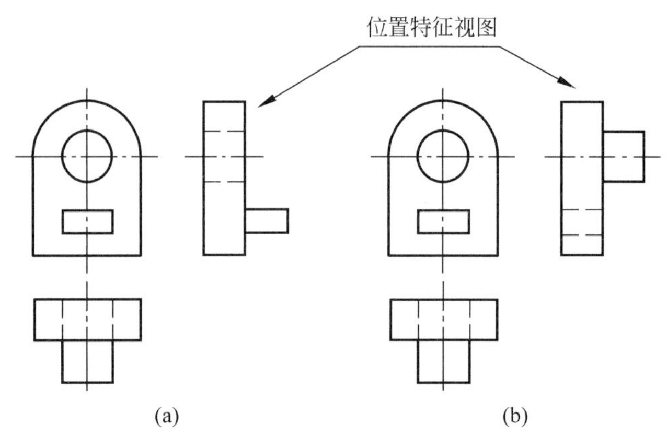

图 6.13　位置特征视图

4. 明确视图中图线和线框的含义

视图是由若干个封闭线框组成的，而每个线框又是由若干条首尾相接的图线所构成。因此，明确视图中图线和线框的所有含义，是读图必须具备的基础知识。

1）图线的含义

视图中图线的含义有以下 3 种：

- 立体上面的积聚性投影：如图 6.14(a)所示立体的主视图中，直线 1′即为圆柱顶面的积聚性投影。
- 立体上两面交线的投影：如图 6.14(a)所示立体的主视图中，直线 2′是六棱柱一条棱线的投影。
- 回转面转向轮廓线的投影：如图 6.14(a)所示立体的主视图中，直线 3′是圆柱面正面投影转向轮廓线的投影。

2）线框的含义

- 单个线框的含义：视图中的一个封闭线框，通常为立体上一个面的投影，该面可以是平面、曲面或曲面及其切平面。如图 6.14(b)所示立体的主视图中，线框 a' 是六棱柱最前平面的投影，b'是圆柱面的投影；图 6.14(c)所示立体的左视图中，外轮廓粗实线线框是半圆柱面及其切平面的投影。特殊情况下，视图中的一个封闭线框还可以是立体上通孔的投影。如图 6.14(c)所示立体的主视图中，圆线框就是通孔的投影。

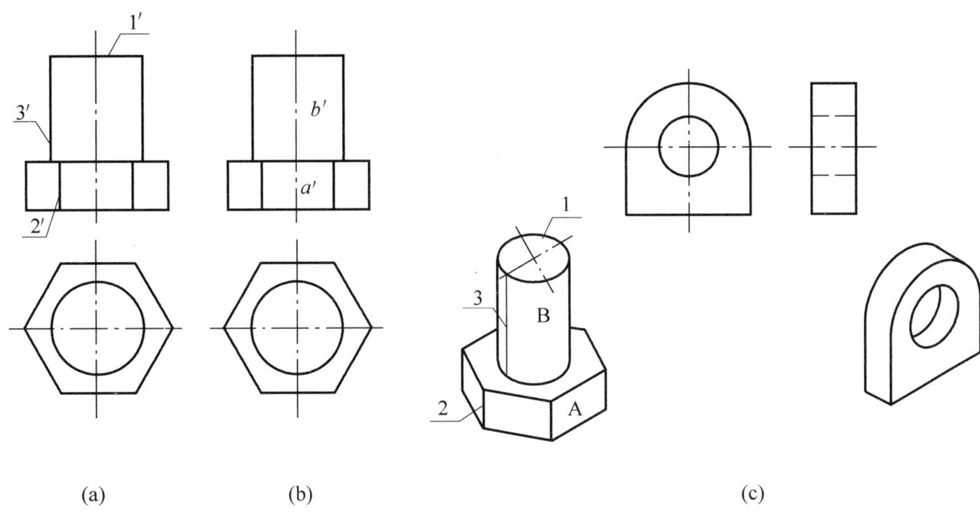

图 6.14 视图中图线和线框的含义

- 相套线框的含义：在一个大封闭线框内包含一个小的线框，则表示小线框所示形体或结构较之大线框处于上凸或下凹的关系，或者是通孔。如图 6.15(a)所示立体的俯视图中，相套的两个圆线框，就分别反映了所述的 3 种情况。
- 相邻线框的含义：视图中相邻的两个封闭线框，通常表示立体上位置不同(相交、相错)的两个表面的投影。如图 6.15(b)所示立体的俯视图中相邻的两矩形线框，就分别表示了相交两面、平行两面、错切两面等情况。

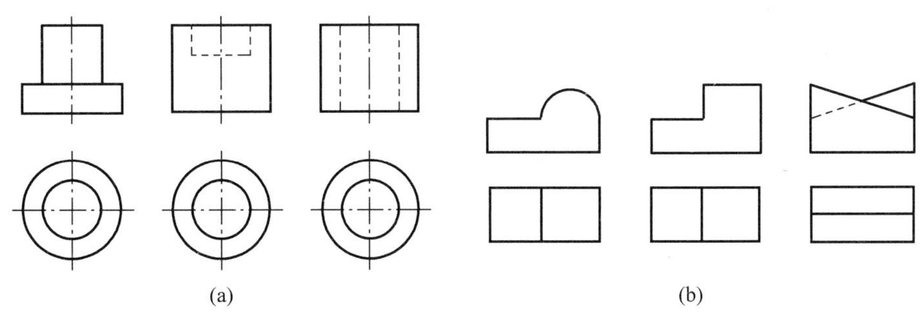

图 6.15 相套线框和相邻线框的含义

6.3.2 形体分析法读图

读组合体视图的基本方法也是形体分析法。读图时，通常从表达组合体形状特征较明显的视图(通常是主视图)入手，在视图上按线框将组合体划分为几个部分(即几个基本形体)，然后根据投影关系，找到各线框所表示的部分在其他视图中的投影；接着读懂每一部分所表示的基本形体的形状；最后再根据投影关系，分析出各基本形体之间的相对位置，综合想象出整个组合体的结构形状。现以图 6.16 所示组合体的三视图为例，说明运用形体分析法读组合体视图的方法与步骤。

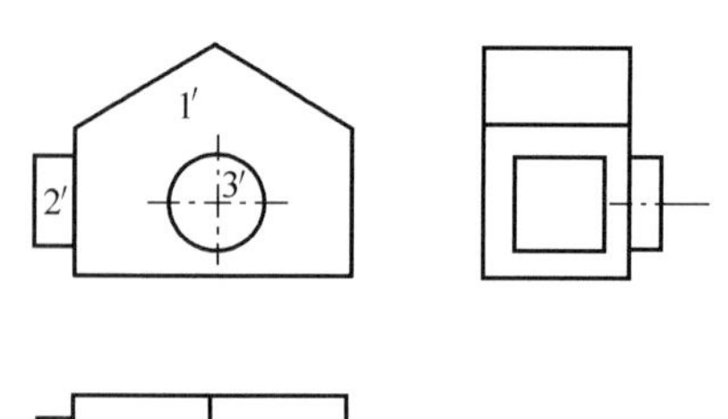

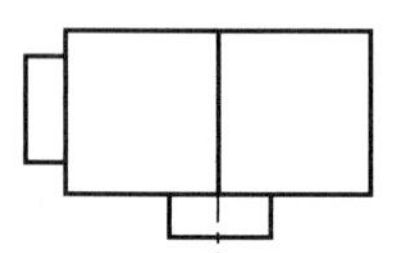

图 6.16　形体分析法读图

1. 根据视图分线框

在表达组合体形状特征较明显的主视图中划分线框，其存在 3 个封闭线框，可以初步认为该组合体由 3 个基本形体组合而成，如图 6.16 所示。

2. 对照投影明形体

根据投影关系，找到主视图中线框 1′ 在俯、左视图中的投影，可以想象出这是一个小房子形状的五棱柱，如图 6.17(a)所示；主视图中线框 2′ 对应在俯、左视图中的投影分别是不同的矩形线框，不难想象出它是一个长方体，如图 6.17(b)所示；同样可以找到主视图中线框 3′ 对应在俯、左视图中的投影均为矩形线框，很容易想象出这是一个圆柱，如图 6.17(c)所示。

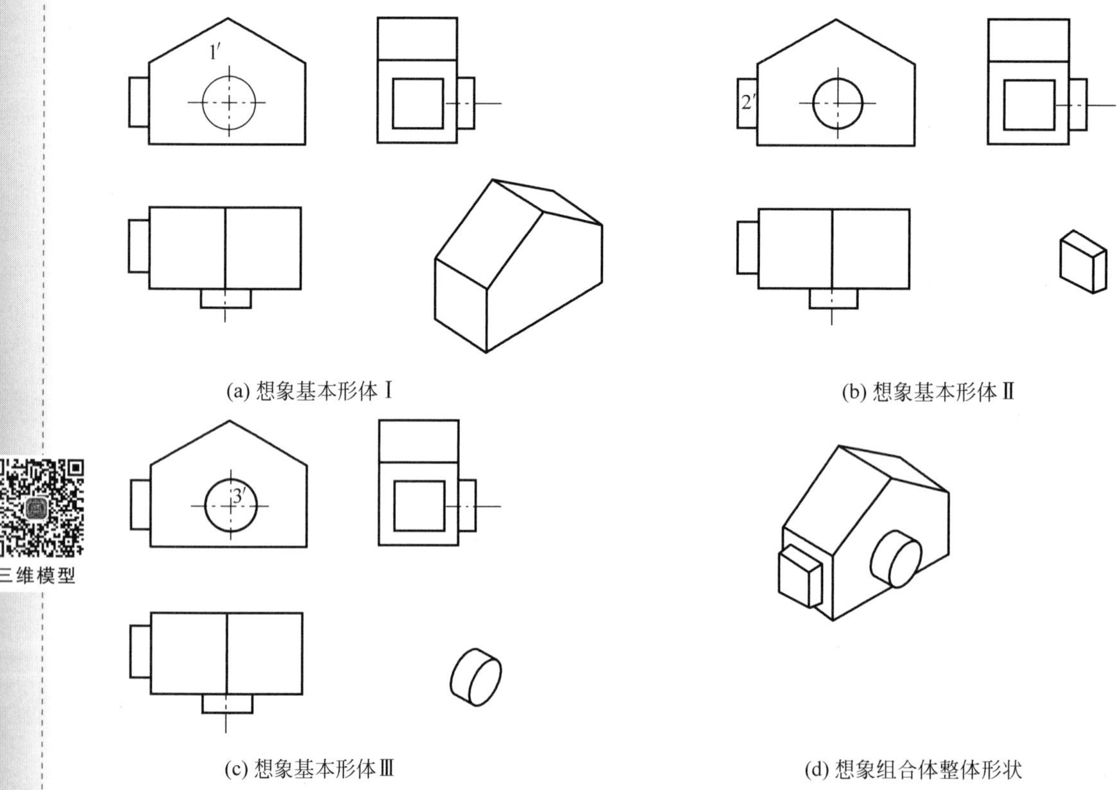

(a) 想象基本形体Ⅰ　(b) 想象基本形体Ⅱ

(c) 想象基本形体Ⅲ　(d) 想象组合体整体形状

图 6.17　根据三视图想象组合体的形状

三维模型

3. 确定位置想整体

在读懂构成组合体的3个基本形体形状的基础上，再根据组合体三视图所显示的3个基本形体之间的相对位置和连接关系，把3个基本形体构成一个整体，就能想象出该组合体的整体形状，如图6.17(d)所示。

【例6.1】 用形体分析法识读图6.18所示阀盖的三视图。

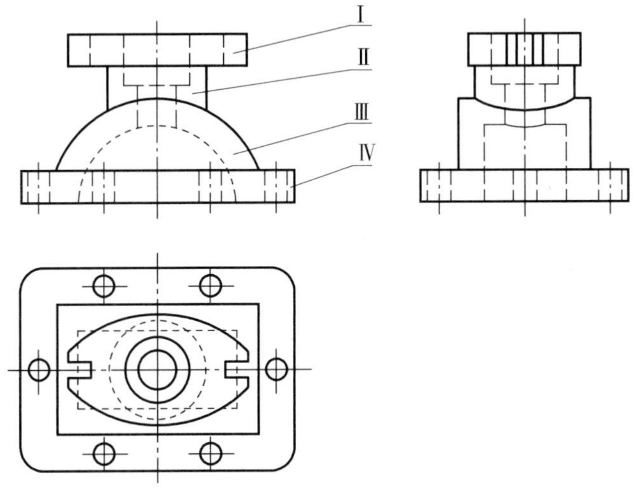

图6.18 阀盖的三视图

(1) 根据视图分线框。在主视图中按粗实线线框将视图分为Ⅰ、Ⅱ、Ⅲ和Ⅳ 4部分，如图6.18所示。

(2) 对照投影明形体。根据长对正、高平齐、宽相等的投影规律，分别找出4个线框在俯视图和左视图中的对应投影，如图6.19(a)、(b)、(c)和(d)所示；根据图6.19中各形体的三视图，确定各形体的形状，如图6.19中的立体图所示。

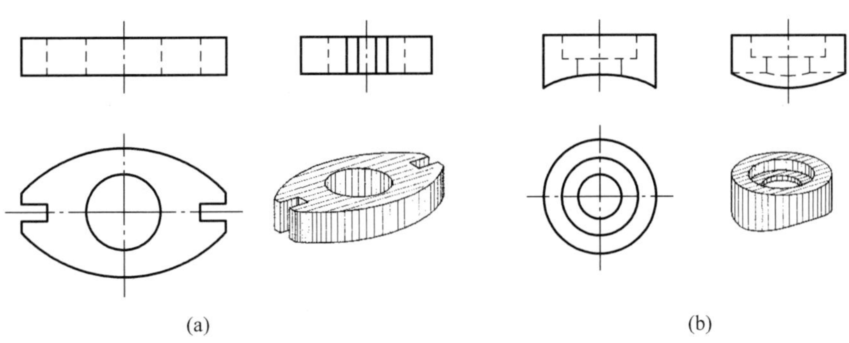

图6.19 阀盖各部分的形状

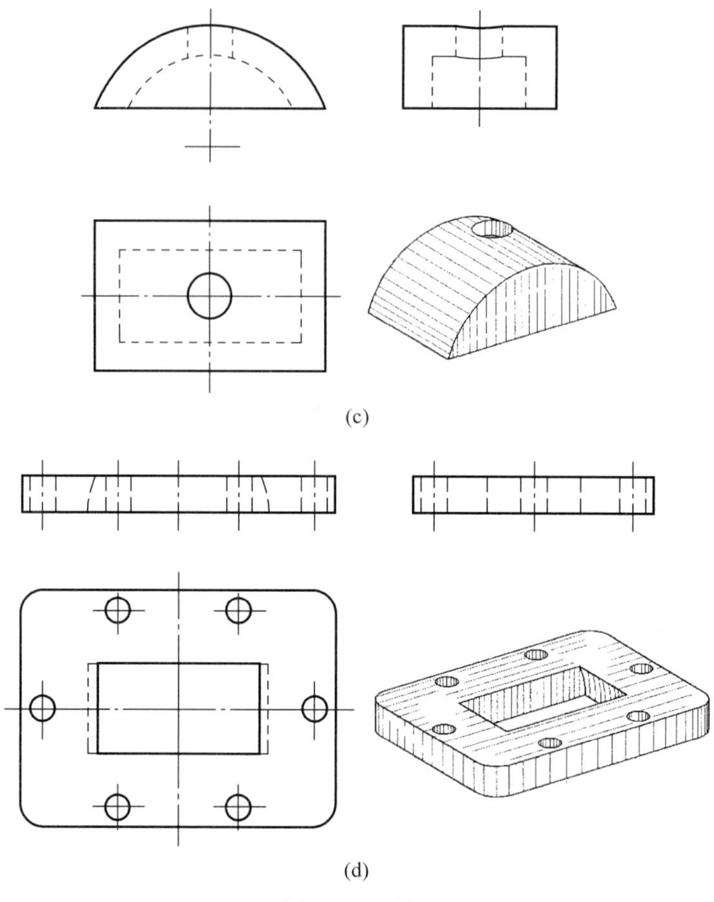
(c)

(d)

图 6.19 （续）

读图过程视频

（3）确定位置想整体。从图 6.18 的三视图中，可以确定各形体之间的相对位置和组合方式，形体Ⅰ在最上方，形体Ⅱ、Ⅲ、Ⅳ依次在其下方。各形体前后、左右对称，其对称平面与阀盖的对称平面重合。进行以上分析之后，综合在一起想象出阀盖的整体形状，如图 6.20 所示。

阀盖三维模型

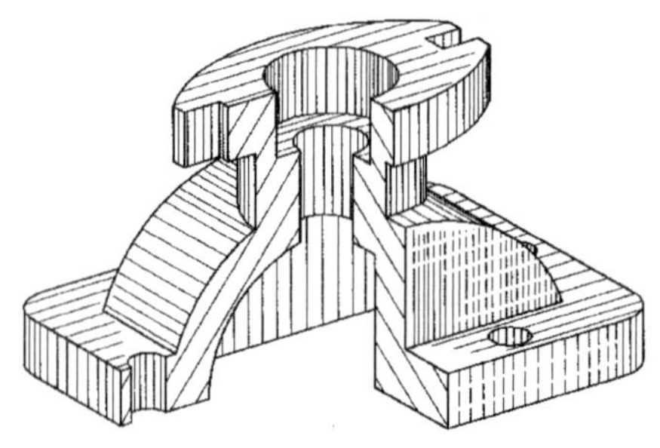
图 6.20 阀盖的立体图

【例 6.2】 读懂图 6.21 所示支架的主、俯视图。

如图 6.21 所示，将主视图划分为 3 个封闭线框，即将支架分解为 3 个基本形

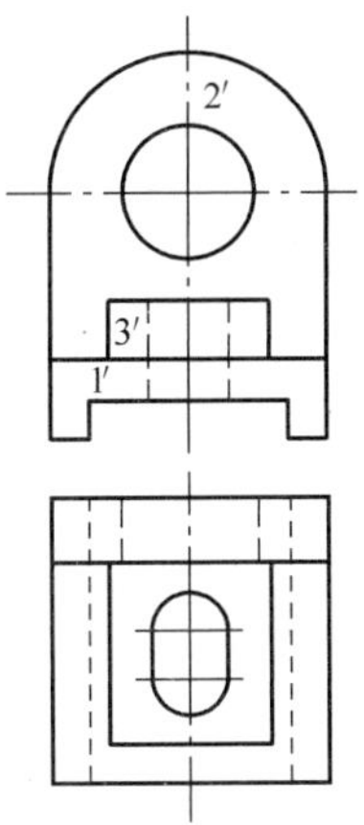

图 6.21　支架的主、俯视图

体。对照俯视图，找到每个基本形体对应在俯视图中的投影，想象该基本形体的形状，如图 6.22(a)～(c)所示。根据图 6.21 所示 3 个基本形体的相对位置和连接关系，将 3 个基本形体进行组合，想象出整个支架的形状，如图 6.22(d)所示。

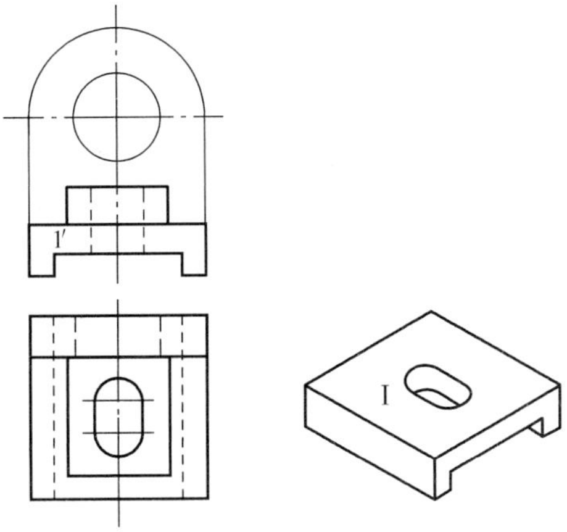

(a) 想象基本形体Ⅰ

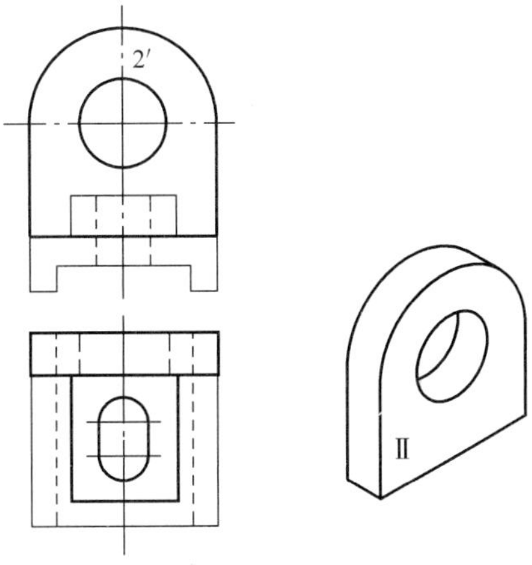

(b) 想象基本形体Ⅱ

支架三维模型

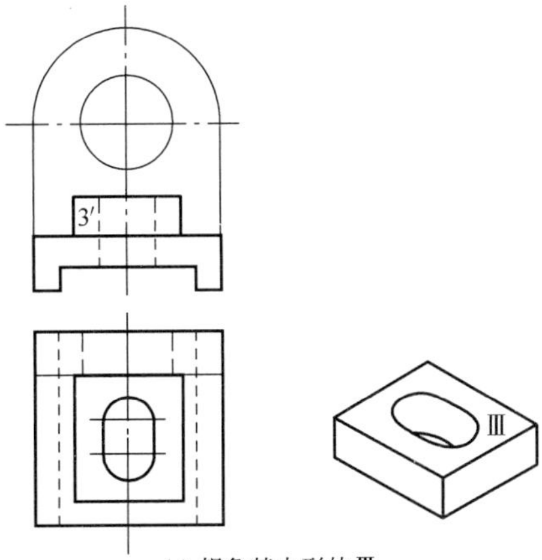

(c) 想象基本形体Ⅲ

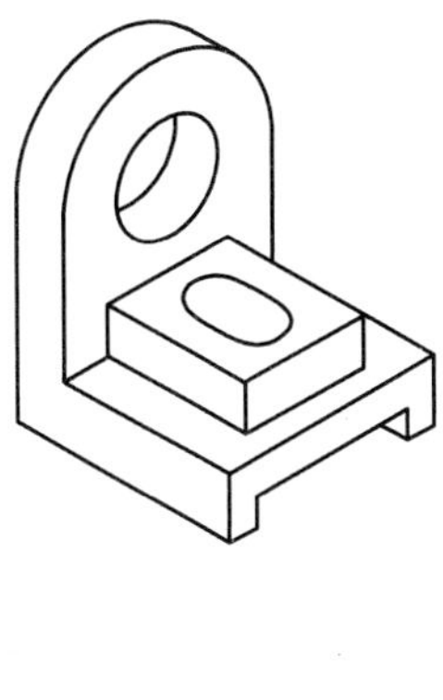

(d) 想象组合体整体形状

图 6.22　根据主、俯视图想象支架的形状

6.3.3 线面分析法读图

读形体比较复杂的组合体的视图时，在运用形体分析法的同时，对于不易读懂的部分，常常使用线面分析法来帮助想象和读懂视图。对于以切割为主的组合体，读图时也常常采用线面分析法。

线面分析法就是利用投影规律和线、面投影特点，分析视图中线条和线框的含义，判断该形体上交线和表面的形状及相对位置，从而确定该形体形状的一种方法。

线面分析法一般是在一个视图中找封闭线框，然后按照投影规律在其他视图中查找有无与该线框相对应的类似形，若无类似形，则必有与之对应的积聚性投影——一条线。现结合图 6.23(a)所示组合体三视图的读图，说明运用线面分析法读组合体视图的方法与步骤。

1. 还原基本形体

由于该组合体的三个视图的外形轮廓均为长方形，主、左视图上有缺角，可以想象出该组合体是由图 6.23(d)所示长方体被切割掉若干部分所形成。

2. 分析切割过程

如图 6.23(b)所示，由主视图中的缺口入手，分析斜线 a' 的含义。根据投影关系可找到斜线 a' 对应在俯、左视图中的投影，为两个形状类似的 L 形线框。根据投影面垂直面的投影特性，可以判断出 A 面是一个正垂面，即该组合体是由长方体首先被一正垂面切割掉左上角，如图 6.23(e)所示。

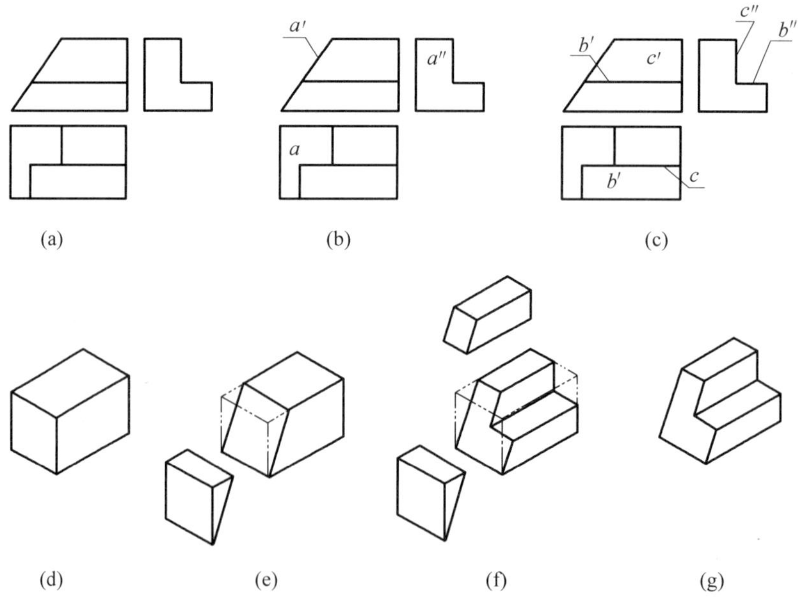

图 6.23 线面分析法读组合体视图的步骤

如图 6.23(c)所示，由左视图中的缺口分析线段 b'' 和 c'' 的含义。根据投影关系可找到 b'' 对应在主视图中的投影为一水平线段，在俯视图中的投影为一矩形线框；c'' 对应在主视图中的投影为一直角梯形线框，在俯视图中的投影为一水平线段。根据投影面平行面的投影特性，可以判断出 B 面是一个水平面，C 面是一个正平面，即在(d)图立体的基础上又被一个水平面和一个正平面切割掉前上角，如图 6.23(f)所示。

3. 确定立体形状

通过上述线面分析，可以想象出该组合体是一个长方体，左侧被一个正垂面切割掉左上角，再由一个水平面和一个正平面共同切割掉前上角形成，结果形体如图 6.23(g)所示。

【例 6.3】 用线面分析法识读图 6.24 所示压板的三视图。

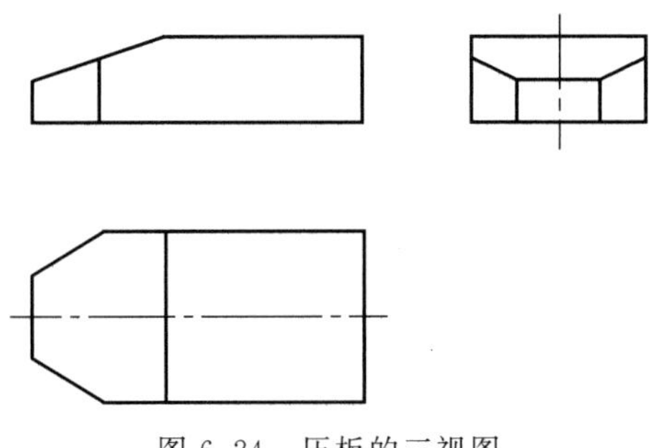

图 6.24 压板的三视图

不难分析，该立体由一长方体被几个平面切割而成。

在图 6.25(a)中，主视图可分为 1′和 2′两个线框，分别表示压板的两个表面。根据投影规律，由线框 1′可确定其在俯视图中的对应投影为前后对称的两条斜线 1，在左视图中的对应投影为两个与 1′类似的封闭线框 1″。由 1、1′、1″可知表面Ⅰ是位于压板的左前方和左后方的两个铅垂面，形状为直角梯形。用同样方法确定线框 2′在俯视图和左视图中的对应投影 2、2″，由 2、2′、2″可确定表面Ⅱ是位于压板前面和后面的两个正平面，形状为五边形。

在图 6.25(b)的俯视图中，3 和 4 两个线框分别表示压板的另两个表面的水平投影。按投影规律可确定其在主视图和左视图中的对应投影 3′、3″和 4′、4″。由 3、3′、3″和 4、4′、4″可知，表面Ⅲ是形状为六边形的正垂面，位于压板左上方；表面Ⅳ是形状为矩形的水平面，位于压板顶面。同理，可确定压板底面是形状为六边形的水平面。

在图 6.25(c)中，由左视图的线框 5″可确定其在主视图和俯视图中的对应投影为直线段 5′、5。故压板的左侧面是形状为矩形的侧平面。同样，压板右侧面也是形状为矩形的侧平面。

根据以上线面分析，把压板的顶面、底面、前面、后面、左上面、左前面、左后面及左右两个侧面综合在一起，可以想象出整个压板的形状如图 6.25(d)所示。

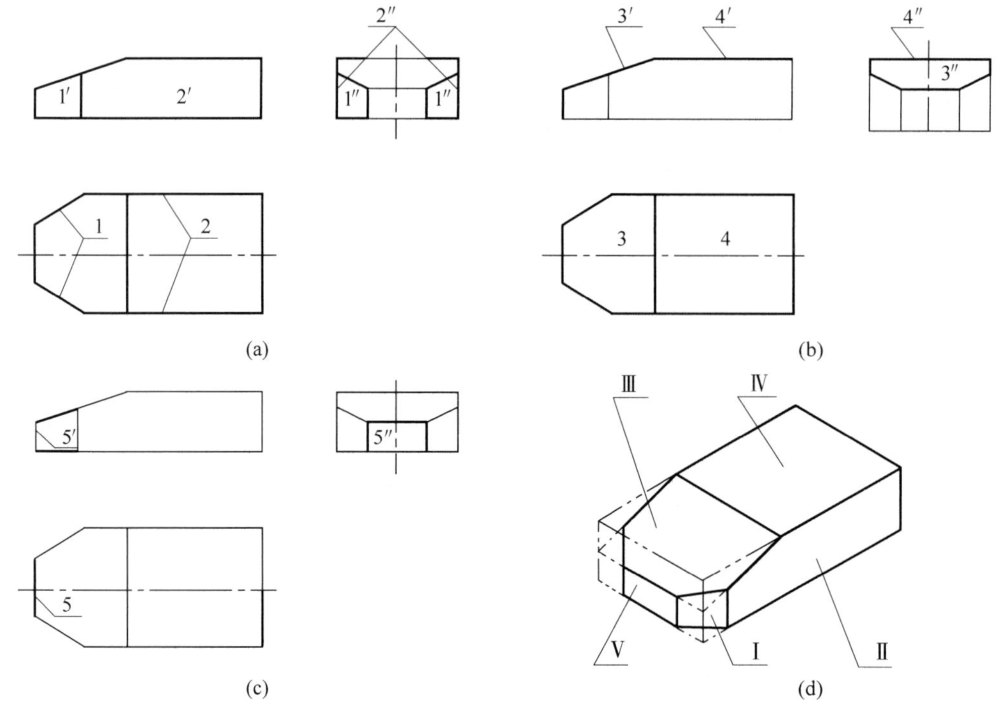

图 6.25 压板的线面分析

读图过程视频

6.3.4 补画第三视图和补画已给视图中所缺图线

补画第三视图和补画已给视图中所缺的图线是培养读图、画图能力以及检验是否读懂视图的一种有效手段。在补图或补线时，首先需要根据已知的两个完整视图或两个、三个不完整的视图，想象出立体的空间形状，然后根据想象的立体形状补画出第三视图或补齐已给视图上所缺图线。其基本方法仍然是形体分析法和线面分析法。

1. 补画第三视图

【例 6.4】 已知图 6.21 所示支架的主、俯视图，补画其左视图。

按照例 6.2 所述方法和步骤，看懂、想象出的支架的形状，再据形体分析，逐一画出每一基本形体的左视图。具体作图过程如图 6.26(a)～(d)所示。

【例 6.5】 如图 6.27 所示，已知组合体的主、俯视图，补画其左视图。

运用形体分析法，可将组合体按线框分解为 3 部分(3 个基本形体)，如图 6.27 所示。根据每个基本形体在主、俯视图中的投影，可以分别想象出该基本形体的形状。对于局部难以想象的地方，尤其是切割形成的结构应采用线面分析法进行分析(如基本形体Ⅰ上前方切割出的缺口)。然后，根据 3 个基本形体的相对位置和连接关系，将它们进行组合，想象出整个组合体的形状。具体过程如图 6.28 所示。最后，据形体分析，逐一画出每一基本形体的左视图，具体作图过程如图 6.29 所示。

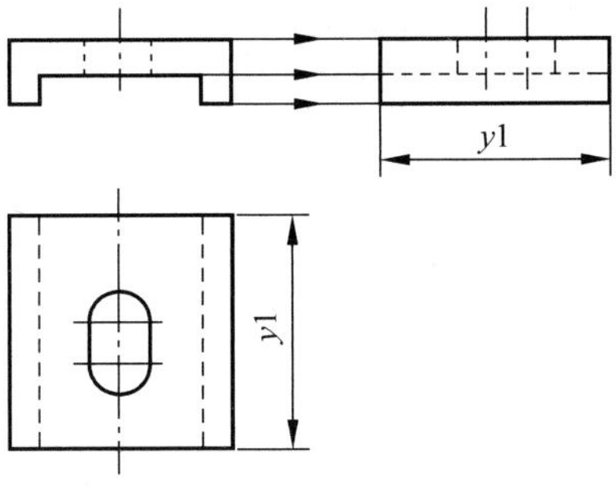

y1

y1

(a) 画出基本形体Ⅰ

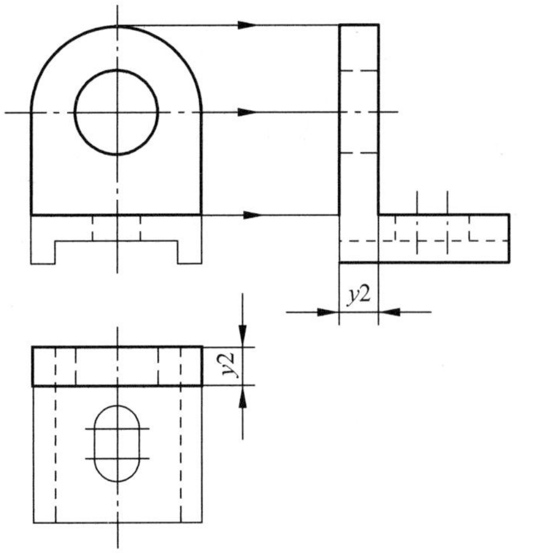

y2

y2

(b) 画出基本形体Ⅱ

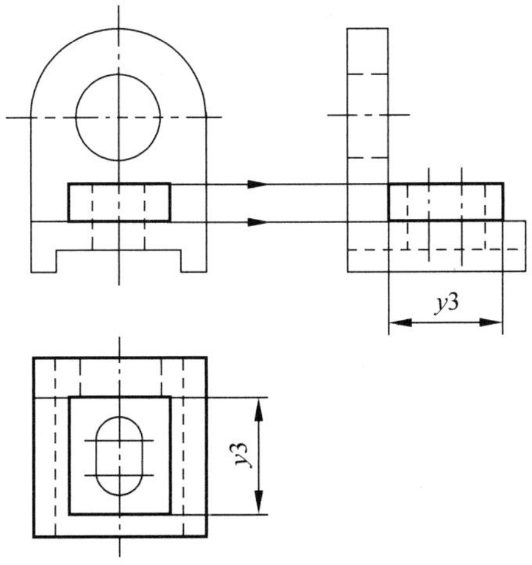

y3

y3

(c) 画出基本形体Ⅲ

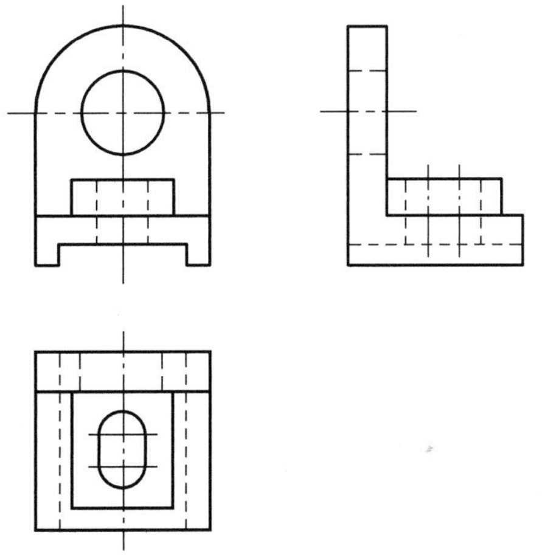

(d) 完成左视图

图 6.26　补画支架左视图的步骤

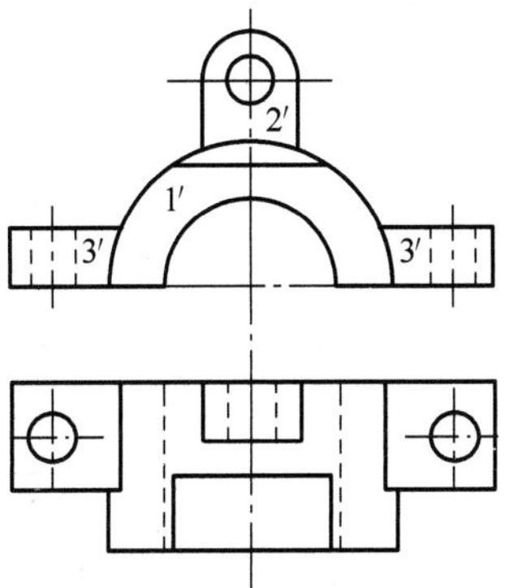

图 6.27　补画组合体的左视图

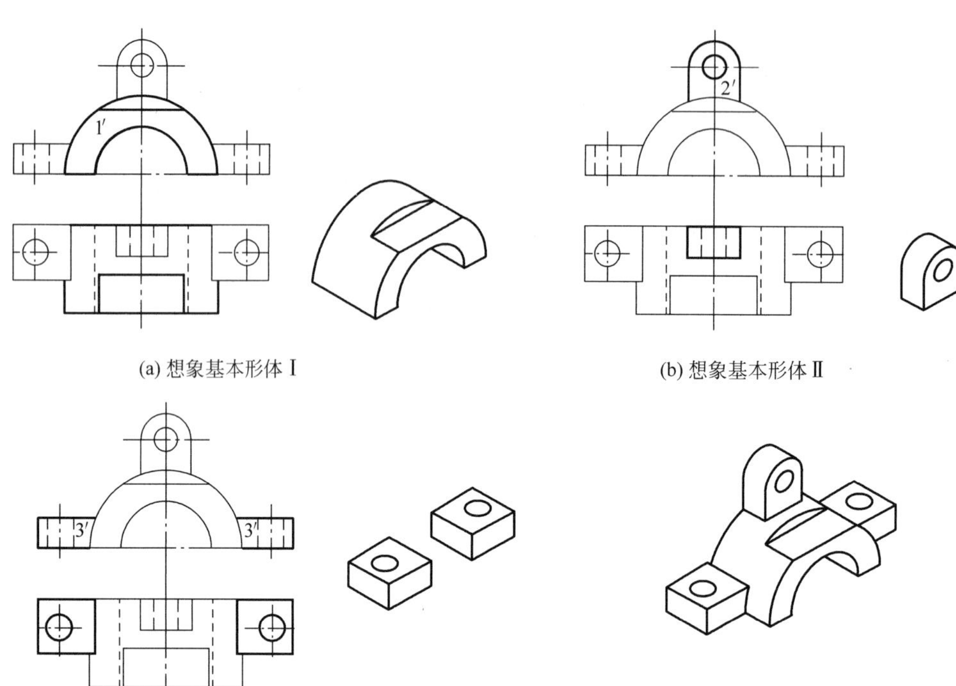

(a) 想象基本形体Ⅰ　(b) 想象基本形体Ⅱ

(c) 想象基本形体Ⅲ　(d) 想象组合体整体形状

图 6.28　根据主、俯视图想象组合体的形状

组合体三维模型

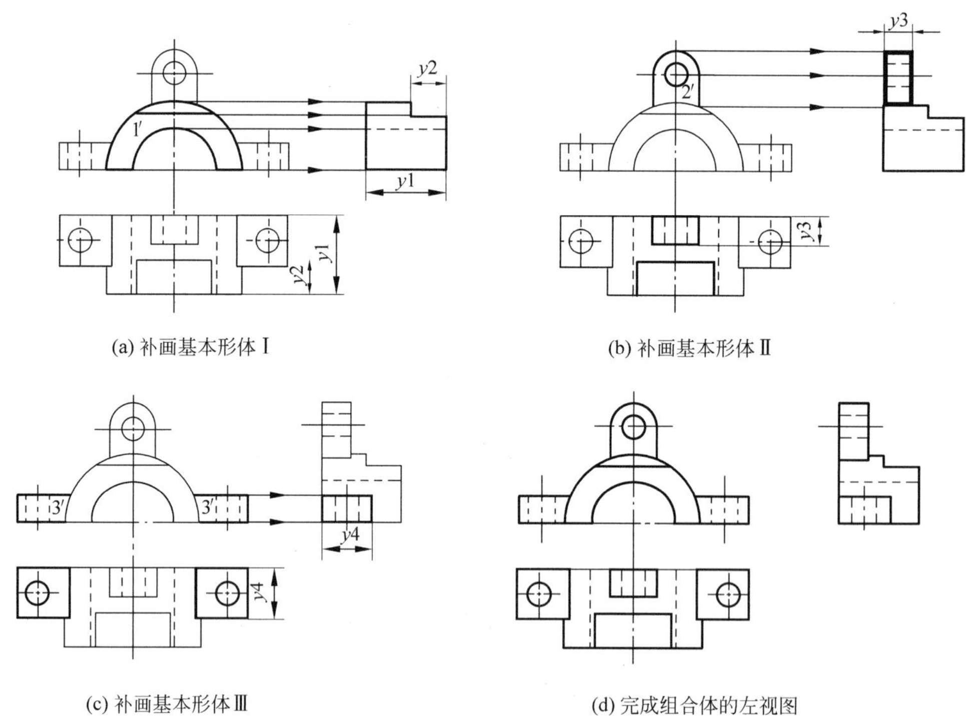

(a) 补画基本形体Ⅰ　(b) 补画基本形体Ⅱ

(c) 补画基本形体Ⅲ　(d) 完成组合体的左视图

图 6.29　补画组合体左视图的步骤

2. 补画视图中所缺图线

【例 6.6】 如图 6.30 所示,补画组合体三视图中所缺的图线。

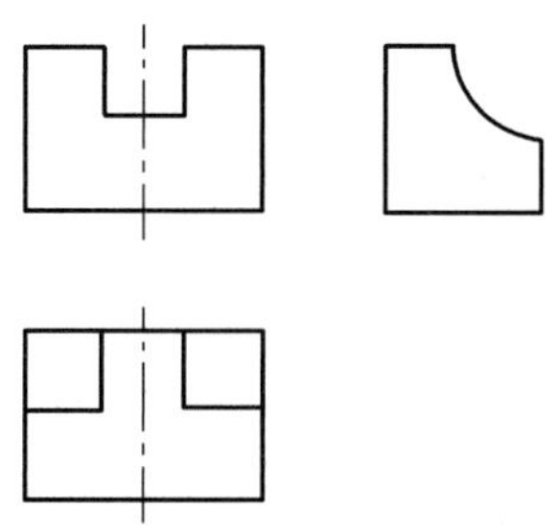

图 6.30 补画三视图中所缺图线

由已知三视图的三个外形轮廓,可大致分析出该组合体是经由一个长方体切割形成。利用线面分析法逐步分析组合体被切割形成的过程,想象出组合体的形状。再由想象出的组合体的形状,按照切割过程,依投影关系,逐步画出三视图中所缺少的图线。

分析、想象和作图过程如下:

(1) 由图 6.30 中左视图上的圆弧可以分析、想象出,长方体的前上角处被切割掉 1/4 圆柱。由此,在主、俯视图上补画出因切角而产生的交线的投影,如图 6.31(a)所示。

(2) 由图 6.30 中主视图上的凹口可知,长方体上部中间挖了一个正垂的矩形槽。由此在俯、左视图上补画出因开槽而产生的图线,如图 6.31(b)所示。

(3) 按照想象出的组合体的形状对照校核补全图线的三视图,作图结果如图 6.31(c)所示。

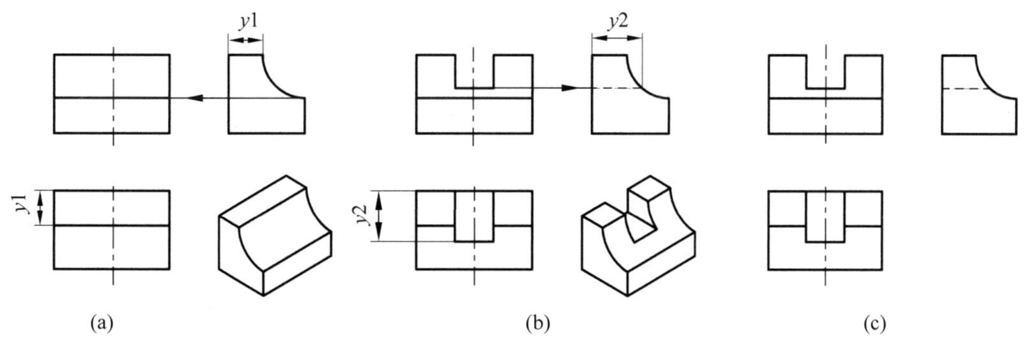

图 6.31 补画视图中所缺图线的过程

6.4 组合体的尺寸标注

组合体的视图只表达其结构形状,它的大小还必须由视图上所标注的尺寸来确定。在组合体上标注尺寸的基本要求是:正确、完整、清晰。正确,是指所注尺寸在标注的形式上要符合国家标准的有关规定,尺寸数字之间不能出现矛盾;完整,是指所注尺寸要齐全,既无遗漏,也不重复；清晰,是指尺寸在排列和布局上要均匀美观、便于看图。

6.4.1 基本形体的尺寸标注

1. 基本几何体的尺寸标注

标注基本几何体的尺寸,一般要标注其长、宽、高三个方向的尺寸。图 6.32(a)～(h)是几种常见平面几何体的尺寸标注示例。对于回转体来说,通常只要标注出径向尺寸(直径尺寸数字前需加注符号“ϕ”,半径尺寸数字前需加注字母“R”)和轴向尺寸。球的径向尺寸应在直径 ϕ 或半径 R 前加注字母 S,如图 6.32(l)、(m)所示。当完整地标注了回转体的尺寸后,一个视图即可确定其形状,如图 6.32(i)～(m)所示。

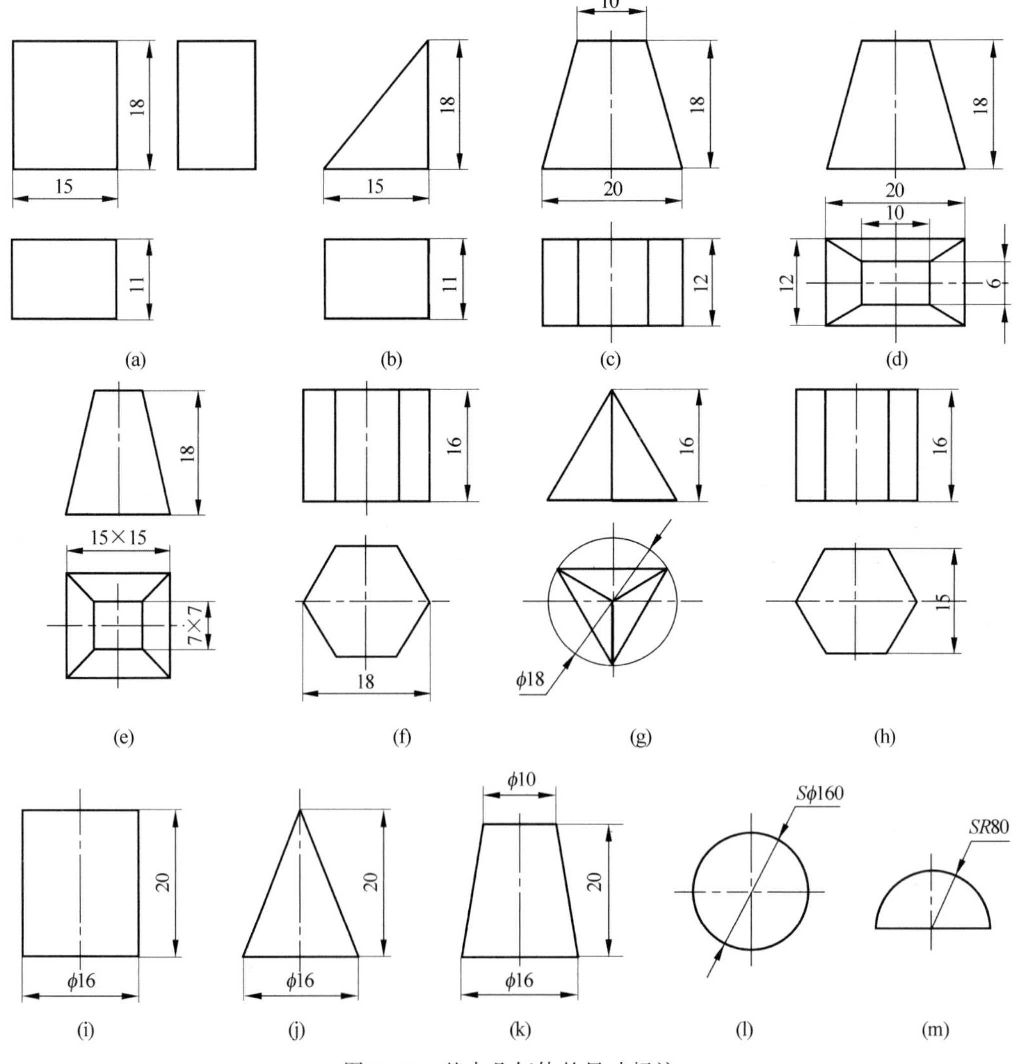

图 6.32 基本几何体的尺寸标注

2. 截切体的尺寸标注

被截切的基本几何体，除了标注基本几何体的定形尺寸外，还应该标注确定截平面位置的定位尺寸，如图 6.33 所示。注意不要在截交线上标注尺寸，因为当基本几何体的形状及其与截平面的相对位置确定后，截交线就随之确定了。

由于正六棱柱的底面是正六边形，故只标注棱柱高度和宽度(即正六边形的对边距离)尺寸即可。如要标注长度(正六边形的对角距离)尺寸，则该尺寸为参考尺寸，参考尺寸的尺寸数字应加括号，如图 6.33(a)所示。

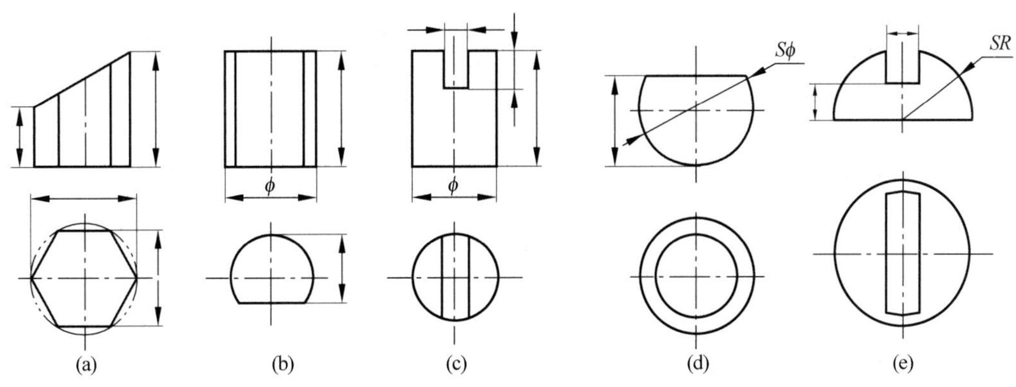

图 6.33　截切体的尺寸标注

3. 相贯体的尺寸标注

相贯体的尺寸，除了注出两相交基本几何体的定形尺寸外，还应该注出确定它们之间相对位置的定位尺寸，如图 6.34 所示。注意不要在相贯线上标注尺寸，因为当基本几何体的形状及其相对位置确定后，相贯线也就随之确定了。

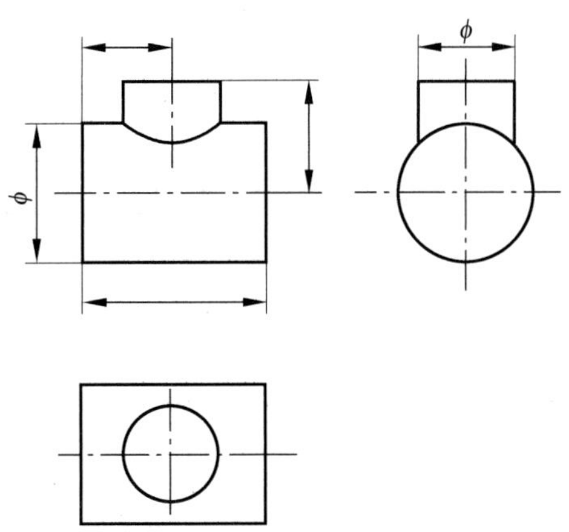

图 6.34　相贯体的尺寸标注

4. 常见形体的尺寸标注

工程上常见形体的尺寸标注具有一定的形式和规律,如图 6.35 所示。

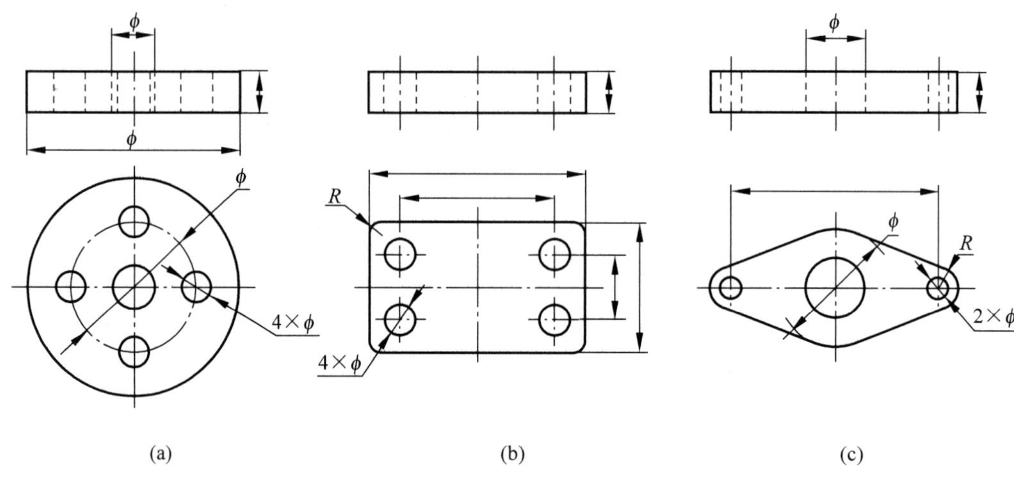

图 6.35　常见形体的尺寸标注

6.4.2　组合体的尺寸分析

1. 尺寸基准

尺寸基准是尺寸标注的起点。在标注组合体中各基本形体的定位尺寸时,必须首先确定其长、宽、高三个方向的尺寸基准。通常选择组合体的对称平面、较大的端面、底面,以及主要回转体的轴线等作为尺寸基准。如图 6.36(a)所示,组合体长、宽、高三个方向的尺寸基准分别选左右对称面、底板后端面和底板底面。

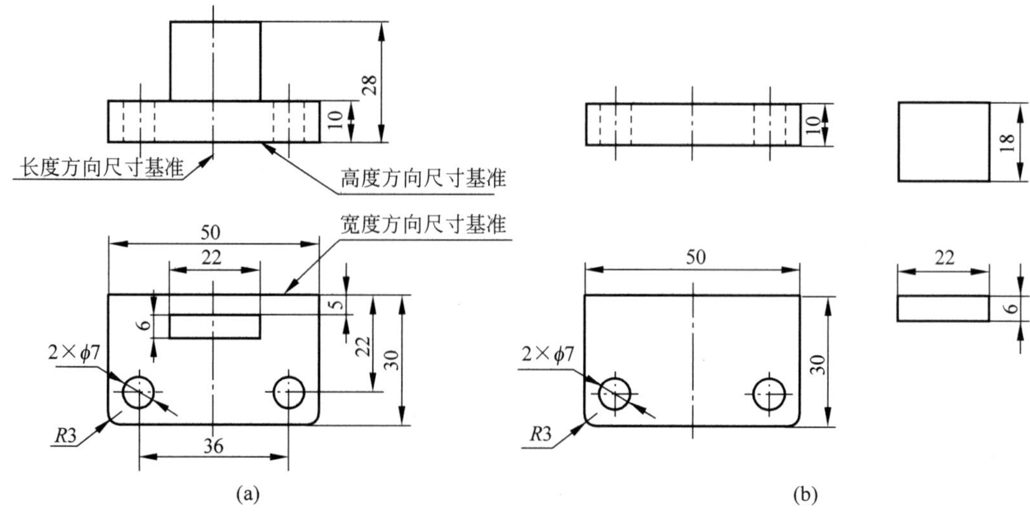

图 6.36　组合体的尺寸分析

2. 尺寸种类

(1) 定形尺寸：确定各基本形体的形状和大小的尺寸。如图 6.36(b)所示，底板的定形尺寸有长度 50、宽度 30、高度 10、孔直径 $2\times\phi7$ 和圆角半径 $R3$；立板的定形尺寸有长 22、宽 6、高 18。

(2) 定位尺寸：确定各基本形体之间相对位置的尺寸。注意在确定组合体中各基本形体之间的定位尺寸前，应首先检查基本形体本身的各细部结构之间是否还需要补充定位尺寸，如图 6.36(a)中底板上两个圆柱孔的定位尺寸：36 和 22。底板和立板之间的定位尺寸为：宽度方向的定位尺寸 5(因立板和底板有共同的左右对称面，长度方向不必标出定位尺寸；立板的底面即底板的顶面，故高度方向也不必标出定位尺寸)。结果如图 6.36(a)所示。

(3) 总体尺寸：组合体的总长、总宽和总高尺寸。如图 6.36(a)中的尺寸：50、30 和 28。注意标注总体尺寸后，组合体的某个方向可能会出现重复尺寸，此时应减去这个方向的一个定形尺寸。如图 6.36(a)中标注了总高尺寸 28 后，应同时去掉立板的高度尺寸 18。当组合体的一端为回转面时，总体尺寸一般不直接注出，如图 6.35(c)中的总长尺寸。

6.4.3 组合体尺寸标注的方法和步骤

标注组合体尺寸的基本方法仍然是形体分析法。即假想将组合体分解成若干个基本形体，分别注出各基本形体的定形尺寸、内部的定位尺寸，以及确定这些基本形体之间相对位置的定位尺寸，最后根据组合体的结构特点注出其总体尺寸(总长、总宽、总高尺寸)。

下面以标注图 6.37 所示支架的尺寸为例，介绍组合体尺寸标注的方法和步骤。

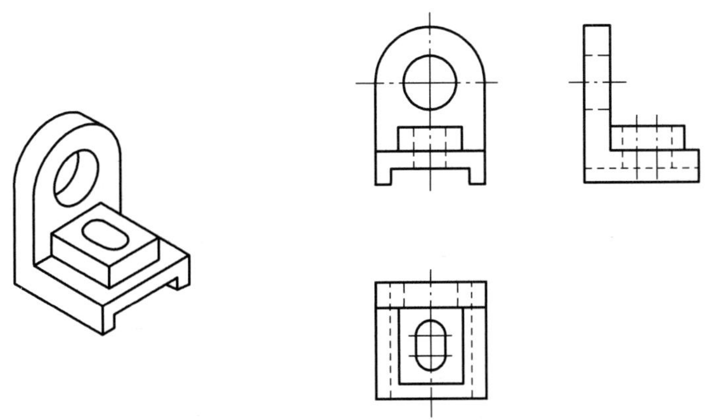

图 6.37 标注支架的尺寸

(1) 形体分析，选定尺寸基准。

如图所示，该支架可看成由 3 个基本形体组成，即底板、立板和凸台。根据尺寸基准选择的一般方法，确定其长、宽、高三个方向的尺寸基准分别为左右对称面、底板后端面和底板底面，如图 6.38(a)所示。

(2) 逐个标注各基本形体的尺寸。

各基本形体的尺寸包括其定形尺寸和定位尺寸。

标注底板的尺寸，如图 6.38(b)所示。底板的定形尺寸为长 20、宽 21 和高 6，其底部的矩形通槽应按截切体的尺寸注法，标注出截面的定位尺寸 15 和 3。底板不需要标注定位尺寸。

标注立板的尺寸，如图 6.38(c)所示。由于立板的长度与底板长度相同，故不需标注，其宽度尺寸为 5，高度尺寸用其上圆柱面的尺寸 $R10$ 和圆柱孔的定位尺寸 18 代替。立板上的圆柱孔需标出定形尺寸 $\phi10$。立板的定位尺寸亦不需要单独标注。

标注凸台的尺寸，如图 6.38(d)所示。凸台的定形尺寸为长 12、宽 14 和高 4，及其上长圆形孔的定形尺寸 $R3$ 和 4。定位尺寸 10。

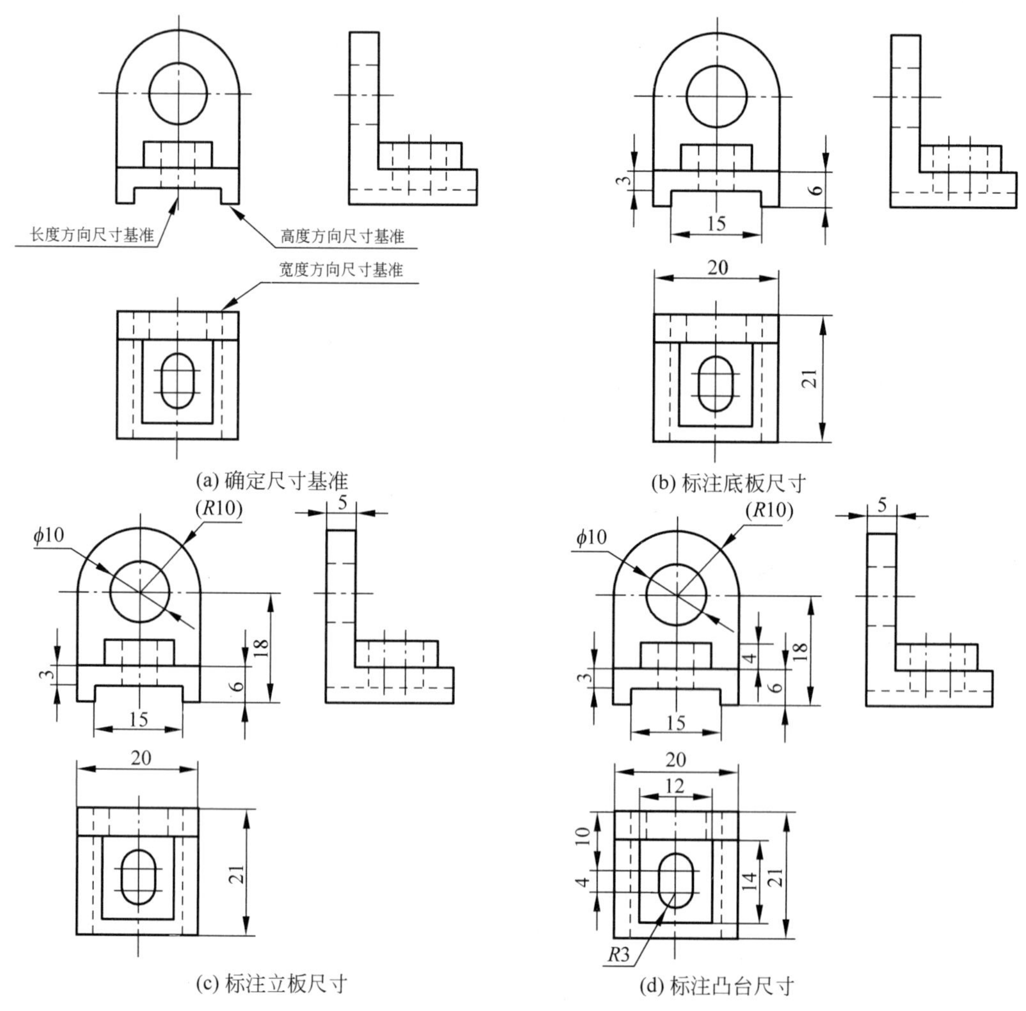

图 6.38　支架尺寸的标注步骤

(3) 标注总体尺寸,检查全部尺寸。

支架的总长和总宽尺寸即底板的长度和宽度尺寸 20、21;其总高尺寸用尺寸 $R10$ 和 18 代替。

最后,对已标注的所有尺寸,按照正确、完整、清晰的要求进行检查、修正,完成尺寸标注。

6.4.4 组合体尺寸标注的注意事项

为使标注的尺寸清晰,应注意以下事项:

(1) 尺寸应尽量标注在反映形体特征最明显的视图上,并避免在虚线上标注尺寸。

(2) 同一立体的尺寸,应尽量集中标注,以便于读图时查找。

(3) 对称结构的尺寸,一般应按对称要求标注。

(4) 平行并列的尺寸,应使小尺寸在内,大尺寸在外,以避免尺寸线和尺寸界线相交。

(5) 圆的直径尺寸一般标注在投影为非圆的视图上,圆弧的半径尺寸则应标注在投影反映圆弧的视图上。

(6) 尺寸应尽量标注在视图外部,并配置在两个相关视图之间。

6.5 组合体的构型设计

根据已知条件构思组合体的形状并表达成图的过程,称为组合体的构型设计。

组合体的构型设计是工程产品设计的基础。其与工程设计的区别在于,工程设计除包含构型设计外,还需考虑其他众多的设计要素,如功能、材料、结构、经济等,使之成为完整、合理、科学的设计活动。

在掌握组合体画图与读图的基础上,进行组合体构型设计的训练,可以把空间想象、形体构思和视图表达三者结合起来,不仅能促进画图、读图能力的提高,还能进一步提高空间想象能力和形体设计能力,发挥构思者的创造性,为今后的工程设计及创新打下基础。

本节主要介绍组合体构型设计的原则,组合体构型设计的方法,以及组合体构型设计的训练等。

6.5.1 组合体构型设计的原则

1. 以几何构型为主

组合体构型设计的目的,主要是培养利用基本几何体构成组合体的方法及视图的画法。一方面,要求所设计的组合体应尽可能体现工程产品或零部件的结构形状和功能,以培养观察、分析及综合能力;另一方面又不强调必须工程化,所设计的组合体允许完全凭自己的想象，以更有利于开拓思维，培养创造力和想象力。

2. 把握形体的基本形成规则

掌握形体分析法、线面分析法以及形体形状、形体组合方式的联想方法。如组合体各组成形体形状（平曲、凹凸、正斜、虚实、相对位置等）的任一因素发生变化，就将引起构型的变化，这些变化的组合就是千变万化的构型结果。

如图 6.39(a)所示，根据主视图的外形轮廓，假定组合体的原型是一块长方板，板的前面有 3 个彼此不同的可见表面（主视图上是三个封闭线框），这 3 个表面的凹凸、正斜、平曲可构成多种不同形状的组合体。分析中间的线框，通过凹与凸、正与斜、平与曲的联想，可构思出如图 6.39(b)所示的组合体；用同样的方法对两侧的两个线框进行分析、联想、对比，可以构思出更多不同形状的组合体，如图 6.39(c)所示；如果用同样的方法对组合体的正面、背面也进行正斜、平曲的联想，构思出的组合体将会更多，如图 6.39(d)所示。

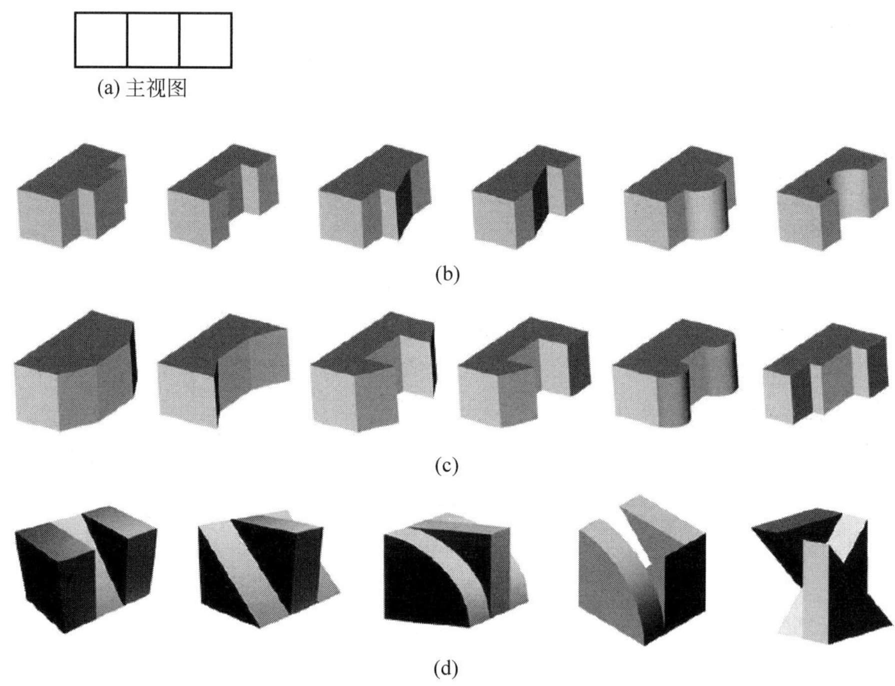

图 6.39　由主视图构想形体

6.5.2　组合体构型设计的方法

1. 叠加式设计

给定几个基本体，通过相异的叠加而构成不同的组合体，称为叠加式设计。图 6.40

所示为给定俯视图(圆),通过不同基本体及不同叠加方式而构思出的不同组合体。

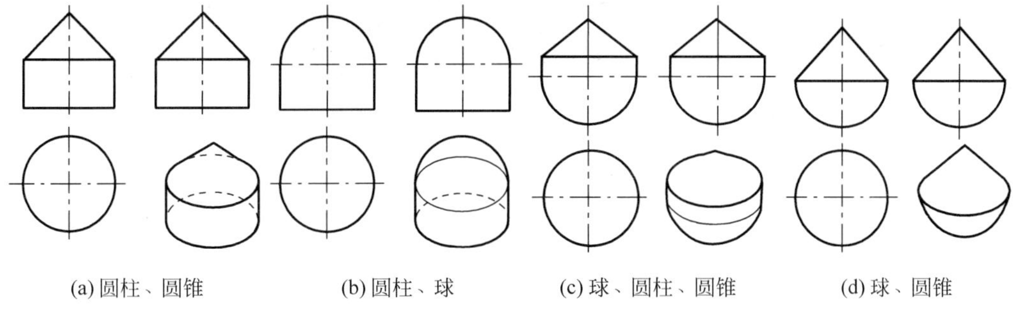

(a) 圆柱、圆锥　　(b) 圆柱、球　　(c) 球、圆柱、圆锥　　(d) 球、圆锥

图 6.40　叠加式设计

2. 切割式设计

给定一基本体,经不同的切割或穿孔而构成不同组合体的方法称为切割式设计。图 6.41 所示为给定俯视图(圆),对一圆柱体经不同的切割而形成的组合体。

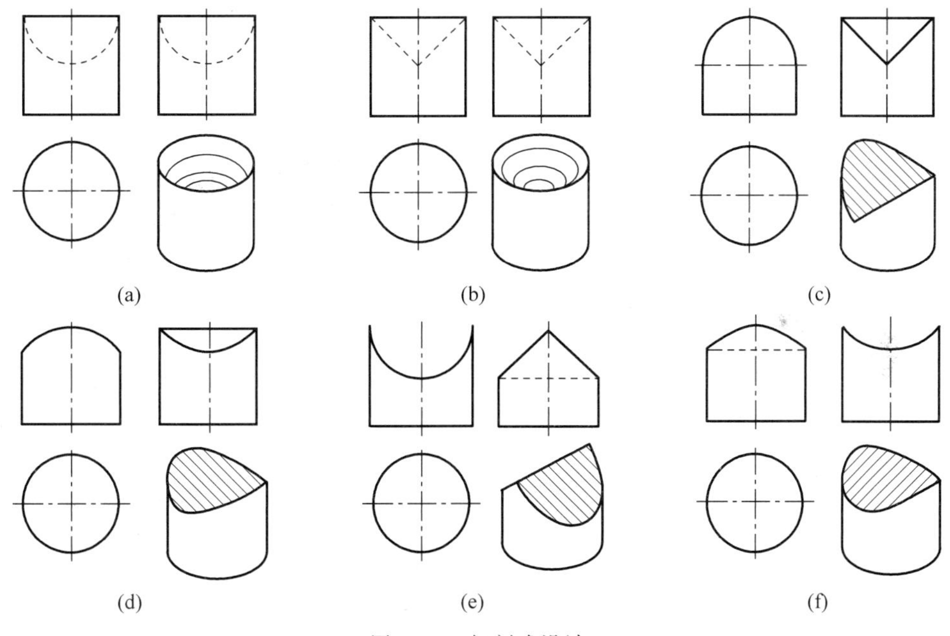

(a)　(b)　(c)　(d)　(e)　(f)

图 6.41　切割式设计

3. 组合式设计

给定若干基本体经过叠加、切割(包括穿孔)等方法而构成组合体,称为组合式设计。图 6.42 为由给定的图 6.42(a)所示两个基本体,经过不同的组合式设计而构成图 6.42(b)所示七个不同的组合体。

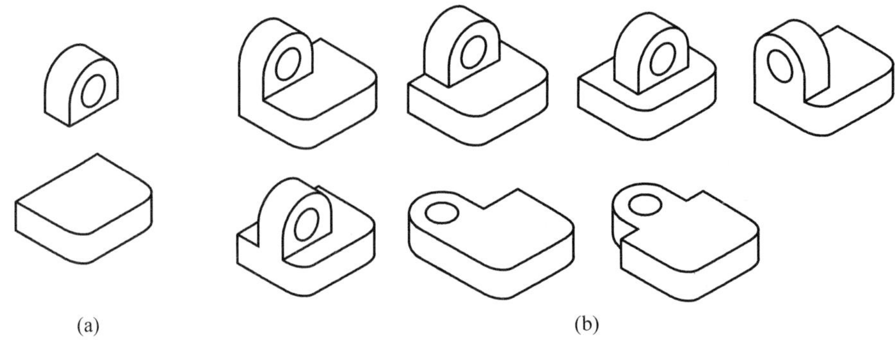

图 6.42　两基本体的不同组合

4. 通过表面的凹凸、正斜，以及平曲的联想构思组合体

假定某类组合体的主视图已知，其基本构成是由上、下两块板叠加而成，上块板的前面有三个彼此不同的可见表面。则这三个表面的凹凸、正斜、平曲可构成多种不同形状的组合体，其中的部分组合体如图 6.43 所示。

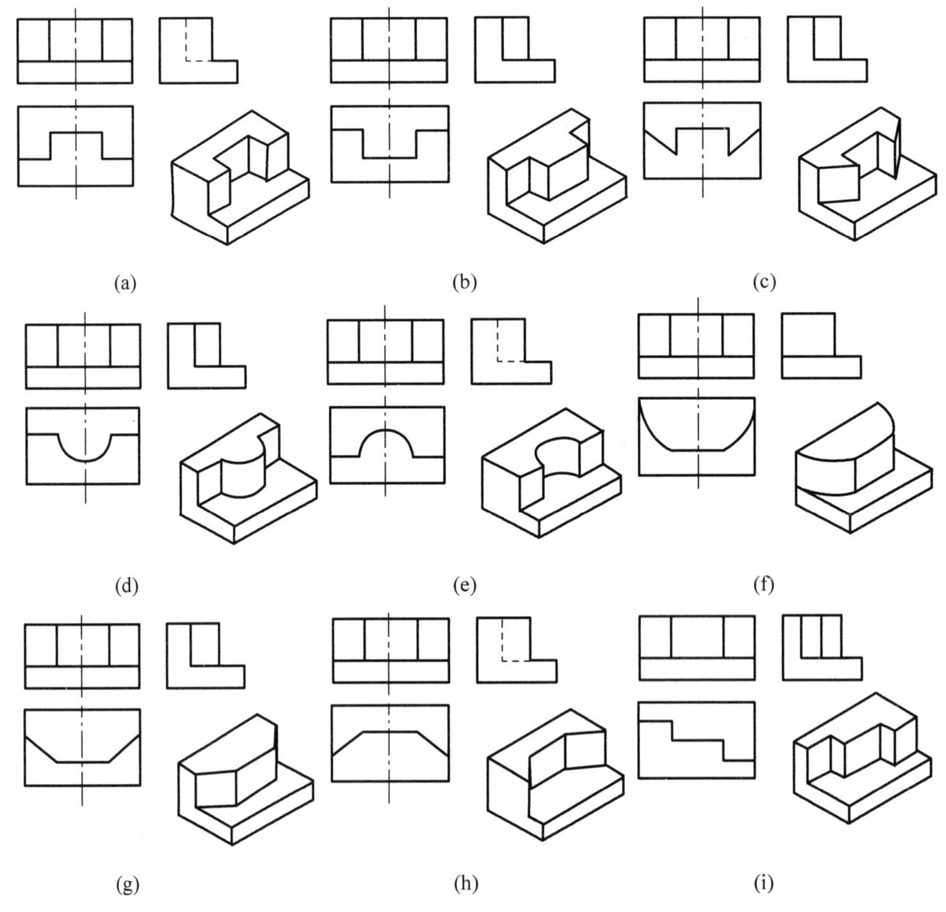

图 6.43　通过表面的凹凸、正斜、平曲的联想构思组合体

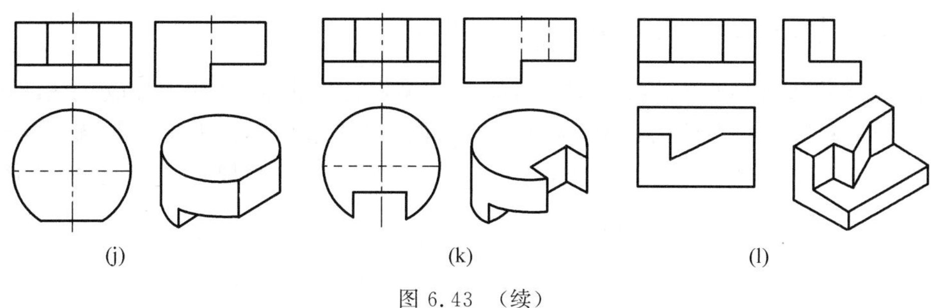

(j) (k) (l)

图 6.43 (续)

5. 通过基本体和它们之间组合方式及位置与数量的变化联想构思组合体

图 6.44 所示为给定主视图和俯视图，通过基本体和它们之间组合方式及相对位置的变化联想构思出不同组合体的示例。

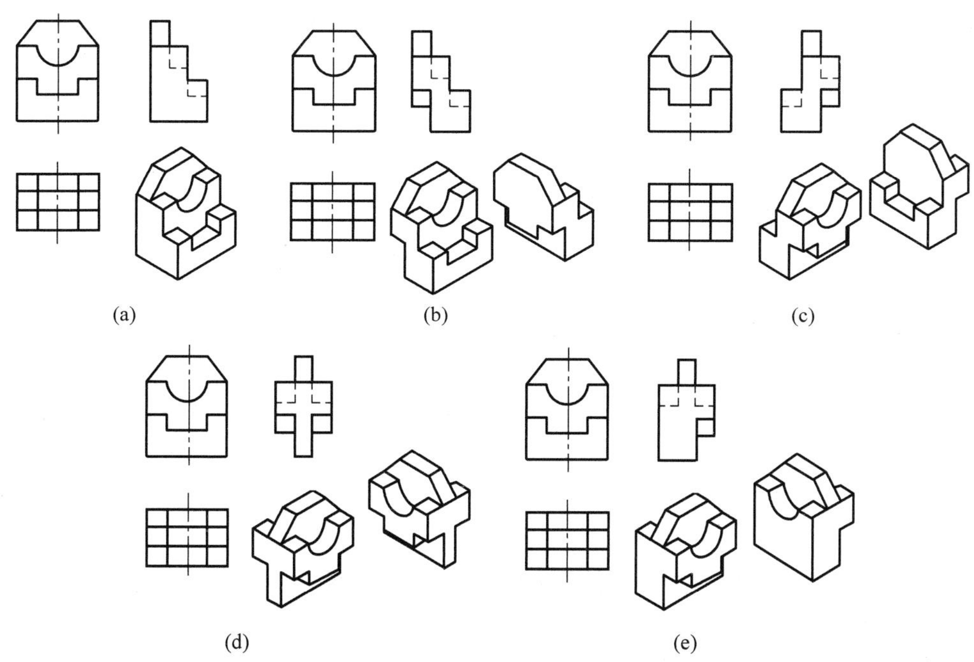

(a) (b) (c) (d) (e)

图 6.44 通过基本体和它们之间组合方式及位置的变化联想构思组合体

6.5.3 基于视图的构型设计

即根据给定的视图，构思出与其符合投影关系的不同结构的组合体。依据视图数量的不同，基于视图的构型设计又可分为三种情况。

1. 基于单一视图的构型设计

图 6.39、图 6.40 以及图 6.43 均属于此类构型设计。例如，图 6.45 所示为根据给出的俯视图，构思不同组合体的示例。注意到俯视图的图形特点是两个同心圆，属于“线框相套”视图特征，因此可以利用内线框相对于外线框“凸、通、凹”构型规律的思路去构思形体。

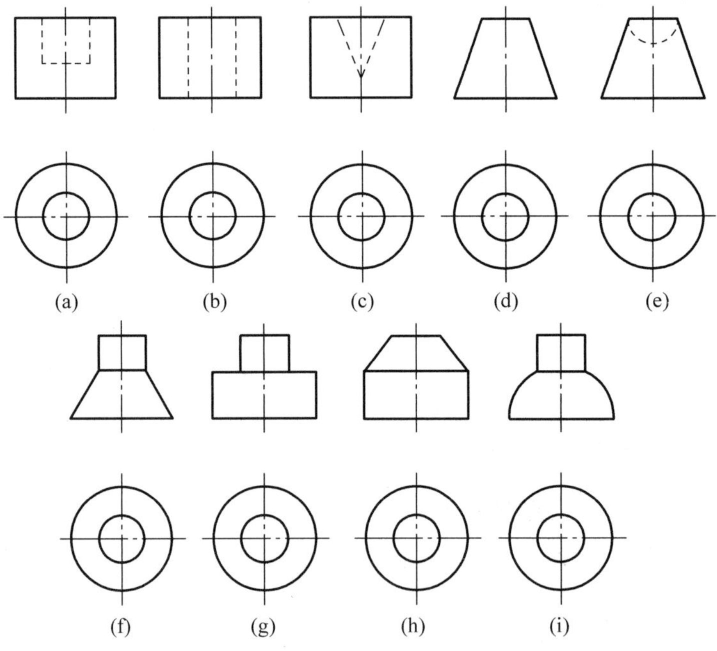

图 6.45　根据给定的俯视图构思不同的组合体

满足所给俯视图要求的组合体远不止以上这些，读者还可仿此自行联想、构思出更多的组合体。理论上来说，由单一视图可构思出的立体有无穷多。

2. 基于两个视图的构型设计

图 6.46 所示为根据给定的主视图和俯视图，构思出不同组合体的示例。

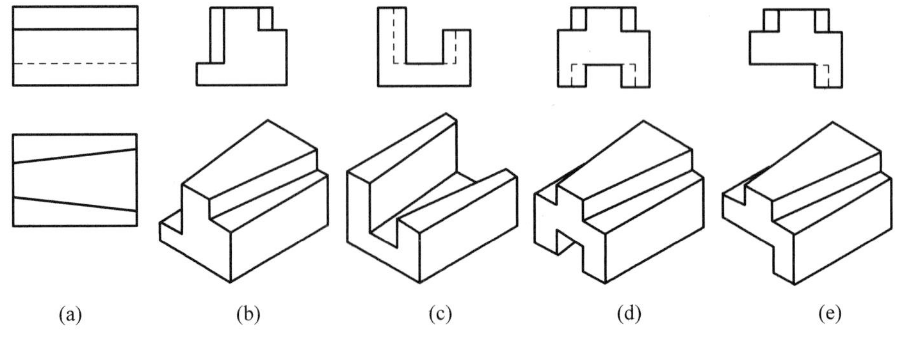

图 6.46　根据给定的主、俯视图构思不同的组合体

3. 基于三个视图的构型设计

图6.47所示为根据给定的主视图、俯视图和左视图，构思出不同组合体的示例。

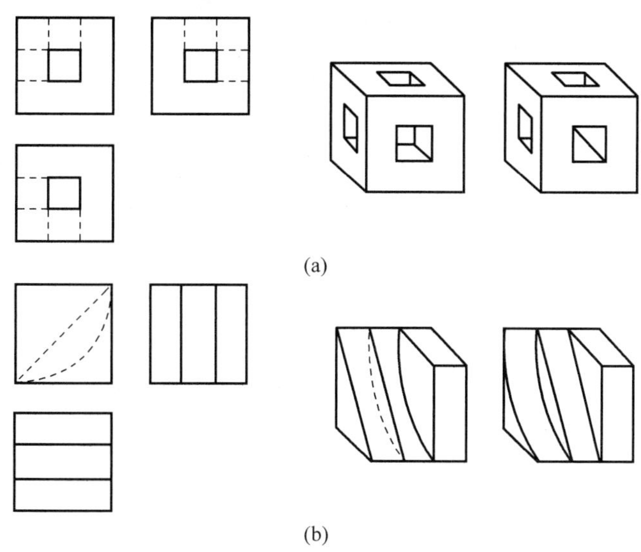

图6.47　根据给定主、俯、左视图构思不同的组合体

由不充分的条件构思出多种组合体是思维发散的结果。要提高发散思维能力，不仅要熟悉有关组合体方面的各种知识，还要自觉运用联想的方法。

1. 简答题

(1) 组合体的基本组合方式有哪两种?
(2) 组合体上相邻表面的连接关系有哪些? 在视图上的画法有何特点?
(3) 画组合体视图时，如何选择主视图?
(4) 试述运用形体分析法画图、读图和标注尺寸的基本思想。
(5) 什么叫线面分析法? 读组合体视图时，什么情况下采用线面分析法?
(6) 组合体尺寸标注的基本要求是什么?
(7) 组合体的尺寸分为哪几类?

2. 分析题

对于图6.48(a)所示"轴承座"，请分析:
(1) 从形体构成的角度来看，其属于哪种类型的组合体?

(2) 用形体分析法可将其分解为图6.48(b)所示的4个基本形体，相邻基本形体之间的表面关系有哪些？

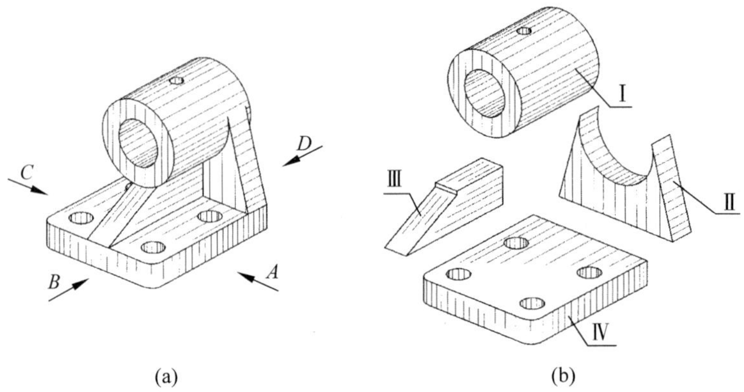

图6.48 轴承座及其形体分析和视图选择

(3) 若欲绘制其三视图，则主视图投射方向最好选择图6.48(a)中的哪个方向？

(4) 请徒手绘制图6.48(b)所示4个基本形体的三视图。

(5) 用形体分析法绘制其三视图时，圆筒Ⅰ和支撑板Ⅱ之间的相切关系如何画图？在三视图上怎样确定相切时的切点？上部竖孔与圆筒有几处相贯线？用圆弧替代法绘制这些相贯线时，半径如何确定？基本形体之间有遮挡关系时，被遮挡部分的轮廓线应画成什么图线？

(6) 请分析图6.49所示轴承座三视图的正确性。

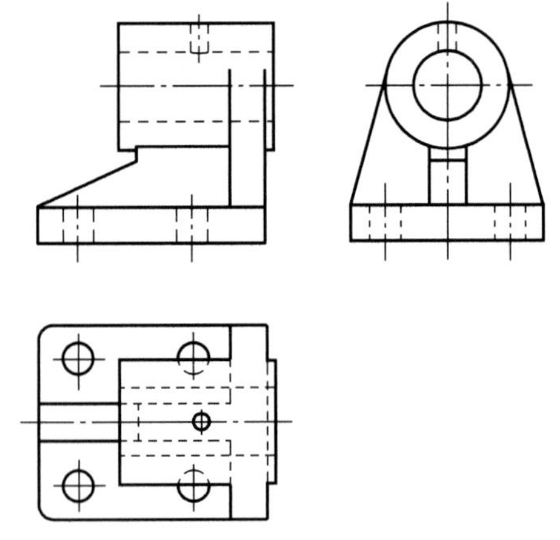

图6.49 轴承座的三视图

(7) 图6.48(b)所示的4个基本形体分别应标注哪些尺寸？

(8) 图6.50中 A、B、C 分别是轴承座哪个方向上的尺寸基准？

(9) 请分析图6.50所示轴承座尺寸标注的正确性和完整性。

(10) 图6.50中，属于定位尺寸的有哪些尺寸？

(11) 图 6.50 中,轴承座的总长尺寸、总宽尺寸、总高尺寸分别是多少?

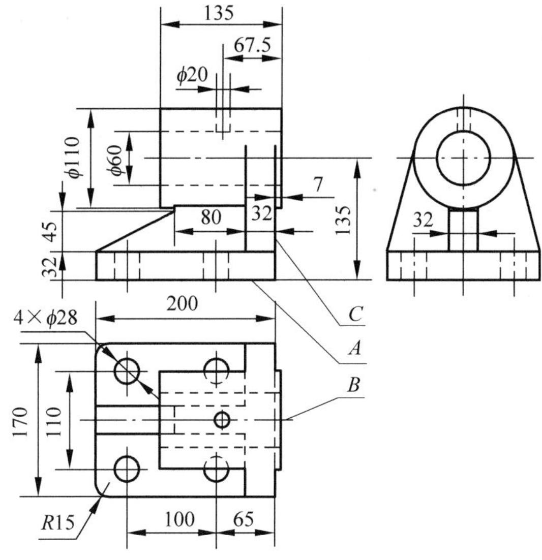

图 6.50　轴承座的尺寸标注

3. ※画图题

用形体分析法在图纸上绘制图 6.51 所示组合体的三视图。

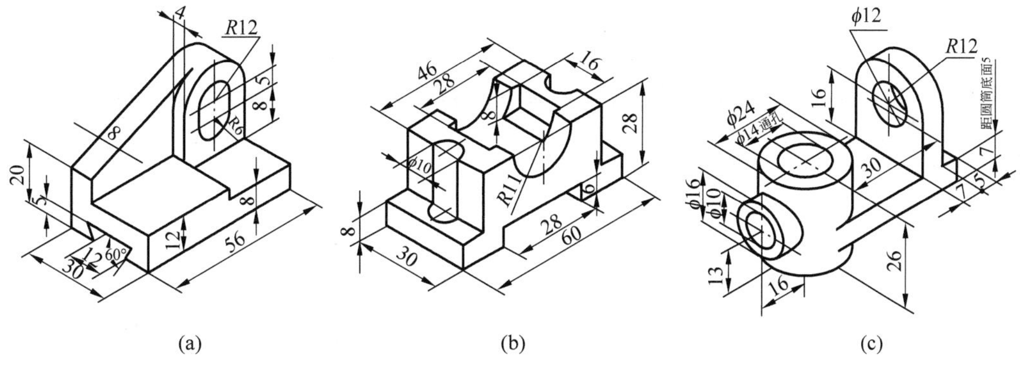

图 6.51　绘制组合体的三视图

4. 识图题

(1) ※用形体分析法分析图 6.52 所示两组合体的两视图,想象出立体的形状及其形成过程,按投影关系画出其第三视图。

(2) ※用线面分析法分别分析图 6.53 所示两组视图的俯视图中 1、2、3 线框的含义及其空间位置,分别想象出两立体的形状及其形成过程。它们均属于哪种类型的组合体?请按投影关系画出它们的左视图。如何标注它们的尺寸?

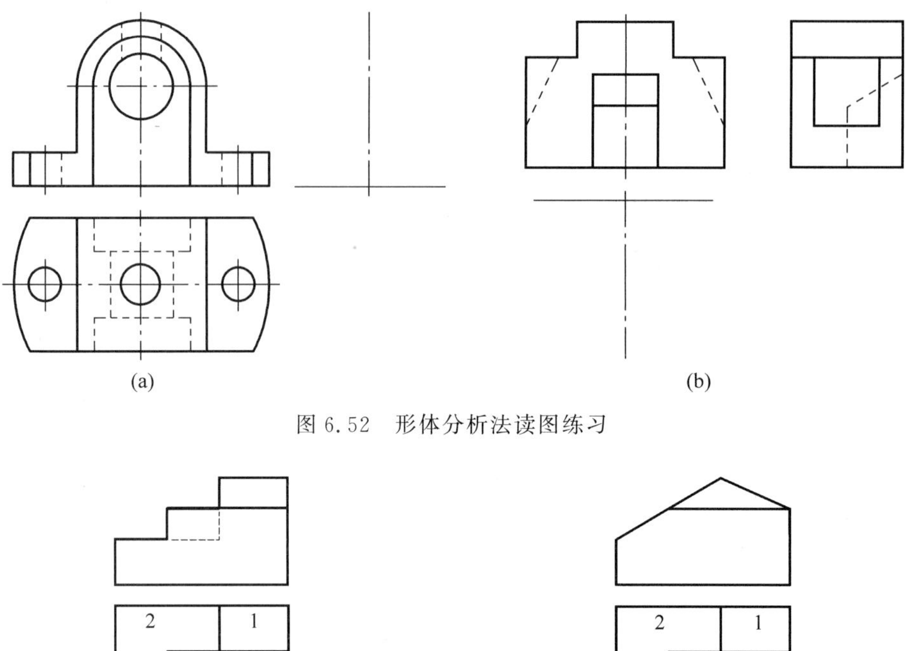

图 6.52 形体分析法读图练习

图 6.53 线面分析与读图练习

5. 选择题

(1)※根据图 6.54 中各组主、俯视图选择正确的左视图,并将左视图序号填入下方对应的框格内。

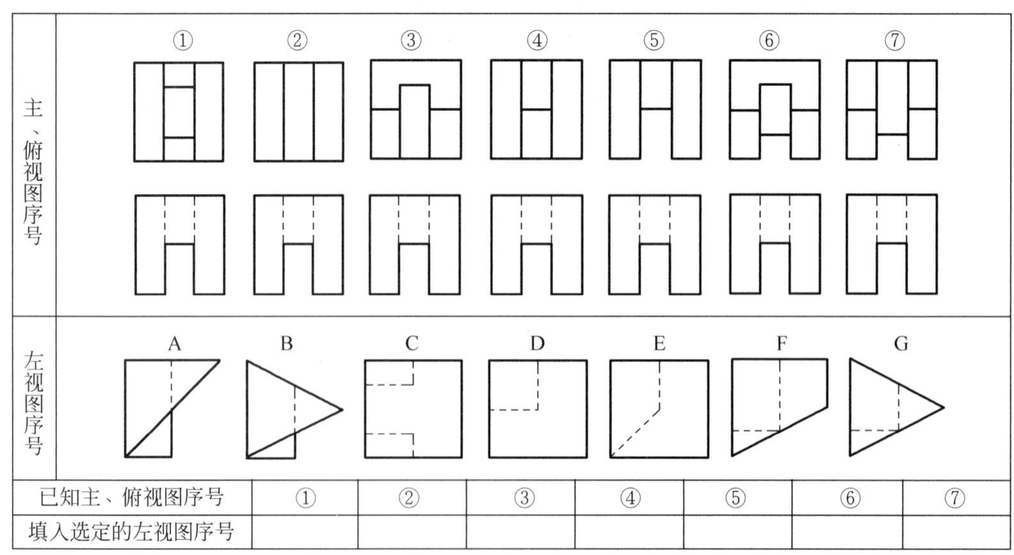

已知主、俯视图序号	①	②	③	④	⑤	⑥	⑦
填入选定的左视图序号							

图 6.54 线面分析读图选择题

(2)※根据图 6.55 中各组俯视图选择正确的主视图,并在对应主视图下方的括号内打钩。

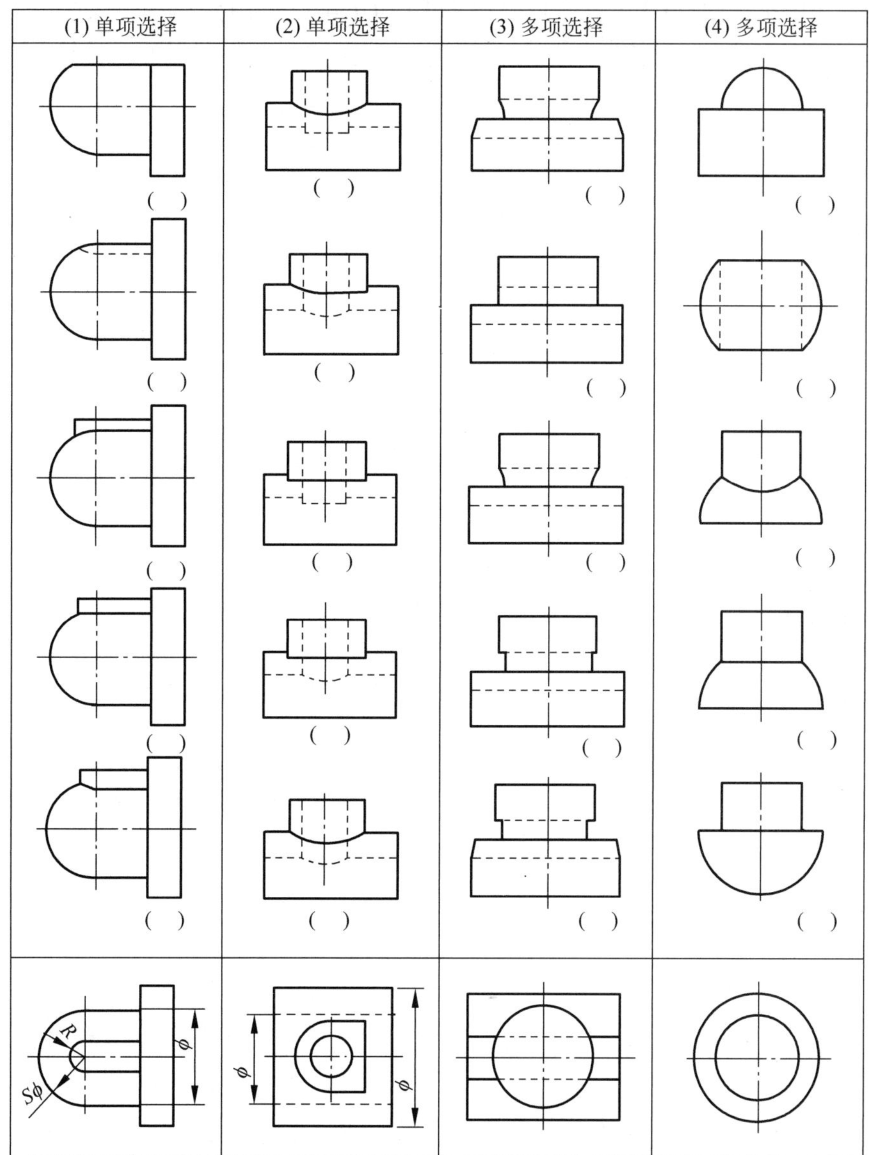

图 6.55 形体分析读图选择题

(3)※看懂图 6.56 所给各组视图,选择正确的主视图、俯视图或左视图。

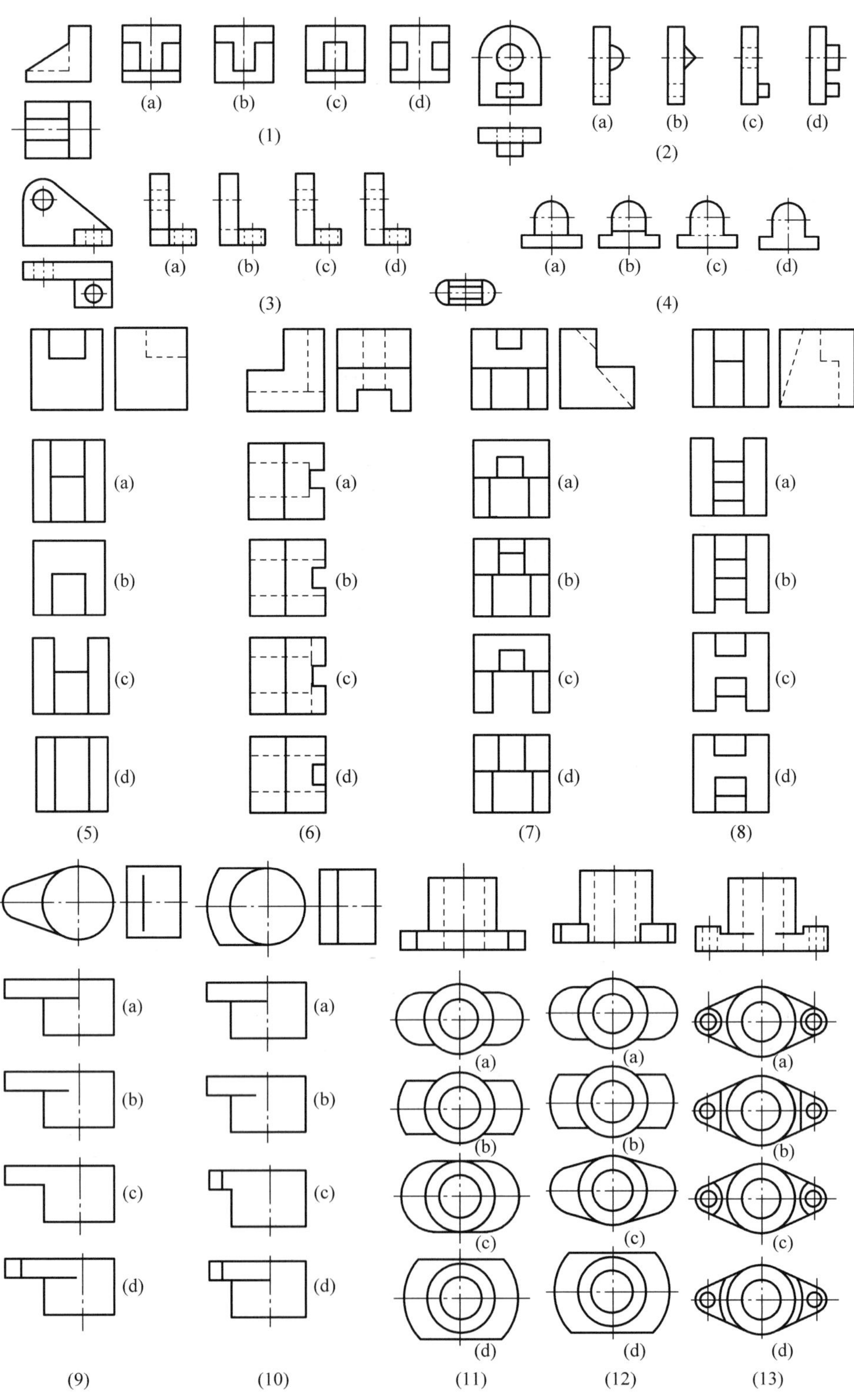

图 6.56　综合读图选择题 1

6. 填空题

分析图 6.57 所示各组视图,请将正确的组号填入题后的括号内。

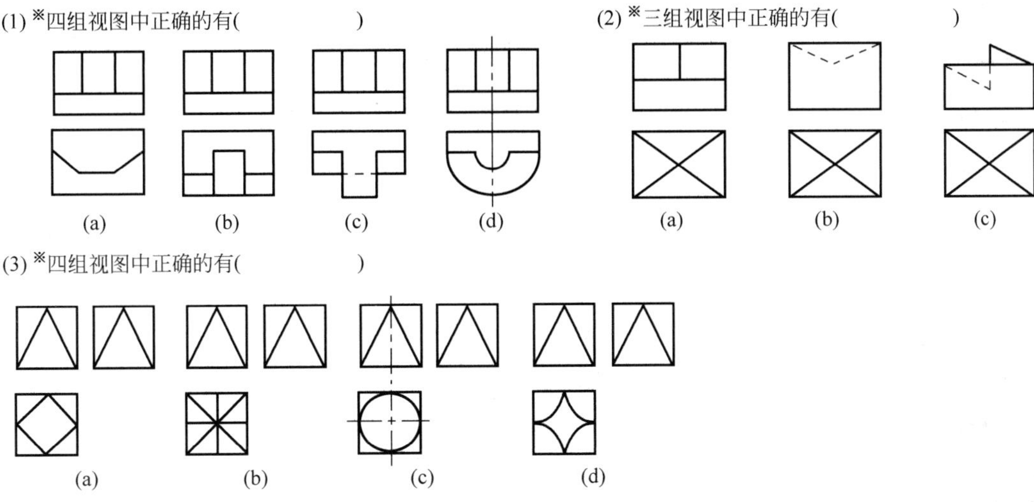

图 6.57　综合读图选择题 2

7. 构型题

(1) 根据图 6.58 所示主、俯视图,构思 5 种平面立体,在草图纸上徒手画出其对应的左视图。并请估计一下,其所能构思平面立体的数量,是个位数、两位数,还是三位数?

(2) ※根据图 6.59 所给三个视图的外形轮廓,构思两种立体,并分别画出其对应的三视图。

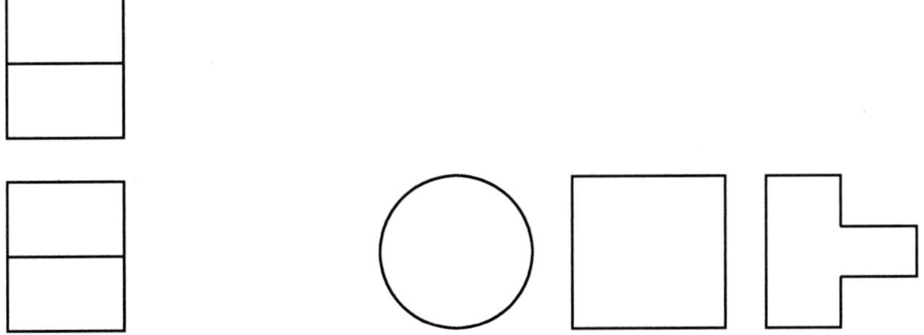

图 6.58　基于两个视图的构型设计

图 6.59　基于三个视图外轮廓的构型设计

第7章 轴测投影图

章前思考

1. 图 7.1 所示为支座零件的两种不同投影图形表达方式，你认为哪一种更为直观？
2. 从图 7.1(b)中能直接判断三个孔是否为通孔吗？从图 7.1(a)中能否判断呢？

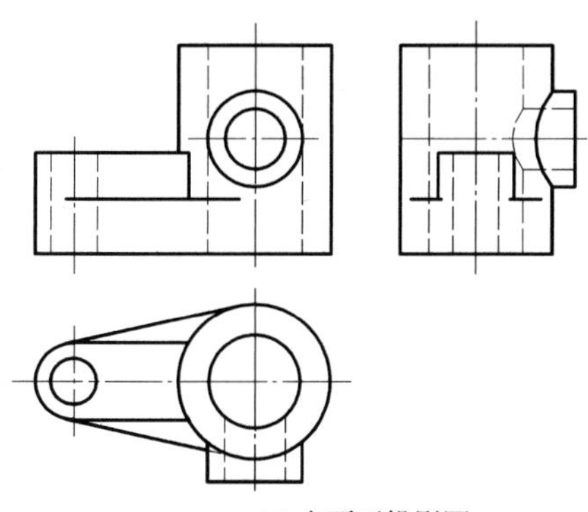

(a) 多面正投影图

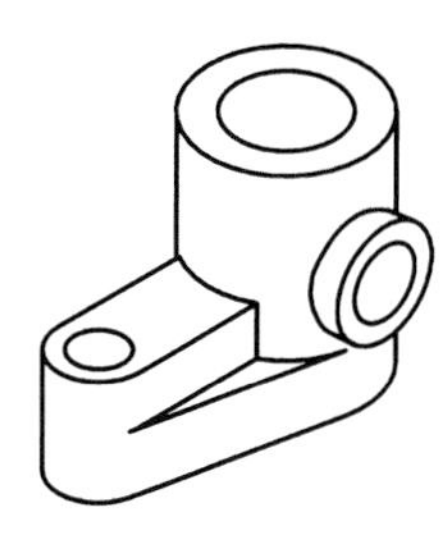

(b) 轴测投影图

图 7.1 支座的多面正投影图和轴测投影图

以三视图为代表的多面正投影图能准确地表达物体的结构形状，而且作图方便，因此是工程上常用的图样。但这种图样缺乏立体感，需具备一定读图能力的人才能看懂。为了帮助看图，工程上常采用轴测投影图作为多面正投影图的补充。轴测投影图是立体图的一种，其直观性强，但不能准确反映物体的真实形状与大小，因而生产中只将其作为一种辅助图样，常用来说明产品的结构和使用方法等。本章将介绍轴测投影的基本知识，以及常用的两种轴测投影图——正等轴测图和斜二轴测图的作图方法。

7.1 轴测投影的基本知识

7.1.1 轴测投影的概念

将物体连同其参考直角坐标系，沿不平行于任一坐标平面的方向，用平行投影法将其投射在单一投影面上所得到的具有立体感的图形，称为轴测投影图(简称轴测图)。它能同时反映出物体长、宽、高三个方向的尺度，富有立体感。图 7.2 表明了轴测投影的形成方法。

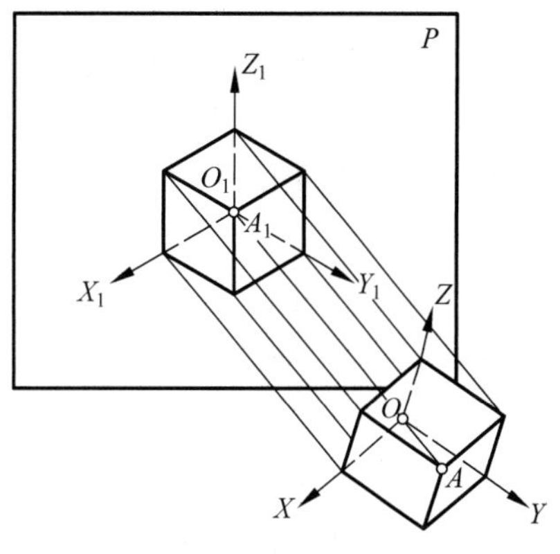

图 7.2 轴测投影的概念

图 7.2 中，平面 P 称为轴测投影面；空间直角坐标轴 OX、OY、OZ 在轴测投影面上的投影 O_1X_1、O_1Y_1、O_1Z_1 称为轴测投影轴，简称轴测轴；轴测轴之间的夹角 $\angle X_1O_1Y_1$、$\angle X_1O_1Z_1$、

$\angle Y_1O_1Z_1$,称为轴间角;空间点 A 在轴测投影面上的投影 A_1 称为轴测投影;由于物体上三个直角坐标轴对轴测投影面倾斜角度不同,所以在轴测图上各条轴线的投影长度也不同。直角坐标轴的轴测投影的单位长度与相应直角坐标轴上的单位长度的比值,称为轴向伸缩系数。OX、OY、OZ 轴上的轴向伸缩系数分别用 p、q、r 表示。对于常用的轴测图,三条轴的轴向伸缩系数是已知的,这样,就可以在轴测图上按轴向伸缩系数来度量长度。

轴测投影有两种基本形成方法:一是将物体倾斜放置,使轴测投影面与物体上的三个坐标面都处于倾斜位置,用正投影的方法得到轴测投影,称为正轴测投影;二是将物体摆正放置,使轴测投影面与物体上的一个坐标面处于平行的位置,用斜投影方法得到轴测投影,称为斜轴测投影。

7.1.2 轴测投影的特性

由于轴测投影是用平行投影法得到的,所以它具有平行投影法的投影特性。

(1) 平行性:空间互相平行的直线,它们的轴测投影仍互相平行。物体上平行于坐标轴的线段,在轴测投影上仍平行于相应的轴测轴。

(2) 定比性:物体上平行于坐标轴的线段的轴测投影与原线段实长之比,等于相应的轴向伸缩系数。这样,凡是与坐标轴平行的直线段,就可以在轴测图上沿着轴向进行作图和度量。所谓"轴测"就是指"可沿各轴测轴测量"的意思。

(3) 实形性:物体上平行于轴测投影面的平面,其轴测投影反映平面的实形。

7.1.3 轴测图的分类

根据投射方向不同,轴测图可分为两类:正轴测图和斜轴测图。根据轴向伸缩系数的不同,每类轴测图又可分为等测、二测和三测三种。GB/T 4458.3—2013 规定,工程上主要采用正轴测图中的正等测和斜轴测图中的斜二测,本章只介绍这两种轴测图的画法。

7.2 正等轴测图的画法

7.2.1 轴间角和轴向伸缩系数

在正投影情况下,当 $p=q=r$ 时,三个坐标轴与轴测投影面的倾角都相等。由几何关系可以证明,其轴间角均为 120°,三个轴向伸缩系数均为:$p=q=r\approx0.82$。

在实际画图时,为了作图方便,一般将 O_1Z_1 轴取为铅垂位置,各轴向伸缩系数采用简化系数 $p=q=r=1$。这样,沿各轴向的长度均被放大 $1/0.82\approx1.22$ 倍,轴测图也就比实际物体大,但对形状没有影响。图 7.3 给出了正等轴测图轴测轴的画法和各轴向的简化轴向伸缩系数。

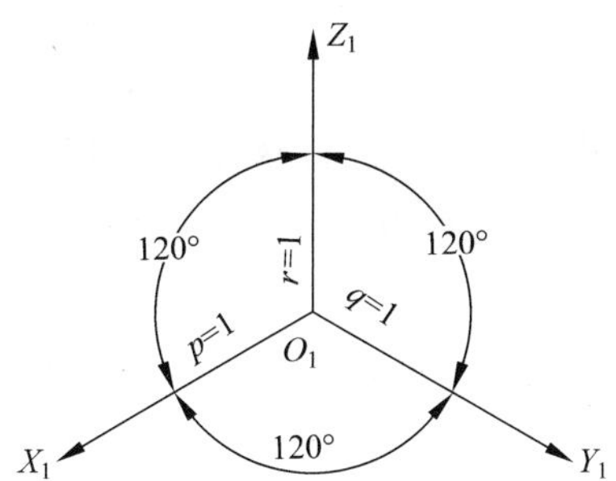

图 7.3 正等轴测图的轴间角和简化轴向伸缩系数

7.2.2 平面立体的正等轴测图画法

画平面立体正等轴测图的方法有坐标法、切割法和叠加法。

1. 坐标法

使用坐标法时，先在立体上选定一个合适的直角坐标系 $OXYZ$ 作为度量基准，然后根据物体上每一点的坐标，定出它的轴测投影。

【例 7.1】 绘制图 7.4(a)所示正六棱柱的正等轴测图。

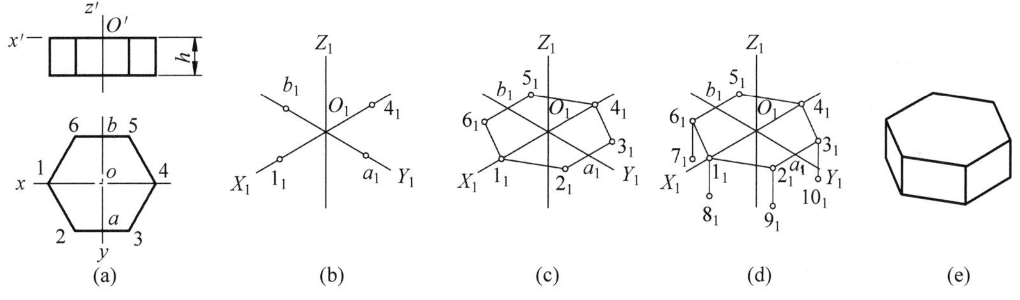

图 7.4 坐标法绘制正等轴测图

作图步骤：将直角坐标系的原点 O 放在顶面中心位置，并确定坐标轴，见图 7.4(a)；再作轴测轴，并在其上采用坐标量取的方法，得到顶面与坐标轴 4 个交点的轴测投影 1_1、4_1、a_1、b_1，见图 7.4(b)；过 a_1、b_1 分别作 X_1 轴的平行线，并在其上截取 $a_12_1=a2$，$a_13_1=a3$，$b_15_1=b5$，$b_16_1=b6$，依次连接 1_1、2_1、3_1、4_1、5_1、6_1、1_1，得到六棱柱顶面的轴测投影，见图 7.4(c)；接着从顶面 1_1、2_1、3_1、6_1 点沿 Z_1 轴向下量取棱柱高度 h，得到底面上的对应点，见图 7.4(d)；依次连接底面上的各可见点，擦去作图线和符号，用粗实线画出物体的可见轮廓，得到六棱柱的轴测投影，见图 7.4(e)。

在轴测图中，为了使画出的图形直观、清晰起见，通常不画出物体的不可见轮廓。上例中坐标系原点放在正六棱柱顶面有利于沿 Z 轴方向从上向下量取棱柱高度 h，避免画出多余图线，以简化作图。

2. 切割法

切割法又称方箱法，适用于绘制由长方体切割而成的立体的轴测图，它是以坐标法为基础，先用坐标法画出完整的长方体，然后按形体分析的方法逐块切去多余的部分。

【例 7.2】 绘制图 7.5(a)三视图所示垫块的正等轴测图。

首先根据尺寸 a、b、h 画出完整的长方体，见图 7.5(b)；再根据尺寸 c 和 d 用切割法分别切去左上角的三棱柱，见图 7.5(c)；根据尺寸 e 和 f 切去左前方的三棱柱，见图 7.5(d)；擦去多余的作图线，描深可见部分即得垫块的正等轴测图，见图 7.5(e)。

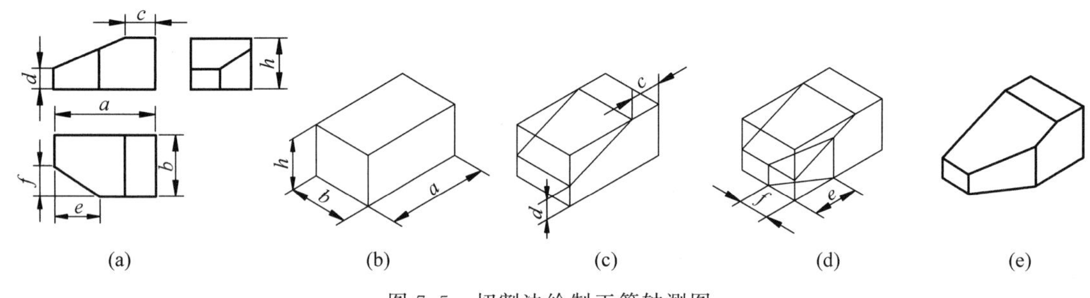

图 7.5　切割法绘制正等轴测图

3. 叠加法

叠加法是先将物体分成几个简单的组成部分，再将各部分的轴测图按照它们之间的相对位置叠加起来，并画出各表面之间的连接关系，最终得到物体轴测图的方法。

【例 7.3】 绘制图 7.6(a)三视图所示立体的正等轴测图。

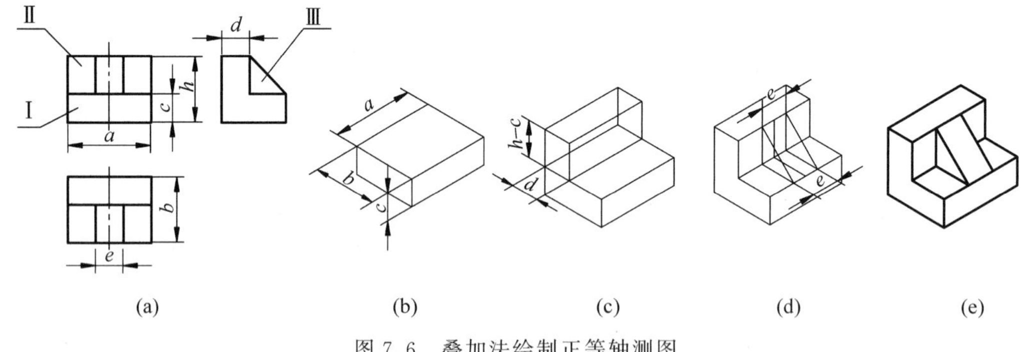

图 7.6　叠加法绘制正等轴测图

先用形体分析法将物体分解为底板Ⅰ、竖板Ⅱ和肋板Ⅲ三个部分；再分别画出各部分的轴测图，擦去多余的作图线，描深后即得物体的正等轴测图。具体过程如图 7.6(b)～(e)所示。

在绘制复杂立体的轴测图时，常常要将两种方法综合使用。

7.2.3 回转体的正等轴测图画法

1. 平行于坐标面的圆的正等轴测图

常见的回转体有圆柱、圆锥、圆球、圆台等。在作回转体的轴测图时，首先要解决圆的轴测图的画法问题。圆的正等轴测图是椭圆，三个坐标面或其平行面上相同直径圆的正等轴测投影是大小相等、形状相同的椭圆，只是长短轴方向不同，如图 7.7 所示。

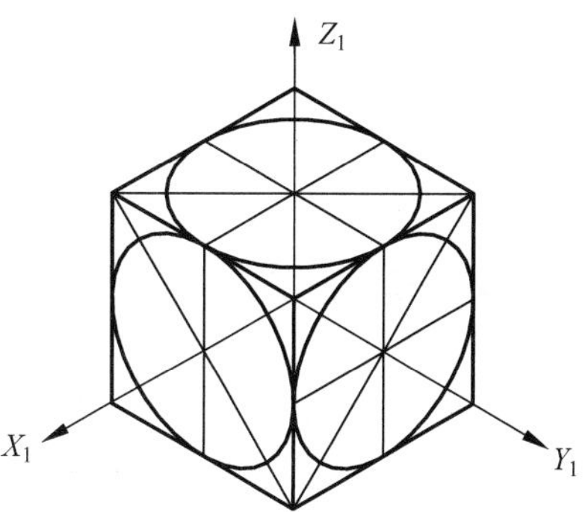

图 7.7 平行于坐标面圆的正等测投影

在实际作图时中，一般不要求准确地画出椭圆曲线，经常采用"菱形法"进行近似作图，即将椭圆近似用四段圆弧连接而成。下面以水平面上圆的正等轴测投影为例，说明"菱形法"近似作椭圆的方法。如图 7.8 所示，具体作图过程如下：

(1) 通过圆心 o 作坐标轴 ox 和 oy，再作圆的外切正方形，切点为 1、2、3、4，见图 7.8(a)；

(2) 作轴测轴 O_1X_1、O_1Y_1，从点 O_1 沿轴向以圆的半径量得切点 1_1、2_1、3_1、4_1，过这四点作轴测轴的平行线，得到菱形，并作菱形的对角线，见图 7.8(b)；

(3) 过 1_1、2_1、3_1、4_1 各点作菱形各边的垂线，在菱形的对角线上得到四个交点 O_2、O_3、O_4、O_5(其中 O_2、O_3 同时也是菱形的顶点)，这四个点就是代替椭圆弧的四段圆弧的中心，见图 7.8(c)；

(4) 分别以 O_2、O_3 为圆心，O_21_1、O_33_1 为半径画圆弧 $\overset{\frown}{1_12_1}$、$\overset{\frown}{3_14_1}$；再以 O_4、O_5 为圆心，O_41_1、O_52_1 为半径画圆弧 $\overset{\frown}{1_14_1}$、$\overset{\frown}{2_13_1}$，即得近似椭圆，见图 7.8(d)；

(5) 加深四段圆弧，完成全图，见图 7.8(e)。

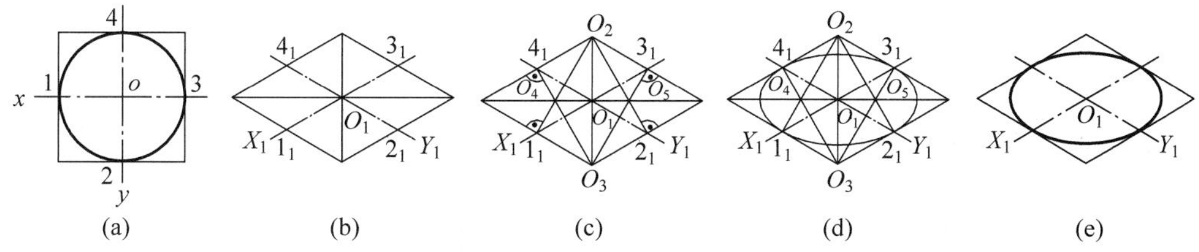

图 7.8 菱形法近似绘制椭圆

2. 回转体的正等轴测图

画回转体的正等轴测图时，首先画出回转体中平行于坐标面的圆的正等轴测图——椭圆，然后再画出整个回转体的正等轴测图。

【例 7.4】 画出图 7.9(a)所示圆柱的正等轴测图。

如图 7.9(b)～(d)所示，先在给出的视图上定出坐标轴、原点的位置，并作圆的外切

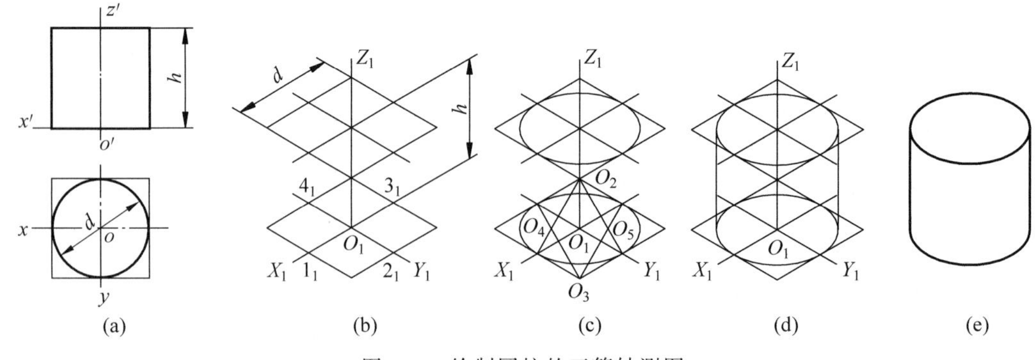

图 7.9 绘制圆柱的正等轴测图

正方形；再画轴测轴及圆外切正方形的正等轴测图的菱形，用菱形法画顶面和底面上椭圆；然后作两椭圆的公切线；最后擦去多余作图线，描深后即完成全图。具体过程如图 7.9(a)～(e)所示。

【例 7.5】 画出图 7.10(a)所示圆台的正等轴测图。

作图步骤如下：

(1) 画轴测图的轴测轴，按 h、d_1、d_2 分别作顶面和底面菱形，如图 7.10(b)所示；

(2) 用菱形法画出顶面和底面椭圆，如图 7.10(c)所示；

(3) 作上、下底椭圆的公切线，擦去多余作图线，加深可见轮廓线，完成全图，如图 7.10(d)所示。

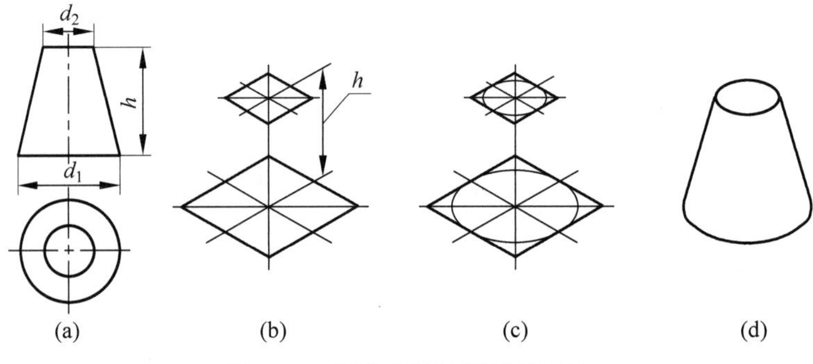

图 7.10 圆台正等轴测图的画法

【例 7.6】 画出图 7.11(a)所示带切口圆柱体的正等轴测图。

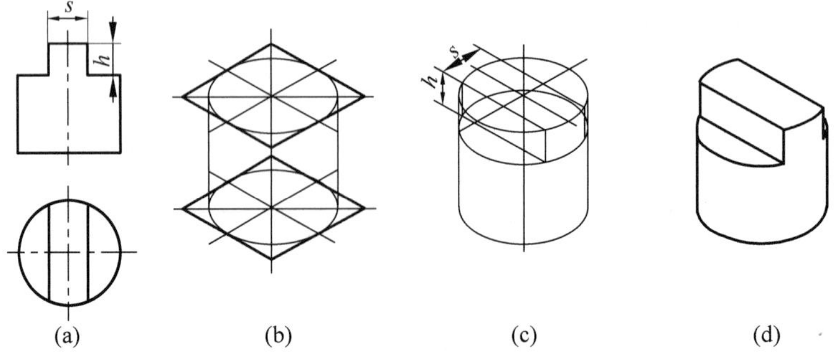

图 7.11 带切口圆柱体正等轴测图的画法

作图步骤如下：

(1) 画出完整圆柱的正等轴测图，如图 7.11(b)所示；

(2) 按 s、h 画出截交线和截平面之间交线的正等轴测图，如图 7.11(c)所示；

(3) 擦去多余作图线，加深可见轮廓线，完成全图，如图 7.11(d)所示。

3. 圆角的正等轴测图

在机械零件上经常会遇到由 1/4 圆柱面形成的圆角，画图时就需画出由 1/4 圆周组成的圆弧，这些圆弧在轴测图上正好为近似椭圆的四段圆弧中的一段。因此，这些圆角的画法可由菱形法画椭圆演变而来。

如图 7.12 所示，根据已知圆角半径 R，在顶面上找出切点 1_1、2_1、3_1、4_1，过切点作切线的垂线，两垂线的交点即为圆心 O_1、O_2。以此圆心到切点的距离为半径画圆弧，即得顶面圆角的正等轴测图。顶面画好后，将 O_1、O_2 沿 Z 轴向下移动距离 h，即得下底面两圆弧的圆心 O_3、O_4。画弧后擦去多余作图线，描深即完成全图。

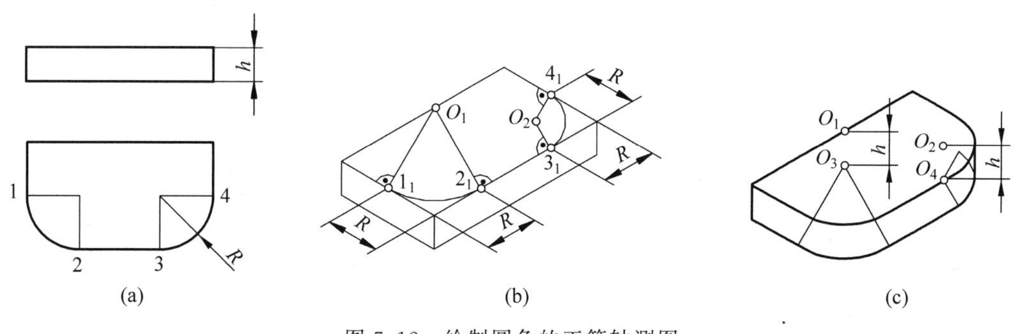

图 7.12 绘制圆角的正等轴测图

7.2.4 组合体的正等轴测图画法

组合体一般由若干个基本立体组成。画组合体的轴测图，只要分别画出各基本立体的轴测图，并注意它们之间的相对位置即可。

【例 7.7】 画出图 7.13(a)所示组合体的正等轴测图。

作图步骤如下：

(1) 建立直角坐标系，画出坐标轴及相应轴测轴；

(2) 分别画出矩形底板、矩形立板和三角形肋板的正等轴测图，如图 7.13(b)所示；

(3) 用菱形法画出立板半圆柱面和圆柱孔、底板圆角和小圆柱孔的正等轴测图，如图 7.13(c)所示；

(4) 擦去多余作图线，加深可见轮廓线，完成全图，如图 7.13(d)所示。

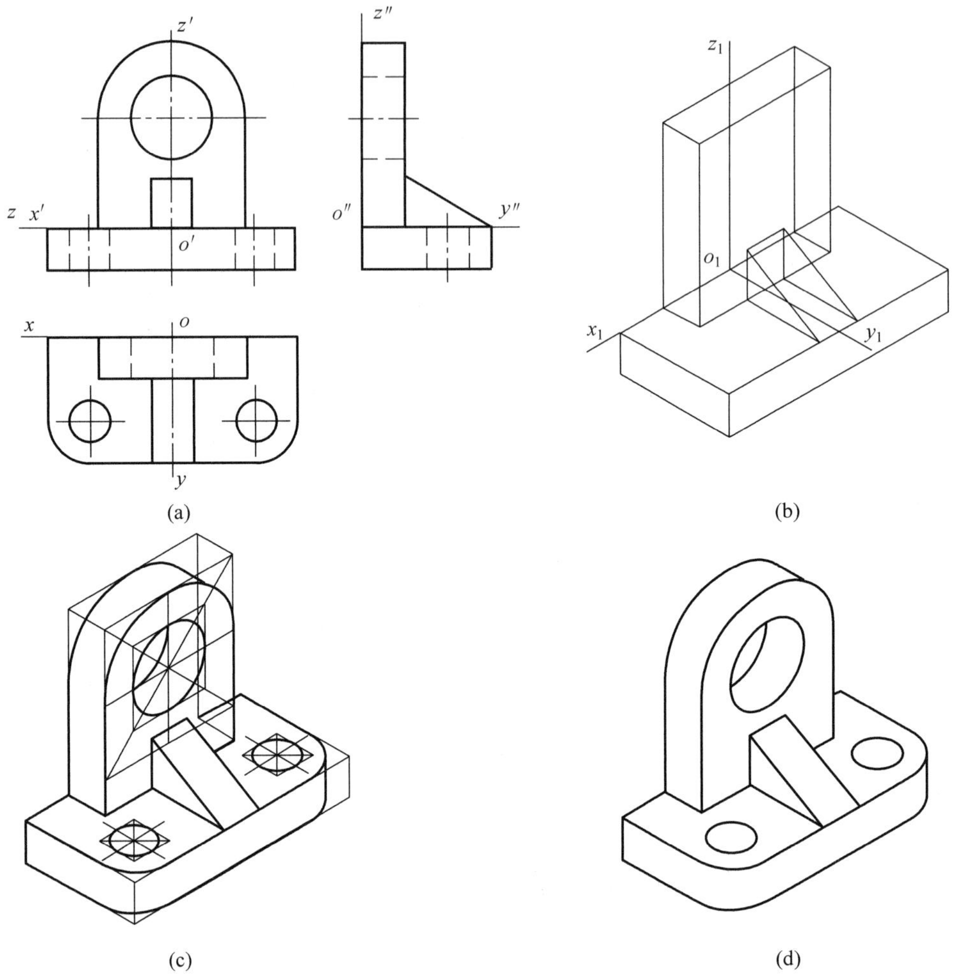

(a) (b)

(c) (d)

图 7.13　组合体的正等轴测图画法

7.3　斜二轴测图的画法

最常采用的斜轴测图是使物体的 XOZ 坐标面平行于轴测投影面所得的轴测图，称为斜二轴测图。在斜二轴测图中，轴测轴 X_1 和 Z_1 仍为水平方向和铅垂方向，即轴间角 $\angle X_1O_1Z_1=90°$，物体上平行于坐标面 XOZ 的平面图形都能反映实形，轴向伸缩系数 $p=r=1, q=1/2$。为了作图简便，通常取轴间角 $\angle X_1O_1Y_1=\angle Y_1O_1Z_1=135°$。图 7.14 给出了轴测轴的画法和各轴向伸缩系数。

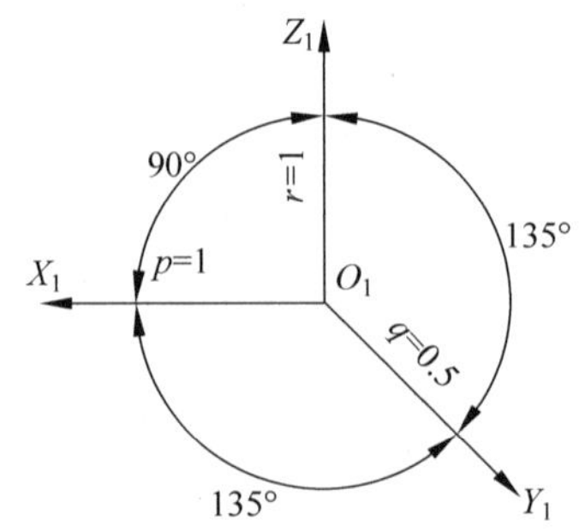

图 7.14　斜二轴测图的轴间角和轴向伸缩系数

平行于 XOZ 面上的圆的斜二测投影仍是圆，且大小不变。

斜二轴测图的画法与正等轴测图的画法类似，只是轴间角和轴向伸缩系数不同。

由于斜二轴测图能如实反映立体正面的形状，因而它适合表达某一方向的形状复杂或只有一个方向有圆的物体。

【例 7.8】 绘制图 7.15(a)所示轴套的斜二轴测图。

轴套上平行于 XOZ 面的图形都是同心圆，而其他面的图形较为简单，因此可以采用斜二轴测图。作图时，先进行形体分析，确定图 7.15(a)所示坐标轴；再作轴测轴，并在 Y_1 轴上根据 $q=0.5$ 定出各个圆的圆心位置 O_1、A_1、B_1，如图 7.15(b)所示；然后画出各个端面圆及通孔的投影，并作圆的公切线，如图 7.15(c)所示；最后擦去多余作图线，加深可见轮廓线，完成全图，如图 7.12(d)所示。

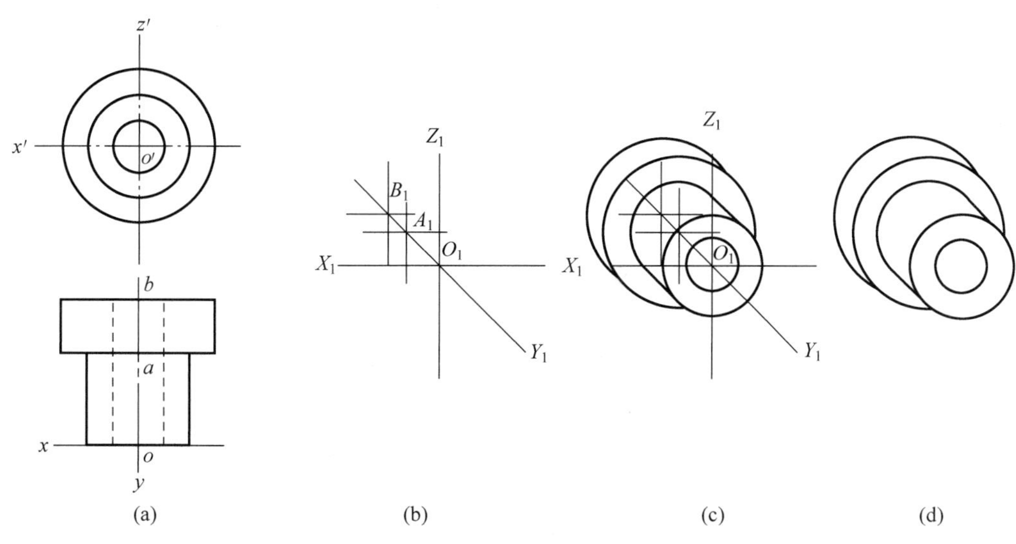

图 7.15 绘制轴套的斜二轴测图

思考与练习题

1. 简答题

(1) 轴测投影图最突出的特点是什么？常用的轴测图主要有哪两种？

(2) 什么是简化轴向伸缩系数？采用简化轴向伸缩系数有何好处？

(3) 请从投影方法、轴间角、轴向伸缩系数等方面比较正等轴测图和斜二轴测图的不同。

(4) 图 7.16(a)所示立体的两种轴测投影图——图 7.16(b)和图 7.16(c)中，哪一种是正轴测图？哪一种是斜轴测图？此处的斜轴测图与图 7.15(a)所示斜轴测图有何不同？

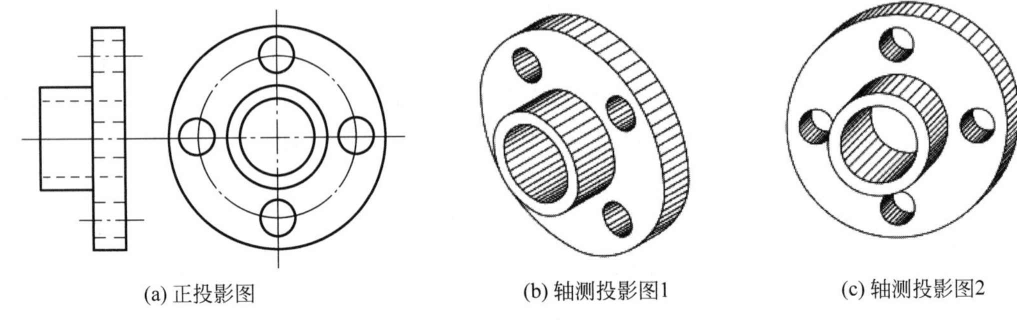

图 7.16　立体的正投影图及其轴测图

(5) 请说明轴测投影图中“轴测”的含义。

(6) 在正等轴测图中画椭圆通常采用什么方法？如何绘制？

(7) 什么样的立体适合采用斜二轴测图？

2. 分析题

(1) 参考图 7.16，请从立体感、表达立体的准确性和全面性、绘图的方便性三方面，分析、比较三视图和轴测图的优、缺点。

(2) 分析图 7.7 中椭圆长、短轴方向的规律，在草稿纸上分别徒手示意性地画出轴线沿 X 方向、Y 方向、Z 方向的圆柱的正等轴测图。

(3) 在图 7.17 所示立体的正等轴测图中，分析并验证(2)题中所得规律的正确性。

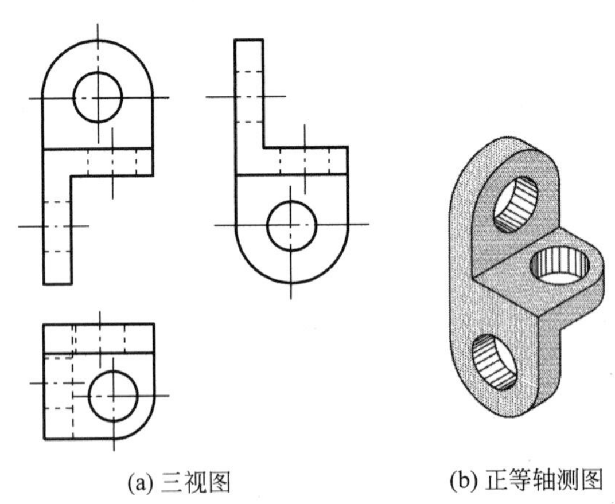

图 7.17　立体及其正等轴测图

3. 补线题

对照图 7.18 中的三视图，补齐下面对应轴测图中所缺图线。

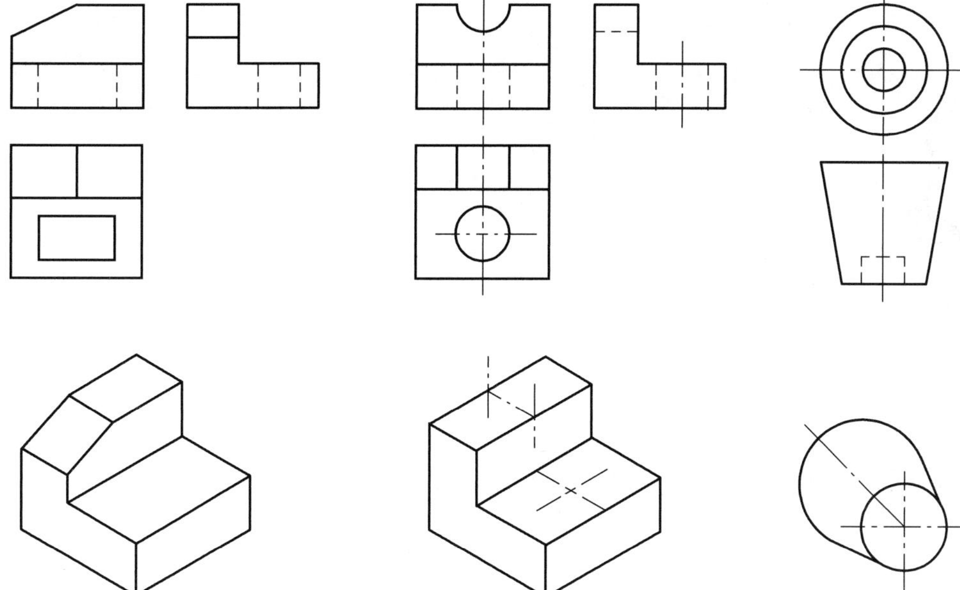

图 7.18 轴测图补线

第8章 机件常用表达方法

章前思考

1. 根据图 8.1(a)所示三视图,你能否准确判断出正立方体上挖切掉的是 7 个角还是 8 个角? 为什么?

2. 图 8.1(b)所示压紧杆上左侧斜杆的端部是什么形状? 图示三视图是否已将这一形状准确地表达出来? 你觉得这样的三视图方便绘图吗?

3. 你认为图 8.1(c)所示三视图表达零件的内、外形状是否很清晰? 绘图是否很方便?

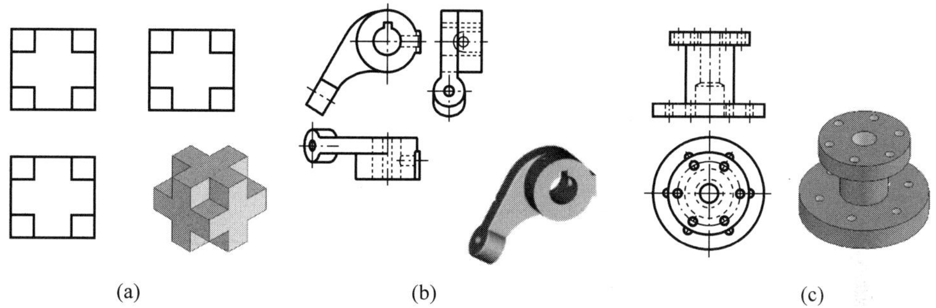

(a) (b) (c)

图 8.1 零件的三视图表达

在生产实际中,机件的结构形状多种多样,其复杂程度也不尽相同,某些情况下,仅采用前面介绍的三视图往往不能准确、完整、清晰地表达机件的内外形状。因此,国家标准《技术制图》和《机械制图》规定了机件的各种表达方法。在绘制机件图样时,应首先考虑看图方便,再根据机件的结构特点,选用适当的表达方法。

8.1 视图

视图是采用正投影方法所绘制的机件的图形,主要用于表达机件的外部形状。所以,在视图中一般只画出机件的可见部分,必要时才用虚线表达其不可见部分。视图有基本视图、向视图、局部视图和斜视图四种。

8.1.1 基本视图

1. 基本视图的形成与展开

将机件向基本投影面投射所得的视图,称为基本视图。

在前述原有三个投影面(正立投影面、水平投影面、侧立投影面)的基础上,再对应增设三个投影面,构成一个正六面体空间,如图 8.2(a)所示,六面体空间的六个面称为基本投影面。将机件置于正六面体空间内,分别向六个基本投影面投射,得到六个基本视图,如图 8.2(a)所示。

六个基本视图,除前述主视图、俯视图、左视图外,还有:

- 右视图——由右向左投射所得的视图;

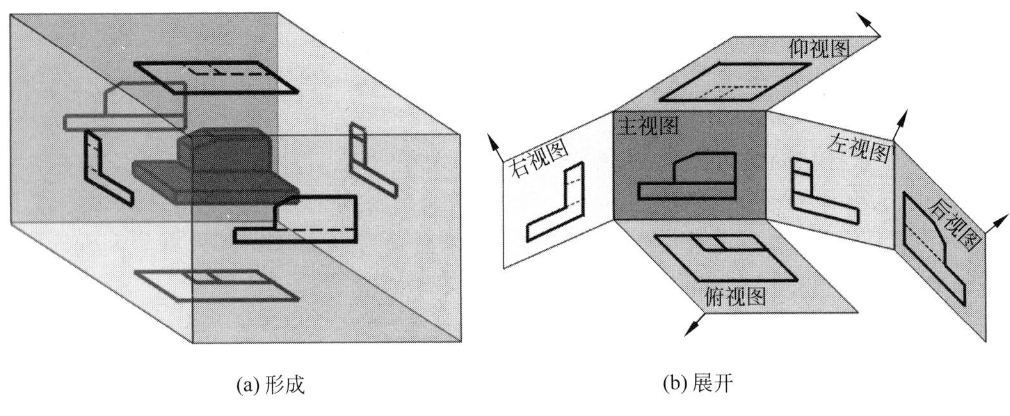

(a) 形成　　(b) 展开

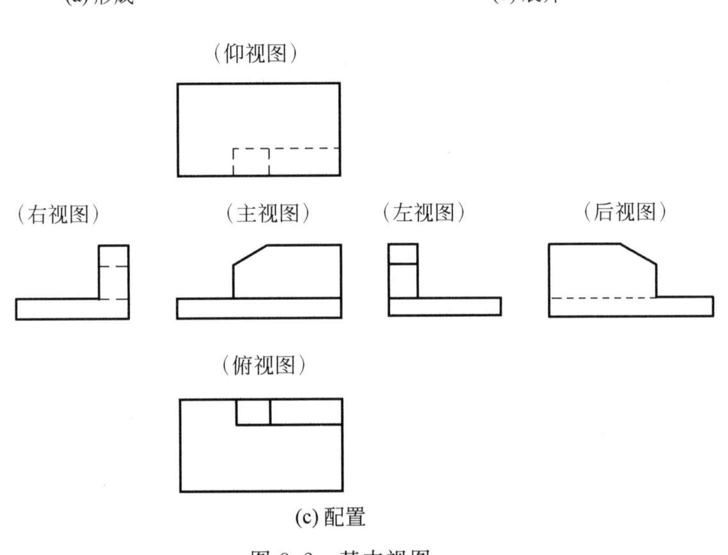

(c) 配置

图 8.2　基本视图

- 仰视图——由下向上投射所得的视图；
- 后视图——由后向前投射所得的视图。

接下来将基本视图展开到同一平面上。六个基本投影面展开时，规定：正立投影面保持不动，其余各投影面按图 8.2(b)所示的箭头方向旋转展开，使之与正立投影面处于同一个平面。

2. 基本视图的配置

投影面展开后，六个基本视图的配置如图 8.2(c)所示，此时一律不标注视图的名称。六个基本视图间仍保持"长对正、高平齐、宽相等"的投影关系。

实际应用时，不必六个视图都画出，在明确表达机件形状的前提下，视图数量越少越好。一般优先考虑主、俯、左三个视图。例如，图 8.2 所示机件，用主、俯两个基本视图即可表达清楚，其他视图均可省略不画。对于图 8.1(a)所示机件，已给的主、俯、左三个视图尚不能准确表达挖切角的数量是 7 个还是 8 个，需再增加一个视图，以明确表达切角的数量。图 8.3 所示为增加右视图的表达方案，其表明切角的数量是 7 个(请留意右视图中已省略对应于立体左后下切角的两条虚线）。而图 8.4 所示的机件，因左、右的形状不同，故采用了主、左、右三个基本视图表达，但在左、右视图中均省略了一些不必要的虚线。

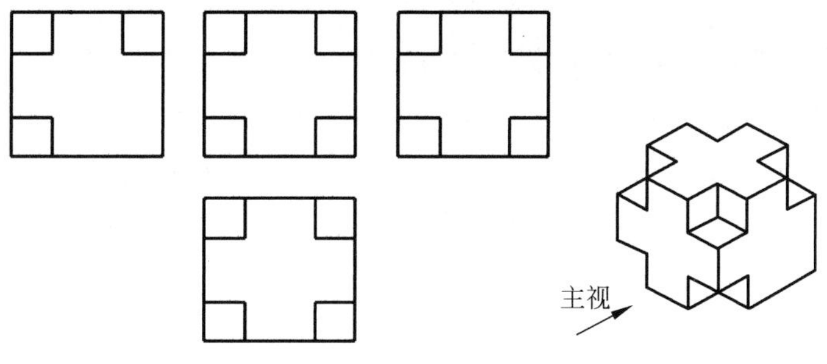

图 8.3　采用 4 个基本视图表达机件

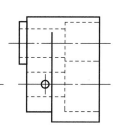

零件三维模型

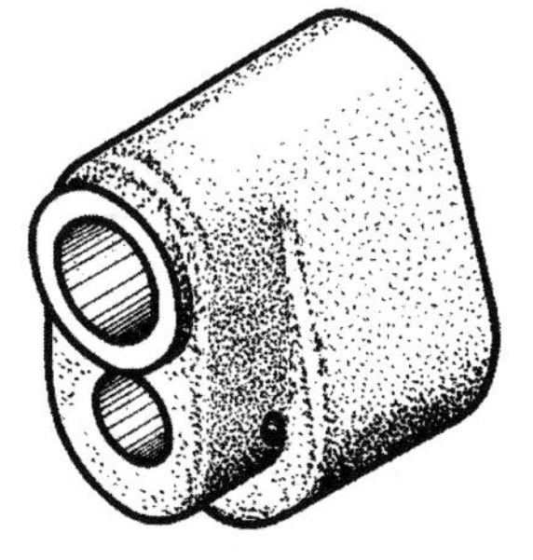

(a) 零件立体图

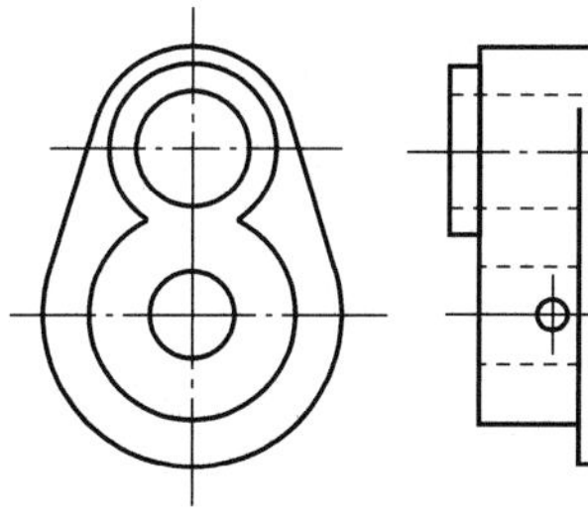

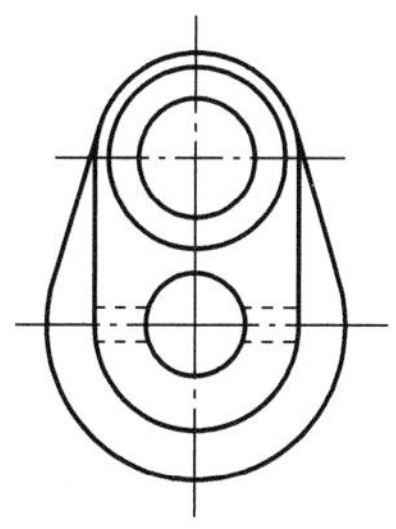

(b) 基本视图

图 8.4　基本视图的选用及其虚线的省略

零件三维模型

8.1.2　向视图

为了合理利用图纸，基本视图也可以不按规定位置配置。可以自由配置的基本视图称为向视图。

为了便于读图，要对向视图进行标注。具体方法为：在向视图的上方用大写拉丁字母标出视图的名称；在相应视图的附近用箭头指明投射方向，并标注相同的字母，如图 8.5 所示为对应于图 8.2 的向视图表达方案。图 8.6 所示为对应于图 8.3 的向视图表达方案。

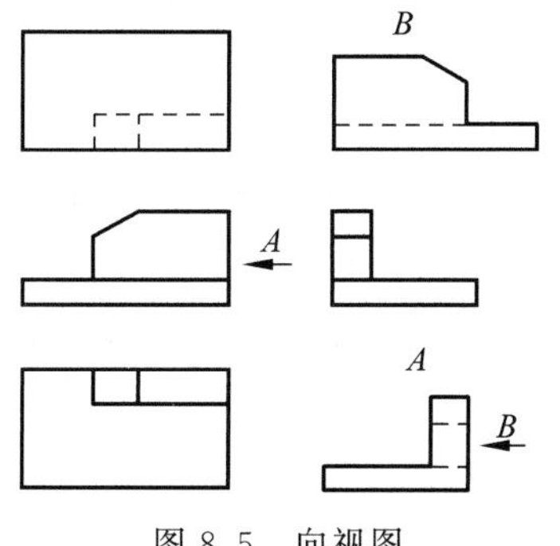

图 8.5　向视图

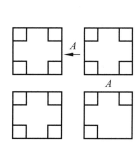

图 8.6　向视图表达方案

8.1.3 局部视图

将机件的某一部分向基本投影面投射，所得的视图称为局部视图。

如图8.7(a)中所示机件，采用主、俯两个基本视图已将机件的大部分形状表达清楚，只有圆筒左、右两侧的凸台结构外形未充分表达，如果再分别增加一个完整的左视图和右视图，则其中的大部分内容属于重复表达。此时，可只画出表达两凸台部分的局部视图，而省略其余部分，如图8.7(b)所示。

零件三维模型

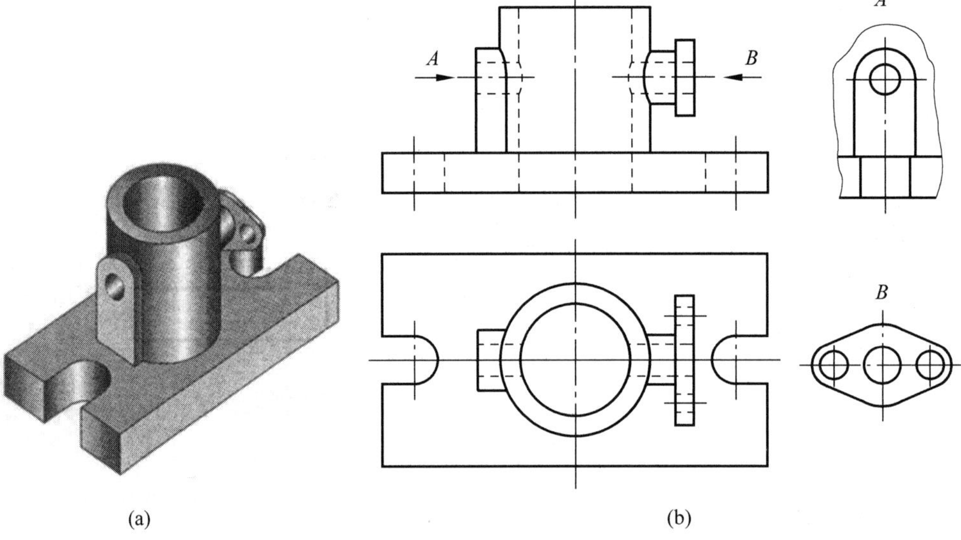

图8.7 局部视图

画局部视图时应注意：

(1) 局部视图的断裂边界用波浪线表示，如图8.7(b)中的 A 视图所示。波浪线相当于机件的断裂线，因此只能画在机件的实体部分，不应超出机件的轮廓线或通过孔、槽等空心结构；为使图形清晰，波浪线也不应与轮廓线重合。

当所表示的局部结构是完整的，且图形的外轮廓线封闭时，波浪线可省略不画。如图8.7(b)中的 B 视图所示。

(2) 局部视图的标注方法与向视图相同，如图8.7(b)所示。当局部视图按照投影关系配置，且中间又无其他图形隔开时，标注可以省略，如图8.7(b)中的 A 视图标注也可全部省略。

(3) 对称机件的视图，可只画一半或四分之一，并在对称中心线的两端画两条与其垂直的平行细实线，如图8.8所示。

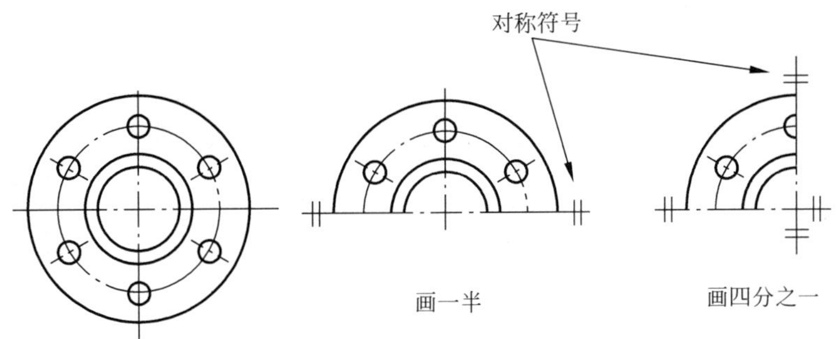

图 8.8　对称时的局部视图

8.1.4　斜视图

将机件向不平行于任何基本投影面的平面投射，所得的视图称为斜视图。

图 8.9 所示机件，具有倾斜结构，所以在基本视图中不能反映该结构的真实形状，给画图及读图带来不便。为了清楚表达机件上的倾斜结构，增设一个平行于倾斜结构的新投影面 P。将倾斜结构向新投影面投射，可得到反映其实形的视图，称为斜视图。

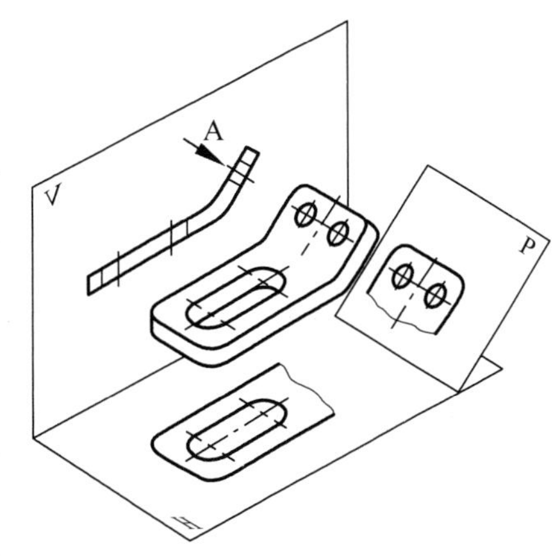

图 8.9　斜视图的形成

画斜视图时应注意：

(1) 斜视图主要为表达机件上的倾斜结构，因此画出倾斜结构的实形后，就可以用波浪线将其与机件的其他部分断开，如图 8.10(a)所示。

(2) 斜视图必须标注，标注方法与向视图的标注方法相同，其字母一律水平书写，如图 8.10(a)所示。

(3) 斜视图一般按照投影关系配置，如图 8.10(a)所示；也可平移到其他位置。必要时，允许将斜视图旋转配置，即将其主要中心线或主要轮廓线旋转至水平或垂直位置，如图 8.10(b)所示。此时，必须标注旋转符号，旋转符号为半径等于字体高度的半圆形，表示斜视图的字母应靠近箭头一端。

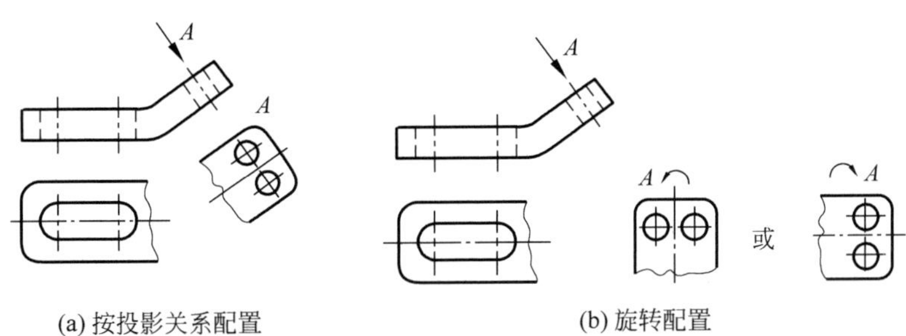

图 8.10　斜视图的画法、配置与标注

【例 8.1】 选择合适的视图表达图 8.11(a)所示压杆零件。

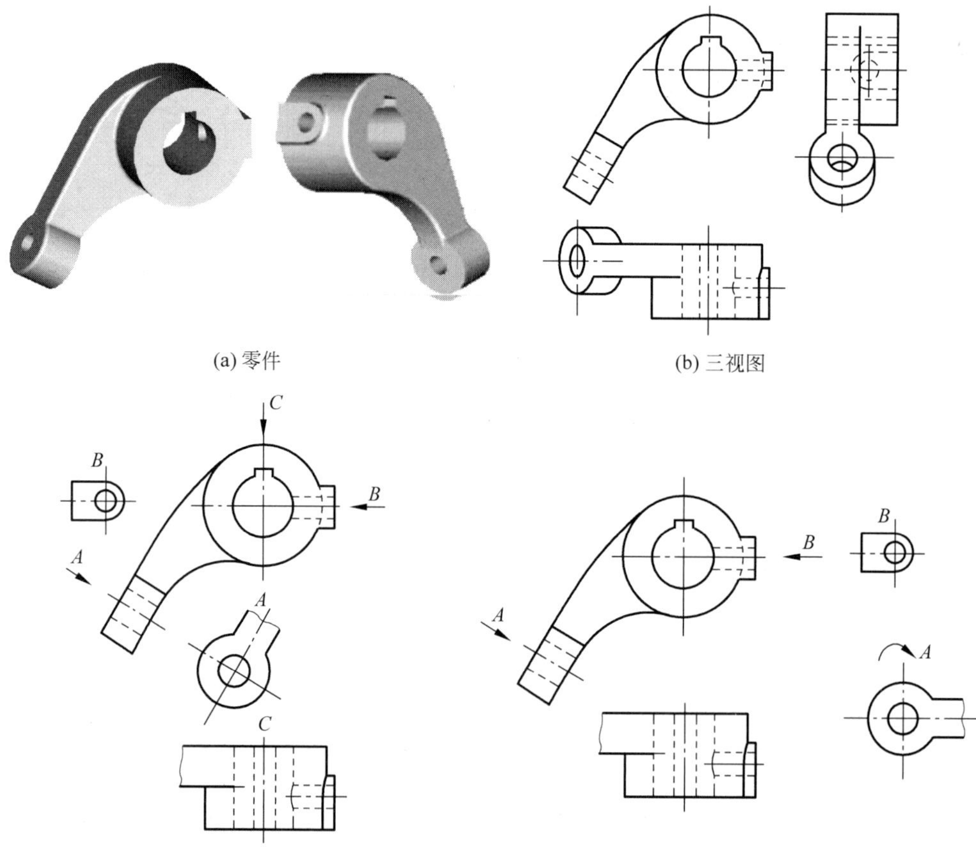

(a) 零件　　(b) 三视图

(c)　　(d)

图 8.11　压杆零件及其视图表达方案

压杆三维模型

分析：压杆零件的三视图如图 8.11(b)所示(图中已省略了部分虚线)，其主、俯视图已经将零件的大部分形状和结构表达清楚，但遗憾的是，零件左下部分倾斜结构的外形在俯、左视图中均不反映实形，左视图的表达重点是零件右侧半圆头凸台的外形，但在图中却均为虚线，且存在多数结构的重复表达。现采用局部视图和斜视图重新表达该零件。

表达方案：在主视图的基础上，选择保留大部分俯视图的 C 向局部视图表达零件前后方向的大部结构；采用属于右视图一部分的 B 向局部视图表达零件右侧半圆头凸台外形，注意到该部分具备局部结构完整且外轮廓线封闭的条件，故可省略波浪线；用 A 向斜视图反映零件左下部分倾斜结构的外形。具体如图 8.11(c)所示。优化视图布局、省略部分标注后的表达方案如图 8.11(d)所示。

8.2　剖视图

用视图表达机件时，机件的内部结构不可见，需要用虚线表示。如果机件的内部形状比较复杂，视图上会出现较多的虚线，或虚线与粗实线相互重叠、交叉等现象，这样既不便于看图，也不便于画图和标注尺寸。为了清楚地表达机件的内部结构，常采用剖视图的画法。

8.2.1 剖视图的概念

1. 剖视图的形成

假想用剖切面在适当位置剖开机件，移去观察者和剖切面之间的部分，将剩余部分向投影面投射，所得到的图形称为剖视图。

如图 8.12 所示，假想用剖切面沿前后对称面将机件剖开，移去前半部分，将剩余部分向正立投影面投射，即可得到处于主视图位置上的剖视图。此时，原主视图中表达内部孔的虚线变为粗实线。

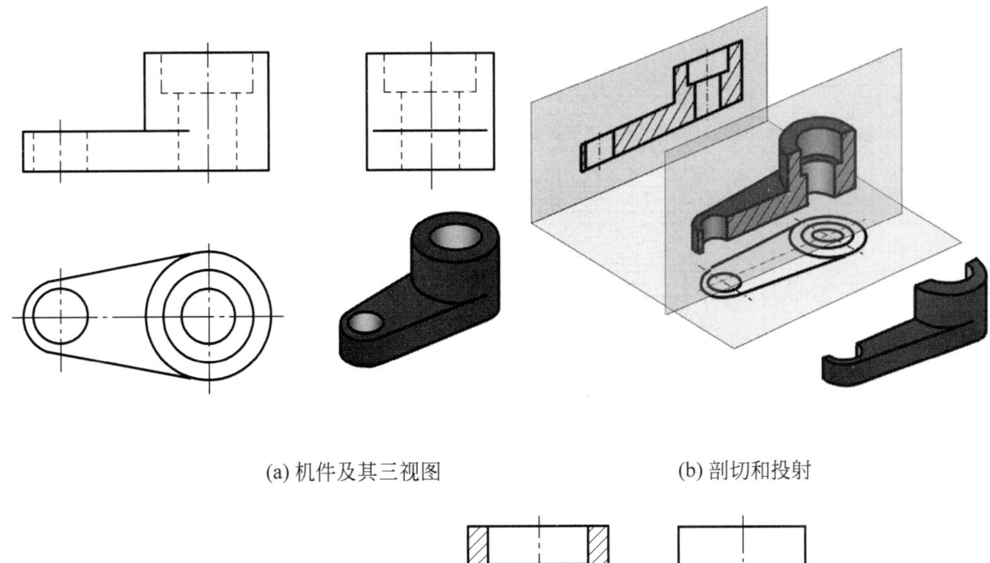

(a) 机件及其三视图 (b) 剖切和投射

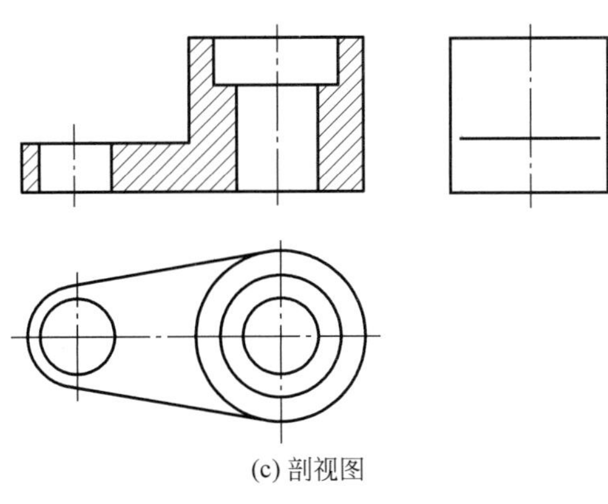

(c) 剖视图

图 8.12 剖视图的形成

2. 剖面符号

剖切面与机件的接触部分要画出与材料相应的剖面符号。

国家标准中规定了不同材料的剖面符号，如表 8.1 所示。机件中常用的是金属材料的剖面符号(又称剖面线)，如图 8.12(c)所示。剖面线用与水平方向成 45°的细实线画出，间隔应均匀，向右或向左倾斜均可。同一机件，剖面线的倾斜方向和间隔应一致。

表 8.1　材料的剖面符号

材料		符号	材料	符号
金属材料(已有规定剖面符号者除外)			胶合板(不分层数)	
线圈绕组元件			基础周围的混土	
转子、电枢、变压器和电抗器等的叠钢片			混凝土	
非金属材料(已有规定剖面符号者除外)			钢筋混凝土	
型砂、填砂、粉末冶金、砂轮、陶瓷刀片、硬质合金刀片等			砖	
玻璃及供观察用的其他透明材料			格网(筛网、过滤网等)	
木材	纵剖面		液体	
	横剖面			

3. 剖视图的配置

剖视图一般按基本视图的配置形式配置，如图 8.12(c)所示，也可配置在有利于图面布局的其他位置。

4. 剖视图的标注

为了便于读图，剖视图一般应进行标注。剖视图的完整标注包括三部分内容，如图 8.13 所示。

(1) 剖切面位置——用粗短画标出剖切面的起、止位置，粗短画的宽度等于图中粗实线的宽度。

(2) 投射方向——用位于粗短画外侧且与其垂直的箭头表示。

(3) 剖视图名称——用大写拉丁字母标出剖视图名称(例如“A—A”)，并在剖切位置的起、止处标出相同的字母。

在下列情况下，剖视图的标注可以部分省略或全部省略：

(1) 当剖视图按投影关系配置，且中间又无其他图形隔开时，可以省略箭头，如图 8.13 所示剖视图，标注的箭头可以省略。

(2) 当剖切平面通过机件的对称平面或基本对称平面，且剖视图按投影关系配置，且中间又无其他图形隔开时，标注可以全部省略。实际上，图 8.13 所示剖视图的标注就可以全部省略，结果如图 8.12(c)中的主视图、俯视图所示。鉴于其主、俯视图已将机件的内外结构表达清楚，故左视图可省略不画。

5. 画剖视图的注意事项

(1) 剖切是一种假想，并非真正将机件切去一部分，因此，其他未取剖视的视图仍应完整画出，如图 8-12(c)中的俯视图和左视图。

(2) 在剖视图及其他视图中已经表达清楚的结构，其在其余视图中的虚线应省略不画；但当结构形状没有表达清楚时，允许在剖视图和其他视图上画出少量必要的虚线。如图 8.12(c)中就省略了全部的虚线；而图 8.14 中的虚线则不能省略。

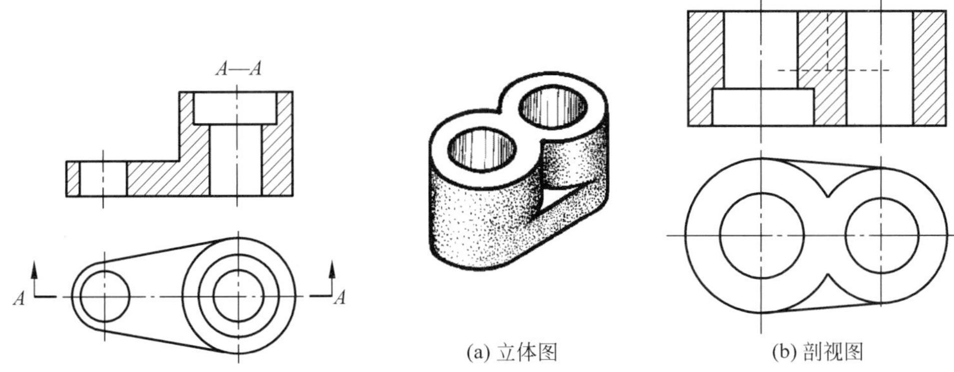

图 8.13　剖视图的标注

图 8.14　剖视图中的虚线

(3) 剖切面后的可见轮廓线要全部画出。如图 8.15 所示，剖切面之后，阶梯孔台阶面的投影、孔壁交线及机件外部的凸缘等可见结构的投影应在剖视图中画出。

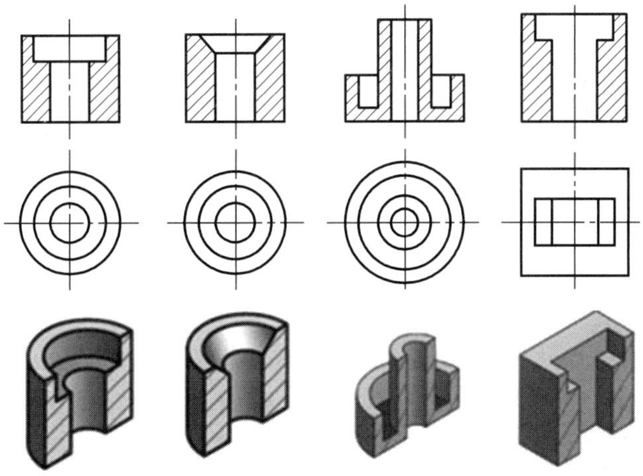

图 8.15　剖切面后的可见结构

(4) 国家标准规定,肋板纵向剖切时,其在剖视图中不画剖面符号,而用粗实线将它和邻接部分分开,如图 8.16 所示。

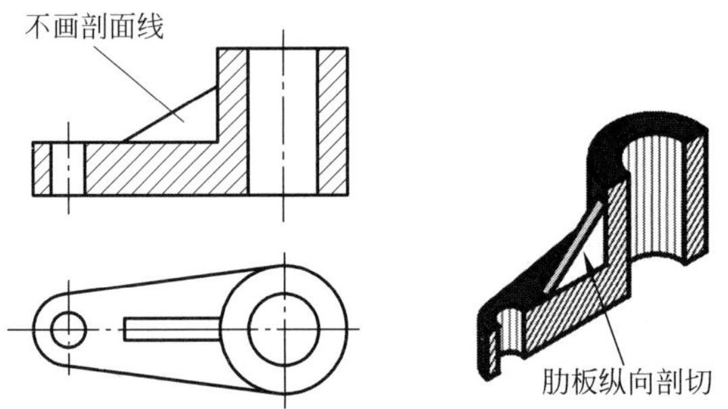

图 8.16 肋板剖切时的规定画法

8.2.2 剖视图的种类

按剖切范围的大小,剖视图分为全剖视图、半剖视图和局部剖视图。

1. 全剖视图

用剖切面完全剖开机件所得的剖视图,称为全剖视图,如图 8.17 所示。前述剖视图实际上均系全剖视图。全剖视图主要应用于机件的外形比较简单或已经表达清楚,而内形需要表达的场合。

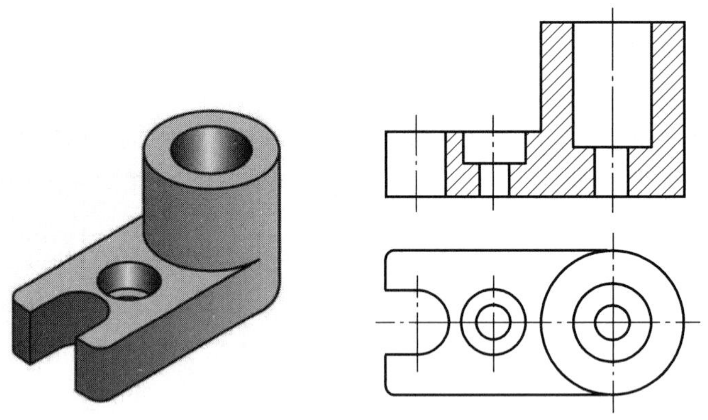

图 8.17 机件及其全剖视图

2. 半剖视图

当机件具有对称平面时,在垂直于对称平面的投影面上投射所得的图形,以对称中心线(细点画线)为界,一半画成视图以表达外形,另一半画成剖视图以表达内部结构,这种剖视图称为半剖视图,如图 8.18(c)所示。

如图 8.18(a)所示底座零件,主视图若采用全剖视图,如图 8.18(b)所示,则前面凸台及其台上圆孔的形状和位置就难以表达。此时,可根据机件左右对称的结构特点,将主视图画成半剖视图,如图 8.18(c)所示。这样,既在一半剖视图中表达了内部竖孔系通孔的情况,又在一半视图中表达了外部凸台结构和台上圆孔的形状。

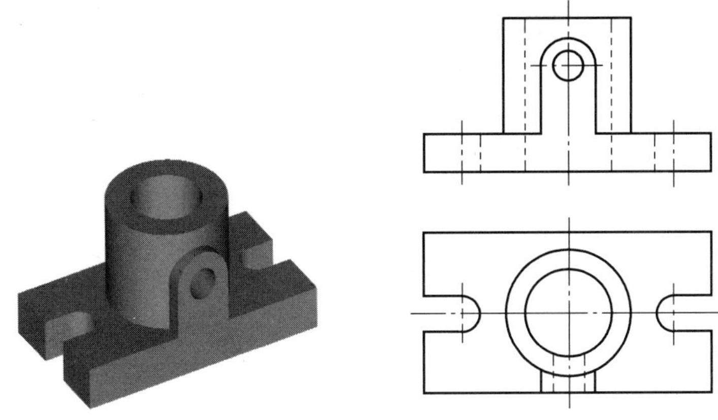

(a) 底座零件及其视图

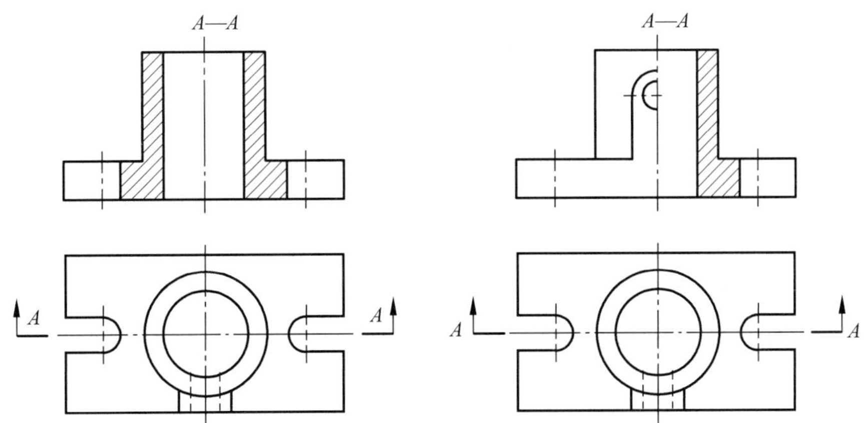

(b) 主视图采用全剖视图——表达不清前面的结构 (c) 主视图采用半剖视图——可表达清楚前面的结构

图 8.18 底座零件及其半剖视图

半剖视图适用于内、外形状同时需要表达的对称(或基本对称)机件,在其对称平面垂直面上的投影视情均可采用半剖视图,如图 8.19 所示。

画半剖视图时应注意:

(1) 只有对称(或基本对称)的机件才可以采用半剖视图。

(2) 半剖视图中,一半视图和一半剖视图的分界线只能为细点画线,不能是其他图线,也不应与轮廓线重合。图 8.20(a)所示机件的半剖视图,由于其对称平面的内形上有轮廓线,导致图中一半剖视图中的粗实线与对称线(细点画线)重合,因此不宜采用半剖视图,此时可采用全剖视图或局部剖视图来表达,如图 8.20(b)所示。

(3) 在一半剖视图中已经表达清楚的内部结构,其在一半视图中的虚线应省略不画;但在一半剖视图中没有表达清楚的内形,其虚线则不能省略,如图 8.21 所示机件,表达底板上阶梯孔的虚线在主视图半剖视图中就不能省略。

零件三维模型 A

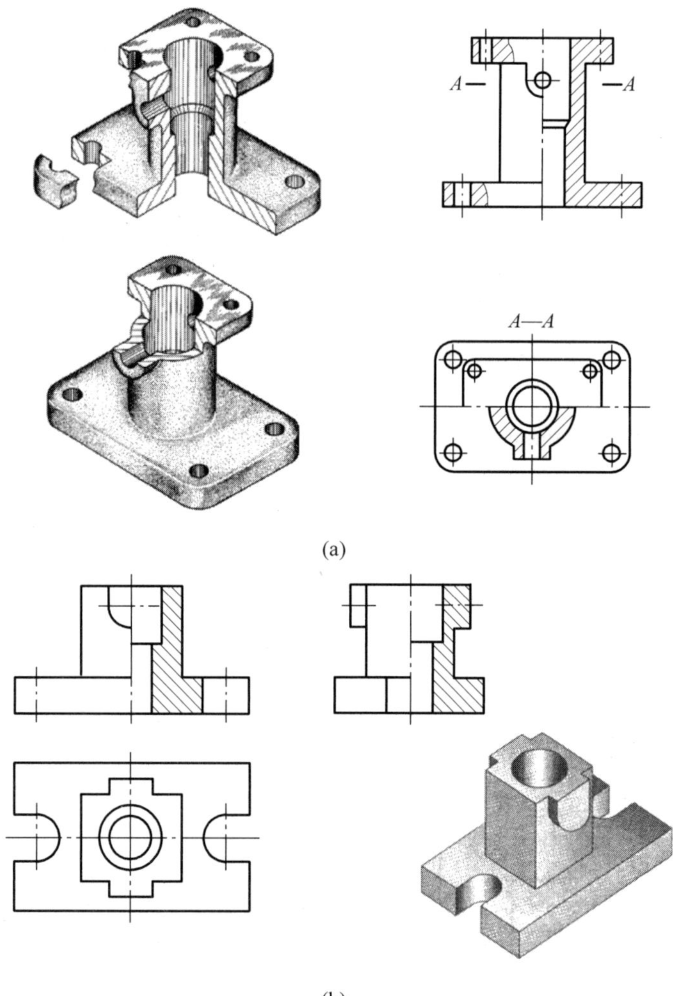

(a)

(b)

图 8.19 半剖视图的应用

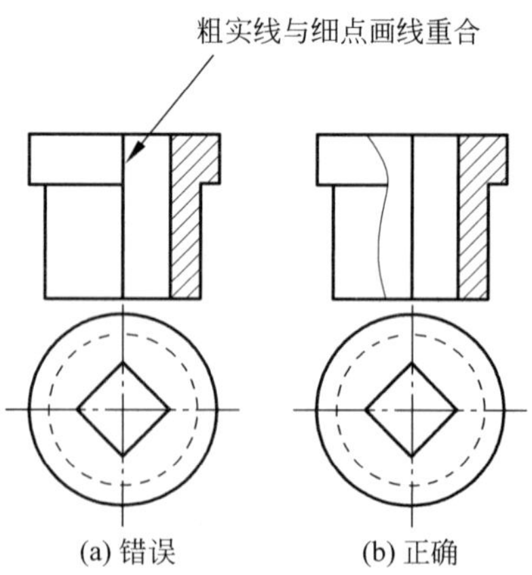

(a) 错误 (b) 正确

图 8.20 不宜采用半剖视图的情况

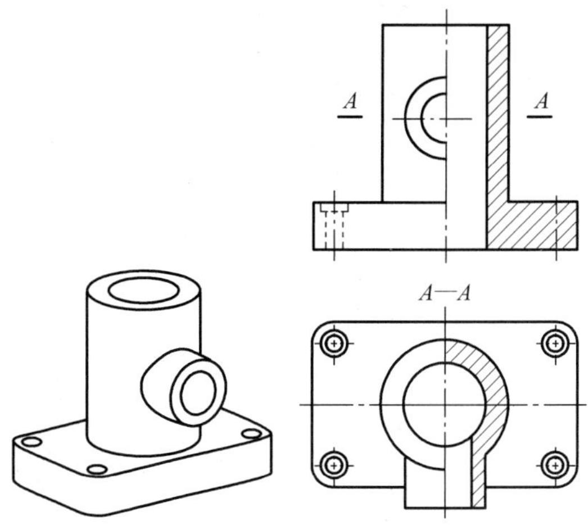

图 8.21 一半视图中不能省略虚线的情况

(4) 半剖视图中的一半剖视图通常画在对称线的下方或右侧。

(5) 半剖视图的标注方法及省略条件与相应的全剖视图相同,如图 8.18(c)、图 8.19、图 8.21 所示。

3. 局部剖视图

用剖切面局部地剖开机件,并用波浪线等表示剖切范围,所得的剖视图称为局部剖视图,如图 8.22 所示。

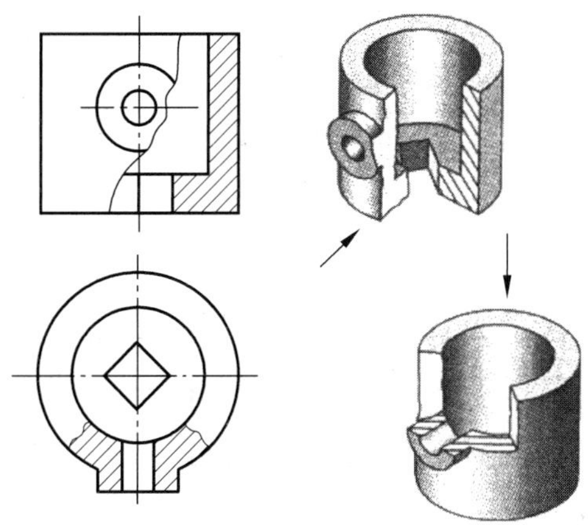

图 8.22 局部剖视图

局部剖视图适用于不宜采用全剖视图或半剖视图表达的机件。

图 8.21 所示机件,底板上的阶梯孔可以在一半视图中采用局部剖视图来表达,如图 8.23(a)所示;如图 8.23(b)所示机件左、右不对称,不能采用半剖视图,而可采用局部剖视图表达;如图 8.23(c)所示的三个机件虽左、右对称,但因对称平面上有交线而均不能采用半剖视图,适宜采用局部剖视图表达;如图 8.23(d)所示机件内、外形已基本表达

清楚，只有局部的孔、槽等结构需要表达，也适合采用局部剖视图。

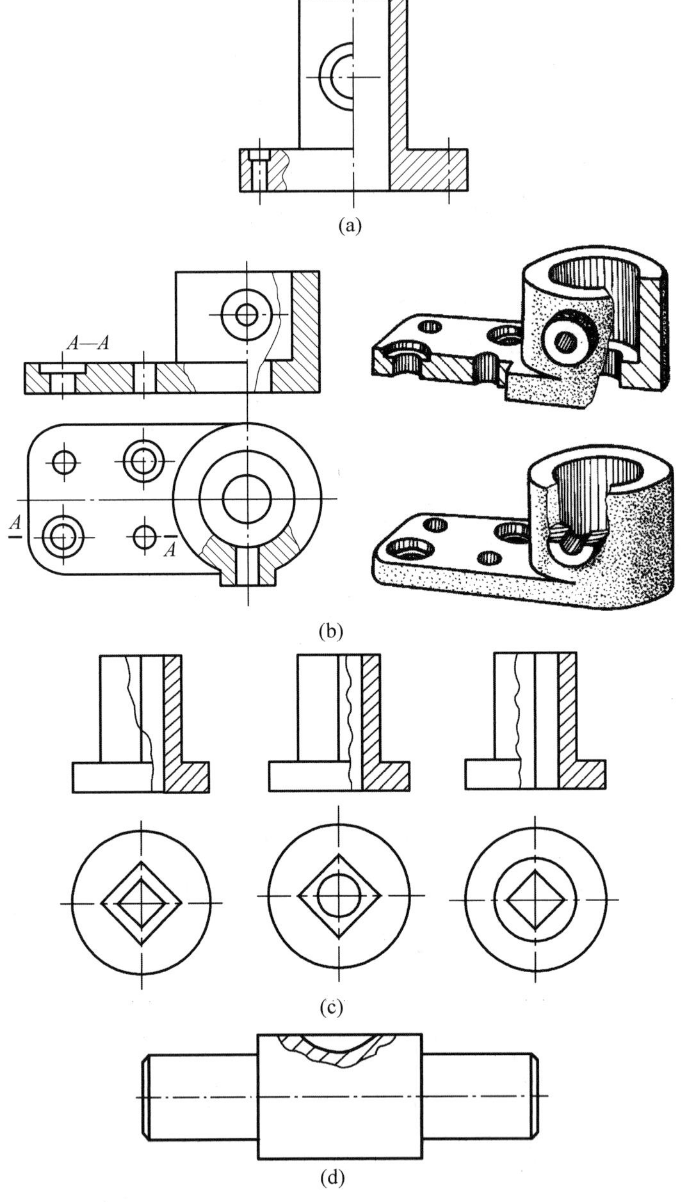

(a)

(b)

(c)

(d)

图 8.23　局部剖视图的应用

局部剖视图的标注和全剖视图相同，如图 8.23(b)所示。但由于局部剖视图的剖切位置通常较为明显，故一般不需要标注。

在局部剖视图中，波浪线的含义是机件断口部分的投影，其画法注意事项如图 8.24 所示，图 8.23(b)所示为其正确画法。

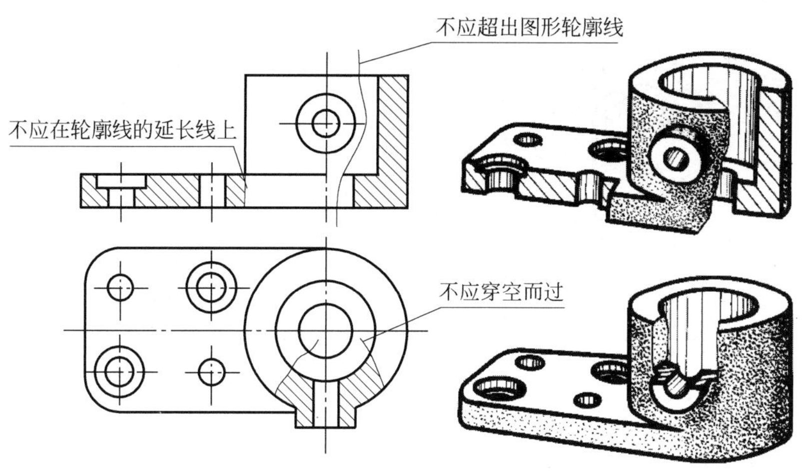

图 8.24 画波浪线的注意事项

8.2.3 剖视图剖切面的种类

根据机件结构的特点和表达需要，可选用不同数量和位置的剖切面来剖切机件，国家标准规定了三种剖切平面：单一剖切平面、几个平行的剖切平面和几个相交的剖切平面。

1. 单一剖切平面

1）平行于基本投影面的剖切平面

前面介绍的全剖视图、半剖视图及局部剖视图，都是用平行于某一基本投影面的剖切平面剖开机件后得到的剖视图，这是最常用的剖切方法。

2）不平行于基本投影面的剖切平面

当机件上倾斜结构的内形在基本视图上不能反映实形时，可以采用不平行于基本投影面的剖切平面剖切机件。这种剖切方法习惯上称为斜剖。

如图 8.25 所示，采用与基本投影面垂直，并与倾斜结构平行的剖切平面剖切机件上的倾斜部分，再将此部分投射到与剖切平面平行的投影面上，即可得到图示斜剖的全剖视图。

采用斜剖视时应注意：

- 剖视图最好按投影关系配置，如图 8.25 左上部的剖视图 *A—A*。必要时，可平移配置；在不致引起误解的情况下，也可旋转配置，如图 8.25 左边的剖视图⌒↘ *A—A*。
- 斜剖视图必须标注，标注方法如图 8.25 所示。

2. 几个平行的剖切平面

如图 8.26 所示，采用单一剖切平面剖切机件，不能同时表达出机件上三个不同形状孔的内形，此时，可采用几个相互平行的剖切平面剖切机件。这种剖切方法，习惯上称为阶梯剖。

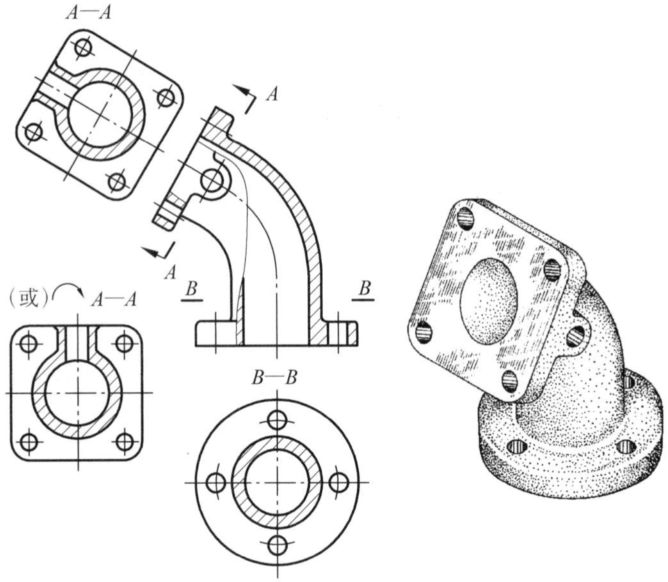

图 8.25　不平行于基本投影面的剖切平面剖切

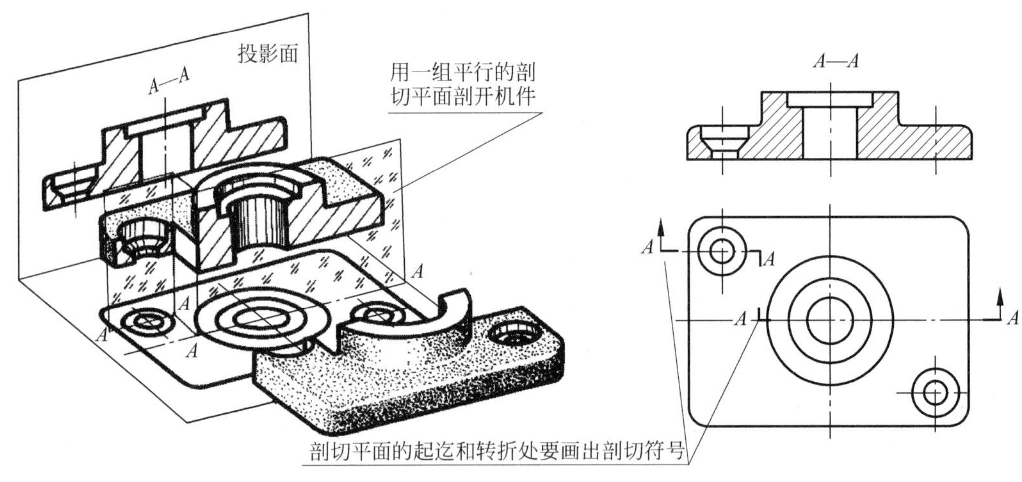

图 8.26　几个平行的剖切平面剖切

采用这种剖切方式时，不应在剖视图中画出剖切平面转折处的分界线；避免剖切平面的转折处与轮廓线重合；并避免在剖视图中出现不完整的结构要素，如图 8.27 所示。

采用几个平行剖切平面剖切时必须标注。即在剖切平面的起、止及转折处，用粗短画表示剖切面的位置，并标注相同的拉丁字母；在起、止符号的外侧画出箭头，表明投射方向；在相应的剖视图上用相应字母标出剖视图名称，如图 8.26 所示。当剖视图按投影关系配置，中间又无其他图形隔开时，可以省略箭头，图 8.26 所示标注中的箭头就是可以省略的。

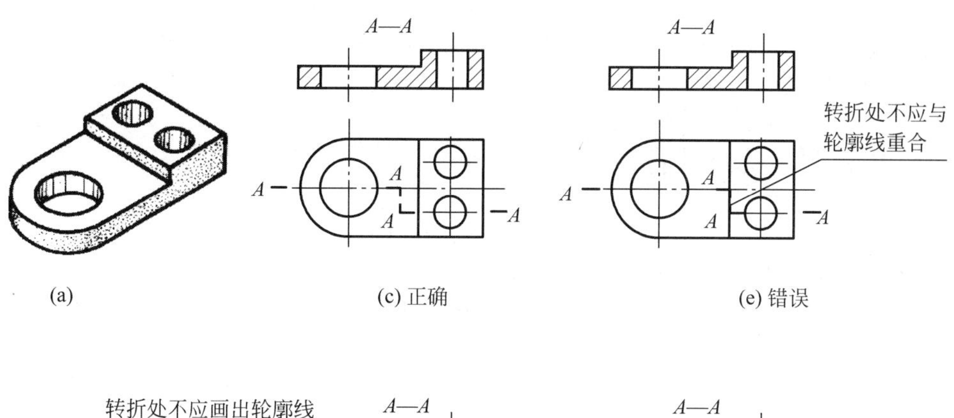

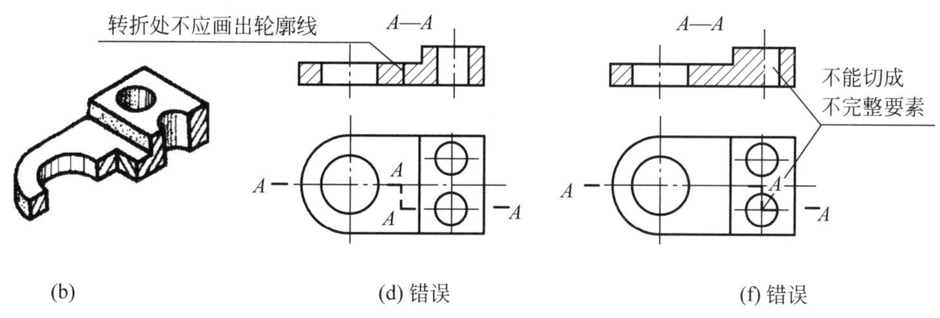

图 8.27　几个相互平行的剖切平面剖切时的注意事项

3. 几个相交的剖切平面

如图 8.28(a)所示，采用单一剖切平面或几个相互平行的剖切平面剖切机件，不能同时表达出机件上三个不同孔的内形。此时，可采用几个相交的剖切平面剖切机件。这种剖切方法，习惯上称为旋转剖，如图 8-28(b)所示。

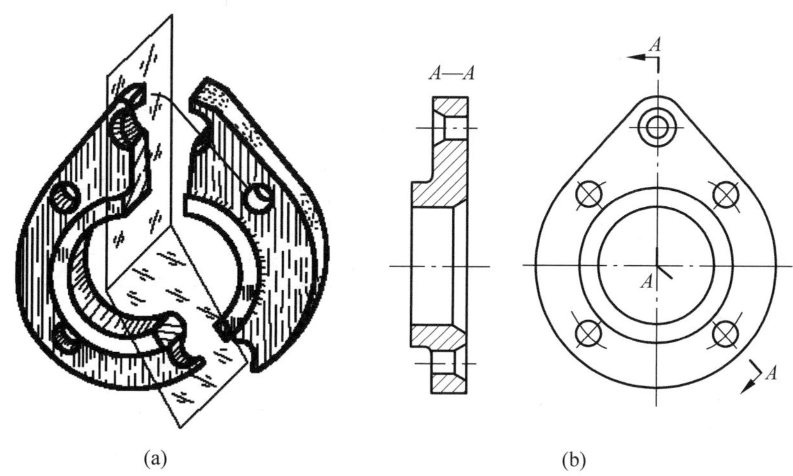

图 8.28　几个相交的剖切平面剖切

画剖视图时，应先将机件上被倾斜剖切面剖切到的部分旋转到与选定的基本投影面平行后，再进行投射，即“先旋转再投射”。

采用几个相交平面剖切时必须标注，标注方法和用几个平行剖切平面剖切时标注相同，如图 8.28 所示。

8.2.4 剖视图上的尺寸标注

剖视图上的尺寸标注除应满足正确、完整、清晰的要求外，还应注意以下几点：

(1) 在半剖视图或局部剖视图上注内部尺寸(如直径)时，其一端不能画出箭头的尺寸线应略过对称线、回转轴线、波浪线（均为图上的分界线），并只在尺寸线的另一端画出箭头，如图 8.29 和图 8.30 所注出的尺寸。

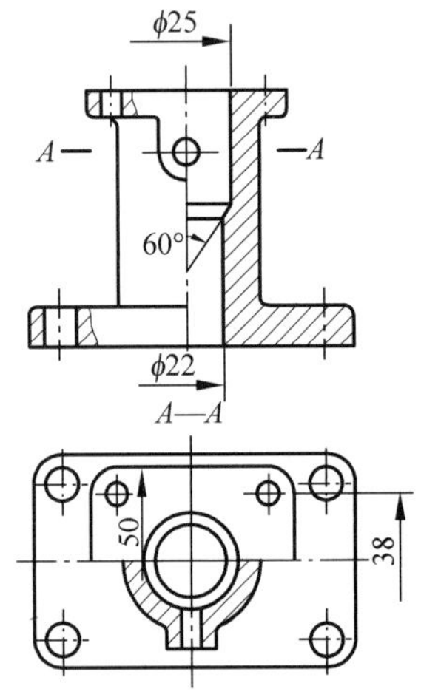

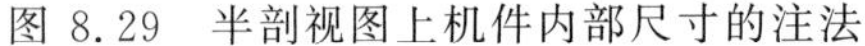

图 8.29　半剖视图上机件内部尺寸的注法

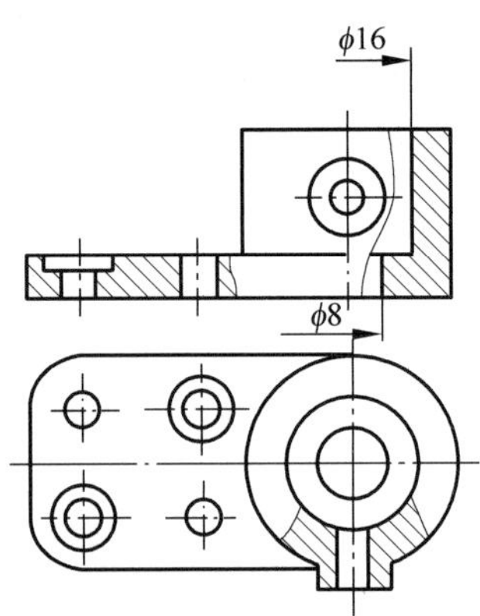

图 8.30　局部剖视图上机件内部尺寸的注法

(2) 在剖视图上，内、外尺寸应分开注。如图 8.31 中画成全剖视图的主视图中的内、外形尺寸分别注在图的左右两侧，这样比较清晰，便于看图。

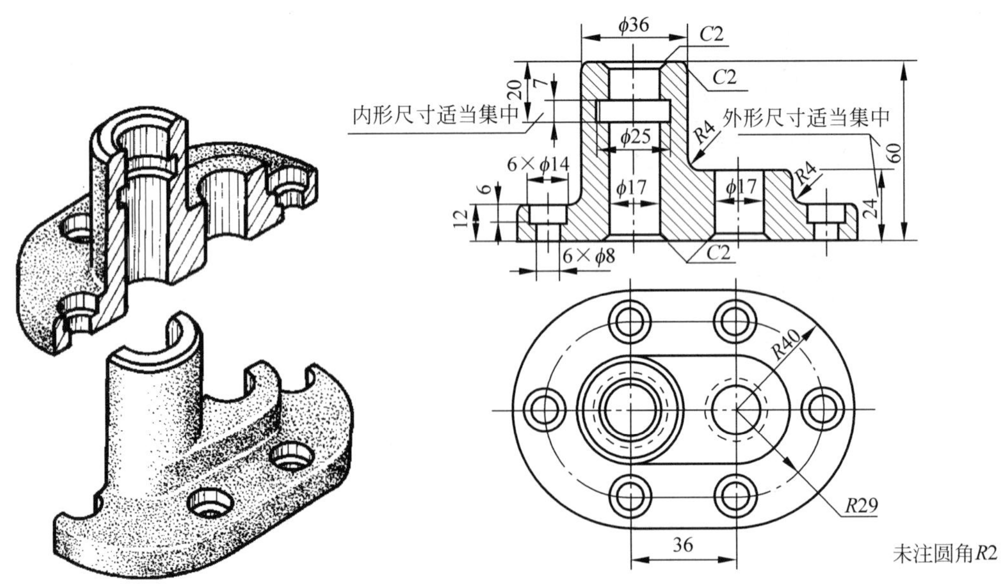

图 8.31　全剖视图上的尺寸标注

(3) 机件上同一轴线的回转体,其直径的大小尺寸应尽量配置在非圆的剖视图上,如图 8.31 中画成全剖视图的主视图上的各个直径尺寸,应避免在投影为圆的视图上注成放射状尺寸。

8.3 断面图

8.3.1 断面图的概念

假想用剖切面将机件的某处切断,仅画出其断面的图形,称为断面图,如图 8.32 所示。通常在断面图上要画出剖面符号。

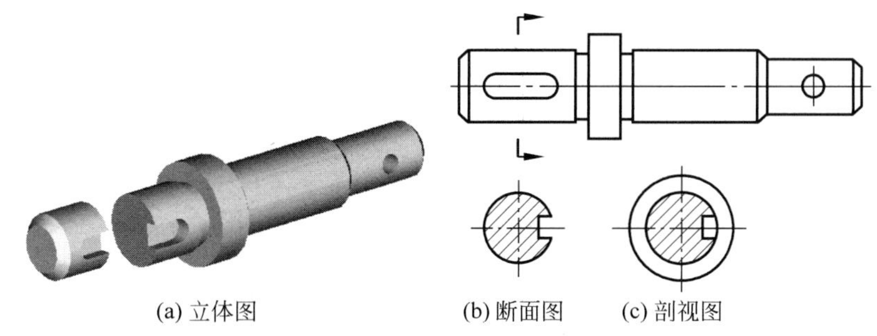

图 8.32 断面图的概念

断面图与剖视图的区别主要在于:断面图仅画出剖切处断面的形状,是“面”的投影;而剖视图除了画出剖切处断面的形状外,还需画出断面之后机件留下部分的投影,是“体”的投影,如图 8.32(b)和(c)所示。

断面图常用来表达机件某一局部的断面形状,如肋板、轮辐、键槽、销孔及各种型材的断面形状等。

8.3.2 断面图的分类及画法

根据配置位置的不同,断面图可分为移出断面图和重合断面图两种。

1. 移出断面图

配置在视图之外的断面图,称为移出断面图。

(1) 配置。移出断面图一般配置在三种位置:①剖切位置的延长线上,如图 8.32(b)、图 8.34(a)中的 $A—A$、图 8.35(b)等;②基本视图位置,如图 8.33、图 8.34(a)中的 $B—B$ 等断面图均画在了左视图位置,图 8.35(a)中的 $A—A$ 画在了右视图位置;③其他位置,如图 8.35(a)中的 $B—B$ 等。

(2) 画法。移出断面图的轮廓线用粗实线绘制。

- 一般情况下,断面图为剖切断面的真实形状,如图 8.32(b)所示。

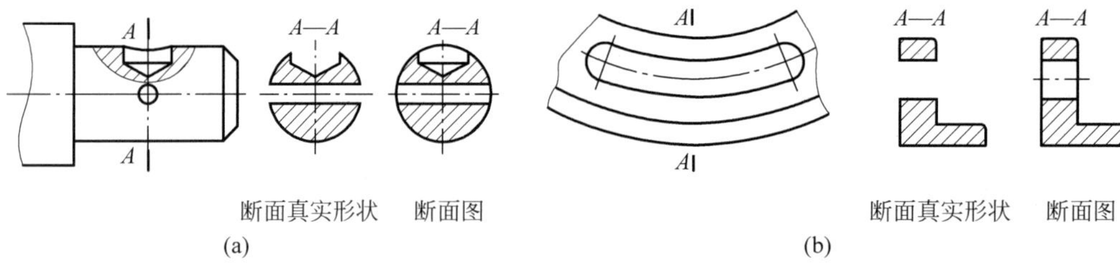

(a) (b)

图 8.33 移出断面图的画法

- 特殊情况下,被剖切结构按剖视绘制:①当剖切平面通过回转面形成的孔或凹坑的轴线时,这些结构按剖视绘制,如图 8.33(a)、图 8.34(a)中的 $B—B$、图 8.35(a)中的 $B—B$ 所示;②当剖切面剖切非回转面形成的结构,出现完全分开的两个断面时,这些结构按剖视绘制,如图 8.33(b)、图 8.34(b)$A—A$ 所示。

(3) 标注。移出断面图的标注内容与剖视图相同,如图 8.34 所示。

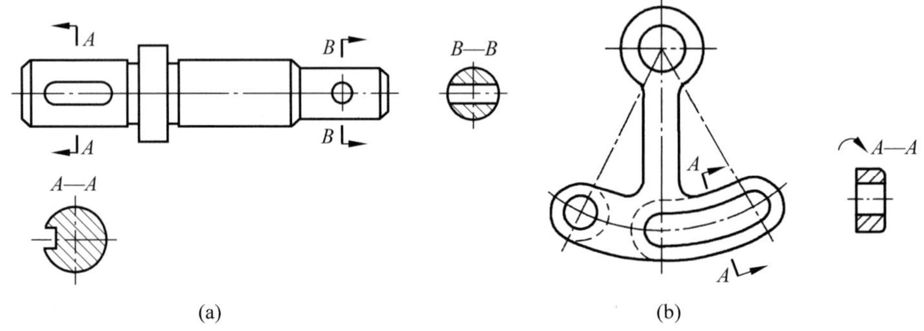

(a) (b)

图 8.34 移出断面图的标注

- 某些情况下部分或全部标注内容可以省略。在基本视图位置上配置的移出断面图和对称的移出断面图,可省略箭头,如图 8.35(a)所示;配置在剖切位置延长线上的移出断面图,可省略字母,如图 8.35(b)中的左断面图所示;对称的断面图形配置在剖切位置延长线上,可全部省略标注,如图 8.35(b)中的右断面图。实际上,图 8.34(a)中 $B—B$ 移出断面图标注中的箭头,亦可省略不标。

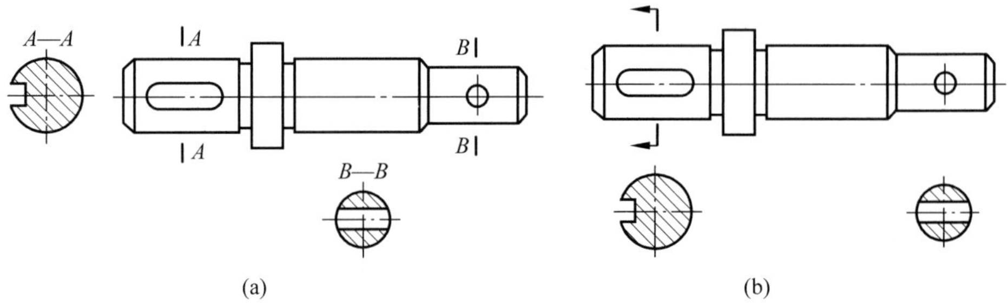

(a) (b)

图 8.35 移出断面图标注的省略

2. 重合断面图

在不影响图形清晰的条件下，断面图也可按投影关系画在视图内。画在视图内的断面图，称为重合断面图，如图 8.36 所示。

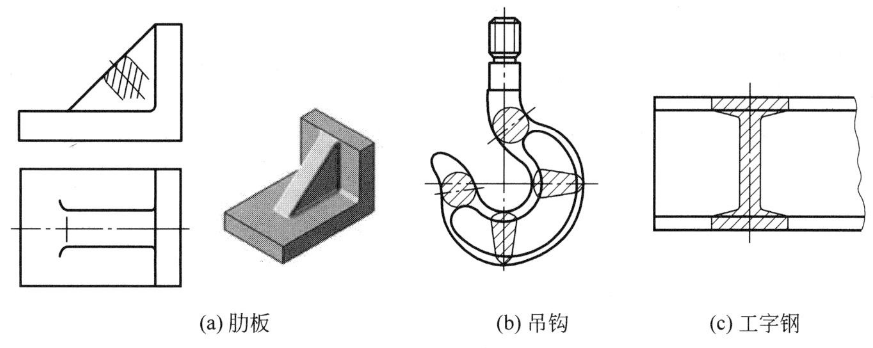

图 8.36 重合断面图

为与视图中的轮廓线相区分，重合断面图的轮廓线用细实线绘制。

当视图中的轮廓线与重合断面图的图形重叠时，视图中的轮廓线仍应连续画出，不可间断，如图 8.36(b)和(c)所示。

重合断面图一般不需标注。

8.4 局部放大图和简化画法

8.4.1 局部放大图

将机件的部分结构，用大于原图形所采用的比例画出的图形，称为局部放大图，如图 8.37 所示。局部放大图主要用于机件上较小结构的表达和尺寸标注。

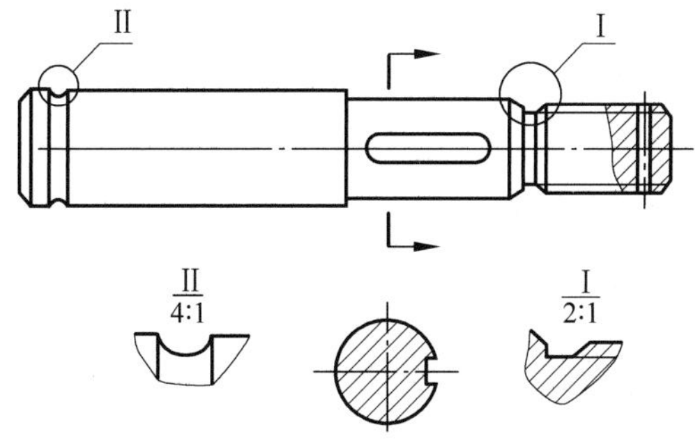

图 8.37 局部放大图

局部放大图可以画成视图、剖视图或断面图等形式，与被放大部位的表达形式无关。图形所用的放大比例应根据结构需要而定，与原图比例无关。

绘制局部放大图时，应用细实线圆圈出被放大的部位，并尽量配置在被放大部位的附近。在局部放大图的上方标出放大的比例。当机件上有几处需要被放大时，必须用罗马数字依次标明被放大部位，并在局部放大图的上方标出相应的罗马数字及所采用比例，如图 8.37 所示。

8.4.2 简化画法

为了提高绘图的效率和图样的清晰程度，国家标准中规定了一些简化画法。

1. 按规律分布的相同结构的简化画法

当机件具有若干相同结构(齿、槽等)，并按一定规律分布时，只需画出几个完整的结构，其余用细实线连接表示，但在图中必须标注该结构的总数，如图 8.38(a)所示。

机件中按规律分布的等直径孔，可以只画出一个或几个，其余用中心线表示其中心位置，并注明孔的总数，如图 8.38(b)所示。

2. 机件中圆柱法兰和类似结构上均匀分布的孔的简化表示

圆柱法兰和类似零件上的均布孔，可由机件外向该法兰端面方向投射画出，如图 8.38(c)所示。

3. 滚花画法

网状物、编织物或机件的滚花部分，可在轮廓线附近用粗实线示意画出，并在零件图上或技术要求中注明这些结构的具体要求，如图 8.38(d)所示。

4. 平面的表示法

当回转体零件上的平面在图形中不能充分表达时，可用平面符号 (两条相交的细实线)表达这些平面，如图 8.38(e)所示。

5. 较长机件的折断画法

较长的机件(轴、杆、型材、连杆等)沿长度方向的形状一致或按一定规律变化时，可断开后缩短绘制，但尺寸仍按实际长度标注，如图 8.38(f)所示。

6. 斜度不大结构的画法

机件上斜度不大的结构，如在一个图形中已表达清楚，则在其他图形中可按小端画出，如图 8.38(g)所示。

7. 较小结构的简化画法

机件上较小结构(如截交线、相贯线)在一个图形中已表达清楚时，其他图形可简化画出，如图 8.38(h)所示。

8．与投影面倾斜角度小于或等于 30°的圆或圆弧

其投影可以用圆或圆弧来代替真实投影的椭圆，各圆的中心按投影决定，如图 8.38(i)所示。

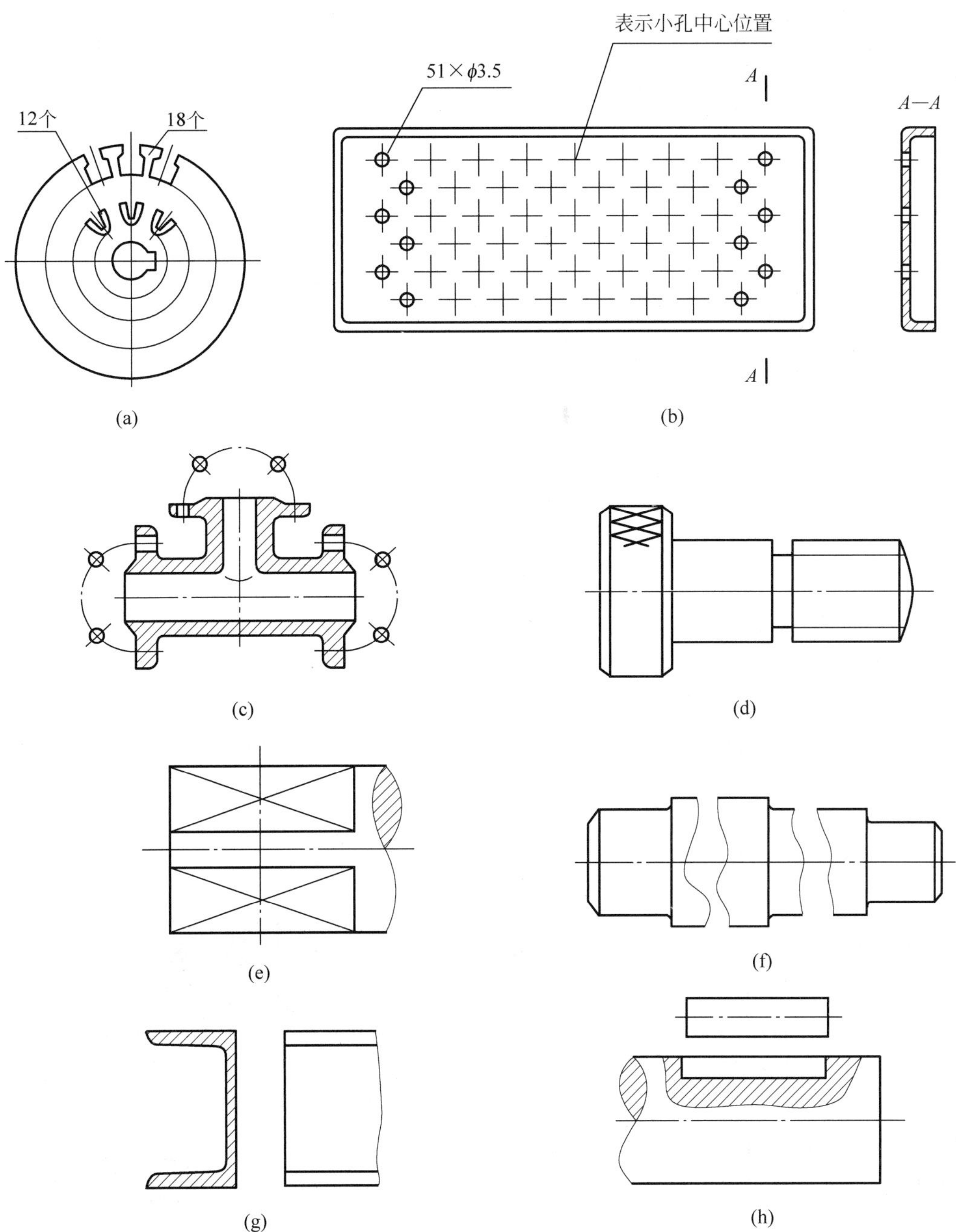

图 8.38　简化画法

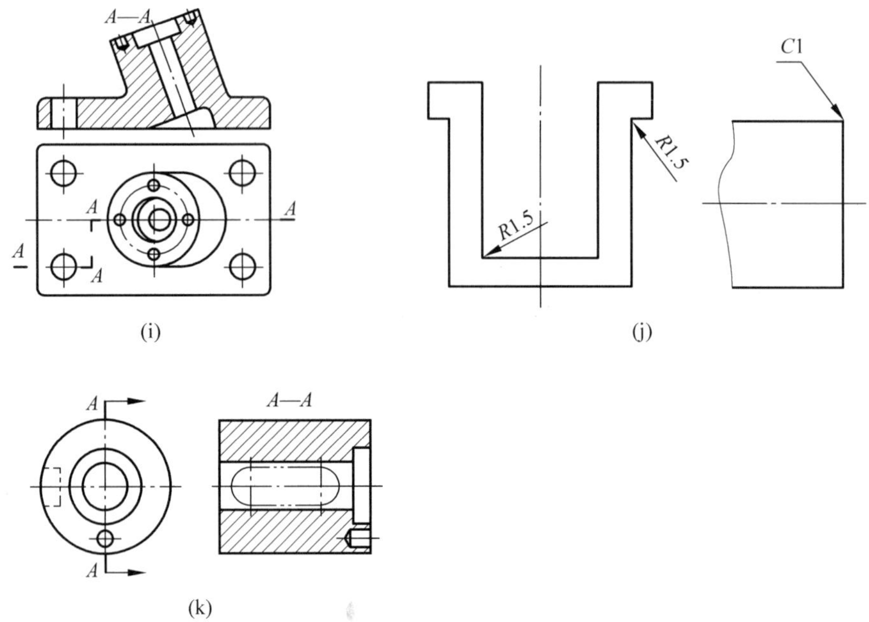

图 8.38 （续）

9. 小倒角和小圆角的简化画法

在不致引起误解时，零件图中的小圆角、锐边的小倒圆或 45°小倒角允许省略不画，但必须注明尺寸或在技术要求中加以说明，如图 8.38(j)所示。

10. 剖切平面前结构的画法

在需要表示位于剖切平面前的结构时，这些结构可按假想投影的轮廓线(细双点画线)画出，如图 8.38(k)所示。

8.5 表达方法综合应用

机件的结构形状多种多样，表达方法也各有不同，在实际运用中，应当根据机件的不同结构特点来恰当地选用合适的表达方法。

图 8.40 为图 8.39 所示机件的 4 种表达方案，请读者自行分析、比较不同方案之间的特点及优劣。需注意的是，标注内腔的直径尺寸后，俯视图中的多数虚线是可以省略的。

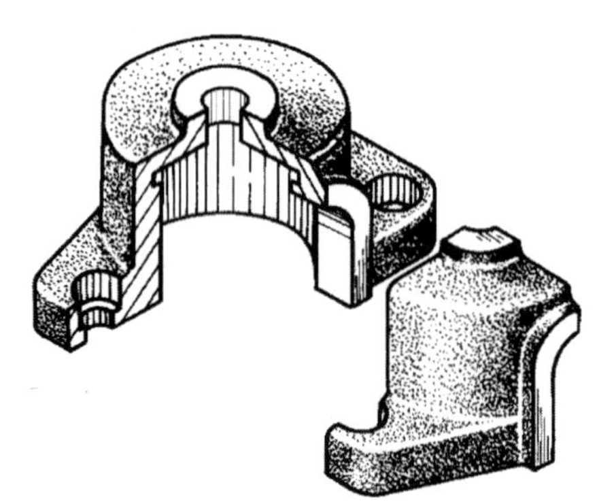

图 8.39 滑块盖

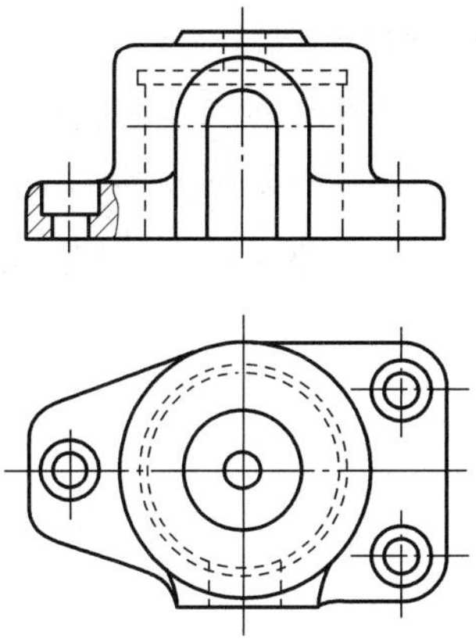

(a) 方案一

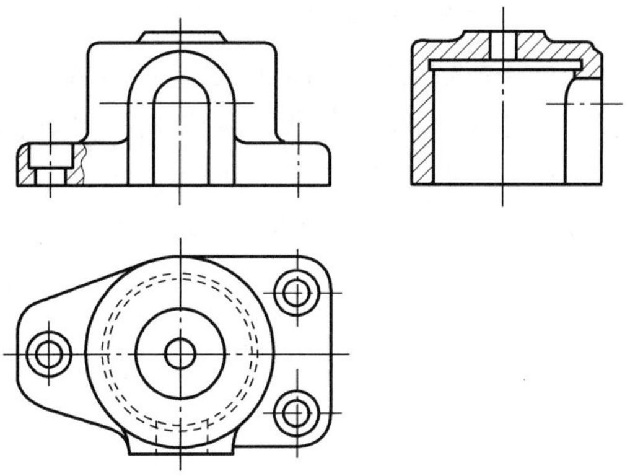

(b) 方案二

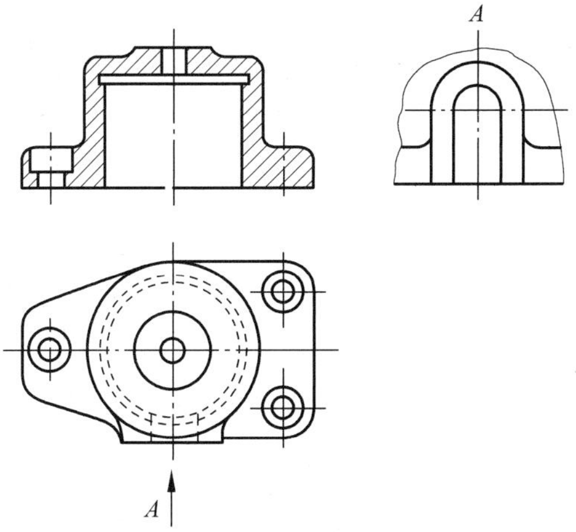

(c) 方案三

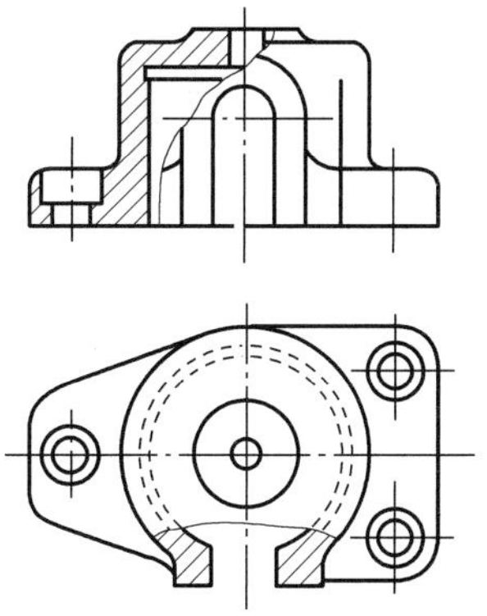

(d) 方案四

图 8.40　机件的不同表达方案

8.6　读剖视图

读剖视图的基本方法和读组合体视图的方法一样，需要“对线条、找投影”“分部分、想形状”。但在各视图中，剖视图着重表明内部形状，没有剖的视图主要表达外形。因此，读剖视图时，首先要明确剖切位置，弄清各视图之间的关系，然后根据投影关系看懂各部分的外部形状和内部结构。下面结合图 8.41 所示视图的识读，介绍读剖视图的方法步骤。

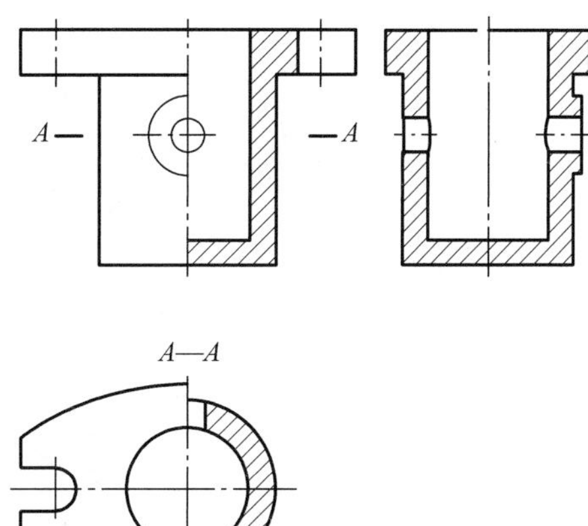

图 8.41　剖视图的读图

1. 明确剖切位置

图 8.41 中有主、俯、左三个视图，其中，

主、俯视图为半剖视图，左视图为全剖视图。判断它们的剖切位置，可依“剖切位置找字母，对称平面不标注”来进行。如俯视图的名称为 A-A，就要在其他视图中去找注有 A-A 的剖切符号，在主视图中找到 A-A 剖切符号，就知道俯视图是从此处剖开的。半剖的主视图和全剖的左视图都没有标明剖视图名称，可以知道主视图是通过机件的前后对称面剖开，左视图是通过机件的左右对称面剖开。

2. 看懂外形

按照“形体分析法”把主视图分为上下两部分。首先看上部分结构的形状。主、俯视图是半剖视图，可以知道机件左右对称，因此由俯视图的左半边，可以推想出整个外形。具体看图时，先从主视图中最大的线框入手，根据“长对正”，找到对应俯视图中的投影。对照主、俯视图中的投影，可以看出它是一块主体为椭圆的平板，左右两端切平；再从视图右端对照局部投影，可知平板两端开有 U 形的通槽，如图 8.42(a)所示。再看下部分结构的形状(方法同上)，可知机件下部结构为圆柱，前面有圆柱形凸台，如图 8.42(b)所示。

3. 看懂内形

分析剖视图中画剖面线的部分，想象机件内部形状。首先对照主、俯视图中的投影，可知机件内部从上向下打出一个圆柱孔，圆柱孔没有打通；再与左视图中的投影对照，根据“高平齐、宽相等”的投影关系，可知机件前端凸台上有圆柱通孔，后部也有相同大小的圆柱通孔，如图 8.42(b)所示。

结合以上分析，就可以读懂剖视图，想象出机件的内外形状，如图 8.42(c)所示。

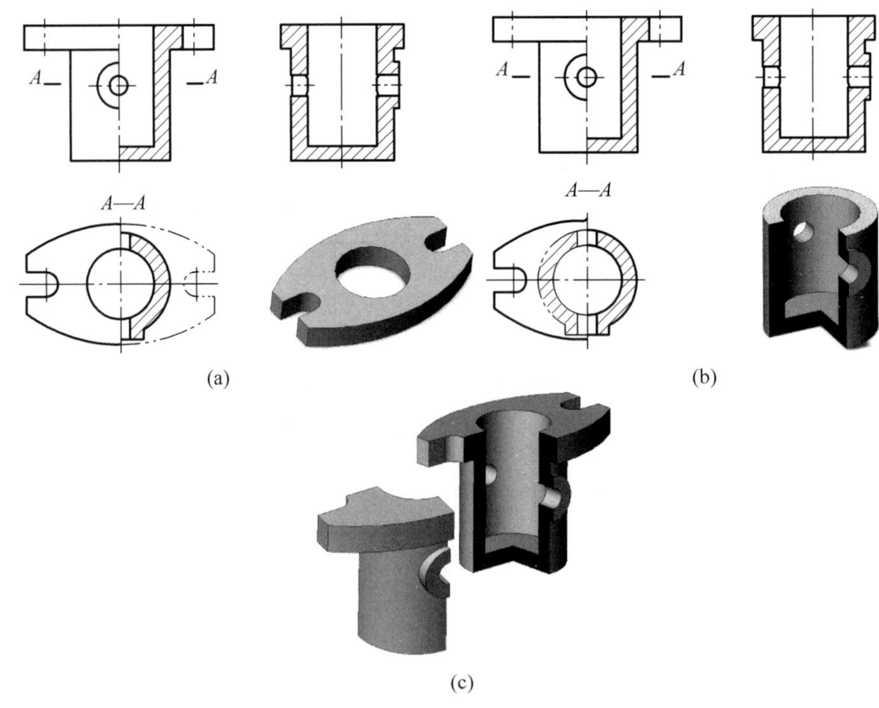

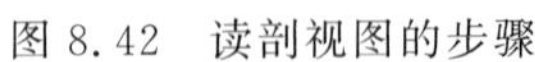
图 8.42　读剖视图的步骤

零件的三维模型

思考与练习题

1. 简答题

(1) 基本视图与三视图有什么关系？表达机件时，六个基本视图必须全部画出吗？

(2) 向视图和基本视图有何关系？向视图如何进行标注？

(3) 什么是局部视图？什么是斜视图？二者之间有什么相同之处和不同之处？

(4) 局部视图与斜视图的断裂边界用什么图线表示？画波浪线时应注意什么？在什么情况下可省略波浪线？

(5) 表达机件的外形可考虑哪些视图？

(6) 剖视图是如何形成的？画剖视图的目的是什么？

(7) 剖视图应如何进行标注？在什么情况下可省略标注？

(8) 剖视图分为哪三种？各用于什么场合？

(9) 机件具备什么条件才能够采用半剖视图？半剖视图中，一半视图和一半剖视图的分界线是什么图线？此处可以出现粗实线吗？

(10) 半剖视图应如何进行标注？

(11) 当剖切平面纵向剖切零件上的肋板结构时，其剖视图的画法有何规定？

(12) 在图8.21主视图中，左下部的虚线可以直接省略吗？为什么？采用怎样的剖视图可以避免绘制这些虚线？

(13) 按国家标准规定，剖视图可以采用哪几种剖切面？

(14) 断面图和剖视图有什么区别？

(15) 断面图主要表达什么？断面图分哪两种？移出断面图在图中可怎样配置？又如何标注？

(16) 画移出断面图时，什么情况下被剖切结构要按剖视绘制？

(17) 请分别指出图8.43所示两机件的剖视图种类及其剖视图剖切面的种类。

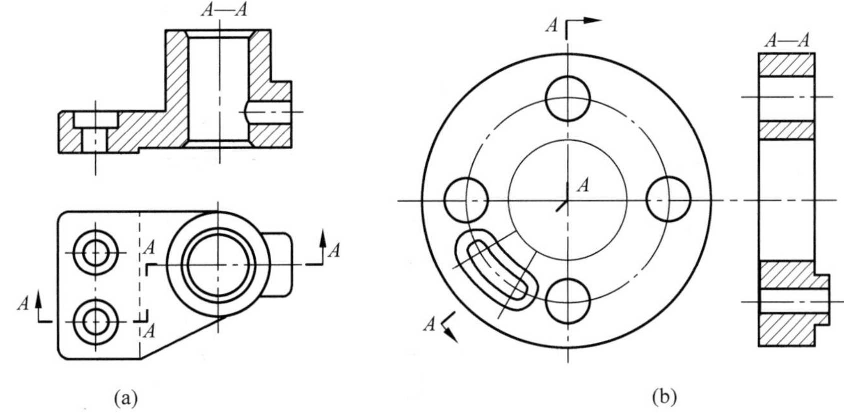

图8.43 剖视图及其剖切面

2. 填空题

完成图8.44中箭头所示各基本视图的填空。

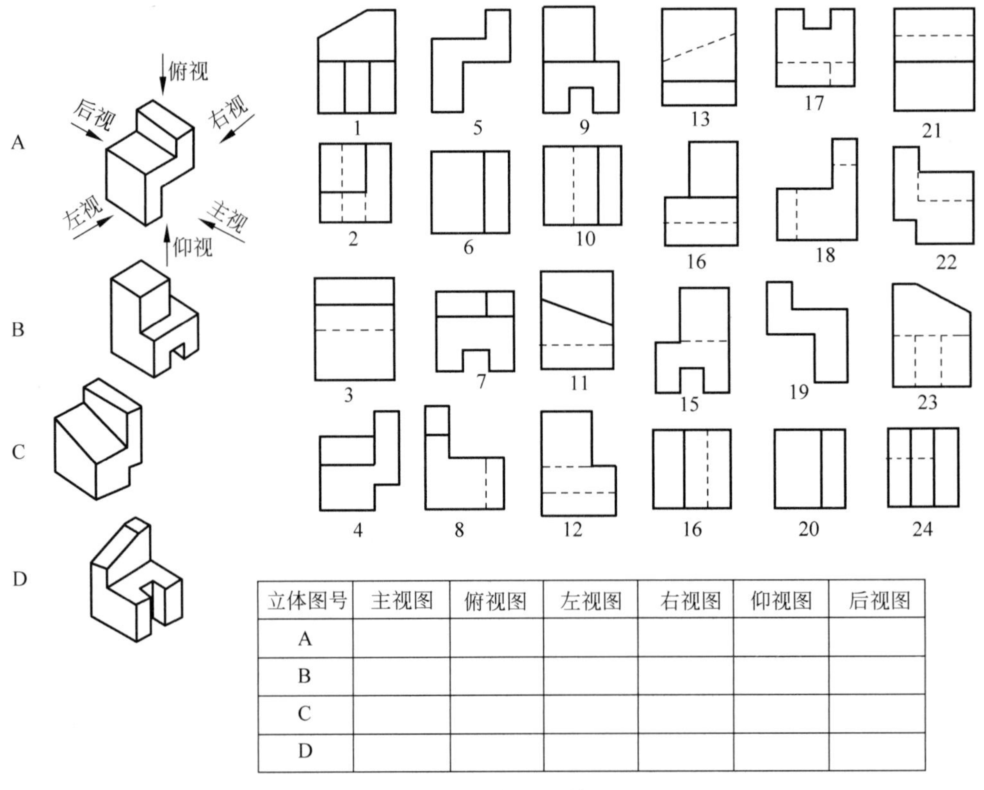

立体图号	主视图	俯视图	左视图	右视图	仰视图	后视图
A						
B						
C						
D						

图 8.44　基本视图填空

3. 对比选择题

参照图 8.45 左侧立体图，对比右边对应的两组剖视图的区别，选择正确的一组。

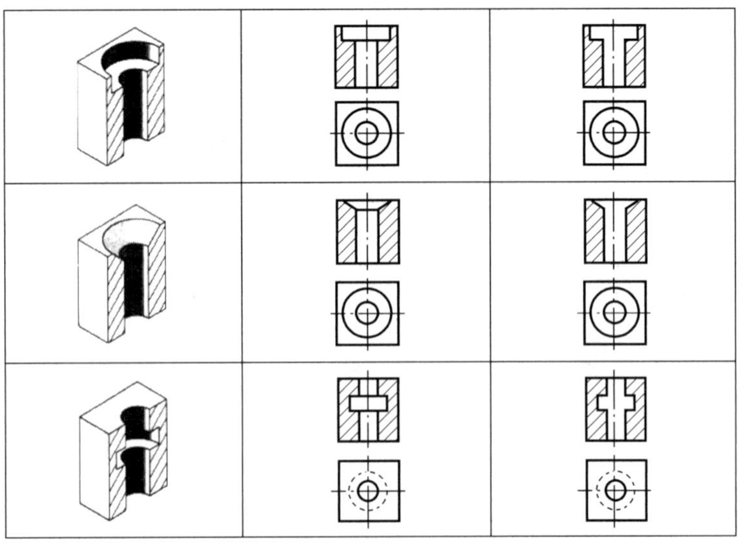

图 8.45　剖视图的画法

4. 选择题

在图 8.46 所示各组图形中选择正确的视图、剖视图或断面图。

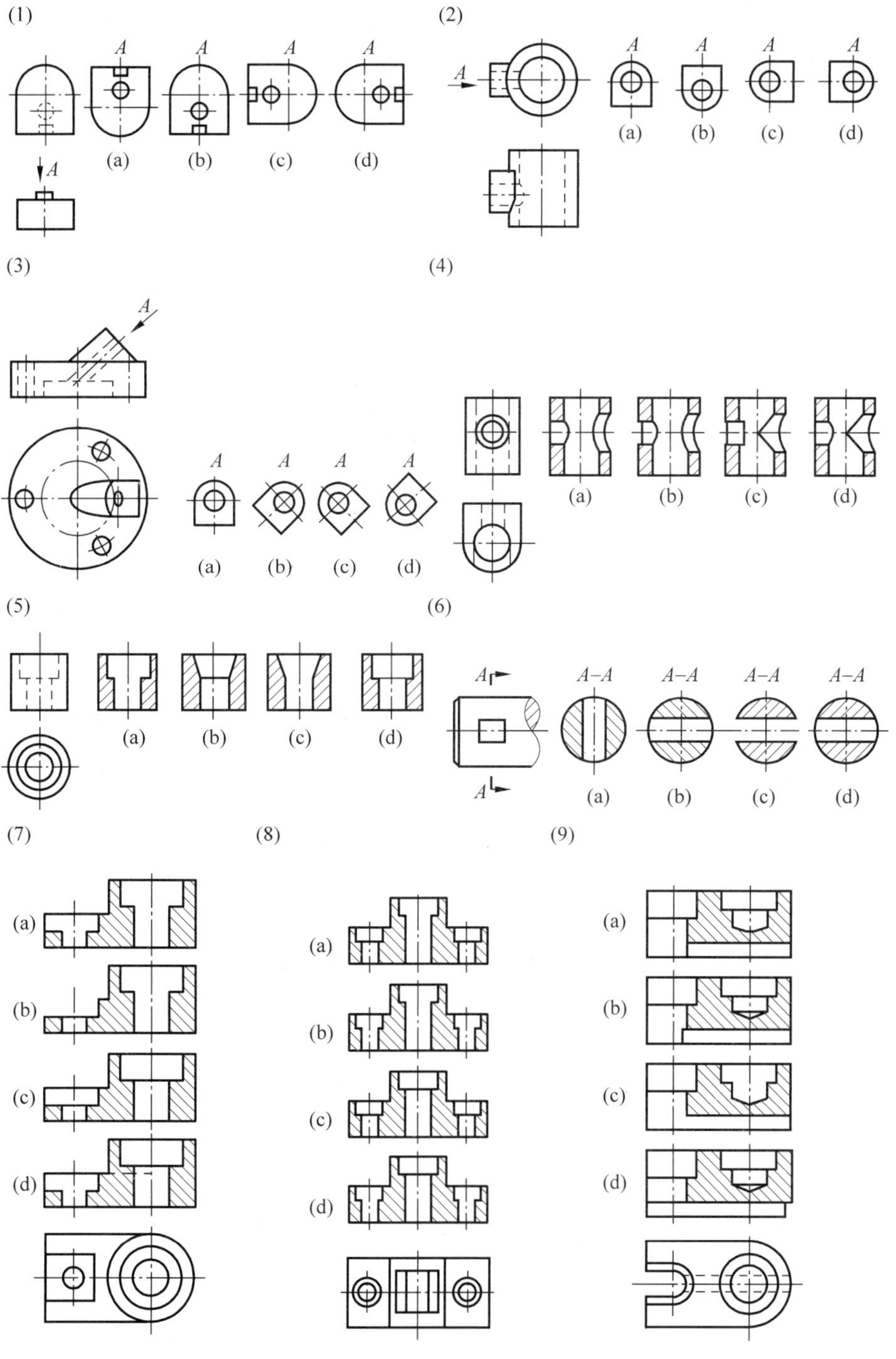

图 8.46 选择题

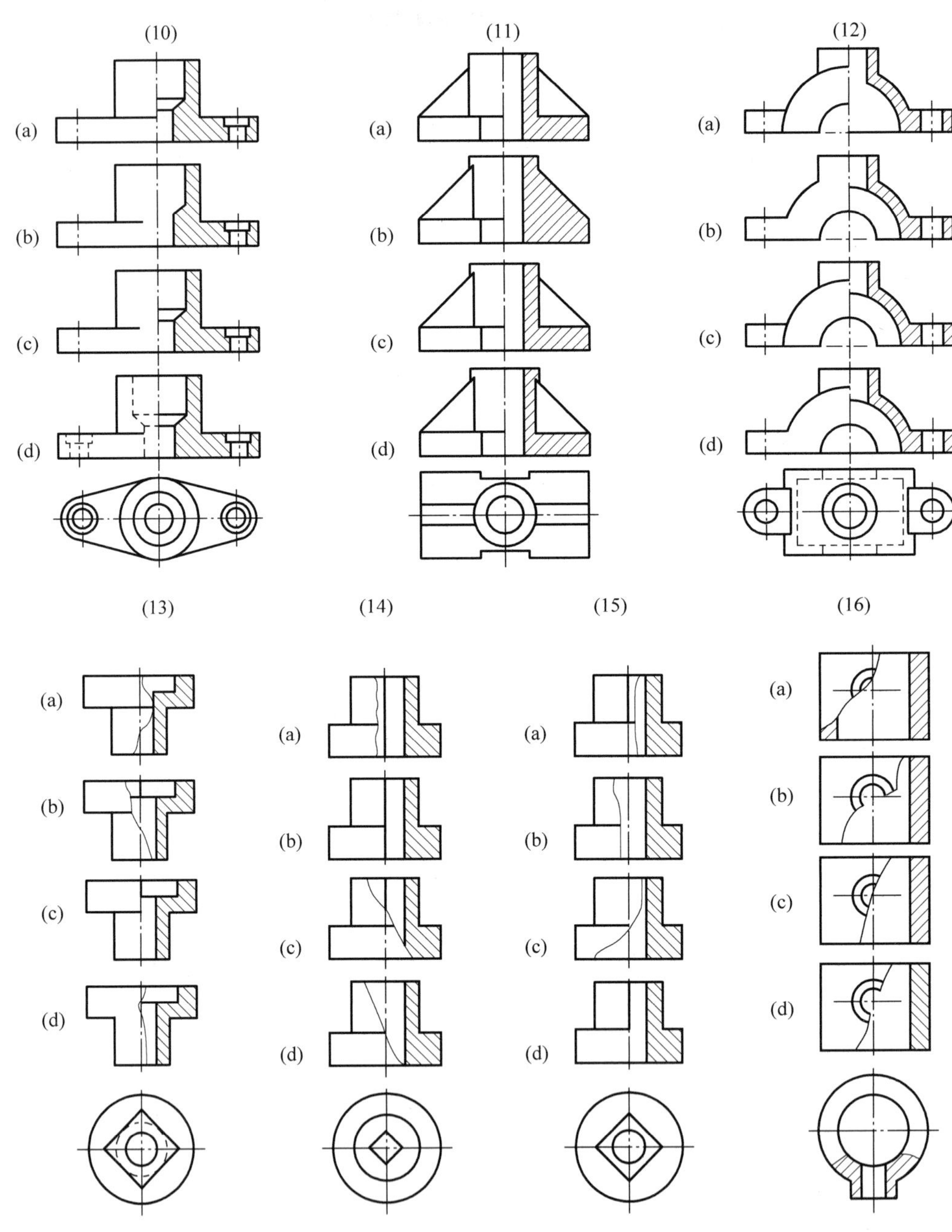

图 8.46 （续）

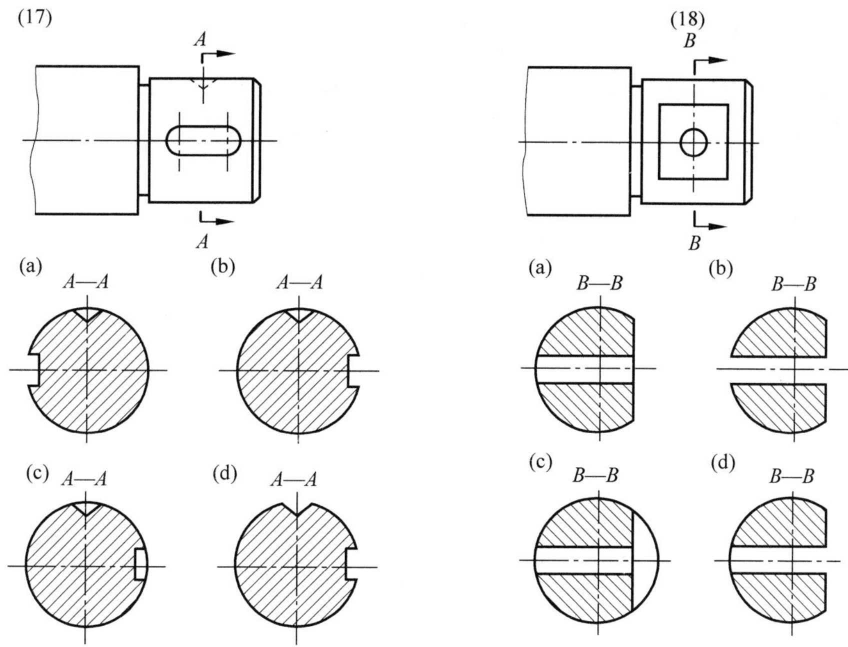

图 8.46 （续）

5. 表达题

(1) 请用适当的基本视图或向视图明确表达图 8.1(a)所示立体挖切掉的是 8 个角。

(2) 请以采用全剖视图的主视图及采用半剖视图的俯视图重新表达图 8.1(c)所示立体，要求图中不得出现虚线。

(3) 在图 8.18 及图 8.21 中的 A—A 剖切，若均需绘制移出断面图的话，则对应的图形又各是怎样的呢？

(4) 请用适当的表达方案重新表达图 8.47 所示三通管，新的图中不得出现虚线。

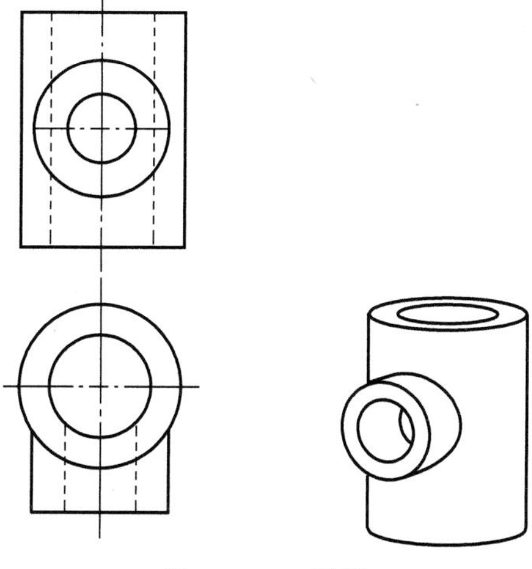

图 8.47 三通管

6. ※识读与标注题

看懂图 8.48 所示两机件的表达方法，在图下括号内填写图形表达方法的名称并进行必要的标注。

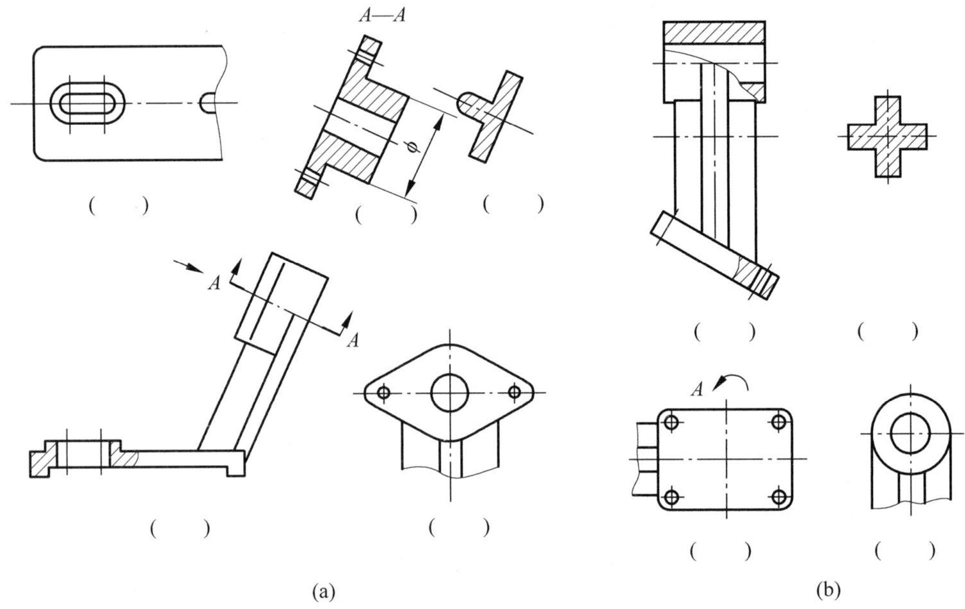

图 8.48 机件表达方法的识读与标注

第9章 通用零件及其连接的图样表达

章前思考

1. 在日常生活中,你见过哪些装置上有螺纹结构?它们的作用分别是什么?这些结构如果用前面所学的正投影法表达,是否方便?你认为可以怎样表达这些标准的结构呢?

2. 当需要使用螺钉、螺母、轴承等量大、面广的大众化零件时,你认为是否需要专门画出图形并送工厂据之加工呢?在购买这些零件时依据的是什么?是谁为我们提供了这样的方便呢?

3. 在日常生活中,你见过哪些装置上安装有齿轮?你认为它们的作用是什么?齿轮的轮齿结构如果用前面所学的正投影法表达,是否方便?你认为还可以怎样表达该结构呢?

一部机器通常都是由成百上千个零件组成的,但这些零件并不是随意罗列在一起的,而是按照一定的要求和方式连接起来,构成一个有机的整体。

在所有零件中,常常会遇到一些通用的零(部)件,比如螺栓、螺母、螺钉、垫圈、键、销、滚动轴承等。由于这些零(部)件应用广泛、用量很大,并且种类繁多,为了降低成本,保证互换性,一般情况下,对这些零(部)件都是进行专业化的规模生产。为了便于生产和选用,国家有关部门对其结构和尺寸等施行了标准化、系列化,称为标准件。还有一些广泛使用的零件,比如齿轮、弹簧等,它们的部分结构也施行了标准化,这类零件称为常用件。标准件和常用件的某些结构形状比较复杂(如螺纹、轮齿等),多用专门的设备和刀具进行专业化生产。在绘图时,对这些零件的形状和结构,如螺纹的牙型、齿轮的齿廓等,不需要按真实投影画出,只要根据国家标准规定的画法、代号或标记进行绘制和标注,它们的结构和尺寸,可以根据标记,查阅相应的国家标准或机械零件手册得出。

本章将介绍标准件和常用件等通用零件及其连接的图样表达。

9.1 螺纹

螺纹是指在圆柱、圆锥等回转面上沿着螺旋线所形成的、具有相同轴向断面的连续凸起和沟槽。螺纹在机器设备中应用很普遍,经常用来作为零件之间的连接和传动。加工在圆柱或圆锥外表面上的螺纹,称为外螺纹;加工在圆柱或圆锥内表面上的螺纹,称为内螺纹。内、外螺纹总是成对使用。

9.1.1 螺纹的形成

形成螺纹的加工方法很多,常见的是在车床上车削螺纹,如图 9.1(a)所示;也可碾压外螺纹,如图 9.1(b)所示;对于直径较小的螺孔,可先用钻头钻出光孔,再用丝锥攻螺纹,如图 9.1(c)所示。

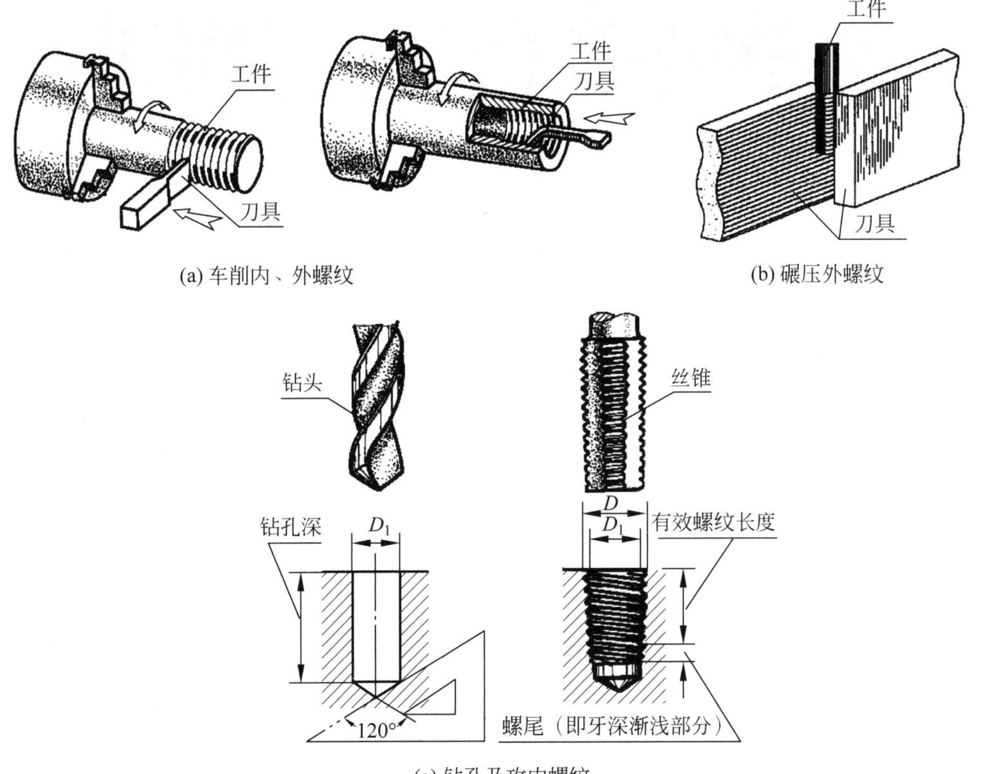

图 9.1 螺纹的加工方法

车削外螺纹动画

车削内螺纹动画

钻孔及攻内螺纹动画

9.1.2 螺纹的要素

1. 牙型

在通过螺纹轴线的剖面上,螺纹的轮廓形状,称为螺纹的牙型。常见的有三角形、梯形、锯齿形和矩形等,如图 9.2 所示。不同的螺纹牙型,有不同的用途。

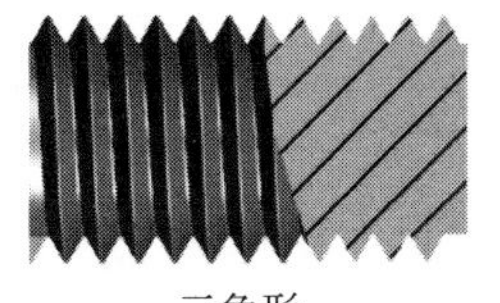
三角形

梯形

锯齿形

矩形

图 9.2 螺纹的牙型

2. 直径

螺纹的直径有大径(d、D)、中径(d_2、D_2)和小径(d_1、D_1)之分,如图 9.3 所示。其中,外螺纹大径(D)和内螺纹小径(d_1)亦称顶径。

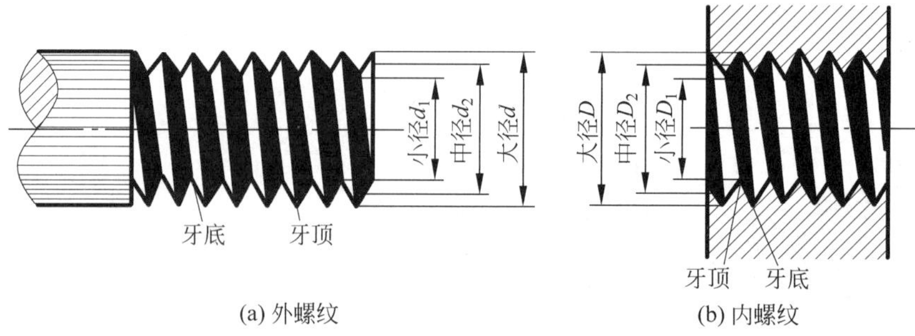

(a) 外螺纹　　(b) 内螺纹

图 9.3　螺纹的大径、中径和小径

大径：指与外螺纹牙顶或内螺纹牙底相切的假想圆柱或圆锥的直径。

小径：指与外螺纹牙底或内螺纹牙顶相切的假想圆柱或圆锥的直径。

中径：指一个假想圆柱或圆锥的直径，该圆柱或圆锥的母线通过牙型上沟槽和凸起宽度相等的地方。

公称直径：普通螺纹、梯形螺纹、锯齿形螺纹等大径的基本尺寸称为公称直径，是代表螺纹尺寸的直径。

3. 线数

形成螺纹时螺旋线的条数称为螺纹的线数。

螺纹有单线和多线之分。沿一条螺旋线形成的螺纹，称为单线螺纹；沿两条或两条以上螺旋线形成的螺纹，称为多线螺纹，如图 9.4 所示。

(a) 单线　　(b) 双线

图 9.4　螺纹的线数、螺距和导程

4. 螺距和导程

螺纹上相邻两牙在中径线上对应两点间的轴向距离，称为螺距，用 P 表示。同一条螺旋线上相邻两牙在中径线上对应两点间的轴向距离，称为导程，用 P_h 表示。

螺距和导程之间存在如下的关系：

$$导程 = 螺距 \times 线数$$

显然，单线螺纹的螺距等于导程，如图 9.4 所示。

5. 旋向

螺纹的旋向有左旋和右旋之分。旋转方向与前进方向符合右手关系的螺纹，称为右旋螺纹；符合左手关系的螺纹，称为左旋螺纹。旋向的直观判别方法如图 9.5 所示。工程上常用的是右旋螺纹，只有在一些不适于采用右旋螺纹的场合才使用左旋螺纹。

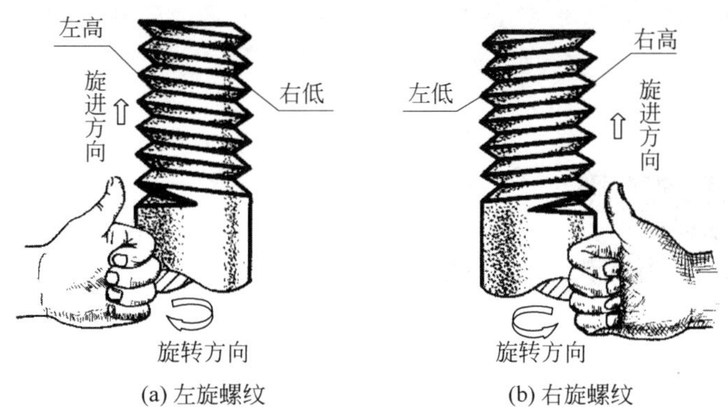

(a) 左旋螺纹　　(b) 右旋螺纹

图 9.5　螺纹旋向的判别

内、外螺纹旋合时，螺纹的上述五项要素必须完全相同。改变上述五项要素中的任何一项，就会得到不同规格和尺寸的螺纹。为便于设计和加工，国家标准对五项要素中的牙型、公称直径和螺距做了规定。凡是此三项要素都符合标准的螺纹，称为标准螺纹；仅牙型符合标准的螺纹称为特殊螺纹；牙型不符合标准的螺纹，称为非标准螺纹。

9.1.3　常用螺纹的种类

螺纹按其用途可分为两大类：连接螺纹和传动螺纹。

常见的连接螺纹有两种，即普通螺纹和管螺纹，其中普通螺纹又分为粗牙普通螺纹和细牙普通螺纹；管螺纹又分为螺纹密封的管螺纹和非螺纹密封的管螺纹。

连接螺纹的共同特点是牙型皆为三角形，其中普通螺纹的牙型为等边三角形（牙尖角为 60°），细牙和粗牙的区别是在外径相同的条件下，细牙螺纹比粗牙螺纹螺距小。而管螺纹的牙型为等腰三角形（牙尖角为 55°），公称直径以英寸（1 英寸约等于 25.4mm）为单位，螺距是以每英寸螺纹长度中有几个牙来表示。

传动螺纹用来传递动力和运动，常用的有梯形螺纹和锯齿形螺纹。梯形螺纹的牙型为等腰梯形，其牙型角为 30°，应用较广。锯齿形螺纹的牙型为不等腰梯形，其工作面的牙型斜角为 3°，非工作面的牙型斜角为 30°，只能传递单向动力。

9.1.4　螺纹的规定画法

螺纹若按真实投影作图比较复杂，根据国家标准的规定，在图样上绘制螺纹时，采用规定画法，而不必画出其真实投影。

1. 外螺纹的规定画法

外螺纹一般用视图来表示。

螺纹大径和螺纹终止线用粗实线绘制，螺纹小径用细实线绘制，在倒角或倒圆部分处的细实线也应画出。在投影为圆的视图中，大径画粗实线圆，小径画约 3/4 圈细实线圆弧，倒角圆省略不画，如图 9.6(a)所示。在剖视图中，螺纹终止线只画出大径和小径之间的部分，剖面线应画到粗实线处，如图 9.6(b)所示。

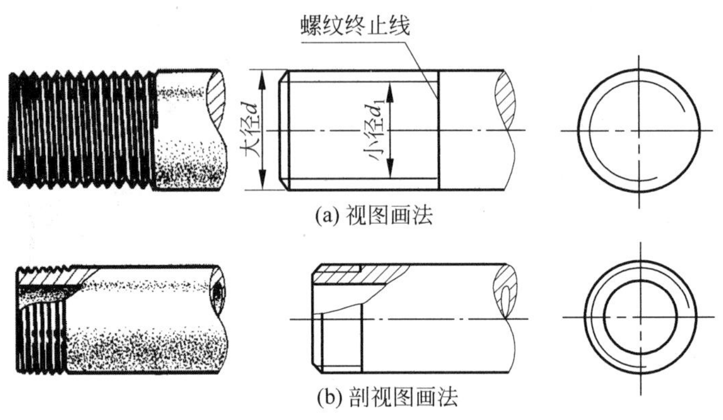

图 9.6　外螺纹的规定画法

2. 内螺纹的规定画法

内螺纹(螺孔)一般应画剖视图，画剖视图时，螺纹小径和螺纹终止线用粗实线表示。螺纹大径用细实线表示。在投影为圆的视图中，小径画粗实线圆，大径画约 3/4 圈细实线圆弧，倒角圆省略不画。对于不穿通螺孔，应将钻孔深度和螺纹孔深度分别画出，钻孔的锥顶角应画成 120°，如图 9.7 所示。

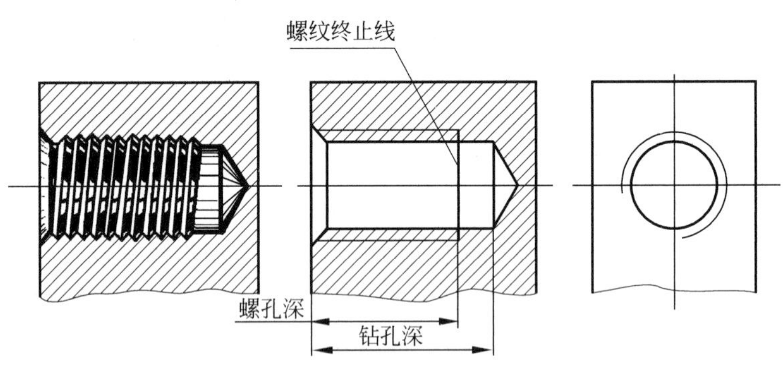

图 9.7　内螺纹的规定画法

内螺纹未取剖视时，大径、小径和螺纹终止线均画虚线，如图 9.8 所示。

3. 螺纹连接的规定画法

用剖视图表示内、外螺纹连接时，旋合部分按外螺纹的规定画法绘制，其余部分仍按照单个内、外螺纹各自的规定画法绘制。须注意的是，表示大小径的粗实线和细实线应该分别对齐，而与倒角的大小无关，如图 9.9 所示。

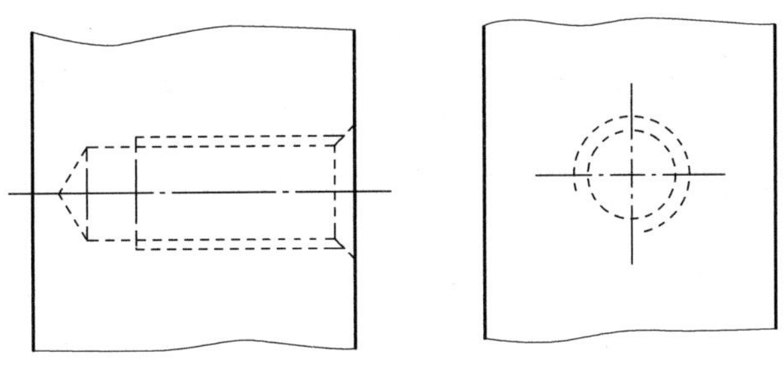

图 9.8　不可见内螺纹的表示法

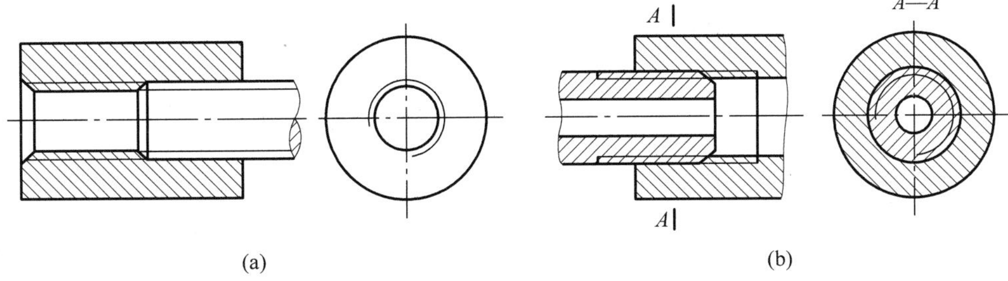

图 9.9　螺纹连接的规定画法

9.1.5　螺纹的标记

由于各种螺纹的画法都是相同的，国家标准规定，各种标准螺纹用规定的标记标注，并标注在公称直径上，以区别不同种类的螺纹。各种螺纹的特征代号及标注见表 9.1。

表 9.1　螺纹种类特征代号及螺纹的标记

螺纹名称及其种类特征代号		图例及标记注释	备　注
粗牙普通螺纹	M	M10-6g-S M10-6g-S 短旋合长度代号 外螺纹中径、顶径（大径）公差带代号 公称直径（大径） 特征代号	1. 粗牙普通螺纹不注螺距，因为一个公称直径只有一个对应的螺距。 2. 细牙普通螺纹应注螺距，因为同一个公称直径可有几个不同的螺距。 3. 右旋不注，左旋应注“LH”。 4. 旋合长度分 L、N、S 三种，其中，N 为中等旋合长度，不标注；L 为长旋合长度，S 为短旋合长度，需要标注
细牙普通螺纹		M12×1-7H-LH M12×1-7H-LH 左旋代号 内螺纹中径和顶径（小径）公差带代号 螺距 公称直径（大径） 特征代号	

续表

螺纹名称及其种类特征代号		图例及标记注释	备　注
55°密封管螺纹	圆锥外螺纹 R_2	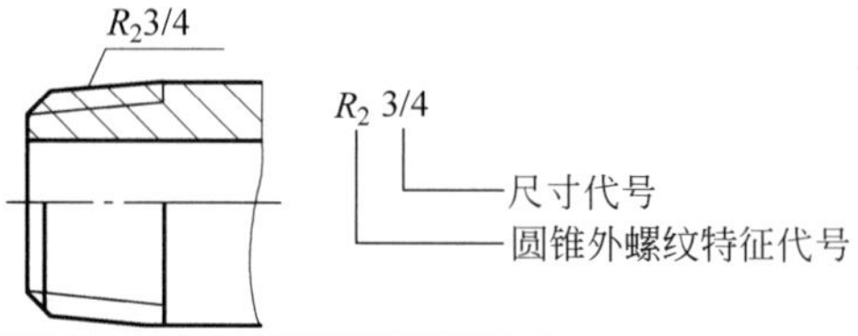 $R_2$3/4 R_2 3/4 尺寸代号 圆锥外螺纹特征代号	1. 注意：管螺纹的公称直径不是螺纹本身的直径尺寸，而是该螺纹所在管子的公称通径（单位为“英寸”），所以管螺纹的标注采用从大径轮廓线上引出标注的方式。 2. 内、外螺纹均只有一种公差带，不标注
	圆锥内螺纹 R_c	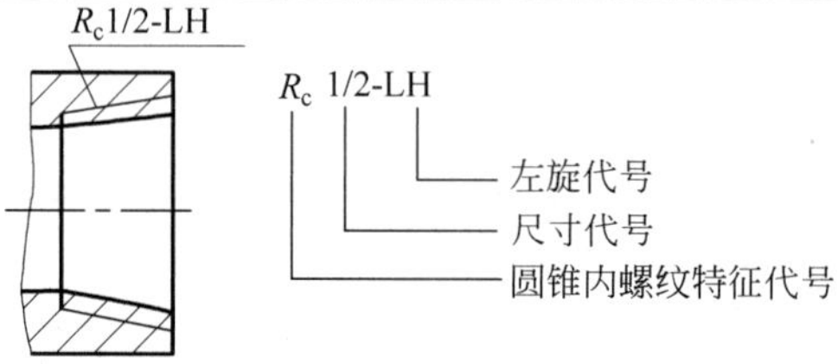 R_c1/2-LH R_c 1/2-LH 左旋代号 尺寸代号 圆锥内螺纹特征代号	
	圆柱外螺纹 R_1	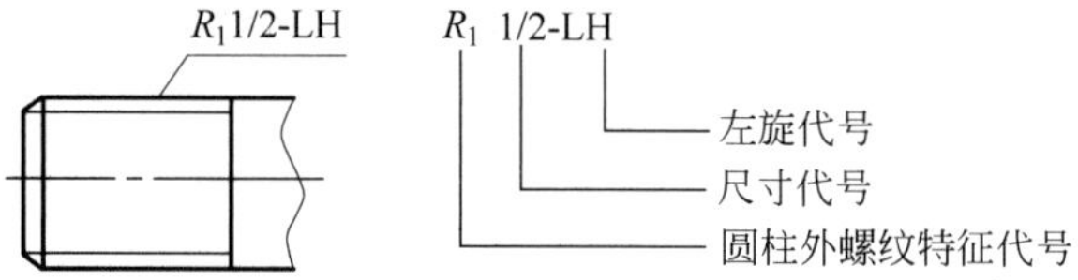 $R_1$1/2-LH R_1 1/2-LH 左旋代号 尺寸代号 圆柱外螺纹特征代号	
	圆柱内螺纹 R_p	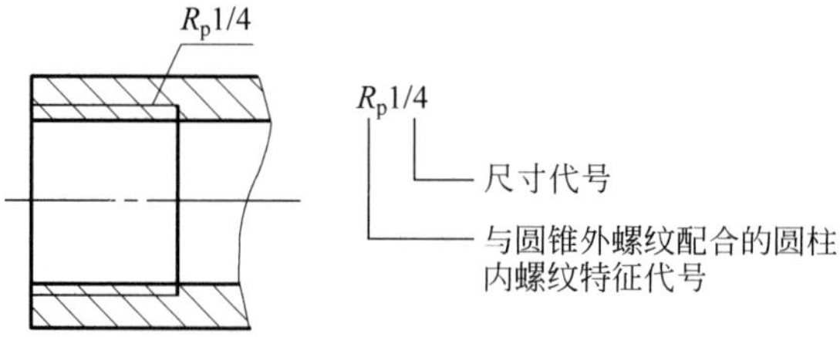 R_p1/4 R_p1/4 尺寸代号 与圆锥外螺纹配合的圆柱内螺纹特征代号	
55°非密封管螺纹	G	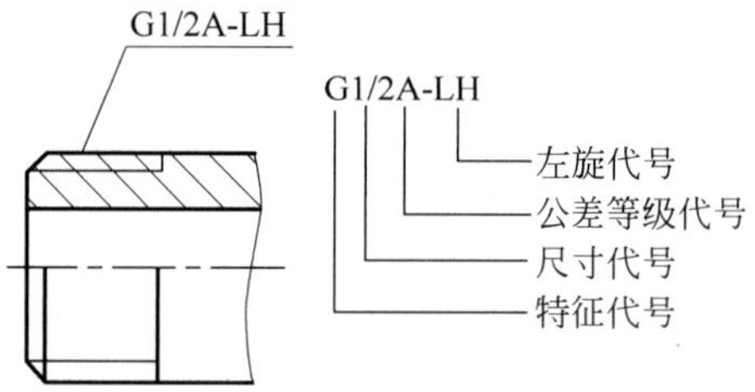 G1/2A-LH G1/2A-LH 左旋代号 公差等级代号 尺寸代号 特征代号	1. 外螺纹公差等级分为A级和B级两种，内螺纹公差等级只有一种，不标注。 2. R_p 与G同为圆柱内螺纹，但不能互换
梯形螺纹	Tr	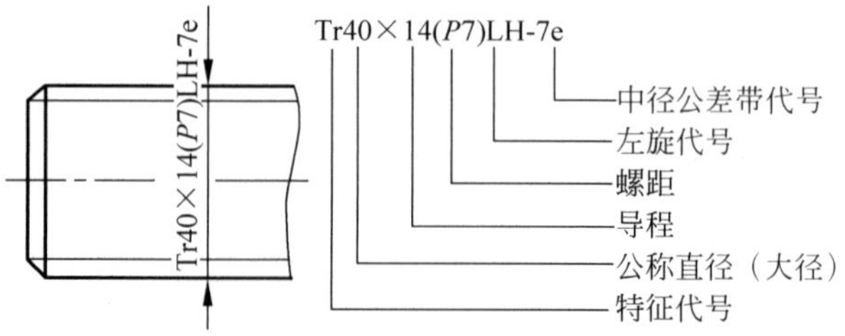 Tr40×14(*P*7)LH-7e Tr40×14(*P*7)LH-7e 中径公差带代号 左旋代号 螺距 导程 公称直径（大径） 特征代号	1. 旋合长度分L（长）、N（中）两种，中等旋合长度不标注。 2. 若图例中的标记改为Tr40×7-7H，则为单线梯形内螺纹，7H为内螺纹中径公差带代号，中等旋合长度

续表

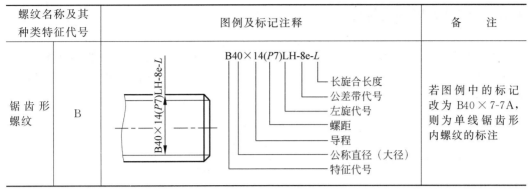

螺纹名称及其种类特征代号		图例及标记注释	备　注
锯齿形螺纹	B	B40×14(P7)LH-8e-L 长旋合长度 公差带代号 左旋代号 螺距 导程 公称直径（大径） 特征代号	若图例中的标记改为 B40×7-7A，则为单线锯齿形内螺纹的标注

9.1.6 螺纹的结构参数

除从螺纹标记直接读取的螺纹要素外，螺纹的其他要素均可通过查阅相应的国家标准得到。

粗牙普通螺纹的螺距、螺纹小径可由其公称直径查阅附表 1 得到，如标记为“M10-6g-s”的粗牙普通螺纹，可由其公称直径 10mm 查得：螺距为 1.5mm，螺纹小径为 8.376mm。

非密封管螺纹的大径、中径、小径及螺距等，可由其尺寸代号查阅附表 2 得到，如标记为“G1/2A-LH”的管螺纹，可由其尺寸代号 1/2 查得：螺纹大径为 20.955mm、中径为 19.793mm、小径为 18.631mm、螺距为 1.814mm。

9.2 螺纹紧固件及其连接

通过内、外螺纹的旋合，起连接和紧固作用的零件，称为螺纹紧固件。常用的螺纹紧固件有螺栓、螺柱、螺钉、螺母和垫圈等，如图 9.10 所示。

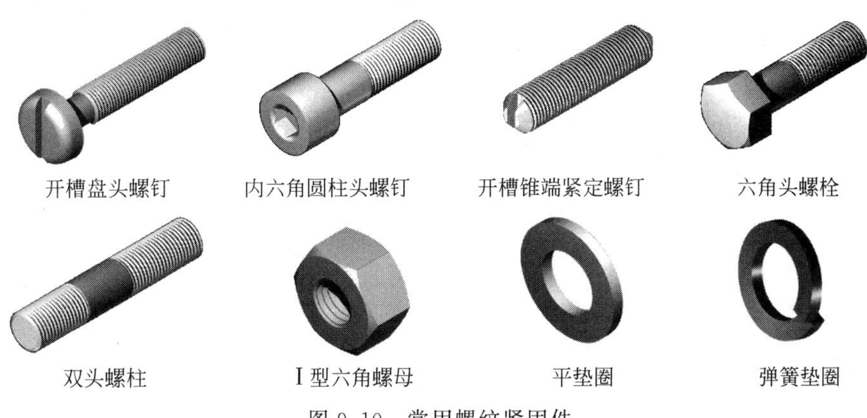

图 9.10　常用螺纹紧固件

9.2.1 螺纹紧固件的标记

螺纹紧固件属于标准件,由标准件厂统一生产。一般不需画出它们的零件图,根据设计要求按相应的国家标准进行选取;使用时按规定标记进行外购即可。根据标记可从有关标准查到它们的结构类型和各部分的具体尺寸(参见附表3~附表8)。

常用螺纹紧固件的标记与图例见表9.2。

表9.2 常用螺纹紧固件的标记与图例

名称	图例与标记示例	常用产品等级	规格尺寸	备注
六角头螺栓	M12 80 **螺栓 GB/T 5782 M12×80** 标记示例的说明:螺纹规格 d=M12、公称长度 l=80mm、性能等级为8.8级、表面氧化、A级的六角头螺栓	A级和B级	螺栓的螺纹大径 d 和公称长度 l	根据螺栓的标记,可从其标准(附表3)中查出螺栓各部分的尺寸
Ⅰ型六角螺母	M12 **螺母 GB/T 6170 M12** 标记示例的说明:螺纹规格 D=M12、性能等级为10级、不经表面处理、A级的Ⅰ型六角螺母	Ⅰ型六角螺母 A级和B级	螺纹大径 D	根据螺母的标记,可从其标准(附表7)中查出螺母各部分尺寸
弹簧垫圈	φ20.5 **垫圈 GB/T 93 20** 标注示例的说明:规格20mm、材料为65Mn、表面氧化的标准型弹簧垫圈		规格尺寸的含义同平垫圈	根据弹簧垫圈的标记,可从其标准(附表8)中查出弹簧垫圈的各部分尺寸

续表

名　称	图例与标记示例	常用产品等级	规格尺寸	备　注
双头螺柱	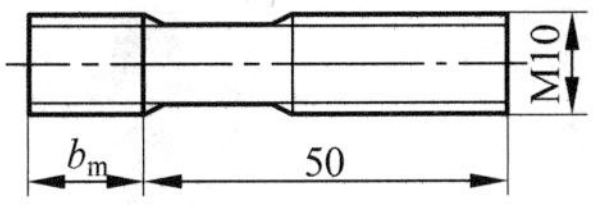 b_m　50　M10 **螺柱 GB/T 897 M10×50** 标记示例的说明：两端均为粗牙普通螺纹，d＝M10、公称长度 l＝50mm、性能等级为 4.8 级、不经表面处理、B型、b_m＝d 的双头螺柱		螺纹大径 d 和公称长度 l	根据双头螺柱的标记，可以从其标准（附表 6）中查出双头螺柱各部分尺寸
开槽圆柱头螺钉	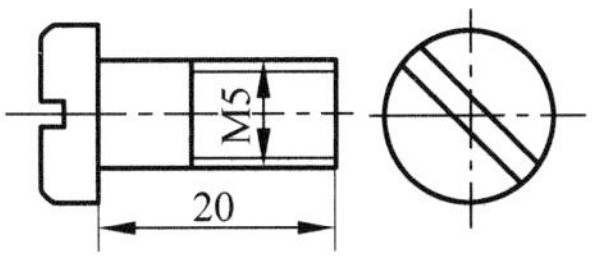 M5　20 **螺钉 GB/T 65 M5×20** 标记示例的说明：螺纹规格 d＝M5、公称长度 l＝20mm、性能等级为 4.8 级、不经表面处理的开槽圆柱头螺钉		螺纹大径 d 和公称长度 l	根据螺钉的标记，可从其标准（附表 4）中查出螺钉的各部分尺寸
开槽锥端紧定螺钉	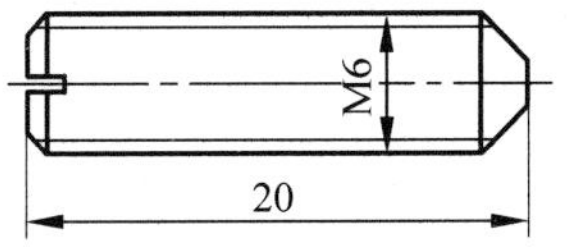 M6　20 **螺钉 GB/T 71 M6×20** 标记示例的说明：螺纹规格 d＝M6、公称长度 l＝20mm、性能等级为 14H、表面氧化的开槽锥端紧定螺钉		螺纹大径 d 和公称长度 l	同上，查附表 5
平垫圈	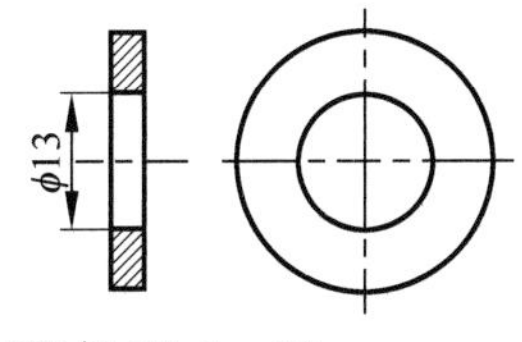 $\phi 13$ **垫圈 GB/T 97.1　12** 标注示例的说明：公称尺寸 d＝12mm、性能等级为 140HV 级、不经表面处理的平垫圈	A 级	指与之成套使用的螺栓（或螺柱）的螺纹大径 d	根据垫圈的公称尺寸，可从其标准（附表 8）中查出垫圈的各部分尺寸

螺纹紧固件的基本连接形式分为螺栓连接、螺柱连接及螺钉连接三种，如图 9.11 所示。

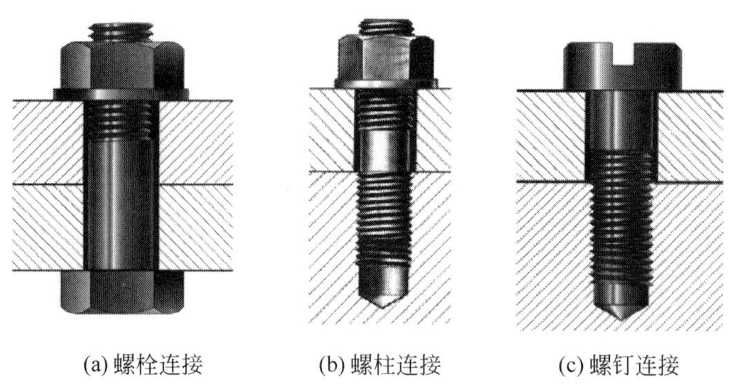

(a) 螺栓连接　　(b) 螺柱连接　　(c) 螺钉连接

图 9.11　螺纹紧固件的基本连接形式

9.2.2　螺纹紧固件连接的规定画法

1. 画法基本规定

画螺纹紧固件连接图时,应遵守下列基本规定:

- 两零件的接触面画一条粗实线;不接触的相邻表面需画两条线。
- 在剖视图中,相邻两零件的剖面线应有明显的区别(或倾斜方向相反,或倾斜方向相同但间隔不等);同一个零件在各个视图中的剖面线,倾斜方向和间隔均应一致。
- 在剖视图中,若剖切面通过螺纹紧固件(螺栓、螺钉、螺柱、螺母、垫圈等)的轴线,则这些紧固件按不剖绘制。

2. 螺栓连接的画法

螺栓连接适用于连接不太厚且又允许钻成通孔的零件。常用的紧固件有螺栓、螺母、垫圈。连接时,先在两个被连接件上钻出通孔(通孔孔径应稍大于螺栓杆的直径 d,约为 $1.1d$),将螺栓穿过被连接件的通孔,在有螺纹的一端装上垫圈,拧上螺母,即完成了螺栓连接。其连接过程及画法如图 9.12 所示。

3. 螺柱连接的画法

当被连接件之一较厚,或不适宜用螺钉连接时,常采用螺柱连接。常用的紧固件有螺柱、螺母和垫圈。连接时,先在较薄的零件上钻出通孔(通孔孔径约为 $1.1d$),并在较厚的零件上加工出螺孔,螺柱一端旋入较厚零件的螺孔中,另一端穿过较薄零件上的通孔,套上垫圈,再用螺母拧紧。若采用弹簧垫圈,则垫圈的开口处可用粗实线绘制,并与水平线成 60°角。其连接过程及画法如图 9.13 所示。

4. 螺钉连接的过程及画法

螺钉按用途分为连接螺钉和紧定螺钉两种。

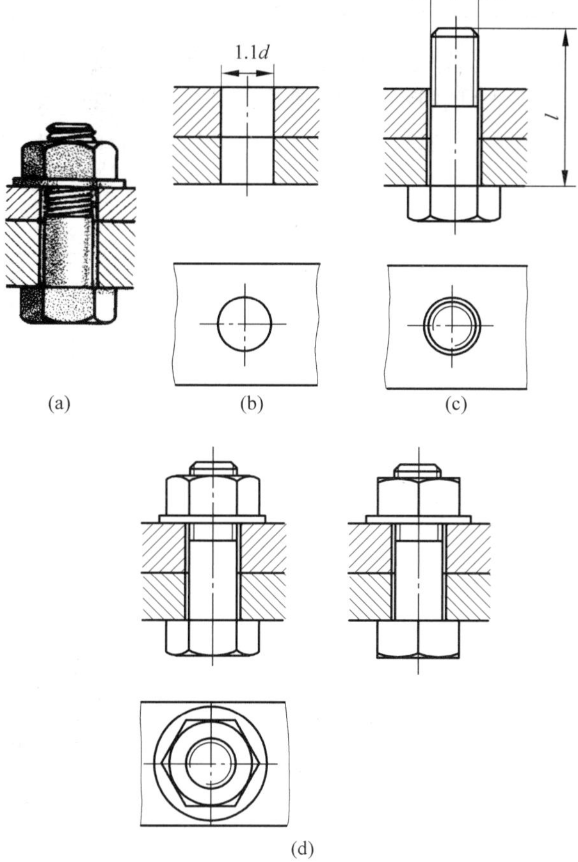

图 9.12　螺栓连接的过程及画法

螺栓连接动画

螺栓连接画法动画

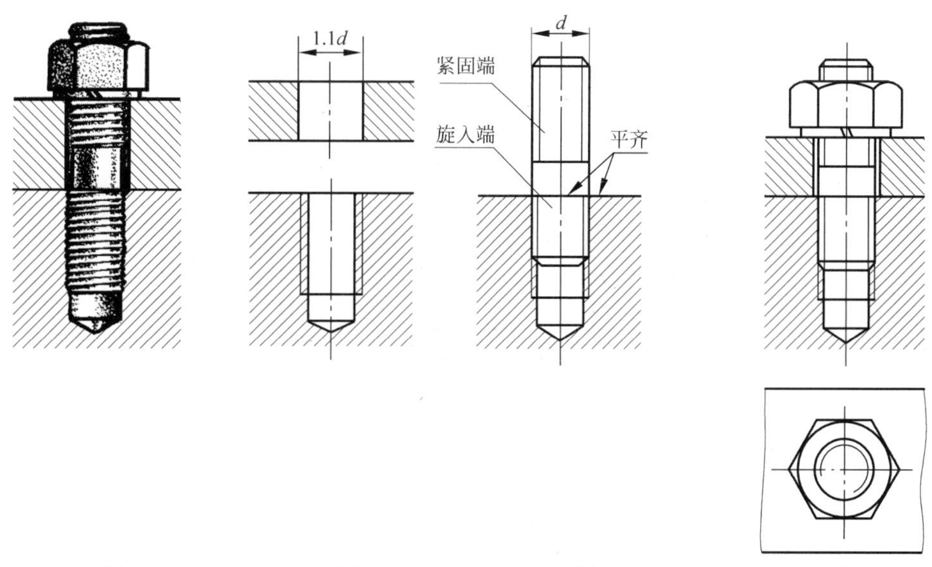

图 9.13　螺柱连接的过程及画法

螺柱连接动画

螺柱连接画法动画

(1) 连接螺钉。连接螺钉一般用于受力不大且不经常拆卸的零件连接。连接时,先在较薄的零件上钻出通孔(通孔孔径约为 $1.1d$),并在较厚的零件上加工出螺孔,螺钉穿过较薄零件上的通孔再旋入到较厚零件的螺孔。其连接画法如图 9.14 和图 9.15 所示,螺钉头部的一字槽在螺钉头端视图中不按投影关系绘图,而画成与水平成 45°角的斜线,如图 9.15 俯视图中所示。

螺钉连接动画

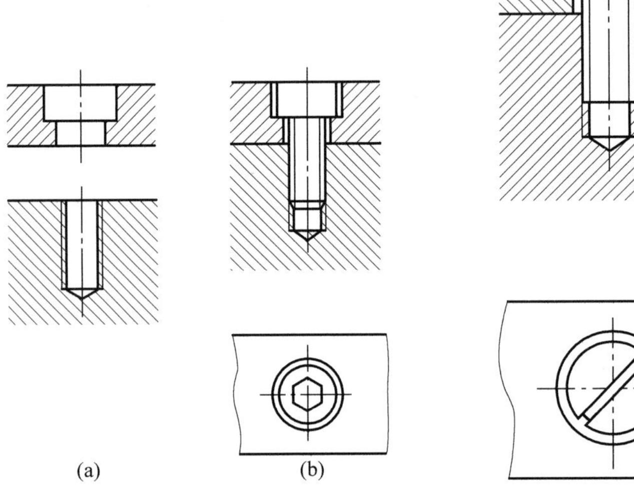

图 9.14　内六角螺钉的连接过程及画法　　图 9.15　沉头螺钉的连接画法

(2) 紧定螺钉。紧定螺钉用来固定两零件的相对位置,使两零件之间不产生相对运动。如图 9.16 中的轴和轮,用一个开槽锥端紧定螺钉旋入轮上的螺孔,并将其尾端压入轴上的凹坑中,以固定轴和轮的相对位置。

紧定螺钉连接动画

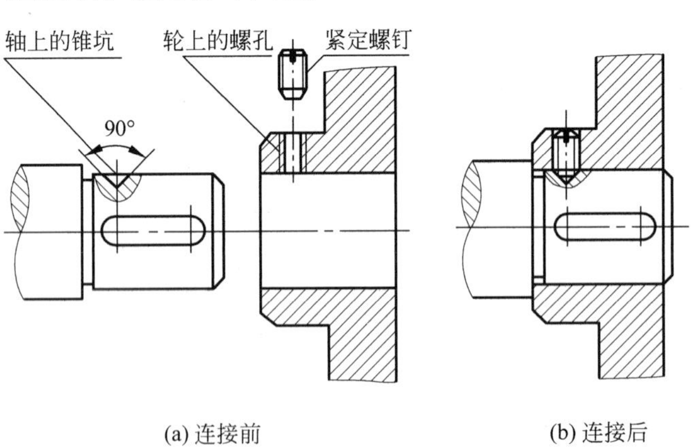

图 9.16　紧定螺钉的连接过程及画法

9.3 齿轮及其规定画法

齿轮传动是现代机械中应用最广泛的一种机械传动形式，它是通过两个齿轮上的轮齿相互啮合，把运动和动力由一个齿轮直接传递给另一个齿轮，以在机器或部件中传递动力、改变转速和回转方向。依两啮合齿轮轴线空间相对位置的不同，常见的齿轮传动可分为三种基本形式：圆柱齿轮传动，用于两平行轴之间的传动；圆锥齿轮传动，用于两相交轴之间的传动；蜗轮蜗杆传动，用于两交叉轴之间的传动，如图 9.17 所示。齿轮图样表达采用的是规定画法。

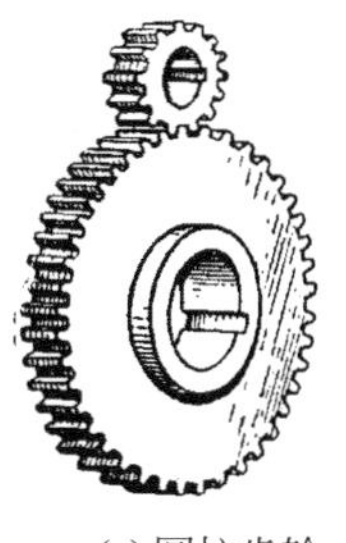

(a) 圆柱齿轮

(b) 圆锥齿轮

(c) 蜗轮蜗杆

图 9.17 齿轮传动的基本形式

9.3.1 圆柱齿轮的结构及各部分名称与尺寸关系

齿轮的常见结构如图 9.18 所示。它的最外部分为轮缘，其上有轮齿；中间部分为轮毂，轮毂中间有轴孔和键槽；轮缘和轮毂之间通常由辐板或轮辐连接。也有的小齿轮与轴做成整体，称为齿轮轴。

轮齿的齿廓曲线有渐开线、圆弧、摆线、椭圆等。

直齿圆柱齿轮各部分名称和尺寸关系如图 9.19 所示。

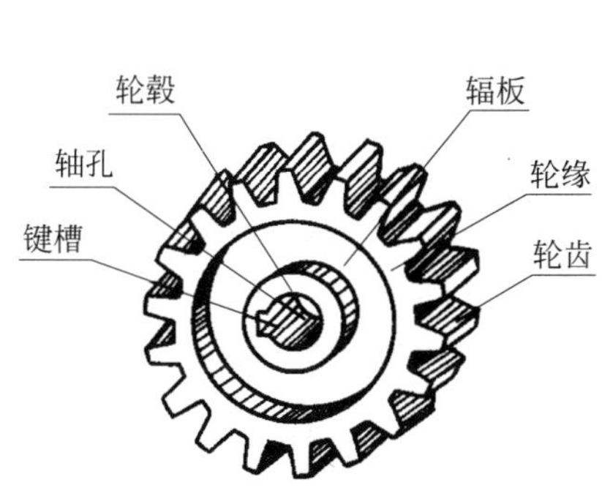

图 9.18 齿轮结构

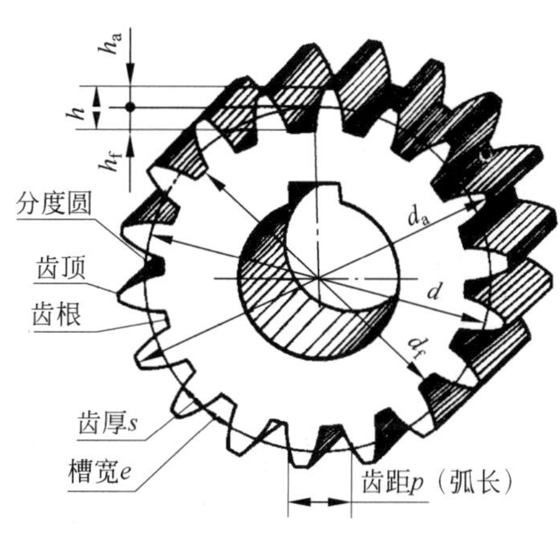

图 9.19 齿轮各部分名称

(1) 齿顶圆。通过各轮齿顶部的圆,其直径用 d_a 表示。

(2) 齿根圆。通过各轮齿根部的圆,其直径用 d_f 表示。

(3) 分度圆。在齿顶圆和齿根圆之间,对于标准齿轮,在此圆上的齿厚 s 与槽宽 e 相等,其直径用 d 表示。

(4) 齿高。齿顶圆和齿根圆之间的径向距离,用 h 表示。齿顶圆和分度圆之间的径向距离称齿顶高,用 h_a 表示。分度圆和齿根圆之间的径向距离称齿根高,用 h_f 表示。齿高 $h=h_a+h_f$。

(5) 齿距、齿厚、槽宽。在分度圆上相邻两齿对应点之间的弧长称为齿距,用 p 表示。在分度圆上一个轮齿齿廓间的弧长称为齿厚,用 s 表示;相邻两个轮齿齿槽间的弧长称为槽宽,用 e 表示。对于标准齿轮,$s=e$,$p=s+e$。

(6) 模数。如果用 z 表示齿轮的齿数,则分度圆的周长就等于齿轮齿数与齿距的乘积。

所以

$$zp=\pi d \quad d=zp/\pi$$

令

$$m=p/\pi \quad 则\ d=mz$$

其中,m 称为模数,单位是 mm(毫米)。

模数 m 是设计、制造齿轮的重要参数,其数值已进行了标准化,如表 9.3 所示。

表 9.3 标准模数系列(摘自 GB/T 1357—2008) mm

第一系列	1 1.25 1.5 2 2.5 3 4 5 6 8 10 12 16 20 25 32 40 50
第二系列	1.125 1.375 1.75 2.25 2.75 3.5 4.5 5.5 (6.5) 7 9 (11) 14 18 22 28 (30) 36 45

当标准直齿圆柱齿轮的齿数 z 和模数 m 确定后,其他各部的几何尺寸可按表 9.4 所列公式进行计算。

表 9.4 标准直齿圆柱齿轮轮齿部分的尺寸计算

基本几何要素:模数 m;齿数 z		
名 称	代 号	计算公式
齿顶高	h_a	$h_a=m$
齿根高	h_f	$h_f=1.25m$
齿高	h	$h=2.25m$
分度圆直径	d	$d=mz$
齿顶圆直径	d_a	$d_a=m(z+2)$
齿根圆直径	d_f	$d_f=m(z-2.5)$

9.3.2 圆柱齿轮的规定画法

国家标准 GB/T 4459.2 规定了齿轮在机械图样中的表示方法。

1. 单个齿轮的规定画法

对于单个齿轮，一般用两个视图表达，如图 9.20 所示。平行于齿轮轴线的视图也可以画成剖视图。轮齿部分的齿顶圆和齿顶线用粗实线绘制；分度圆和分度线用细点画线绘制；齿根圆和齿根线用细实线绘制，如图 9.20(a)所示，也可省略不画。在剖视图中，当剖切平面通过齿轮的轴线时，轮齿一律按不剖处理，齿根线用粗实线绘制，如图 9.20(b)所示。若为斜齿或人字齿，可用三条与齿线方向一致的细实线表示齿线的形状，如图 9.20(c)、(d)所示。直齿则不需表示。

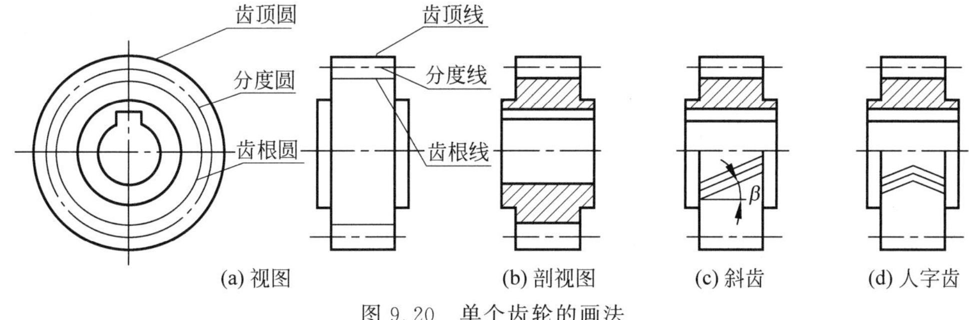

图 9.20 单个齿轮的画法

2. 齿轮啮合的规定画法

类似于图 9.21(a)所示的圆柱齿轮啮合，其图样采用两个视图表达，一个是垂直于齿轮轴线的视图，如图 9.21(c)、(d)所示；另一个则取平行于齿轮轴线的视图或剖视图，如图 9.21(b)、(e)、(f)所示。

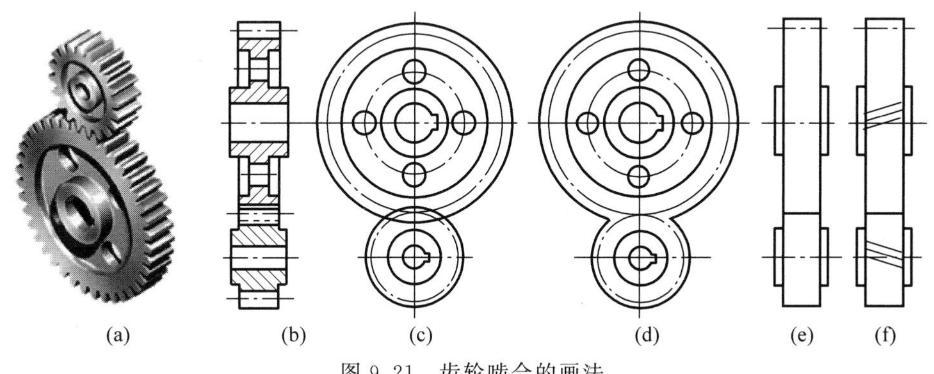

图 9.21 齿轮啮合的画法

圆柱齿轮传动动画

在垂直于齿轮轴线的视图中，它们的分度圆（啮合时称节圆）成相切关系。啮合区内的齿顶圆有两种画法，一种是将两齿顶圆用粗实线完整画出，如图 9.21(c)所示；另一种是将啮合区内的齿顶圆省略不画，如图 9.21(d)所示。分度圆（节圆）用细点画线绘制。

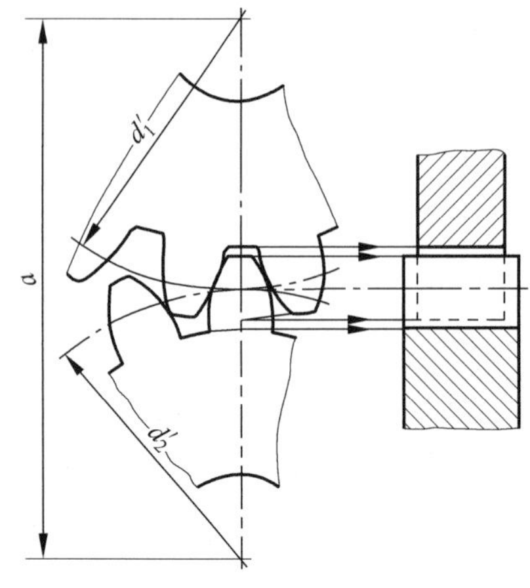

图 9.22　齿轮的啮合与剖视画法

在平行于齿轮轴线的视图中，啮合区的齿顶线不需画出，分度线(节线)用粗实线绘制，如图 9.21(e)、(f)所示。

在剖视图中，当剖切平面通过两啮合齿轮的轴线时，在啮合区内，主动齿轮的轮齿用粗实线绘制；从动齿轮的轮齿被遮挡的部分用虚线绘制，如图 9.21(b)及图 9.22 所示(图中，下面的齿轮均为主动齿轮)，也可省略不画。

斜齿圆柱齿轮啮合的齿形表达如图 9.21(f)所示。

除轮齿部分采用规定画法外，齿轮的其他部分仍采用投影画法。

在齿轮的图样中，一般将齿轮的参数表放置在图框的右上角，参数表中列出模数、齿数、齿形角、精度等级和检验项目等，如图 10.20 所示。

9.3.3　圆锥齿轮及其规定画法

圆锥齿轮传动动画

直齿圆锥齿轮用于相交两轴间的传动，如图 9.23 所示。由于直齿圆锥齿轮是在圆锥面上制出轮齿，所以轮齿沿齿宽方向由大端向小端逐渐变小，其模数也随之变化，因此规定以大端的模数来确定各部分的尺寸。

单个圆锥齿轮轮齿部分的规定画法与圆柱齿轮基本相同，如图 9.24 所示。圆锥齿轮啮合的规定画法亦与圆柱齿轮的规定基本相同，如图 9.25 所示。

图 9.23　直齿圆锥齿轮

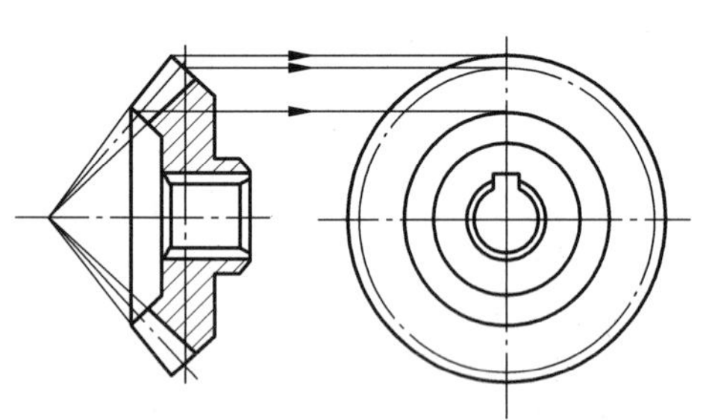

图 9.24　单个圆锥齿轮的画法

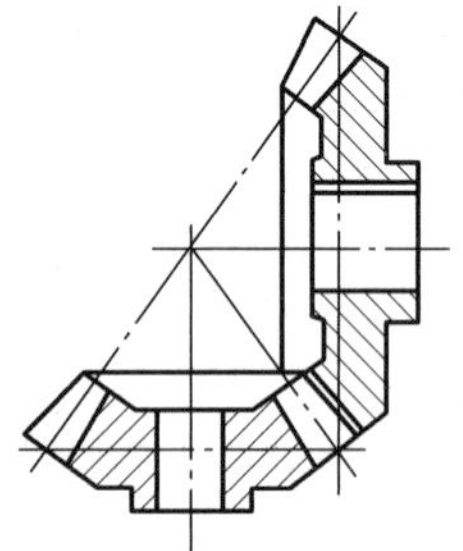

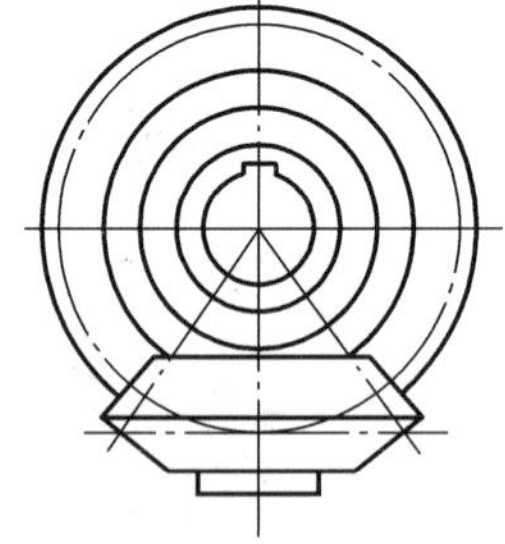

图 9.25　圆锥齿轮啮合的画法

9.3.4　蜗杆蜗轮及其规定画法

蜗杆蜗轮传动用于传递两交错轴之间的运动和动力，其轴间角一般为 90°，蜗杆是主动件，蜗轮是从动件，如图 9.26 所示。

图 9.26 蜗杆蜗轮传动

单个蜗杆、蜗轮的规定画法与前述齿轮的规定画法基本相同；蜗杆和蜗轮啮合时的规定画法如图 9.27 所示。

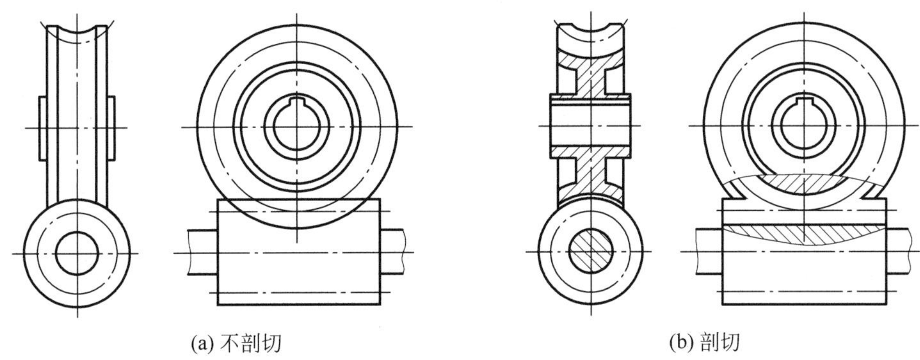

图 9.27 蜗杆蜗轮啮合画法

9.4 键连接和销连接及其画法

9.4.1 键连接

键主要用于连接轴和轴上的转动零件(如齿轮、带轮、链轮等),起传递扭矩的作用,如图 9.28 所示。键是标准件,其结构形式和尺寸可由标准中查取。常用的键有普通平键、半圆键和钩头楔键等,如图 9.29 所示。

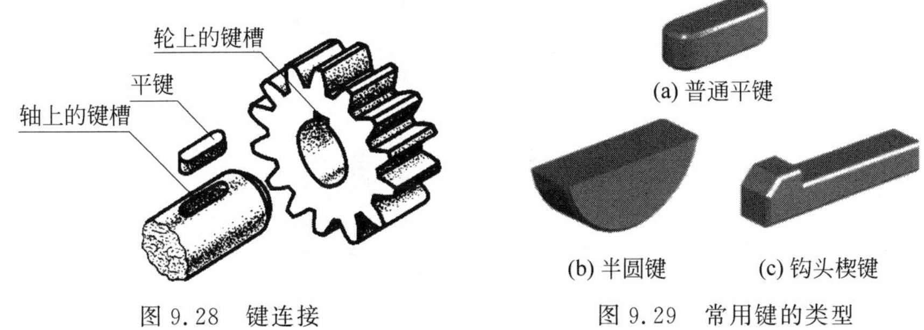

图 9.28 键连接

图 9.29 常用键的类型

1. 平键的形式和标记

普通平键有 A 型(圆头)、B 型(平头)和 C 型(半圆头)三种,其画法如图 9.30 所示。

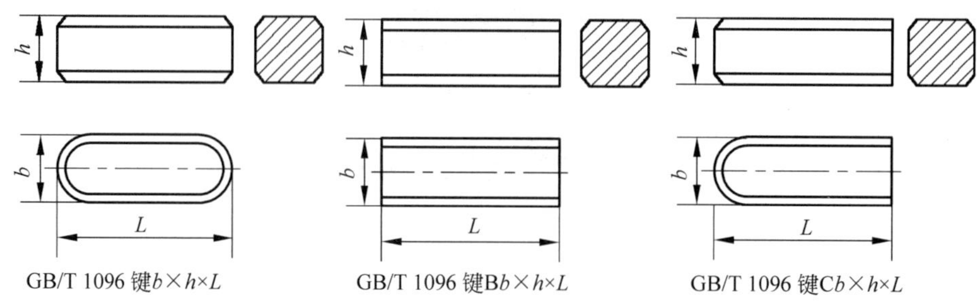

图 9.30 普通平键的画法

键的标记由名称、形式与尺寸、标准编号三部分组成,例如:A 型普通平键,$b=16\text{mm}$,$h=10\text{mm}$,$L=100\text{mm}$,其标记为

GB/T 1096 键 16×10×100

又如:B 型普通平键,$b=16\text{mm}$,$h=10\text{mm}$,$L=100\text{mm}$,其标记为:

GB/T 1096 键 B16×10×100

标记时,A 型平键省略 A 字,而 B 型、C 型应写出 B 或 C 字。

对于键及轮毂和轴上键槽的尺寸,可依据连接轴的直径从相应国家标准中查到(参见附表 9)。

2. 平键连接

采用普通平键连接时,先将键嵌入轴上的键槽内,再将轮毂上的键槽对准轴上的键,把轮安装在轴上,从而实现轴或轮转动时的相互传动。

平键连接的画法如图 9.31 所示。剖切平面通过轴和键的轴线或对称面,轴和键均按不剖绘制(必要时,可按图中所示,采用局部剖)。注意键的顶面和轮毂上键槽的底面之间有间隙,应画两条线。

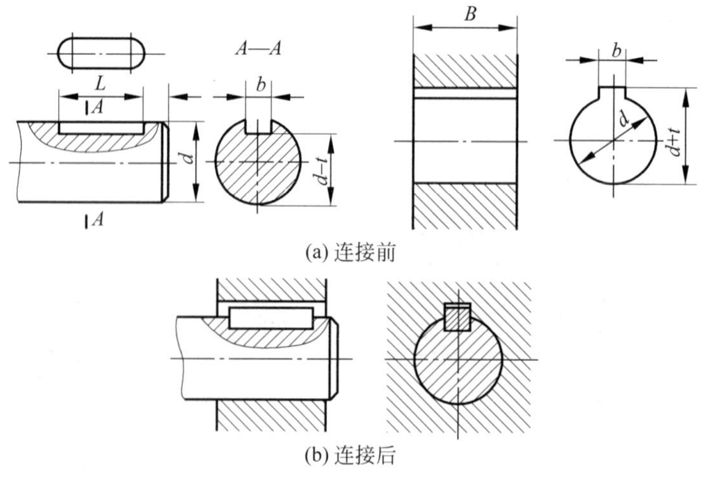

(a) 连接前

(b) 连接后

图 9.31 平键连接的画法

3. 半圆键连接

半圆键连接的画法如图 9.32 所示。

4. 钩头楔键连接

钩头楔键连接的画法如图 9.33 所示。

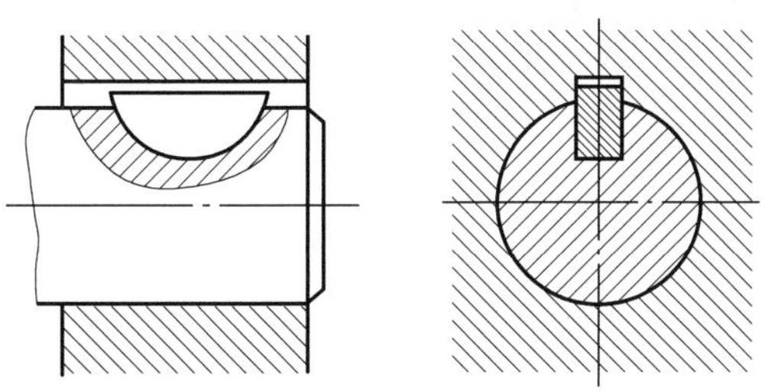

图 9.32 半圆键连接的画法

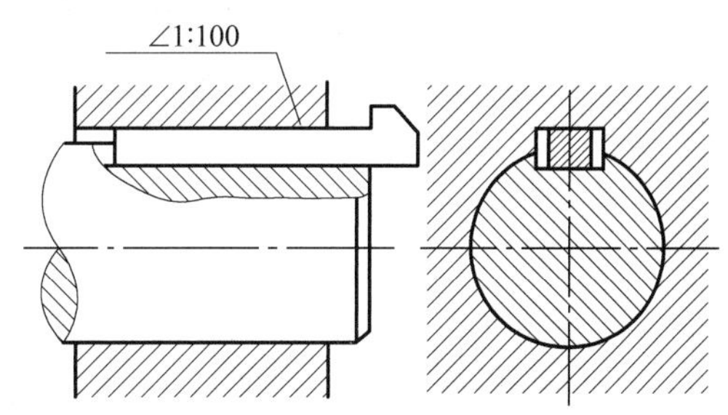

图 9.33 钩头楔键连接的画法

9.4.2 销连接

销主要用于零件间的定位、连接和锁定。销是标准件,其结构形式和尺寸可由标准中查得(参见附表 10)。常用的销有圆柱销、圆锥销和开口销等,如图 9.34 所示。圆柱销和圆锥销主要起连接和定位作用;开口销常与带孔螺栓以及六角开槽螺母配合使用,将开口销穿过螺母上的槽和螺栓上的孔后,把销的尾部叉开,以防止螺母和螺栓松脱。

图 9.34 常用的销

圆柱销和圆锥销的连接画法如图 9.35 和图 9.36 所示。当剖切平面通过销的轴线时,销按不剖绘制。

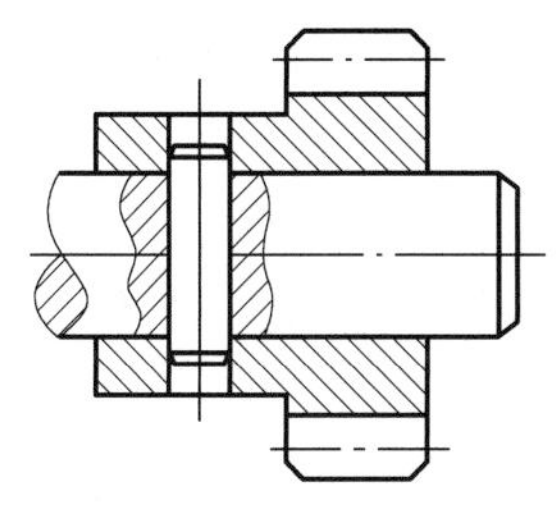

图 9.35 圆柱销的连接画法

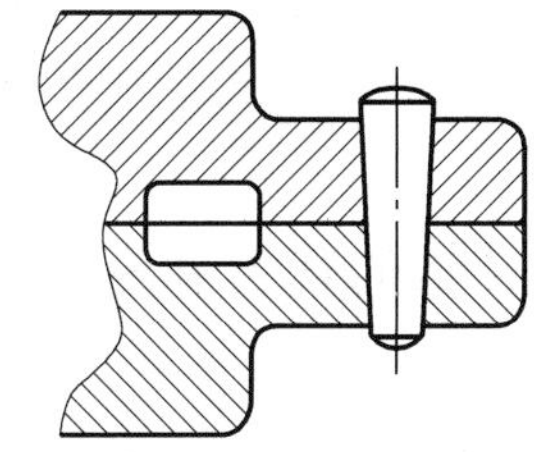

图 9.36 圆锥销的连接画法

采用圆柱销和圆锥销连接时，其销孔加工一般采用配作（将被连接的两零件装配后一次钻孔加工），以保证销的装配。

图 9.37 所示为带孔螺栓和开槽螺母用开口销锁紧防松的连接画法。

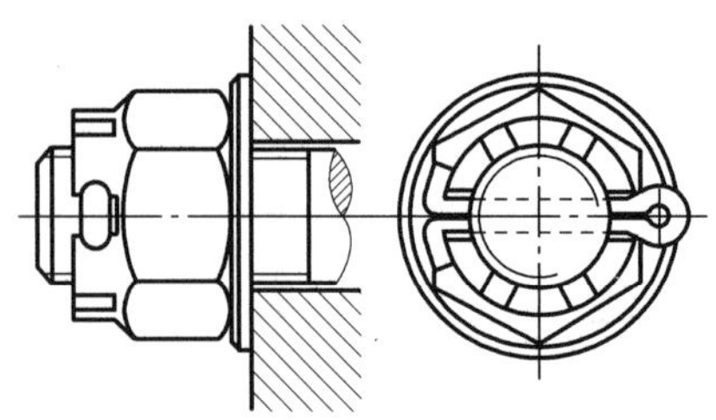

图 9.37　用开口销锁紧防松的画法

9.5　滚动轴承及其画法

滚动轴承主要用来支承旋转轴，具有结构紧凑、摩擦力小、使用寿命长等优点，被广泛应用于机器或部件中。滚动轴承是标准组件，其结构大体相同，多由外圈、内圈、滚动体及隔离罩组成，如图 9.38 所示。通常外圈装在机座的孔内，固定不动；而内圈套在转动的轴上，随轴转动。

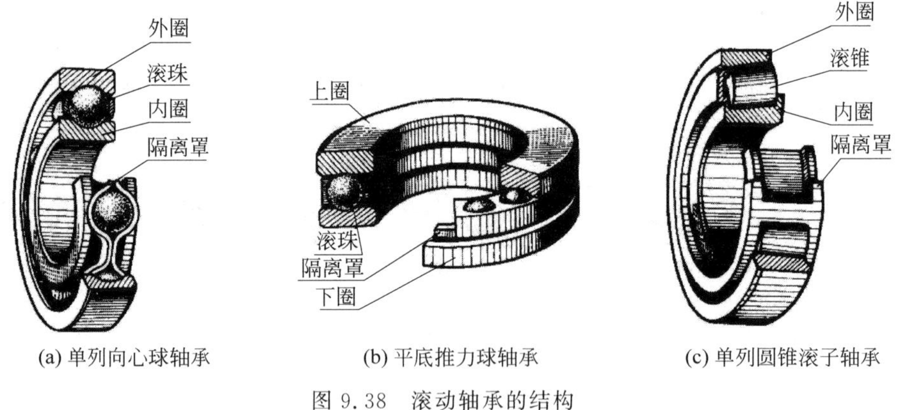

图 9.38　滚动轴承的结构

滚动轴承按其可承受的载荷方向分为向心轴承、推力轴承和向心推力轴承，附表 11 给出了每类轴承中一种较典型轴承的形式与尺寸。

9.5.1　滚动轴承的代号和标记

滚动轴承的规定标记由三部分组成：轴承名称、轴承代号、标准编号。其中，轴承代号由前置代号、基本代号、后置代号组成。无特殊要求时，一般均以基本代号表示。基本代号由轴承类型代号、尺寸系列代号、内径代号构成。

例如：

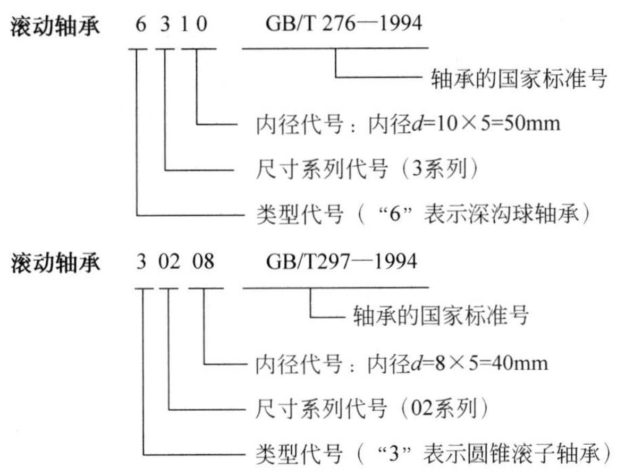

滚动轴承类型代号见表 9.5。

表 9.5 滚动轴承类型代号

代　　号	轴 承 类 型	代　　号	轴 承 类 型
1	调心球轴承	6	深沟球轴承
2	调心滚子轴承	7	角接触球轴承
3	圆锥滚子轴承	8	推力圆柱滚子轴承
4	双列深沟球轴承	N	圆柱滚子轴承
5	推力球轴承	NA	滚针轴承

9.5.2 滚动轴承的画法

在装配图中，滚动轴承是根据其代号，从国家标准中查出外径 D、内径 d 和宽度 B 或 T 等几个主要尺寸来进行绘图的。当需要较详细地表达滚动轴承的主要结构时，可采用规定画法；只需简单地表达滚动轴承的主要结构特征时，可采用特征画法。表 9.6 列出了三种常用轴承的规定画法和特征画法。

在剖视图中，当不需要确切地表达滚动轴承外形轮廓、载荷特征、结构特征时，可采用通用画法，即在矩形线框中央正立十字形符号(十字符号不与线框接触)，如图 9.39 所示。

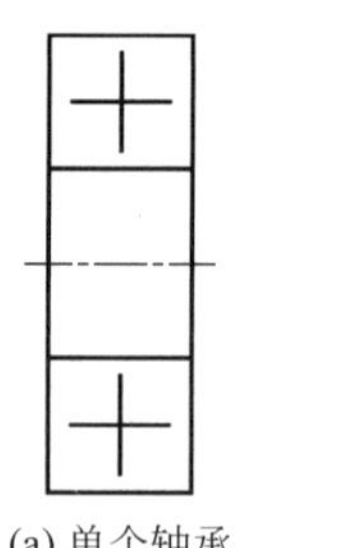

(a) 单个轴承

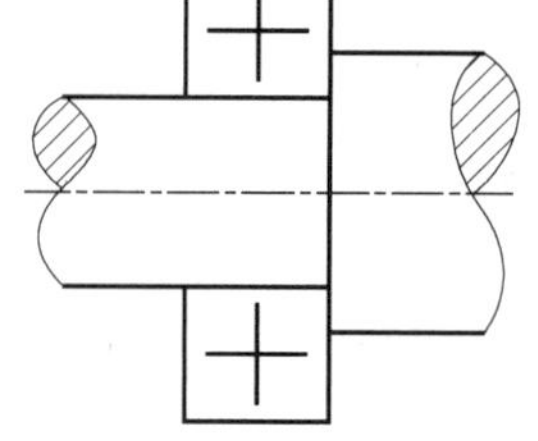

(b) 轴承与轴装配在一起

图 9.39　滚动轴承的通用画法

表 9.6　常用滚动轴承的结构形式、画法和用途

轴承类型及国家标准号	结构形式	规定画法	特征画法	用途
深沟球轴承 GB/T 276—1994 60000 型		B, B/2, A/2, A, A/2, 60°, d, D	B, 2B/3, B/6, A, d, D	主要承受径向力
圆锥滚子轴承 GB/T 297—1994 30000 型		T, C, A/2, A/4, A, T/2, 15°, A/2, D, d, B	2B/3, 30°, A, D, d, B/5, B	可同时承受径向力和轴向力
平底推力球轴承 GB/T 301—1994 51000 型		T, 1/2, 60°, A, T/2, A/2, d, D	T, A/6, 2A/3, A, d, D	承受单方向的轴向力

9.6 弹簧

弹簧是常用件，其用途很广，主要用于减振、夹紧、储存能量和测力等。常用的弹簧如图 9.40 所示。

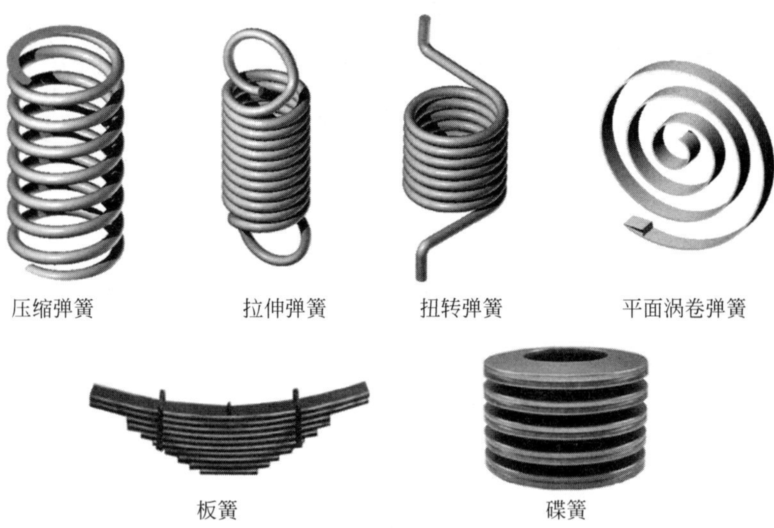

图 9.40　常用弹簧

1. 弹簧的规定画法

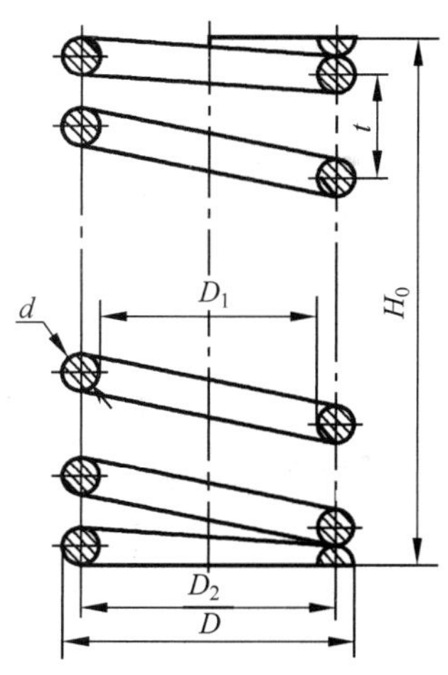

图 9.41　单个弹簧的规定画法

1）圆柱螺旋压缩弹簧的规定画法（图 9.41）

- 弹簧在平行于轴线的投影面上的视图中，各圈的投影转向轮廓线画成直线。
- 有效圈数在 4 圈以上的弹簧，中间各圈可省略不画，当中间部分省略后，可适当缩短图形的长度。
- 螺旋弹簧均可画成右旋，但左旋螺旋弹簧不论画成左旋或右旋，一律加注“左”字。

2）装配图中弹簧的画法

- 被弹簧挡住部分的结构一般不画，可见部分应从弹簧的外轮廓线或弹簧钢丝断面的中心线画起，如图 9.42(a)所示。
- 螺旋弹簧被剖切时，允许只画弹簧钢丝（简称簧丝）断面，当图上簧丝直径小于或等于 2mm 时，其断面可涂黑表示，如图 9.42(b)所示，也可采用示意画法，如图 9.42(c)所示。

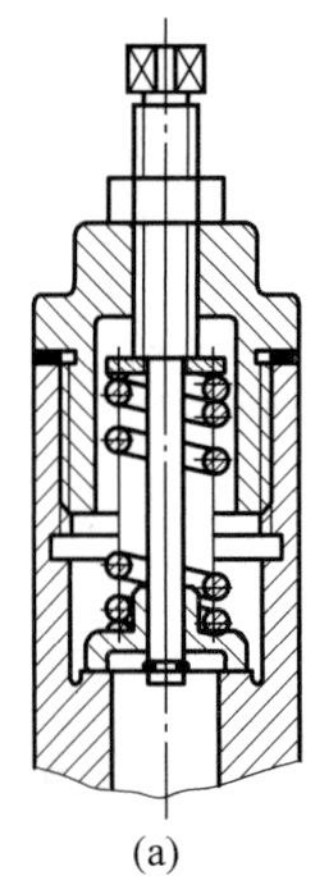
(a)

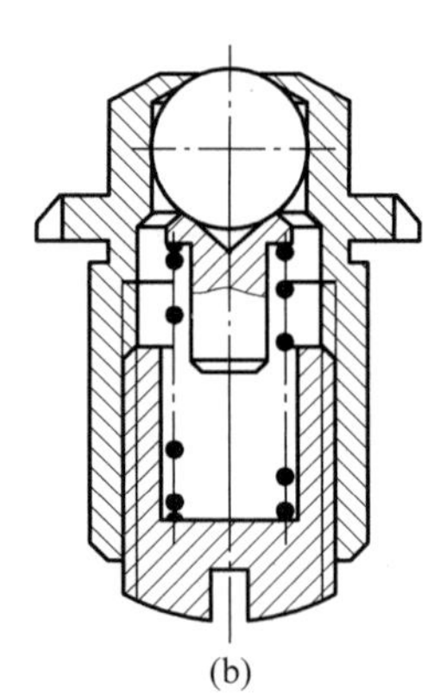
(b)

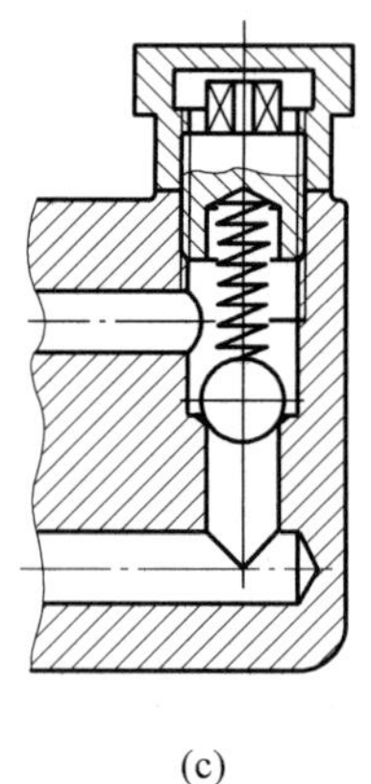
(c)

图 9.42　装配图中弹簧的画法

2. 圆柱螺旋压缩弹簧的各部分名称及尺寸关系

圆柱螺旋压缩弹簧的各部分名称及尺寸关系如图 9.41 所示。

- 材料直径 d：弹簧钢丝的直径。
- 弹簧中径 D_2：弹簧的平均直径。
- 弹簧内径 D_1：弹簧的最小直径，$D_1=D_2-d$。
- 弹簧外径 D：弹簧的最大直径，$D=D_2+d$。
- 节距 t：除两端支撑圈外，弹簧上相邻两圈对应两点之间的轴向距离。
- 有效圈数 n：弹簧能保持相同节距的圈数。
- 支撑圈数 n_2：为使弹簧工作平稳，将弹簧两端并紧磨平的圈数。支撑圈仅起支撑作用，常用 1.5、2、2.5 圈三种形式。
- 弹簧总圈数 n_1：弹簧的有效圈数和支撑圈数之和，$n_1=n+n_2$。
- 自由高度 H_0：弹簧未受载荷时的高度，$H_0=nt+(n_2-0.5)d$。
- 展开长度 L：制造弹簧所需簧丝的长度，$L\approx n_1\sqrt{(\pi D_2)^2+t^2}$。

思考与练习题

1. 简答题

(1) 什么是标准件？如何标识标准件的形状和规格？

(2) 螺纹的要素有哪几个？内、外螺纹正确旋合，它们的要素应满足什么条件？

(3) 常用的标准螺纹有哪几种？普通螺纹、梯形螺纹和非密封管螺纹的特征代号分别是什么？

(4) 试简述螺纹的规定画法。仅根据螺纹的画法能识别螺纹牙型的种类吗？在图样上如何标注螺纹的主要参数？

(5) 代号 M36×2-6g 的含义是什么？

(6) 公称直径为 10 mm 的粗牙普通螺纹和细牙普通螺纹各对应有几种螺距？其螺纹代号分别是什么？

(7) 螺纹代号 G2A 是何含义？该螺纹的大径和小径分别是多少？该螺纹代号在图样中如何标注？

(8) 常见的螺纹连接件有哪些？通常都是标准件吗？

(9) 简述齿轮轮齿部分规定画法的主要内容。

(10) 指出圆柱销标记“销 GB/T 119 23×18”的各项含义。

(11) 指出普通平键标记“键 GB/T 1096 8×7×32”的各项含义。

(12) 滚动轴承的画法主要有哪两种？

2. 选择题

(1) 下列零件中通常属于标准件的有(　　)。

A. 螺钉　B. 螺栓　C. 螺母　D. 垫圈　E. 滚动轴承　F. 弹簧

G. 齿轮　H. 键　I. 销

(2) 机械图样中，螺纹采用的画法是(　　)。

A. 投影画法　B. 规定画法　C. 假想画法　D. 简化画法

(3) 机械图样中，标准齿轮轮齿部分采用的画法是(　　)。

A. 投影画法　B. 规定画法　C. 假想画法　D. 简化画法

3. 画法选择题

在图 9.43 所示各组图形中，选择正确的画法。

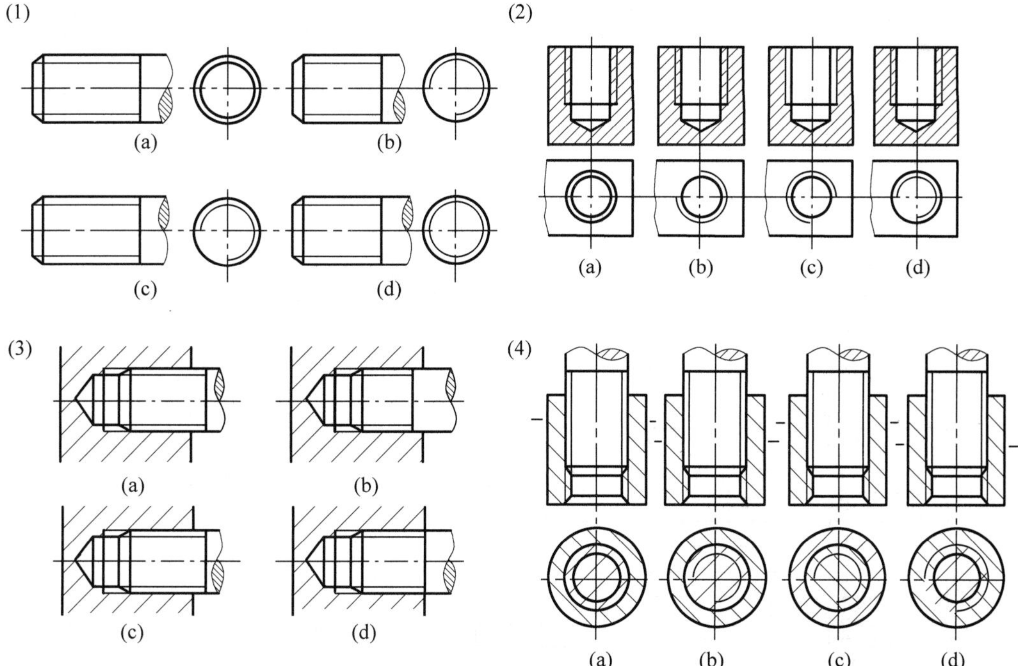

图 9.43　图形画法选择题

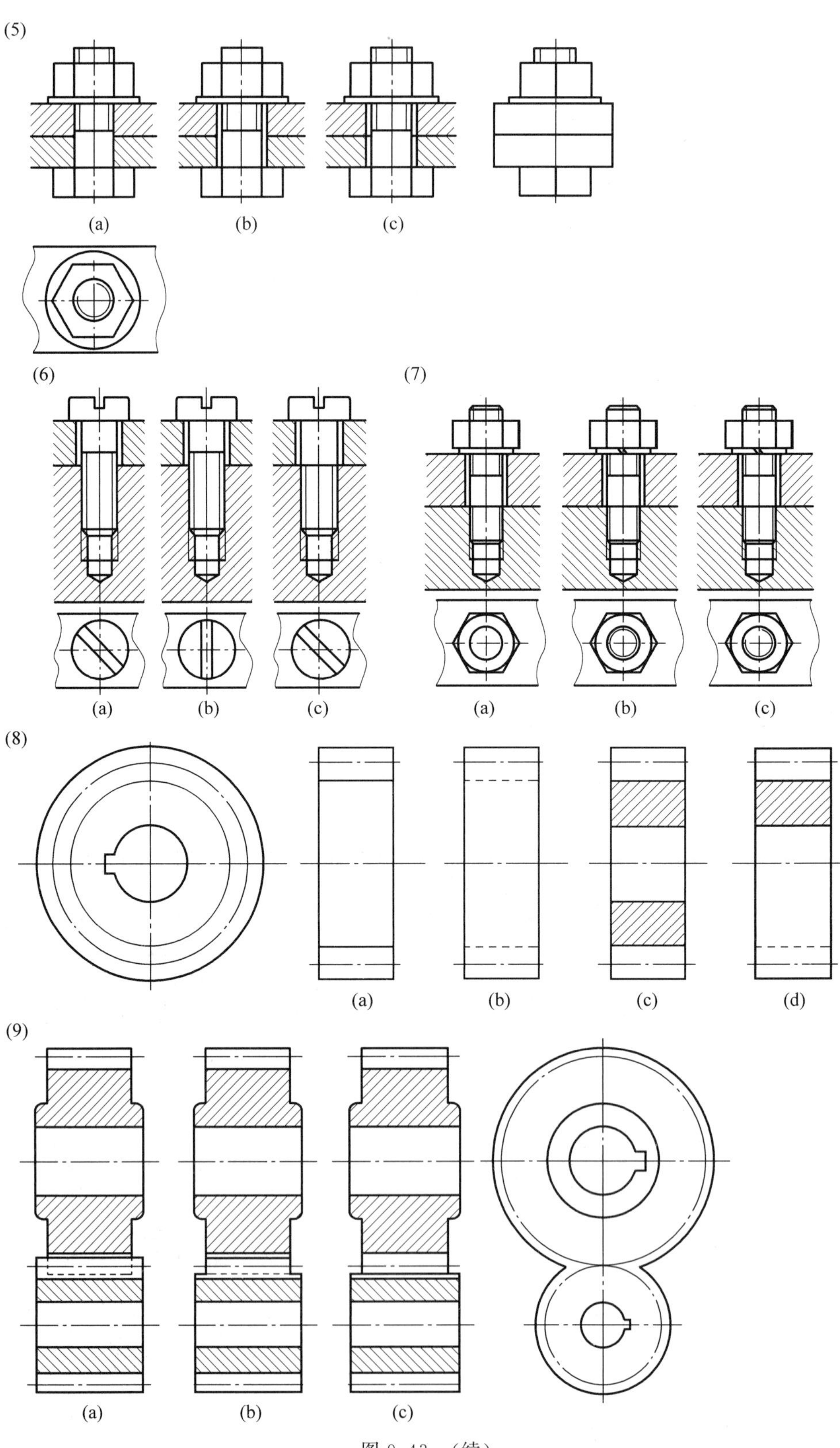

图 9.43 （续）

4. 螺纹标记识别题

请识别图9.44中各螺纹画法及标记的含义。

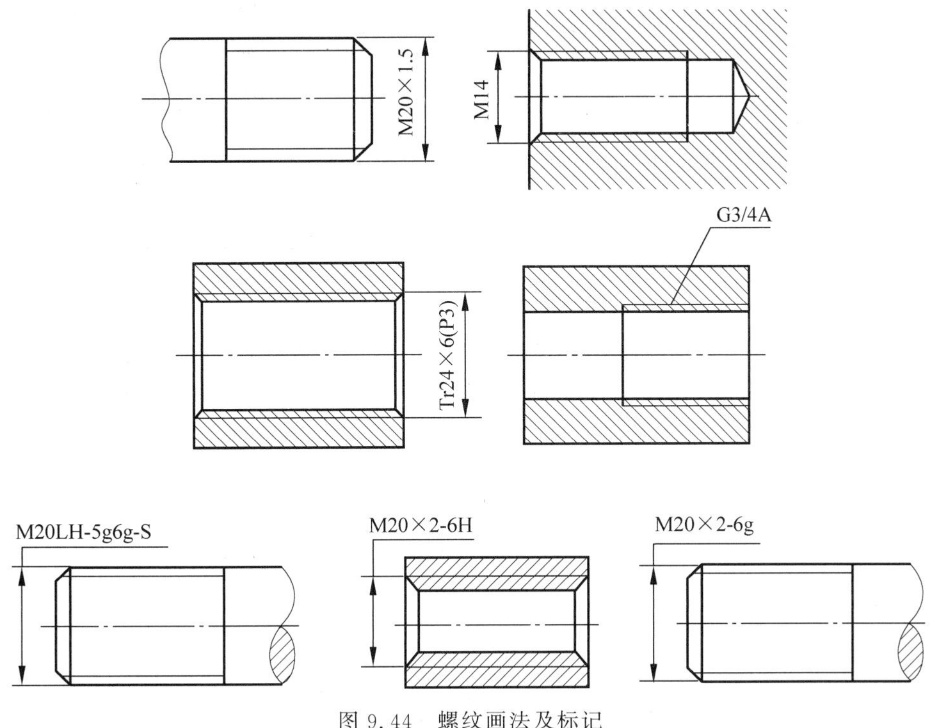

图9.44 螺纹画法及标记

5. 填空题

(1) 请在图9.45中各指引线的上方写出所指连接或支承的类型，在指引线的下方写出所涉及的标准件名称和数量。

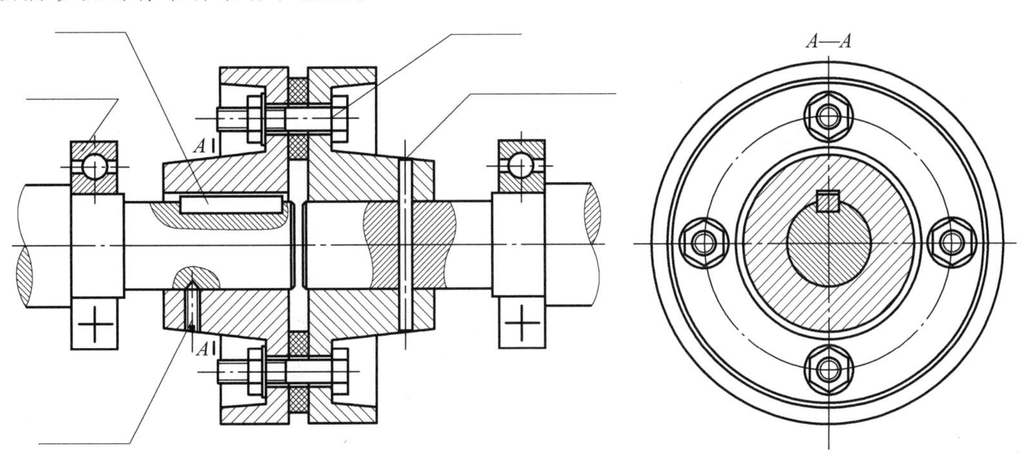

图9.45 联轴器装配图

(2) 辨识图 9.46 中的滚动轴承画法,将对应图号填写到图形下方的表格中。

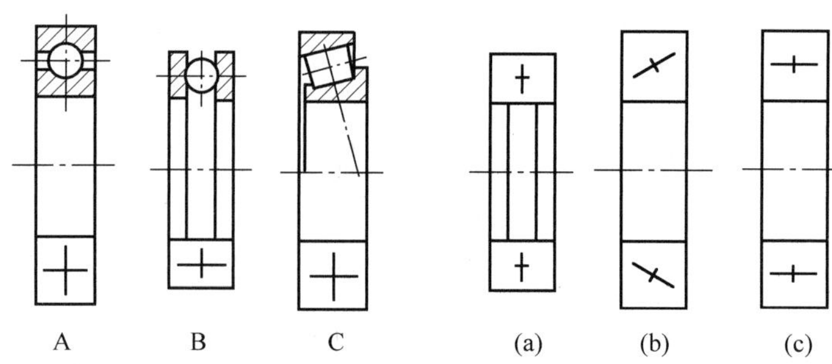

滚动轴承的名称	深沟球轴承	圆锥滚动轴承	平底推力球轴承
规定画法			
特征画法			

图 9.46　滚动轴承画法

第10章 零件图

章前思考

1. 你认为组合体与零件是一回事儿吗？为什么？

2. 你认为零件与其寄宿的装配体之间是什么关系？

3. 在加工一个零件时，工人师傅依据的是什么？在检验生产出来的零件是否合格时，工人师傅依据的又是什么？

4. 你认为零件图中应该将零件的哪些信息表达出来？如果只给定了零件的形状和大小，是否一定能够加工出满足使用要求的零件呢？

任何机器或部件都是由若干零件按照一定的装配关系装配而成的。表达零件结构、大小及技术要求等的图样，称为零件图。制造机器或部件必须先依据零件图加工制造零件。零件图反映了机器或部件对零件的要求，考虑了零件结构的合理性，是制造和检验零件的直接依据，也是生产部门组织生产的重要技术文件。

在机器或部件的生产中，除标准件以外的所有零件均需绘制零件图，依据零件图进行零件的制造和检验。本章将概述零件的设计及零件图的相关内容。

10.1 零件的设计

10.1.1 零件设计的基本要求

零件的形状、大小、材质和制造精度等，必须由其所在的部件或机器的总体要求来确定。零件的形状大小是否合理，材质和制造精度是否适当，都要以零件所在的部件或机器能否满足预定的技术经济指标为评定的依据。因此，设计零件时，应首先从工作能力和经济性这两个方面来满足机器总体对它提出的要求。

1. 满足工作能力要求

工作能力是指零件在一定的运动、载荷和环境下抵抗失效的能力。

零件的主要失效形式有断裂、过量变形及表面失效等。

为了避免零件的失效，常要求零件具有足够的强度、刚度；一定的耐磨性、耐蚀性及振动稳定性，并常将这些作为衡量零件工作能力的准则。

2. 满足经济性的要求

经济性是一个综合指标，应体现在设计、制造和使用的整个过程中。应力求做到低成本、高效率，便于使用维修等。

在设计实践中，零件工作能力的要求和经济性要求往往是互相矛盾的，机械设计正是在解决这一矛盾中逐步发展和完善。

10.1.2 零件设计的过程和方法

在满足上述要求的前提下，零件的设计工作大体分为两个过程：构型过程和计算过程。

构型过程就是根据部件或机器对零件所提出的运动要求和连接条件，按照零件在部件或机器中的依存关系，合理地确定零件的形状和若干相对尺寸，这一过程亦称为结构设计，其主要工作内容大多是通过绘图来完成的。

计算过程就是根据运动关系和强度条件，通过计算或类比来确定零件的一些主要尺寸和某些重要部分的形状。

鉴于使用本书的读者基本不具备进行设计计算和校核计算所需的理论力学、材料力学、工程材料等相关理论基础，故本章仅以零件的形状构型设计为主，不涉及计算过程和零件尺寸的确定。

10.1.3 零件的构型设计

零件的构型主要由设计要求和工艺要求所确定。

1. 零件构型的设计要求

零件在机器中的功用以及与其他零件间的依存关系，是确定零件主要结构的直接依据。

零件的基本构型可分为 3 个部分，即工作部分、安装部分和连接部分。零件构型的设计要求是：有良好性能的工作部分、有可靠的安装部分、有适当的连接部分。

2. 零件构型的工艺要求

零件的构型除需满足上述设计要求外，其结构形状还应满足加工、测量、装配等制造过程所提出的一系列工艺要求，这是确定零件局部结构的依据。下面介绍一些常见工艺对零件结构的要求，供设计时参考。

1）铸造零件的工艺要求

（1）起模斜度。用铸造的方法制造零件毛坯时，为了便于在砂型中取出模样，一般沿模样起模方向做成约 1∶20 的斜度，称为起模斜度。由模样形状所确定的铸件上因而也会有相应的斜度，如图 10.1(a)所示。这种结构在零件图上一般不必画出，如图 10.1(b)所示，必要时可在“技术要求”中说明。

(2) 铸造圆角。为了便于铸件造型时起模,防止液态金属冲坏转角处,或冷却时产生缩孔和裂纹,常将铸件的转角处制成圆角,这种圆角称为铸造圆角,如图 10.2 所示。铸造圆角半径一般取壁厚的 0.2～0.4 倍,圆角尺寸大多在“技术要求”中统一注明。

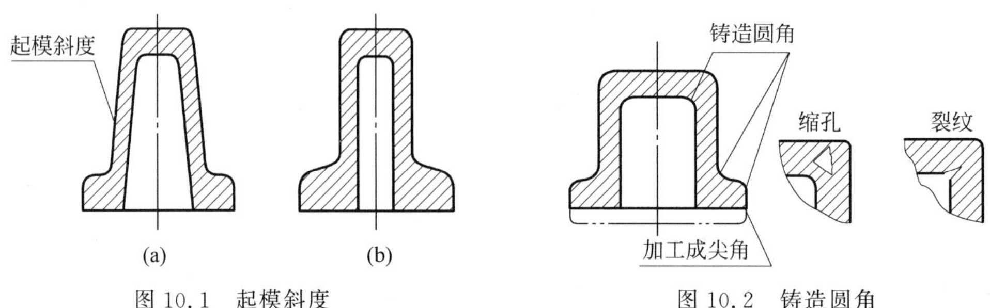

图 10.1　起模斜度　　图 10.2　铸造圆角

铸件表面由于圆角的存在,使铸件表面的交线变得不甚明显,这种不明显的交线称为过渡线。过渡线的画法与交线画法基本相同,只是过渡线要用细实线绘制,且在过渡线的两端与圆角轮廓线之间应留有空隙。图 10.3 是常见的几种过渡线的画法。

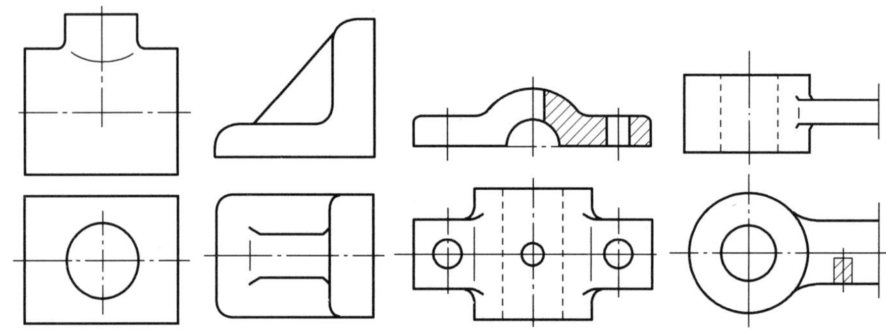

图 10.3　过渡线及其画法

(3) 铸件壁厚。用铸造方法制造零件的毛坯时,为了避免浇注后零件各部分因冷却速度不同而产生缩孔或裂纹,铸件的壁厚应保持均匀或逐渐过渡,如图 10.4 所示。

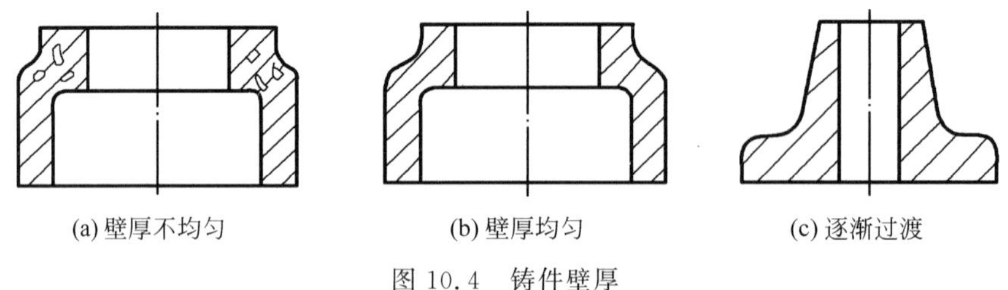

图 10.4　铸件壁厚

2) 零件机械加工的工艺要求

(1) 倒角和倒圆。为了去除零件的毛刺、锐边和便于装配,在轴或孔的端部,一般都加工成倒角;为了避免因应力集中而产生裂纹,在轴肩处往往加工成圆角过渡的形式，称为倒圆。倒角和倒圆通常在零件图上画出，两者的画法和标注方法如图 10.5 所示。

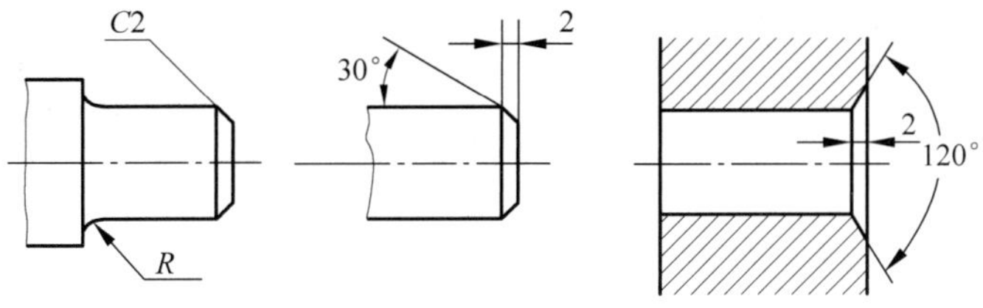

图 10.5 倒角和倒圆的画法与标注

(2) 螺纹退刀槽和砂轮越程槽。在切削加工和磨削加工中，为了保证加工质量，便于退出刀具或使砂轮可以稍稍越过加工面，常常在零件待加工面的末端，先车出螺纹退刀槽或砂轮越程槽，其尺寸按“槽宽×直径”或“槽宽×槽深”的形式标注，如图 10.6 所示。

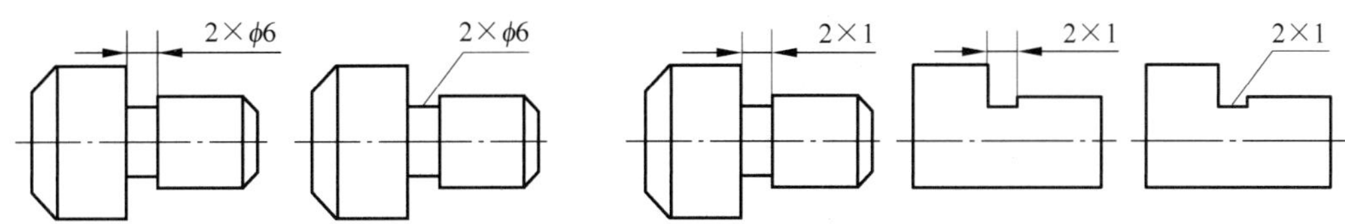

图 10.6 退刀槽和越程槽的画法与标注

(3) 钻孔结构。用钻头钻出的盲孔，底部有一个 120°的锥顶角。圆柱部分的深度称为钻孔深度，见图 10.7(a)。在阶梯形钻孔中，有锥顶角为 120°的圆锥台，见图 10.7(b)。

用钻头钻孔时，要求钻头轴线尽量垂直于被钻孔的端面，以保证钻孔准确和避免钻头折断。图 10.8 所示为三种钻孔端面的正确结构。

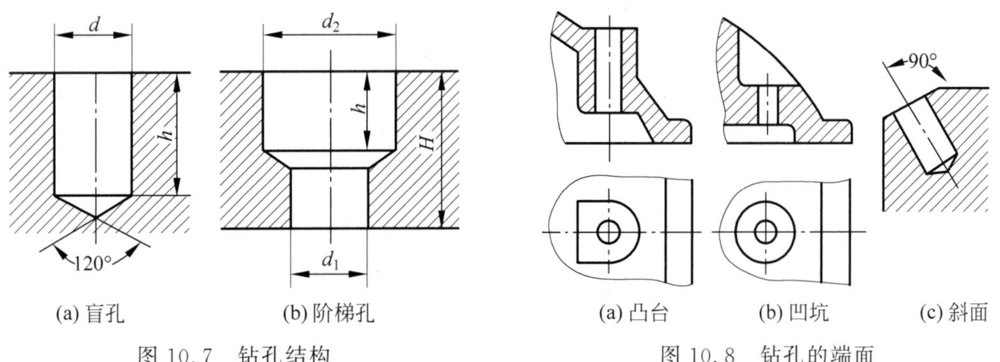

图 10.7 钻孔结构

图 10.8 钻孔的端面

(4) 凸台与凹坑。零件上与其他零件的接触面，一般都要进行加工。为减少加工面积并保证零件表面之间有良好的接触，常在铸件上设计出凸台和凹坑。图 10.9(a)和(b)表示螺栓连接的支承面做成凸台和凹坑形式，图 10.9(c)和(d)表示为减少加工面积而做成凹槽和凹腔结构。

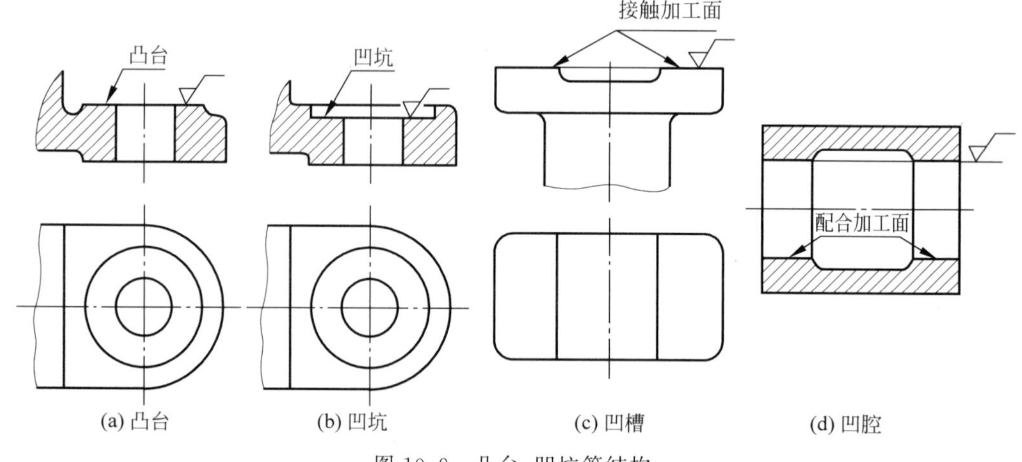

(a) 凸台　(b) 凹坑　(c) 凹槽　(d) 凹腔

图 10.9　凸台、凹坑等结构

10.1.4　零件的构型设计示例

【例 10.1】 定滑轮滑轮架的构型设计

定滑轮的结构组成如图 10.10 所示，滑轮架是其中固定滑轮轴的一个零件。

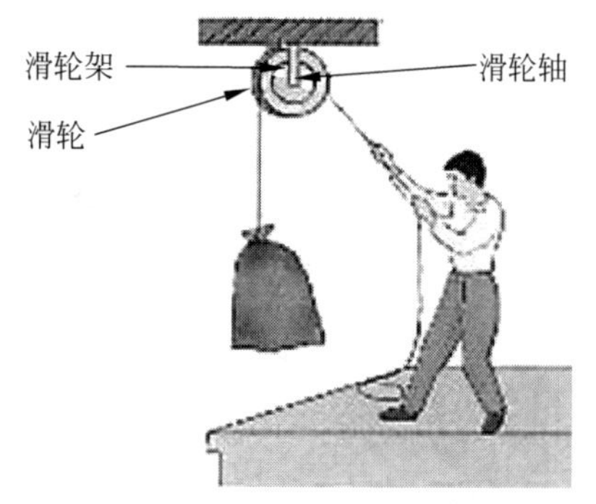

图 10.10　定滑轮结构示意图

(1) **功能分析**。由图 10.10 可知，滑轮吊装在滑轮架上。滑轮架的功用是固定图 10.11(a)所示的滑轮轴，使图 10.11(b)所示滑轮可以在滑轮轴上自由旋转而不能有轴向移动，在绳拉力的作用下滑轮能灵活转动。

(2) **构型分析**。由以上功能分析可知，滑轮架的工作部分应是固定轴的套筒。套筒的内腔形状应和滑轮轴一致（一般为圆柱体），外形没有要求。综合考虑后，可确定为圆柱体，因此工作部分为空心圆柱体，见图 10.12(a)。它们的间距应大于滑轮轮毂长度 L，内孔直径和滑轮轴轴径相同，外圆柱直径应满足强度要求。

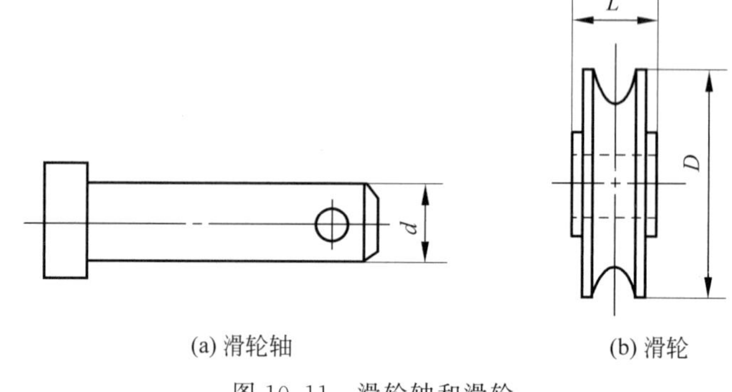

(a) 滑轮轴　(b) 滑轮

图 10.11　滑轮轴和滑轮

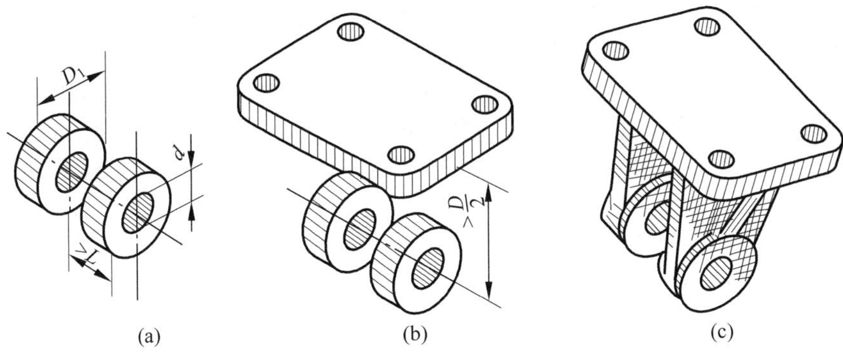

图 10.12　滑轮支架的构型

为把滑轮架固定在房顶,需有一安装部分。可考虑选长方形板作为安装部分,其尺寸应和工作部分协调(厚度应满足强度要求),如图 10.12(b)所示。套筒轴线到固定板的距离应大于 $D/2$(D 为滑轮外径);穿螺栓(或双头螺柱)用的孔数根据具体情况确定,孔的位置一般布置在两侧,不得与其他部分发生干涉。连接工作部分和安装部分的连接板考虑强度要求应呈"倒梯形",顶部(靠近安装板处)宽,底部与圆柱筒相切。考虑制造要求,连接板的厚度应稍小于套筒的宽度,见图 10.12(c)。

(3) **结构完善**。在构型基本完成的基础上,进一步协调尺寸,进行造型修饰,把底板改为圆角。为了增加刚度,在连接板两侧增加了肋。最后,滑轮架的构型结果如图 10.13 所示。

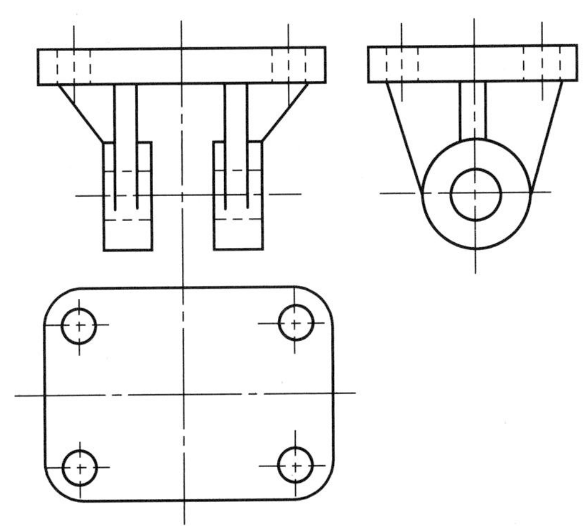

图 10.13　滑轮支架的构型

【例 10.2】 机械手夹持件的构型设计

(1) **功能分析**。机械手夹持件是机械手中的一个构件,用以实现夹持工件的功能,其作用与人的手指相当。因此,其工作部分应与工件的形状相适应;安装部分的形状要考虑与其配合的工件形状。夹持机构的示意图如图 10.14 所示,夹持件可绕 O_1 和 O_2 二轴回转，它所夹持的工件为圆柱体，直径为 d、长度为 L。夹持件的作用是用一定的力量夹住工件不使其落下。

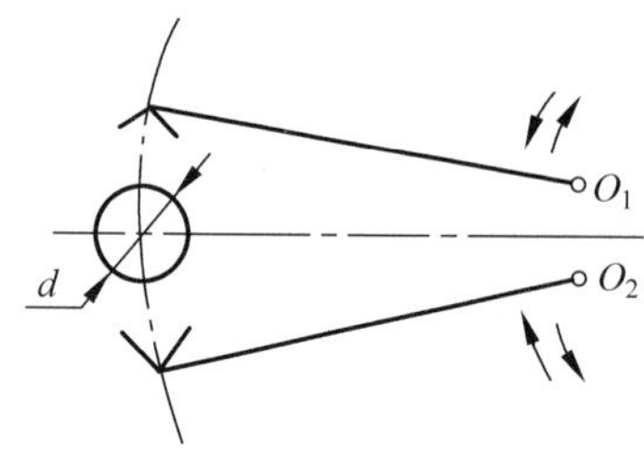

图 10.14 夹持机构简图

(2) **构型分析**。夹持件工作部分的构型设计应与工件的外形相适应。若把夹持面设计成与被夹持工件相同直径的圆柱面，则只能夹持一种尺寸的工件。图 10.15 所示为夹持不同直径圆柱的情况。因此，为适应工件尺寸在一定范围内变动的情况，工作部分可考虑设计成 V 形槽，如图 10.16 所示，其夹角 α 一般为 90°～120°。工作部分的外形无具体要求，可设计成圆柱形，如图 10.17 所示。

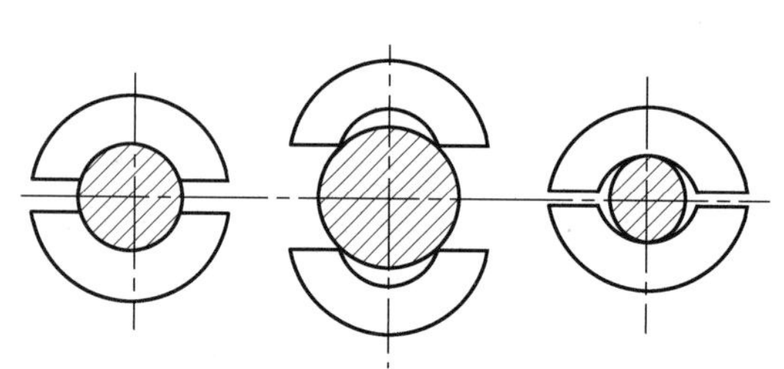
图 10.15 夹持不同直径圆柱的情况

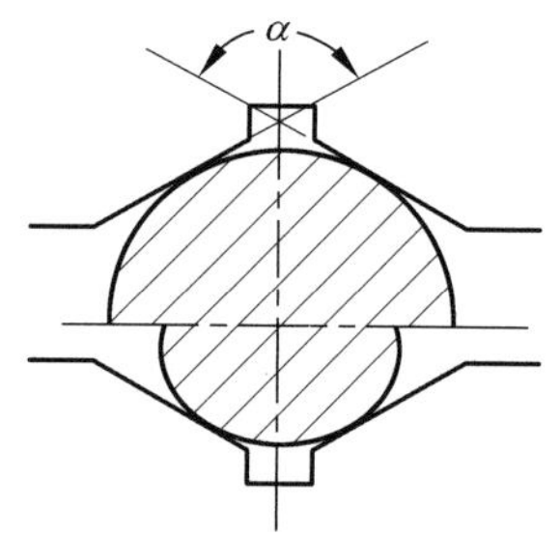

图 10.16 夹持部分的 V 形设计

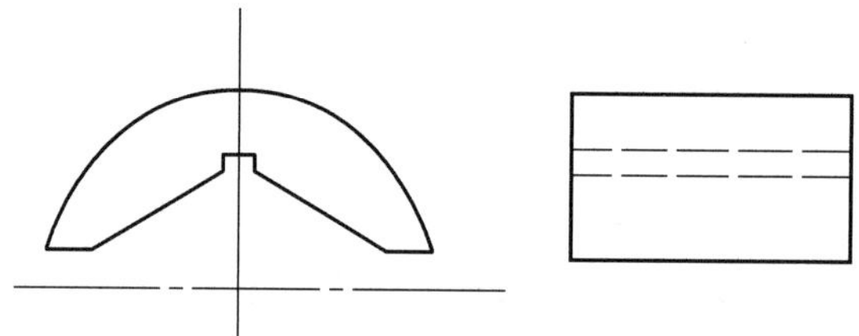
图 10.17 夹持部分的构型设计

安装部分用来与轴连接，可设计成一套筒，其内腔可以是图 10.18 所示的多种形式，目的是使夹持件与轴不产生相对转动。出于加工简单的考虑，可采用图 10.18(c)所示的键连接形式。

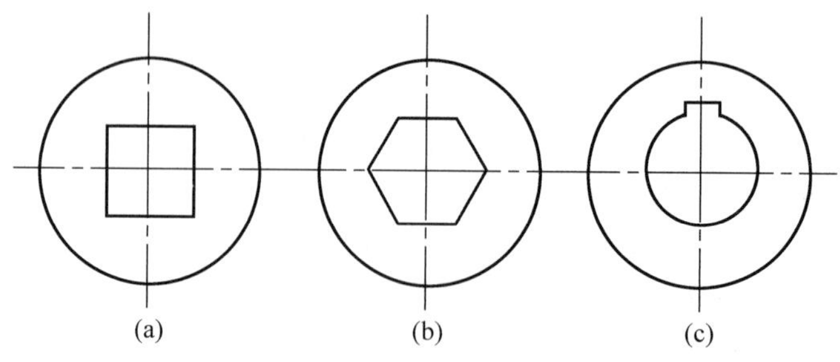

图 10.18 安装部分的构型设计

安装部分和工作部分用长方板连接，为提高刚性，可增加一肋，从而使连接部分为 T 形断面，中心距 L 可视夹持力要求等具体情况而定。

（3）**完成零件设计**。经过构型分析，确定各部分形体后，考虑具体情况定出各部分形体的相对位置和组合关系。完成构型设计后，绘制其视图，如图 10.19 所示。

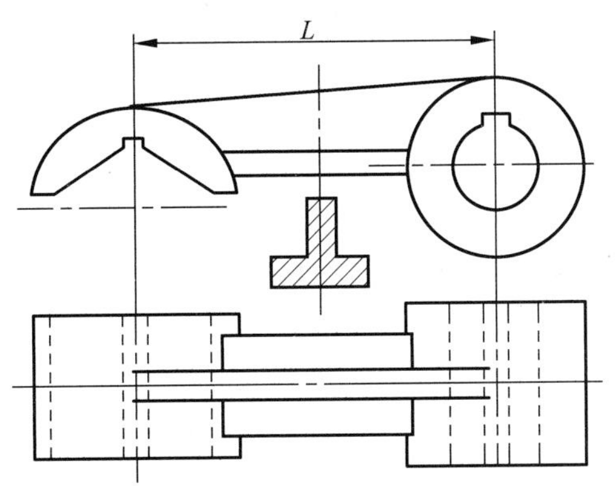

图 10.19　机械手夹持件的最终设计

机械手夹持件的三维模型

10.2　零件图的内容

如图 10.20 所示，一张完整的零件图应包括以下四方面的内容：

（1）一组视图。用来完整、清晰地表达零件的内、外形状以及各部分的相对位置。根

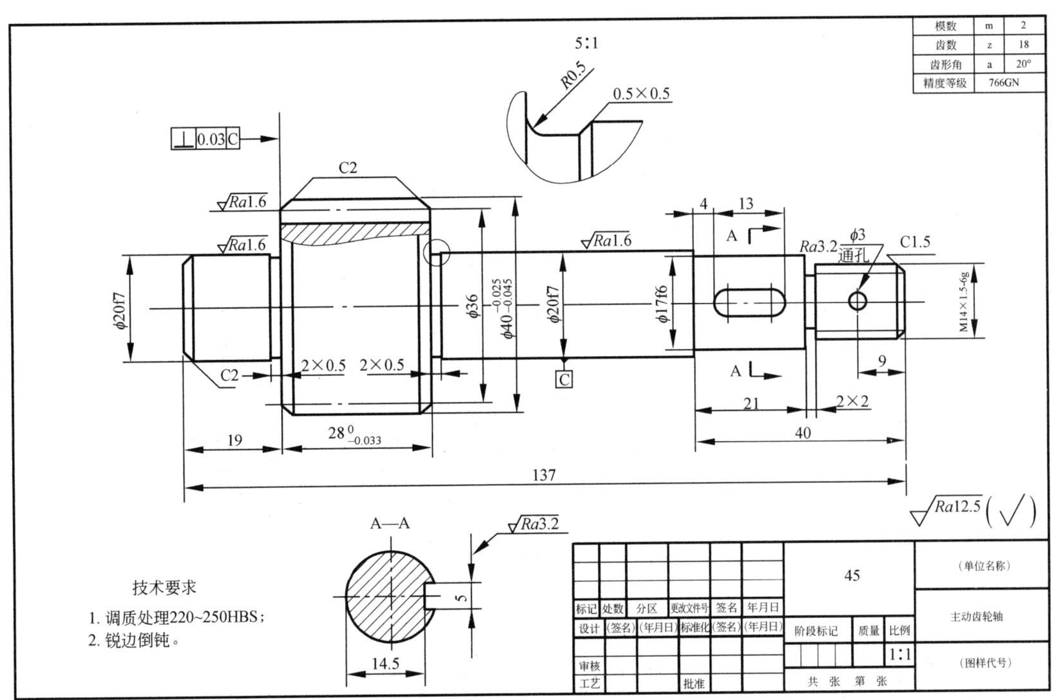

图 10.20　主动齿轮轴的零件图

据零件的具体情况，可以选择基本视图、剖视图、断面图以及局部放大图等各种表达方法（见第8章）。

(2) 完整的尺寸。将零件在制造和检验时所需要的全部尺寸正确、完整、清晰、合理地标注出来。

(3) 技术要求。用符号或文字说明零件在制造、检验等过程中应达到的一些技术要求，如表面粗糙度、尺寸公差、几何公差、热处理要求等。用文字描述的技术要求一般注写在标题栏附近的图纸空白处。

(4) 标题栏。填写零件名称、材料、数量、比例以及设计、审核人员的签名等。

10.3 零件图的视图选择和表达方法

零件图应恰当地选用视图、剖视图、断面图等表达方法，将零件的各部分结构形状，完整、清晰地表达出来，在保证看图方便的前提下，力求绘图简便。为此，要对零件进行结构形状分析，依据零件的结构特点、用途及主要加工方法，选择好主视图和其他视图，确定合理的表达方案。

10.3.1 主视图的选择

主视图是一组视图的核心，它的选择直接影响其他视图的数量和表达方法的确定，更直接影响画图、看图的方便程度。选择主视图时，主要考虑两方面的内容：零件的摆放位置和主视图的投射方向。

1. 零件的摆放位置

一般选择零件的加工位置、工作位置或自然位置。

(1) 零件的加工位置。加工位置是指零件在制造过程中，在机床上的装夹位置。在选择零件的摆放位置时，应该尽量与其加工位置相一致，以便于加工时的看图。

轴、套类回转体零件，其主要加工工序是车削或磨削，故常按加工位置选择主视图，即将轴线水平放置，小端朝右，如图10.21所示。

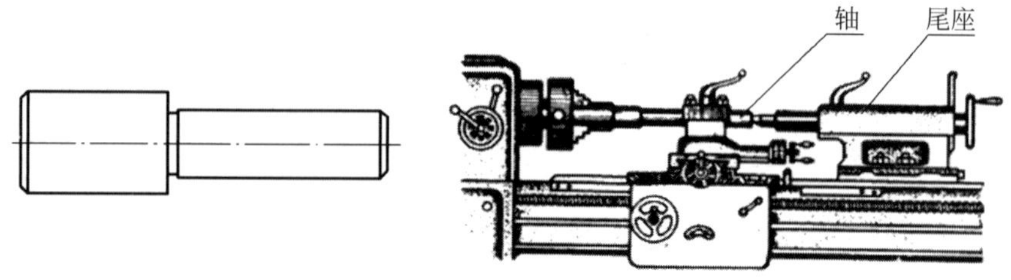

图10.21 轴的加工位置

(2) 零件的工作位置或自然位置。工作位置是指零件在机器或部件中工作时的位置。摆放位置应该尽量与零件的工作位置相一致，以便于把零件和整台机器联系起来，想象其工作情况，并方便将零件图和装配图进行对照。

如图10.22(a)所示的吊车吊钩和汽车拖钩，虽然形状类似，但由于工作位置不同，主视图的摆放位置亦有所不同；又如图10.22(b)所示的车床尾座，主视图零件摆放位置反映的也是其工作位置。

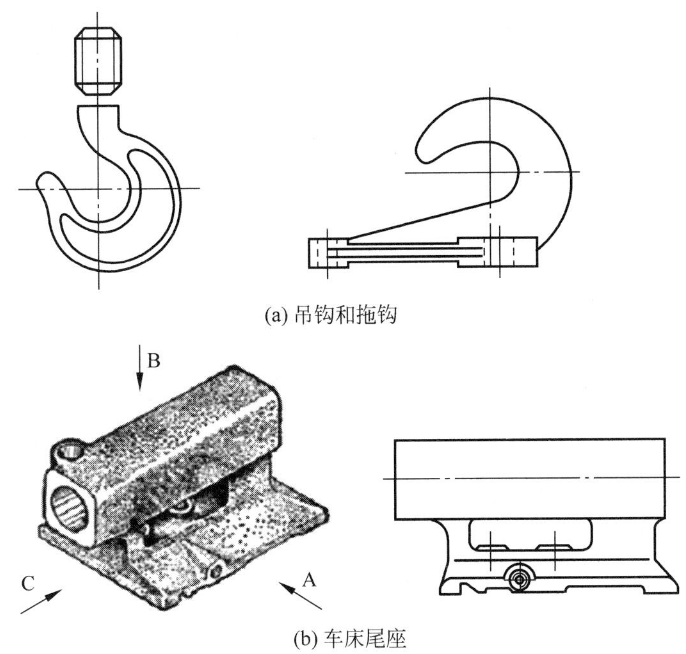

(a) 吊钩和拖钩

(b) 车床尾座

图10.22 零件的工作位置

当零件的工作位置倾斜时，可将零件自然、平稳放置。

2. 主视图的投射方向

要将最能反映零件各组成部分结构形状及其相对位置的方向，作为主视图的投射方向。所选视图应能达到看后即对零件的基本形状、特征有明显印象的目的。

如图10.22(b)所示的车床尾座，在A、B、C三个方向中，方向A反映其结构特征最为明显，故而可选此方向作为主视图的投射方向。

10.3.2 其他视图的选择

主视图确定后，还要选择其他视图，以进一步表达零件的内、外结构。

其他视图的选择一般应该从以下几个方面进行考虑：

(1) 所选视图要目的明确、重点突出。应该使每个视图都有其明确的表达重点，既要将需表达部分的结构和形状表达清楚，又要避免重复表达。

通常用基本视图或在基本视图上采用剖视来表达零件的主要结构形状，用局部视图、断面图或局部放大图等方法表达零件的局部形状和细小结构。

(2) 在满足完整、清晰表达零件的前提下,应使视图数量尽量地少。

如轴、套筒、衬套、薄垫片等零件,标注尺寸后用一个视图就可表达清楚,此时不需要选择其他视图,如图 10.23 所示。

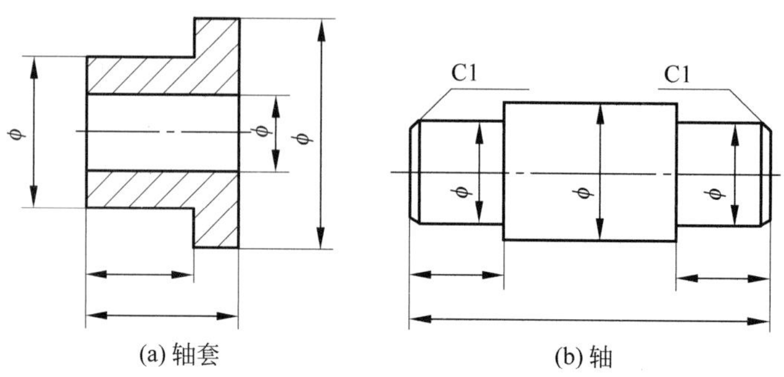

图 10.23　只需一个视图的零件

零件图的视图选择是一个比较灵活的问题,同一个零件可以有多种视图表达方案。在选择时,应将各种表达方案综合考虑,加以比较,力求使"看图方便、绘图简单"。

10.3.3　典型零件的视图表达

零件的形状多种多样,它们既有各自的特点,也有其共同之处。根据零件的结构特点,常见零件大体可分为四类:轴套类、盘盖类、叉架类和箱体类。在电子、仪表和化工等行业中,还经常遇到薄板弯制类零件和结合件等。现分别就轴套类、盘盖类、叉架类、箱体类薄板弯制类零件及结合件的特点及视图表达分述如下。

1. 轴套类零件

轴套类零件有轴、丝杠、衬套和套筒等。这类零件的主体结构多为同轴回转体,上面通常有孔、键槽、倒角及退刀槽等结构。

轴套类零件一般在车床上加工,主视图应按加工位置确定,即轴线水平放置;轴上的孔、键槽等结构朝前。零件一般只画一个主视图表达主体结构,轴的主视图通常采用视图或在视图上作局部剖;套一般是空心的,需要采用剖视图。对于零件上的孔、键槽等结构,可用局部视图、局部剖视图及移出断面图等表达;砂轮越程槽、退刀槽、中心孔等可用局部放大图表示细部结构。

如图 10.24 所示齿轮轴,即采用一个主视图(轴线水平放置)表达其主体结构,主视图上采用局部剖视表达齿轮的轮齿部分。轴上键槽的形状通过主视图表达,其深度采用移出断面图表达;为清楚表示轴上的砂轮越程槽,采用了局部放大图;轴上右端销孔的形状及深度可通过尺寸标注确定。

2. 盘盖类零件

盘、盖类零件包括各种轮(如手轮、齿轮)、法兰盘和端盖等。这类零件的主要形体是

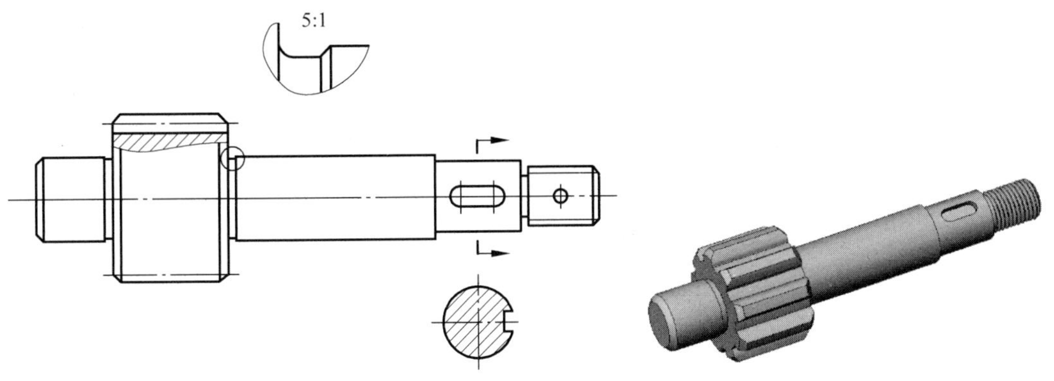

图 10.24 齿轮轴的视图表达

回转体，且径向尺寸一般大于轴向尺寸，其上通常有孔、轮辐、肋板等结构。

盘盖类零件的毛坯为铸件或锻件，机械加工以车削为主，因此主视图一般按加工位置水平放置。零件一般需要两个基本视图，一个是轴向剖视图，另一个是径向视图。根据结构特点，视图具有对称面时，可作半剖视；无对称面时，可作全剖或局部剖视。零件上不在同一个平面的多个孔、槽，可用旋转剖、阶梯剖等方法表达，还可采用简化画法；其他结构如轮辐、肋板等可用断面图表达。

如图 10.25 所示端盖，主视图即按加工位置将轴线水平放置，表达了端盖的主体结构。为表达端盖的端面形状及端盖上孔的数量和分布情况，采用了左视图。对于端盖内的通孔及端面上均布孔的结构，则采用旋转剖的方法将主视图画成全剖视图进行表达。

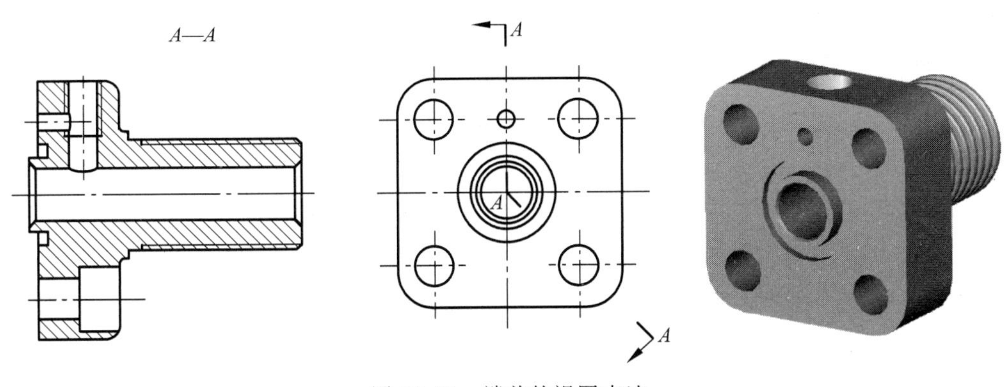

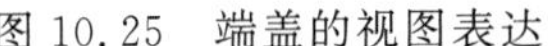
图 10.25 端盖的视图表达

3. 叉架类零件

叉架类零件包括各种用途的叉杆（如拨叉、连杆等）、支架和支座等。这类零件的形状不规则，外形复杂，常有弯曲或倾斜结构，还有肋板、安装板和轴孔等结构。

叉架类零件的形状复杂，加工工序较多，加工位置也多变，因此一般根据工作位置或自然放置位置来确定主视图，主视图的投射方向反映形状特征。零件一般需要两个或三个基本视图来表达，并常采用剖视以兼顾内、外形状。对于倾斜结构，常用斜视图、斜剖视图或断面图等表达方法。

图 10.26 所示托架，主视图按工作位置放置，其投射方向为图示 B 向。主视图表达了托架的主要结构特征及上、中、下三部分结构的相对位置；两处局部剖分别表达了左上部竖孔的情况及右下部安装板上安装孔的情况。为表达托架上部圆筒的宽度以及下部安装板的外形，采用左视图，其上的局部剖表达了圆筒内孔的情况。托架左上部 U 形凸台的形状采用 A 向局部视图表达；移出断面图表达了托架中间连接板及肋板的断面形状。

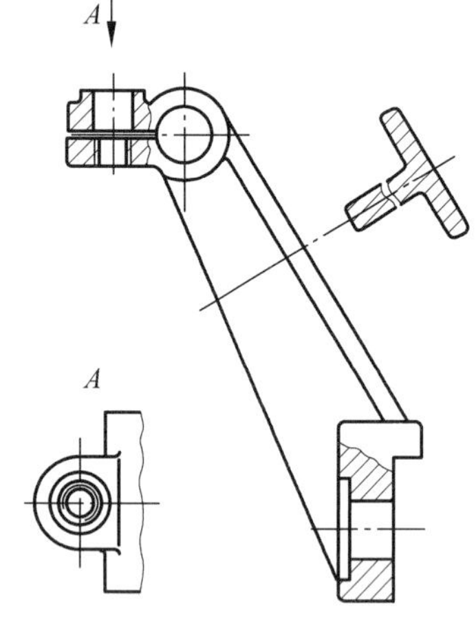

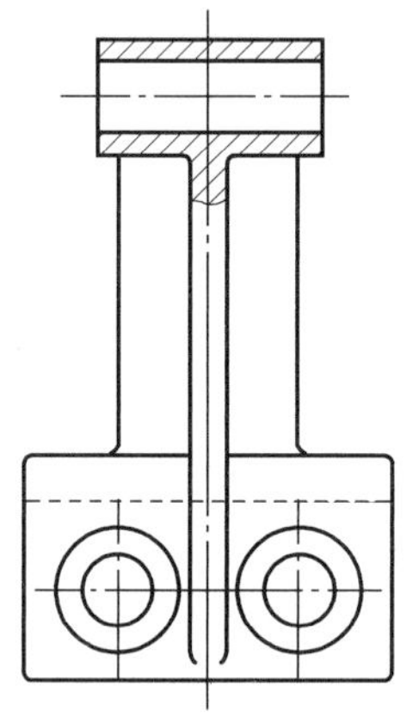

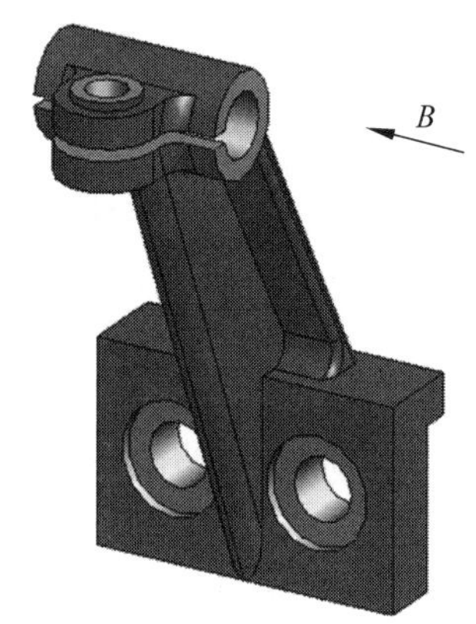

图 10.26 托架的视图表达

4. 箱体类零件

箱体类零件包括各种箱体、泵体、阀体和机座等。这类零件的形状结构比较复杂，常有内腔、轴承孔、凸台和安装板等结构。

箱体类零件的加工工序较多，加工位置也不尽相同，因此一般根据工作位置或自然放置位置来确定主视图摆放位置，主视图的投射方向依反映形状特征而定。零件图一般需要两个以上基本视图，并常采用通过主要轴承孔轴线的剖视图来表达其内部结构形状。局部结构常采用局部视图、局部剖视图、断面图等表达方法。

图 10.27 所示泵体，主视图按工作位置放置，其投射方向为图示 C 向。主视图表达了泵体各部分结构的相对位置以及其上肋板的形状（采用规定画法），全剖视图表达出了泵体内部各孔的结构形状。为清楚表达泵体左端面的形状及其上孔的数量和分布情况，设置了左视图，其上的两处局部剖视分别表达了泵体上前、后螺纹孔的情况以及下部安装板上安装孔的情况。安装板的端面形状、其上安装孔的分布情况及支撑板的断面形状通过 A—A 剖视图表达。泵体右端面的形状采用 B 向局部视图表示。

5. 薄板弯制类零件

薄板弯制类零件是由薄板经过冲裁、剪切、弯折等工艺加工而成的零件，常在承载能力

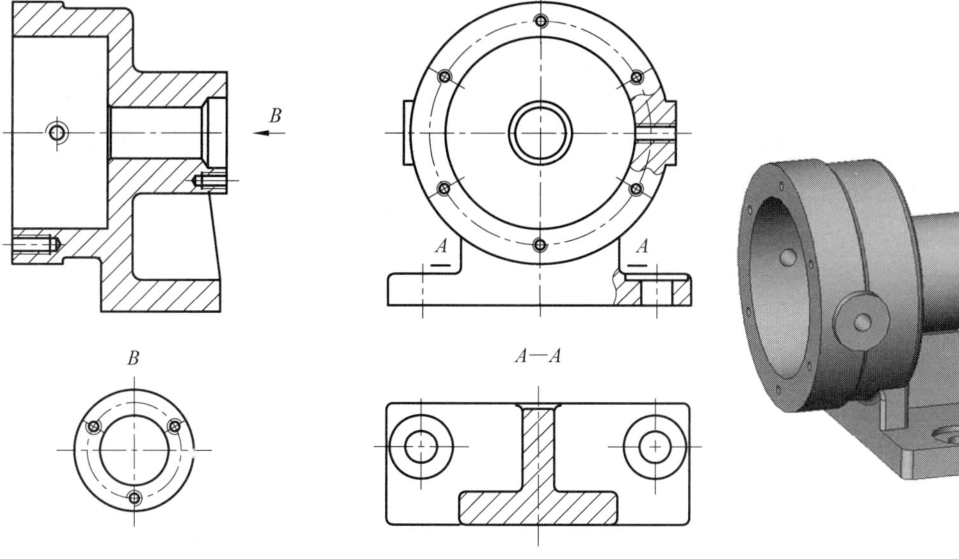

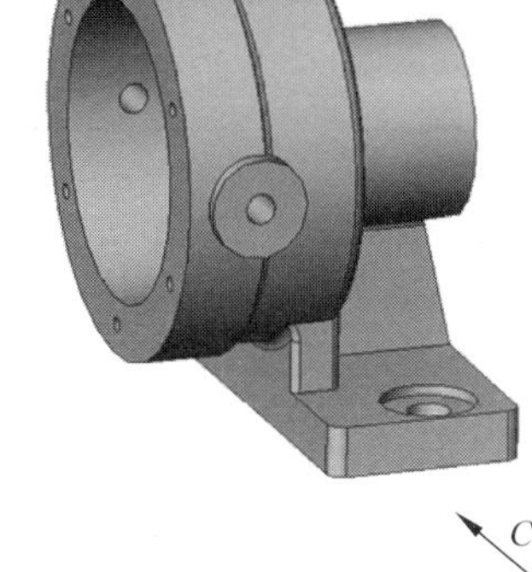

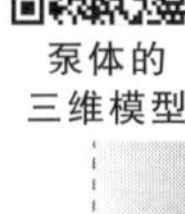

图 10.27　泵体的视图表达方案

不大的情况下使用，制造简单，成本低廉。几乎 80%以上的电子产品都由薄板弯制类零件构成，机箱、机架、机柜中的很多结构件都属于薄板弯制类零件。在薄板弯制类零件的图样中，除了完整地表达出零件的形状和大小外，还应画出零件的展开图，用于从板材上下料，展开图中要用细实线表示弯折位置。作为薄板弯制类零件，支架的视图表达如图 10.28 所示。

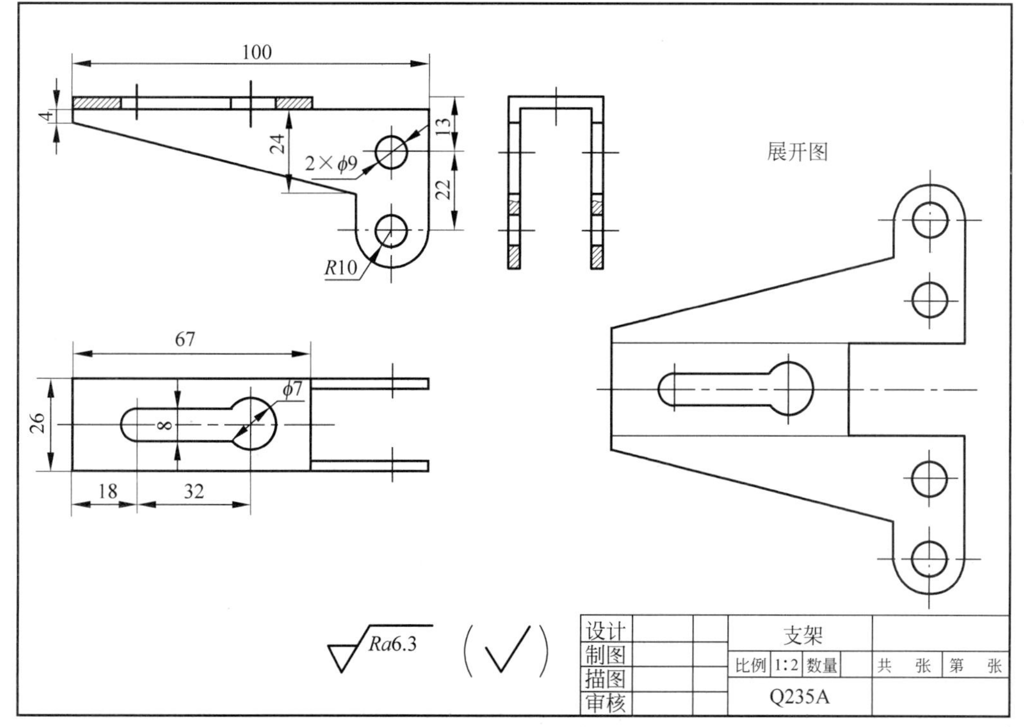

图 10.28　薄板弯制件的视图表达

6. 结合件

用焊接、铆接、粘合、镶合等方式将两个或更多的相同或不同的零件连接在一起，形成一个整体的组件，称为结合件。结合件在功能上常常作为零件用，其视图表达上是装配图的形式。在电子产品中，结合件既需要保证一定的强度，又必须做到绝缘或隔热。图 10.29 所示旋钮就是用工程塑料将螺栓镶合在一起构成的结合件。

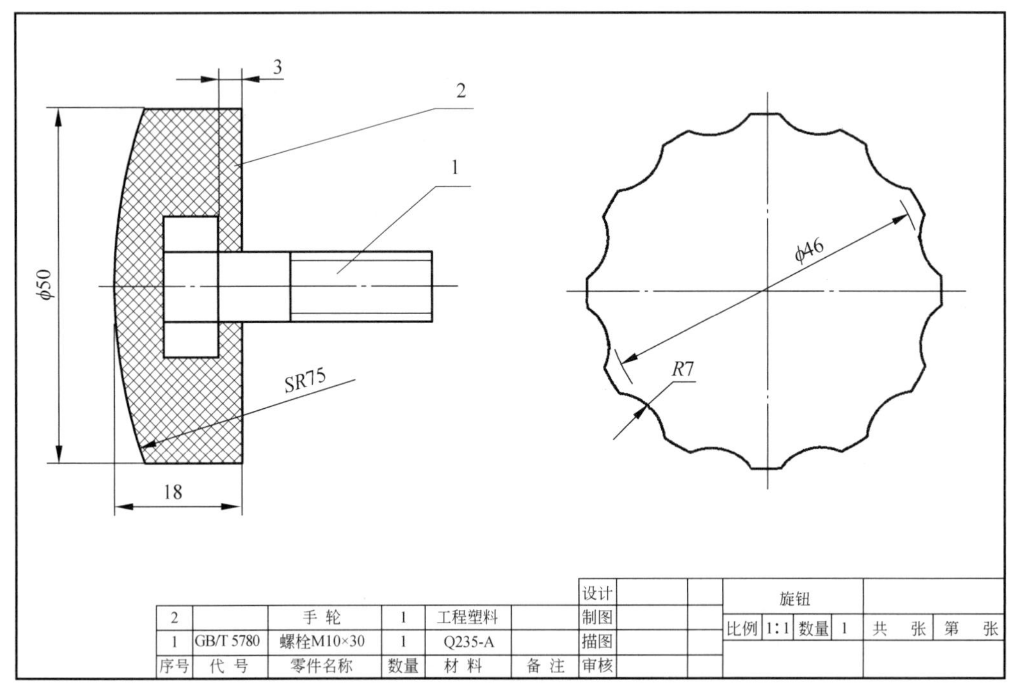

图 10.29 结合件的视图表达

【例 10.3】 端子匣的视图选择

（1）了解零件。端子匣是某些电子仪器设备中的通用零件，工作位置各不相同，由铝板制成，其形状如图 10.30(a)所示。

（2）选择主视图。以零件的工作位置作为摆放位置，即将零件的底面放成水平；主视图的投射方向如图 10.30(a)的箭头 A 所示。由于零件左、右基本对称，故采用半剖视，以表达内腔和弯臂上的螺孔；左端的圆孔则用局部剖视表示。

（3）选择其他视图。为了表达零件的左、右基本对称和两个弯臂底面为矩形的形状特征，必须选用俯视图。主、俯两个视图已把零件的形状基本表达出来，但从"便于看图"来衡量，尚有其不足，因为这个零件的前、后壁比左、右壁高的特点，采用左视图就能表达得更加明晰。因此，最好再选用一个左视图。其次，有了左视图，则把零件底面是带圆角的平面这一情况也清晰表达。为了进一步明确右端没有圆孔，左视图可以画成局部剖视或半剖视。

端子匣的上述视图表达方案如图 10.30(b)所示。

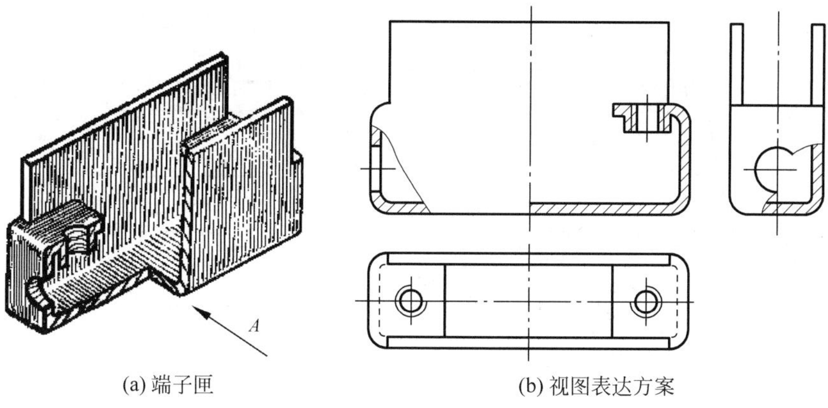

(a) 端子匣　　(b) 视图表达方案

图 10.30　端子匣及其视图表达方案

端子匣的三维模型

10.4　零件图的尺寸标注

零件图上标注的尺寸，除要求正确、完整、清晰之外，还应合理。合理是指标注的尺寸既要满足设计要求，保证零件的使用性能，又要满足工艺要求，便于零件的制造、检验。要做到合理标注尺寸，需要较多机械设计和机械制造方面的相关知识，本节主要介绍一些合理标注尺寸的基本知识。

10.4.1　尺寸基准

尺寸基准是尺寸标注的起点，合理标注尺寸，必须选择合适的尺寸基准。

1. 常用尺寸基准

尺寸基准一般选择零件上较大的加工面、与其他零件的结合面、零件的对称面、重要的端面以及轴和孔的轴线、对称中心线等。

如图 10.31 所示轴承座，高度方向的尺寸基准是基准 B，其系轴承座的安装面，也是最大的加工面；长度方向的尺寸基准是轴承座左右的对称面 C；宽度方向的尺寸基准是重要端面（后端面）D。又如图 10.32 所示的轴，轴向（也是长度方向）以左端面（重要端面）为基准，径向（也是高度和宽度方向）以轴线为基准。

2. 设计基准和工艺基准

尺寸基准根据用途又分为设计基准和工艺基准。

设计基准是用来确定零件在机器或部件中准确位置的基准。工艺基准是为便于加工测量而选定的基准。如图 10.31 所示轴承座，为确定轴承座所支撑轴的准确高度，以底面 B 为高度方向的基准，这个基准即为设计基准；为便于测量顶面上螺孔的深度，以顶面 E 为高度方向的另一个基准，这个基准即为工艺基准。再如图 10.32 所示轴，设计时，使用左端面作为基准，即设计基准；为便于加工测量，以右端面为轴向另一个基准，即工艺基准。

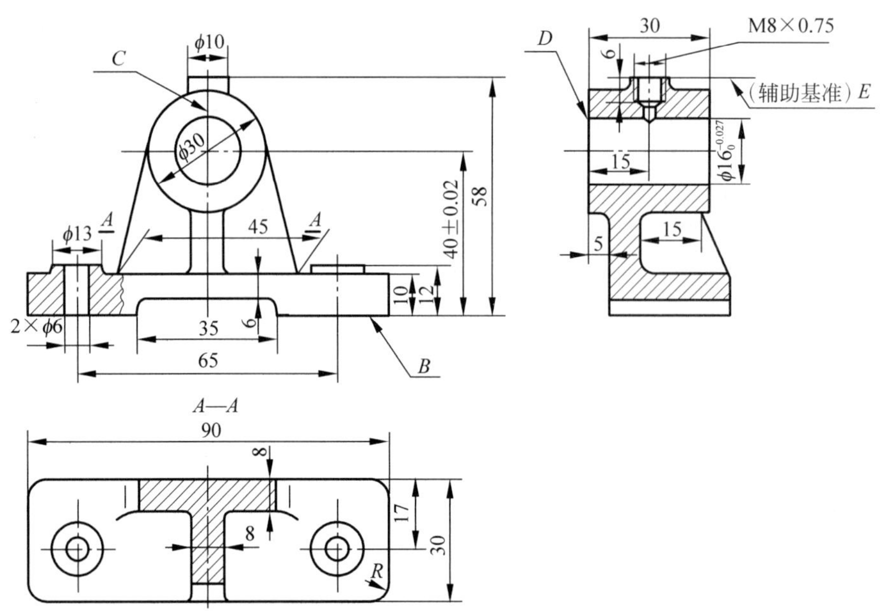

图 10.31　基准的选择(一)

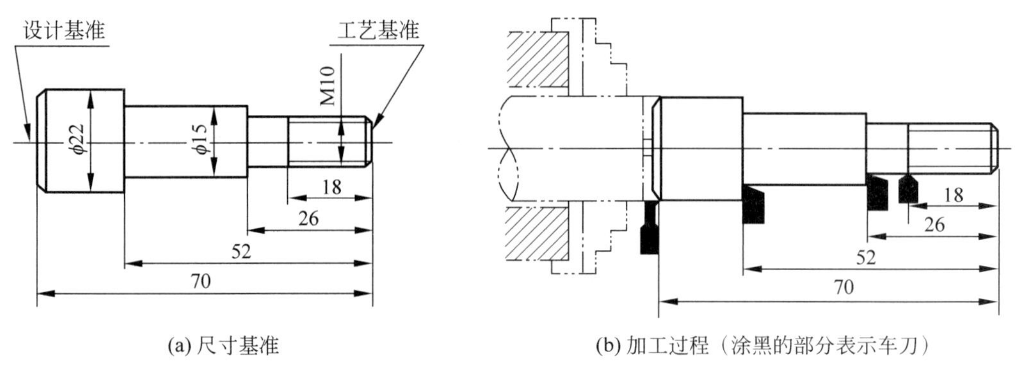

(a) 尺寸基准　　(b) 加工过程（涂黑的部分表示车刀）

图 10.32　基准的选择(二)

3. 主要基准和辅助基准

零件在每个方向上起主要作用的基准称为主要基准,根据需要还可以增加一些辅助基准。主要基准常选这个方向的设计基准。辅助基准与主要基准之间应该有直接的尺寸联系。

如图 10.31 所示轴承座,基准 B 是高度方向上的主要基准；基准 C 是长度方向上的主要基准；基准 D 是宽度方向上的主要基准；基准 E 是高度方向上的辅助基准。再如图 10.32 所示轴,轴线为径向主要基准,左端面为轴向主要基准,右端面为轴向辅助基准。

10.4.2　尺寸标注的注意事项

1. 零件上的重要尺寸必须从主要基准直接注出

重要尺寸是指直接影响零件在机器或部件中的工作性能或准确位置的尺寸。为了使零件的重要尺寸不受其他尺寸误差的影响，应在零件图中直接把重要尺寸注出，以保证设计要求。

如图10.33(a)所示轴承座，轴承孔的高度尺寸A和安装孔的间距尺寸L为重要尺寸，因此要从主要基准，即轴承座的底面和左右对称平面直接注出，而不应如图10.33(b)所示，通过其他尺寸B、C和90、E间接计算得到，从而造成尺寸误差的积累。

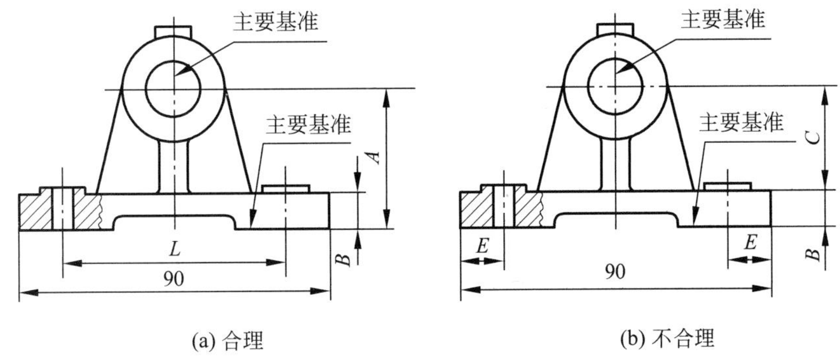

(a) 合理　　(b) 不合理

图10.33　重要尺寸直接注出

2. 避免出现封闭尺寸链

如图10.34(a)所示轴，在轴向尺寸标注中，不仅对全长尺寸(A)进行了标注，而且对轴上各段长度尺寸(B、C、D)连续地进行了标注，这就形成了封闭的尺寸链，这在尺寸标注中必须避免。因为尺寸A是尺寸B、C、D之和，而每个尺寸在加工后都有误差，则尺寸A的误差为另外三个尺寸的误差之和，可能达不到精度要求。所以，应选择其中的一个次要尺寸(如C)空出不标(称为开口环)，以便所有的尺寸误差都积累到这一段，保证重要尺寸的精度，如图10.34(b)所示。

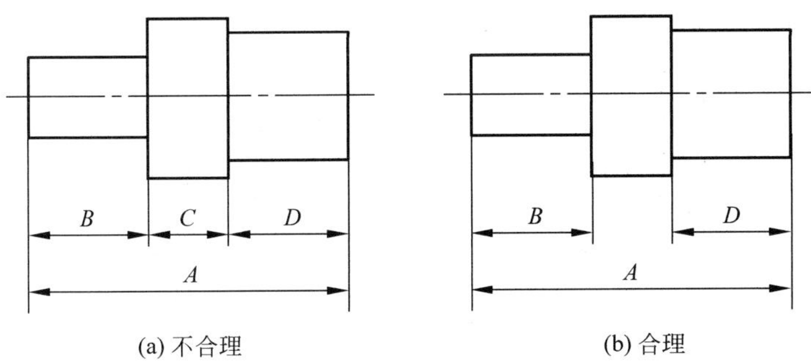

(a) 不合理　　(b) 合理

图10.34　避免注成封闭尺寸链

3. 标注的尺寸应便于加工和测量

如图10.35(a)所示轴，尺寸51是设计要求的重要尺寸，应该直接注出，长度方向其他尺寸按加工顺序注出。由图10.35(b)所示轴的加工顺序可以看出，从下料到每一加工工序，都在图中直接注出所需尺寸。

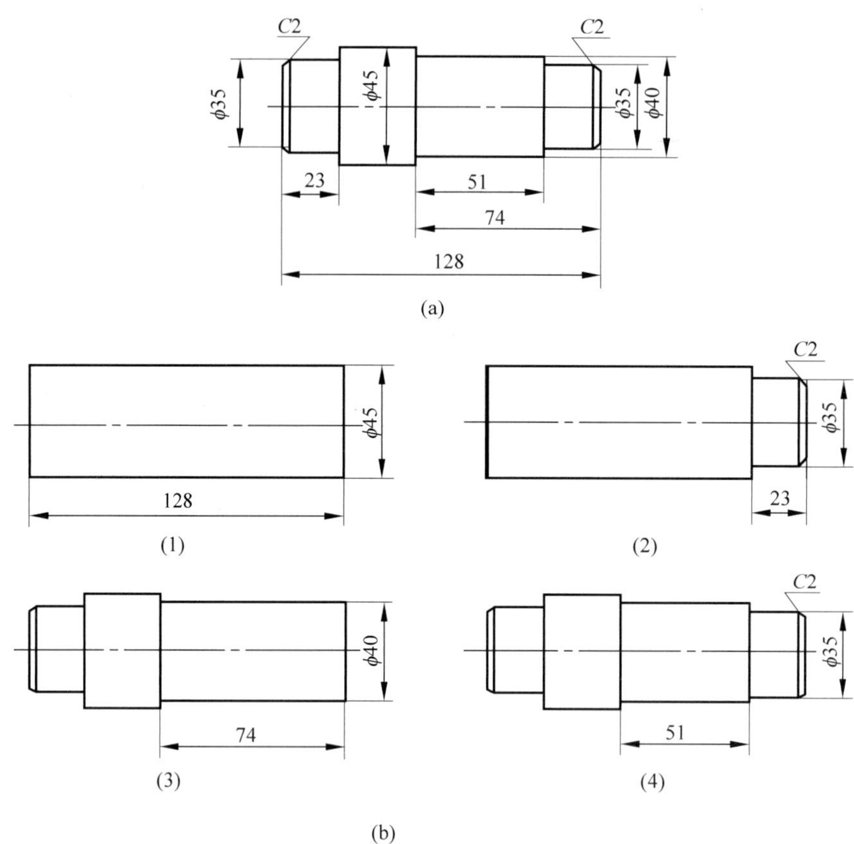

(b)

图 10.35　尺寸标注应符合加工顺序

标注尺寸时,还应考虑测量、检验的方便。如图 10.36(a)所示套筒,尺寸 l_1 不便于直接测量,应按图 10.36(b)所示进行标注。

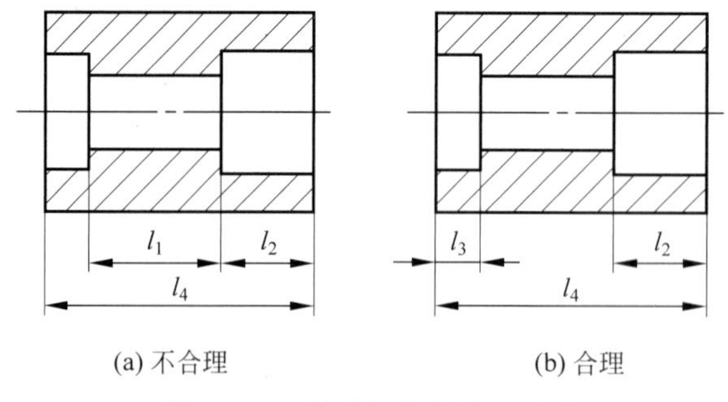

(a) 不合理　　(b) 合理

图 10.36　尺寸标注应便于测量

10.4.3　常见孔的尺寸注法

零件上常见孔的尺寸注法如表 10.1 所示。

表 10.1 常见孔的尺寸注法

类	型	旁注法	普通注法
光孔	一般孔	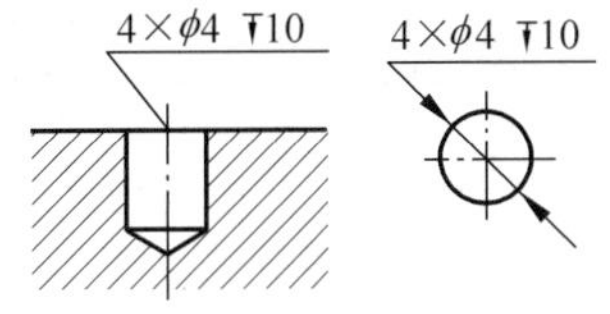 4×ϕ4 ↧10　4×ϕ4 ↧10	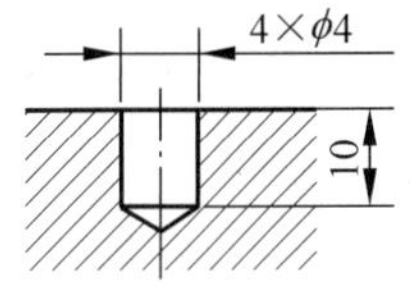 4×ϕ4　10
	精加工孔	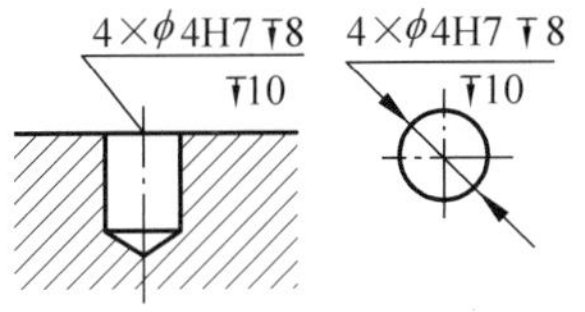 4×ϕ4H7 ↧8 ↧10　4×ϕ4H7 ↧8 ↧10	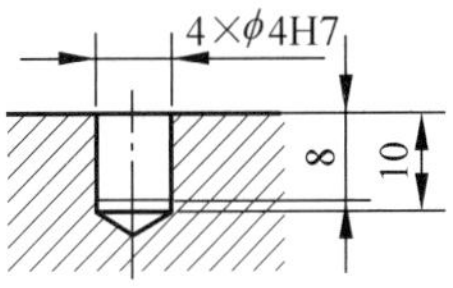 4×ϕ4H7　8　10
螺孔	通孔	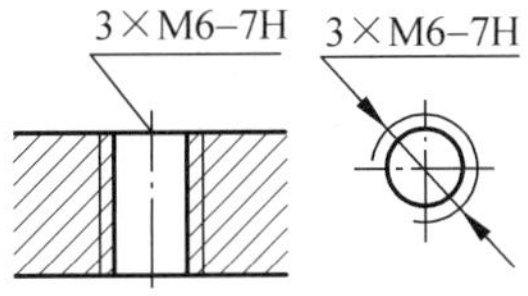 3×M6-7H　3×M6-7H	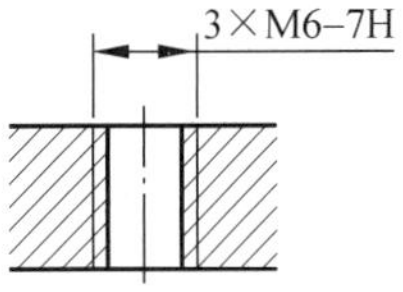 3×M6-7H
	不通孔	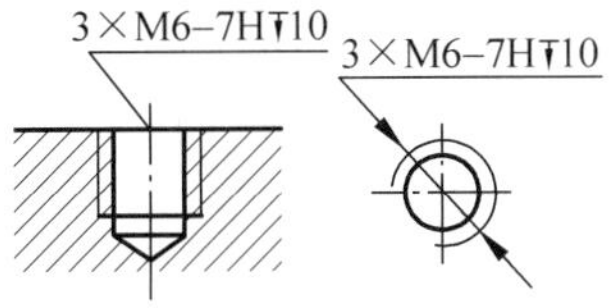 3×M6-7H↧10　3×M6-7H↧10	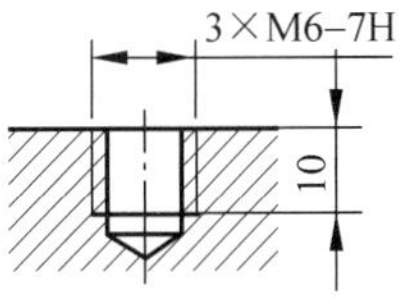 3×M6-7H　10
	一般孔	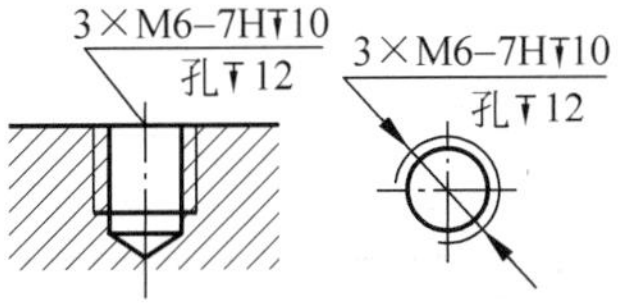 3×M6-7H↧10 孔↧12　3×M6-7H↧10 孔↧12	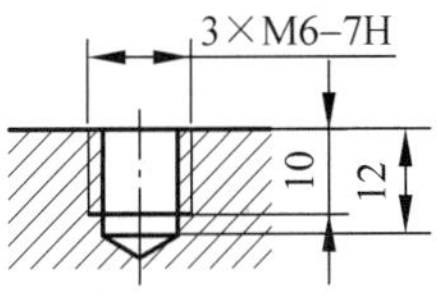 3×M6-7H　10　12
沉孔	锥形沉孔	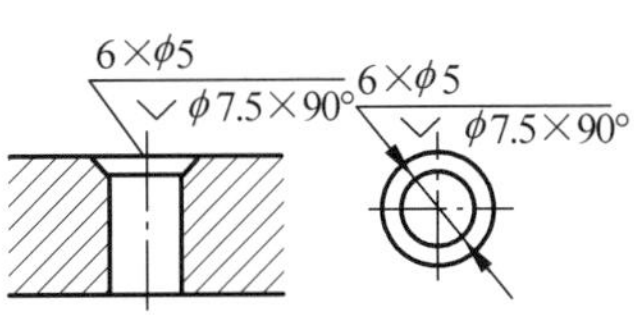 6×ϕ5 ⌵ϕ7.5×90°　6×ϕ5 ⌵ϕ7.5×90°	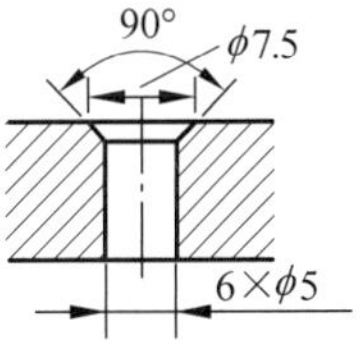 90°　ϕ7.5　6×ϕ5
	柱形沉孔	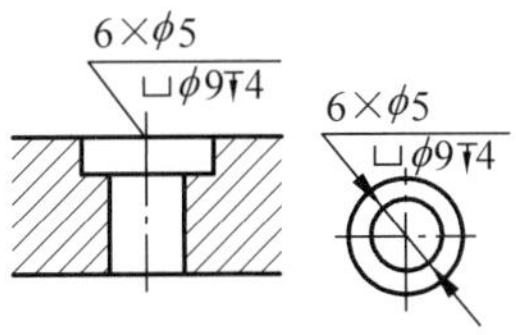 6×ϕ5 ⌴ϕ9↧4　6×ϕ5 ⌴ϕ9↧4	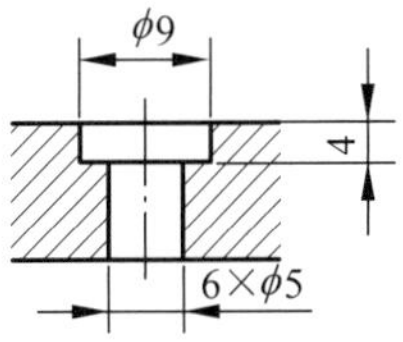 ϕ9　4　6×ϕ5
	锪平沉孔	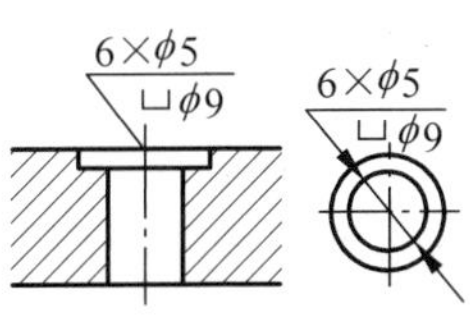 6×ϕ5 ⌴ϕ9　6×ϕ5 ⌴ϕ9	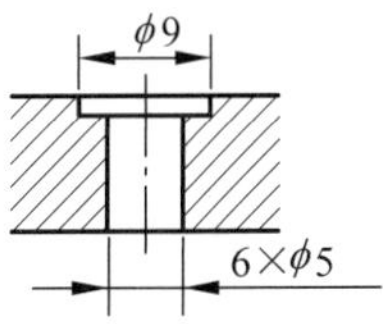 ϕ9　6×ϕ5

10.4.4 典型零件的尺寸注法

本节将以轴套类和盘盖类典型零件的尺寸标注为例，介绍零件图上尺寸标注的过程与方法。基本方法仍然是形体分析法，同时还应考虑加工和测量的方便。

1. 轴套类零件

轴套类零件的尺寸主要是轴向尺寸和径向尺寸，径向尺寸的主要基准是轴线，可由它标注出各段轴的直径；轴向尺寸基准常选择重要的端面及轴肩，通常有多个辅助基准。

由于这类零件的主体结构是同轴回转体，因此零件图上的定位尺寸相对较少。在标注尺寸时，重要尺寸必须直接标注出来，其余尺寸一般按加工顺序标注。为了读图清晰和便于测量，在剖视图上，内外结构尺寸应分开标注。

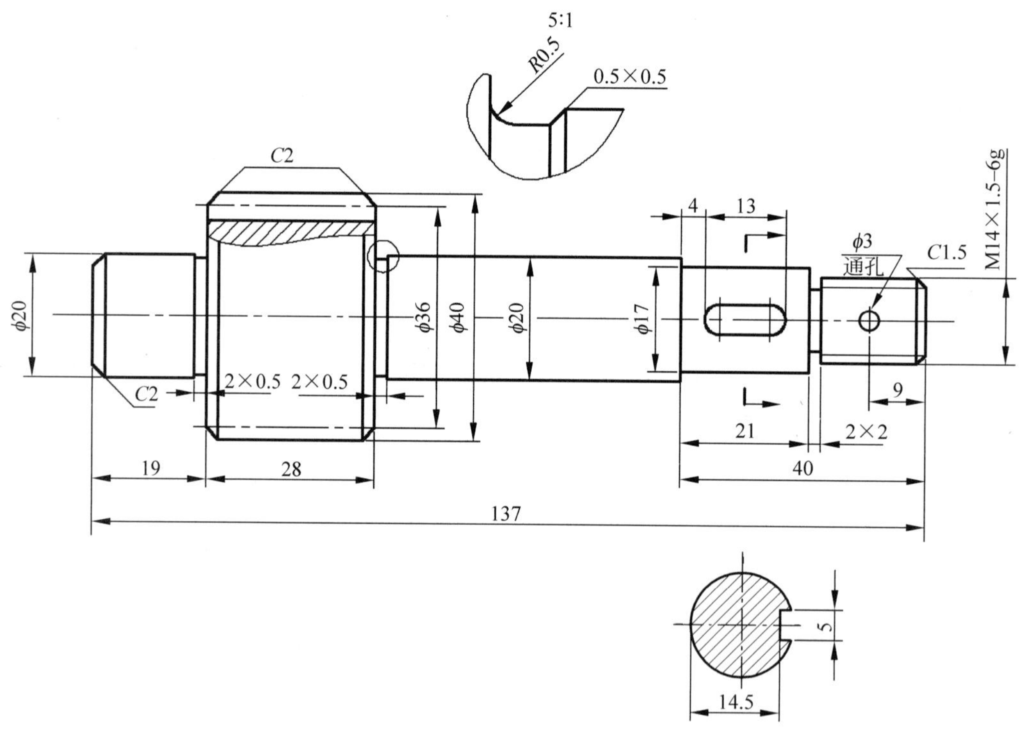

图 10.37 齿轮轴的尺寸标注

2. 盘盖类零件

盘盖类零件的尺寸一般为两大类：轴向尺寸和径向尺寸。通常选用主要轴孔的轴线作为径向主要尺寸基准。长度方向的主要尺寸基准，常选用重要的端面。

这类零件定形和定位尺寸都较明显，尤其是在圆周上分布的小孔的定位圆直径是这类零件的典型定位尺寸,多个小孔一般采用"个数×ϕ 直径"的形式标注,零件的内外结构尺寸通常应分开标注,如图 10.38 所示。

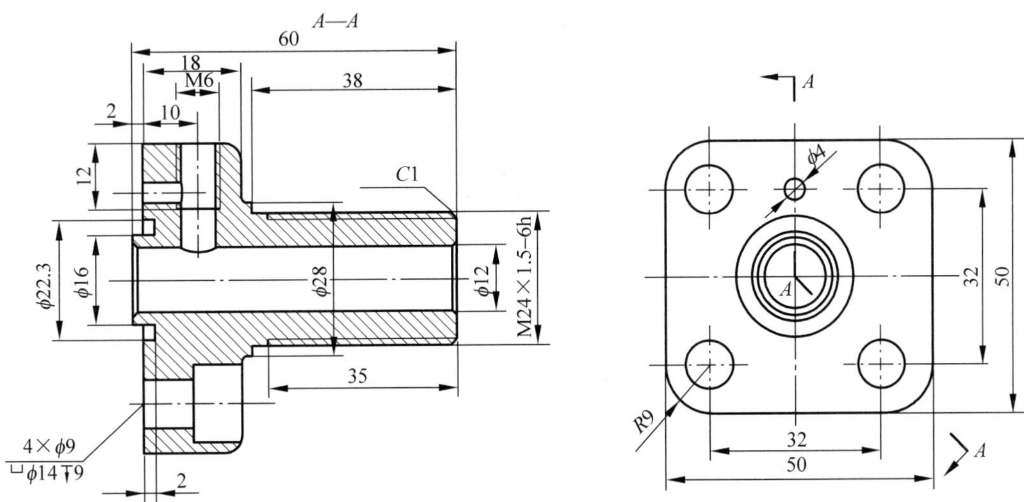

图 10.38 端盖的尺寸标注

10.5 零件图上的技术要求

零件图中,除了一组视图和尺寸标注外,还应具备加工和检验零件所需要的技术要求。零件图上的技术要求主要包括尺寸公差、几何公差、表面结构要求、零件材料、热处理和表面处理等。

10.5.1 尺寸公差

1. 零件的互换性

在日常生活中,自行车的零件坏了,可以买个新的换上,并能很好地满足使用要求。之所以能这样方便,就因为这些零件具有互换性。

同一批零件,不经挑选和辅助加工,任取一个就可顺利地装到机器上去,并满足机器的性能要求,零件的这种性能称为互换性。零件具有互换性,不仅能组织大批量生产,而且可提高产品的质量、降低成本和便于维修。

2. 尺寸公差

在零件的加工过程中,受机床精度、刀具磨损、测量误差等因素的影响,不可能把零件的尺寸做得绝对准确。为了保证互换性,必须将零件尺寸的加工误差限制在一定的范围内,规定出允许的尺寸的变动量,即尺寸公差。下面以图 10.39 为例介绍尺寸公差的有关术语。

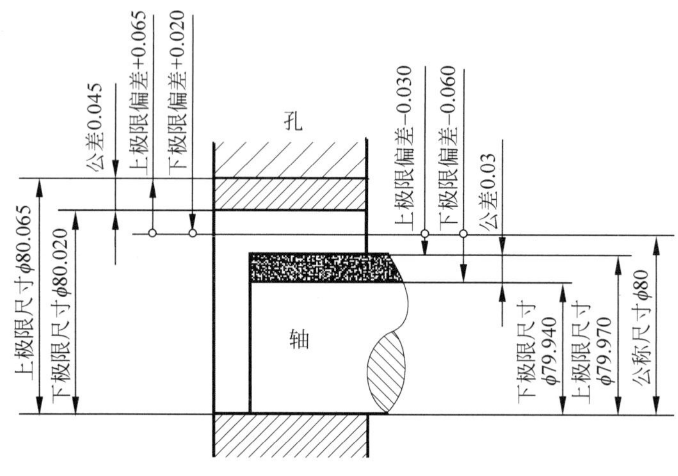

图 10.39　公差的有关术语

(1) 公称尺寸。根据零件强度、结构和工艺性要求，设计确定的尺寸。如图中的 ϕ80。

(2) 实际尺寸。通过测量所得到的尺寸。

(3) 极限尺寸。允许尺寸变化的两个界限值，它以公称尺寸为基数来确定。孔或轴允许的最大尺寸称为上极限尺寸，如图中的 ϕ80.065 和 ϕ79.970；孔或轴允许的最小尺寸称为下极限尺寸，如图中的 ϕ80.020 和 ϕ79.940。

(4) 极限偏差。极限尺寸减公称尺寸所得的代数差。上极限尺寸减公称尺寸所得的代数差称为上极限偏差，下极限尺寸减公称尺寸所得的代数差称为下极限偏差。

上、下极限偏差可以是正值、负值或零。国家标准规定：孔的上极限偏差代号为 ES、下极限偏差代号为 EI；轴的上极限偏差代号为 es、下极限偏差代号为 ei。图 10.39 中：

孔：上极限偏差(ES)＝80.065－80＝＋0.065

　　下极限偏差(EI)＝80.020－80＝＋0.020

轴：上极限偏差(es)＝79.970－80＝－0.030

　　下极限偏差(ei)＝79.940－80＝－0.060

(5) 尺寸公差(简称公差)。允许尺寸的变动量。

尺寸公差＝上极限尺寸－下极限尺寸＝上极限偏差－下极限偏差

尺寸公差是一个没有符号的数值。同一尺寸的公差值越小，表示精度越高，加工越困难。图 10.39 中：

孔：公差＝80.065－80.020＝(＋0.065)－(＋0.020)＝0.045

轴：公差＝79.970－79.940＝(－0.030)－(－0.060)＝0.030

(6) 公差带和公差带图。公差带是表示公差大小和相对于零线位置的一个区域。零线是确定偏差的一条基准线，通常以零线表示公称尺寸。为了便于分析，一般将尺寸公差与公称尺寸的关系，按放大比例画成简图，称为公差带图。在公差带图中，上、下极限偏差的距离应成比例，公差带方框的左右长度根据需要任意确定，如图 10.40 所示。

3. 标准公差与基本偏差

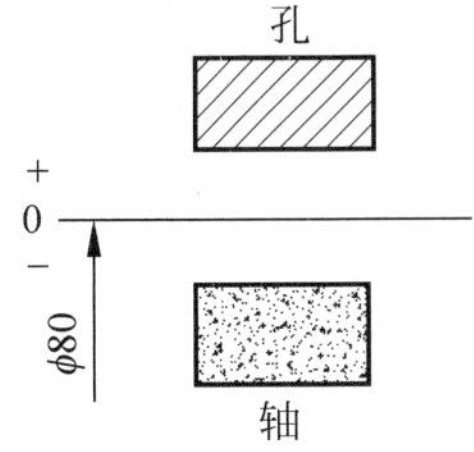

图 10.40 公差带图

公差带由“公差带大小”和“公差带位置”这两个要素组成。其中，公差带大小由标准公差确定，公差带位置由基本偏差确定。

(1) 标准公差。标准公差是由国家标准所列的、用以确定公差带大小的公差序列。标准公差分为 20 个等级，即：IT01、IT0、IT1～IT18。IT 表示公差，数字表示公差等级。IT01 为最高等级，之后依次降低，IT18 为最低等级。对于一定的公称尺寸，公差等级越高，标准公差值越小，尺寸的精确程度越高。

(2) 基本偏差。基本偏差是由国家标准所列的、用以确定公差带相对零线位置的上极限偏差或下极限偏差，一般指靠近零线的那个极限偏差。当公差带在零线的上方时，基本偏差为下极限偏差；反之，则为上极限偏差。

根据实际需要，国家标准分别对孔和轴各规定了 28 个不同的基本偏差，如图 10.41 所示。基本偏差用拉丁字母表示，大写字母代表孔，小写字母代表轴。

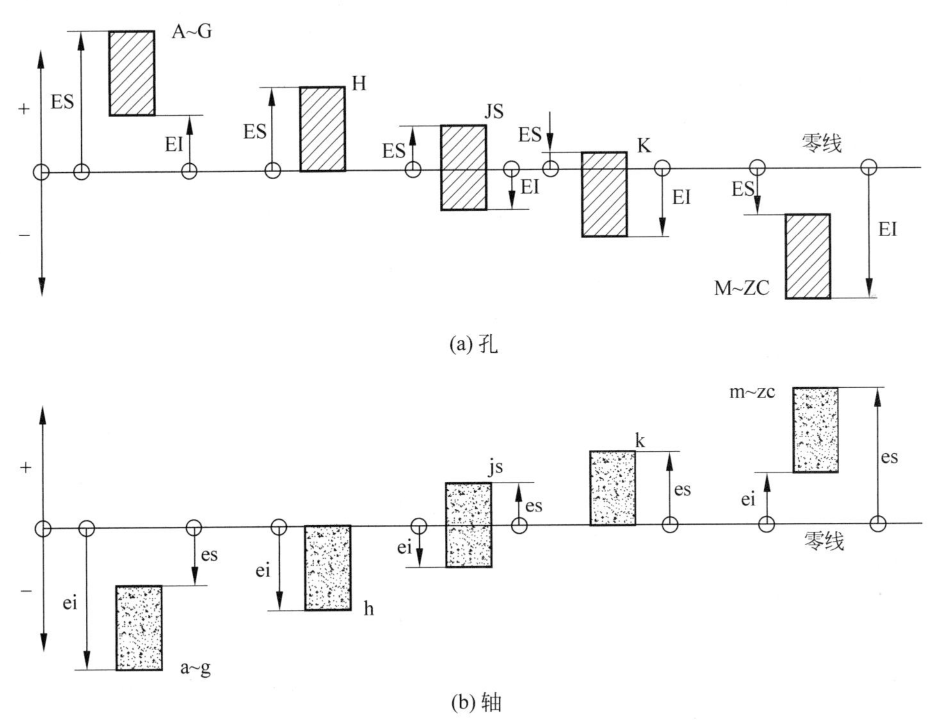

图 10.41 基本偏差系列

在基本偏差系列图中，只表示公差带的各种位置，而不表示公差的大小。

(3) 公差带代号。孔、轴的公差带代号由基本偏差代号和公差等级代号组成，并且要用同一号字母和数字书写。

例如 ϕ50H8 的含义是：

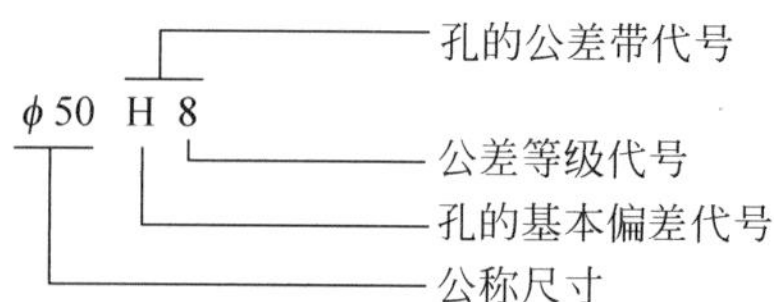

此公差带的全称是：公称尺寸为 ϕ50，公差等级为 8 级，基本偏差为 H 的孔的公差带。

又如 ϕ50f7 的含义是：

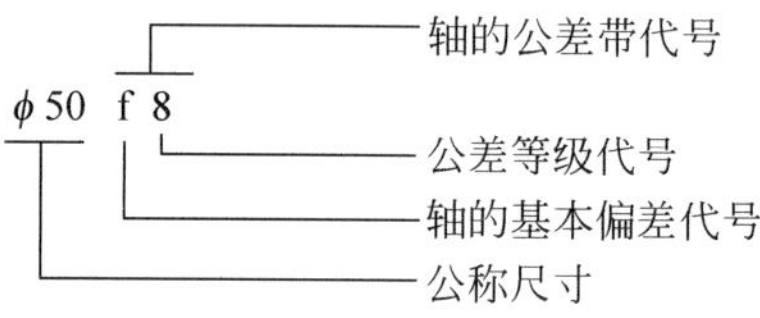

此公差带的全称是：公称尺寸为 ϕ50，公差等级为 8 级，基本偏差为 f 的轴的公差带。

对于常用公差带所对应的极限偏差数值，可依据公称尺寸和公差带代号从附表 12 和附表 13 中查表获得。例如，查表可知，ϕ50H8 所对应的上、下极限偏差分别为＋0.039 和 0；ϕ50f7 所对应的上、下极限偏差分别为－0.025 和－0.050。

4. 公差的标注

（1）在装配图上的标注方法。以分式的形式标注孔和轴的公差带代号，标注的通用形式如下：

$$\text{公称尺寸}\frac{\text{孔的公差带代号}}{\text{轴的公差带代号}}$$

具体标注方法如图 10.42(a)所示。

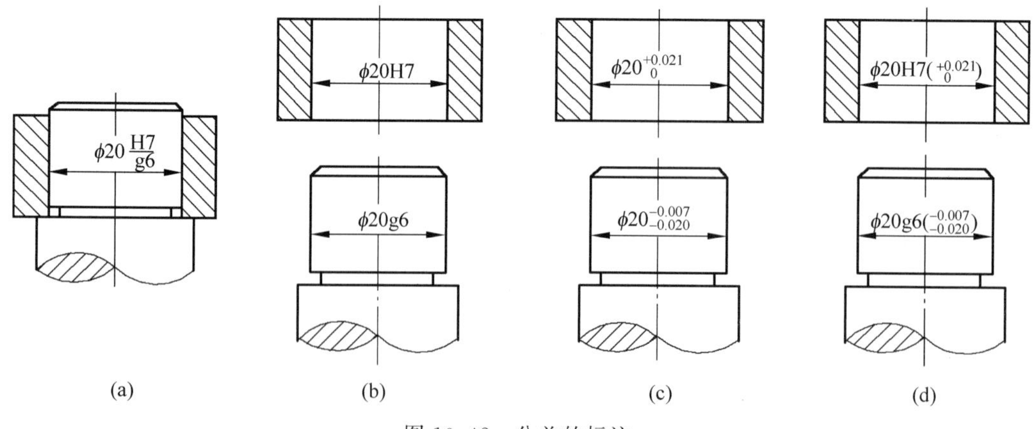

图 10.42　公差的标注

(2) 在零件图上的标注方法。

- 标注公差带代号,如图 10.42(b)所示。这种注法和采用专用量具检验零件统一起来,以适应大批量生产的需要。
- 标注极限偏差数值,如图 10.42(c)所示。上极限偏差注在公称尺寸的右上方,下极限偏差注在公称尺寸的右下方,极限偏差的数字应比公称尺寸数字小一号。如果上极限偏差或下极限偏差数值为零时,可简写为"0",另一极限偏差仍标在原来的位置上。如果上、下极限偏差的数值相同时,则在公称尺寸之后标注"±"符号,再填写一个极限偏差数值。此时,数值的字体高度与公称尺寸字体的高度相同。这种注法主要用于小批量或单件生产。
- 同时标注公差带代号和极限偏差数值,如图 10.42(d)所示。这种注法主要用于生产批量不确定的情况。

10.5.2 几何公差

零件在加工过程中,由于机床、刀具变形和磨损等原因,会产生形状和位置误差,如图 10.43 所示。为了满足零件的使用要求,保证互换性,应对零件的形状和位置误差加以限制,即标注出几何公差。零件的实际形状和实际位置对理想形状和理想位置所允许的最大变动量称为几何公差。

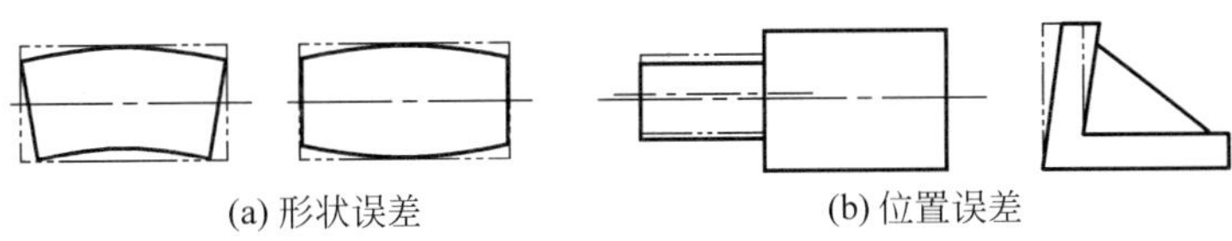

图 10.43 几何误差示意图

1. 几何公差的代号

国家标准规定用代号来标注几何公差。在实际生产中,当无法用代号标注几何公差时,允许在技术要求中用文字说明。

几何公差代号包括几何特征符号(表 10.2)、公差框格及指引线、公差数值和其他有关符号、基准等,如图 10.44 所示。

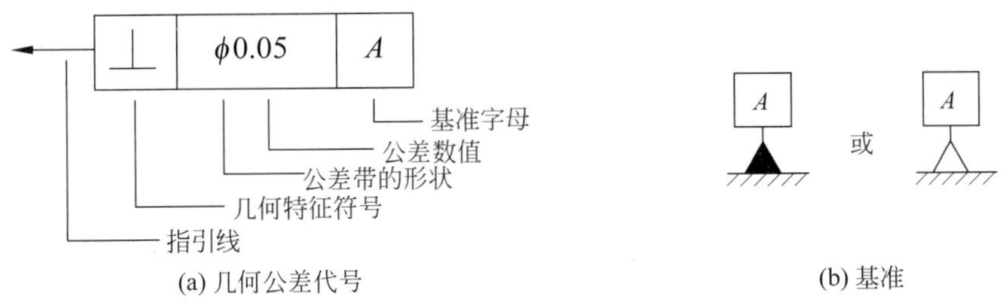

图 10.44 几何公差代号及基准

表 10.2 几何特征符号(摘自 GB/T1182—2008)

公差类型	几何特征	符号
形状公差	直线度	—
	平面度	▱
	圆度	○
	圆柱度	⌭
	线轮廓度	⌒
	面轮廓度	⌓
方向公差	垂直度	⊥
	倾斜度	∠
	线轮廓度	⌒
	面轮廓度	⌓
方向公差	平行度	//
位置公差	位置度	⌖
	同心度(用于中心点)	◎
	同轴度(用于轴线)	◎
	对称度	⌯
	线轮廓度	⌒
	面轮廓度	⌓
跳动公差	圆跳动	↗
	全跳动	⌰

2. 几何公差标注示例

图 10.45 所示是气门阀杆零件图中几何公差的标注示例,附加的文字为对有关几何公差标注含义的具体说明。在图中可以看到,当被测要素为线或表面时,从框格引出的指引线箭头应指在该要素的轮廓线或其延长线上;当被测要素是轴线时,应将箭头与该要素的尺寸线对齐,如 M8×1 轴线的同轴度注法。当基准要素是轴线时,应将基准符号与该要素的尺寸线对齐,如基准 A。

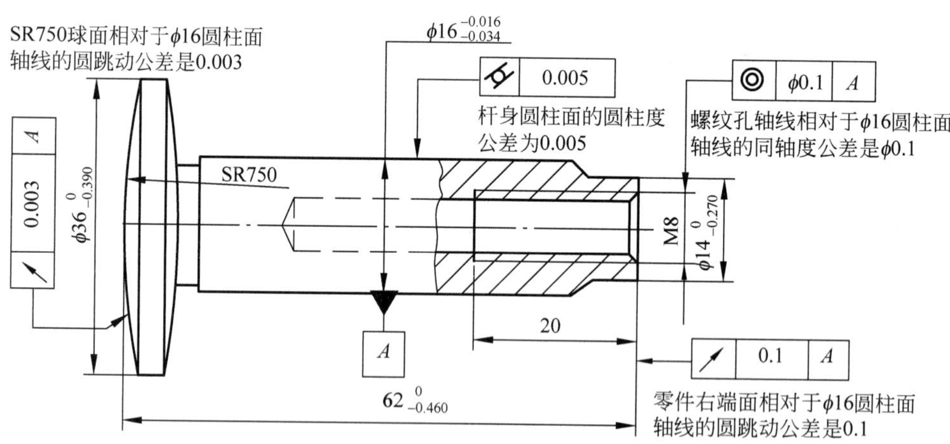

图 10.45 几何公差标注示例

10.5.3 表面结构要求

在机械图样上,为保证零件装配后的使用要求,除了对零件部分结构的尺寸、形状和位置给出公差要求外,还要根据功能需要对零件的表面质量——表面结构给出要求。表面结构是表面粗糙度、表面波纹度、表面缺陷、表面纹理和表面几何形状的总称。表面结构的各项要求在图样上的表示法在 GB/T 131—2006 中均有具体规定。本节主要介绍常用的表面粗糙度表示法。

1. 基本概念

表面粗糙度是指零件加工表面上具有的较小间距的峰和谷所组成的微观几何形状特性。这种微观几何形状特性主要是由于零件在加工过程中,刀具与零件表面的摩擦使加工后的表面上留有刀痕,以及切屑分离时表面金属塑性变形等原因造成的。

表面粗糙度是评定零件表面质量的重要指标之一,对零件的配合、耐磨性、抗腐蚀性、密封性以及抗疲劳能力都有影响。零件表面粗糙度要求越高(即表面粗糙度参数值越小),表面质量越高,但加工成本也越高,因此要注意对表面粗糙度的合理选用。

2. 评定表面结构常用的轮廓参数

评定表面结构的参数有轮廓参数(由 GB/T 3505—2000 定义)、图形参数(由 GB/T 18618—2002 定义)、支承率曲线参数(由 GB/T 18778.2—2003 和 GB/T 18778.3—2006 定义)。

目前评定零件表面粗糙度最常用的参数是轮廓参数,轮廓 R 有 Ra(轮廓算术平均偏差)和 Rz(轮廓最大高度)两个高度参数,如图 10.46 所示。Ra 是指在一个取样长度内,被评定轮廓纵坐标 $Z(x)$ 绝对值的算术平均值,用公式表示为:$Ra=\frac{1}{l}\int_0^l |f(x)|\mathrm{d}x$;$Rz$ 是指在同一取样长度内,最大轮廓峰高和最大轮廓谷深之和。

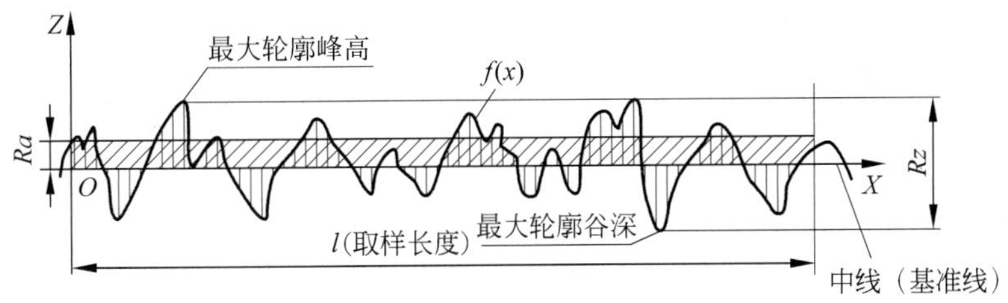

图 10.46 轮廓算术平均偏差 Ra 和轮廓最大高度 Rz

注意:“Ra”和“Rz”中的 a 和 z 是与 R 同字号的小写字母,不是下脚标。

3. 标注表面结构的图形符号

1) 图样上表示表面结构的图形符号

图样上表示表面结构的图形符号如表 10.3 所示。

表 10.3 表面结构的图形符号

符 号	含 义
√	基本图形符号,未指定工艺方法的表面,当通过一个注释解释时可单独使用

续表

符　　号	含　　义
	扩展图形符号，用去除材料方法（如车、铣、刨、钻、磨等）获得的表面；仅当其含义是“被加工表面”时可单独使用
	扩展图形符号，用非去除材料方法（如铸造、锻造、冲压、热轧、冷轧、粉末冶金等）获得的表面；也可用于表示保持上道工序形成的表面，不管这种状况是通过去除材料或不去除材料形成的
	完整图形符号，用于标注表面结构的补充信息

2）表面结构的符号

表面结构的图形符号加上轮廓参数代号（包括数值等要求）后构成表面结构代号。在完整符号中，对表面结构的单一要求和补充要求应注写在图 10.47 所示的指定位置。

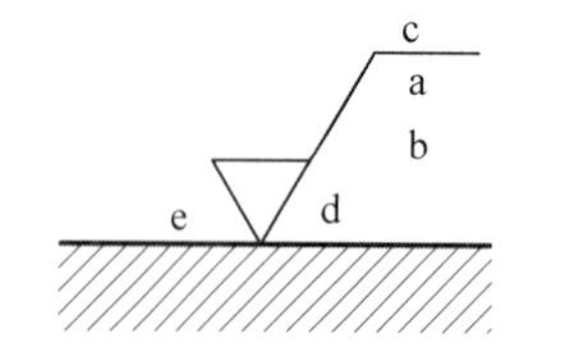

图 10.47　补充要求的注写位置

其中：

位置 a：注写表面结构的单一要求；

位置 a 和 b：注写两个或多个表面结构要求；

位置 c：注写加工方法，如“车、磨、镀”等；

位置 d：注写表面纹理和纹理的方向，如“⊥、M”等；

位置 e：注写加工余量。

4. 标注表面结构的方法

表 10.4 列出了表面结构要求在图样上的标注所应遵循的规定。

表 10.4　表面结构要求在图样上的标注

图　　例	说　　明
(a)	表面结构要求对每一表面一般只标注一次，并尽可能注在相应的尺寸及其公差的同一视图上，所标注的表面结构要求是对完工零件表面的要求。 不连续的同一表面，用细实线连接，其表面结构要求只标注一次。 根据 GB/T4458.4 的规定，表面结构的注写和读取方向与尺寸的注写和读取方向一致

续表

图　　例	说　　明
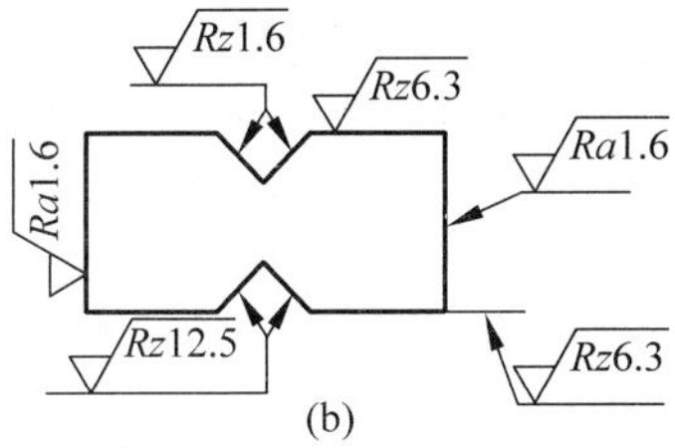 (b)	表面结构要求可标注在轮廓线上，其符号应从材料外指向并接触表面
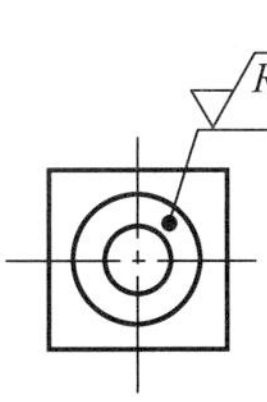 (c) 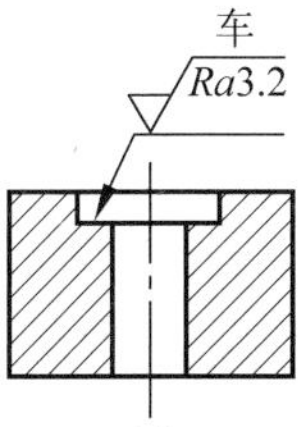　(d)	必要时，表面结构符号也可用带箭头或黑点的指引线引出标注
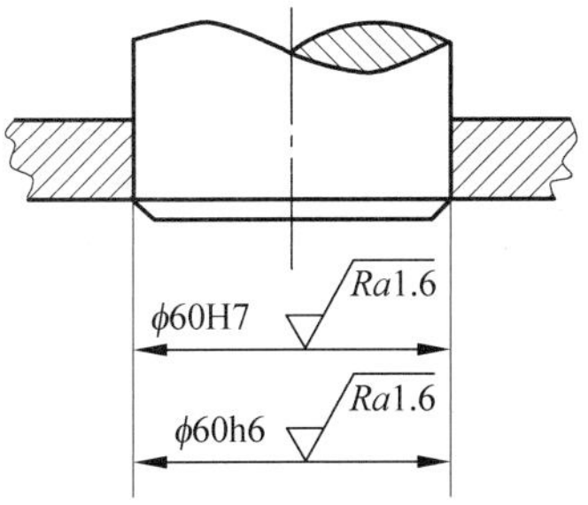 (e)	在不致引起误解时，表面结构要求可以标注在给定的尺寸线上
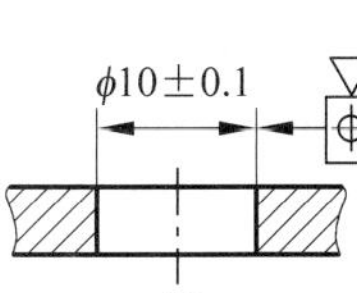 (f) 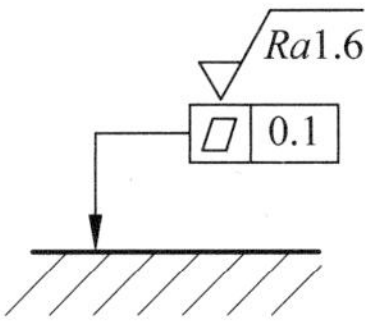　(g)	表面结构要求可标注在几何公差框格的上方
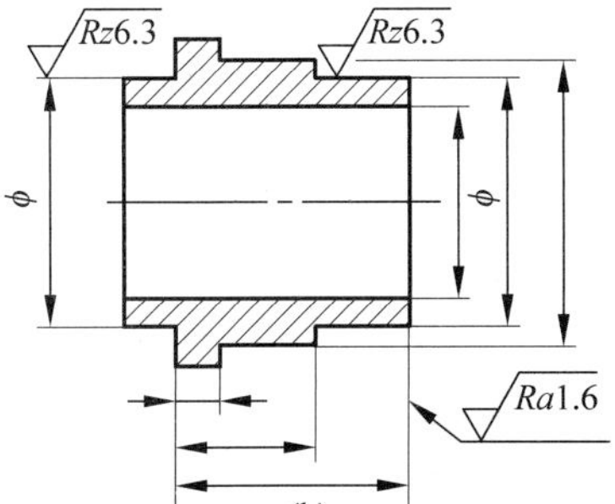 (h)	表面结构要求可以直接标注在延长线上，或用带箭头的指引线引出标注，见图(a)、图(b)、图(h)和图(j)。 圆柱和棱柱表面的表面结构要求只标注一次，见图(h)

续表

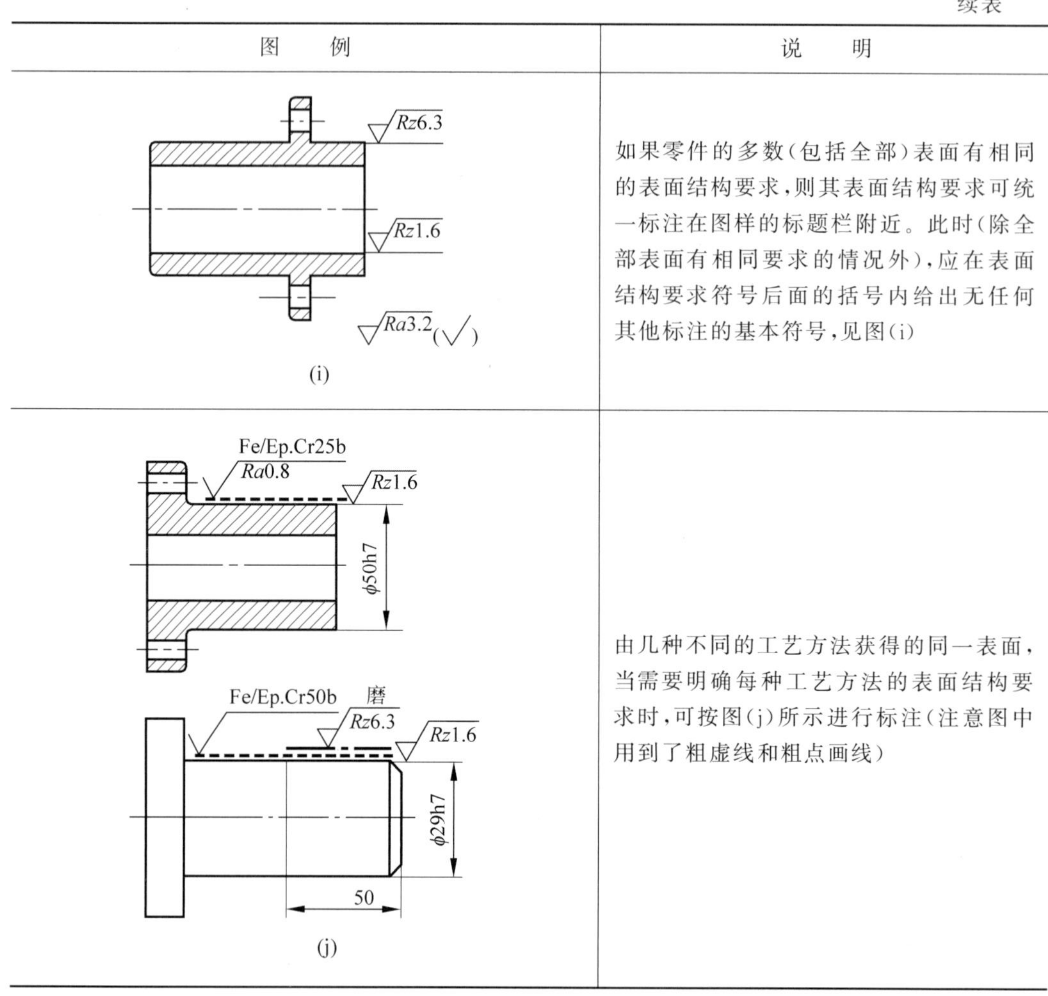

图　例	说　明
(i)	如果零件的多数(包括全部)表面有相同的表面结构要求,则其表面结构要求可统一标注在图样的标题栏附近。此时(除全部表面有相同要求的情况外),应在表面结构要求符号后面的括号内给出无任何其他标注的基本符号,见图(i)
(j)	由几种不同的工艺方法获得的同一表面,当需要明确每种工艺方法的表面结构要求时,可按图(j)所示进行标注(注意图中用到了粗虚线和粗点画线)

10.5.4　表面处理及热处理

表面处理是为改善零件表面性能而进行的一种处置方式,如渗碳、渗氮、表面淬火、表面镀覆涂层等,目的是提高零件表面的硬度、耐磨性、抗腐蚀性等。热处理是改变整个零件材料的金相组织,以提高材料力学性能的方法,如淬火、退火、正火、回火等。零件对力学性能要求不同,处理方法亦有所不同。附表 14～附表 17 给出了常用金属材料及表面处理和热处理的有关知识。

表面处理要求可在零件图中表面结构符号的横线上方注写,如表 10.4 中的图(c)、图(d)、图(j);也可用文字注写在"技术要求"项目内;而热处理则一般用文字注写在"技术要求"项目内。

10.6 零件图的绘制

零件图是零件制造、检验的直接依据，必须符合生产实际。绘制零件图时，首先要考虑看图方便，在完整、清楚的前提下，力求绘图简便。

下面根据零件图的要求，以绘制图10.48所示支架的零件图为例，介绍绘制零件图的方法和步骤。

10.6.1 分析零件

绘制零件图时，首先要分析零件的结构特点及功能用途。每个零件及零件上的每个结构都有其特定的用途，分析这些可以为后续选择视图和标注尺寸等做好准备。

图10.48所示支架主要用于安装轴承以及支撑轴的灵活转动，由工作部分（支撑套筒）、连接部分（支撑板）和安装部分（底板）组成。支撑套筒顶部有凸台，凸台上的螺孔用于安装油杯，以润滑运动轴；其上的3个均布孔用于安装螺栓。支架底板上的U形开口槽用于穿过螺栓，以固定底板。底板与支撑套筒之间用支撑板连接，为加强结构强度，其上有加强肋。支架的主要工作部分为支撑套筒，其内孔用来安装轴承，因此尺寸精度和表面粗糙度要求均较高。

10.6.2 选择视图

1. 主视图的选择

支架属于叉架类零件，通常根据它的工作位置来确定主视图，即底板在下水平放置；主视图的投射方向应反映主要形状特征，如图10.48所示的 K 向。

2. 其他视图的选择

支架的主视图表达了其主要外形结构和各部分结构之间的相对位置。为表达支撑套筒及支撑板的宽度，采用了第二个基本视图——左视图。支架的内部形状需要采用剖视进行表达，为此，左视图采用两个平行剖切面剖切（阶梯剖）得到的 $A—A$ 全剖视，以展示支撑套筒内孔、凸台上螺孔和三个均布孔的深度以及底板上的开口槽等情况。移出断面图表达了支撑板上加强肋的厚度及端部形状。底板和顶部凸台的外形采用俯视图进行表达。具体如图10.49(d)所示。

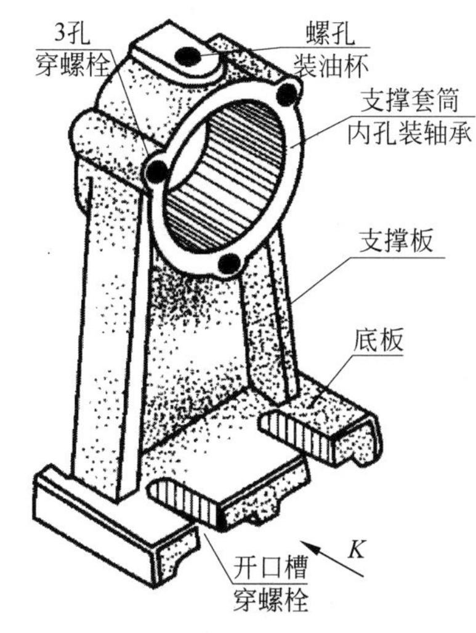

图10.48 支架

支架的视图选择及其零件图绘图视频

(a)

图 10.49　支架零件图的绘图步骤

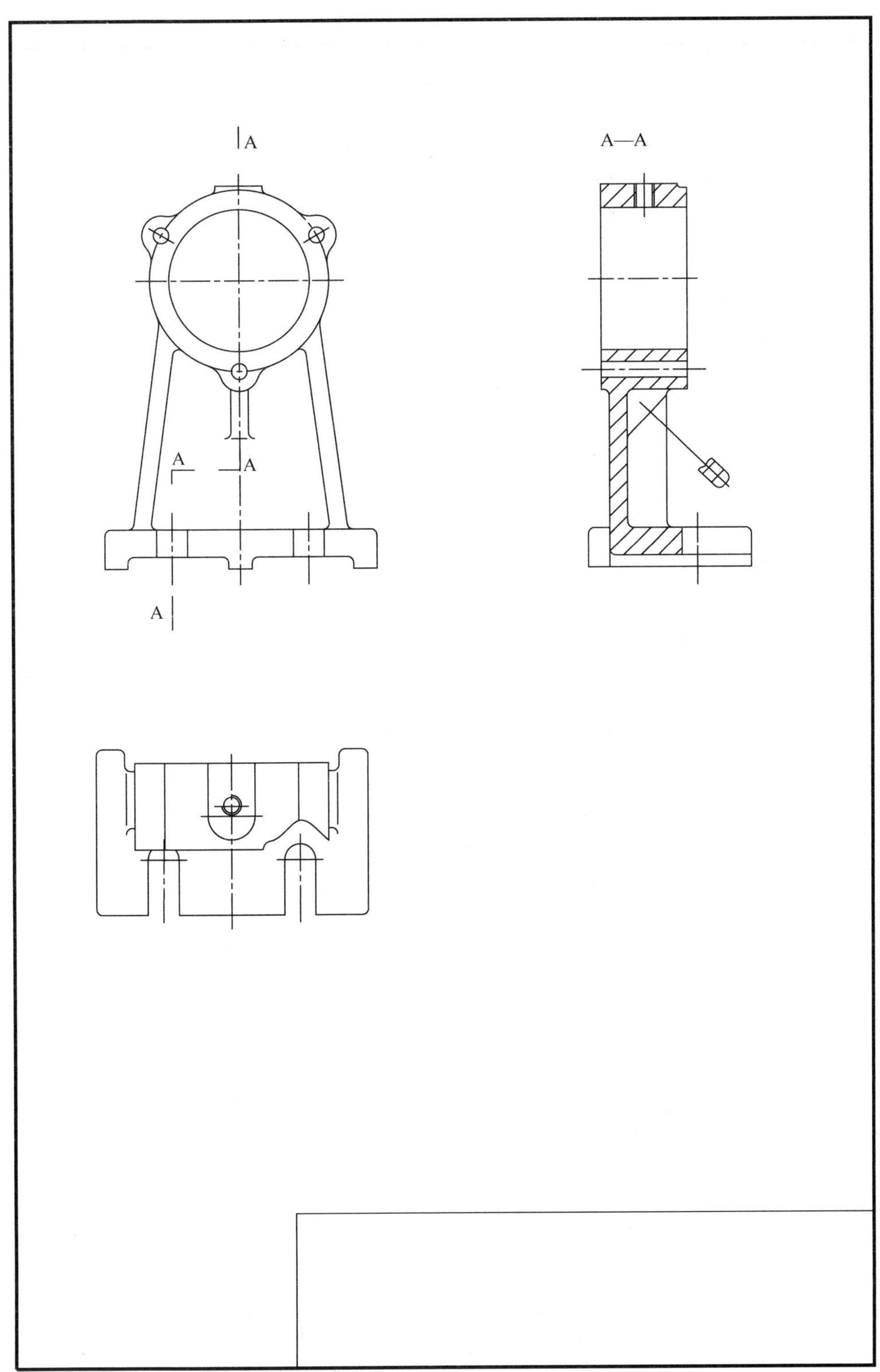

(b)

图 10.49 （续）

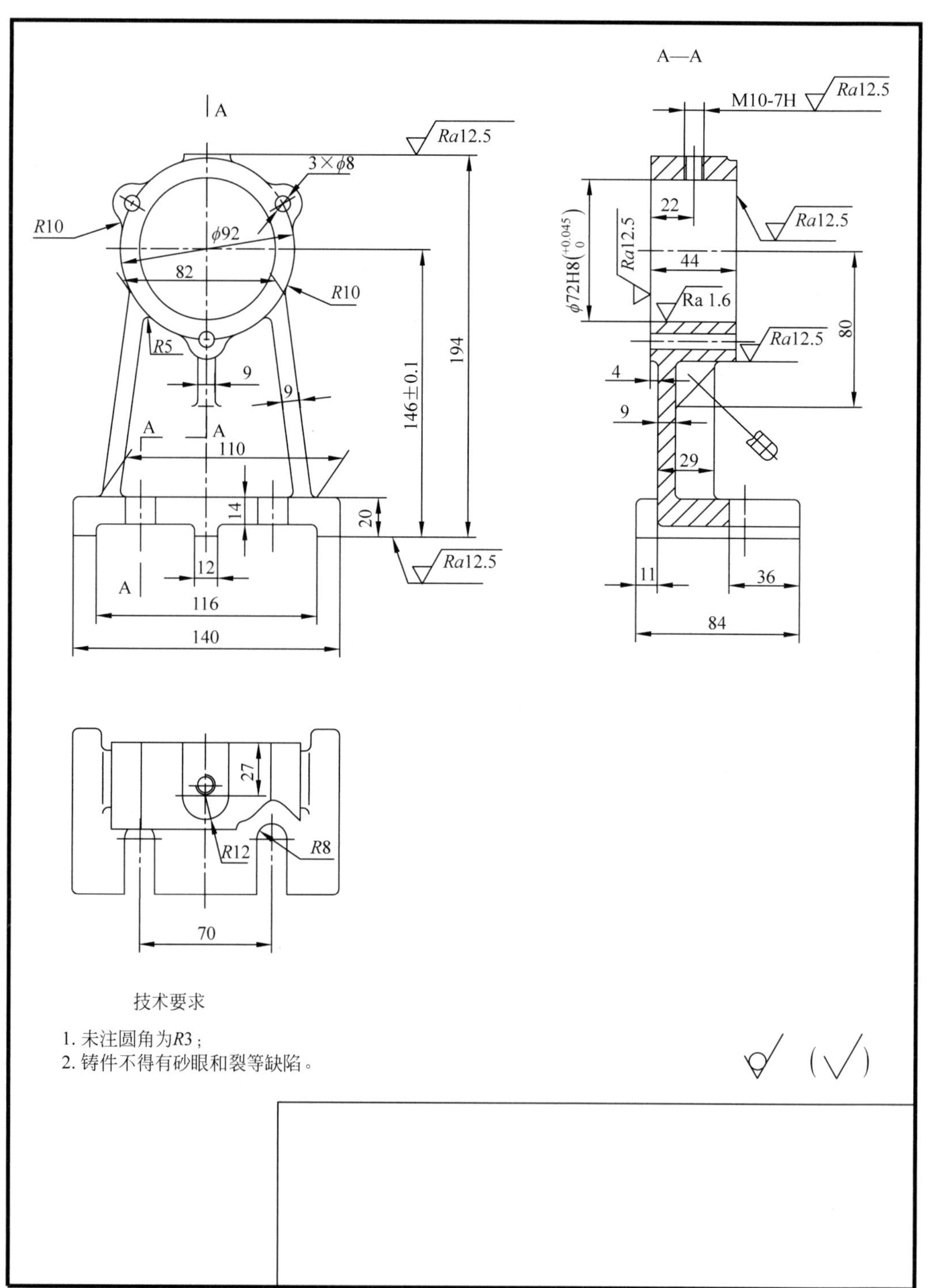
A—A
M10-7H
Ra12.5
3×φ8
R10
φ92
82
R10
R5
9
9
A
A
110
146±0.1
194
14
20
12
A
116
140
22
44
φ72H8(+0.045 0)
Ra 1.6
80
4
9
29
11
36
84
27
R12
R8
70
技术要求
1. 未注圆角为R3；
2. 铸件不得有砂眼和裂等缺陷。

(c)

图 10.49 （续）

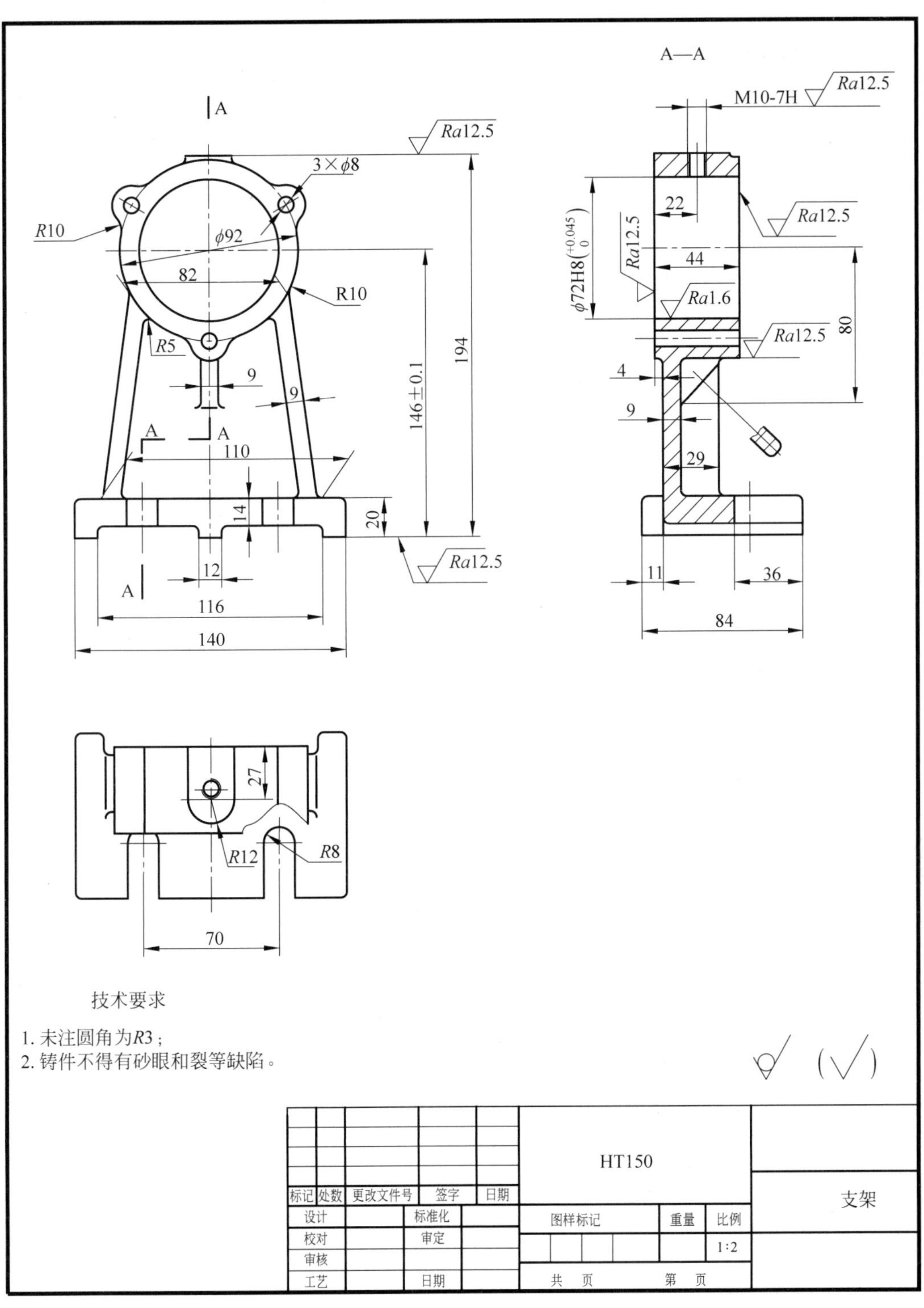

A—A
M10-7H
Ra12.5
3×ϕ8
R10
ϕ92
82
R10
R5
9
9
A
A
110
146±0.1
194
14
20
12
116
140
ϕ72H8(+0.045 0)
22
44
Ra1.6
80
4
9
29
11
36
84
27
R12
R8
70
技术要求
1. 未注圆角为R3；
2. 铸件不得有砂眼和裂等缺陷。
HT150
标记 处数 更改文件号 签字 日期
设计 标准化
校对 审定
审核
工艺 日期
图样标记 重量 比例
1:2
共 页 第 页
支架

(d)

图 10.49 （续）

10.6.3 绘制零件图

1. 根据大小，确定比例

根据零件的大小及复杂程度，确定零件图的绘图比例。为使读图者能直接从零件图上看出零件的真实大小，优先选择 1∶1 的原值比例。当原值比例不满足要求时，依据国家标准，选择缩小或放大的比例。

2. 选择图幅，布置视图

根据选择好的视图和比例，综合考虑尺寸标注、标题栏及技术要求注写等所需图面空间，大致估计所需图纸面积，选择图纸幅面。同时，在图纸上适当布置各个视图，画出各视图的主要基准线（一般为零件的对称中心线、主要轴线等），结果如图 10.49(a)所示。

3. 按照形体，逐步画图

画图时，按照形体分析法，逐步将零件的各组成形体的形状结构画出。完成零件图视图底稿的绘制。之后，认真检查，修正错误，如图 10.49(b)所示。

4. 标注尺寸，注写要求

图形绘制完成后，标注零件尺寸，注写技术要求。尺寸标注应符合标注尺寸的四项要求，即正确、完整、清晰、合理。技术要求要根据实际需要来设置。

支架底板的底面为安装基准面，因此标注尺寸时，以底板的底面为高度方向的尺寸基准，重要尺寸——支撑套筒内孔的中心高度尺寸 146 ± 0.1 应由此直接注出。支架结构左右对称，可选对称面为长度方向的尺寸基准，注出底板安装槽的定位尺寸 70，及 110、116、12、9、82 等尺寸。宽度方向是以支撑套筒后端面为基准，注出支撑板定位尺寸 4。支架主要工作部分——支撑套筒精度最高，其内孔的尺寸为 $\phi72\text{H}8(^{+0.046}_{\ 0})$，表面粗糙度 Ra 值为 1.6μm，结果如图 10.49(c)。

5. 检查加深，填写标题栏

认真检查全图，确认无误后，按先细后粗、先圆后直的顺序加深图线，并填写标题栏，完成全图，结果如图 10.49(d)所示。

10.7 零件图的识读

10.7.1 识读零件图的要求

在零件的设计、制造和维修等活动中，识读零件图是一项非常重要的工作。识读零件图的目的，就是根据零件图想象出零件的结构形状，了解零件的尺寸和技术要求，以便了解设计和指导生产。

读零件图的基本要求：

(1) 了解零件的名称、材料和用途；

(2) 了解零件各组成部分的几何形状、结构特点及功用，了解它们之间的相对关系；

(3) 明确零件各部分的尺寸及相对位置；

(4) 了解零件的制造方法和技术要求。

10.7.2 识读零件图的方法和步骤

1. 读标题栏

了解零件的名称、材料、画图的比例、重量等内容，从而大致了解零件的种类、加工方法、实际大小、功能作用、原材料需求等。对于较复杂的零件，还需要参考有关的技术资料。

2. 分析视图，想象结构形状

分析各视图之间的投影关系及所采用的表达方法，运用形体分析法和线面分析法读懂零件各部分结构，想象出零件的形状。

分析视图时，可按下列顺序进行：

① 找出主视图；

② 找出除主视图外所用其他视图的名称、配置及其投影关系，以及剖视图、断面图的剖切位置和种类；

③ 凡有剖视图、断面图处要找到剖切面的位置；

④ 有局部视图和斜视图的地方必须找到表示投射部位的字母和表示投射方向的箭头；

⑤ 有无局部放大图及简化画法。

根据视图想象零件的结构形状时，可按下列顺序进行：

① 先看大致轮廓，再分几个较大的独立部分进行形体分析，逐一看懂；

② 对外部结构逐个分析；

③ 对内部结构逐个分析；

④ 对不便于形体分析的部分进行线面分析。

3. 分析尺寸

分析零件长、宽、高三个方向的尺寸基准，了解零件各部分结构的定形尺寸、定位尺寸和零件的总体尺寸。

4. 看技术要求

零件图的技术要求是制造零件的质量指标。分析技术要求，以便弄清各加工表面的尺寸和精度要求。

5. 综合归纳

把读懂的结构形状、尺寸标注和技术要求等内容综合起来,以全面理解零件图。

10.7.3 识读零件图示例

【例 10.4】 识读图 10.20 所示“主动齿轮轴”零件图。

1. 读标题栏

从标题栏可知,该零件的名称是主动齿轮轴,零件的材料为 45 钢,绘图比例为 1∶1。齿轮轴是用来传递扭矩和运动的,属于轴套类零件。

2. 分析视图,想象结构形状

主动齿轮轴的零件图用一个基本视图(主视图)和两个辅助视图(移出断面图、局部放大图)表达。

主视图采用了在视图上作局部剖的表达方法,结合尺寸可将齿轮轴的主体结构表达清楚。可以看出,齿轮轴由五段不同直径的轴段组成,其中从左至右第二段上设计、加工有齿轮;第四段上有一键槽;最右段上有外螺纹和一销孔,零件的两端及轮齿两端均有倒角,零件上还有砂轮越程槽和退刀槽;主视图上的局部剖视主要表达齿轮的轮齿;移出断面图用来表达键槽的深度;局部放大图采用视图的表达方法,表达了退刀槽的细部结构。

分析可知,齿轮轴的最左轴段及第三轴段主要起连接和支撑作用,第二段齿轮为主要工作部分,第四段用来安装输入轮。

主动齿轮轴的三维模型

3. 分析尺寸

主动齿轮轴的零件图,径向尺寸主要基准为其轴线,以此基准出发,注出尺寸 $\phi20$、$\phi36$、$\phi40$、$\phi17$ 及 M14 等;轴向主要基准为齿轮的左端面,这是确定齿轮轴在机器中轴向位置的重要端面,以此基准出发,注出尺寸 28、19 等。轴向还有两个辅助基准,分别为零件右端面和右侧 $\phi20$ 轴段的右端面,从它们出发,分别注出尺寸 40、9、21 等。零件的定形尺寸有 $\phi20$、$\phi17$、28、13 等;定位尺寸有 4、9 等;总体尺寸为 $\phi40$ 和 137。

4. 看技术要求

主动齿轮轴上 5 个轴段有尺寸公差要求,表明零件这些部分与其他零件有配合关系,如 $\phi20f7$ 与支撑孔有配合关系;几何公差有一处,为垂直度要求 |⊥|0.03|C|;零件上有 3 种表面粗糙度要求,其中要求最高的为 $Ra1.6$。主动齿轮轴经过调质处理(220～250HBS),以提高材料的韧性和强度。

【例 10.5】 识读图 10.50 所示阀体零件图。

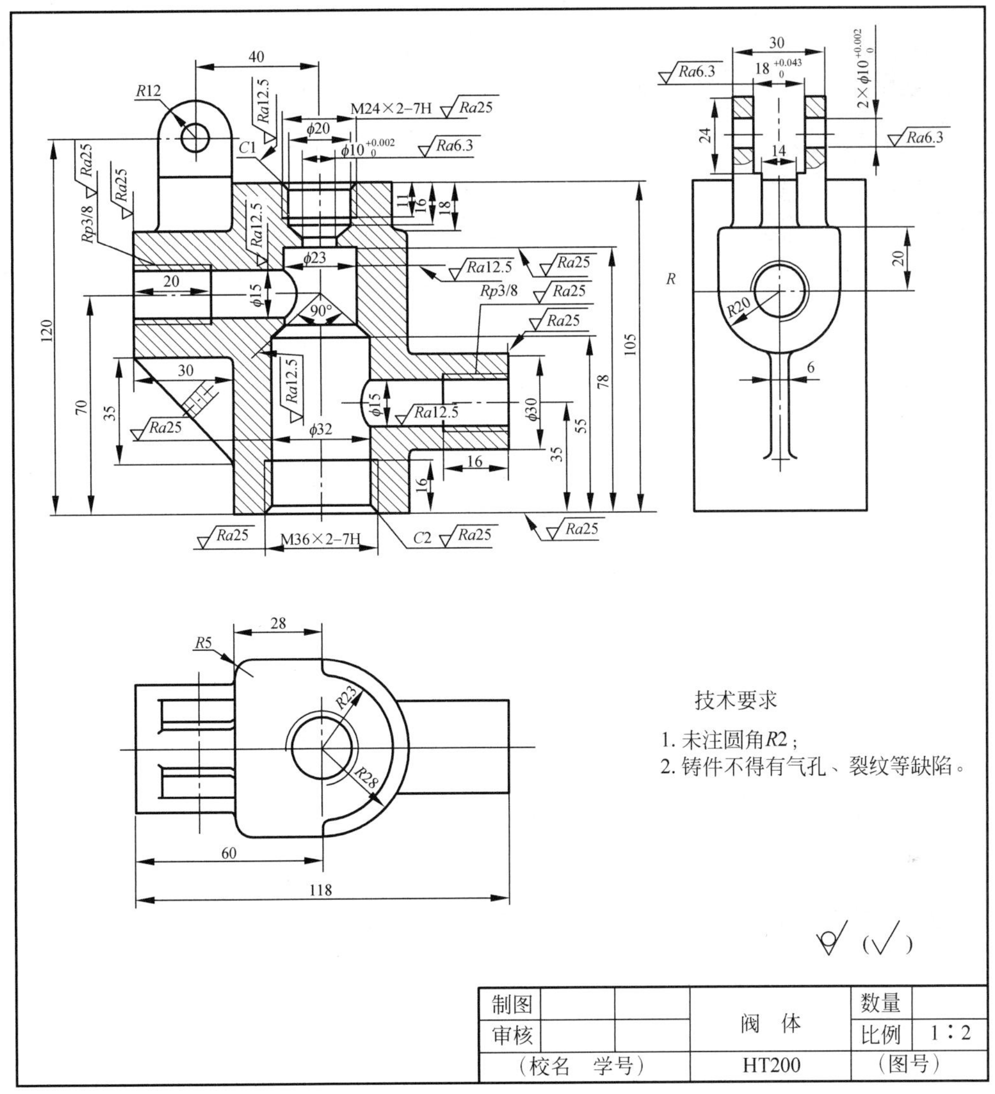

图 10.50 阀体零件图

(1) 读标题栏

此零件名称为阀体，材料是铸铁，图样的绘制比例为 1∶2。

(2) 分析视图，想象结构形状

阀体的零件图中采用了主、俯、左三个基本视图。主视图采用全剖视图，表达内部形状；俯视图采用外形视图，表达阀体中间主体部分的外部形状；采用局部剖视的左视图主要表达左侧部分的外形及其上部 U 形耳板的内孔情况。由形体分析可知，阀体由左、中、右三部分结构组成。中间部分为阀体的主体，其基本形状为一 U 形结构(右边为两个半径不同的同轴半圆柱，左边为四棱柱)；左侧结构的中间为一 U 形凸台，凸台上部有前、后两个竖立的U形耳板，凸台的下方有一个三角形肋板与中间主体结构相连；阀体的右边为一圆柱凸台。

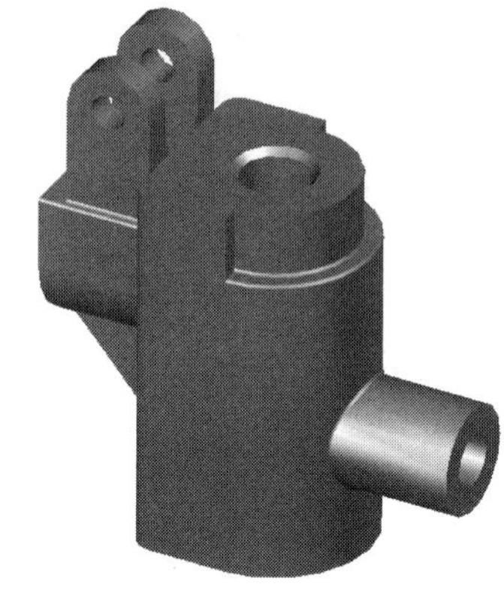

图10.51 阀体的立体图

阀体的三维模型

在内部结构方面，阀体中间有竖直的阶梯圆柱通孔，从上到下直径为ϕ20、ϕ10、ϕ23和ϕ32，其中ϕ20和ϕ32孔上有内螺纹。左端U形凸台上有ϕ15圆柱孔，其上有内螺纹，该孔与中间ϕ23孔相通。右边圆柱凸台上也有一ϕ15圆柱孔，其上有内螺纹，该孔与中间ϕ32孔相通。由上分析可知，阀体的结构形状如图10.51所示。

(3) 分析尺寸

分析图上所注尺寸可以看出，长度基准、宽度基准分别是通过阀体中间主体结构轴线的侧平面和正平面；高度基准是阀体的底面。从这三个尺寸基准出发，再进一步看懂各部分的定位尺寸和定形尺寸，从而理解图上所注的尺寸。

阀体上定形尺寸和定位尺寸很多，可自行分析。例如，主要的高度定位尺寸有70、120和35等。总体尺寸为118、120+12和R28。

(4) 看技术要求

阀体是一个铸件，由毛坯经过车、钻、攻丝等加工，制成该零件。它的技术要求有尺寸公差和表面粗糙度。尺寸公差有3处；表面粗糙度要求有4种，除主要的圆柱孔和槽(ϕ10圆柱孔等3处)为Ra6.3外，加工面大部分为Ra25，少数是Ra12.5；其余仍保持原铸造表面状态。未注铸造圆角半径均为R2。

思考与练习题

1. 简答题

(1) 零件设计的基本要求有哪两方面？

(2) 从功能的角度看，零件的基本构成大多包括哪些部分？

(3) 什么是零件图？它在生产中的作用是什么？一张完整的零件图应包括哪些内容？

(4) 选择零件图视图表达方案应遵循的原则是什么？如何选择主视图？

(5) 什么叫尺寸公差？尺寸公差带由哪两个要素组成？如何在零件图上标注尺寸公差？

(6) 什么是几何公差？形状和位置公差各有哪些项目？对于吃饭用的圆柱形筷子，假如需要的话，你认为可以考虑提出哪些项目的形状和位置公差要求？

(7) 什么是表面粗糙度?表面粗糙度评定参数 Ra 数值越大,则表面越粗糙还是越光滑?

2. 分析题

(1) 分析图 10.52 所示两机件 $A—A$ 剖视图的剖切面种类。

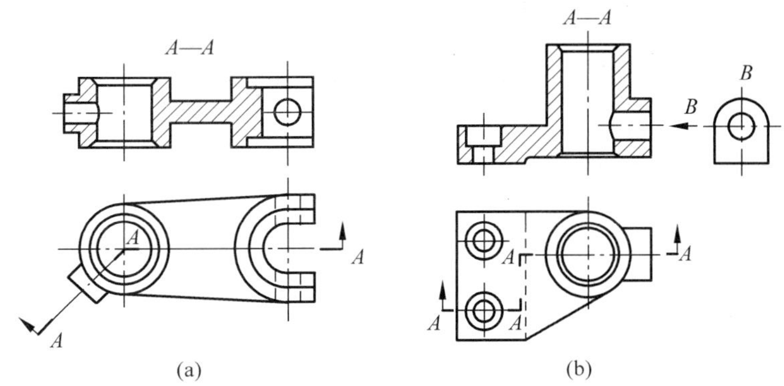

图 10.52 机件剖视图的剖切面

(2) ※ 分析图 10.53 所示 3 零件的视图选择和表达方案(按已标注直径尺寸 ϕ 及"通孔"考虑)。

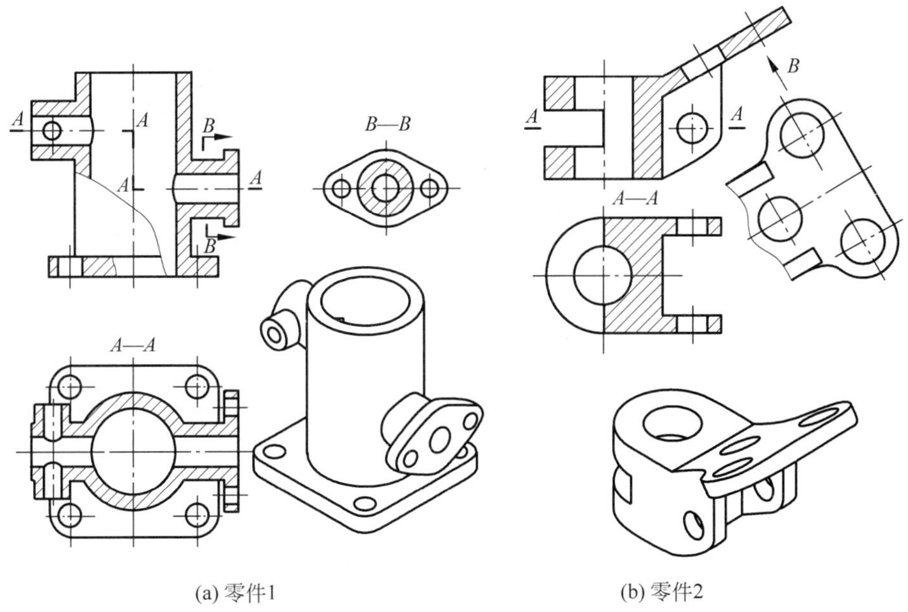

图 10.53 零件图的视图选择和表达方案

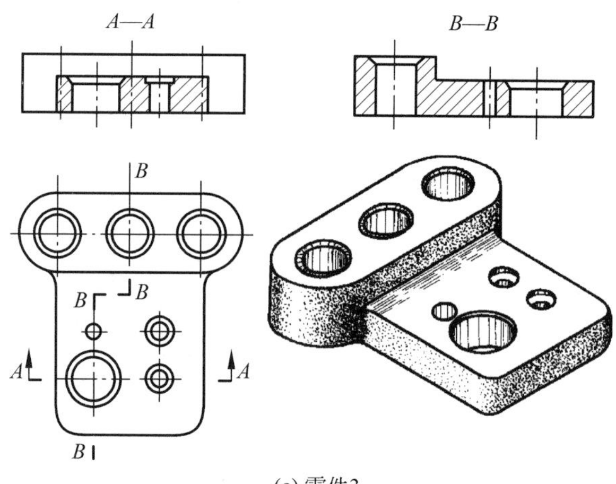

(c) 零件3

图 10.53 （续）

3. 零件图绘图题

根据图 10.54 所示两零件的轴测图及其标注要求，在图纸上分别绘制其零件图。

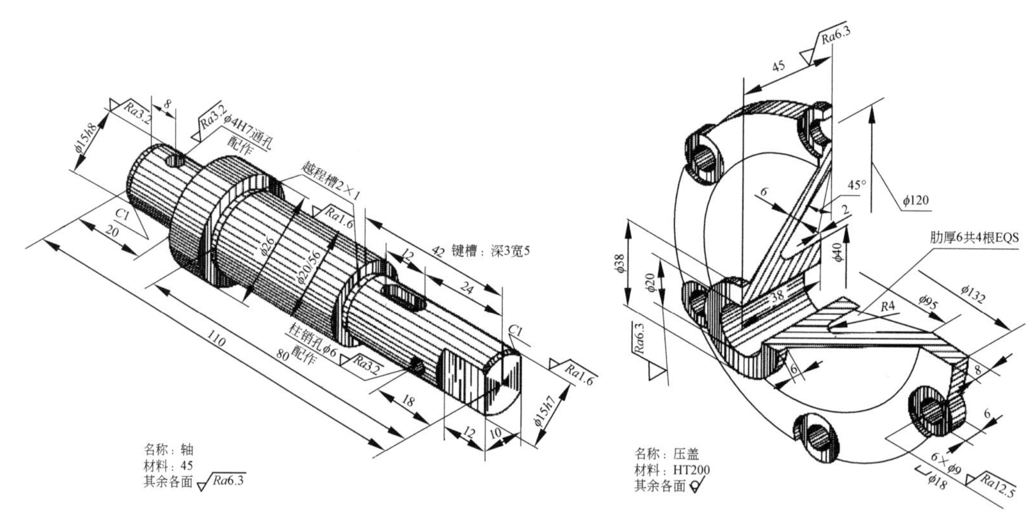

图 10.54 零件图的绘制

4. 零件图识读题

（1）※ 读图 10.55 所示套筒零件图，并填空回答问题。

① 该零件的名称是________，材料是________，比例是________，属于________比例；

② 该零件图共用了________个图形表达，其中主视图采用的是________剖视图，A—A 和 B—B 是________图；

③ 主视图中，左边两条虚线间的距离是________，与两条虚线右边相连的圆的直径

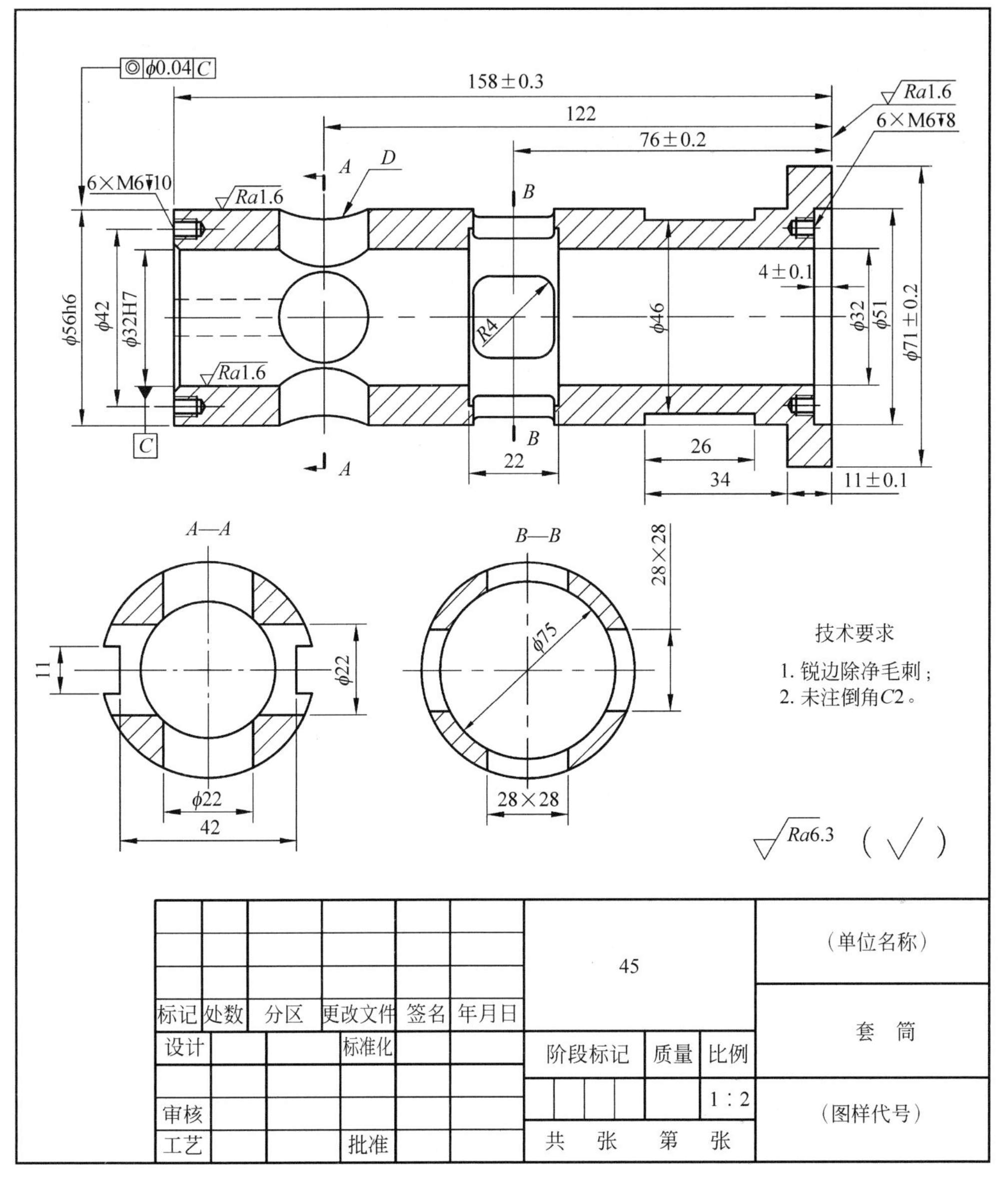

图 10.55 套筒零件图

是________，中间正方形的边长是________；

④ 零件右端凹槽内共有________个螺纹孔，螺纹孔螺纹部分的深度为________；

⑤ $\phi 71 \pm 0.2$ 的外圆最大可加工成________，最小可加工成________；

⑥ 说明 ϕ56h6 的含义：ϕ56 表示________，h6 是________，其中，h 为________，6 为________；

⑦ 图中标有 D 的图线是由直径为________与________的两圆柱相交所形成的相贯线；

⑧ 图中未注倒角的尺寸是________；

⑨ 图中共有________种表面粗糙度要求，其中套筒左端面的表面粗糙度符号是________；

⑩ | ◎ | ϕ0.04 | C | 表示：________圆柱的________对________圆柱孔轴线的________公差为________。

(2) ※读图 10.56 所示顶杆帽零件图，填空回答问题。

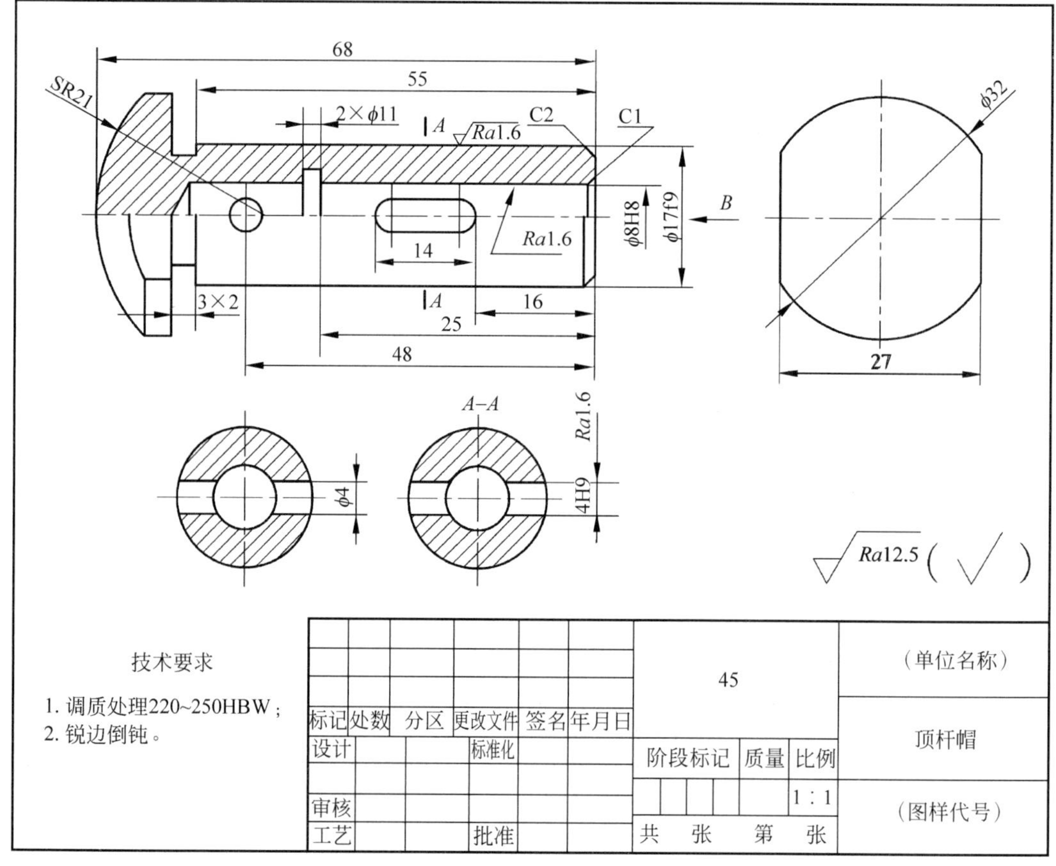

图 10.56 顶杆帽零件图

① 表达该零件共用了________个图形，其中，主视图采用的是________剖视图，左视图为________视图，下方的两个图形均为________图，目的是表达径向小圆孔和长圆孔均为________孔；

② 该零件左端的形状为________；

③ 零件上长圆孔的孔长为________，孔高为________，长度定位尺寸为________；

④ 零件外形上 3×2 砂轮越程槽的槽宽为________，槽底直径为________；

⑤ 零件右端外倒角的尺寸为________；

⑥ 零件所有表面均采用________除材料方法加工，共有________种粗糙度要求，最光表面的 Ra 为________ μm；

⑦ 零件需进行的热处理为________处理，热处理后的硬度应达到________ HBW。

(3) ※读图 10.57 所示牵引钩支撑座零件图，填空回答问题。

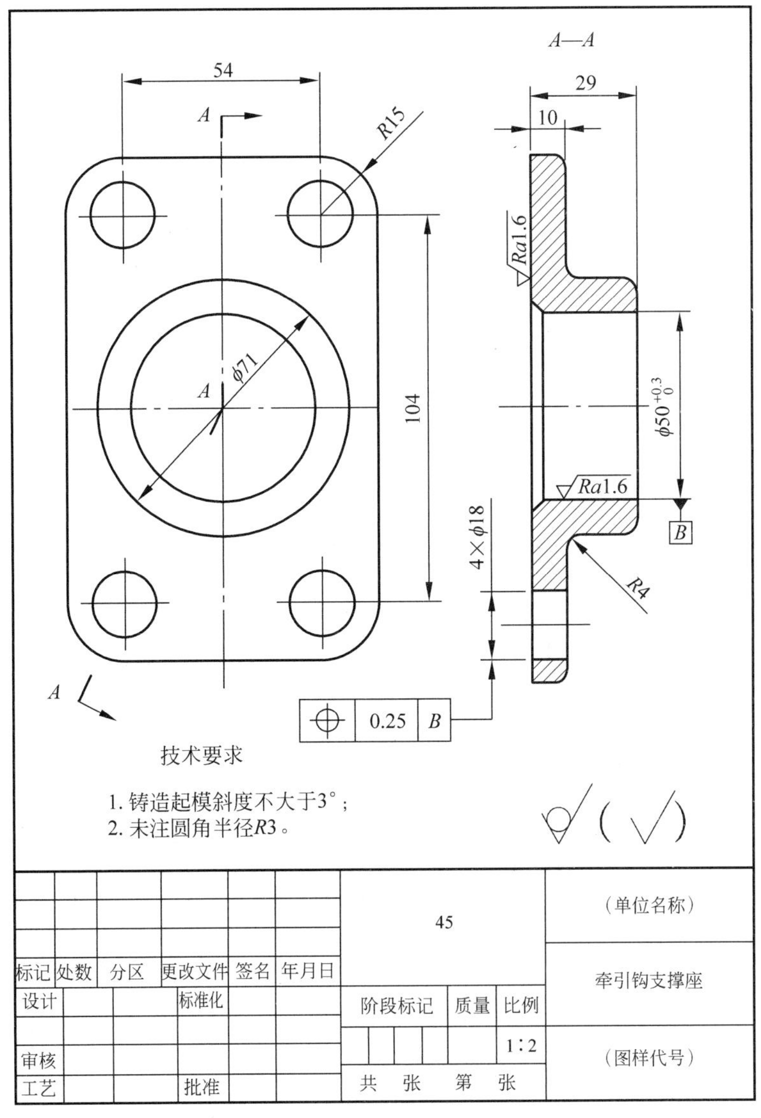

图 10.57 牵引钩支撑座零件图

① 零件的名称是________，材料为________，绘图比例为________，属于________的比例；

② 零件的主视图是________图,左视图是________剖视图。采用的剖切方法是________;

③ 零件长度方向的尺寸基准是________,宽度方向的基准是________,高度方向的基准是________;

④ 四个小圆孔的定形尺寸是________,定位尺寸是________和________;

⑤ ϕ50 的最大极限尺寸是________,最小极限尺寸是________,公差为________;其表面粗糙度 Ra 的数值为________ μm;

⑥ 计算可知,零件的总体尺寸为:总长________,总宽________,总高________;

⑦ | ⊕ | 0.25 | B | 表示:基准要素是________,被测要素是________,其公差项目是________,公差值为________;

⑧ 铸造零件毛坯时,起模斜度不大于________度。

(4)※自行分析、识读图 10.58 所示电机盖零件图及图 10.59 所示电容器夹零件图。

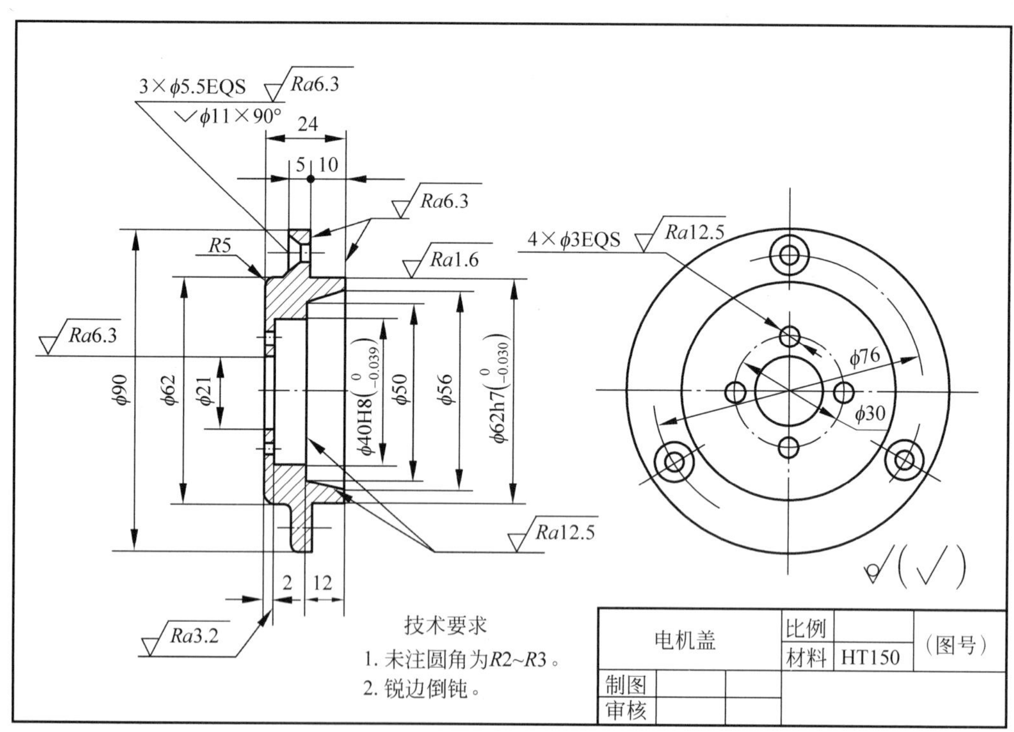

图 10.58 电机盖零件图

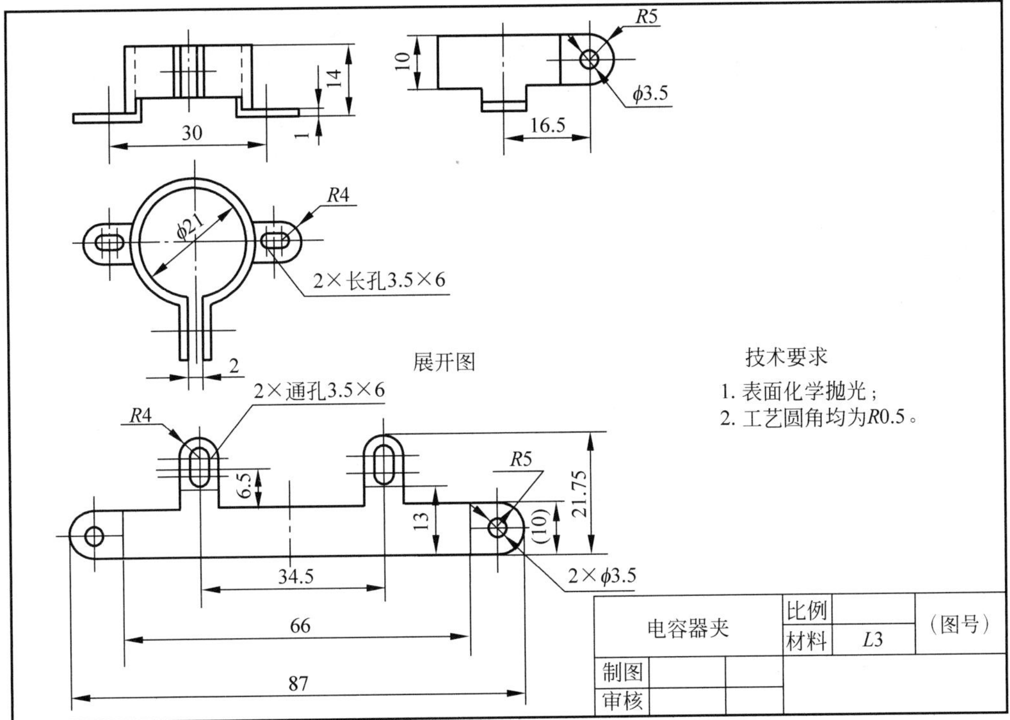

图 10.59 电容器夹零件图

第11章 装配图

章前思考

1. 零件与部件和机器在零件数量上的区别是什么？

2. 你认为零件图的各种表达方法是否也能适用于装配图呢？

3. 举例说明部件和机器中广泛存在的零件遮挡关系、运动关系、细小零件等，对于这些内容的表达请提出你的建议。

任何机器或部件都是由若干零(部)件按一定的顺序和技术要求装配而成的。用来表达机器、部件或组件的结构形状、装配关系、工作原理和技术要求的图样称为装配图。能够读懂装配图是工程技术人员必备的基本技能之一。

11.1 装配图的作用和内容

在产品的设计过程中，一般先绘制出机器、部件的装配图，然后再根据装配图画出零件图。在产品的制造过程中，机器、部件的装配、检验工作，都必须根据装配图来进行。在产品使用和维修中，也需要通过装配图来了解机器的构造及工作原理。因此，装配图是反映设计思想、指导生产装配、方便使用维修的重要技术文件。下面结合螺旋千斤顶装配图，介绍装配图的作用和内容。

螺旋千斤顶是工程中经常用到的一种顶升重物的部件，其结构与组成如图 11.1 所示。工作时，绞杠穿在螺杆顶部的孔中，旋动绞杠，螺杆在螺套中靠螺纹做上、下移动，顶垫上承载的重物则随之而升、降。螺套镶在底座里，并用螺钉固定和止旋，以便于磨损后的更换和修配。螺杆的球面形顶部与顶垫相连，靠螺钉与螺杆连接而不固定，既可防止顶垫随螺杆一起旋转，又不至于脱落。

图 11.2 是与图 11.1 所对应的螺旋千斤顶的装配图。可以看出，一张完整的装配图一般包括以下四个方面的内容：

(1) 一组图形。用以表达机器或部件的工作原理、传动路线、结构特征、各零件间的相对位置、装配和连接关系等。

图 11.2 所示的装配图用了主、俯两个基本视图。主视图采用沿主轴线剖切的全剖视图，用以表达主要零件的结构形状和装配、连接关系。俯视图为沿结合面剖切的 $A—A$ 全剖视图，用以表达螺旋千斤顶下部螺套和底座的形状以及螺钉固定、止旋的方式。$B—B$ 断面图补充说明了螺杆上部横向孔的分布情况。

(2) 必要的尺寸。用以表达机器或部件的规格、性能及装配、检验、安装时所需要的一些尺寸。

螺旋千斤顶
三维模型

螺旋千斤顶
动画

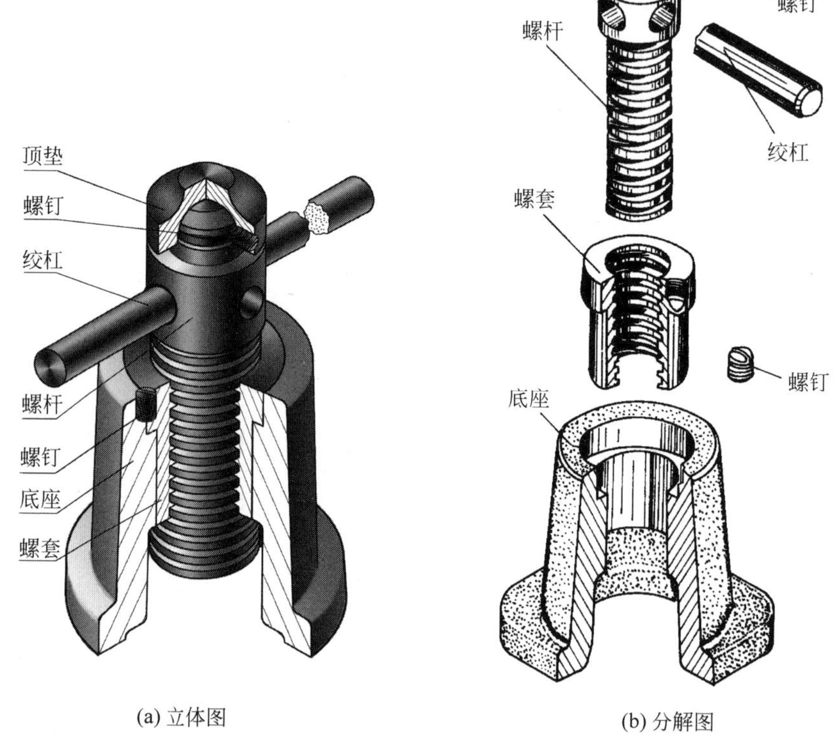

(a) 立体图　　(b) 分解图

图 11.1　螺旋千斤顶

如图 11.2 螺旋千斤顶装配图中的 220～270、ϕ65H8/j7、150×150、300 等。

(3) 技术要求。用文字或符号说明机器或部件在装配、调试、检验、安装及维修、使用等方面的要求。

如图 11.2 中"技术要求"标题下的文字部分，从中可以了解到，千斤顶的最大顶举高度为 50mm，最大顶举力为 10000N 等。

(4) 零件序号、明细栏和标题栏。说明机器或部件及其所包含的零件的名称、代号、材料、数量、图号、比例及设计、审核者的签名等。

从图 11.2 的零件序号和明细栏中可以知道，该千斤顶由 7 种零件组成，其中标准件有 2 种(2 个)，非标准件有 5 种(5 个)。

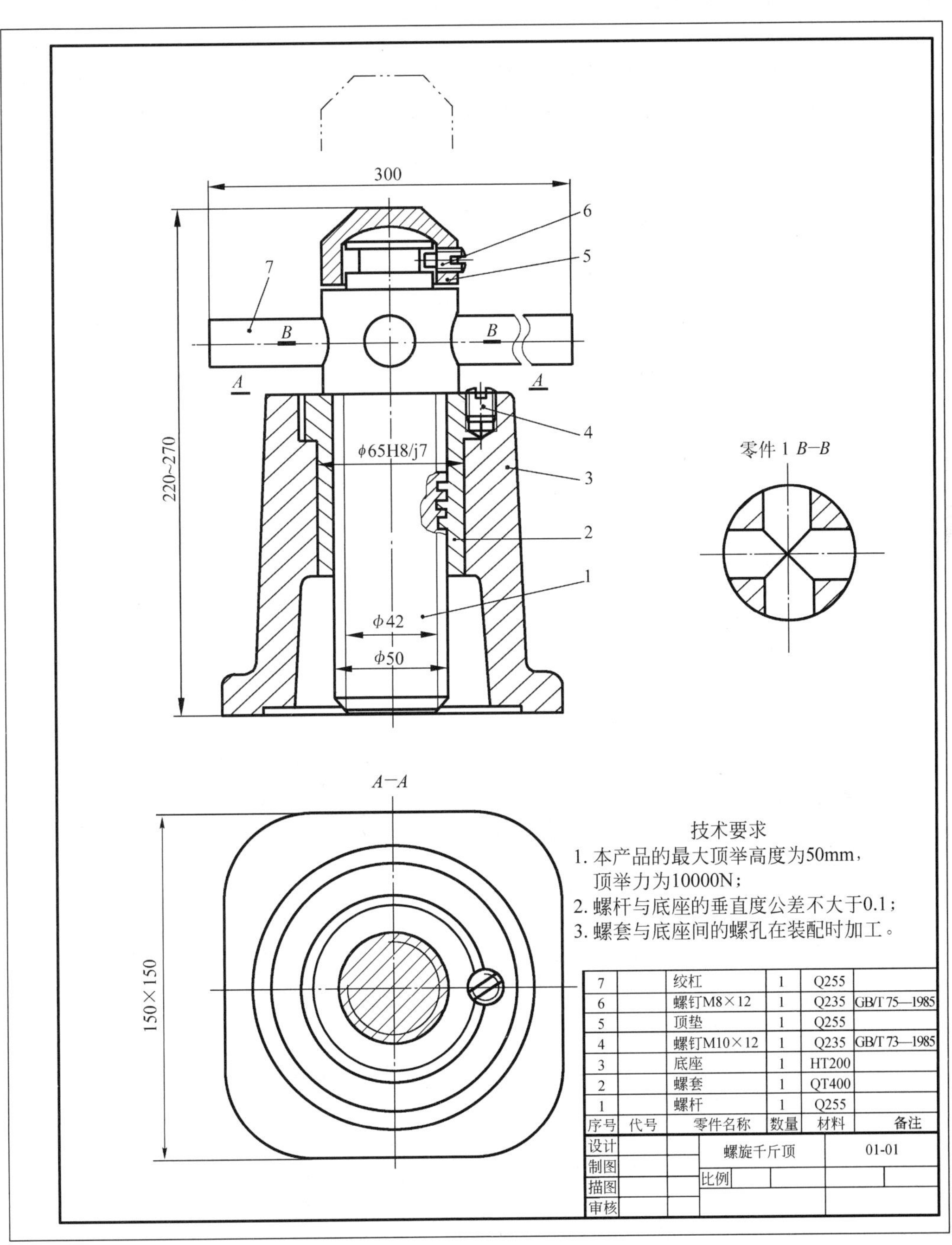

序号	代号	零件名称	数量	材料	备注
7		绞杠	1	Q255	
6		螺钉M8×12	1	Q235	GB/T 75—1985
5		顶垫	1	Q255	
4		螺钉M10×12	1	Q235	GB/T 73—1985
3		底座	1	HT200	
2		螺套	1	QT400	
1		螺杆	1	Q255	

图 11.2　螺旋千斤顶装配图

11.2 装配图的表达方法

第9章中介绍的各种视图、剖视图、断面图和局部放大图、简化画法等表达方法，都适用于装配图的表达。在装配图中，剖视图的应用非常广泛。在部件中经常会有多个零件围绕着一条或几条轴线装配，这些轴线称为装配干线。为了表达装配干线上零件间的装配关系，通常采用剖视画法。如图11.2中，主视图就采用了全剖视图，剖切平面通过螺杆、底座、螺套等主要零件的轴线进行剖切。

因为装配图主要用来表达机器或部件的工作原理和装配、连接关系，所以除前述各种通用表达方法外，装配图还另有其规定画法和特殊表达方法。

11.2.1 规定画法

(1) 两零件的接触面画一条线，非接触面画两条线，配合(详见11.3.1节)面按接触面对待。不接触或非配合的表面，即使间隙再小，也应画成两条线，如图11.3所示。

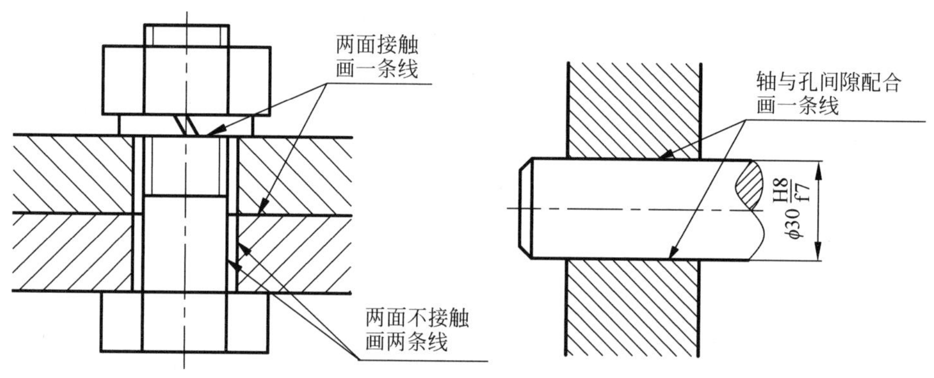

图11.3 相邻面的规定画法

(2) 剖面线的画法：相邻零件的剖面线应有明显的区别，或倾斜方向相反，或倾斜方向相同而间隔不等，如图11.4所示；同一零件在各视图中的剖面线应倾斜方向相同、间隔相等。

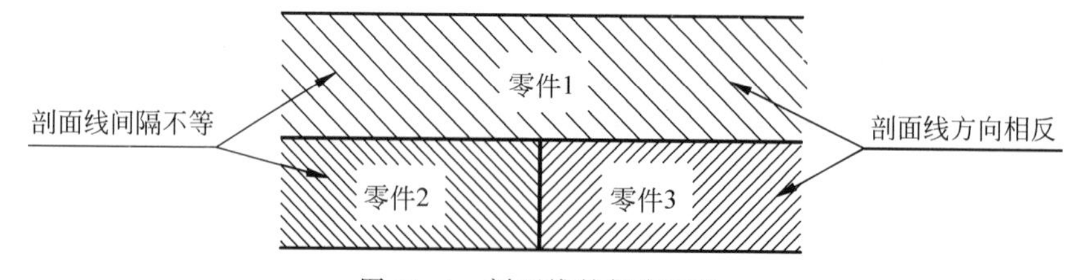

图11.4 剖面线的规定画法

(3) 对于紧固件以及轴、连杆、球、键、销等实心零件，若按纵向剖切，且剖切平面通过其对称平面或轴线时，则这些零件均按不剖绘制，如图11.3中螺栓、螺母、垫圈及轴的画法等。必要时可采用局部剖视表示其上的凹槽、键槽、销孔等细小结构，如图 11.5、图 11.6 及图 11.8 所示各装配图中的局部剖视。

11.2.2 特殊表达方法

1. 沿结合面剖切画法

为了表达机器或部件的内部结构，可假想沿某些零件的结合面进行剖切，此时，在零件结合面上不画剖面线，如图 11.5 中的 *B*—*B* 剖视图，就是沿转子油泵泵体和泵盖的结合面剖切，被剖切到的螺栓和泵轴、销等按规定画出了剖面线。

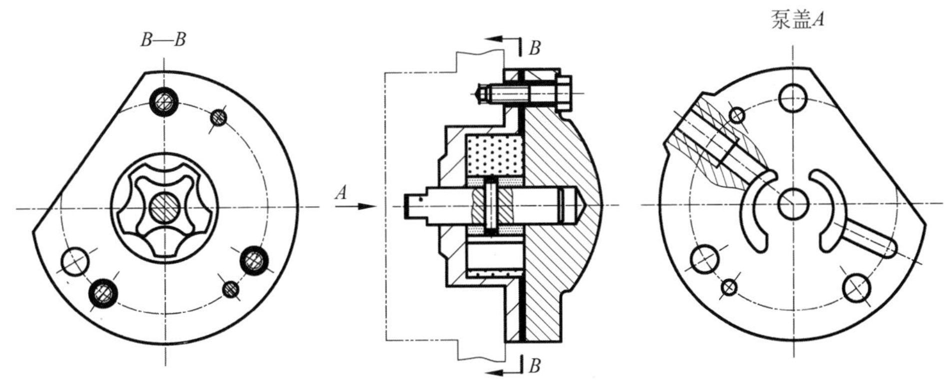

图 11.5 沿结合面剖切

2. 拆卸画法

画装配图的某个视图时，当一些在其他视图上已表示清楚的零件遮住了需要表达的零件结构或装配关系时，可假想将这些零件拆卸后绘制，并加标注“拆去××”等，如图 11.6 中的俯视图。

3. 假想画法

为了表示与本机器或部件有装配关系但又不属于本机器或部件的其他相邻零、部件，可用细双点画线绘制相邻零、部件的轮廓，如图 11.5 中主视图左边部分以及图 11.7(a)的下面部分所示。

为了表示运动零件的运动范围或极限位置，可先在一个极限位置处画出该零件，再在另一个极限位置处用细双点画线画出其轮廓，如图 11.7(a)的左上部分以及图 11.2 的顶部所示。图 11.7(b)所示折叠刀具的刀片收合位置也是采用的假想画法，用细双点画线绘制。

4. 夸大画法

对薄片零件、细丝弹簧和微小间隙等，均可适当加大尺寸夸大画出，如图 11.8 中垫片的厚度、轴与端盖间的间隙，以及图 11.3 中螺栓与螺栓孔之间的间隙等，都采用了夸大画法。

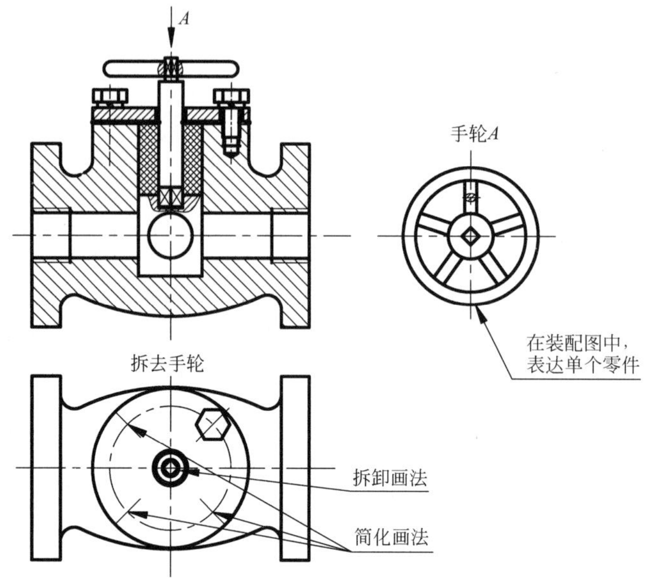

图 11.6　拆卸画法

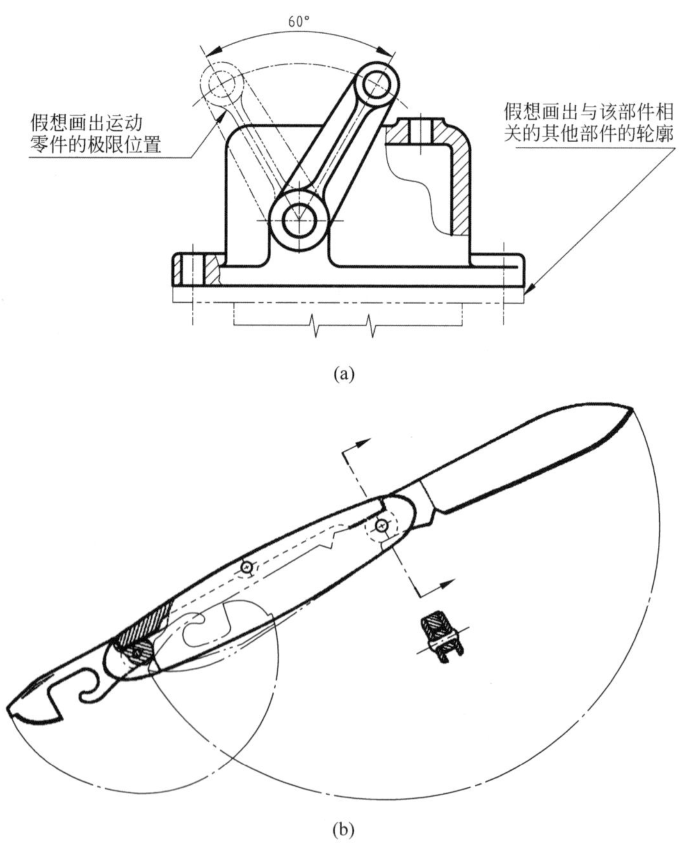

(a)

(b)

图 11.7　假想画法

5. 简化画法

零件上的工艺结构(如圆角、倒角、退刀槽等)在装配图中允许不画；螺栓和螺母的头部可简化画出；当遇到螺纹连接件等相同的零件组时,在不影响理解的前提下,允许只画出一处,其余可只用细点画线表示其中心位置；表示滚动轴承时,允许画出对称图形的一半,另一半可采用通用画法或特征画法,如图 11.6 和图 11.8 所示。

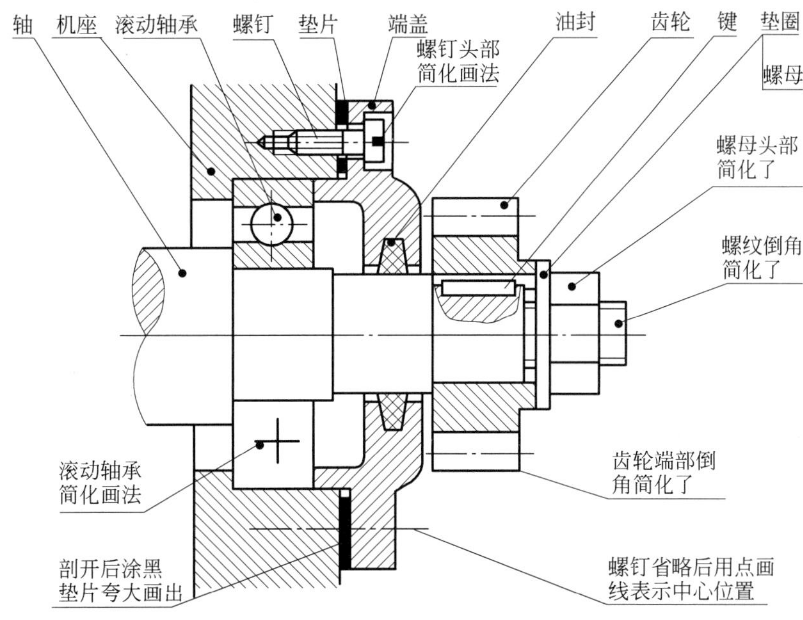

图 11.8 夸大画法和简化画法

6. 单独表达某零件

在装配图中,可以单独画出某一零件的视图,但必须进行标注,如图 11.5 中的泵盖 *A* 向视图、图 11.6 中的手轮 *A* 向视图以及图 11.2 中的零件 1*B*—*B* 断面图等。

11.3 装配图的尺寸标注及技术要求

在机械装配中,根据使用要求的不同,零件孔和轴之间的结合有松有紧,这种松、紧关系及其松紧程度是通过配合来体现的。在装配图的尺寸标注中,配合是一个重要的概念和标注内容。本节首先介绍配合的概念及其在装配图中的标注,然后再具体介绍装配图中的尺寸标注和技术要求。

11.3.1 配合的概念与标注

在机器装配中,将公称尺寸相同,并且相互结合的孔和轴公差带之间的关系,称为配合。

1. 配合的种类

根据使用要求的不同,国家标准规定配合分三类:间隙配合、过盈配合和过渡配合。

(1) 间隙配合:孔的实际尺寸总是比轴的实际尺寸大,任取其中一对孔和轴相配合都将成为具有间隙的配合(包括最小间隙为零)。配合后,轴能在孔中自由转动。此时,孔的公差带完全在轴的公差带之上,如图 11.9(a)所示。

(2) 过盈配合:孔的实际尺寸总是比轴的实际尺寸小,任取其中一对孔和轴相配合都成为具有过盈的配合(包括最小过盈为零)。配合后,轴与孔不能做相对运动。此时,孔的公差带完全在轴的公差带之下,如图 11.9(b)所示。

(3) 过渡配合:轴的实际尺寸比孔的实际尺寸有时大,有时小,任取其中一对孔和轴相配合,可能具有间隙,也可能具有过盈的配合。配合后,轴比孔小时能自由转动,但比间隙配合稍紧;轴比孔大时不能做相对运动,但比过盈配合稍松。此时,孔和轴的公差带相互交叠,如图 11.9(c)所示。

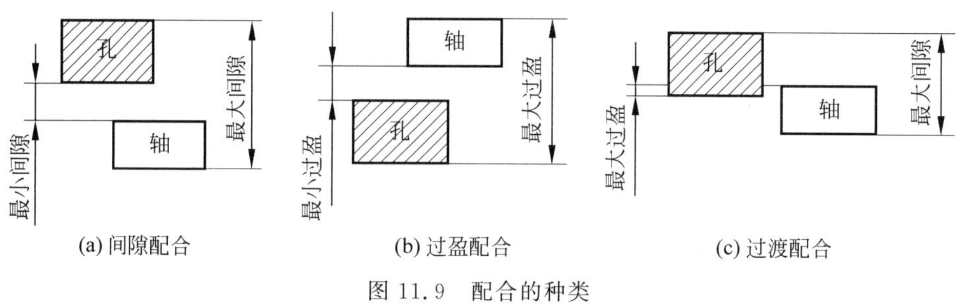

图 11.9 配合的种类

2. 配合制

当公称尺寸确定后,为了得到孔与轴之间各种不同性质的配合,又便于设计和制造,国家标准规定了两种不同的配合制:基孔制配合和基轴制配合。在一般情况下优先选用基孔制配合。

(1) 基孔制配合。基本偏差为一定的孔的公差带,与不同基本偏差的轴的公差带形成各种配合的一种制度称为基孔制。该制度在同一公称尺寸的配合中,是将孔的公差带位置固定,通过变动轴的公差带位置,得到各种不同的配合,如图 11.10(a)所示。

基孔制的孔称为基准孔,用基本偏差代号 H 表示。国家标准规定,基准孔的下偏差为零。

(2) 基轴制配合。基本偏差为一定的轴的公差带,与不同基本偏差的孔的公差带形成各种配合的一种制度称为基轴制。这种制度在同一公称尺寸的配合中,是将轴的公差带位置固定,通过变动孔的公差带位置,得到各种不同的配合,如图 11.10(b)所示。

基轴制的轴称为基准轴。用基本偏差代号 h 表示。国家标准规定,基准轴的上偏差为零。

3. 配合在装配图上的标注

在装配图上,对于有配合要求的结合面,应在公称尺寸后面注写配合代号。配合代号由两个相互结合的孔和轴的公差带代号组成,用分数形式表示,分子为孔的公差带代

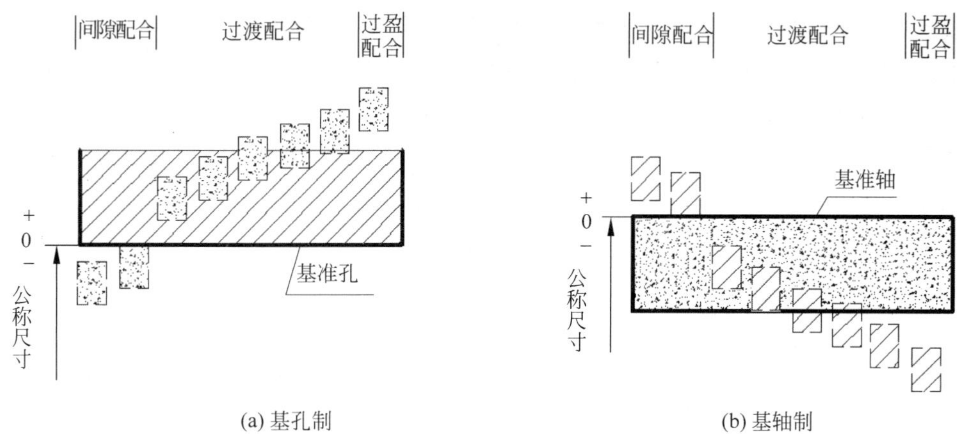

(a) 基孔制　　(b) 基轴制

图 11.10　配合制

号,分母为轴的公差带代号,标注的通用形式如下:

$$\text{公称尺寸}\frac{\text{孔的公差带代号}}{\text{轴的公差带代号}}$$

具体标注方法如图 11.11(a)所示,其具体含义如图 11.11(b)所示。

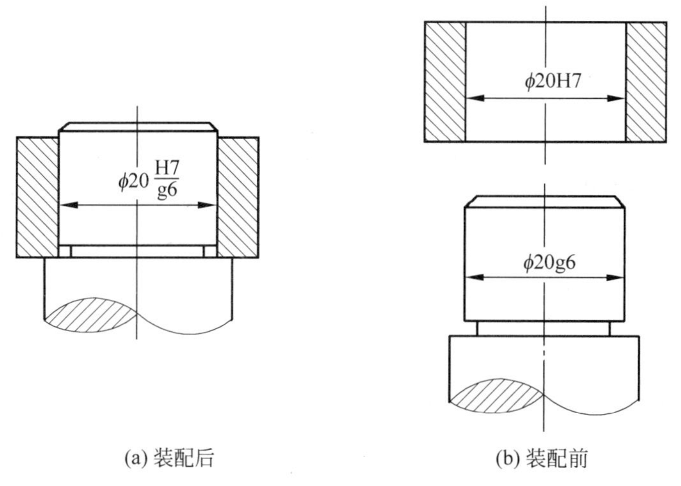

(a) 装配后　　(b) 装配前

图 11.11　配合在装配图上的标注

判断配合制的方法:在配合的代号中,凡分子有 H 的,为基孔制;凡分母有 h 的,为基轴制。若分子有 H,分母同时也有 h,如 H7/h6,则认为基孔制或基轴制都可以,是最小间隙为零的间隙配合。

11.3.2　装配图的尺寸标注

由于装配图的作用与零件图不同,所以在装配图中不必标注零件的所有尺寸,而只需注出与机器或部件的规格、性能、装配、安装、运输等有关的尺寸。

规格(或性能)尺寸：表明部件的性能或规格，是设计时确定的尺寸。

如图 11.2 螺旋千斤顶装配图中的规格(性能)尺寸为 220～270mm，说明螺旋千斤顶的最大顶举高度为 50mm。

装配尺寸：表示零件之间的配合尺寸及与装配有关的零件之间的相对位置尺寸。

如图 11.2 螺旋千斤顶装配图中的 ϕ65H8/j7 即为螺套与底座间的配合尺寸。

安装尺寸：表示将机器或部件安装到其他设备或地基上所需要的尺寸。

如图 11.2 中的 150×150、图 11.18(c)中的 G½、图 11.20 中的 20 以及图 11.21 中的 M36×2 等尺寸。

外形尺寸：表示机器或部件的总长、总宽和总高，为部件的包装、运输和安装提供方便。

如图 11.2 螺旋千斤顶装配图中的外形尺寸为 150、300、270 等。

其他重要尺寸：指设计时根据计算或需要而确定的，但又不属于上述尺寸的尺寸。

如图 11.2 螺旋千斤顶装配图中螺杆下端螺纹的大径 ϕ50 和小径 ϕ42 等。

上述五类尺寸之间并不是相互孤立无关的，实际上有的尺寸往往同时具有多种作用。此外，在一张装配图中，也并不一定需要全部注出上述五类尺寸，而是要根据具体情况和要求来确定。如果是设计装配图，所注的尺寸应全面些；如果是装配工作图，则只需将与装配有关的尺寸注出即可。

11.3.3 装配图的技术要求

装配图中的技术要求主要说明装配要求(如准确度、装配间隙、润滑要求等)、调试和检验要求(如对机器性能的检验、试运行及操作要求等)、使用要求（如维护、保养及使用时的注意事项和要求)等。装配图中的技术要求，通常用文字注写在明细栏附近的空白处。如图 11.2 中的“本产品的最大顶举高度为 50mm，顶举力为 10000N；螺杆与底座的垂直度公差不大于 0.1；螺套与底座间的螺孔在装配时加工”等。

11.4 装配图中的零件序号和明细栏

为了便于识图和组织生产，装配图中所有的零(部)件都必须编写序号，序号可按顺时针或逆时针方向顺次排列，并与明细栏中的序号一致。

装配图中编写零(部)件序号的通用表示方法如图 11.12 所示。同一张装配图中，相同的零(部)件用一个序号，一般只标注一次，数量在明细栏中填写；指引线应自所指零件的可见轮廓内画一实心圆点后引出，端部注写序号；一组紧固件或装配关系清楚的零件组，可采用公共指引线，如图 11.12(d)所示；序号应按顺时针或逆时针方向顺序编号，并沿水平或垂直方向排列整齐。

明细栏一般配置在装配图中标题栏的上方，按自下而上的顺序填写。当位置不够时，可紧靠在标题栏的左边自下而上延续。

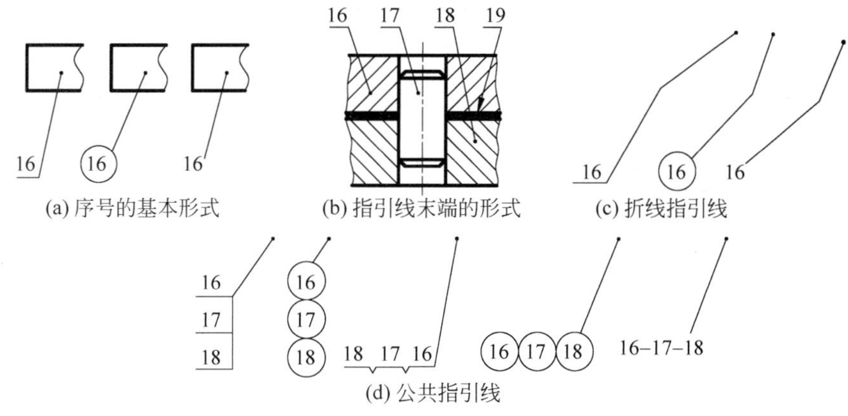

图 11.12　零部件序号及编排方法

明细栏一般由序号、名称、数量、材料等内容组成。

11.5　装配图的绘制

本节将结合图 11.13 所示"旋阀"装配图的绘制，介绍绘制装配图的过程与方法。

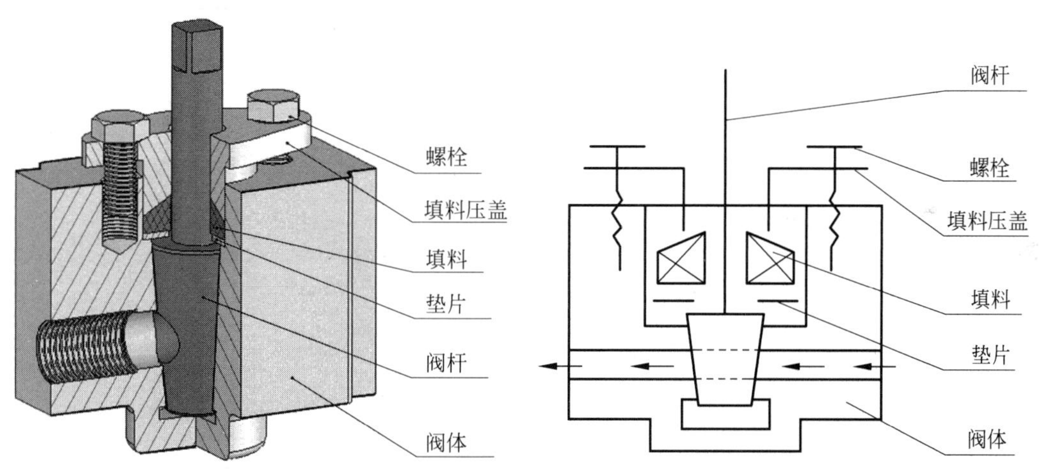

图 11.13　旋阀立体图和装配示意图

旋阀三维模型

旋阀动画

旋阀是管道系统中控制管道开闭及液体流量大小的部件。当旋阀内的阀杆处于图示位置时，阀门全部开启；当阀杆旋转 90°时，阀门全部关闭。旋阀共由 6 种(7 个)零件组成，其中螺栓是标准件，其他是专用零件。旋阀中的阀体通过管螺纹与管道系统相连接，阀杆位于阀体内。为防止液体从阀杆上部渗漏，使用垫片、填料和填料压盖进行密封。填料压盖通过与阀体间的螺栓连接实现对填料的压紧。

图 11.14～图 11.17 为旋阀各专用零件的零件图；其中的螺栓系标准件，规格注记为"螺栓 GB/T 5780—2000 M10×25"；填料为石棉绳，无须绘制零件图。

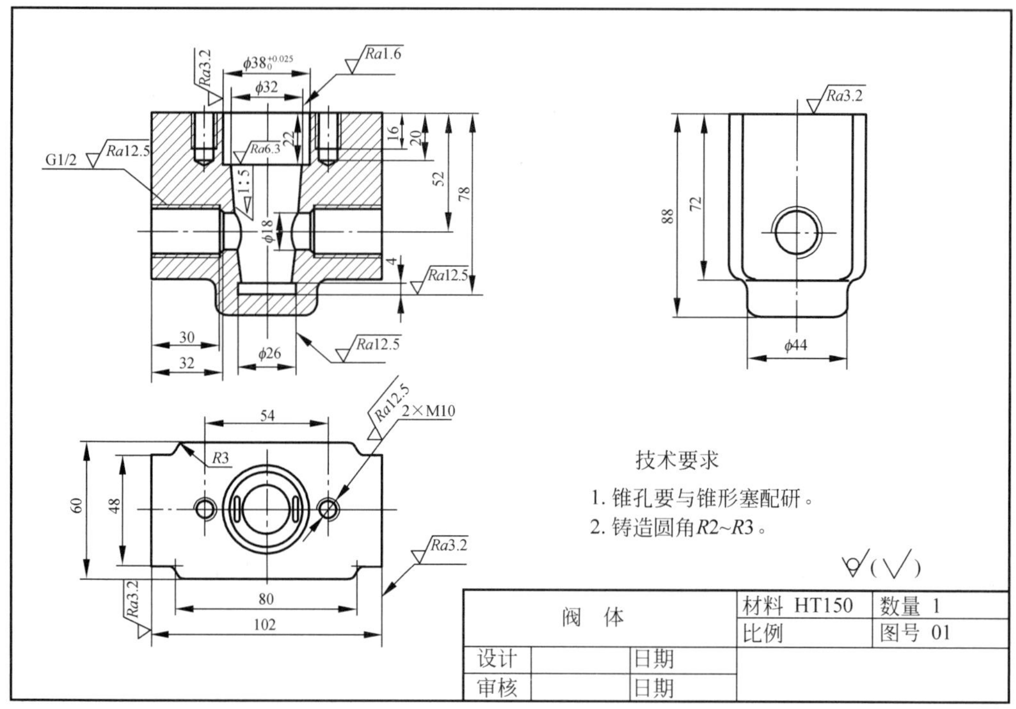

图 11.14　阀体零件图

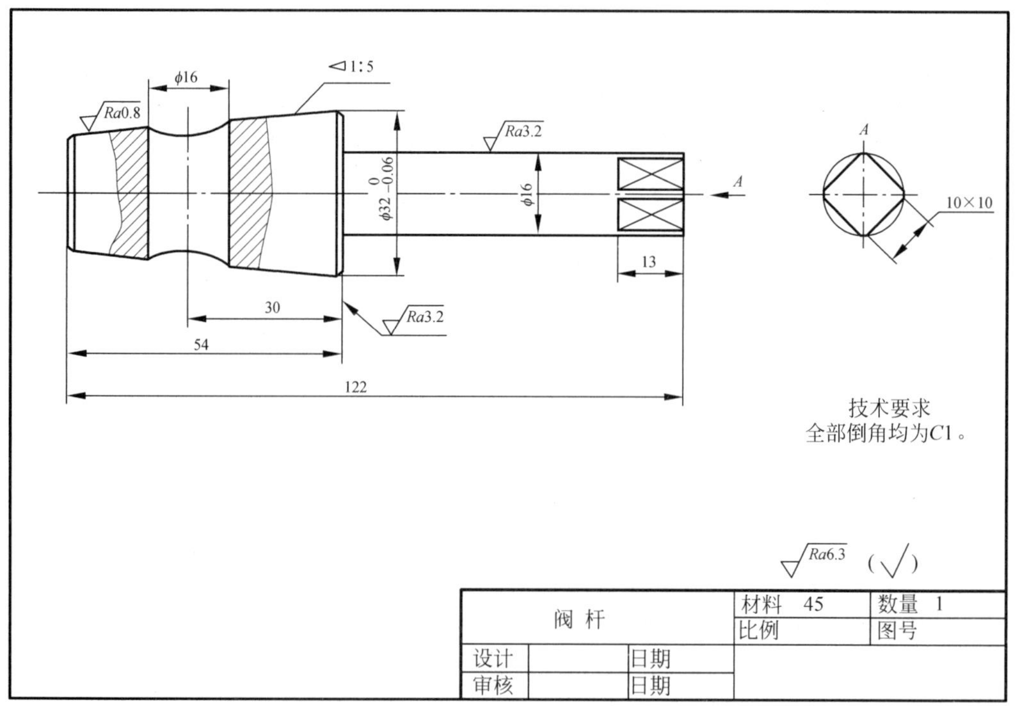

图 11.15　阀杆零件图

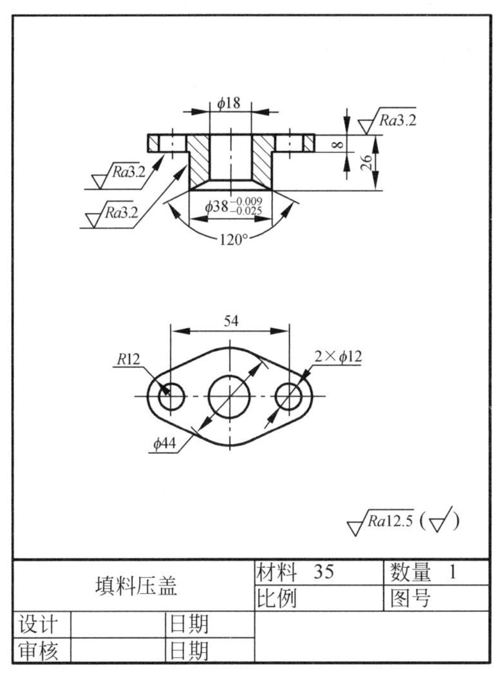

图 11.16 填料压盖零件图

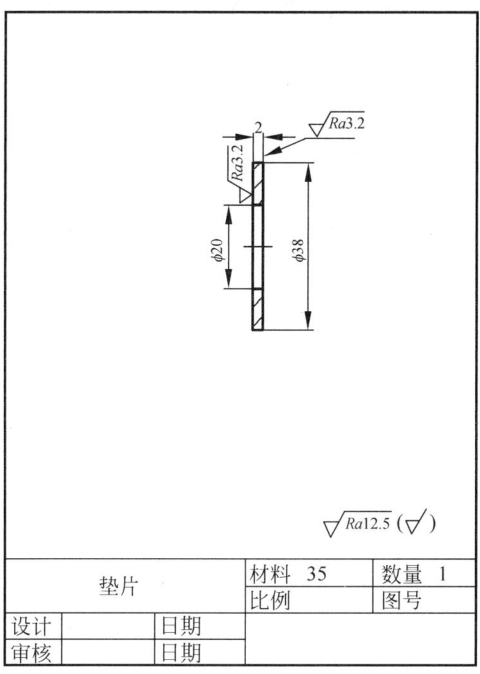

图 11.17 垫片零件图

1. 确定表达方案

确定装配图表达方案时,应以部件的工作原理为主线,从主要装配干线入手,用主视图和其他基本视图表达主要装配线,用其他视图进一步补充表达。

部件的主视图一般按其工作位置选择,并使主视图能够较多地反映部件的工作原理、传动路线、零件间的装配和连接关系、相对位置以及零件的主要结构形状等特征。通常用通过装配干线轴线的平面将部件剖开,画出剖视图作为装配图的主视图。

主视图确定后,再选择其他基本视图来补充表达主视图没有表达清楚的部分。如果部件中还有一些局部结构需要表达,可选用局部视图、局部剖视图或断面图等来表达。

旋阀的主视图按工作位置选择,将旋阀流体通道的轴线水平放置,阀杆旋转至全部开启状态。主视图的投射方向为垂直于流体通道的轴线方向。为清楚表达旋阀的工作原理、零件间的装配和连接关系、相对位置以及零件的主要结构形状等,沿旋阀的前后对称面剖开,画出剖视图作为装配图的主视图。为表达旋阀的外形结构又选取俯视图作为对主视图的补充。

2. 选定绘图比例和图幅

根据部件的大小及复杂程度,确定绘图比例。一般优先选择 1∶1 的原值比例。根据选择好的视图和比例，综合考虑尺寸标注、零件序号编写、标题栏、明细栏及技术要求注写等所需位置，大致估计所需图纸面积，选择合适的图纸幅面。

3. 绘制装配图

(1) 合理布图，画出作图基准线。先画出图框、标题栏及明细栏的轮廓线，接着画出各视图的基准线，如轴线、对称线等，如图 11.18(a)所示。

(2) 绘制底稿。先画出部件的主要结构，然后按照装配顺序逐个画出其他次要零件及结构细节，如图 11.18(b)所示。

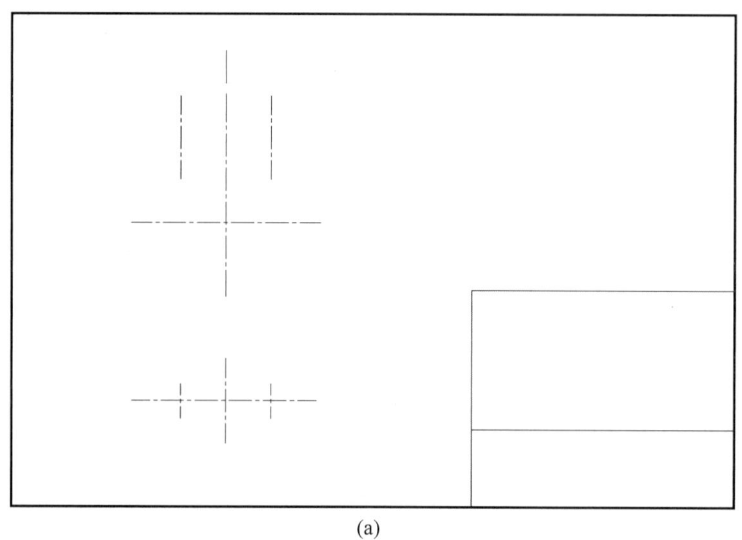

(a)

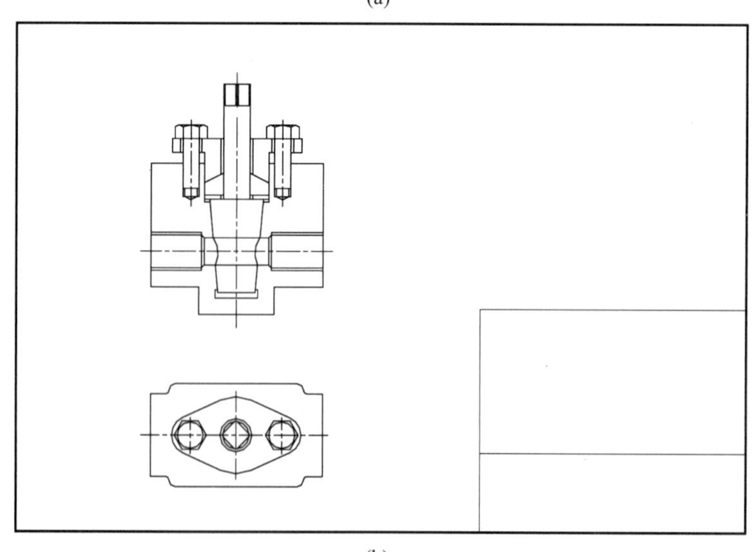

(b)

图 11.18　旋阀装配图的作图过程

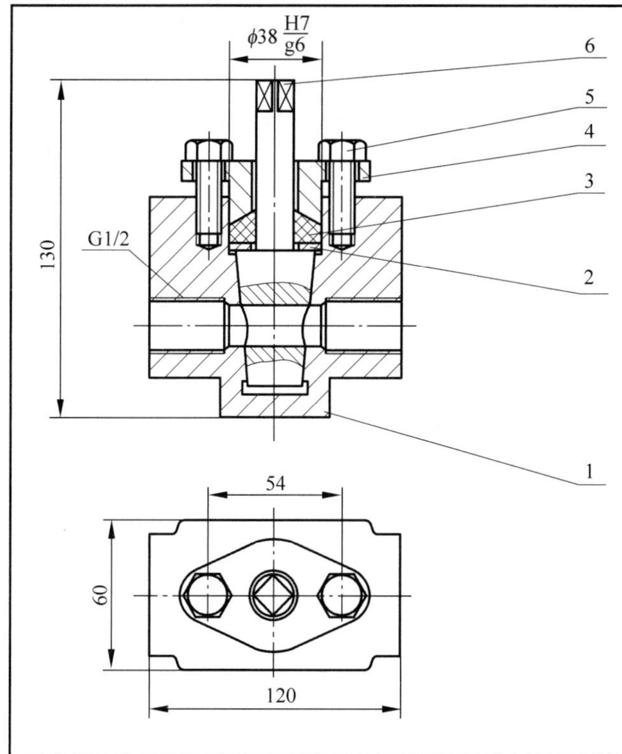

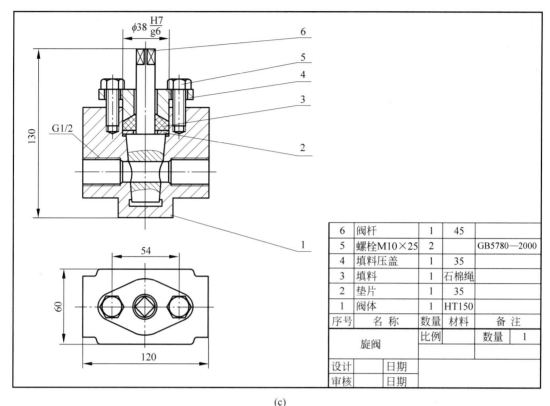

6	阀杆	1	45	
5	螺栓M10×25	2		GB5780—2000
4	填料压盖	1	35	
3	填料	1	石棉绳	
2	垫片	1	35	
1	阀体	1	HT150	
序号	名 称	数量	材料	备 注

旋阀		比例		数量	1
设计		日期			
审核		日期			

(c)

图 11.18 (续)

(3) 检查校核,按规定线型加深图线,并绘制剖面线;标注尺寸(注意与零件图中相关尺寸的协调和一致),编写零件序号,绘制并填写标题栏和明细栏。

4. 拟定并填写技术要求

装配图中的技术要求包括配合尺寸的配合代号、安装尺寸的公差带、装配后必须保证的尺寸的公差带及工艺性说明(如配作)等。

以文字说明的技术要求可从以下方面考虑:

(1) 对装配体的性能和质量要求,如润滑、密封等方面的要求;

(2) 对试验条件和方法的规定;

(3) 对外观质量的要求,如涂漆等;

(4) 对装配要求的其他必要说明。

最终完成的装配图如图 11.18(c)所示。

11.6 装配图的识读

装配图在机器设备的装配、安装、使用和维修等生产过程中起着重要的指导作用。读装配图的主要目的是：

(1) 了解机器或部件的名称、用途、性能和工作原理；

(2) 明确零件间的相对位置、装配关系及装拆顺序和方法；

(3) 弄清每个零件的名称、数量、材料、作用和主要结构形状。

11.6.1 读装配图的方法和步骤

1. 概括了解

首先要看装配图中的标题栏、明细栏和附加的产品说明书等有关技术资料，了解机器或部件的名称、用途和比例等。然后从视图中先大致了解机器或部件的形状、尺寸和技术要求，对机器或部件有一个基本的感性认识。

2. 分析视图

在概括了解的基础上对装配图作进一步分析。弄清有几个视图，各视图的名称、相互间的投影关系、所采用的表达方法；采用了哪些剖视和断面图，根据标记找到剖切位置和范围；明确各视图的表达重点等。

3. 分析尺寸和技术要求

分析装配图上的尺寸和技术要求，以明确部件的规格、零件间的配合性质和外形大小、装配、试验和安装要求等。

4. 分析装配关系、传动路线和工作原理

对照视图，从分析传动入手，仔细研究部件的装配关系和工作原理。通过对各条装配干线的分析，并根据图中的配合尺寸等，明确各零件之间的相互配合要求和运动零件与非运动零件的相对运动关系，尤其是传动方式、传动路线、作用原理以及零件的支承、定位、调整、连接、密封等结构形式。

根据部件的工作原理，了解每个零件的作用，进而分析出它们的结构形状是重要的一步。一台机器或部件由标准件、常用件和一般零件组成。标准件和常用件的结构简单、作用单一，一般容易看懂，但一般零件有简有繁，它们的作用和地位各不相同。看图时先看标准件和结构形状简单的零件，后看结构复杂的零件。这样先易后难地进行看图，既可加快分析速度，还为看懂形状复杂的零件提供方便。

零件的结构形状主要是由零件的作用、与其他零件的关系以及铸造、机械加工的工艺要求等因素决定的。分析一些形状比较复杂的非标准零件，其中关键问题是要能够从装配图上将零件的投影轮廓从各视图中分离出来。区分零件主要依靠不同方向和间隔的剖面线以及各视图之间的投影关系进行判别。零件区分出来之后，便要分析零件的结构形状和功用。分析时，一般先从主要零件开始，再看次要零件。

5. 总结归纳

想象出整个部件的结构形状及要求。

以上所述是读装配图的一般方法和步骤，事实上有些步骤不能截然分开，而要交替进行。

11.6.2 读装配图示例

【例 11.1】 识读图 11.19 所示拆卸器装配图。

1. 概括了解

从标题栏可知该部件的名称为"拆卸器"，不难分析，其是用来拆卸紧固在轴上的零件的。从绘图比例和图中的尺寸看，这是一个小型的拆卸工具，共有 8 种零件，是一较简单的部件。

2. 分析视图

主视图主要表达了整个拆卸工具的结构外形，并在上面作了全剖视，但压紧螺杆 1、把手 2、抓子 7 等实心零件按规定均以不剖绘制，为了表达它们与其相邻零件的装配关系，采用了三处局部剖视。而作为被拆卸对象的轴与套本不是该部件上的零件，故而用细双点画线画出其轮廓(假想画法)，以反映其拆卸时的工作情况。为了节省图纸幅面，较长的把手 2 则采用了折断画法。

俯视图采用了拆卸画法(拆去了把手 2、沉头螺钉 3 和挡圈 4)，并采用了一个局部剖视，以表达销轴 6 与横梁 5 的配合情况以及抓子与销轴和横梁的装配关系。同时，也将主要零件的结构形状表达得更为清楚。

3. 分析尺寸

尺寸 82 是规格尺寸，表示此拆卸器所能拆卸零件的最大外径尺寸不大于 82mm。尺寸 112、200、135、ϕ54 是外形尺寸。尺寸 ϕ10H8/k7 是销轴与横梁孔的配合尺寸，由结构分析并查表可知，此系基孔制的过渡配合。

4. 分析装配关系、传动路线和工作原理

用此拆卸器分解结合在一起的套和轴时，先将压紧垫 8 抵住轴的上端面，然后转动把手 2，调节抓子 7 的上下位置，使其下部的 L 形弯头钩住套的下沿。

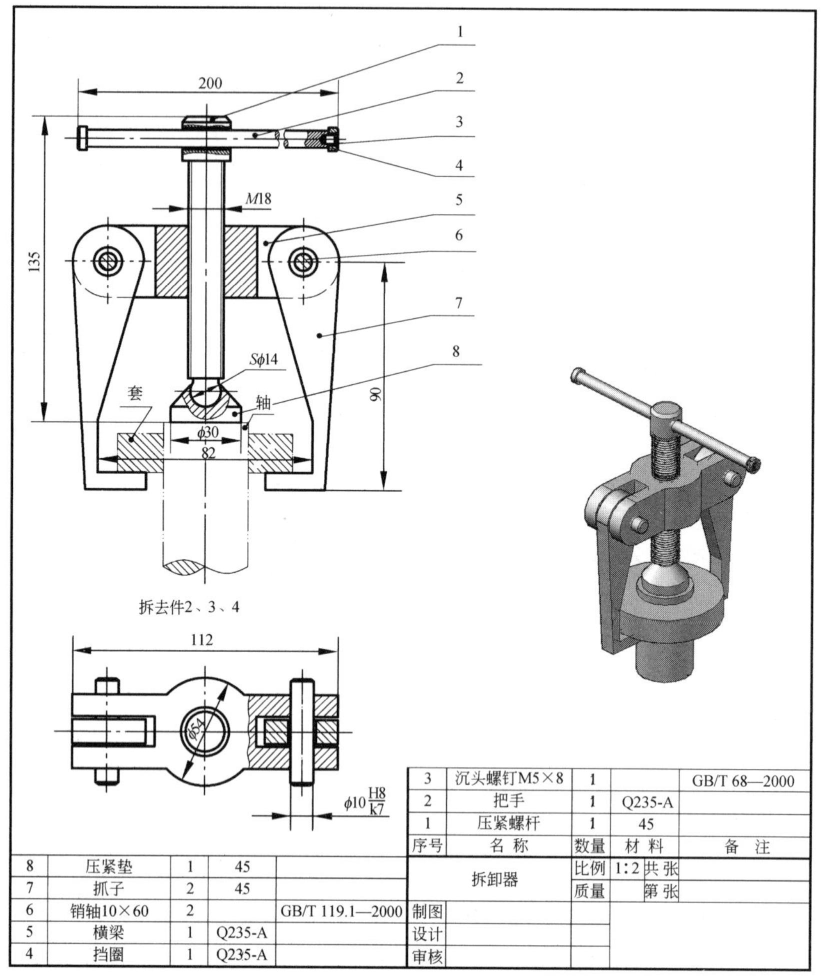

序号	名称	数量	材料	备注
8	压紧垫	1	45	
7	抓子	2	45	
6	销轴10×60	2		GB/T 119.1—2000
5	横梁	1	Q235-A	
4	挡圈	1	Q235-A	
3	沉头螺钉M5×8	1		GB/T 68—2000
2	把手	1	Q235-A	
1	压紧螺杆	1	45	

图 11.19 拆卸器装配图

用其进行拆卸时，该拆卸器的运动可由把手开始分析，从上向下看去，当顺时针转动把手时，其带动压紧螺杆 1 转动。由于螺纹的作用，横梁 5 即同时沿螺杆上升，通过横梁两端的销轴 6，带动两个抓子上升，被抓子勾住的被拆件“套”也一起上升，直到将其从轴上拆下。

由图中不难分析，拆卸器的结合顺序是：先把压紧螺杆 1 拧过横梁 5，把压紧垫 8 套接在压紧螺杆的球头上，在横梁 5 的两旁用销轴 6 各穿上一个抓子 7，最后穿上把手 2，再将把手的穿入端用螺钉 3 将挡圈 4 拧紧，以防止把手从压紧螺杆上脱落。其分解顺序则是此结合顺序的逆过程。

5. 总结归纳

综上所述，拆卸器的具体结构及其工作情况如图 11.19 右图所示。

【例 11.2】 识读图 11.20 所示双极插头装配图。

1. 概括了解

如图 11.20 所示，从标题栏中知道装配体的名称是“双极插头”，用于接通电源。装配体由 7 种零件组成，属于较简单的装配体。

2. 分析视图

图 11.20 中，共有两个视图，均采用半剖视表达。主视图是沿件 1 接触销作轴向剖切，表达出接触销与壳体之间的连接关系，这是该图的主要装配干线。左视图是沿件 7 方螺母的左端面剖切的半剖视图，既反映了壳体等零件的端面形状，又表达了方螺母与壳体间的装配关系和结构形状。

3. 分析零件

将主视图与 $A—A$ 剖视图对照分析，可知壳体的外形是一个前后开长圆槽、右侧带凸台的长圆形壳体，左侧有一个圆形沉孔，并有上、下两个圆柱盲孔，右凸台有一个 $\phi8$ 的通孔，壳体中部有两个方槽，两个方螺母自上、下槽口装入壳体，再将环氧树脂填料由槽口注入，固定方螺母，使接触销的伸出长度能做有限的调整。

4. 归纳总结

从图 11.20 中可以想象，电源线是从右侧 $\phi8$ 孔引入，穿过衬垫接在接触销上，用螺母拧紧后，双极插头就可以接通电源进行工作了。

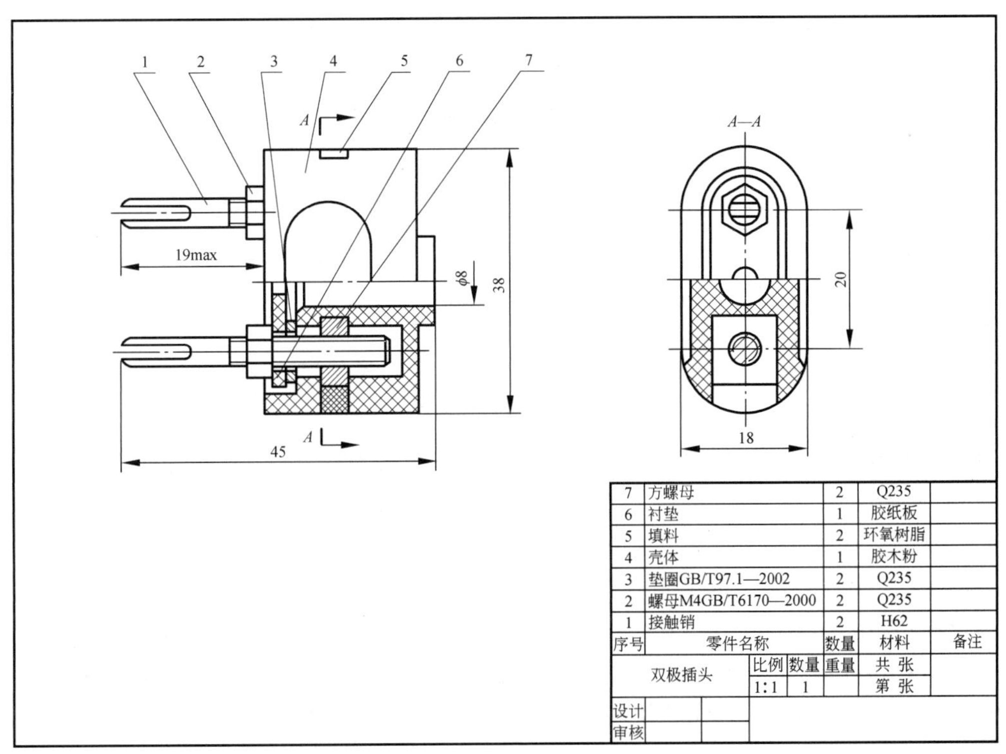

7	方螺母	2	Q235	
6	衬垫	1	胶纸板	
5	填料	2	环氧树脂	
4	壳体	1	胶木粉	
3	垫圈GB/T97.1—2002	2	Q235	
2	螺母M4GB/T6170—2000	2	Q235	
1	接触销	2	H62	
序号	零件名称	数量	材料	备注

双极插头	比例	数量	重量	共 张
	1:1	1		第 张
设计				
审核				

图 11.20 双极插头装配图

【例 11.3】 识读图 11.21 所示球阀装配图。

1. 概括了解

通过看标题栏、明细栏并结合生产实际可知，球阀是阀的一种，它是安装在管道系统中的一个部件，用于开启和关闭管路，并能调节管路中流体的流量。该球阀公称直径为 ϕ20mm，适用于通常条件下的水、蒸汽或石油产品的管路上。它是由阀体 1、阀盖 2、密封圈 3、阀芯 4、调整垫 5、双头螺柱 6、螺母 7、填料垫 8、中填料 9、上填料 10、填料压紧套 11、阀杆 12、扳手 13 等零件装配起来的，其中标准件 2 种，非标准件 11 种。

2. 分析视图

球阀装配图中共有三个视图。

主视图采用全剖视图，表达了主要装配干线的装配关系，即阀体、阀芯和阀盖等水平装配轴线和扳手、阀杆、阀芯等铅垂装配轴线上各零件间的装配关系，同时也表达了部件的外形。

左视图为 A—A 半剖视图，表达了阀盖与阀体连接时四个双头螺柱的分布情况，并补充表达了阀杆与阀芯的装配关系。因扳手在主、俯视图中已表达清楚，图中采用了拆卸画法。

俯视图主要表达球阀的外形，并采用局部剖视图来说明扳手与阀杆的连接关系及扳手与阀体上定位凸起的关系。扳手零件的运动有一定的范围，图中画出了它的一个极限位置，另一个极限位置用细双点画线（假想画法）画出。

3. 分析尺寸

图中，ϕ20 是球阀的通孔直径，属于规格尺寸；ϕ50H11/h11、ϕ18H11/c11、ϕ14H11/c11 是配合尺寸，说明该三处均为基孔制的间隙配合；54、M36×2 是球阀的安装尺寸；115±1.1、75、121.5 是球阀的外形尺寸；Sϕ40 则属于其他重要尺寸。

4. 分析装配关系、传动路线和工作原理

在主视图上，通过阀杆这条装配轴线可以看出，扳手与阀杆是通过方孔和方头相装配的，填料压紧套与阀体间通过螺纹连接。填料压紧套与阀杆通过 ϕ14H11/c11 相配合。阀杆下部的圆柱上铣出了两个平面，头部呈圆弧形，以便嵌入阀芯顶端的槽内。另一条装配轴线（螺柱连接）也可做类似的分析。

球阀的工作原理：当球阀处于图示位置时，阀门为全开状态，管道畅通，管路内流体的流量最大；从上向下看去，当扳手 13 顺时针方向旋转时，管路流量逐渐减少，旋转到 90°时（图中细双点画线所示的位置），阀芯便将通孔全部挡住，阀门全部关闭，管道断流。

5. 总结归纳

球阀的装配顺序：先在水平装配轴线上装入右边的密封圈、阀芯、左边的密封圈、垫片，装上阀盖，再装上双头螺柱和螺母；在垂直装配轴线上装入阀杆、填料垫、中填料和上填料，用填料压紧套压紧，装上扳手。同时，还要对技术要求和全部尺寸进行分析，以进一步了解机器或部件的设计意图和装配工艺性，分析各部分结构是否能完成预定的功用，工作是否可靠，装拆、操作和使用是否方便等。球阀的立体图如图 11.22 所示。

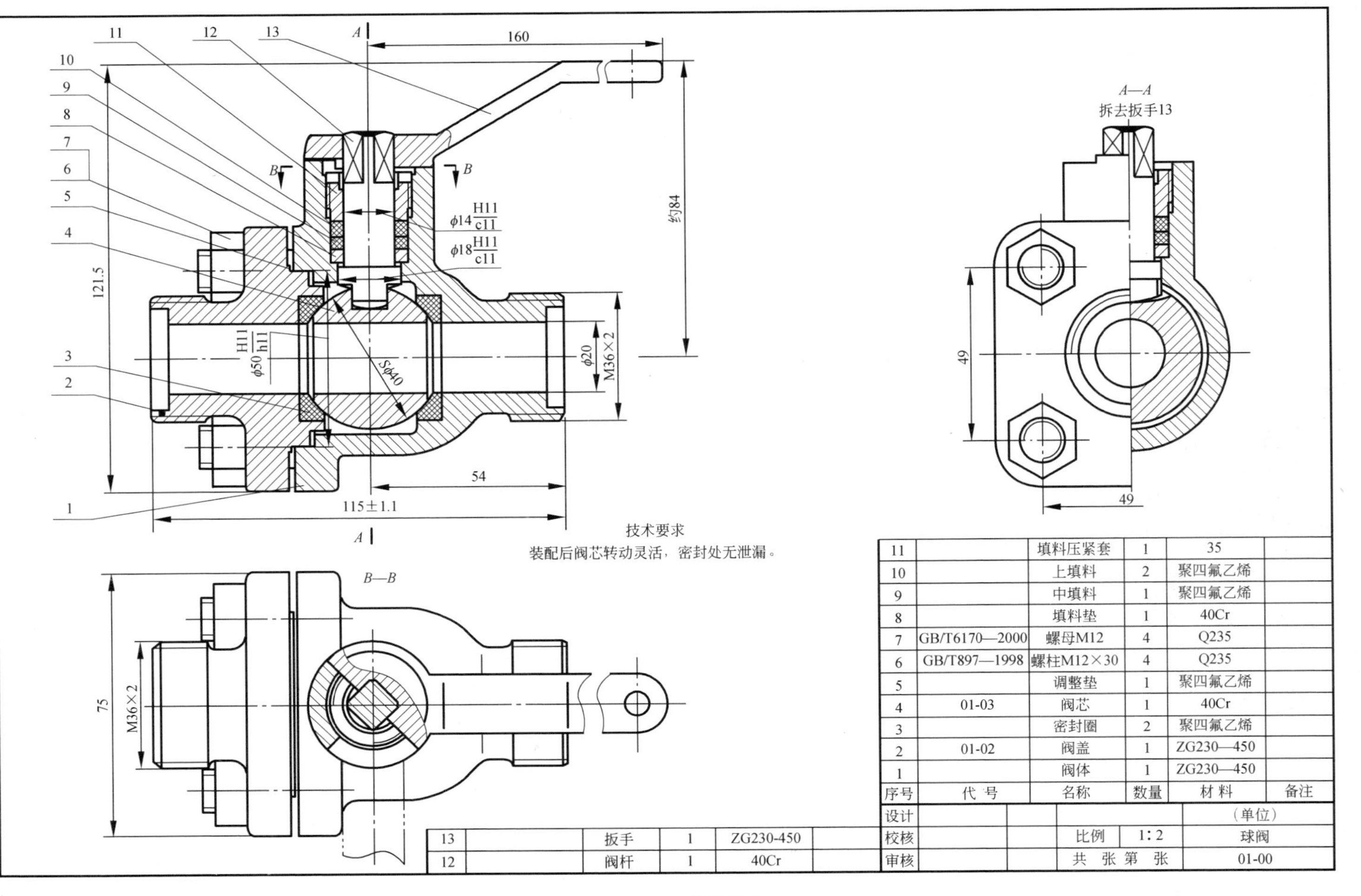

序号	代号	名称	数量	材料	备注
13		扳手	1	ZG230-450	
12		阀杆	1	40Cr	
11		填料压紧套	1	35	
10		上填料	2	聚四氟乙烯	
9		中填料	1	聚四氟乙烯	
8		填料垫	1	40Cr	
7	GB/T6170—2000	螺母M12	4	Q235	
6	GB/T897—1998	螺柱M12×30	4	Q235	
5		调整垫	1	聚四氟乙烯	
4	01-03	阀芯	1	40Cr	
3		密封圈	2	聚四氟乙烯	
2	01-02	阀盖	1	ZG230—450	
1		阀体	1	ZG230—450	

设计			(单位)
校核	比例	1:2	球阀
审核	共 张 第 张		01-00

图 11.21 球阀装配图

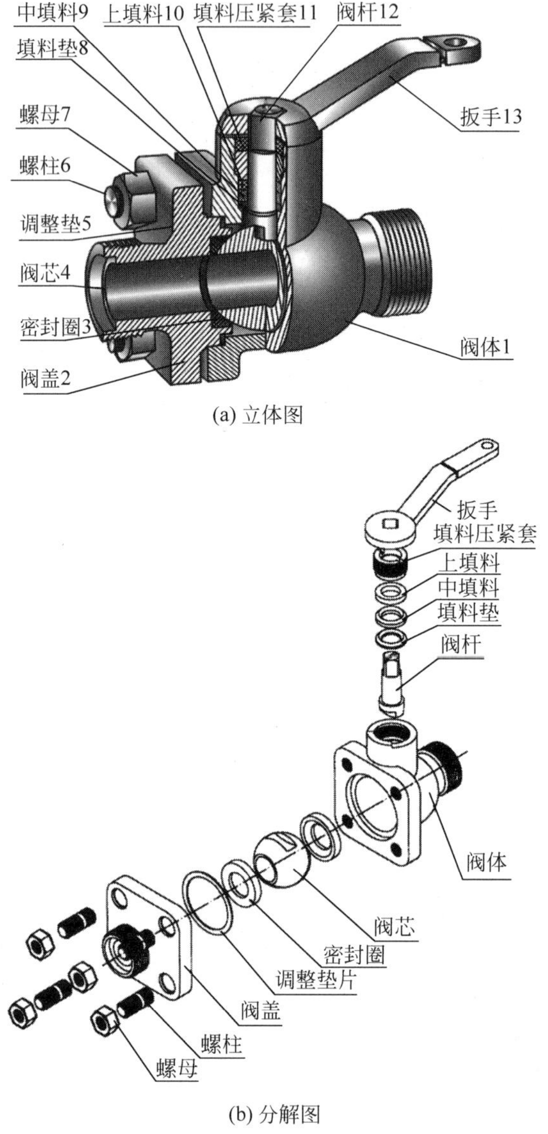

图 11.22　球阀

思考与练习题

1. 简答题

(1) 什么是装配图？它在生产中的作用是什么？一张完整的装配图应包括哪些内容？

(2) 装配图视图选择的原则是什么？装配图主要有哪些表达方法？

(3) 装配图的画法有哪些主要规定？装配图的特殊表达方法有哪些？

(4) 什么是配合？配合的类型有哪三种？各用于什么场合？怎样判别基孔制配合和基轴制配合？配合代号与构成配合的孔和轴的公差带代号间有什么关系？

(5) 装配图中需标注哪些方面的尺寸?

(6) 装配图与其组成零件的零件图间有什么关系?

2. 分析题

对照图11.1所示立体图,分析图11.2所示螺旋千斤顶装配图中的标题栏、零件序号和明细栏、视图名称、投影关系、表达方法、尺寸标注、技术要求等。

3. 装配图识读题

(1) 读图11.23所示煤气开关装配图,填空回答问题。

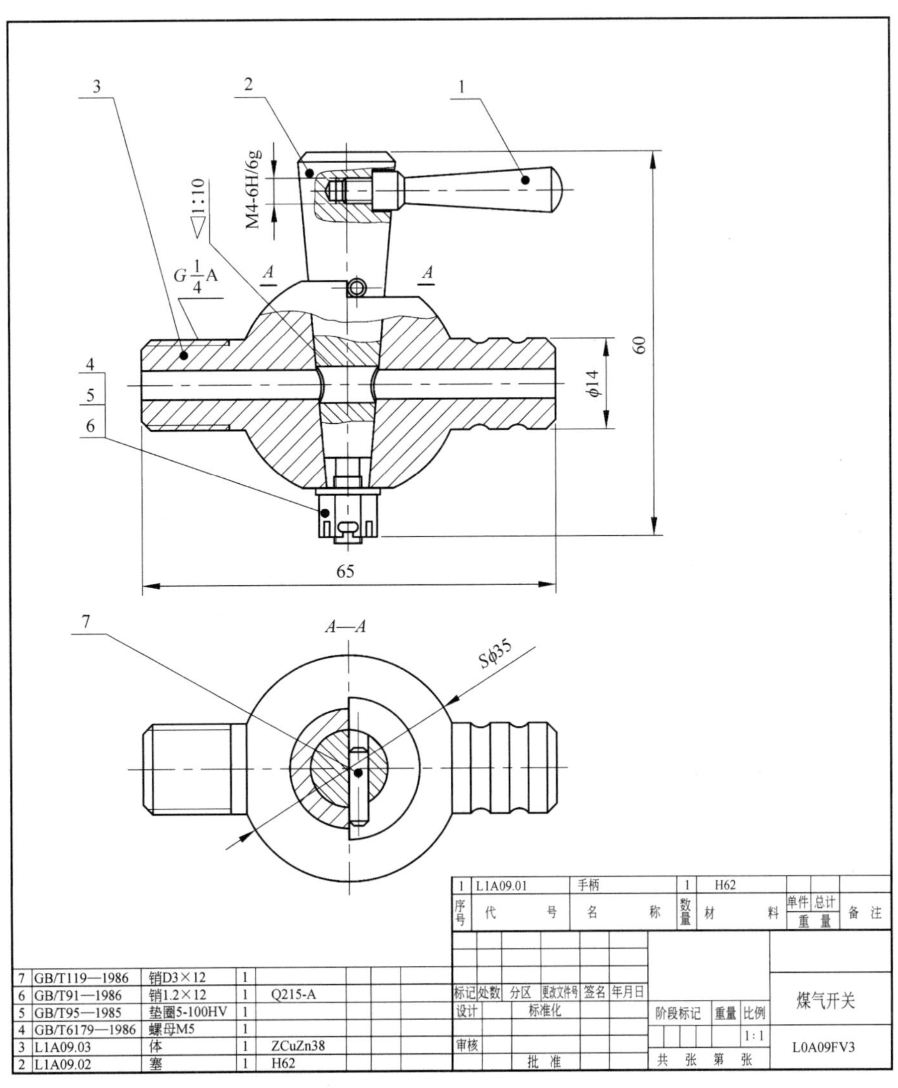

图11.23 煤气开关装配图

① 该装配体的名称为________，绘图比例为________；

② 该装配体共由________种零件组成，其中标准件有________种；

③ 零件1和零件2通过________结构连接，其连接尺寸为________，其中的外螺纹属于________号件；

④ 零件2和零件3的接触面为________面，其锥度为________，目的是________；

⑤ 图示装配体的外形尺寸为：长________，宽________，高________，G1/4A为其________尺寸；尺寸Sϕ35中的S表示________；

⑥ 该装配体中零件7的作用是________；

⑦ 图示位置装配体处于________（开通/关闭）状态，若欲改变此状态，从上向下看去，需________（顺/逆）时针转动________号零件；

⑧ 拆下零件3的零件拆卸顺序是________。

（2）读图11.24所示螺旋千斤顶装配图，填空回答问题。

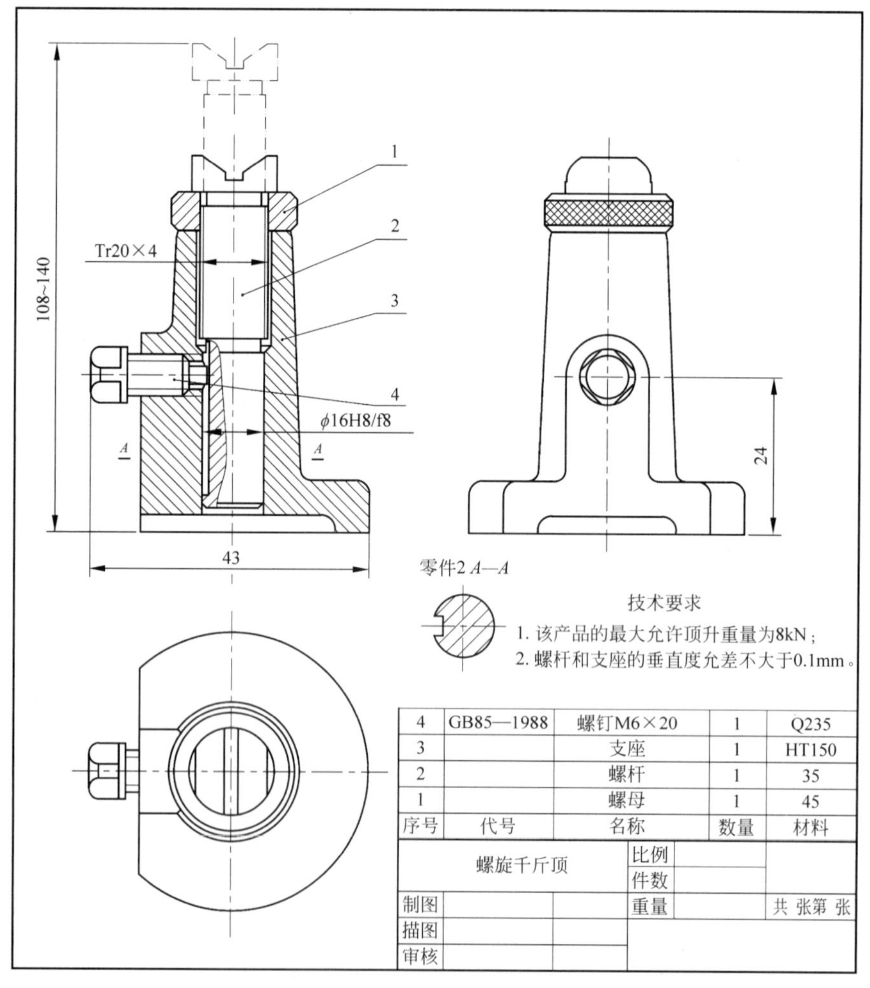

4	GB85—1988	螺钉M6×20	1	Q235
3		支座	1	HT150
2		螺杆	1	35
1		螺母	1	45
序号	代号	名称	数量	材料

螺旋千斤顶		比例		
		件数		
制图		重量		共 张第 张
描图				
审核				

图11.24 螺旋千斤顶装配图

① 该装配体的名称为________,由名称可知其作用为________;

② 该装配体共由________个零件组成,其中标准件有________个;

③ 主视图采用的是________剖视图,用细双点画线绘制的部分表示的是________号件的运动情况,这种表达方法称为________画法;

④ 标注"零件 2 A—A"的图形是表达 2 号件的________(剖视、断面)图,目的是说明该零件外表面上有一________方向的沟槽,该图这种表达方法称为________画法;

⑤ Tr20×4 为________形螺纹的代号,是________号件和________号件间的传动结构,其中的 20 表示螺纹的________,4 表示螺纹________;

⑥ ϕ16H8/f8 为________号件和________号件间的配合尺寸,其中 ϕ16f8 为________号件的直径及公差带代号,查表知其对应的上、下极限偏差数值是________;

⑦ 该千斤顶的最大顶升重量是________ kN;由高度尺寸可知其最大顶升高度是________ mm;

⑧ 该装配体中零件 4 的作用是________;

⑨ 图示状态螺杆处于________(最高/最低)位置,若欲将重物顶起,从上向下看去,需________(顺/逆)时针转动________号件;

⑩ 1 号件(螺母)外圆柱面上网纹结构的作用是________;

⑪ 拆下 2 号件的零件拆卸顺序是________。

(3) 对照图 11.25(a)所示立体图,请自行分析、识读图 11.25(b)所示高频插座装配图。

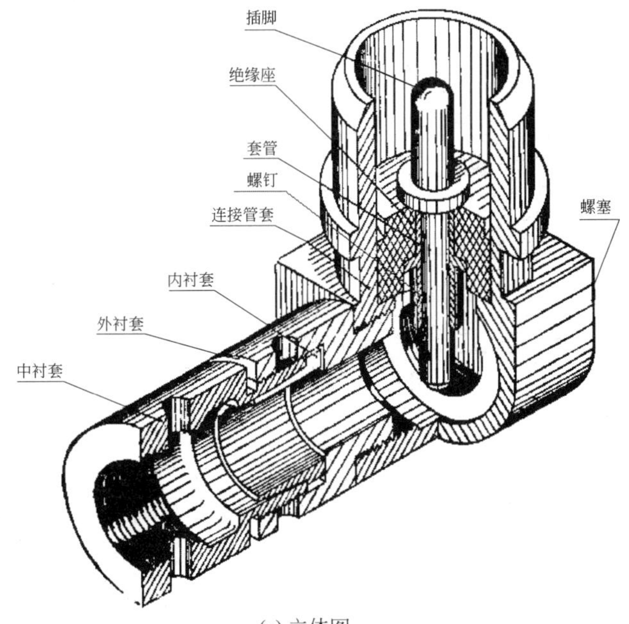

(a) 立体图

图 11.25 高频插座及其装配图

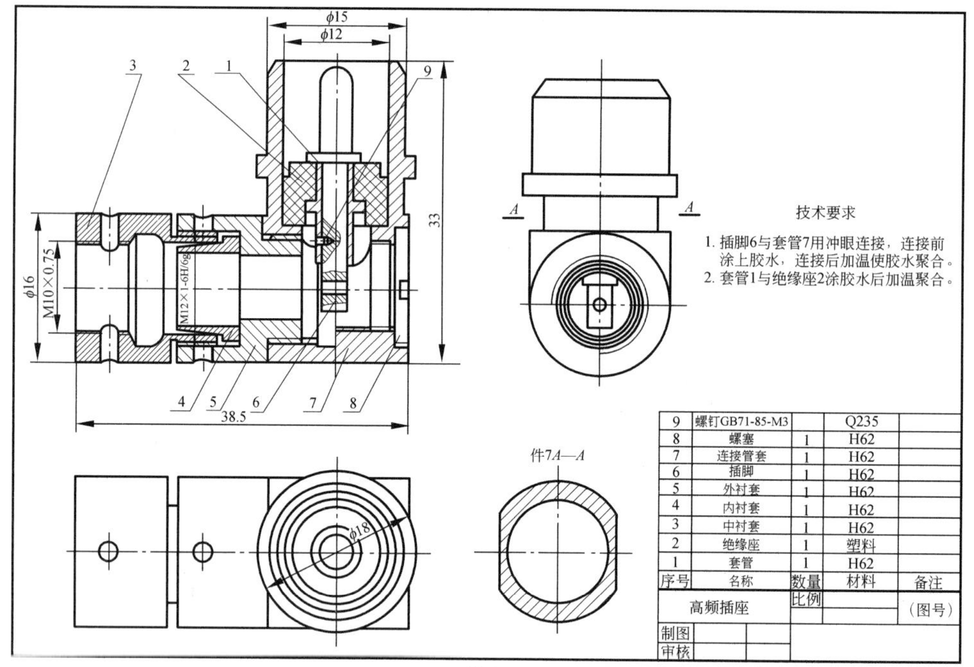

(b) 装配图

图 11.25 （续）

（4）请自行分析、识读图 11.26 所示配电箱装配图。

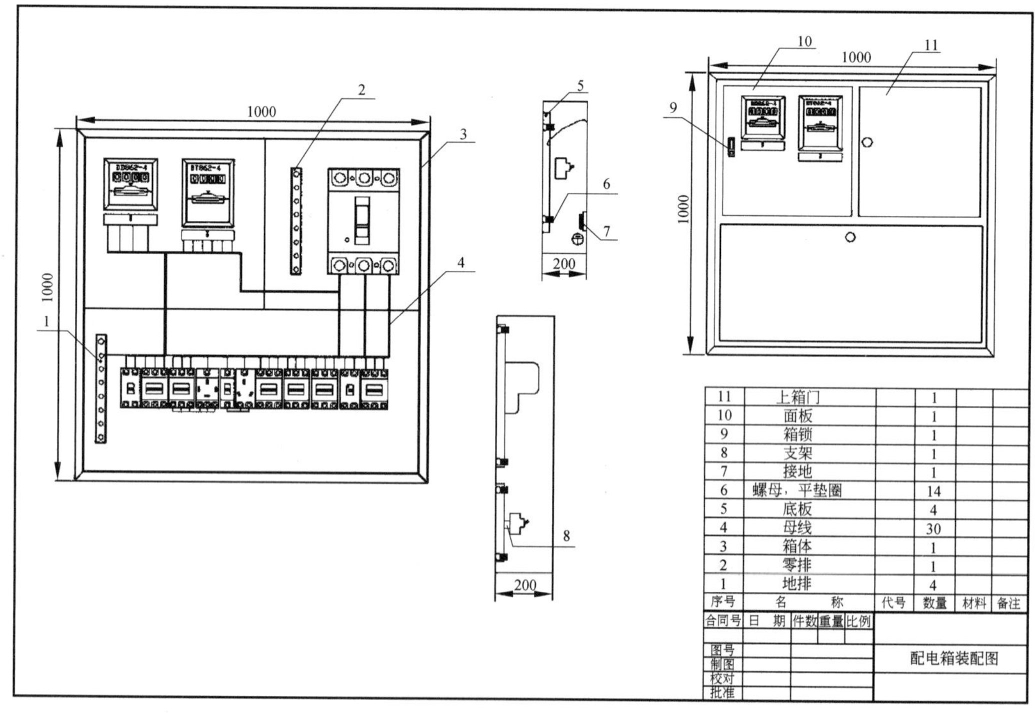

图 11.26 配电箱装配图

第12章 房屋建筑图

章前思考

1. 房屋建筑与机器和机械零件在结构、形状、体量、材料、标准化等方面各有什么特点?

2. 与机械图相比,你认为房屋建筑图在表达上应有哪些不同?

房屋建筑图与机械图一样,都是按正投影原理绘制的。由于建筑图的形状、大小结构以及材料与机械图存在很大差别,所以在表达方法上也有所不同。学习本章时,应弄清房屋建筑图与机械图的区别,熟悉国家标准《房屋建筑制图统一标准》《建筑制图标准》的有关规定,掌握房屋建筑图的表达方法和图示特点。

12.1 房屋建筑图的基本表达形式

在建筑图中,与机械图中六个基本视图对应的投射方向与视图名称如图 12.1 所示。与机械图不同的是,无论视图如何配置,均须在视图的下方标注出视图的名称,并在名称文字的下方画一条与文字等长的粗实线。

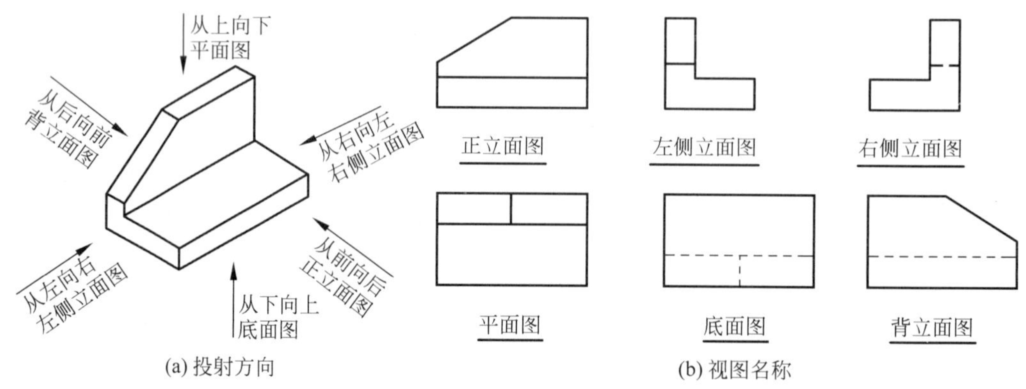

图 12.1 建筑图中的投射方向与视图名称

从总体上看,表达一幢房屋(如图 12.2 所示办公楼)的内外形状和结构情况,通常要画出它的平面图、立面图和剖面图。

12.1.1 平面图

为了反映房屋的平面形状、大小和布置、墙柱位置和材料及厚度、门窗的位置和类型、交通情况等,假想用一水平剖切平面经门、窗洞口的位置将房屋剖开,将剖切平面以下的部分从上向下进行投射,就形成房屋的建筑平面图,简称平面图,如图 12.3 所示。

一般来说,房屋有几层就应画出几个平面图,并在图的下方正中标注相应的图名,如

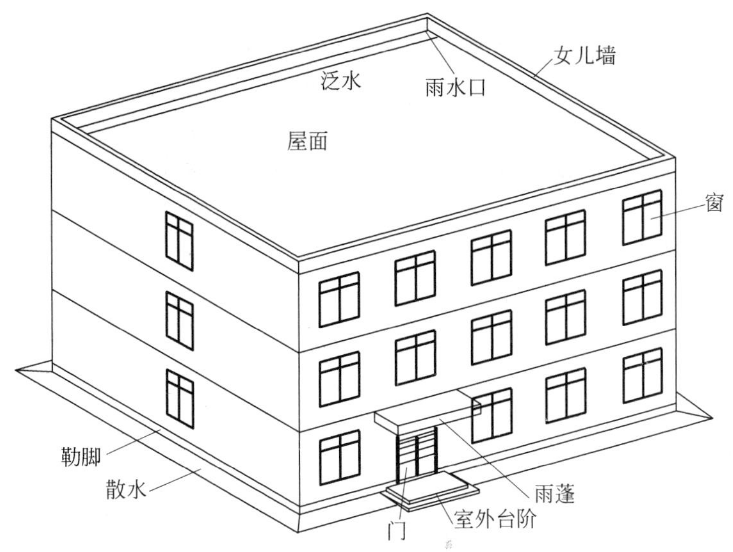

图 12.2 办公楼建筑及其构成

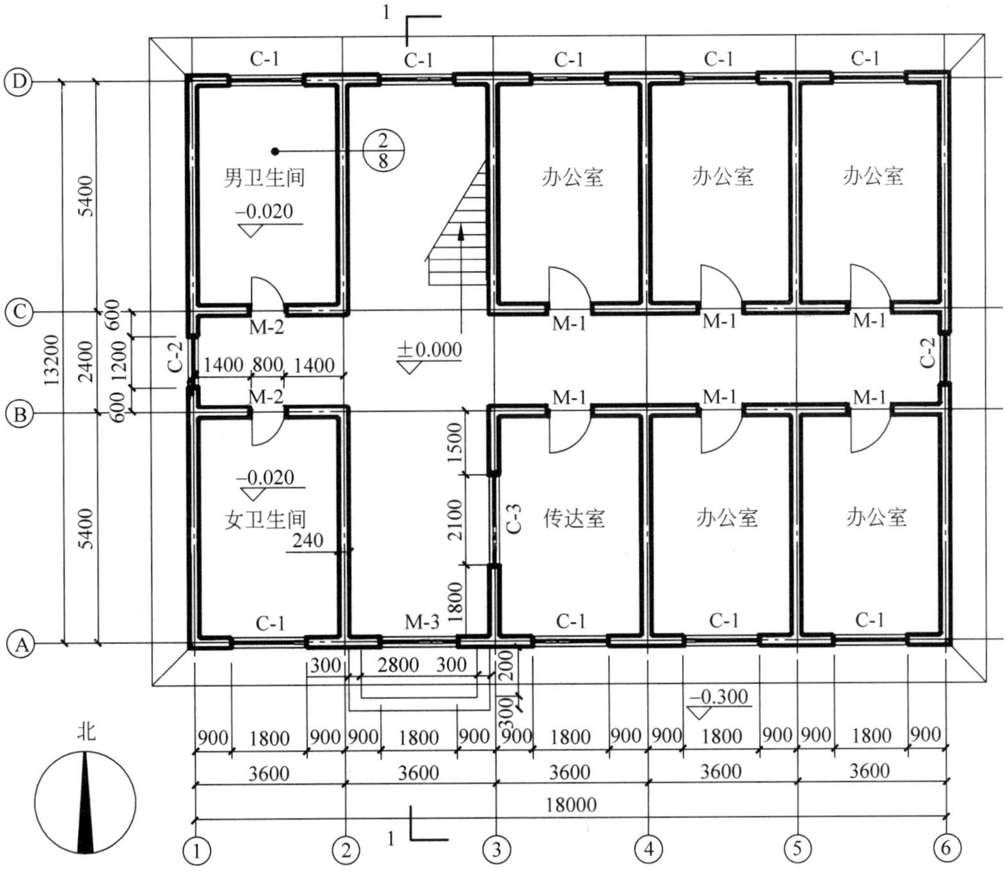

底层平面图 1:100

图 12.3 建筑平面图

底层平面图(一层平面图)、二层平面图等,并在图名下方画粗实线。某些楼层平面布置相同时,可共用一个平面图表示,称为标准层平面图。

平面图中应包含以下内容:

(1) 房屋的建筑面积、各房间的大小、平面布置以及平面交通情况。

(2) 门窗洞口的位置、宽度及门窗编号。

(3) 其他构、配件,如台阶、雨篷、散水、楼梯等。

(4) 承重结构的轴线及其编号,剖面图的剖切位置及编号。

(5) 所有上述结构的详细尺寸标注、标高标注、指北针及其他应注明的符号和说明。

例如,从图 12.3 中可了解到以下信息:

① 房屋朝向:从左下角指北针可知,办公楼坐北朝南。

② 房屋平面布置和交通情况:主要入口在②、③轴线,室外上两步台阶经 M-3 可进入门厅,左边为卫生间,正对的是楼梯,右边为 6 个 3.6m×5.4m 的办公室。

③ 门窗位置、类型、尺寸编号:图中共三种门,宽度分别为 1.8m、1m 和 0.8m;共有三种窗,宽度分别为 1.2m、1.8m 和 2.1m,宽 2.1m 的窗户为传达室的西窗。

12.1.2 立面图

在与房屋立面平行的投影面上作出的房屋正投影图,称为立面图。从房屋的正面(即反映房屋的主要出入口或比较显著地反映出房屋外貌特征的那个立面)由前向后投射所得的是正立面图(相当于机械图中的主视图),如图 12.4 所示;从房屋的左侧面或右

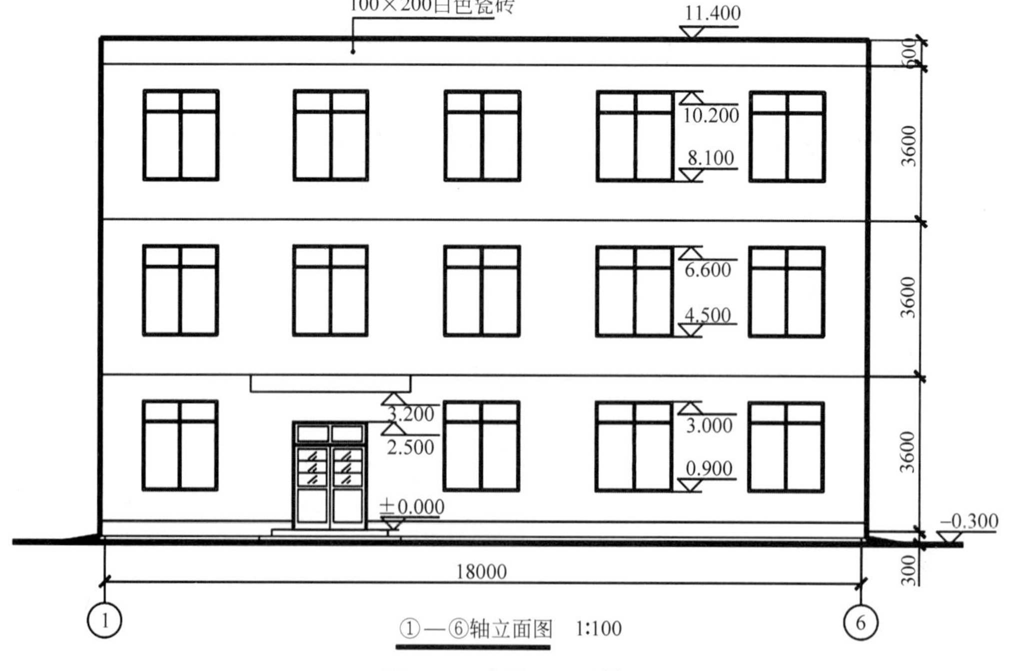

图 12.4 房屋正立面图

侧面由左向右投射或由右向左投射所得的是左侧立面图或右侧立面图(相当于机械图中的左视图或右视图),如图 12.5 所示；从房屋的背面由后向前投射所得的是背立面图。立面图也可按房屋的朝向分别称为东立面图、南立面图、西立面图和北立面图。

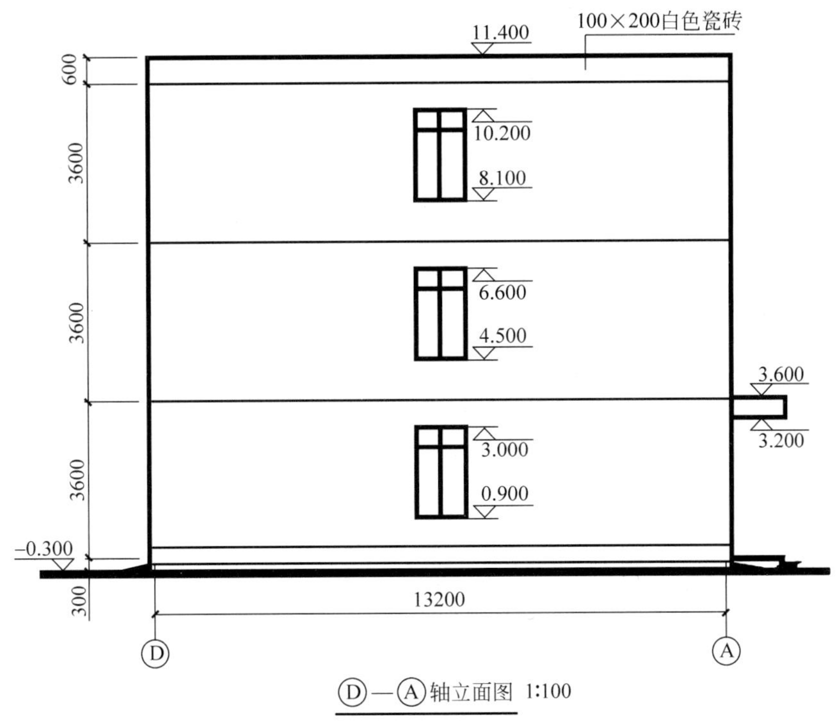

图 12.5 房屋左侧立面图

立面图表示房屋的外貌,反映房屋的高度,门窗的形式、大小和位置,屋面的形式和墙面的做法等内容。

12.1.3 剖面图

假想用正平面或侧平面沿垂直方向将房屋剖开,移去处于观察者和剖切面之间的部分,把余下部分向投影面投射所得到的图形,称为剖面图(相当于机械图中的剖视图),如图 12.6 所示。剖切位置应选在房屋内部构造较复杂和典型的部分,并通过门、窗洞。若为多层房屋,应选在楼梯间或层高不同、层数不同的部位。需要时也可用两个平行的剖切面作剖面图。建筑剖面图的标注方法如图 12.3、图 12.8、图 12.9 和图 12.11 所示。

剖面图表示房屋内部的结构形式、主要构配件间的相互关系,以及地面、门窗、屋面的高度等内容。

建筑平面图、立面图和剖面图是房屋建筑图中最基本的图样(简称平、立、剖面图),它们各自表达了不同的内容。因此,在识读房屋建筑图时,必须通过平、立、剖面图仔细对照,才能完整地了解一幢房屋从内到外、从水平到垂直方向各个部分的全貌。

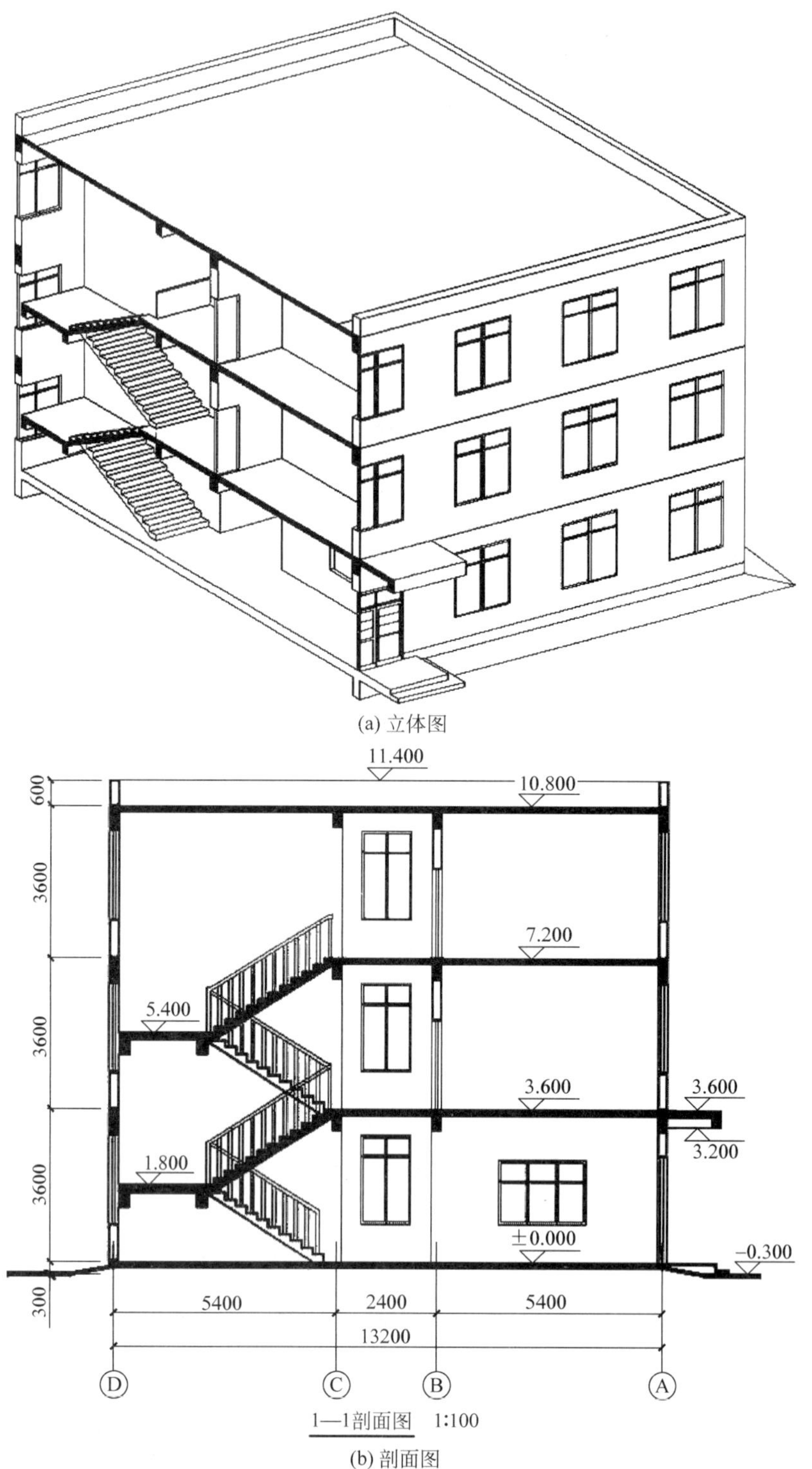

(a) 立体图

(b) 剖面图

图 12.6 房屋的剖面图

12.2 房屋建筑图的分类

房屋是按施工图建造的,施工图按工种分类,由建筑、结构、给水排水、采暖通风与空调、电气等工种的图样组成。一套房屋建筑施工图通常分为三大类。

1. 建筑施工图

建筑施工图(简称"建施")是在总体规划的前提下,根据建设任务要求和工程技术条件,表达房屋建筑的总体布局、房屋的空间组合设计、内部房间布置情况、外部的形状、建筑各部分的构造做法及施工要求等,它是整个设计的先行,处于主导地位,是房屋建筑施工的主要依据,也是结构设计、设备设计的依据。建筑施工图包括基本图和详图,其中基本图有总平面图(如图 12.7 所示)、建筑平面图、立面图和剖面图(如图 12.3~图 12.6 所示)等;详图有墙身、楼梯、门窗、厕所、檐口以及各种装修、构造的详细做法等。

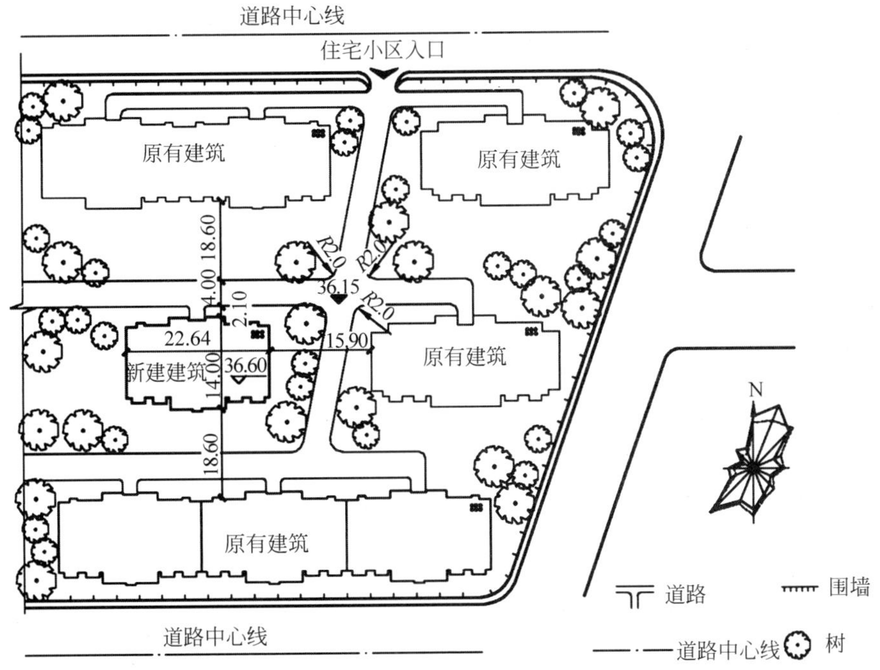

图 12.7 某居住小区规划总平面图

2. 结构施工图

结构施工图(简称"结施")是配合建筑设计选择切实可行的结构方案,进行结构构件的计算和设计,并用结构设计图表示。它主要表达承重结构的布置情况、构件类型、构造及做法等。结构施工图也分为基本图和详图，其基本图纸包括基础平面图、柱网平面布置图、楼层结构平面布置图、屋顶结构平面布置图等；构件详图包括柱、梁、楼板、楼梯、雨篷等的配筋图或模板图。

3. 设备施工图

设备施工图（简称“设施”）是房屋的给水、排水、采暖、通风和电气照明等的设计，它们通称为设备施工图。主要表达管道（或电气线路）与设备的布置和走向、构件做法和设备的安装要求等。其又可进一步细分为“水施”“暖施”“电施”等，这几个专业的共同点是：基本图都是由平面图、轴测系统图或系统图所组成；详图有构件、配件制作或安装图。

12.3 房屋建筑图的图示特点

为了保证制图质量、提高效率、表达统一和便于识读，国家制定了统一的建筑制图国家标准，在绘制图样时，应严格遵守标准中的规定。由于房屋建筑与机械设备的形状、大小或材料方面都存在较大差异，所以其表达方法不尽相同，如视图的名称与配置、选用的比例、线型规格、尺寸注法等都各有特点。主要体现在：①房屋建筑图图中的各种图样，除水暖工程图中水暖管道系统图是用斜投影绘制的之外，其余的图样均采用正投影法绘制；②由于房屋的形体较大而图纸的幅面有限，所以工程图均用缩小的比例绘制；③房屋建筑是用多种构、配件和材料建造的，国家标准规定，在工程图中，采用各种图例、符号来表示这些构、配件和材料，以简化和规范工程图；④许多建筑的构件和配件都已经有标准的定型设计，并有标准设计图集可供参考使用。为节省设计和制图工作量，凡是有标准定型设计的构件和配件，应尽量选用标准构件和配件，采用之处只需标注出标准图集的名称编号、页数即可。这样不但可以加快设计速度，提高设计效率，实现构配件的工厂化，同时还可降低房屋的成本。

1. 图样的名称与配置

房屋建筑图与机械图的图样名称的区别见表12.1。

表12.1 房屋建筑图与机械图的图样名称对照

房屋建筑图	正立面图	侧立面图	平面图	剖面图	断面图
机械图	主视图	左视图或右视图	俯视方向的全剖视图	剖视图	断面图

房屋建筑图的视图名称如图12.1(b)所示。通常是将平面图画在正立面图的下方，也可以将平面图、立面图分别画在不同的图纸上。剖面图或详图，可根据需要用不同的比例画在图纸的空白处或画在另外的图纸上。

2. 比例

由于房屋建筑的形体庞大，所以施工图一般都用较小的比例绘制。绘图所用的比例见表 12.2。比例注写在图名的右侧，比例的字高比图名的字高小 1 号或 2 号，同时在图名的下方画上与之等长的粗实线。

表 12.2　绘图所用的比例

常用比例	1∶1　1∶2　1∶5　1∶10　1∶20　1∶50　1∶100　1∶150　1∶200　1∶500　1∶1000　1∶2000　1∶5000　1∶10 000　1∶20 000　1∶50 000　1∶100 000　1∶200 000
可用比例	1∶3　1∶4　1∶6　1∶15　1∶25　1∶30　1∶40　1∶60　1∶80　1∶250　1∶300　1∶400　1∶500

3. 图线

房屋建筑图所采用的线型、线宽和用途见表 12.3。

除了折断线和波浪线以外，实线分粗、中和细三种规格，虚线分中和细两种规格，点画线分粗和细两种规格。表 12.3 中线宽 d 的推荐系列为 0.18、0.25、0.35、0.5、0.7、1.0、1.4 和 2.0mm。每个图样应根据形体的复杂程度和比例的大小来确定基本线宽 d。

表 12.3　房屋建筑图线型及用途

名　称	线　型	线宽	用　途
粗实线	——（粗）	d	(1) 平、剖面图中被剖切的主要建筑构造(包括构配件)的轮廓线； (2) 建筑立面图的外轮廓线； (3) 建筑构造详图中被剖切的主要部分的轮廓线； (4) 建筑构配件详图中构配件的外轮廓线
中实线	——（中）	$0.5d$	(1) 平、剖面图中被剖切的次要建筑构造(包括构配件)的轮廓线； (2) 建筑平、立、剖面图中建筑构配件的轮廓线； (3) 建筑构造详图及建筑构配件详图中的一般轮廓线
细实线	——（细）	$0.25d$	小于 $0.5d$ 的图形线、尺寸线、尺寸界线、图例线、索引符号、标高符号等
中虚线	------------	$0.5d$	(1) 建筑构造及建筑构配件不可见的轮廓线； (2) 平面图中的起重机(吊车)轮廓线； (3) 拟扩建的房屋轮廓线
细虚线	------------	$0.25d$	图例线、小于 $0.5d$ 的不可见轮廓线
粗单点长画线	—·—	d	起重机(吊车)轨道线
细单点长画线	—·—	$0.25d$	中心线、对称线、定位轴线
折断线	—\/—	$0.25d$	不需画全的断开界线
波浪线	～	$0.25d$	(1) 不需画全的断开界线； (2) 构造层次的断开界线

4. 图样画法特点与标注

图 12.8～图 12.13 示出了部分典型建筑构件的图样画法特点及其标注方法。

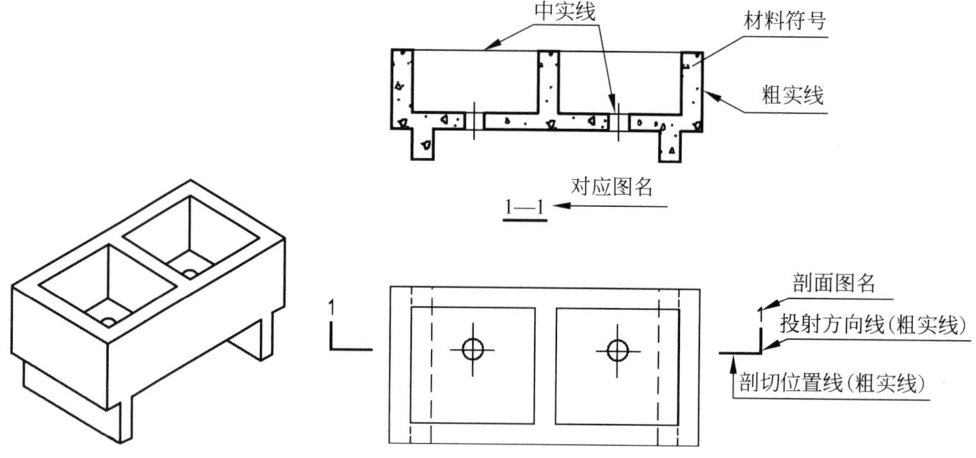

图 12.8　水池及其剖面图的画法与标注

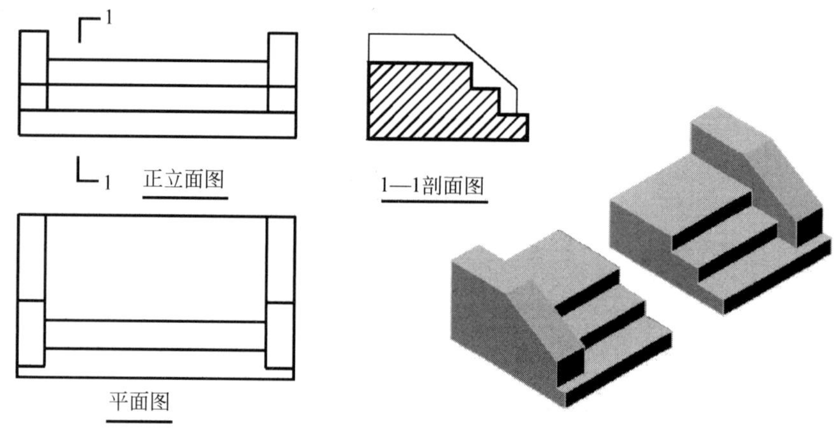

图 12.9　台阶的平面图、立面图及剖面图

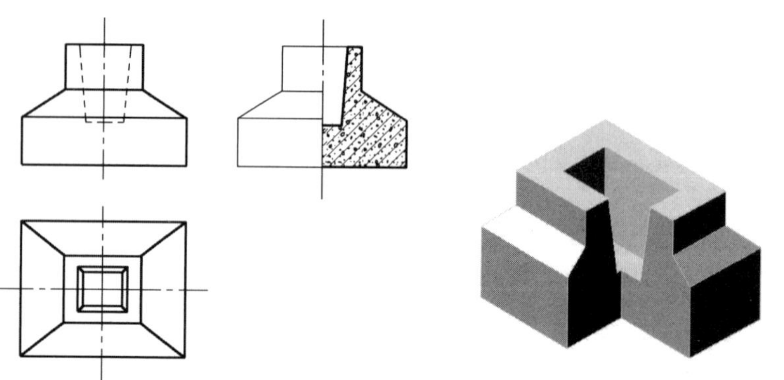

图 12.10　独立基础的半剖面图

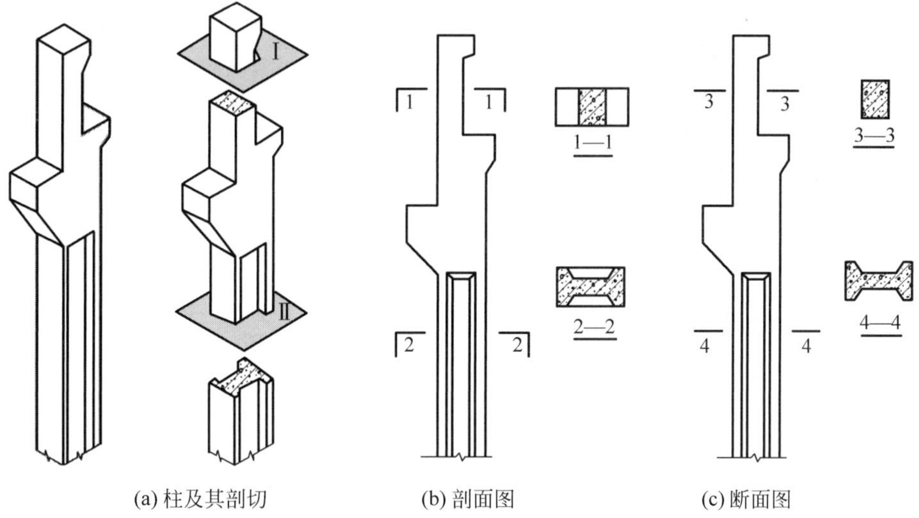

图 12.11 柱的剖面图与断面图

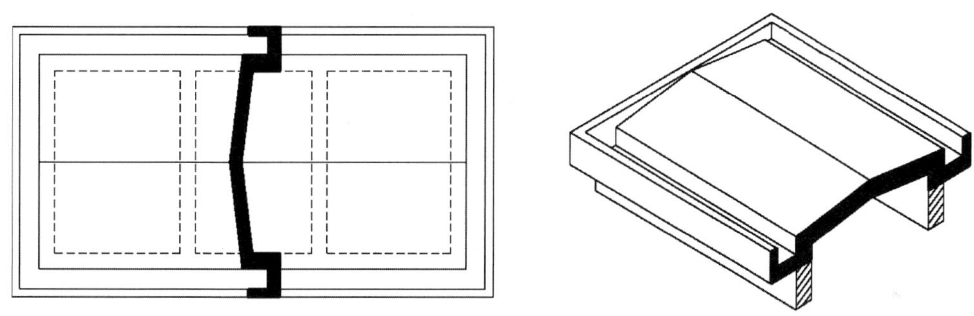

图 12.12 屋顶结构的重合断面图

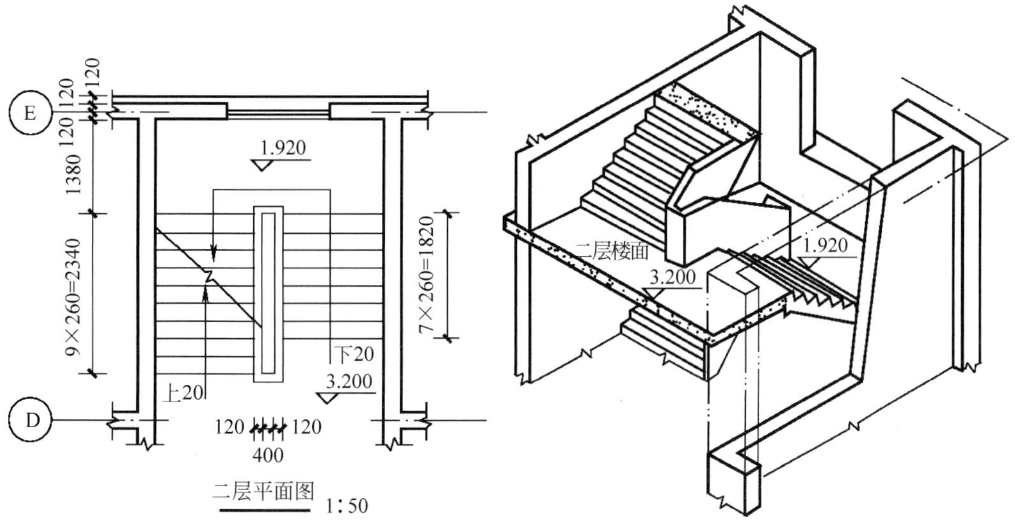

图 12.13 楼梯及其平面图

12.4 房屋建筑图的尺寸标注

如图 12.14 所示，房屋建筑图上的尺寸应包括尺寸界线、尺寸线、尺寸起止符号和尺寸数字。尺寸界线用细实线绘制，其一端应离开图样轮廓线不小于 2mm，另一端宜超出尺寸线 2～3mm；尺寸线用细实线绘制，应与被注长度平行，且不宜超出尺寸界线；尺寸起止符号用中粗斜短线绘制，其倾斜方向应与尺寸界线呈顺时针 45°，长度为 2～3mm；尺寸数字一般应根据读数方向在靠近尺寸线的上方中部注写。尺寸单位除标高以及总平面图以"米"为单位外，均以"毫米"为单位。

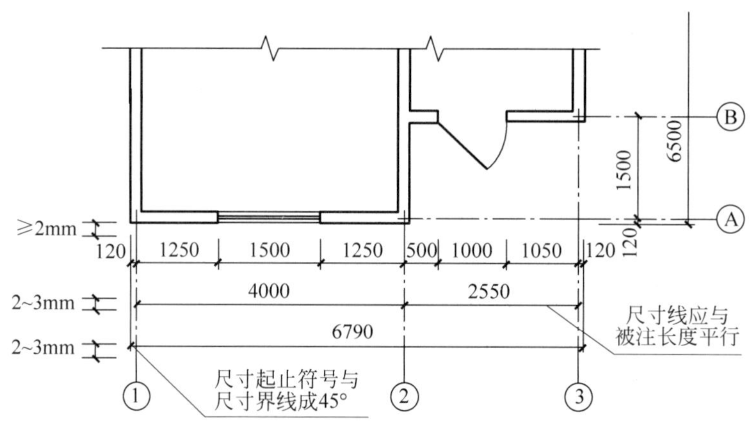

图 12.14 尺寸、定位轴线的标注形式

12.5 房屋建筑图的图例

由于建筑平、立、剖面图是采用小比例绘制的，有些内容不可能按实际情况画出，因此常采用各种规定的图例来表示各种建筑构、配件和建筑材料。表 12.4 介绍了几种常用的构、配件图例。

表 12.4 常用建筑构造及配件图例

名 称	图 例	说 明	名 称	图 例	说 明
单扇门		门的名称代号用 M 表示	墙预留洞	宽×高或ϕ	
双扇门			墙预留槽	宽×高×深或ϕ	
双扇双面弹簧门			坡道		

续表

名　称	图　例	说　明	名　称	图　例	说　明
单层中悬窗		窗的名称代号用C表示立面图中的斜线表示窗扇的开关方向,实线表示向外开,虚线表示向内开。平、剖面图中的虚线仅说明开关方式,在设计图中可不必表示	中间层楼梯		
单层固定窗			孔洞		
			通风道		左图表示圆形,右图表示矩形
单层外开平开窗			烟道		

建筑材料的图例可参考表8.1中的有关剖面符号。但在房屋建筑图中的砖墙和金属材料的图例,与机械图中的砖墙和金属材料的剖面符号恰恰相反。砖墙的建筑材料图例画单线,金属的建筑材料图例画双线,其他材料也有不相同的图例。例如图12.9所示剖面图中的剖面符号(剖面线)就表示建筑材料为砖,而非机械图中的金属。

12.6　房屋建筑图中常用的符号

1. 定位轴线

在房屋建筑施工图中,通常应画出房屋的基础、墙、柱和屋架等承重构件的轴线,并进行编号,以便施工时定位放线和查阅图纸,这些轴线称为定位轴线,如图12.14所示。定位轴线用细点画线绘制,轴线编号注写在轴线端部的圆内。圆用细实线绘制,直径为8~10mm。在平面图上横向编号采用阿拉伯数字,从左至右依次编写。如图12.14所示平面图上横向编号为1~3;竖向编号用大写拉丁字母自下而上顺次编写,如图12.14所示平面图上竖向编号为A~B。立面图或剖面图上一般只需画出两端的定位轴线,如图12.4、图12.5所示。

2. 标高符号

房屋建筑图中,宜标注室内外地坪、楼地面、地下层地面、阳台、平台、檐口、门、窗和台阶等处的标高。标高的数字一律以“米”为单位，并注写到小数点以后第三位。常以房屋的底层室内地面作为零点标高，注写形式为±0.000；零点标高以上为“正”，标高数字前不必注写“+”号，零点标高以下为“负”，标高数字前必须加注“-”号。标高符号的画法及标高的注写形式可参见图 12.15 所示，请留意其顶角角度为 90°。标高在图样中的标注如图 12.4～图 12.6 所示。

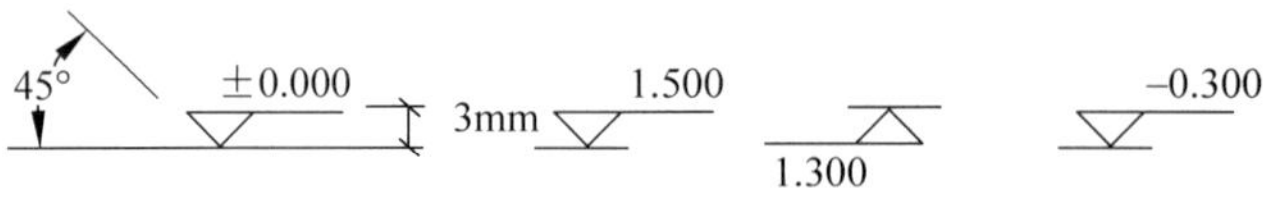

图 12.15　标高符号

3. 索引符号和详图符号

(1) 索引符号。图样中的某一局部或某一构件和构件间的构造如需另见详图，应以索引符号索引。即在需要另画详图的部位引出索引符号，并在所画的详图上注写详图符号且两者必须对应一致，以便看图时查找相应的有关图样。如图 12.16 所示，用一引出线在要另画详图的局部或构件处引出，在引出线的另一端画一细实线圆，其直径为 10mm，并画一水平细实线直径，在上半圆中用阿拉伯数字注明该详图的编号，下半圆中用阿拉伯数字注明该详图所在图纸的图纸号，如图 12.16(a)所示；如果详图与被索引的图样同在一张图纸内，则在下半圆中间画一水平细实线，如图 12.16(b)所示；若索引出的详图采用标准图，应在索引符号水平直径的延长线上加注该标准图册的编号，如图 12.16(c)所示。

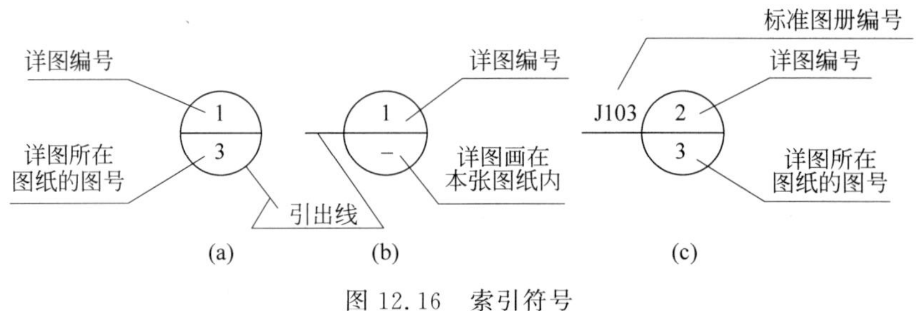

图 12.16　索引符号

(2) 详图符号。详图符号为一粗实线圆，直径为 14mm，表示方法如图 12.17 所示。图 12.17(a)表示这个详图的编号为 3，被索引的图样与这个详图同在一张图纸内；图 12.17(b)表示这个详图的编号为 4，与被索引的图样不在同一张图纸内，而在第 2 号图纸内。

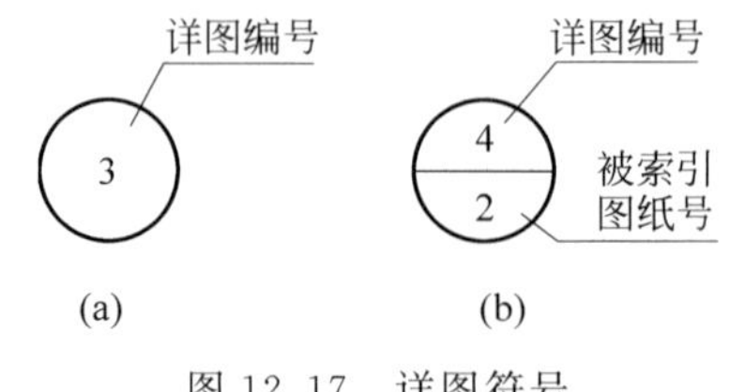

图 12.17　详图符号

4. 指北针

在房屋的底层平面图上，应绘出指北针来表明房屋的朝向。如图 12.18 所示，指北针的圆用细实线绘制。圆的直径为 24mm，箭尾宽度宜为圆直径的 1/8，即 3mm，圆内指针应涂黑并指向正北。

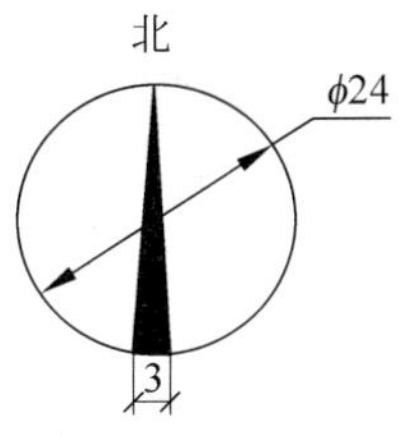

图 12.18　指北针

12.7　住宅建筑图的识读

本节将结合某住宅楼的建筑工程图，介绍住宅建筑图的识读方法和步骤。

12.7.1　建筑平面图的识读

建筑平面图识读方法和步骤为：

(1) 从底层看起，先看图名、比例及指北针，以了解平面图的绘图比例及房屋朝向。

(2) 在底层平面图上看建筑门厅、室外台阶、花池以及散水的情况，以了解建筑与外部交通等的结构布局。

(3) 看房屋的外形及内部墙体的分隔情况，了解房屋平面形状和房间分布、用途、数量及相互之间的联系，如走廊、楼梯与房间的位置等。

(4) 看图中定位轴线的编号及其间距尺寸，从中了解各承重墙或柱的位置及房间大小。

(5) 看平面图中的内部尺寸与外部尺寸，从各部分尺寸的标注中可以知道每个房间的开间、进深、门窗以及室内设备的大小、位置等。

(6) 看门窗的位置及编号，了解门窗的类型与数量，以及其他构配件和固定设施的图例。

(7) 在底层平面图上，看剖面的剖切符号，以了解剖切位置及其编号。

(8) 看地面的标高、楼面的标高以及索引符号等。

识图时应先大后小，记住建筑的总宽度及总长度，主要轴线的间距，门窗的位置及编号，楼梯、电梯的位置及数量，套型个数及标高等。细节的部分，要具体到每个房间的布局及门窗、空调孔、管道等。不清楚的，有时还要结合立面图和剖面图，综合识读。

1. 底层平面图

现以图 12.19 为例，说明底层平面图的读图方法和步骤。

1) 图名和比例

该平面图是住宅楼的底层平面图，其绘图比例为 1∶100。

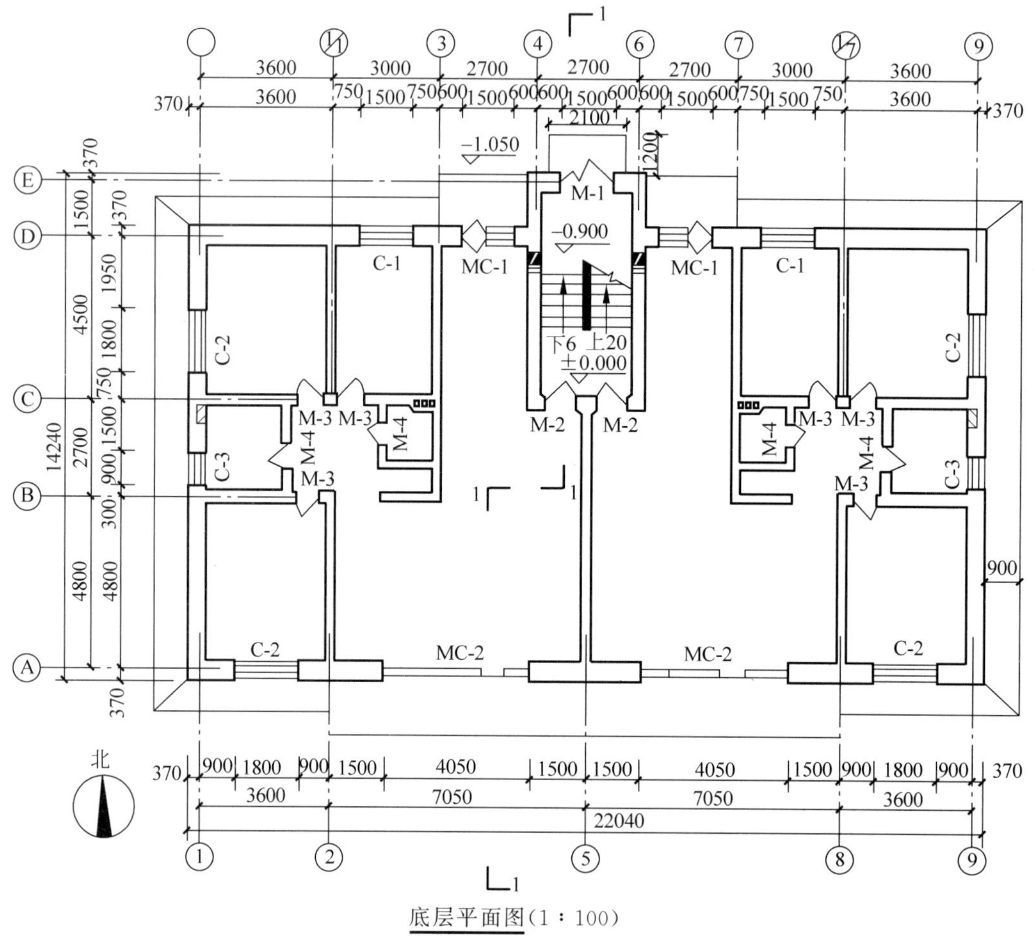

图 12.19 某住宅楼底层平面图

2）定位轴线、内外墙的位置和平面位置

该平面图中，横向定位轴线有①～⑨；纵向定位轴线有Ⓐ～Ⓔ。

此楼每层均为两户，北面的中间入口为楼梯间，每户有三室一厅一厨二卫，在南北方向各有一阳台。朝南的居室开间为 3.6m，客厅开间为 7.05m；进深为 4.8m。朝北的居室开间有 3.6m 与 3m 两种；进深为 4.5m。楼梯和厨房开间均为 2.7m，楼梯两侧墙厚为 370mm，除 1/1 和 1/7 所在墙厚度为 120mm 外，其余内墙厚度均为 240mm，外墙厚度为 490mm。

3）门窗的位置、编号和数量

单元有四种门 M-1～M-4，三种窗户 C-1～C-3，两种窗联门 MC-1、MC-2。

4）建筑的平面尺寸和各地面的标高

该平面图中，共有外部尺寸三道，最外一道表示总长与总宽，它们分别为 22.04m 和 14.24m；第二道尺寸表示定位轴线的间距，一般即为房间的开间与进深尺寸，如 3600mm、3000mm、2700mm 和 4500mm、2700mm、4800mm 等；最里的一道尺寸为门窗洞的大小及它们到定位轴线的距离。

该楼底层室内地面相对标高为±0.000m，楼梯间地面标高为−0.900m。室外标高为−1.050m。

5）其他建筑构、配件

在该楼北面入口处设有一个踏步进到室内，经过六级踏步到达一层地面；楼梯向上经过20级踏步可到达三层楼面。朝南客厅有推拉门通向阳台。建筑四周做有散水，宽900mm。

6）剖面图的剖切位置、投射方向等

底层平面图上，标有1-1剖面图的剖切符号。由图中可知，1-1剖面图是一个阶梯全剖面图，它的剖切平面与纵向定位轴线平行，经过楼梯间后转折，再通过起居室的阳台，其投射方向向右。

2. 其他层平面图

同底层平面图相比，标准层等其他层平面图要简单一些。其主要区别为：一些已在底层平面图中表示清楚的构、配件，就不再在其他图中重复绘制。例如，根据建筑制图标准，在二层以上的平面图中不再绘制明沟、散水、台阶、花坛等室外设施及构、配件；在三层以上也不再绘制已经在二层平面图中表示出的雨篷；除底层平面图外，其他各层通常也不再绘制指北针和剖切符号。

图12.20所示为二、三层平面图，读者可以对照底层平面图识读。

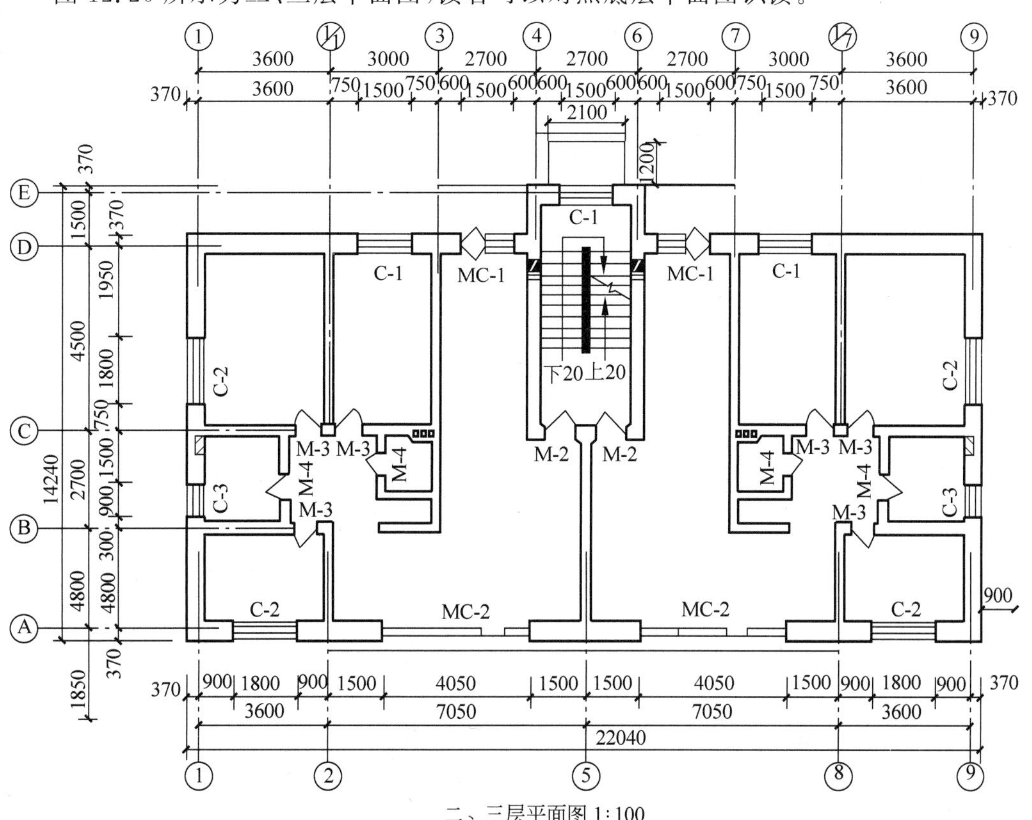

图12.20 二、三层平面图

3. 屋顶平面图

屋顶平面图是将屋面上的构、配件直接向水平投影面投射所得的正投影图。因为屋顶平面图一般比较简单，所以常用较小的比例（如 1∶200 等）来绘制。在屋顶平面图中，一般表示屋顶的外形、屋脊、屋檐或内、外檐沟的位置，用带坡度的箭头表示屋面排水方向，另外还有女儿墙、排水管以及屋顶水箱、屋面出入口的设置等，如图 12.21 所示。

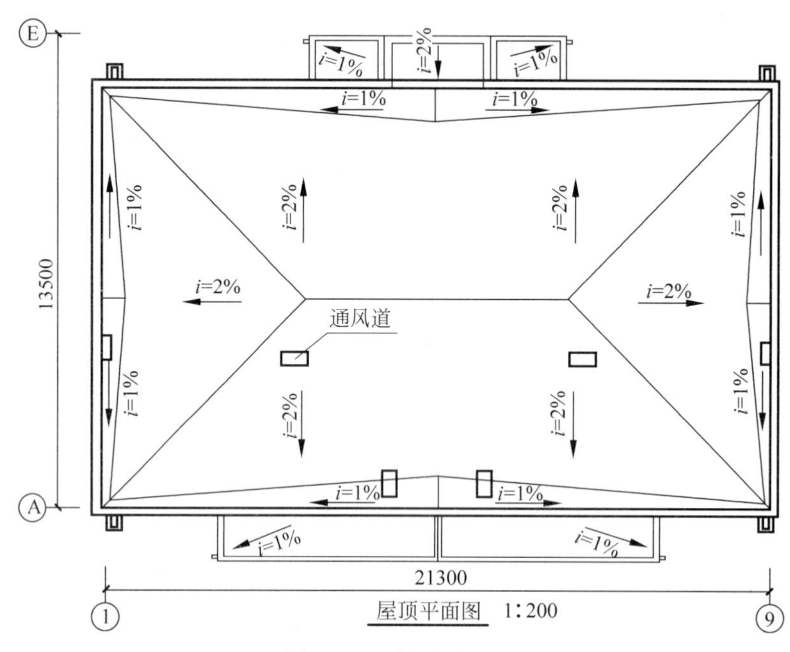

图 12.21 屋顶平面图

12.7.2 建筑立面图的识读

建筑立面图识读方法和步骤为：

（1）看立面图上的图名及比例；看定位轴线；确定是哪个方向上的立面图及其绘图比例是多少；立面图两端的轴线及其编号要与平面图上的相对应。

（2）看建筑立面的外形；了解门窗、阳台栏杆、台阶、屋檐、雨篷、出屋面排气道等的形状及位置。

（3）看立面图中的标高和尺寸；了解室内外地坪、出入口地面、窗台、门口及屋檐等处的标高位置。

（4）看房屋外墙面装饰材料的颜色、材料以及分格做法等。

（5）看立面图中的索引符号、详图的出处以及选用的图集等。

现以图 12.22 为例，说明房屋建筑立面图的读图方法和步骤。

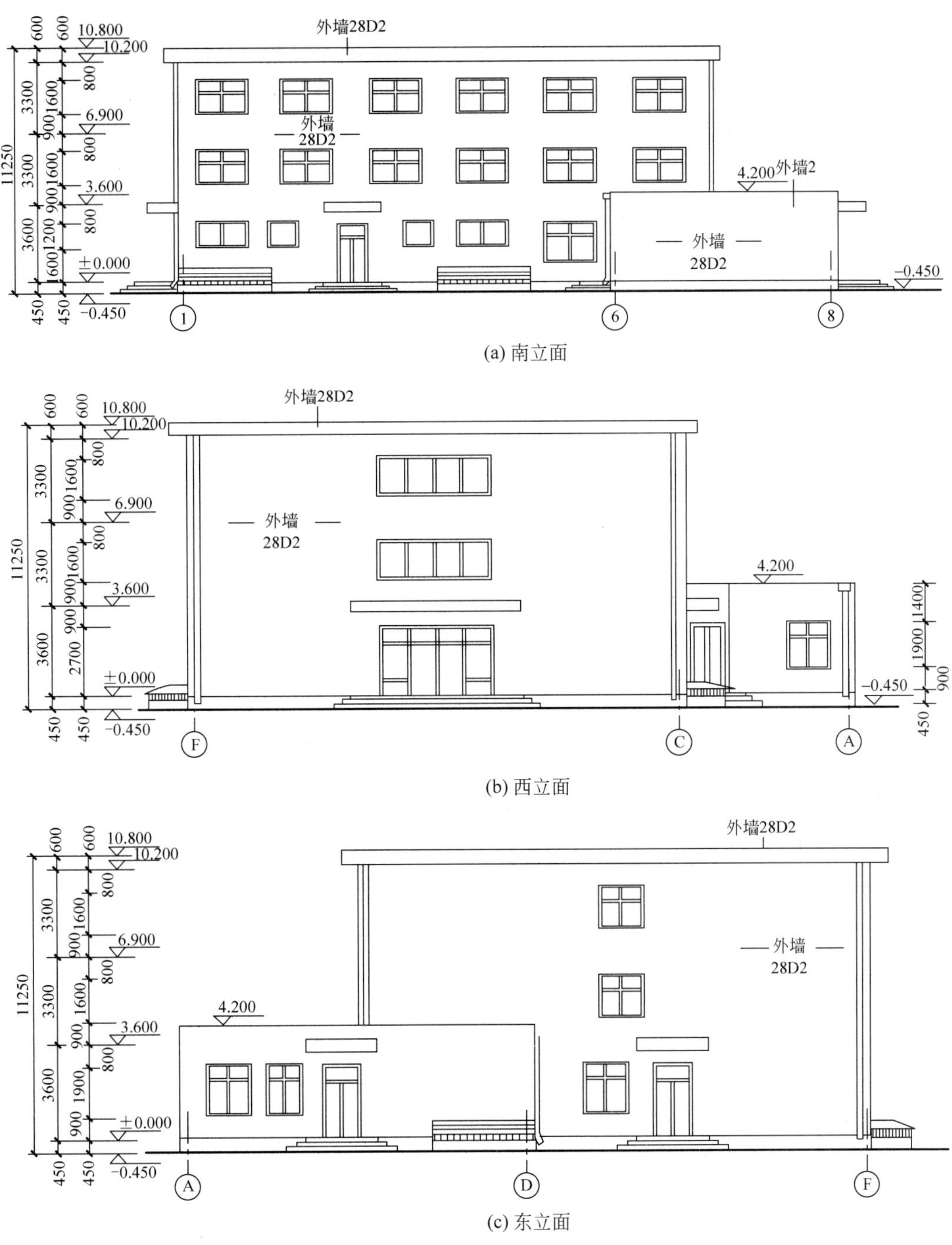

(a) 南立面

(b) 西立面

(c) 东立面

图 12.22 房屋建筑立面图

(1) 建筑立面图表示的是建筑物外形上可以看到的全部内容,例如散水、室外台阶、雨水管、花池、勒脚、门头、雨罩、门窗、阳台、檐口和突出屋顶的出入孔、烟道、通风道、水箱间和电梯间、楼梯间等。而此立面图只表明了门头、雨罩、门窗、采光井、勒脚、雨水管、室外台阶、檐口、以及屋面出入孔等。

(2) 识读建筑物外形高度方向的三道尺寸,也就是此建筑物总高度、分层高度和细部高度。本建筑物的总高度为 11.25m,层高分别为 3600mm 与 3300mm,室内外高差为 450mm,窗台高为 900mm 等。

(3) 识读各部位的标高,以便于查找高度上的位置。

(4) 明确首尾轴线号。立面图为了便于与平面图对照,并明示立面图上内容的位置,常绘制有其外形的首尾轴线号。

(5) 了解外墙各部位建筑装修材料做法,比如图中的外墙 28D2。

(6) 明晰局部或外墙索引。

(7) 识别门窗的式样及开启方式。门的开启方式通常会有平开门、推拉门、弹簧门、转门等;窗的开启方式通常会有平开窗、推拉窗、立转窗、上悬窗、中悬窗、下悬窗、固定窗等。

12.7.3 建筑剖面图的识读

建筑剖面图识读方法和步骤为:

(1) 看图名、轴线编号和绘图比例。与底层平面图对照,确定剖切平面的位置及投射方向,从中了解其所绘制的是房屋的哪一部分的投影。

(2) 看房屋各部位的高度。如房屋总高、室外地坪、门窗顶、窗台、檐口等处标高,室内底层地面、各层楼面及楼梯平台面标高等。

(3) 看房屋内部构造和结构形式。如各层梁板、楼梯、屋面的结构形式、位置及其与柱的相互关系等。

(4) 看楼地面、屋面的构造。在剖面图中,表示楼地面、屋面的构造时,通常用一引出线指着需说明的部位,并按其构造层次顺序地列出材料等说明。有时,将这一内容放在墙身剖面详图中表示。

(5) 看图中有关部位坡度的标注。如屋面、散水、排水沟与坡道等处,需要做成斜面时,都标有坡度符号,如 2% 等。

(6) 看图中的索引符号。剖面图尚不能表达清楚的地方,还注有详图索引,说明另有详图表示。

现以图 12.23 为例,说明某商住楼 1-1 剖面图的读图方法和步骤。

(1) 图名、比例。从底层平面图上,查阅相应的剖切符号的剖切位置、投射方向,大致了解建筑被剖切的部分以及未被剖切但可见部分。从一层平面图上的剖切符号可知,1-1 剖面图是全剖面图,剖切后向左投射。

(2) 被剖切到的墙体、楼板、楼梯以及屋顶。从图中可以看到,该楼一层商店和上面住宅楼楼层的剖切情况,屋顶是坡屋顶,前面高后面低,交接处有详图索引符号。楼梯间被剖切开,其中各层的一跑楼梯被剖切到,楼梯间的窗户被剖切开。一层商店的雨篷、楼梯入口都被剖切到。

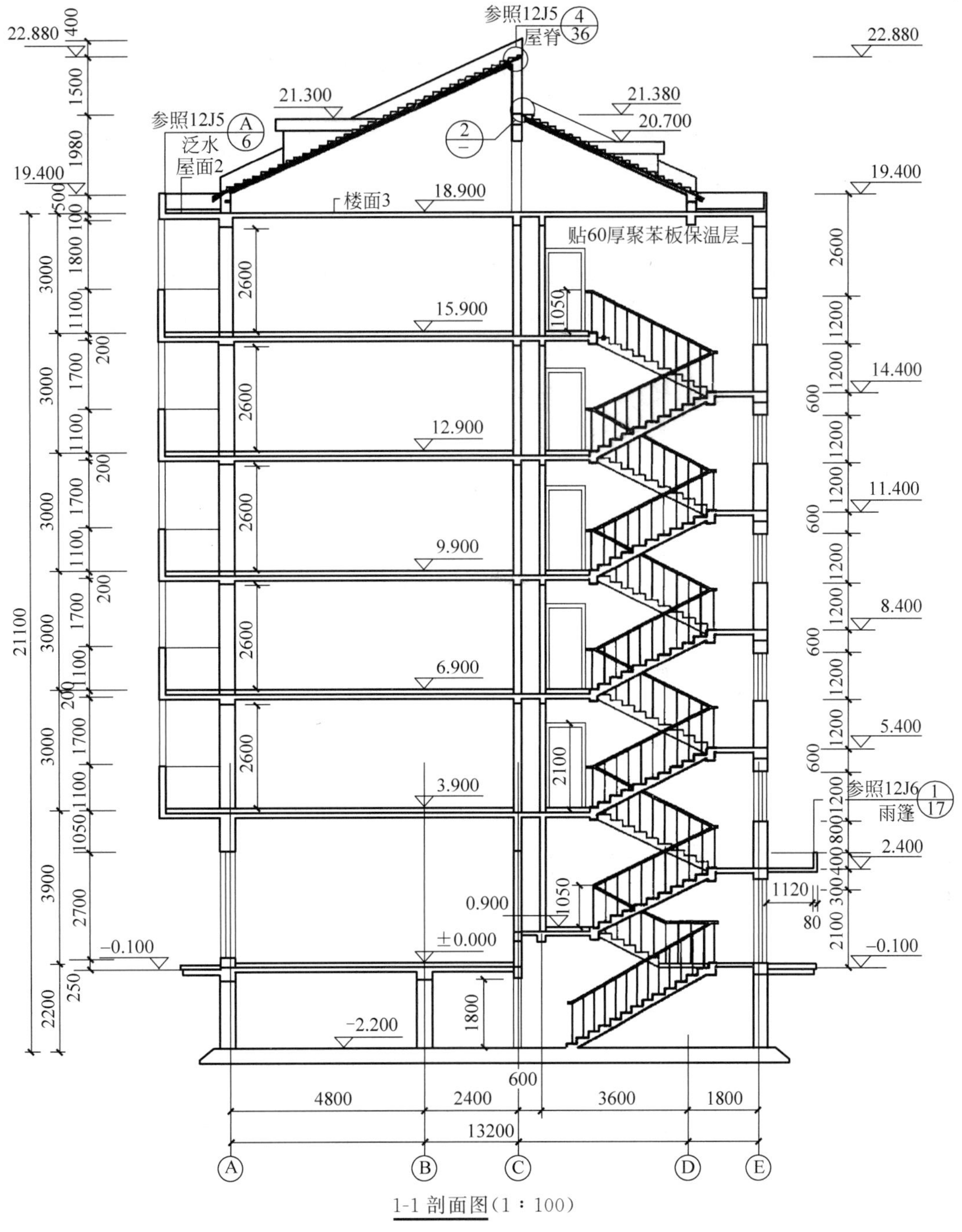

1-1 剖面图(1∶100)

图 12.23 某商住楼剖面图

(3) 可见的部分。图中可见部分是天窗,前面天窗标高为 21.3m,后面天窗标高为 20.7m。各层楼梯间的入户门可见,高度为 2100mm。

(4) 剖面图上的尺寸标注。从剖面图中可看出,该商住楼地下室层高为 2.2m,一层层高为 3.9m,其他层高均为 3m。各层剖切到的以及可见的门洞高度均为 2.1m。图的左侧表示阳台的尺寸，右侧表示楼梯间窗口的尺寸。

(5) 详图索引符号的位置和编号。从图中可见，阳台雨篷、楼梯入口雨篷、屋顶屋脊上有索引符号。

12.8 厂房建筑图的识读

工业厂房根据不同的生产工艺要求，通常分为单层厂房和多层厂房两大类。下面以某机械厂工具车间为例，介绍单层厂房建筑图的读图方法。

12.8.1 单层厂房建筑图的主要内容

单层厂房大多采用装配式钢筋混凝土结构，其主要构件有下列几部分。

1. 屋盖结构

屋盖包括屋面板和屋架等。屋面板安装在屋架上，屋架安装在柱上。

2. 吊车梁

吊车梁两端安装在柱上部的凸出部分上。

3. 柱

柱用来支撑屋架和吊车梁，是厂房的主要承重构件。

4. 基础

基础用来支承柱，并将厂房的全部载荷传递给地基。

5. 支撑

支撑包括屋架结构支撑和柱间支撑，其作用是加强厂房结构的整体稳定性。

6. 围护结构

围护结构即厂房的外墙以及加强外墙整体稳定的抗风柱。外墙一般采用砖墙砌筑。

12.8.2 读厂房建筑图

图 12.24 是工具车间的建筑施工图，包括正立面图、平面图和 1-1 剖面图。

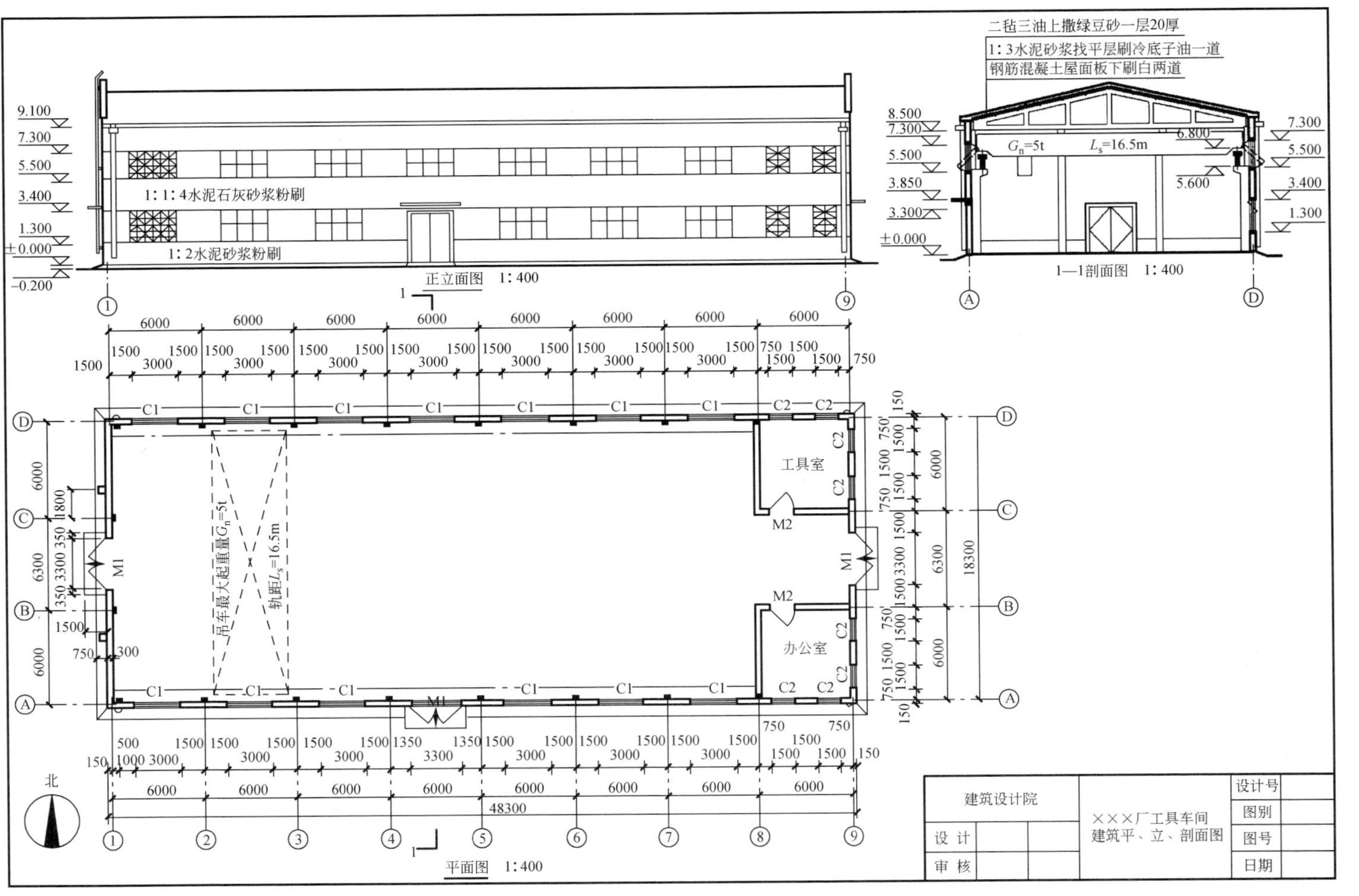

图 12.24 工具车间建筑施工图

1. 建筑平面图

由图 12.24 可知，该工具车间是一座单层单跨厂房。厂房的平面为一矩形，横向定位轴线 1～9 共 8 个开间，柱距为 6m；竖向定位线为 A～D，跨度为 18.3m，横向左端角柱距定位轴线 500mm，墙厚 300mm。

车间的正面和东西两侧各有一代号为 M1 的外开双扇门，门宽 3300mm。门入口处有坡道，室外四周设置散水。西侧山墙距轴线 C 为 1.8m 处有一钢爬梯，以供修理屋面及消防使用。车间内设有桥式起重机，起重量为 5 吨，轨距为 16.5m。

在平面图中标注有三道尺寸，第一道尺寸是车间的总长为 48.3m，总宽为 18.3m；第二道尺寸是定位轴线之间的距离，均为 6m；第三道尺寸是外墙上门、窗的宽度及其定位尺寸。

2. 建筑立面图

图 12.24 所示的立面图是该工具车间的正立面图。图中表示了车间南、北墙上各有两排窗，上排是双层中悬窗，下排上方为单层中悬窗，下排下方为单层外开平开窗。门的上方有雨篷。

立面图中还表示了外墙、窗台、勒脚的材料及其做法，标注了各排窗的标高尺寸以及屋檐的标高尺寸。

3. 建筑剖面图

1-1 建筑剖面图是垂直剖切得到的正投影图，参考平面图可知剖切面的位置在横向轴线④与⑤之间，剖视投射方向从右向左。

1-1 剖面图表示该车间屋顶结构采用梯形钢屋架，上面铺设钢筋混凝土屋面板。车间竖直方向的承重构件是钢筋混凝土立柱，图中画出了立柱的侧面形状。T 形钢筋混凝土吊车梁架放在立柱顶面上，立柱的顶面标高为 5.6m，T 形钢筋混凝土吊车梁轨顶面的标高为 6.8m。两侧山墙上各设有两根钢筋混凝土抗风柱。剖面图中注有房屋南面、北面外墙上窗和门的标高尺寸。

1. 简答题

(1) 与机械图相比，建筑图在基本视图名称、配置、标注方面有何不同？

(2) 与机械图相比，建筑图在图线宽度上有何不同？什么用粗实线绘制？什么用中实线绘制？

(3) 一般情况下，建筑图会采用 1∶1 或放大的比例吗？为什么？

(4) 建筑图的尺寸单位和标高单位相同吗？

(5) 标注尺寸时，机械图和建筑图的尺寸终端有什么不同？

(6) 建筑图中的剖面图相当于机械图中的什么图？建筑图中的平面图相当于机械图

中的什么图？

（7）请比较机械图中的剖视图与建筑图中的剖面图在剖切标注上的异同。

2. 建筑图识读题

（1）参考立体图，识读图12.25所示门卫室的房屋建筑图，并填空回答问题。

① 表达该建筑采用了________图和________图两个视图，绘图比例为________；

② 该建筑室外总长________m，总宽________m，总高________m；

③ 该建筑共有横向定位轴线____条，编号为________；纵向定位轴线____条，编号为________；

④ 该建筑共有____个房间，设有____种类型的门，入户门洞的宽度为________m；设有____个窗户，窗台的高度为________m。

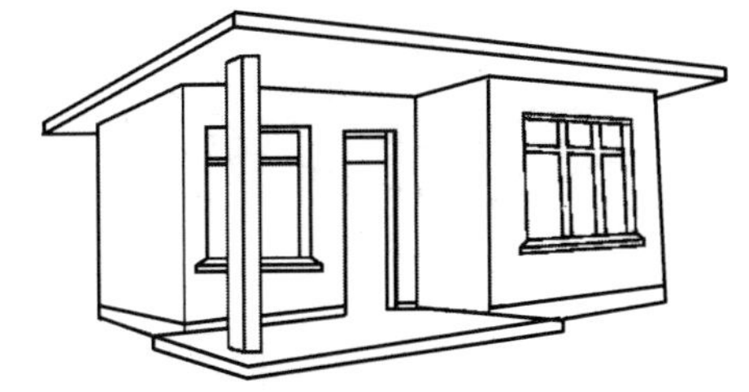

(a) 立体图

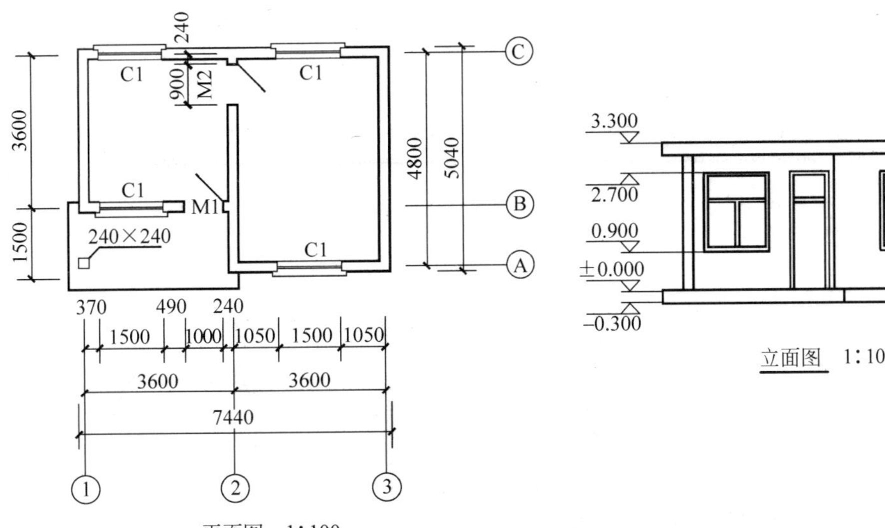

(b) 平、立面图

图12.25 门卫室及其房屋建筑图

（2）参考立体图，识读图12.26所示变电所的房屋建筑图，并填空回答问题。

① 表达该建筑共用了________个视图，它们分别为________________；1-1剖面图主要用来表达________立面图的内部情况；

② 该建筑室外总长________m，总宽________m，总高________m；内部共设置有

____个房间，其中最大房间的名称是________；

③ 该建筑共有横向定位轴线____条，编号为________；纵向定位轴线____条，编号为________；

④ 该建筑外墙墙体的厚度为________ mm，内墙墙体的厚度为________ mm；

⑤ 该建筑基础的埋置深度为________ m；

⑥ 该建筑外墙面的做法为________________，外墙勒脚的做法为________________。

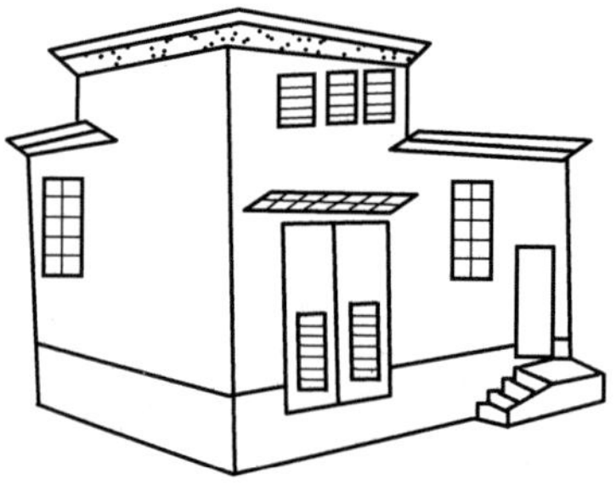

(a) 立体图

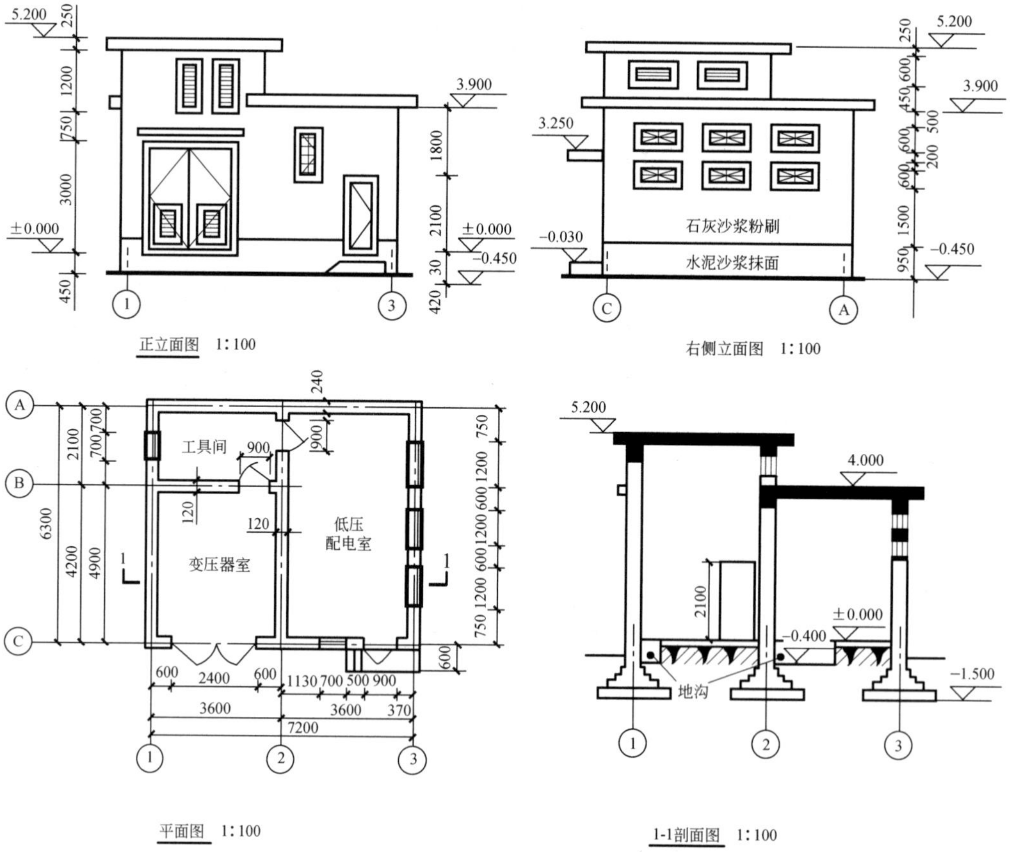

正立面图 1:100
右侧立面图 1:100
石灰沙浆粉刷
水泥沙浆抹面
工具间
变压器室
低压配电室
地沟
平面图 1:100
1-1剖面图 1:100

(b) 平、立、剖面图

图 12.26 变电所及其房屋建筑图

第13章 用AutoCAD绘制工程图样

章前思考

1. 假如要用计算机软件绘制工程图,你认为其应具有哪些功能?

2. 在用软件绘图时,你认为可以如何设置和区分图线的线型、线宽及颜色?

3. 对于工程图中标准件及粗糙度符号等固定不变的图形内容,你认为每次用到都要重新画起吗?对此你有什么考虑?

AutoCAD是欧特克(Autodesk)公司推出的,集二维绘图、三维设计、渲染及关联数据库管理和互联网通信功能为一体的计算机辅助设计与绘图软件。自1982年推出以来,从初期的1.0版本,经2.6、R10、R12、R14、2000、2004、2008、2014、2018等20余次典型版本更新和性能完善,现已发展到AutoCAD 2023,在机械、建筑和化工等工程设计领域得到了大规模的应用,目前已成为国内外微机CAD系统中应用最为广泛和普及的图形软件。

本章将通过AutoCAD功能与使用方法的简单介绍,使读者了解计算机绘图软件的一般功能,并为后续采用计算机绘制工程图样奠定基础。本章所基于的软件环境为AutoCAD 2021版本,所述命令及基本操作亦基本适用于2021之前的其他版本。

13.1 AutoCAD的主要功能

1. 强大的二维绘图功能

AutoCAD提供了一系列的二维图形绘制命令,可以方便地用各种方式绘制二维基本图形对象,如点、直线、圆、圆弧、正多边形、椭圆、多段线、样条曲线等,并可对指定的封闭区域填充以图案(如剖面线、非金属材料、涂黑、砖、砂石、渐变色填充等)。

2. 灵活的图形编辑功能

AutoCAD提供了很强的图形编辑和修改功能,如移动、旋转、缩放、延长、修剪、倒角、倒圆角、复制、阵列、镜像、删除等,可以灵活方便地对选定的图形对象进行编辑和修改。

3. 实用的辅助绘图功能

为了绘图的方便、规范和准确,AutoCAD提供了多种绘图辅助工具,包括图层、颜色和线型设置管理功能,图块和外部参照功能,绘图区光标点的坐标显示、用户坐标系、栅格、捕捉、目标捕捉、自动捕捉、正交方式等功能。

4. 方便的尺寸标注功能

利用AutoCAD提供的尺寸标注功能,用户可以定义尺寸标注的样式,为绘制的图形标注尺寸、尺寸公差、几何形状和位置公差,注写中文和西文字体。

图13.1所示为利用AutoCAD绘制的机械、建筑工程图图例。

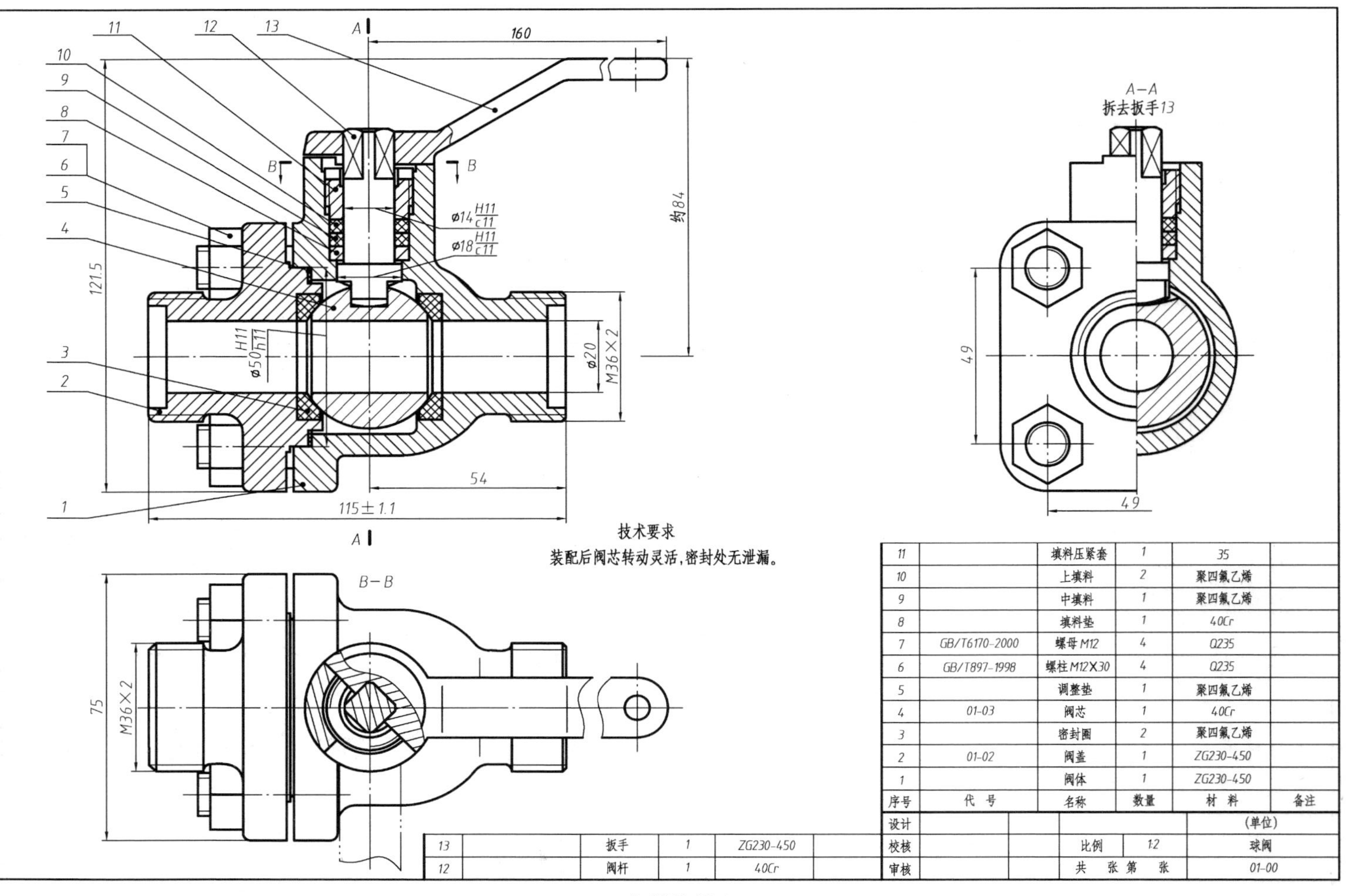

序号	代号	名称	数量	材料	备注
13		扳手	1	ZG230-450	
12		阀杆	1	40Cr	
11		填料压紧套	1	35	
10		上填料	2	聚四氟乙烯	
9		中填料	1	聚四氟乙烯	
8		填料垫	1	40Cr	
7	GB/T6170-2000	螺母M12	4	Q235	
6	GB/T897-1998	螺柱M12X30	4	Q235	
5		调整垫	1	聚四氟乙烯	
4	01-03	阀芯	1	40Cr	
3		密封圈	2	聚四氟乙烯	
2	01-02	阀盖	1	ZG230-450	
1		阀体	1	ZG230-450	

设计				(单位)
校核		比例	1:2	球阀
审核		共　张	第　张	01-00

(a) 机械装配图

图13.1 用AutoCAD绘制的工程图图例

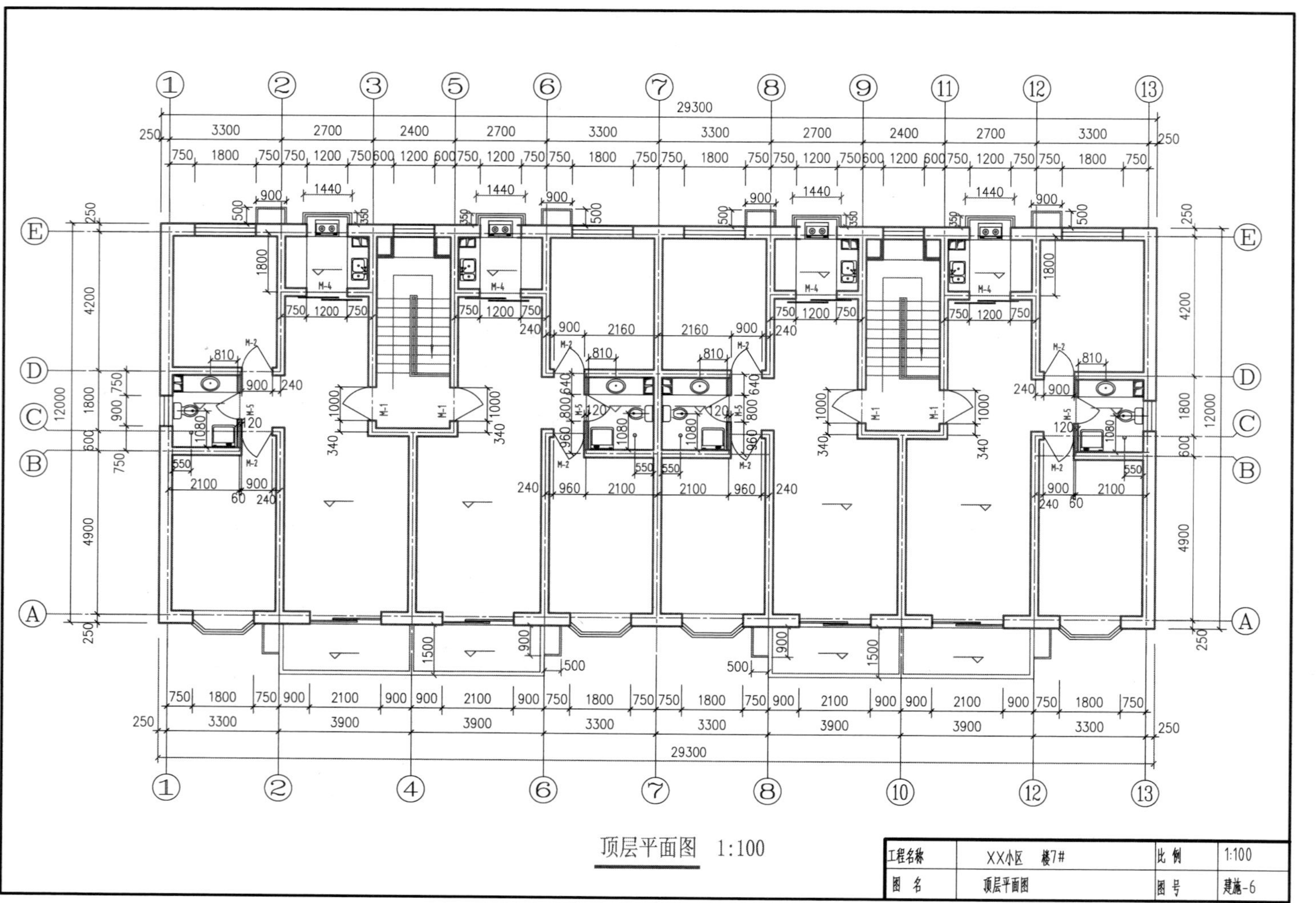

(b) 建筑平面图

图 13.1 (续)

5. 三维的实体造型功能

AutoCAD 提供了多种三维绘图命令，如创建长方体、圆柱体、球、圆锥、圆环、楔形体等，以及将平面图形经回转和平移分别生成回转扫描体和平移扫描体等，通过在立体间进行交、并、差等布尔运算，可以进一步生成更为复杂的形体。图 13.2 所示为利用 AutoCAD 完成的“轿车”三维造型示例。图 13.3 为用 AutoCAD 完成的建筑三维造型及渲染后的效果图。

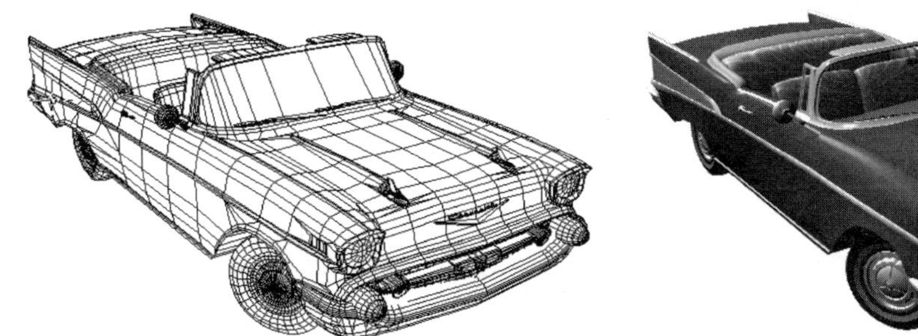

图 13.2 用 AutoCAD 完成的“轿车”三维造型及渲染效果图

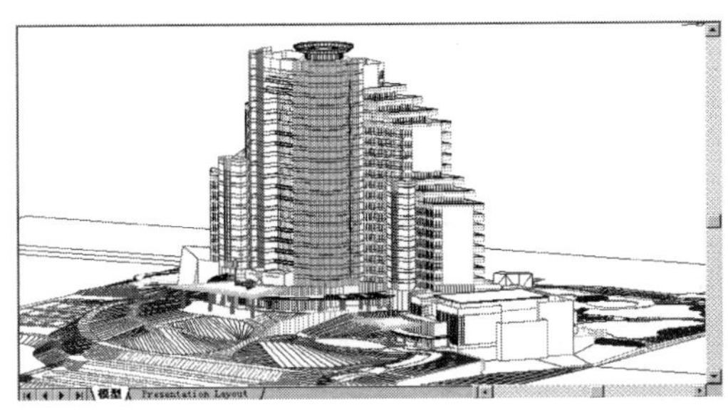

图 13.3 用 AutoCAD 完成的建筑三维造型及渲染效果图

6. 贴心的用户定制功能

AutoCAD 本身是一个通用的绘图软件，不针对某个行业、专业和领域，但其提供了多种用户化定制途径和工具，允许将其改造为一个适用于某一行业、专业或领域并满足用户个人习惯和喜好的专用设计和绘图系统。可以定制的内容包括：为 AutoCAD 的内部命令定义用户便于记忆和使用的命令别名、建立满足用户特殊需要的线型和填充图案、重组或修改系统菜单和工具栏、通过图形文件建立用户符号库和特殊字体等。

7. 强大的二次开发功能

AutoCAD 提供有多种编程接口，支持用户使用内嵌或外部编程语言对其进行二次开发，以扩充 AutoCAD 的系统功能。可以使用的开发语言包括 AutoLISP、Visual LISP、Visual C++(ObjectARX)和 Visual BASIC(VBA)等。

8. 完善的在线帮助功能

AutoCAD 提供了方便的在线帮助功能,可以指导用户进行相关的使用和操作,并帮助解决软件使用中遇到的各种技术问题。

13.2 AutoCAD 2021 的绘图环境

进入 AutoCAD 2021 后,即出现图 13.4 所示的 AutoCAD 2021 工作界面,包括标题栏、功能区、菜单栏、绘图窗口、命令窗口以及状态栏、导航栏等内容。

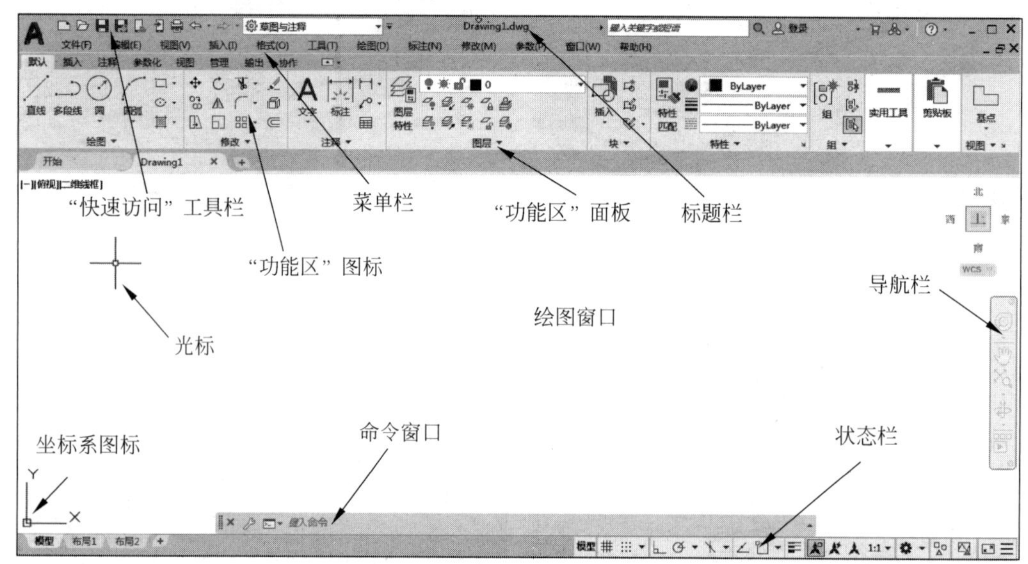

图 13.4 AutoCAD 2021 的初始工作界面

1. 标题栏

AutoCAD 2021 的标题栏位于用户界面的顶部,左边显示该程序的图标及“快速访问”工具栏,中间显示当前所操作图形文件的名称。

2. 功能区

AutoCAD 2021 的功能区位于绘图窗口的上方,以图标的方式分门别类地组织起 AutoCAD 的主要命令。其包括“默认”“插入”“注释”“参数化”“视图”“管理”“输出”“协作”8 个功能区选项卡,每一选项卡下又设置有若干个功能区面板(如“默认”功能区选项卡下就包含有“绘图”“修改”“注释”“图层”“块”“特性”等 10 个功能区面板),每一功能区面板中安排有若干图标。

图标是集成在功能区的一系列图标型工具的集合,它为用户提供了一种调用命令和实现各种绘图操作的快捷执行方式。单击功能区中的某一图标,即可执行相应的命令。

3. 菜单栏

这是软件提供的一种交互式工作环境，用户把光标移至菜单栏中的某一菜单上，单击鼠标即可打开其子菜单。AutoCAD菜单栏中共有11个一级菜单：文件、编辑、视图、插入、格式、工具、绘图、标注、修改、参数、窗口、帮助。

AutoCAD还提供六种快捷菜单。快捷菜单中的可选项随系统的状态不同而变化，智能化地提供出系统当前状态下的常用操作命令。

4. 绘图窗口

绘图窗口是AutoCAD显示、编辑图形的区域，用户可以根据需要打开或关闭某些窗口，以便合理地安排绘图区域。

- 绘图窗口中的光标为十字光标，用于绘制图形及选择图形对象，十字线的交点为光标的当前位置，十字线的方向与当前用户坐标系的 X 轴、Y 轴方向平行。
- 选项卡控制栏位于绘图窗口的下边缘，单击其中的“模型”“布局1”“布局2”选项卡，可在模型空间和不同的图纸空间之间进行切换。
- 在绘图窗口的左下角有一个坐标系图标，它反映了当前所使用的坐标系形式和坐标方向。在AutoCAD中绘制图形，可以采用两种坐标系。

(1) 世界坐标系(WCS)：用户刚进入AutoCAD时的坐标系统，是固定的坐标系统，绘制图形时多数情况下都是在这个坐标系统下进行的。

(2) 用户坐标系(UCS)：用户利用UCS命令相对于世界坐标系重新定位、定向的坐标系。

默认情况下，当前UCS与WCS重合。

5. 命令窗口

命令窗口是用户输入命令名和显示命令提示信息的区域。默认的命令窗口位于绘图窗口的下方，其中保留最后三次执行的命令及相关的提示信息。在提示“命令：”状态下，可以输入AutoCAD命令。用户可以用改变一般Windows窗口的方法来改变命令窗口的大小。

6. 状态栏

状态栏位于整个窗口的最底端，如图13.5所示。设置有“捕捉模式”“栅格显示”“正交模式”“极轴追踪”“对象捕捉”“对象捕捉追踪”“动态输入”“模型/图纸空间切换”等十余个辅助绘图工具按钮，单击任一按钮，即可打开相应的辅助绘图工具。单击状态栏中最右边的自定义按钮☰，在弹出的菜单中选择前带对勾✓的菜单项(例如“注释监视

图13.5 状态栏

器"),则将在状态栏中删除相应的功能图标按钮;在弹出的菜单中选择前无对勾的菜单项(例如"线宽"),则将在状态栏中增加相应的功能图标按钮(例如 ≡)。

若欲了解功能区或状态栏中某一图标的具体功能,只需把光标移动到该图标上并稍停片刻,即可在该图标的一侧显示相应的伴随提示中获得。

7. 导航栏

导航栏中包含有若干个显示控制图标,从中可根据用户当前工作的需要,对图形进行显示设置和控制。

13.3 AutoCAD 命令和基本设置

AutoCAD 的操作过程由 AutoCAD 命令控制,AutoCAD 系统变量是设置与记录 AutoCAD 运行环境、状态和参数的变量。

AutoCAD 命令名和系统变量名均为西文,如命令"LINE"(直线)、"CIRCLE"(圆)等,系统变量"TEXTSIZE"(文字高度)、"THICKNESS"(对象厚度)等。

13.3.1 命令的调用方法

有多种方法可以调用 AutoCAD 命令(以画直线为例):

(1) 在命令窗口输入命令名。即在命令窗口中键入命令的字符串,命令字符可不区分大、小写。例如:命令:LINE↙("↙"表示按键盘上的 Enter 键,下同。)

(2) 在命令窗口输入命令缩写字。如 L(Line)、C(Circle)、A(Arc)、Z(Zoom)、R(Redraw)、M(More)、CO(Copy)、PL(Pline)、E(Erase)等。

例如:命令:L↙

(3) 单击下拉菜单中的菜单选项。在状态栏中可以看到对应的命令说明及命令名。

(4) 单击功能区中的对应图标。如点取"默认"选项卡下"绘图"面板中的图标 ⁄,也可执行画直线命令,同时在伴随说明框中也可以看到对应的命令说明及命令名。

(5) 在"命令:"提示下直接按回车键可重复调用已执行的上一命令。

在上述所有调用方法中,在命令窗口输入命令名是最为稳妥的方法,因为 AutoCAD 的所有命令均有其命令名,但却并非所有的命令都有其菜单项、命令缩写字和功能区图标,只有常用的命令才有之;选取下拉菜单中的菜单选项是最为省心的方法,因为这种方法既不需要记住众多命令的命令名,也不需要记住命令图标的形状和所处位置,只需按菜单顺序找取即可;单击功能区中的图标是最为快捷的方法,既不用键盘输入,也不需菜单的多级查找,鼠标一键即可。

13.3.2 命令及系统变量的有关操作

在命令执行的任何时刻都可以用 Esc 键取消和终止命令的执行。若在一个命令执行完毕后欲再次重复执行该命令,可在命令窗口中直接按回车键。当输入命令后,AutoCAD 会出现对话框或命令提示,在命令提示中常会出现命令选项,此时可键入选项的标识字符;也可通过右击鼠标,在弹出的“光标菜单”中用鼠标点取命令选项。

访问系统变量可以直接在命令提示下输入系统变量名或点取菜单项,也可以使用专用命令 SETVAR。

13.3.3 数据输入与对象选择

1. 点的输入

手工绘图时要用直尺、圆规等工具目测定位一个点,利用这些点来画图,例如交点和切点等。绘图的精确与否,其首要条件就是要精确定下点的位置。AutoCAD 提供了如下几种输入点的方式。

(1) 用键盘直接在命令窗口中输入点的坐标。

点的坐标可以用直角坐标或极坐标表示。

平面直角坐标有两种输入方式:“x,y”(点的绝对坐标值,例如图 13.6 中 A 点的直角坐标为“40,40”。注意此中的逗号“,”等符号均为半角符号,下同。)和“@ x,y”(相对于上一点的相对坐标值,例如图 13.6 中 B 点相对于 A 点的相对直角坐标为“@120,90”)。

极坐标的输入方式为:“长度<角度”(其中,长度为点到坐标原点的距离,角度为原点至该点连线与 X 轴的正向夹角,例如图 13.6 中 A 点的极坐标为“56.57<45”($\sqrt{40^2+40^2}\approx 56.57$)。注意其中的小于号“<”为半角符号,下同。)或“@长度<角度”(相对于上一点的相对极坐标,例如图 13.6 中 B 点相对于 A 点的相对极坐标为“@150<36.87”)。

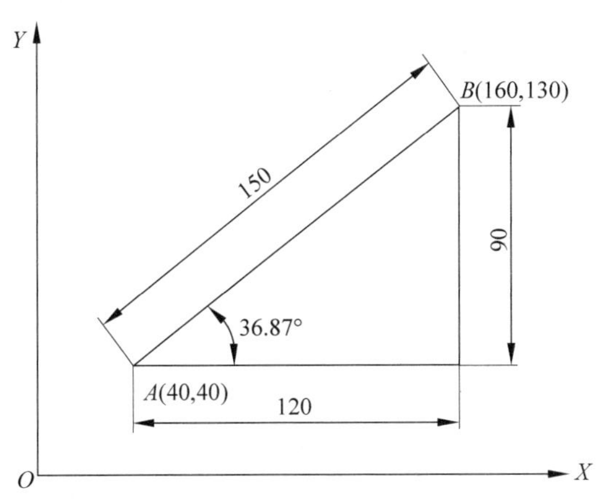

图 13.6 点的坐标输入方式

(2) 用鼠标等定标设备移动光标单击在屏幕上直接取点。

(3) 用键盘上的箭头键移动光标按回车键取点。

(4) 用目标捕捉方式捕捉屏幕上已有图形的特殊点(如端点、中点、中心点、插入点、交点、切点、垂足点等)。特殊点及其具体设置如图 13.7 所示。

(a) 光标菜单

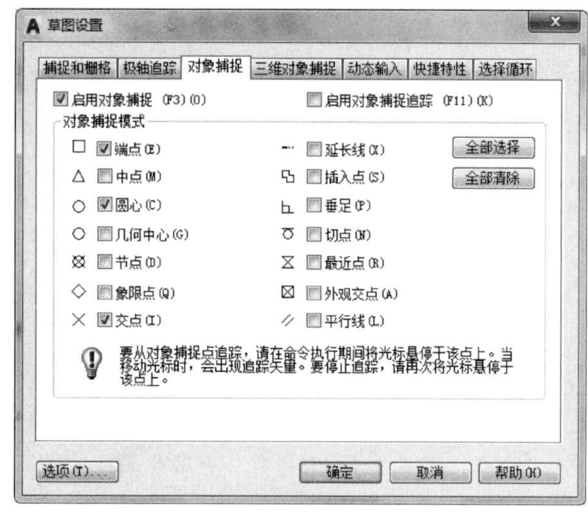

(b) 对象捕捉

图 13.7　目标捕捉方式的设置

(5) 直接距离输入。先用光标拖拉出橡筋线确定方向，然后用键盘输入距离。

(6) 使用过滤法得到点。

2. 距离值的输入

在 AutoCAD 命令中，有时需要提供高度、宽度、半径、长度等距离值。AutoCAD 提供了两种输入距离值的方式，一种是用键盘在命令窗口中直接输入数值；另一种是在屏幕上点取两点，以两点的距离值定出所需数值。

3. 对象的选择

在画图时每条命令，例如连续画几条直线、画圆或圆弧所产生的图形都产生各自的图形对象。但对于一个由多条命令画出的图形，欲将其视作一个整体(对象)时，必须用对象选择方式处理。因此在绘图过程中出现“选择对象：”提示时，可以在欲选对象的左上角和右下角单击，这样由对角组成的长方形窗口所完全框中的所有图形对象都被选中。

对象选择也可以用鼠标控制光标，在所画的各条线上逐个单击。被选中的对象，例如直线或圆弧等就会变虚，从而可以清楚地知悉哪些线段已被选中。

13.3.4　AutoCAD 的图层

1. 图层的概念

为了方便地绘制、编辑、管理图形，并且利用颜色来改善图形的清晰度，AutoCAD 可以在任何一幅图的绘制中规定任意数量的图层。图层相当于没有厚度的透明胶片，各层叠在一起就是一个完整的图形。例如，图 13.8 中，最上边的组合结果图形，就是由粗实线层上的三个粗实线方框、剖面线层上的环形阴影剖面线以及中心线层上垂直相交的两条中心线组合在一起后所得到的。

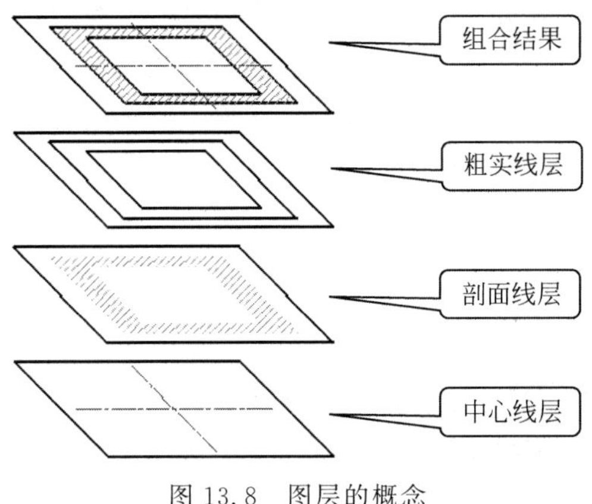

图 13.8　图层的概念

每个图层都可以有自己的颜色、线型、线宽等。每个图层都是具有相同特性的对象，可以打开或关闭，关闭后该图层的图形对象就不再显示和打印。

图层命令的命令名为 LAYER，图标为，菜单为："格式"→"图层"。

2. 图层的操作

(1) 建立新图层。启动图层命令，弹出图 13.9 所示"图层特性管理器"对话框。单击"新建(N)"按钮，一个被命名为"图层 1"的新图层被建立，其参数包括颜色、线型、线宽等，这些都可以修改。

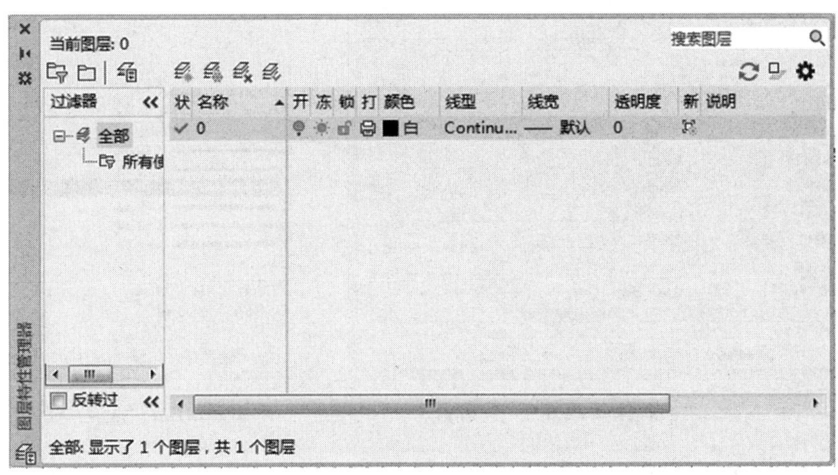

图 13.9　"图层特性管理器"对话框

① 图层名：单击“图层 1”(高亮显示)，可以更改层名。一个层名可以是汉字、数字、字符及其组合，例如可将图层命名为“中心线”，表示该层用于画中心线。

② 颜色：单击“颜色”按钮，弹出图 13.10 所示“选择颜色”对话框，可任选一种颜色(例如红色等)，再单击“确定”按钮，返回“图层特性管理器”对话框。

③ 线型：单击“线型”按钮，弹出图 13.11 所示“选择线型”对话框，该对话框显示在用户系统中定义和装入的线型。若没有所需的线型，按对话框下面的“加载”按钮，弹出图 13.12 所示“加载或重载线型”对话框，列出各种线型供选择，例如选中“CENTER”，再按“确定”按钮，返回上一级对话框。

图 13.10 “选择颜色”对话框

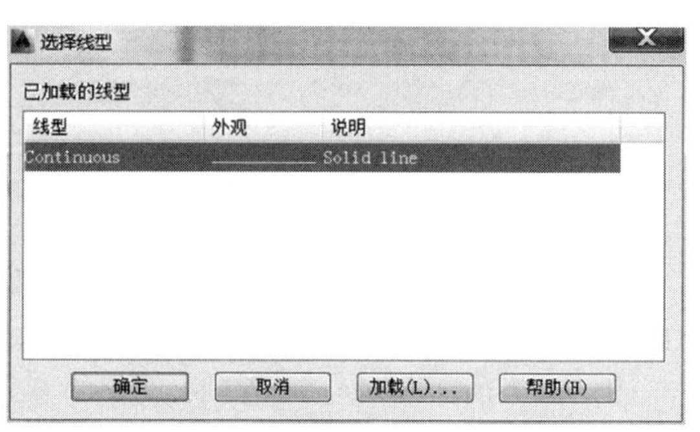

图 13.11 “选择线型”对话框

④ 线宽：单击“线宽”按钮，弹出图 13.13 所示“线宽”对话框，其下面的列表中列出各种线宽供选择，例如选线宽为“0.40”，再单击“确定”按钮，返回“图层特性管理器”对话框。

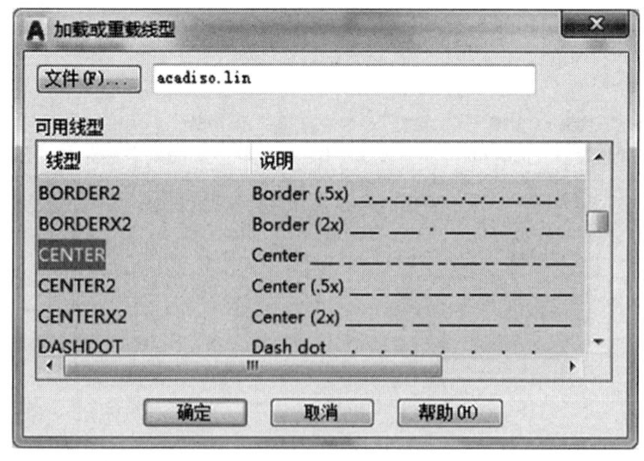

图 13.12 “加载或重载线型”对话框

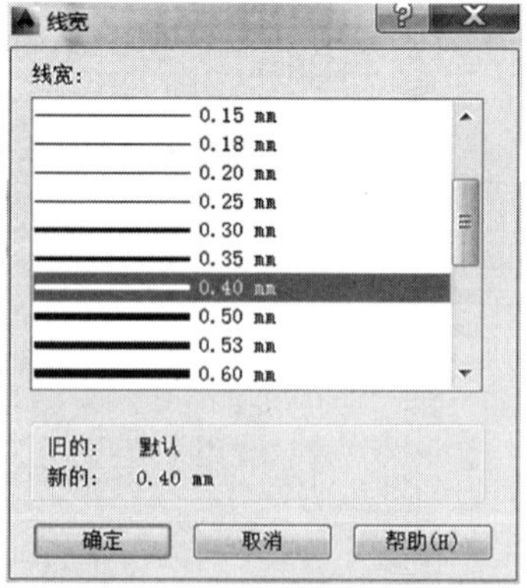

图 13.13 “线宽”对话框

最后，单击“图层特性管理器”对话框右中的当前图层按钮，则将层名为“中心线”的图层设置为当前层，在该层上所画的线为红色的中心线，线宽为 0.40。

(2) 图层的其他操作。

在“图层特性管理器”对话框中，选取某一图层，使其变为高亮显示，单击删除图层按钮，则此图层将被删除；单击当前图层按钮，此图层就成了当前图层。

在对话框中列表显示的各图层名后面还列出该图层状态属性。

① 图层打开：用一灯泡发亮表示。该图层上的图形可在屏幕上显示和输出。

② 图层关闭：灯灭。该图层上的对象为不可见，亦不能打印和输出。

③ 图层冻结：用一雪花表示。图层冻结时图形不能显示，并且不参与 REGEN 图形重新生成时的计算。

④ 图层解冻：用一太阳表示。图层上的图形能显示并参与 REGEN 图形重新生成时的计算。

⑤ 图层锁定：用一把关闭的锁表示。图层被锁定后能显示，但不能绘图与编辑。

⑥ 图层解锁：用一把开着的锁表示。图层恢复正常状态。

13.3.5 绘图单位、绘图界限的设置

1. 绘图单位

在工程制图中，长度用十进制，精度为 0.00；角度也用十进制，精度为 0。其操作如下：

命令：DDUNITS↙

弹出图 13.14 所示“图形单位”对话框。

图 13.14 “图形单位”对话框

① 长度类型选精度(P)十进制，(系统默认单位)。可按右面的箭头，弹出下拉列表供改变类型的内容。选精度(P)为 0.00。按右面的箭头，弹出下拉列表，有各种精度可供

选择。

② 角度类型选十进制度数。选精度为 0。按“确定”按钮结束绘图单位设置。

2. 绘图界限

是指屏幕上绘图区域的相对大小。因为屏幕上的绘图窗口绝对尺寸不能扩大，所以画大图或小图都限制在同一窗口的范围内。其操作如下：

命令：LIMITS↙

根据命令行提示输入窗口左下角点的坐标和窗口右上角点的坐标，如 3 号图纸(A3)，则输入(420,297)。

13.4 AutoCAD 的基本绘图命令

无论是简单图形还是复杂图形，都是由直线、圆、圆弧等所组成。只要熟练地掌握 AutoCAD 的基本绘图命令，就能绘制出工程图样。如图 13.15 所示，在“绘图”菜单中列出了所有的绘图命令，在功能区的“绘图”面板中也以图标形式形象地列出了常用的绘图命令，表 13.1 中给出了常用绘图命令的概略介绍。

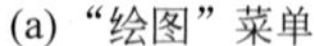
(a)“绘图”菜单

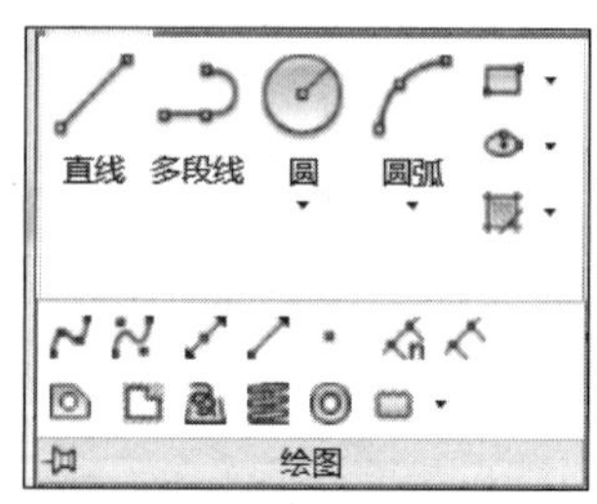

(b)“绘图”面板

图 13.15 “绘图”命令界面

表 13.1 常用绘图命令

命令名	图标	菜单命令项	命令功能
LINE		“绘图”→“直线”	绘制连续的直线
XLINE		“绘图”→“构造线”	绘制构造线(常作为辅助线)
PLINE		“绘图”→“多段线”	绘制多段线
POLYGON		“绘图”→“正多边形”	绘制正多边形
RECTANG		“绘图”→“矩形”	绘制矩形
ARC		“绘图”→“圆弧”	绘制圆弧
CIRCLE		“绘图”→“圆”	绘制圆
SPLINE		“绘图”→“样条曲线”	绘制自由曲线
ELLIPSE		“绘图”→“椭圆”或“椭圆弧”	绘制椭圆或椭圆弧
POINT		“绘图”→“点”	绘制点
BHATCH		“绘图”→“图案填充”	绘制剖面线等区域填充图案
TABLE		“绘图”→“表格”	绘制表格
TEXT 或 MTEXT	A	“绘图”→“文字”	输入文字

下面就部分常用的绘图命令,说明其操作方法和命令中参数的含义。启动命令有三种方法:①单击工具栏或功能选项板中的图标;②单击“绘图”菜单,再选择对应的命令;③在命令窗口键入命令名。

1. 绘制直线

启动命令后首先输入直线的起点(输入该点的绝对坐标或在任意位置单击),命令输入及显示区内提示下一点后输入第一条直线的另一端点(输入该点的绝对坐标或相对坐标)并且该点也是第二条直线的起点,依次下去直至回车后结束。更多的情况是根据直线的长度画图,确定起点后,光标拖动定直线的方向,同时键盘输入直线的长度。当选择直线命令中参数 C 时,之前所画的直线会围成封闭图形;选择参数 U 时,取消上一次操作。图 13.16 为利用直线命令绘制的五角星图形。

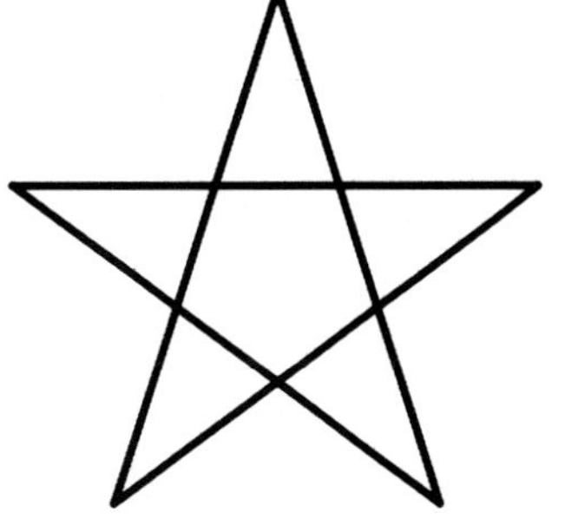

图 13.16 五角星

2. 绘制构造线

构造线是无限延长的直线，用于绘图时作辅助线，如用于保证画三视图时长、宽、高的“三等”关系。启动命令后有五种选项，选择参数 H，表示所画的构造线为水平线；选择参数 V，表示所画的构造线为垂直线；选择参数 A，表示所画的构造线是与水平方向成一定角度的倾斜线；选择参数 B，表示所画的构造线为指定角度的平分线；选择参数 O，表示所画的构造线是与指定直线保持一定距离的平行线。图 13.17 为利用构造线保证三视图对应关系的示例。

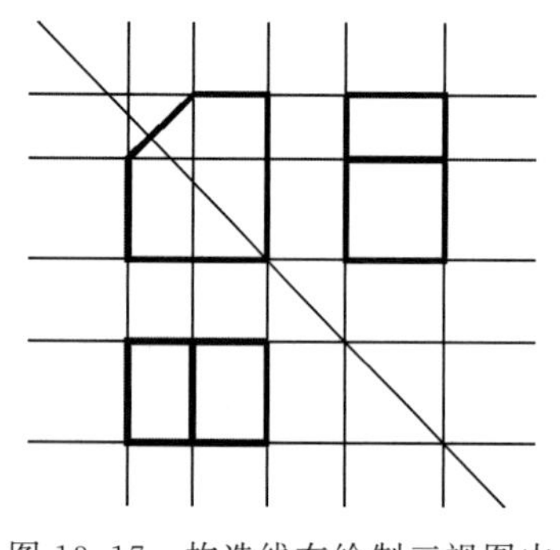

图 13.17　构造线在绘制三视图中的应用

3. 绘制多段线

多段线是由多段直线和圆弧组合而成，但是作为一个对象处理的。启动命令后有多种选项，选择参数 A，是画圆弧；选择参数 C，表示之前所画的线段围成封闭图形；选择参数 H，是设置所画线段的半宽度值；选择参数 L，是设置所画线段的长度；选择参数 U，是取消上一次操作；选择参数 W，是设置所画线段的宽度值；缺省值是画直线。图 13.18 所示为用多段线命令绘制的工程图形。

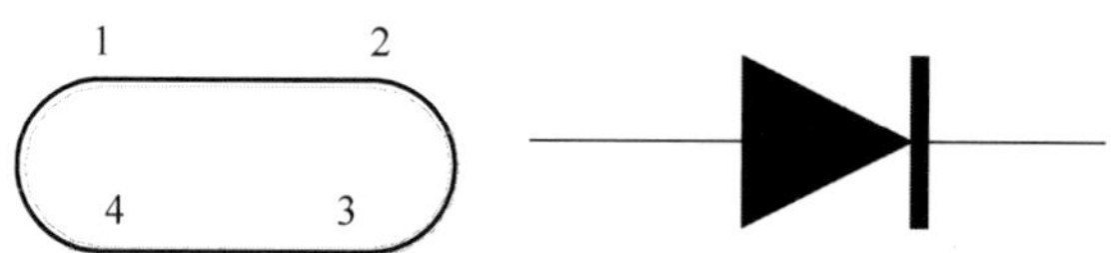

图 13.18　用多段线命令绘制的工程图形

4. 绘制正多边形

启动命令后输入正多边形的边数，然后有两种选择，第一种选择是参数 C(缺省值)，确定多边形的中心点，再分为两种方法，参数 I 表示画圆的内接多边形；参数 C 表示画圆的外切多边形，这两种方法都要给定圆的半径。第二种选择是参数 E，通过确定边长画正多边形。图 13.19 所示为用正多边形命令绘制的等边长正多边形。

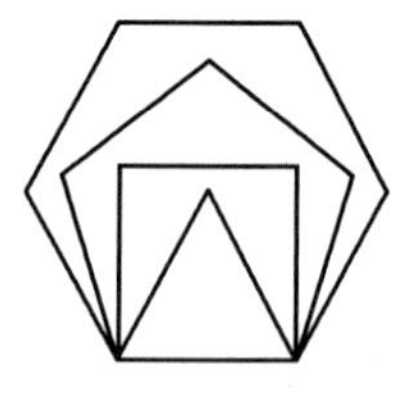

图 13.19　正多边形

5. 绘制矩形

启动命令后，通过输入矩形的两个对角点画矩形。若选择参数 C，是画带倒角的矩形，此时再输入倒角距离；如果要画带圆角的矩形，则选择参数 F，并输入圆角半径；若欲绘制指定线宽的矩形，则选择参数 W，并输入图线的宽度，如图 13.20 所示。

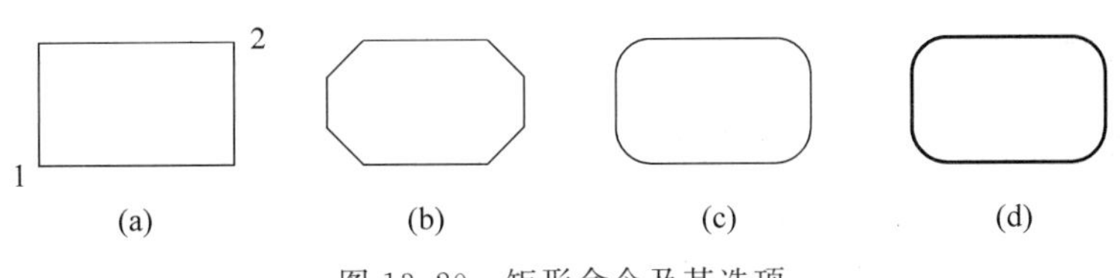

图 13.20　矩形命令及其选项

6. 绘制圆弧

绘制圆弧共有 11 种方式,如图 13.21 所示。图 13.22 所示为用圆弧命令绘制的梅花图案。

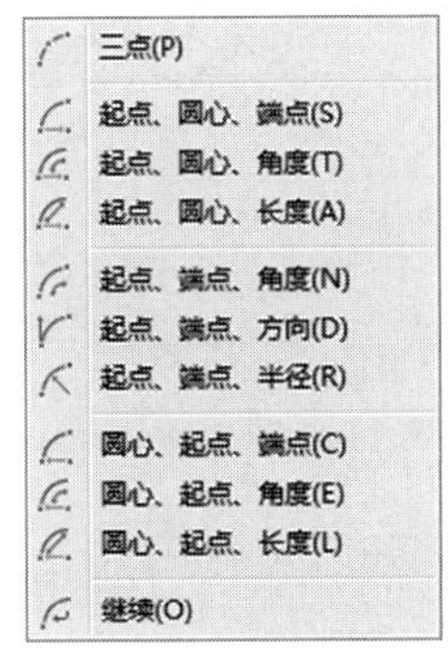

图 13.21　11 种画圆弧的方法

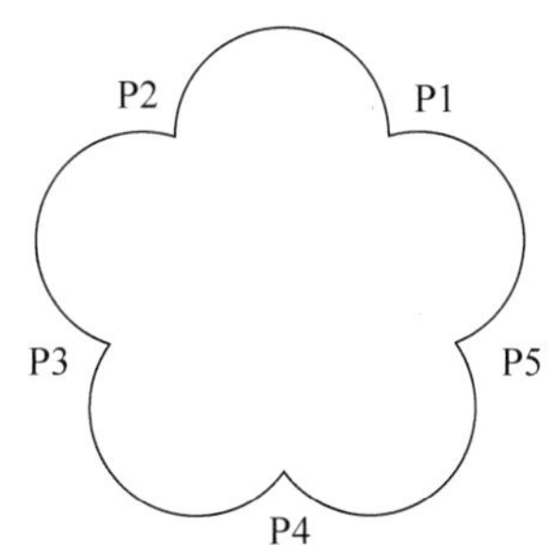

图 13.22　圆弧组成的梅花图案

7. 绘制圆

画圆命令有多种给定参数方式：根据圆心及半径画圆；根据圆心及直径画圆；根据三点画圆；根据直径两端点画圆；“相切、相切、半径”画圆(即已知半径画一个圆与其他两直线或圆弧相切)；以及“相切、相切、相切”画圆(即根据三个相切关系画圆)。

8. 绘制样条曲线

样条曲线是将一系列的点连成一根光滑的曲线。机械图中的波浪线、截交线、相贯线可以用此命令绘制。启动命令后依次输入曲线上的点,结束点的输入后回车,再确定首末点的切线方向。图 13.23 所示梅花鹿图形的主要轮廓就均系用样条曲线命令绘制。

9. 绘制椭圆

启动绘制椭圆命令后,通过输入椭圆一根轴的两个端点和另一根轴的半径绘制椭圆。

选择参数 C,表示通过椭圆的中心点、一根轴的一个端点和另一根轴半径绘制椭圆；选择参数 A,则通过输入角度画椭圆弧。

图 13.23　梅花鹿

10. 图案填充

通过图案填充可以画剖视图中的剖面线。启动命令后,显示图 13.24 所示“图案填充”功能区。单击“图案”选项板中某一图案的按钮(例如金属材料的剖面线图案“ANSI31”▨);欲画右上倾斜 45°剖面线时,“角度”选择“0”;通过“比例”的大小调整剖面线之间的距离。在需要画剖面线的区域内单击后回车,可预览填充效果,不满意可重新调整参数。按“关闭”按钮完成图案填充。图 13.25 所示为用图案填充命令绘制的机械装配图剖面线。

图 13.24 “图案填充”功能区

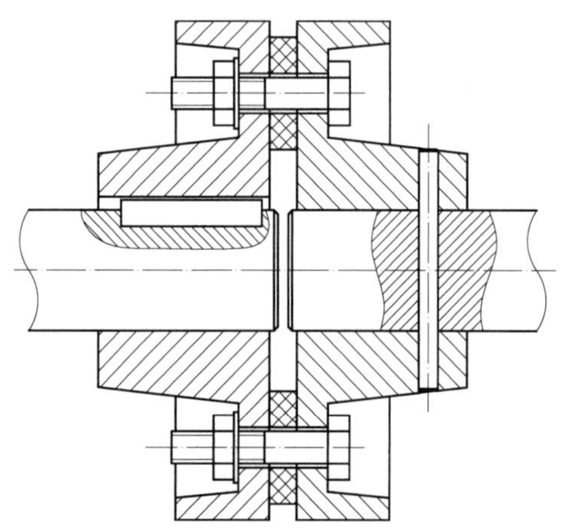

图 13.25 用图案填充命令绘制的剖面线

注意:图案填充的区域必须是封闭的,不封闭就无法完成图案填充。

11. 输入文字

文字命令有两个:单行文字和多行文字。单行文字命令也可以输入多行文字,但每一行各自为独立的对象。多行文字命令输入的文字是作为一个对象。启动单行文字命令后,要确定文字的起点、文字的高度和旋转角度。命令中的选项 J 表示文字对正的方式,共有 12 种;选项 S 表示输入之前设置的文字样式名。

启动多行文字命令后,会弹出多行文字编辑器,可选择或输入文字样式、字体、字高等。

13.5 AutoCAD 的常用修改命令

在绘制图形的过程中,经常需要对图形进行修改与编辑,如修剪、移动、旋转、复制、缩放等,以帮助使用者合理地构造所需图形。在“修改”菜单及“修改”面板中集中列出了

AutoCAD 的修改命令，如图 13.26 所示，表 13.2 列出了部分常用修改命令的概略介绍，现择主要简介如下。

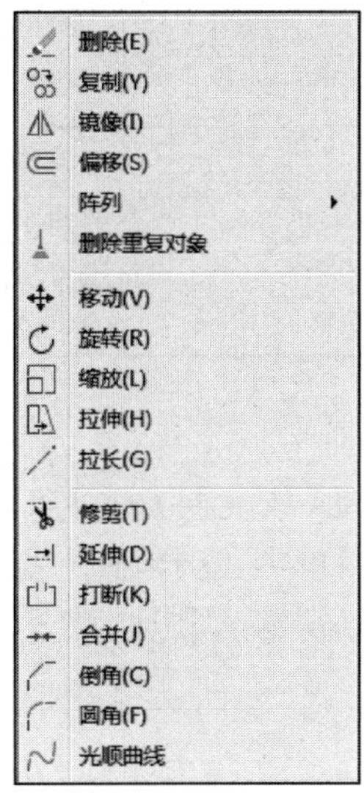

(a) “修改”菜单

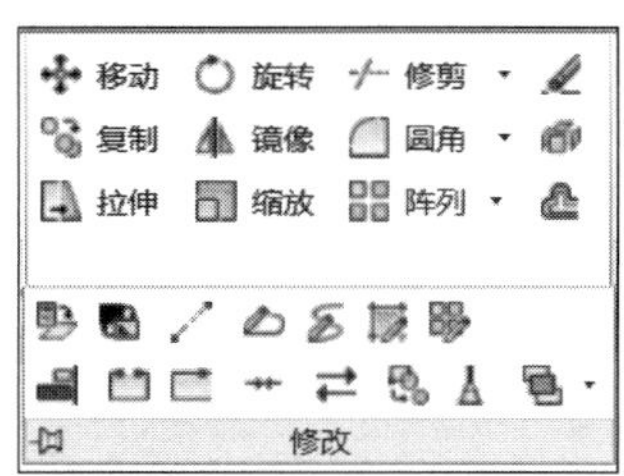

(b) “修改”面板

图 13.26 “修改”命令界面

表 13.2 常用修改命令

命令名	图标	菜单项	命令功能
ERASE		“修改”→“删除”	删除选定的对象
COPY		“修改”→“复制”	复制选定的对象
MIRROR		“修改”→“镜像”	复制选定的对称的对象
OFFSET		“修改”→“偏移”	创建与选定的对象等距的对象
ARRAYRECT		“修改”→“阵列”→“矩形阵列”	按矩形复制选定的对象
ARRAYPOLAR		“修改”→“阵列”→“环形阵列”	按环形复制选定的对象
MOVE		“修改”→“移动”	移动选定的对象
ROTATE		“修改”→“旋转”	旋转选定的对象
SCALE		“修改”→“缩放”	缩放选定的对象
STRETCH		“修改”→“拉伸”	拉伸选定的对象
TRIM		“修改”→“修剪”	修剪选定的对象
EXTEND		“修改”→“延伸”	延伸选定的对象
BREAK		“修改”→“打断”	将选定的对象在指定点打断成两部分
BREAK		“修改”→“打断”	将选定的对象上指定的两点之间删除

续表

命令名	图标	菜单项	命令功能
JOINT		"修改"→"合并"	将打断的对象合并
CHAMFER		"修改"→"倒角"	给对象加倒角
FILLET		"修改"→"圆角"	给对象加圆角
EXPLODE		"修改"→"分解"	分解组合的对象(多段线、剖面线、尺寸、图块等)为各自独立的对象

1. 移动(或复制)图形

启动移动或复制命令后,用单击或框选要移动(或复制)的对象,选取结束后回车。在母对象上选取一点作为基准点,再在新的位置点单击,这样图形就移动(或复制)到了新位置。也可以在选择完要移动(或复制)的对象后,输入移动(或复制)的距离,也能使图形移动(或复制)到新位置。

2. 镜像复制图形

对于一些对称的图形,可以画一半,而另一半用镜像复制图形的方法来获得。启动命令后选择要复制的镜像对象(如图 13.27(a)中的框选部分),选取结束回车。然后确定镜像对称线上的第一个点,再确定镜像对称线上的另一个点(如图 13.27(a)所示中的 $P1$ 点和 $P2$ 点)。可以删去或保留原来的图形:输入 Y 是删去原来的图形,只留下镜像后的图形,如图 13.27(b)所示;输入 N(缺省值)是保留,如图 13.27(c)所示。

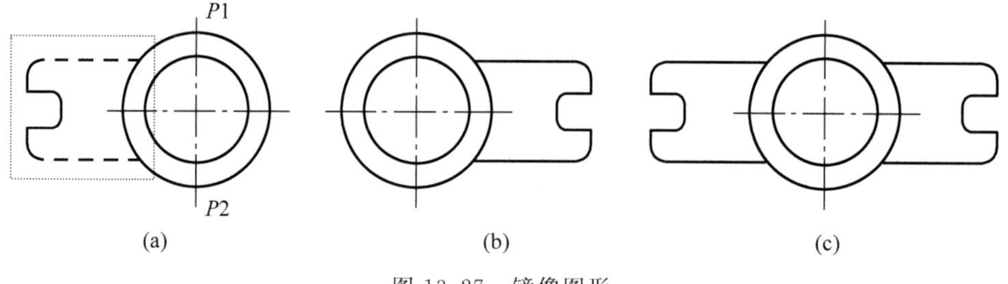

图 13.27　镜像图形

3. 偏移复制图形

利用偏移命令可以画平行线、同心圆等等距图形对象。启动命令后有两种方式偏移,一种方式是输入偏移的距离(也可以单击两个点,AutoCAD 会自动测量两点距离)后,选取要偏移的图形对象,并在复制后放置图形的那一侧单击一下,就完成了偏移复制;另一种方式是不指定距离,而是使偏移的图形经过某个点,此时输入 T,再选取要偏移的图形对象,并单击要经过的点,也可以完成偏移复制。

4. 阵列复制图形

通过阵列复制图形,可以将对象按照矩形或环形分布,建立多个拷贝。启动矩形阵列命令后弹出对话框，若系矩形阵列(图 13.28)，则输入行数和列数，以及行距和列距，再单击"选择对象"按钮，回到绘图区，选取要阵列的对象并回车，又返回对话框，按"确定"后完成阵列。若系按环形阵列(图 13.29)，对话框会提示输入中心点、项目总数、填充角度等。

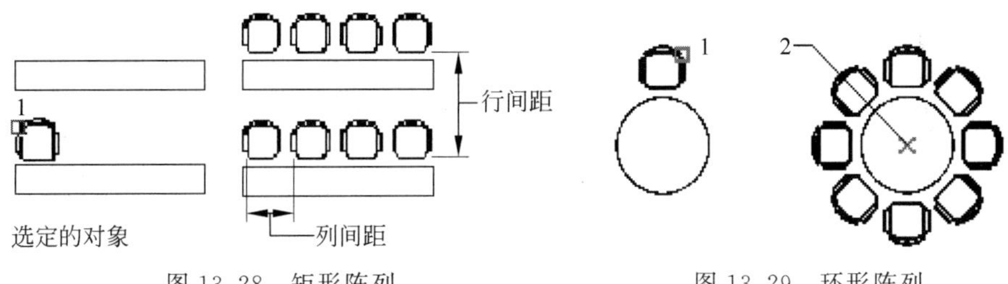

图 13.28　矩形阵列　　　图 13.29　环形阵列

5. 修剪图形

启动命令后首先选取剪切的边界，可以多次选取，选取结束则回车。再选取要剪切的对象，选取结束后回车完成修剪。以图 13.30(a)所示五角星为例，被修剪边若选择内五边形各边，则形成图 3.30(b)所示的空心五角星；若被修剪边选择五个角的各边，则形成图 3.30(c)所示的五边形。

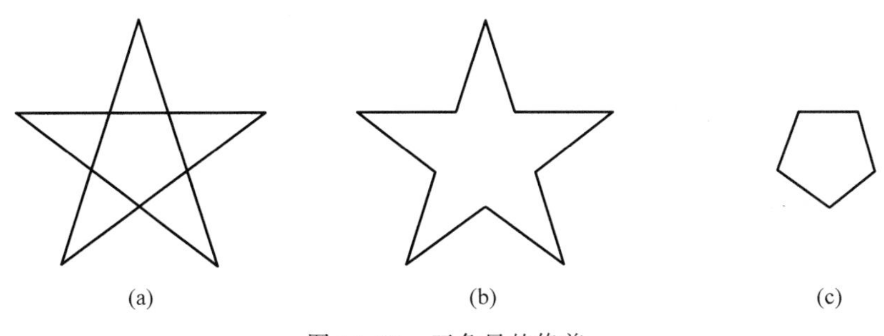

图 13.30　五角星的修剪

6. 切断图形

该命令可以删除对象的一部分，或将对象中间断开分成两部分。启动命令后选择要切断的对象，在对象上选取一点，此时默认该点为第一个断开点，再选取第二个断开点，这样第一个点和第二个点之间断开并删除。若要另外拾取第一个断开点，则指定选项 F (选择切断的对象后输入 F)，再依次选取第一个断开点和第二个断开点。如果在输入第二个断开点时键入@，系统将对象在第一个断开点处断开，但不删除任何部分。当切断命令用于圆时，系统将从第一个断开点按逆时针方向，至第二个断开点之间断开并删除，使圆变成了一段弧。

7. 倒角与圆角

启动命令，假如倒角的尺寸之前已定好，直接选取要被倒角的对象。命令中有几个选项，选项 P 用于在多段线的所有顶点处产生倒角；选项 A 用于确定一条倒角边的长度和角度；选项 T 用于确定对象倒角后是否被裁剪。图 13.31(b)为对图 13.31(a)所示矩形进行倒角的结果。

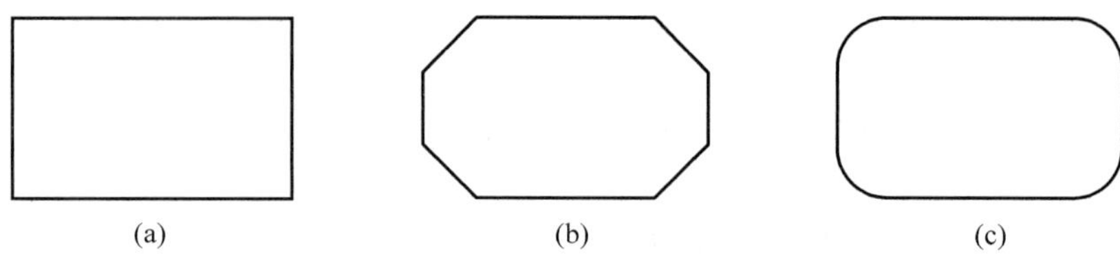

图 13.31　矩形的倒角与倒圆角

圆角命令可以将直线、圆或圆弧以及椭圆命令所画的两个对象光滑地连接起来；也可以在多段线或正多边形相邻线段之间产生等半径圆弧。命令中选项 P 用于在多段线的所有顶点处倒圆角；选项 R 用于确定圆角半径；选项 T 用于确定对象倒圆角后是否被裁剪。图 13.31(c)为对图 13.31(a)所示矩形进行倒圆角的结果。

8. 分解对象

用分解命令可以将多段线或正多边形等命令所画的图形分解开来。例如，用正多边形命令所画的一个正六边形是一个图形对象，用分解命令后正六边形变为六个图形对象，即六条直线。分解命令可以分解的图形对象还可以是尺寸、剖面线、图块等。

13.6　二维图形的绘制

13.6.1　平面图形的绘制

【例 13.1】 绘制图 13.32 所示“垫片”图形。

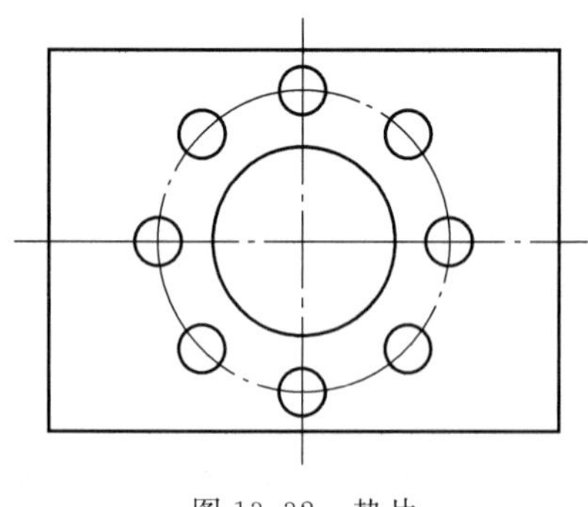

图 13.32　垫片

作图步骤：

(1) 用 LAYER 命令新建“粗实线”和“细点画线”两个图层，并设置对应的不同线型、线宽及颜色；按下状态栏中的“正交”按钮。

(2) 将“粗实线”层设置为当前层，用 RECTANG 矩形命令绘制图中的外轮廓矩形。

(3) 将“细点画线”层设置为当前层，分别捕捉矩形四个边的中点，用 LINE 直线命令绘制图中两条水平和竖直中心线，再用 EXTEND 延伸命令将其向外适当延长；以两中心线的交点为圆心，用 CIRCLE 画圆命令绘制图中的点画线圆。

(4) 将“粗实线”层设置为当前层，以两中心线的交点为圆心，用 CIRCLE 画圆命令绘制图中的粗实线大圆，以点画线圆与中心线的任一交点为圆心，用 CIRCLE 画圆命令绘制图中的粗实线小圆。

（5）以大圆圆心为“阵列中心”，“阵列中的项目数”为 8，用 ARRAYPOLAR 环形阵列命令将小圆再复制 7 个。

（6）以“垫片.dwg”为文件名将图形存盘。

【例 13.2】 利用相关修改命令由图 13.33(a)完成图 13.33(b)。

作图步骤：

（1）利用 LINE 命令或 XLINE 命令找出矩形的中心，然后用 MOVE 命令使大圆圆心与矩形中心重合。

（2）用 CHAMFER 命令作出矩形上部的两个倒角。

（3）用 TRIM 命令剪切掉矩形边的圆内部分。

（4）用 OFFSET 命令在小圆内复制其一个同心圆。

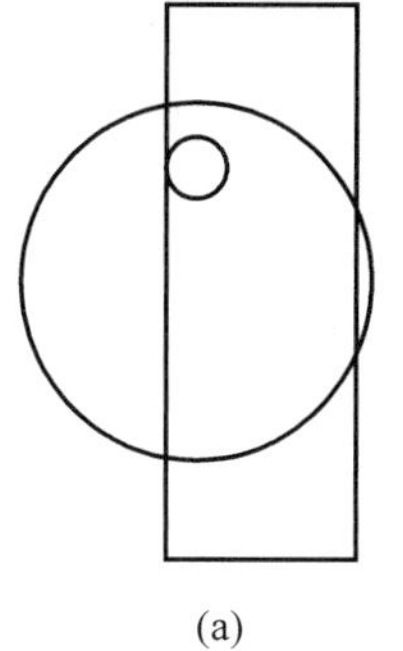

(a)

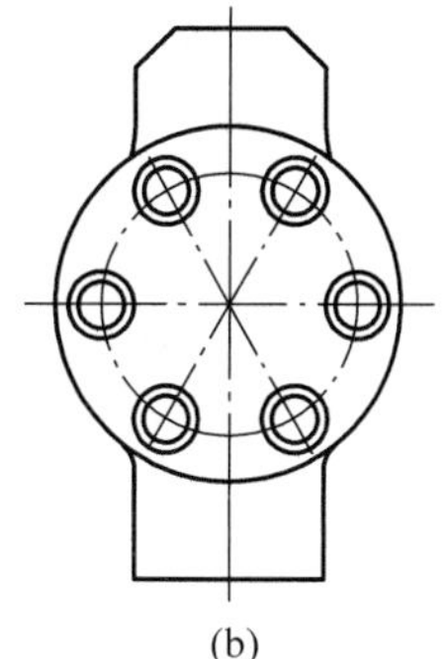

(b)

图 13.33 图形的修改 1

（5）新建一点画线图层并将其设置为当前层，分别捕捉矩形上下两边的中点，用 LINE 命令绘制出竖直点画线；用 XLINE 命令的 H 选项绘制出过大圆圆心的水平点画线；分别捕捉大圆和小圆的圆心，用 LINE 命令绘制出小圆的法向中心线；用 CIRCLE 命令绘制过小圆圆心的切向中心线。

（6）用 TRIM 或 EXTEND 命令调整点画线的长度。

（7）用环形阵列 ARRAYPOLAR 命令将两同心小圆及其法向中心线绕大圆圆心环形阵列成 6 个。

【例 13.3】 利用相关修改命令由图 13.34(a)完成图 13.34(b)。

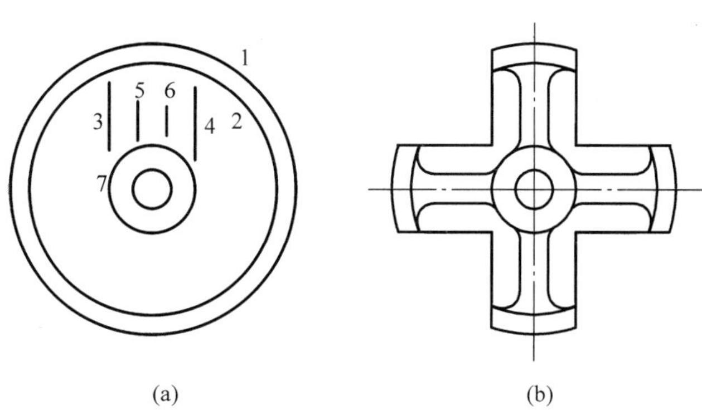

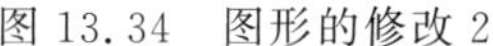

图 13.34 图形的修改 2

作图步骤：

（1）用 EXTEND 命令分别延伸 3、4 直线的两端均与圆 1 相交，延伸 5、6 直线的两端分别与圆 2、圆 7 相交。

（2）用 TRIM 命令剪切掉 3、4 直线外侧的圆 1 和圆 2。

（3）用 ARRAYPOLAR 命令将 3、4 直线及圆 1 和圆 2 的剩余部分绕圆心作环形阵列两份。

(4) 用 TRIM 命令剪切掉“大十字”形的中间部分。

(5) 用 FILLET 命令在 5、6 直线与圆 2 及圆 7 间倒圆角。

(6) 用 ARRAYPOLAR 命令将 5、6 直线及其相连圆角绕圆心作环形阵列 4 份。

(7) 新建一点画线图层并将其设置为当前层，捕捉最左、最右圆弧的中点，用 LINE 命令绘制水平对称线；捕捉最上、最下圆弧的中点，用 LINE 命令绘制垂直对称线。

(8) 用 TRIM 或 EXTEND 命令调整点画线的长度。

13.6.2 零件图形的绘制

【例 13.4】 绘制图 13.35 所示直齿圆柱齿轮零件图形(不标注尺寸)。

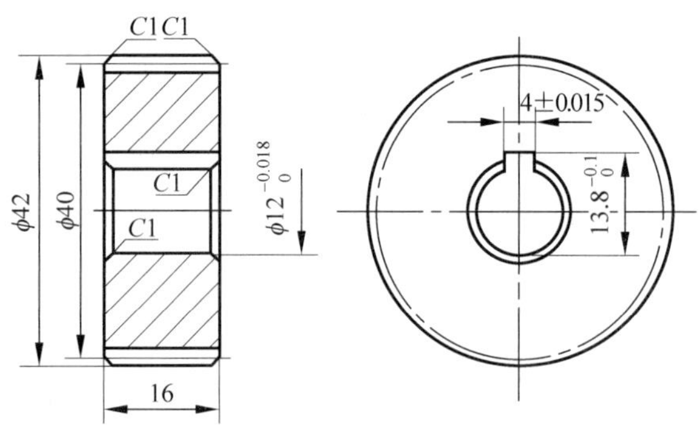

图 13.35 圆柱齿轮图形

作图步骤：

(1) 用 LAYER 命令新建“粗实线”和“细点画线”两个图层，并设置对应的不同线型、线宽及颜色。

(2) 将“细点画线”层设置为当前层，用 LINE 和 CIRCLE 命令绘制图中的点画线直线和圆，包括轴线、圆的中心线及分度圆($\phi40$)；用 COPY 命令或 OFFSET 命令由轴线复制绘出分度线，如图 13.36(a)所示。

(3) 将“粗实线”层设置为当前层，用 CIRCLE 命令绘制齿轮左视图中的齿顶圆($\phi42$)、轴孔圆($\phi12$)、倒角圆($\phi14$)，如图 13.36(b)所示。

(4) 在已画好的轴孔圆的下端(a 点)，用直线命令画一条长度为 4 的直线，如图 13.36(c)所示；单击该直线，按右键选“移动”，捕捉 a 点作为基准点，光标垂直向上移动，并输入距离 13.8，回车，完成键槽顶面投影的绘制，如图 13.36(d)所示。

(5) 用直线命令画键槽侧顶面投影，与轴孔圆 $\phi12$ 相交。用 TRIM 命令剪去多余的线，如图 13.36(e)所示。

(6) 用直线命令画齿轮主视图上半部分(不包括轴孔)。用 CHAMFER 命令画齿顶的倒角，如图 13.36(f)所示。

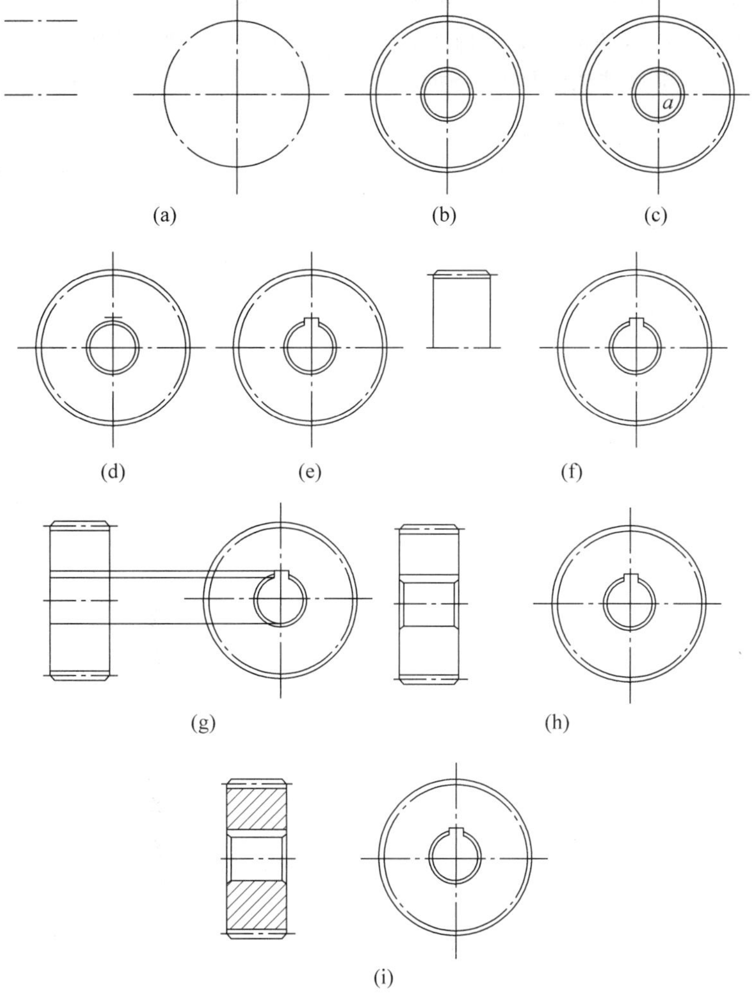

图 13.36　齿轮的绘制过程

(7) 用 MIRROR 命令画出齿轮主视图下半部分。再根据投影关系,由左视图开始,用直线命令画出主视图中的轴孔及键槽,如图 13.36(g)所示。

(8) 用 TRIM 命令剪去多余的图线,如图 13.36(h)所示。

(9) 用 BHATCH 命令画剖面线,如图 13.36(i)所示。

(10) 结果如图 13.35 图形所示,将图形以"齿轮.dwg"为文件名存盘。

13.7　尺寸标注

13.7.1　尺寸标注的类型

标注尺寸是工程制图中一项重要且烦琐的工作。AutoCAD 提供了许多标注尺寸的方法，以适合不同形式及内容尺寸的标注。在“标注”菜单及“标注”面板中集中列出了AutoCAD的标注命令，如图13.37所示，表13.3中给出了部分常用标注命令的概略介绍。图13.38示出了尺寸的不同标注命令及其标注形式。

(a)“标注”菜单

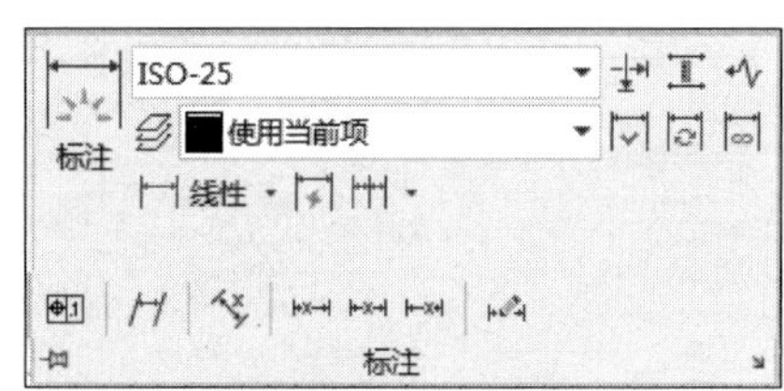

(b)“标注”面板

图13.37　标注命令界面

表13.3　尺寸标注命令

命　令　名	图　　标	菜单选项	命令功能
DIMLINEAR		“标注”→“线性”	线性尺寸标注，尺寸线水平或竖直
DIMALIGNED		“标注”→“对齐”	对齐线性尺寸标注，尺寸线与标注对象平行
DIMARC		“标注”→“弧长”	标注圆弧的长度
DIMORDINATE		“标注”→“坐标”	坐标值的标注
DIMRADIUS		“标注”→“半径”	标注圆或圆弧的半径
DIMDIAMETER		“标注”→“直径”	标注圆或圆弧的直径
DIMANGULAR		“标注”→“角度”	角度标注
QDIM		“标注”→“快速标注”	快速标注尺寸
DIMBASELINE		“标注”→“基线”	基准线标注，多个尺寸有同一条尺寸界线

续表

命 令 名	图 标	菜单选项	命令功能
DIMCONTINUE		"标注"→"连续"	连续标注，前一个尺寸的第二条尺寸界线为后一个尺寸的第一条尺寸界线
QLEADER		"标注"→"多重引线"	引线标注，在指定位置引出指引线，加注文字注释
TOLERANCE		"标注"→"公差"	创建形位公差框格
DIMCENTER		"标注"→"圆心标记"	标注圆心记号
DIMTEDIT		"标注"→"替代"	编辑标注文字
DIMSTYLE		"标注"→"标注样式"	设置和编辑标注样式

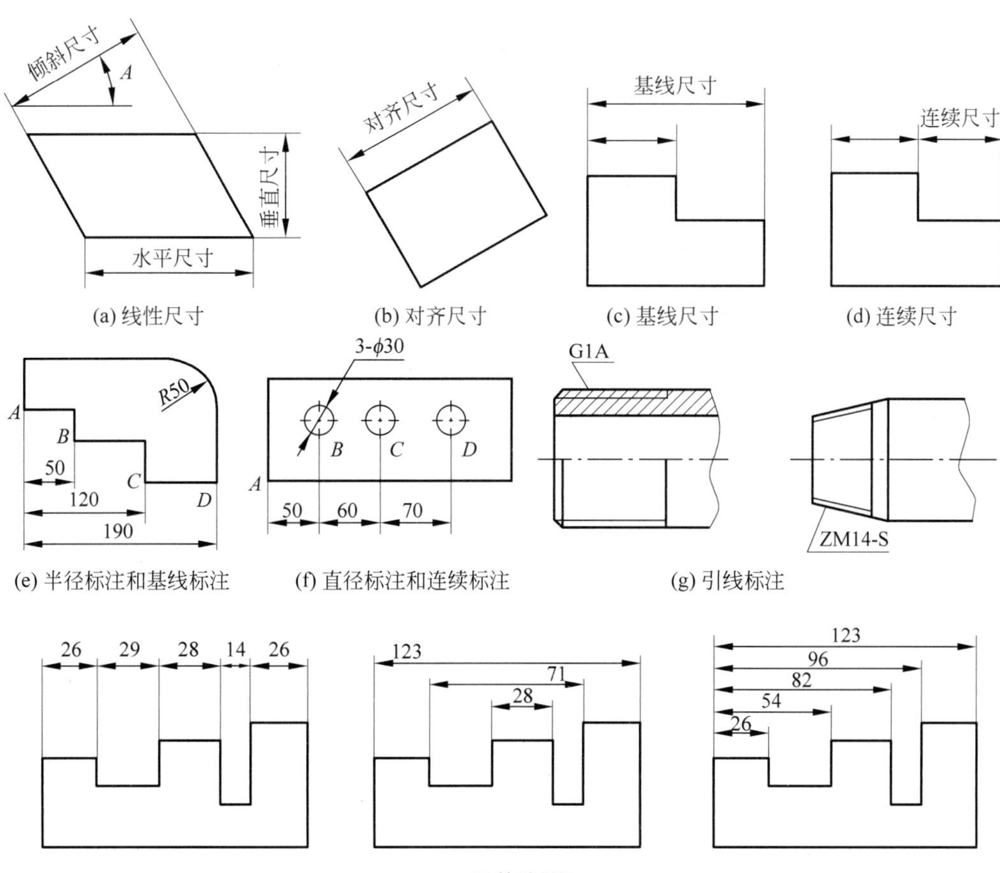

图 13.38 尺寸标注的命令及形式

13.7.2 设置尺寸标注样式

由于 AutoCAD 适用于机械、建筑、地理、航空等许多领域，各个领域、行业在尺寸标注方面有不同的标准与要求。因此，在利用 AutoCAD 软件标注工程图样尺寸之前，必须先对尺寸标注进行设置，使其符合相关工程图样的要求。设置的内容包括尺寸线、尺寸界线、尺寸数字、箭头等构成尺寸的要素。

启动 DIMSTYLE 标注样式命令，弹出图 13.39 所示"标注样式管理器"对话框，单击"新建"按钮，弹出图 13.40 所示"创建新标注样式"对话框，给新标注样式取名(如"机械图""建筑图"等)，单击"继续"按钮后，又弹出图 13.41 所示"新建标注样式：×××"对话框，其中包含 7 个选项卡，可参照国家标准的相关规定，分别对它们进行设置。

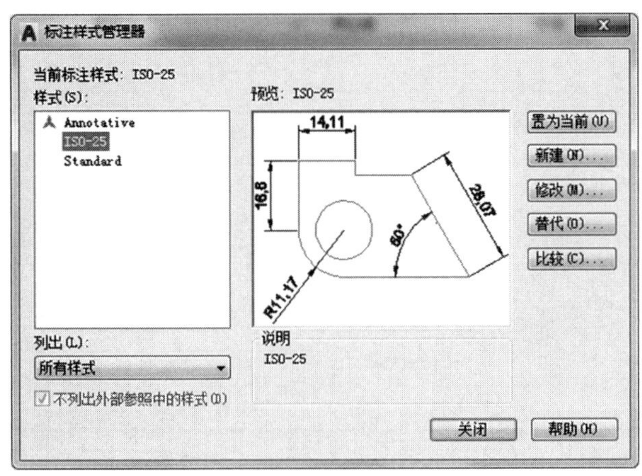

图 13.39 "标注样式管理器"对话框

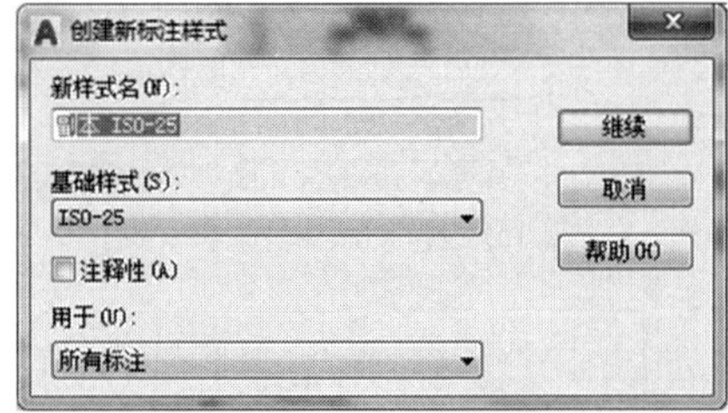

图 13.40 "创建新标注样式"对话框

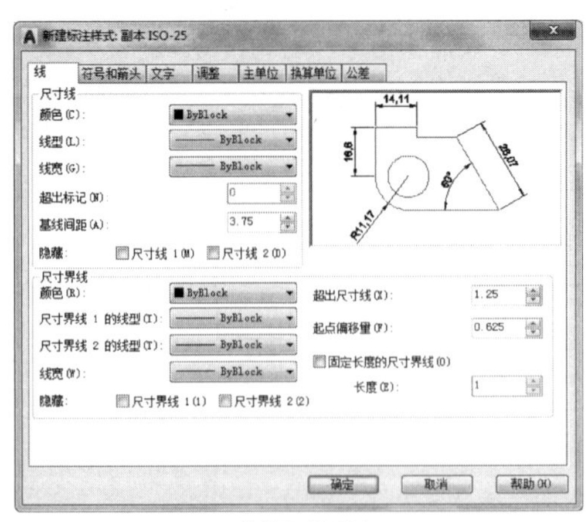

(a) "线" 选项卡

(b) "符号与箭头" 选项卡

图 13.41 尺寸标注样式的具体设置

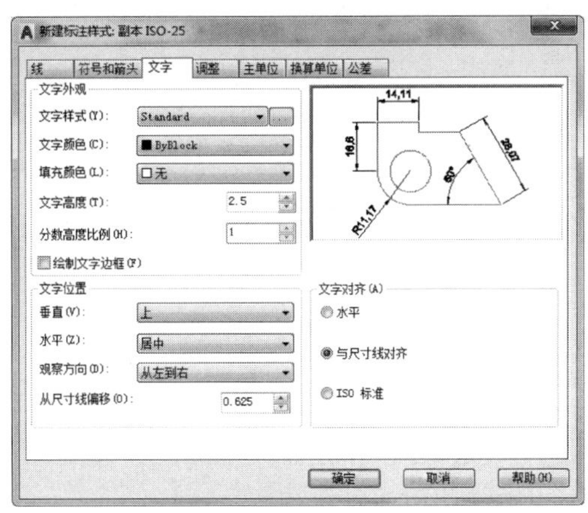

(c) “文字”选项卡

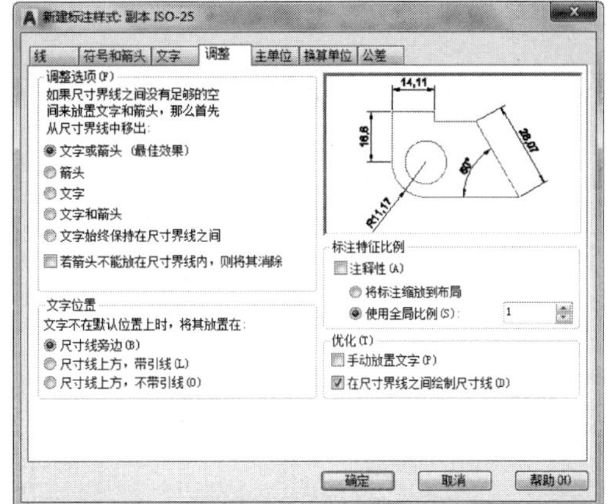

(d) “调整”选项卡

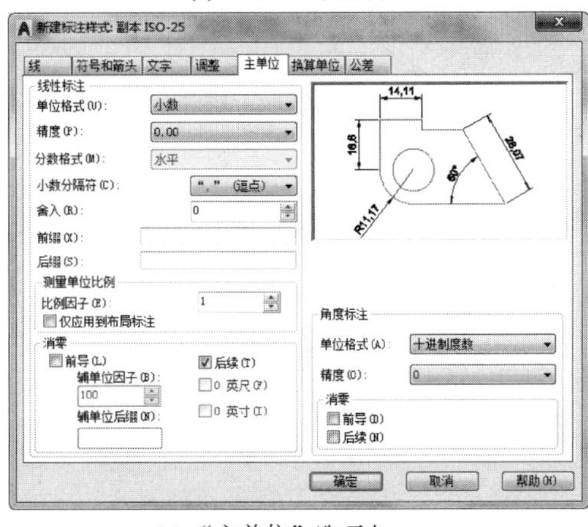

(e) “主单位”选项卡

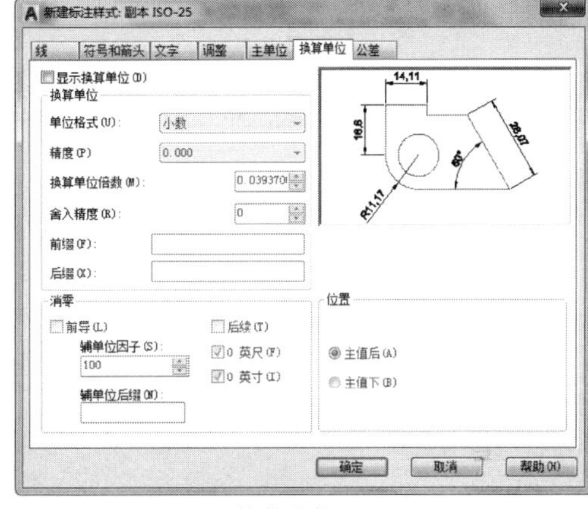

(f) “换算单位”选项卡

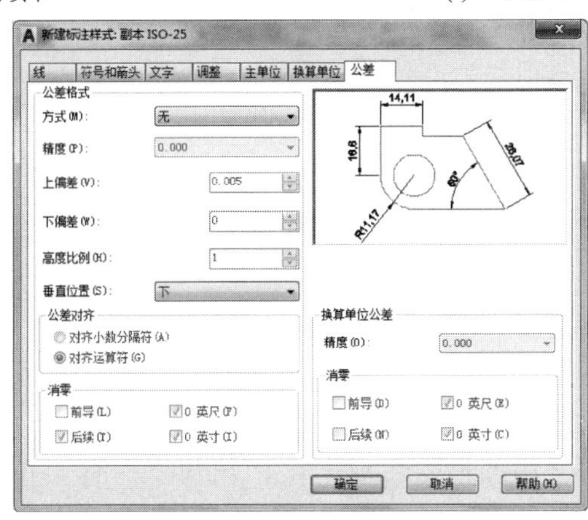

(g) “公差”选项卡

图 13.41 (续)

在已有的标注样式中，若个别设置不符合相关标准的规定，亦可在对应选项卡中对其进行修改。

13.7.3 尺寸标注举例

【例 13.5】 按图 13.42 的要求，在已画好的圆柱齿轮视图中注上尺寸、几何公差等。

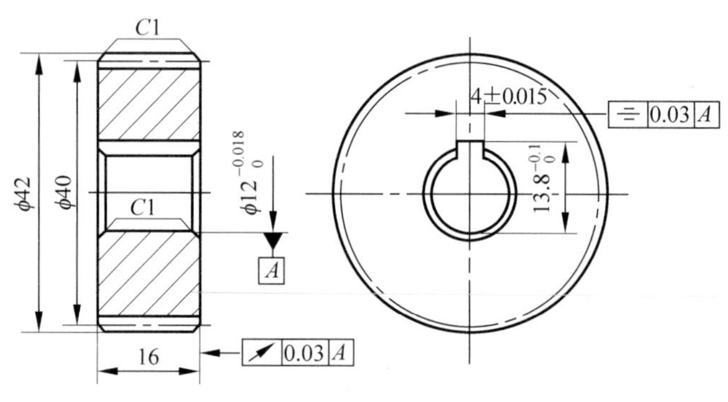

图 13.42 齿轮标注尺寸

1. 线性尺寸的标注

用 DIMLINEAR 线性尺寸命令标注齿宽 16、分度圆直径 ϕ40、齿顶圆直径 ϕ42。

2. 尺寸公差的标注

先新建一种标注上下偏差值的标注样式，用这种标注样式标注出图中所有带尺寸公差要求的尺寸；再通过 PROPERTY 特性命令修改成正确的上下偏差数值。

3. 形状与位置公差的标注

用 DIMLEADER 多重引线命令绘制几何公差的指引线；再用 TOLERANCE 公差命令选择具体的几何公差项目及公差数值，以绘制出几何公差框格及框格内的具体内容。基准符号可采用定义属性块的形式绘制、保存并依需要插入。

13.8 图块

AutoCAD 允许将一组图形组合成一个图块加以保存。在需要时，可以将图块作为一个整体，以任意比例和任意旋转角度，插入到当前图层上的任意位置。因此，机械制图中，零件图上的粗糙度符号、装配图上的各种标准件都可用图块来处理。这样不仅可以避免大量的重复劳动，提高绘图速度和工作效率，并且可以大大节约存储空间。

在“绘图”→“块”菜单、“插入”→“块选项板”菜单项及“块”和“块定义”面板中集中列出了 AutoCAD 的图块命令，如图 13.43 所示；表 13.4 中列出了常用图块命令的概略介绍。下面以机械图中表面粗糙度符号为例说明图块的创建和调用。

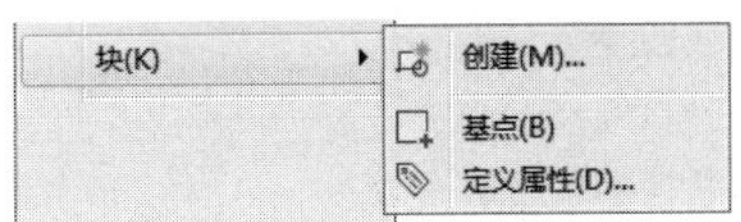

(a)“绘图”→“块”菜单

(b)“块”及“块定义”面板

图 13.43 “块”命令界面

表 13.4 图块命令

命令名	图标	菜单项	命令功能
BLOCK		“绘图”→“块”→“创建”	创建新的图块
ATTDEF		“绘图”→“块”→“定义属性”	定义欲创建图块中的属性
BASE		“绘图”→“块”→“基点”	设置欲定义块图形的基点
INSERT		“插入”→“块选项板”	在当前图形中出入图块
WBLOCK	（无）	（无）	将当前图形中定义的图块以 DWG 图形文件的形式保存到计算机中

13.8.1 创建带属性的图块

1. 绘制图块的图形

按图 13.44 所示的尺寸，用直线命令绘制粗糙度符号的图形。

2. 定义图块属性

粗糙度符号，除了图形符号之外，还要配以文字，这就是块的属性。

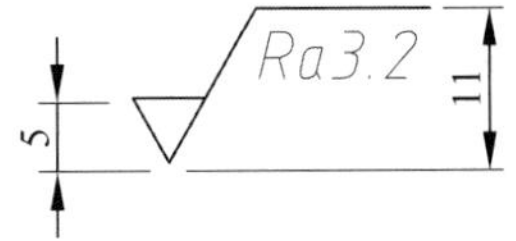

图 13.44 表面粗糙度符号

选择菜单“绘图”→“块”→“定义属性”，弹出“属性定义”对话框，如图 13.45(a)所示。在“属性”选项中，“标记”可输入与图块有关的信息，例如输入“Ra”；“提示”表示以后插入图块时命令行的提示，因此在“提示”的文本框中输入“请键入 Ra 的数值：”；在“值”的文本框中输入默认值，如“Ra6.3”，表示真正在块上显示的属性值。按“确定”按钮后回到屏幕，在写 Ra 值的左下方单击，出现图 13.45(b)所示的粗糙度符号。

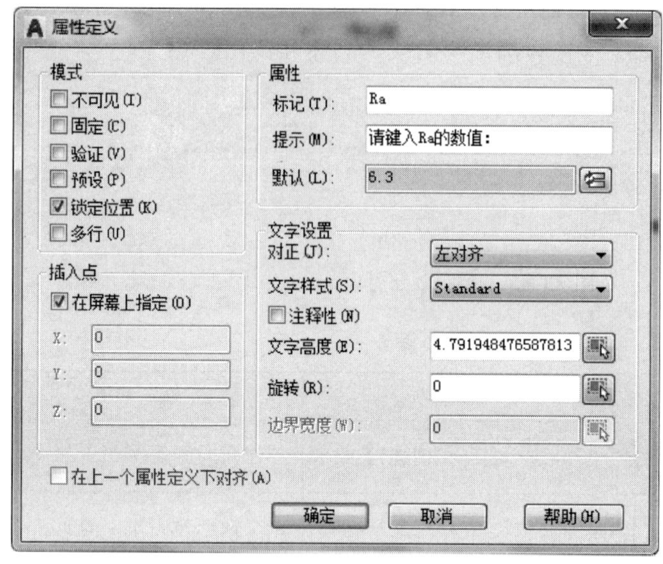

(a) “属性定义” 对话框

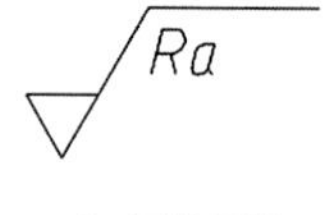

(b) 图块属性

图 13.45 定义图块属性

3. 创建图块

选择“绘图”→“块”→“创建块”菜单，弹出图 13.46(a)所示“块定义”对话框。在“名称”文本框中输入“粗糙度”；单击“基点”下面的“拾取点”按钮，返回到屏幕，捕捉粗糙度符号下面的尖点作为“基点”，回到对话框。

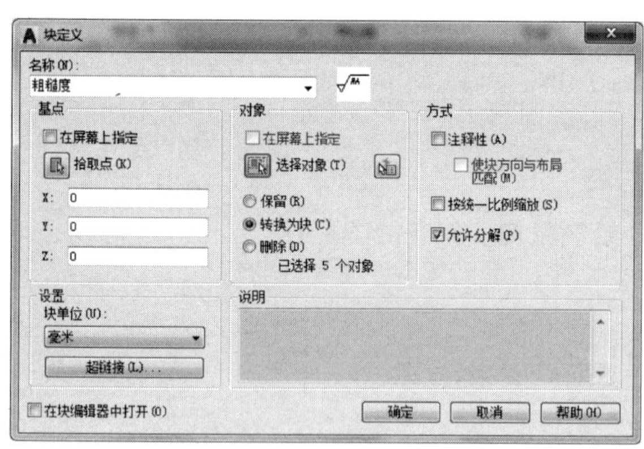

(a) “块定义” 对话框

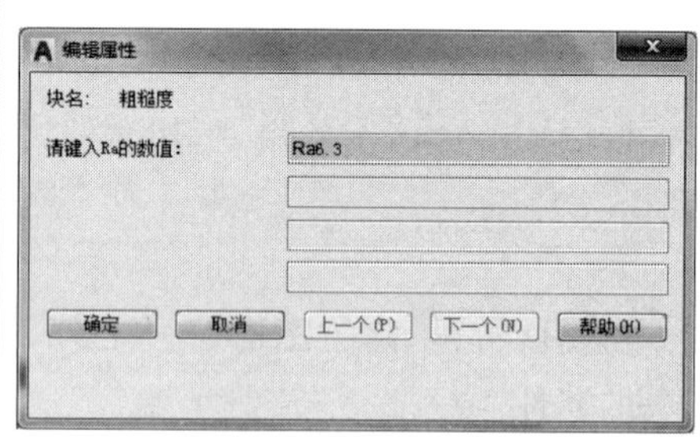

(b) “编辑属性” 对话框

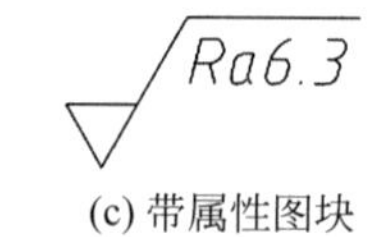

(c) 带属性图块

图 13.46 创建图块

再单击“选择对象”按钮，又返回到屏幕，将粗糙度符号及属性都选中，回车，回到对话框后按“确定”，弹出如图 13.46(b)所示的“编辑属性”对话框，按“确定”，完成块的定义，如图 13.46(c)所示。完成后的图块在同一图形文件中可以方便地调用，但在其他文件中不能使用。

13.8.2 块存盘

表面粗糙度符号在任何零件图上都要标注，因此将其图块作为一个通用的图形文件保存起来，对以后的作图会很方便。此时要将图块以外部块形式保存。

键入“WBLOCK” 命令，弹出图 13.47 所示“写块”对话框。在“源”下面选择“块”，在其后的下拉列表框中选择“粗糙度”图块；在“文件名和路径”处指定欲保存图块文件的位置；单击“确定”按钮，则图库内容将存入指定的图形文件中。

图 13.47 “写块”对话框

13.8.3 插入图块

选择“插入”→“块选项板”菜单，弹出图 13.48(a)所示“当前图形块”选项板对话框。单击其中的“粗糙度”块图标，按提示键入 Ra 的数值(例如“Ra3.2”)后，将以具体的属性值插入图块到当前图形中，见图 13.48(b)。单击“浏览”，从块的保存目录中打开欲插入的块文件。

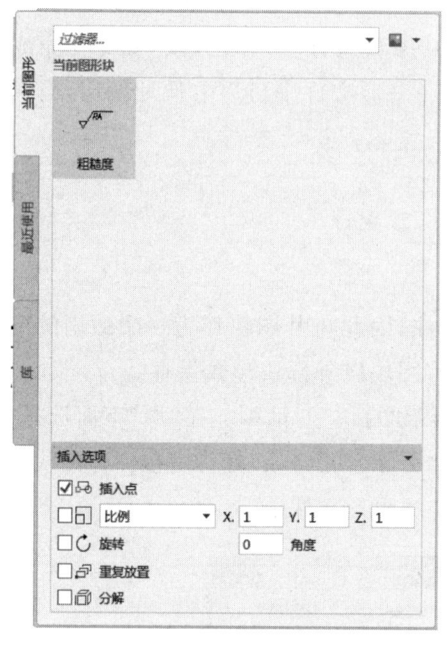

(a)“当前图形块”选项板

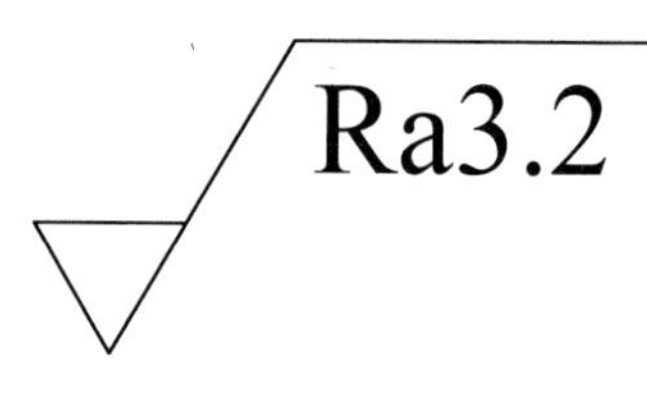

(b) 插入的带属性图块

图 13.48 插入图块

13.9 用 AutoCAD 绘制机械图

13.9.1 绘制零件图的一般过程

在使用计算机绘图时，必须遵守机械制图国家标准的规定。以下是用 AutoCAD 绘制零件图的一般过程及需注意的一些问题：

(1) 建立零件图模板。在绘制零件图之前，应根据图纸幅面大小和格式的不同，分别建立符合机械制图国家标准及企业标准的若干机械图模板。模板中应包括图纸幅面、图层、使用文字的一般样式、尺寸标注的一般样式、图块等。这样，在绘制零件图时，就可直接调用建立好的模板进行绘图，以提高工作效率。图形模板文件的扩展名为 DWT。

(2) 使用绘图命令、编辑命令及绘图辅助工具完成图形的绘制。在绘制过程中，应根据零件图形结构的对称性、重复性等特征，灵活运用镜像、阵列、多重复制等编辑操作，避免不必要的重复劳动，提高绘图效率；要充分利用正交、捕捉等功能，以保证绘图的速度和准确度。

(3) 进行工程标注。将标注内容分类，可以首先标注线性尺寸、角度尺寸、直径及半径尺寸等，这些操作比较简单、直观；然后标注技术要求，如尺寸公差、形位公差及表面粗糙度等，并注写技术要求中的文字。

(4) 定义图形库和符号库。由于在 AutoCAD 中没有直接提供表面粗糙度符号、剖切位置符号、基准符号等，因此可通过前述定义块的方式创建针对用户绘图特点的专用图形库和符号库，以达到快速标注符号和提高绘图速度的目的。

(5) 填写标题栏，并保存图形文件。

13.9.2 零件图中投影关系的保证

如前所述，零件图中包含一组表达零件形状的视图，绘制零件图中的视图是绘制零件图的重要内容。对此的要求是：视图应布局匀称、美观，且符合“主、俯视图长对正，主、左视图高平齐，俯、左视图宽相等”的投影规律。

用 AutoCAD 绘制零件图形时如何保证上述“长对正、高平齐、宽相等”的投影规律并无定法，其中的两种可以是辅助线法和对象捕捉跟踪法。

1. 辅助线法

通过构造线命令 XLINE 等绘制出一系列的水平与竖直辅助线，以便保证视图之间的投影关系，并结合图形绘制及编辑命令完成零件图的绘制。

2. 对象捕捉跟踪法

利用 AutoCAD 提供的对象捕捉追踪功能，保证视图之间的投影关系，并结合图形绘制及编辑命令完成零件图的绘制。

13.9.3 绘制装配图的一般过程

装配图的绘制方法和过程与零件图大致相同，但又有其特点。用 AutoCAD 绘制装配图的一般过程如下：

(1) 建立装配图模板。在绘制装配图之前，同样需要根据图纸幅面的不同，分别建立符合机械制图国标规定的若干机械装配图图样模板。模板中既包括图纸幅面、图层、文字样式、标注样式等基本设置，也包含图框、标题栏、明细栏基础框格等图块定义。这样，在绘制装配图时，就可以直接调用建立好的模板进行绘图，从而提高绘图效率。

(2) 绘制装配图。

(3) 对装配图进行尺寸标注。

(4) 编写零、部件序号。用快速引线标注命令(QLEADER)绘制序号指引线及注写序号。

(5) 绘制并填写标题栏、明细栏及技术要求。绘制或直接用表格命令 TABLE 生成明细栏，填写标题栏及明细栏中的文字，注写技术要求。

(6) 保存图形文件。利用计算机绘制装配图时，可完全按手工绘制装配图的方法，利用 AutoCAD 的基本绘图、编辑等命令并配合图块操作，在屏幕上直接绘制出装配图，此方法与绘制零件图并无明显的区别，这里不再详述。另外，还可由已有零件图直接拼画装配图。

13.9.4 由零件图拼画装配图

该画法是建立在已完成零件图绘制的基础上的，参与装配的零件可分为标准件和非标准件。对非标准件应有已绘制完成的零件图；对标准件则无须画零件图，可采用参数化的方法实现，即通过编程建立标准件库，也可将标准件做成图块或图块文件，随用随调。

零件在装配图中的表达与零件图中不尽相同，在拼画装配图前，应先对零件图做以下修改：

(1) 统一各零件的绘图比例，删除零件图上标注的尺寸。

(2) 在每个零件图中选取画装配图时需要的若干视图，一般还需根据需要改变表达方法，如把零件图中的全剖视改为装配图中所需的局部剖视，而对被遮挡的部分则需要进行裁剪处理等。

(3) 将上述处理后的各零件图存为图块，并确定插入基点。也可将上述处理后的零件图存为图形文件，存盘前使用 BASE 命令确定文件作为块插入时的定位点。

下面以绘制图 13.49 所示"低速滑轮装置"装配图为例，说明利用块功能由零件图拼画装配图的方法和步骤。

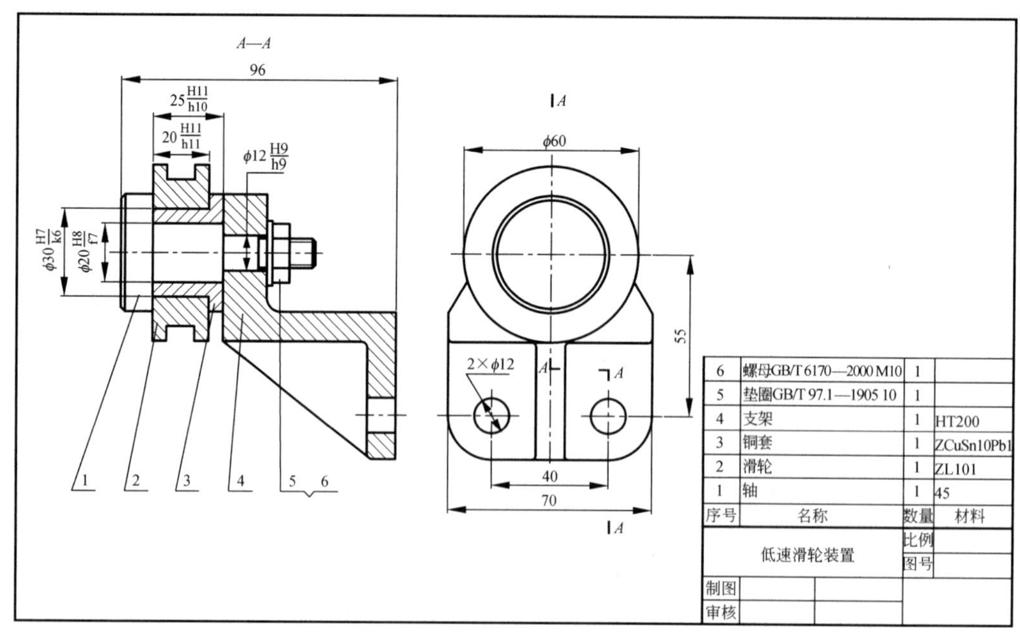

图 13.49 "低速滑轮装置"装配图

从明细栏中可以看出低速滑轮装置由6个零件组成，其中5、6号零件螺母和垫圈为标准件。

该装配图的绘制方法和步骤如下：

(1) 根据原有的非标准件的零件图，选择所需要的视图做成图块。例如，分别选择图13.50所示的轴、铜套、滑轮的主视图做成图块。定义图块时要根据装配图的需要对零件图的内容作一些选择和修改，例如零件图中的尺寸一般不需要包括在图块中，有旋合的螺纹孔可以按大径画成光孔。另外，要注意选择适当的插入基点，才能保证准确的装配。图13.50中各图定义图块时选择的基点图中用"×"注出。

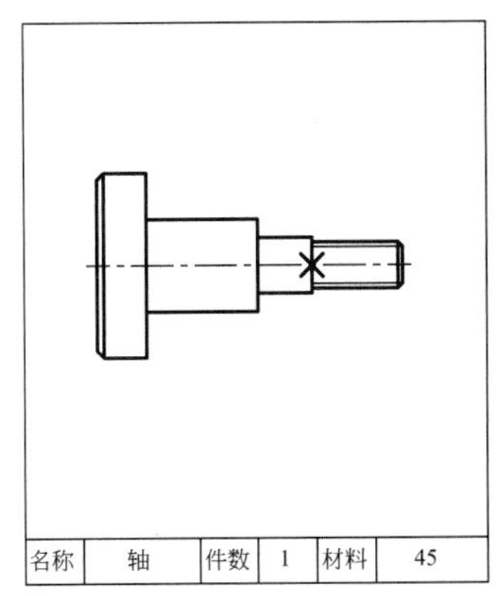

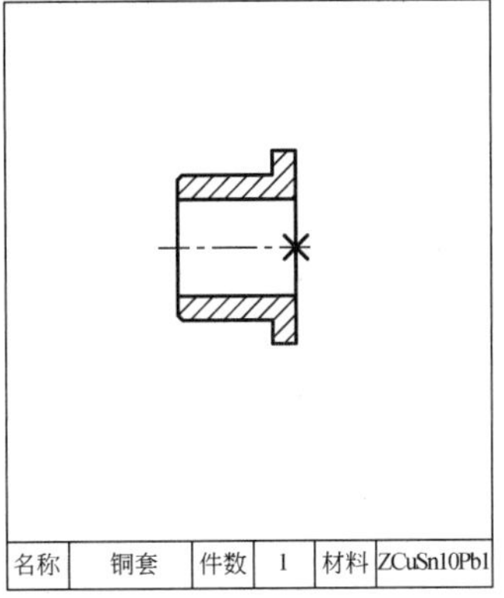

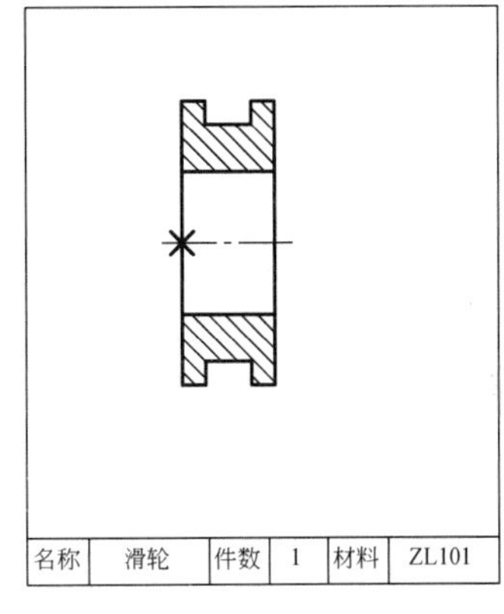

低速滑轮零件DWG图形下载

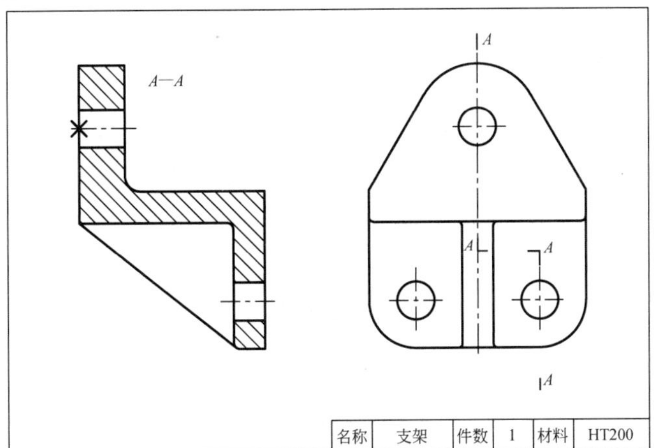

图13.50 低速滑轮装置零件图图块

(2) 由各图块拼装成装配图中的一个视图。其中若包含有标准件，可由事先做好的标准件图库(也是用图块定义)中调出，如此例中的螺母和垫圈。

打开支架零件图，将其整理成图13.50所示图形，然后另存为"低速滑轮装置装配图.dwg"文件。将所定义轴的图块插入到图13.50中支架图形标"×"的交点处，并在插入时分解图块。

(3) 对拼装成的图形按需要进行修改整理，删去重复多余的图线，补画缺少的图线，如图13.51(a)所示。仿此依次插入铜套、滑轮、垫圈、螺母等图块，并作相应的修改，过程如图 13.51(b)～(e)所示。

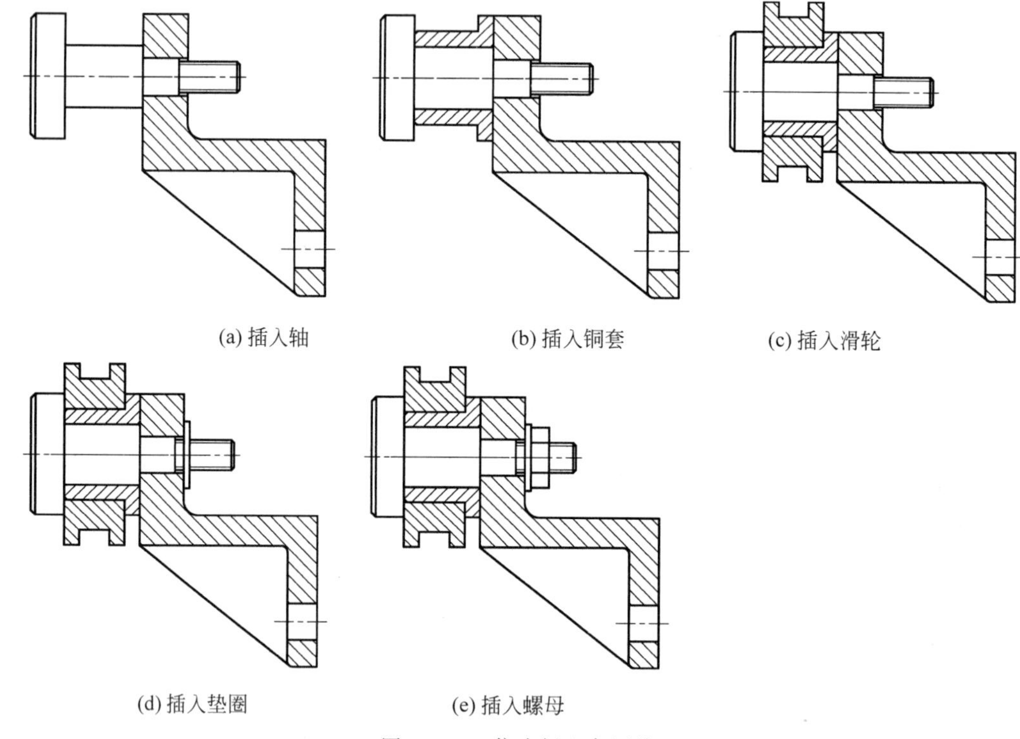

(a) 插入轴　(b) 插入铜套　(c) 插入滑轮

(d) 插入垫圈　(e) 插入螺母

图 13.51　依次插入各图块

（4）按类似方法完成装配图其他视图。在本例中按高平齐的投影关系由主视图对应补画出完整装配体的左视图，并修剪掉支架零件图中被遮挡的部分，结果如图 13.52 所示。

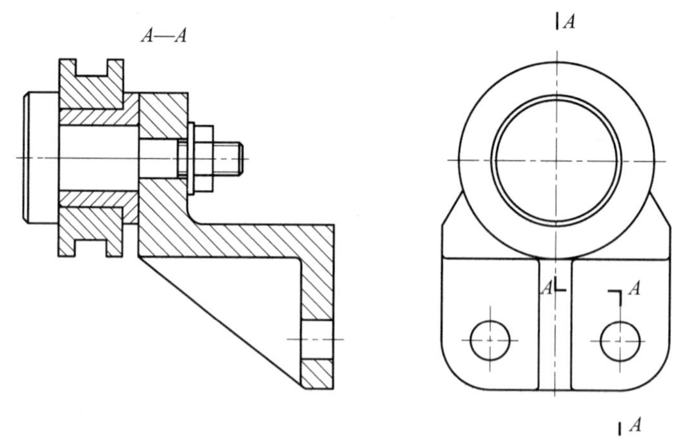

图 13.52　完成图形绘制的装配图

（5）添加并填写标题栏和明细栏。

（6）编写并绘制零件序号。可用直线命令(LINE)画指引线，再用圆环命令(DONUT)

配合目标捕捉，在指引线的端点画小黑圆点；也可在"标注样式管理器"对话框中，把"直线和箭头"选项卡中的"引线"选择项设置为"点"，然后在"标注"下拉菜单中单击"引线"命令，按命令提示操作，即可画出起点为黑圆点的指引线。用引线命令(LEADER)画指引线，首先按提示在零件轮廓线内指定一点，再给出第二点，画出倾斜线，而后打开绘图区下面的状态栏中的"正交"按钮，画出一条水平线，后面还要求输入文本，可按 Esc 键结束命令。可用文字命令(DTEXT)书写零件序号。最后完成的装配图如图 13.49 所示。

思考与练习题

1. 填空与上机操作题

(1) 分析图 13.53 所示机械图形的组成，在横线上填写出绘制箭头所指图形元素所用的 AutoCAD 绘图命令，并请上机绘图验证之。

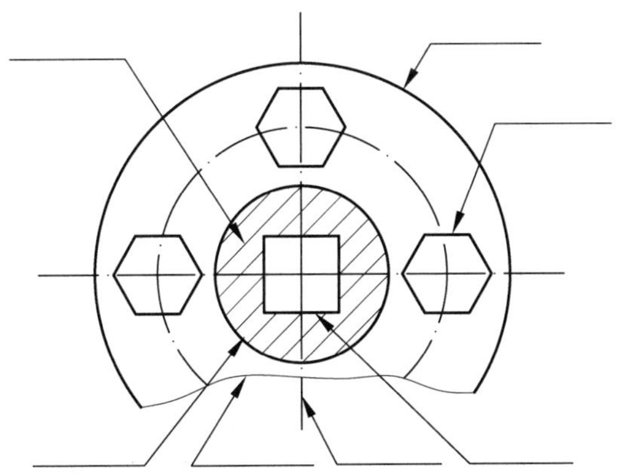

图 13.53 图形构成及其绘图命令

(2) 图 13.54 所示各组图形均系使用某一图形修改命令由左图得到右图，请在图形下的括号内填写所用的图形修改命令。然后扫描相应二维码，下载 DWG 基础图形文件，再依所做分析上机绘图操作以验证之。

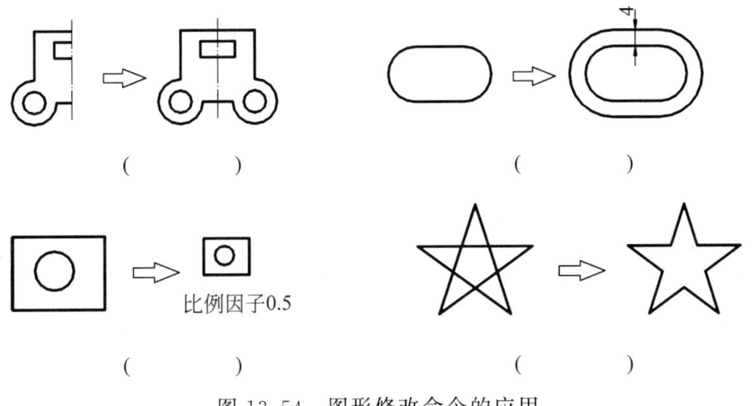

图 13.54 图形修改命令的应用

图 13.54 DWG 基础图形 1 下载

图 13.54 DWG 基础图形 2 下载

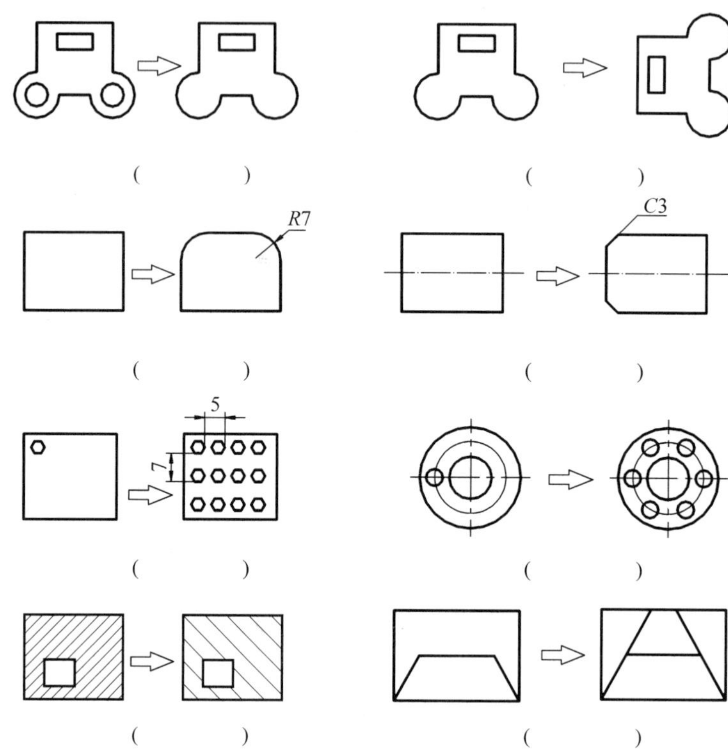

（　　　　）　　（　　　　）

（　　　　）　　（　　　　）

（　　　　）　　（　　　　）

（　　　　）　　（　　　　）

图 13.54 （续）

图 13.54 DWG 基础图形 3 下载

图 13.54 DWG 基础图形 4 下载

图 13.54 DWG 基础图形 5 下载

图 13.54 DWG 基础图形 6 下载

(3) 图 13.55 中各组图形均是通过捕捉图形某一特征点，在左图的基础上用直线命令绘制成右图(图中的粗线部分)，请在图下的括号内填写所捕捉的具体特征点。然后扫描相应二维码，下载 DWG 基础图形文件，再依所做分析上机绘图操作以验证之。

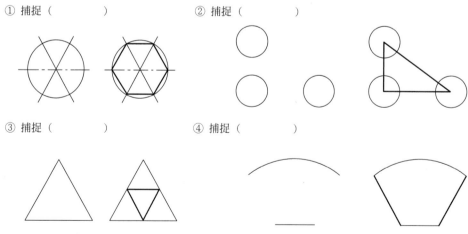

① 捕捉（　　　　）　　② 捕捉（　　　　）

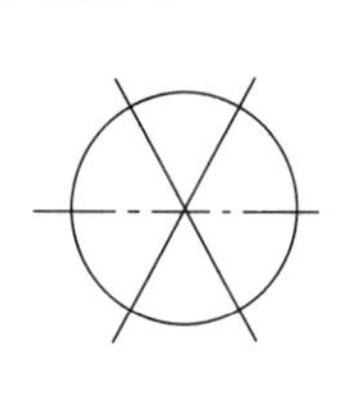
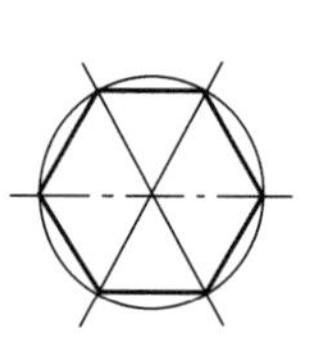
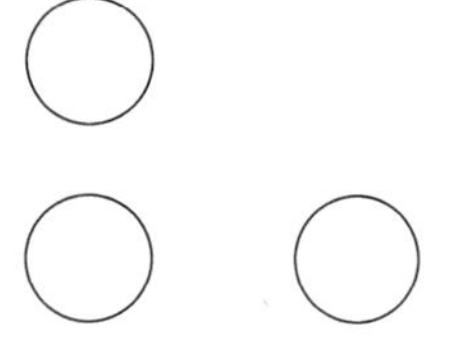
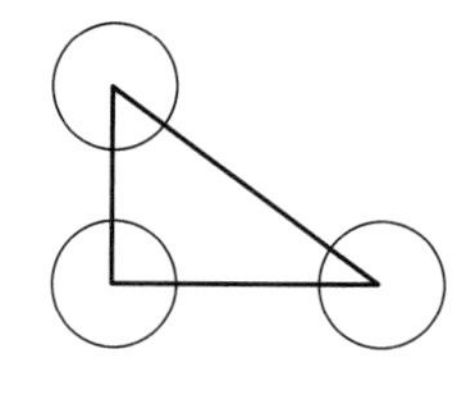

③ 捕捉（　　　　）　　④ 捕捉（　　　　）

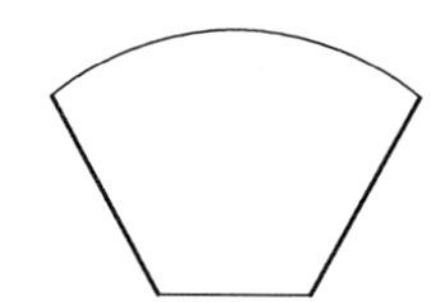

图 13.55 特征点的捕捉

图 13.55 DWG 基础图形下载

2. 简答与上机操作题

(1) 分析图 13.56 所示图形，请指出绘制该图形所用到的绘图命令，再依所做分析上机绘图操作以验证之。

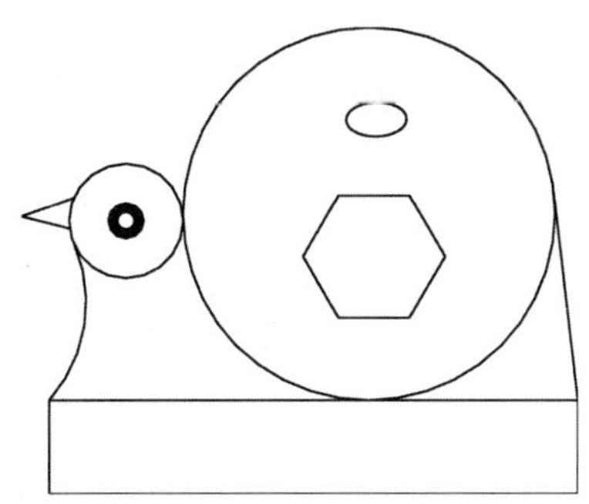

图 13.56 鸟状图形

(2) 图 13.57(a)所示为工程制图中表示一平面立体的三视图。请简述利用 AutoCAD 的对象捕捉追踪功能,由图 13.57(b)所示俯视图和左视图绘制其主视图的具体方法。然后扫描相应二维码,下载 DWG 基础图形文件,再依所做分析上机绘图操作以验证之。

图 13.57 DWG 基础图形下载

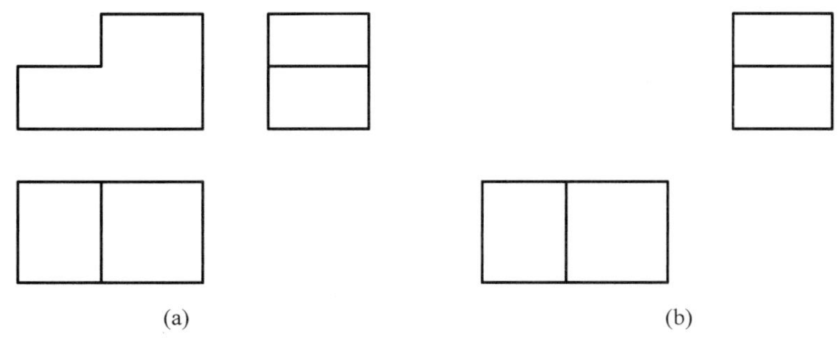

图 13.57 利用对象捕捉追踪绘制三视图

(3) 简述为指定区域填充剖面线的方法和步骤。如何实现图 13.58 所示螺栓连接装配图绘制中相邻零件剖面线倾斜方向相反或间隔不等的图案填充?

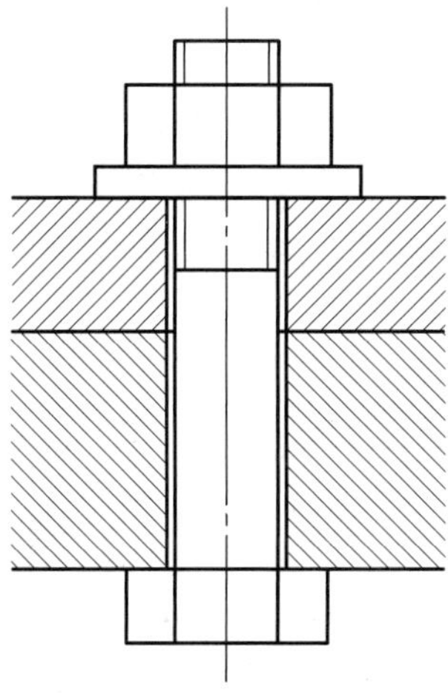

图 13.58 螺栓连接装配图

3. 分析题

(1) 请分析绘制图 13.59 所示各工程图形的方法步骤。

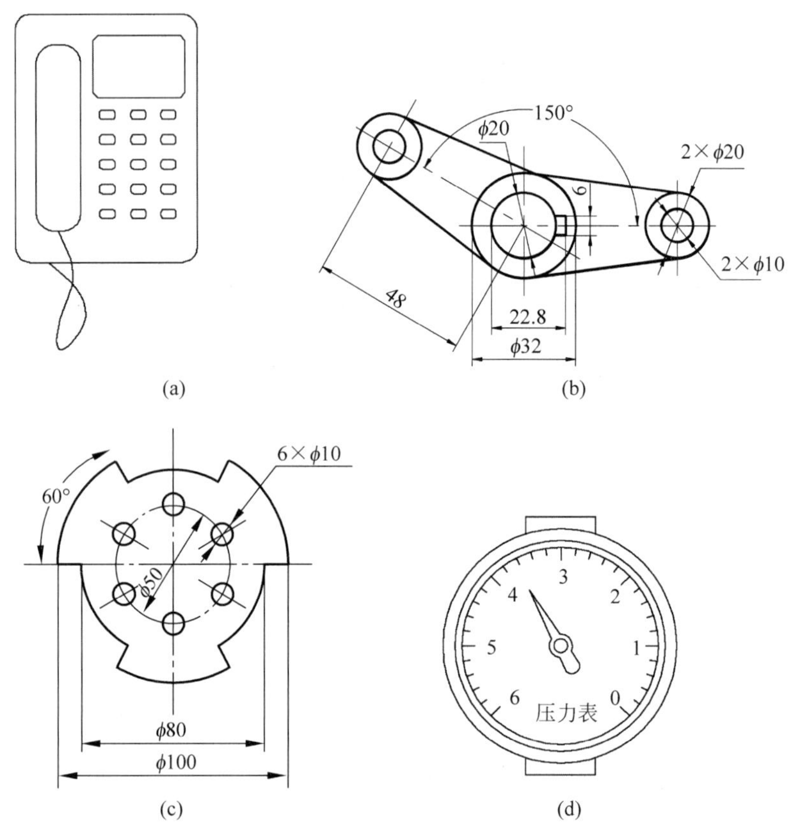

(a) (b) (c) (d)

图 13.59 工程图形的绘制

(2) 请分析将图 13.60 所示几何公差基准符号定义成带属性图块的方法和步骤。

图 13.60 几何公差基准符号

(3) 欲将图 13.61(a)所示的两种窗户图形及一种阳台图形分别定义为图块,然后将其分别插入到图 13.61(b)所示的图形中,以生成图 13.61(c)所示的建筑立面图,该如何操作?

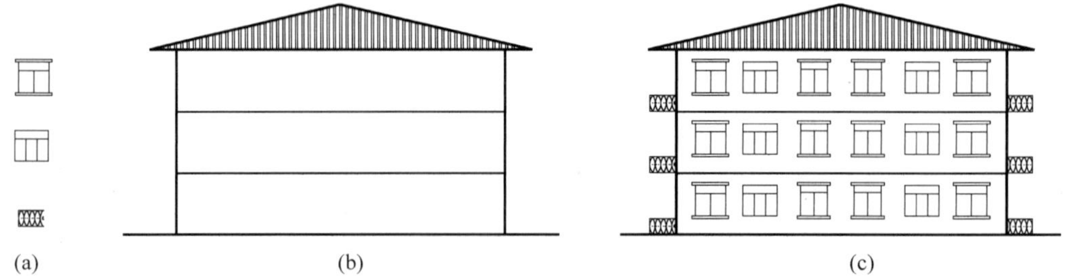

(a) (b) (c)

图 13.61 窗户、阳台与建筑立面图

第14章 科学制图基础

章前思考

1. 在学习和生活中，你接触过哪些科学图形？这些图形都有些什么特点？
2. 你认为科学图形与工程图样有何不同？

科学图形的基本形式主要有点图、平面曲线、空间曲线、空间曲面等。一般情况下，一元函数对应平面点图、平面曲线或空间曲线，二元函数对应空间点图或空间曲面。绘图时可以采用不同的坐标系，如直角坐标系、对数坐标系、极坐标系等。绘图时可以对图形进行修饰，选取不同线型、颜色、数据点形状、增加图例与说明等相关操作。对于函数绘图，从函数数据获取方面，曲线与曲面分为两类，一类是可以用数学方程与函数表示，它们可以通过离散化方法直接绘图；另一类是没有具体的方程或函数表示，需要通过插值或拟合方法先得到函数的近似表达式，然后绘图。本章将概略介绍科学绘图中的图形坐标系、图形属性、插值函数绘图、拟合函数绘图、常微分方程解函数绘图、统计图等。

14.1 图形坐标系

为确定空间几何参数的位置，按规定方法选取的有次序的一组数据，称为"坐标"。在某一问题中规定坐标的方法，就是该问题所用的坐标系。

科学制图中，常用的平面图形坐标系有平面直角坐标系、极坐标系；常用的空间图形坐标系有空间直角坐标系、柱面坐标系、球面坐标系等。

14.1.1 平面图形坐标系

1. 平面直角坐标系

平面内画出两条互相垂直且有公共原点的数轴，组成平面直角坐标系。水平方向的数轴称为 x 轴或横轴，取向右的方向为正方向，竖直方向上的数轴称为 y 轴或纵轴，取向上的方向为正方向。如图 14.1 所示。平面直角坐标系是科学平面制图中最常用的基本坐标系。

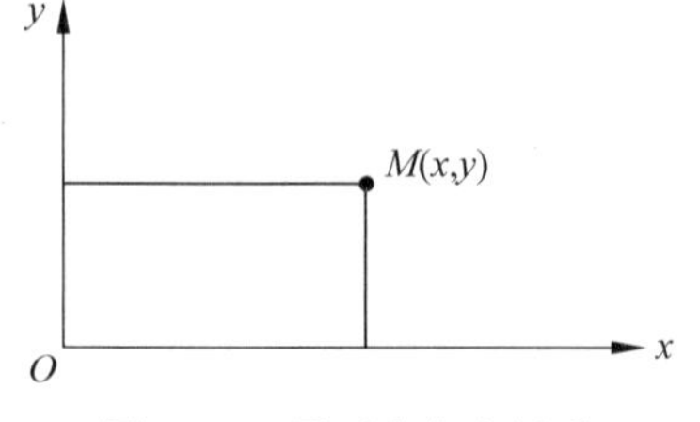

图 14.1 平面直角坐标系

2. 极坐标系

极坐标系是在平面内，由极点、极轴和极径组成的坐标系。在平面上取定一点 O，称为极点。从 O 出发引一条射线 Ox，称为极轴。再取定一个单位长度，通常规定角度取逆时针方向为正。这样，平面上任一点 M 的位置就可以用线段 OM 的长度 ρ 以及从 Ox 到 OM 的角度 θ 来确定，有序数对(ρ,θ)就称为 M 点的极坐标，记为

$M(\rho,\theta)$；ρ 称为 M 点的极径，θ 称为 M 点的极角，如图 14.2 所示。

极坐标在表示某些特殊曲线方程时非常方便。如图 14.3 所示玫瑰线，其极坐标系下的方程为 $\rho(\theta)=d\sin4\theta$，式中 d 为玫瑰线外接圆的半径；后面图 14.11 所示心形线，其极坐标系下的方程为 $\rho(\theta)=d(1+\cos\theta)$，式中 d 为心形尖点至心底点距离的半值。

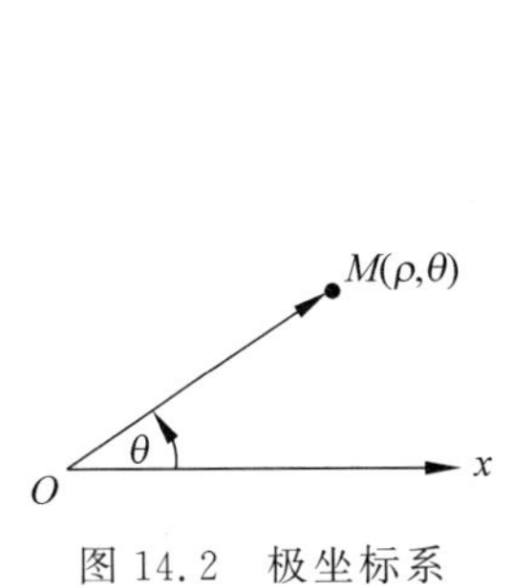

图 14.2　极坐标系

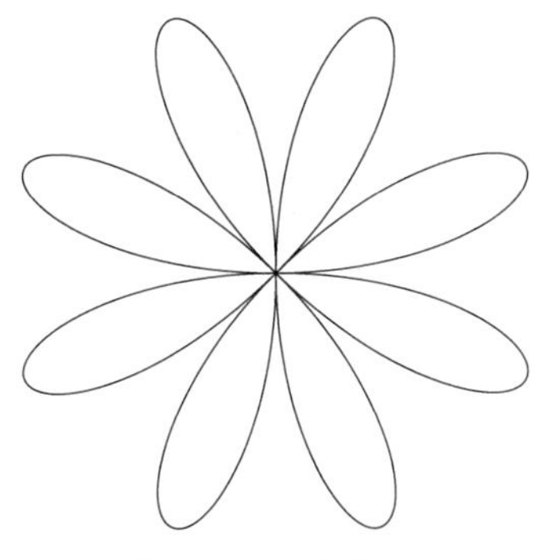
图 14.3　玫瑰线

14.1.2　空间图形坐标系

1. 空间直角坐标系

在平面直角坐标系中再增加一个过原点，且与坐标面垂直的坐标轴，横轴、纵轴与新增加的坐标轴符合右手法则，则构成空间直角坐标系，如图 14.4 所示。新增加的坐标轴称为 z 轴或竖轴。设 M 为空间内一点，则其三个直角坐标值 x,y,z 就构成了点 M 的空间直角坐标。

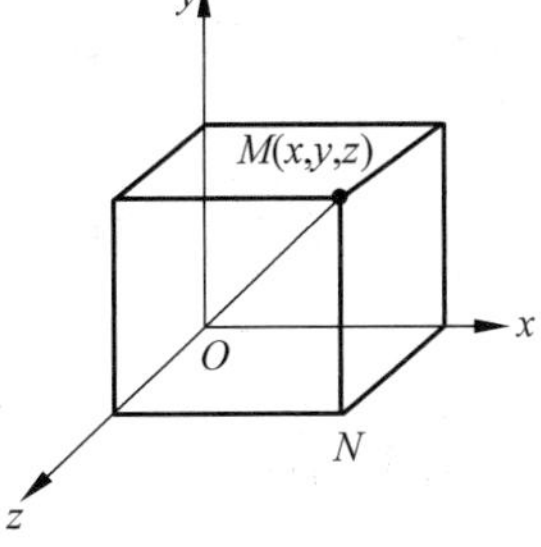

图 14.4　空间直角坐标系

2. 柱面坐标系

柱面坐标系是建立在平面极坐标的基础之上的，如图 14.5 所示。设 M 为空间内一点，并设点 M 在 xOy 坐标面上投影点 N 的极坐标为(r,θ)，则 r,θ,z 就构成了点 M 的柱面坐标。在柱面坐标系下，当 r 为常数时，就表示了一个圆柱面。

3. 球面坐标系

球面坐标系有些像将平面极坐标系变成空间三维坐标系，如图 14.6 所示。设 M 为直角坐标系下空间内一点，则点 M 也可用这样三个有次序的数(r,φ,θ)来确定，其中 r 为原点 O 与点 M 之间的距离；φ 为有向线段 OM 与 z 轴正向的夹角；θ 为从 z 轴正向来看，按逆时针方向转到 N 点所转过的角度，N 点为 M 点在 xOy 坐标面上的投影。这样的三个数 r,φ,θ 就构成了点 M 的球面坐标。在球面坐标系下，当 r 为常数时，就表示了一个球面；当 φ 为常数时，就表示了一个圆锥面；当 θ 为常数时，就表示了半平面。球面坐标系也称为空间极坐标系，它在天文学、地理学和物理学中均有较广泛的应用。

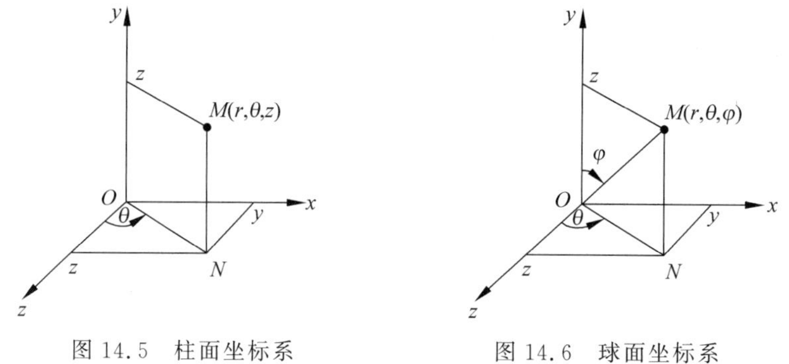

图 14.5　柱面坐标系

图 14.6　球面坐标系

空间直角坐标系、柱面坐标系及球面坐标系之间可以相互转化。

14.2　图形属性

在科学制图中，为区分不同类别的图形对象，常通过图形属性来设置图形的外在特征。基本的图形属性主要有图形的颜色，线图的线型、线宽，点图的点样式等。

1. 颜色

采用不同的颜色绘图可表示不同的图形对象，如红色、蓝色、绿色、黑色等。图 14.7 所示为某绘图软件提供的标准颜色选择框及定制颜色设置框。

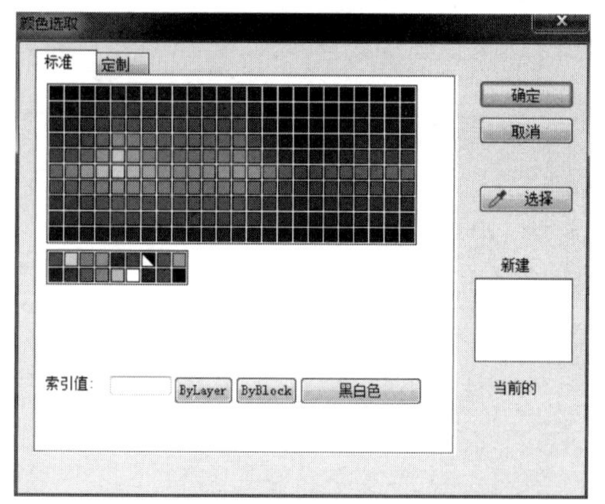

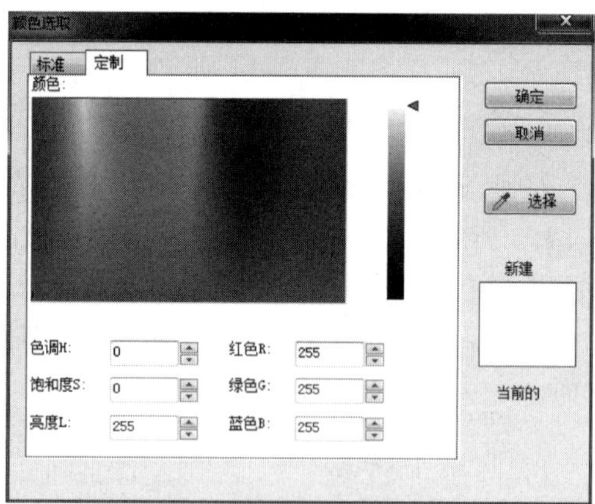

图 14.7　颜色的设置

2. 线型

采用不同的线型绘图可表示不同的线图图形对象，如实线、虚线、点画线、标号线等。图 14.8 所示为常用线型的一种设置示例。

例如，图 14.15 所示图形中就应用了 6 种线型来反映不同参数下的函数图形。

3. 线宽

同一线型下，采用不同的图线宽度绘图亦可表示不同的线图图形对象，如实线、虚线、点画线、标号线等。图 14.9 所示为线宽的一种不同设置示例。

4. 点样式

几何上的点是没有大小和形状的。在科学制图中，为区分不同类别的点图形，可通过采用不同的点符号绘图来实现，这些绘制点图的符号称为点样式（标记）。图 14.10 所示为部分常用的点样式，图 14.11 所示为用不同点样式绘制的心形线上的点图示例。

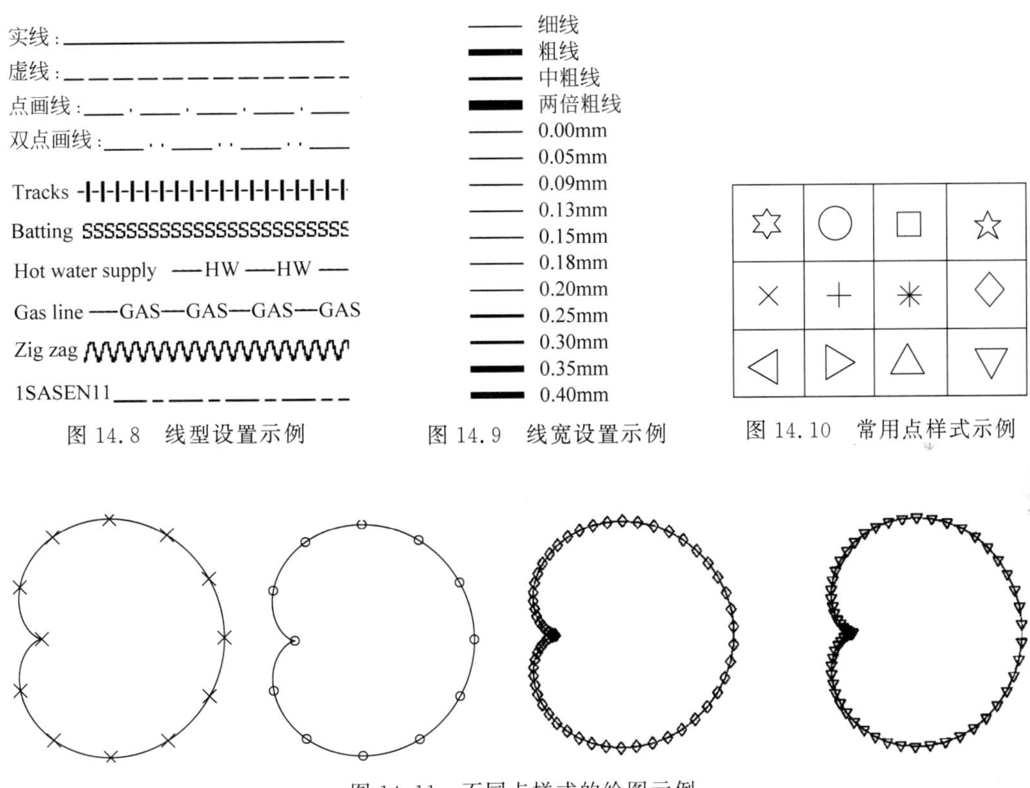

图 14.8 线型设置示例

图 14.9 线宽设置示例

图 14.10 常用点样式示例

图 14.11 不同点样式的绘图示例

14.3 一般函数绘图

如果函数具有表达式，可以依据表达式直接绘图，如图 14.3 所示玫瑰线、图 14.11 所示心形线等。对于有具体函数表达式的一元函数，常用方法是取其定义域内一系列离散的点，依据函数表达式直接计算或利用近似算法得到这些点的函数值，相邻点用折线连接近似表示曲线，得到函数曲线图形。如果是空间曲面，常用方法也是离散化生成数据点，然后用相邻的点生成三角形或四边形片，以此近似表示曲面。

14.4 插值函数绘图

在科学或工程研究中，出于解决某些实际问题的需要，常需根据由实验、统计、仿真、计算等得到的某个未知函数或已知但难于求解的函数的已知数据点，通过一定的方法，求出变化规律和特征相似的函数关系式，从而绘制出通过这些已知数据点的函数的图形。解决该类问题常用的方法之一是插值法，该方法特点是得到的近似函数曲线一定通过已知数据点。

14.4.1 一元插值问题

一元插值问题的数学描述为：已知某一函数 $y=g(x)$（$g(x)$的解析表达式可能十分复杂，也可以是未知的）在区间$[a,b]$上 $n+1$ 个互异点 x_i 处的函数值 y_i，$i=0,1,2,\cdots,n$，其中 $a=x_0<x_1<\cdots<x_n=b$。还知道 $g(x)$在$[a,b]$上有若干阶导数，如何求出 $g(x)$在$[a,b]$上任一点 x^*（$x^*\neq x_i$）的近似值。

插值问题的解决思路是：根据 $g(x)$在区间$[a,b]$上 $n+1$ 个互异点 x_i（称为节点）的函数值 y_i，$i=0,1,2,\cdots,n$，求一个足够光滑、简单便于计算的函数 $f(x)$（称为插值函数）作为 $g(x)$的近似表达式，使得 $f(x_i)=y_i$，$i=0,1,2,\cdots,n$（称为插值条件）。然后计算 $f(x)$在区间$[a,b]$（称为插值区间）上点 x（称为插值点）的值作为原函数 $g(x)$（称为被插函数）在此点的近似值。求插值函数 $f(x)$的方法称为插值方法，其几何意义如图 14.12 所示（为醒目起见，给定的数据点在图中以"×"表示，下同）。

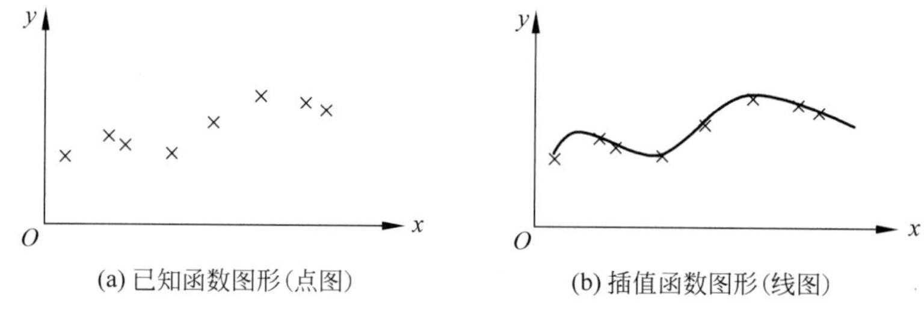

图 14.12　插值问题的几何意义

构造不同的插值函数 $f(x)$，就形成了不同的插值方法，代数多项式比较简单，所以常用多项式作为插值函数。三种常用的多项式插值为拉格朗日插值、分段线性插值和三次样条插值。

14.4.2 一元拉格朗日插值

构造通过 $n+1$ 个节点的多项式函数 $L_n(x)=a_nx^n+a_{n-1}x^{n-1}+\cdots+a_1x+a_0$，满足插值条件 $L_n(x_i)=y_i$，$L_n(x)$ 中 $n+1$ 个待定系数 $a_n,a_{n-1},\cdots,a_1,a_0$ 满足

$$\begin{cases}a_nx_0^n+a_{n-1}x_0^{n-1}+\cdots+a_1x_0+a_0=y_0\\ \vdots\\ a_nx_n^n+a_{n-1}x_n^{n-1}+\cdots+a_1x_n+a_0=y_n\end{cases}$$

记此方程组的系数矩阵为 $\boldsymbol{X}$，有

$$\boldsymbol{X}=\begin{bmatrix}x_0^n & x_0^{n-1} & \cdots & 1\\ x_1^n & x_1^{n-1} & \cdots & 1\\ \vdots & \vdots & \ddots & \vdots\\ x_n^n & x_n^{n-1} & \cdots & 1\end{bmatrix}$$

这里矩阵 $\boldsymbol{X}$ 所在的行列式 $|X|$ 为范德蒙(Vandermonde)行列式，由行列式的性质可得 $|X|=\prod\limits_{0\leqslant j<k\leqslant n}(x_k-x_j)\neq 0$，于是根据克莱姆(Cramer)法则，方程组有唯一解。这表明，满足插值条件 $f(x_i)=y_i$ 的插值多项存在唯一式 $f(x)=a_nx^n+a_{n-1}x^{n-1}+\cdots+a_1x+a_0$。

由线性方程组的高斯(Gauss)消元法、雅可比(Jacobi)迭代法及高斯-赛德尔迭代法(Gauss-Seidel)等方法可以求解出方程系数，只是不甚直观。拉格朗日提出了一种所得即所见的方法——插值多项式法，其不仅直观，而且公式化，方便使用。

1. 线性插值

$n=1$ 时，节点为 (x_0,y_0)，(x_1,y_1)，令

$$l_0(x)=\frac{x-x_1}{x_0-x_1},\quad l_1(x)=\frac{x-x_0}{x_1-x_0}$$

$L_1(x)=l_0(x)y_0+l_1(x)y_1$ 为一次拉格朗日插值多项式，也称为线性插值多项式。

线性插值的几何意义如图 14.13 所示。

(a) 已知函数图形(点图)

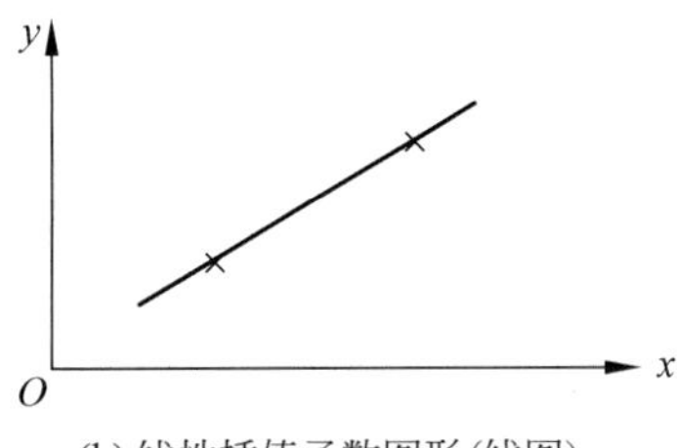

(b) 线性插值函数图形(线图)

图 14.13 线性插值的几何意义

2. 抛物线插值

当 $n=2$ 时，节点为(x_0,y_0)，(x_1,y_1)，(x_2,y_2)。令

$$l_0(x)=\frac{(x-x_1)(x-x_2)}{(x_0-x_1)(x_0-x_2)},\quad l_1(x)=\frac{(x-x_0)(x-x_2)}{(x_1-x_0)(x_1-x_2)},$$

$$l_2(x)=\frac{(x-x_0)(x-x_1)}{(x_2-x_0)(x_2-x_1)}$$

则

$$L_1(x)=l_0(x)y_0+l_1(x)y_1+l_2(x)y_2$$

为二次拉格朗日插值多项式，也称为抛物线插值多项式。

抛物线插值的几何意义如图 14.14 所示。

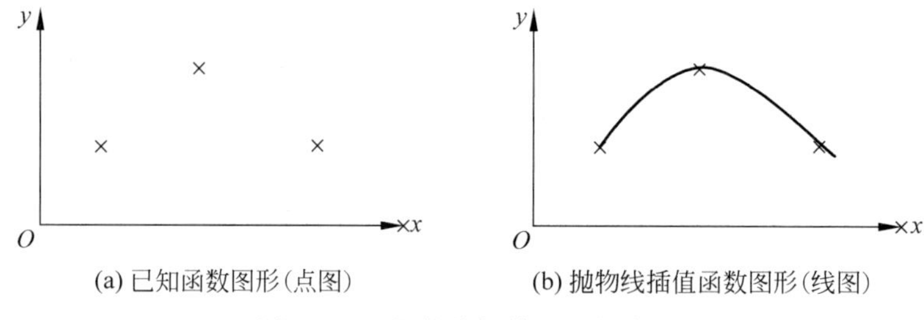

(a) 已知函数图形(点图)　(b) 抛物线插值函数图形(线图)

图 14.14　抛物线插值的几何意义

3. 一般的拉格朗日插值

通过 $n+1$ 个节点的不超过 n 次的多项式为

$$L_n(x)=\sum_{i=0}^{n}y_i l_i(x)$$

其中，

$$l_i(x)=\frac{(x-x_0)\cdots(x-x_{i-1})(x-x_{i+1})\cdots(x-x_n)}{(x_i-x_0)\cdots(x_i-x_{i-1})(x_i-x_{i+1})\cdots(x_i-x_n)},\quad i=0,1\cdots,n$$

$l_i(x)$称为插值基函数具有性质

$$l_i(x_j)=\begin{cases}1, & i=j\\ 0, & i\neq j,\quad i,j=0,1,\cdots,n\end{cases}$$

$L_n(x)$称为拉格朗日插值函数。

不难分析，$L_n(x)$是过节点且不超过 n 次的多项式，由插值多项式存在的唯一性可知，所构造的多项式就是所求过节点且不超过 n 次的多项式。

4. 误差分析

用拉格朗日插值多项式 $L_n(x)$近似 $g(x)(a\leqslant x\leqslant b)$，其误差可以表示为

$$R_n(x)=g(x)-L_n(x)=\frac{g^{(n+1)}(\xi)}{(n+1)!}\prod_{j=0}^{n}(x-x_j),\quad \xi\in(a,b)$$

理论上,若$|g^{(n+1)}(\xi)|\leqslant M$,则$R_n(x)\to 0(n\to\infty)$。但是$|g^{(n+1)}(\xi)|\leqslant M$不一定成立,于是当$n\to\infty$时,在$[a,b]$内并不能保证$L_n(x)$处处收敛于$g(x)$。一个有代表性的实例为

$$g(x)=\frac{1}{1+x^2},\quad x\in[-5,5]$$

取$x_j=-5+10j/n,j=0,1,2,\cdots,n$。对于$n=4,6,8,10$作$L_n(x)$,会得到如图14.15所示的结果。

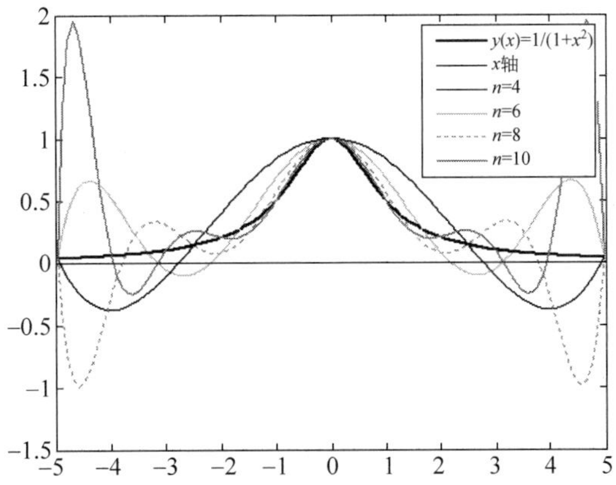

图14.15 $g(x)=\dfrac{1}{1+x^2}$的拉格朗日插值曲线$L_n(x)$

可以看出,对于较大的$|x|$,随着n的增大,$L_n(x)$振荡越来越大,该现象由德国数学家卡尔·龙格(Carl Runge)发现,常被称为龙格现象。可以证明,仅当$|x|<3.63$时,才有$\lim\limits_{n\to\infty}L_n(x)=g(x)$,而在此区间外,$L_n(x)$是发散的。

该实例表明,随着插值多项式次数的增高,并不能保证所得的插值多项式收敛到所要代替的函数,不能在整个区间上保证收敛性。一般而言,拉格朗日插值多项式的次数不超过7次。高次插值多项式的这些缺陷,促使人们转而寻求简单的分段低次多项式插值。

14.4.3 一元分段线性插值

分段线性插值就是将每两个相邻的节点用直线连起来,形成的一条折线来逼近函数$y=g(x)$。该折线函数称为分段线性插值函数。设已知节点$a=x_0<x_1<x_2<\cdots<x_n=b$上的函数值为$y_0,y_1,\cdots,y_n$,将分段线性插值函数记作$I_h(x)$,它满足$I_h(x_k)=y_k$,记$h_k=x_{k+1}-x_k$,$h=\max\limits_k h_k$,且$I_h(x)$在每个小区间$[x_k,x_{k+1}]$上是线性函数$(k=0,1,2,\cdots,n-1)$。

$$I_h(x)=\frac{x-x_{k+1}}{x_k-x_{k+1}}y_k+\frac{x-x_k}{x_{k+1}-x_k}y_{k+1},\quad x\in[x_k,x_{k+1}]$$

一元分段线性插值的几何意义如图 14.16 所示。

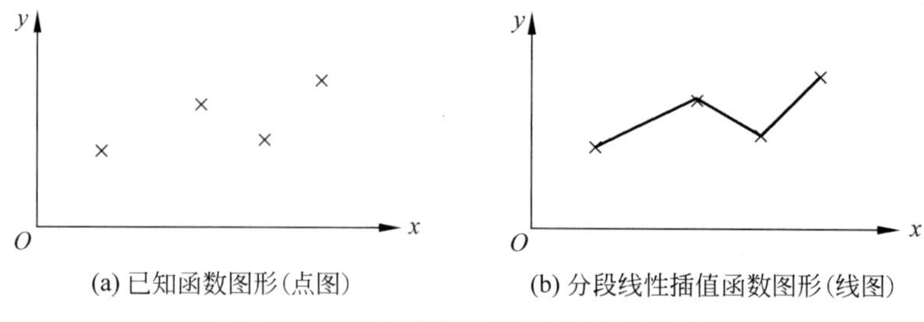

(a) 已知函数图形(点图)　　(b) 分段线性插值函数图形(线图)

图 14.16　一元分段线性插值的几何意义

分段线性插值的优点是有良好的收敛性,分段线性插值虽然简单,n 足够大时精度也相当高,于是许多实际问题用函数表作插值计算时,分段线性插值就足够了。但是折线在节点处显然不光滑,即 $I_h(x)$ 在节点处导数不连续,这影响了它在机械加工等领域(希望插值曲线光滑)中的应用。

14.4.4　一元三次样条插值

为解决分段线性插值在节点处不光滑的问题,而引入样条插值。样条源于船舶、飞机等设计中描绘光滑外形曲线所用的绘图工具,一根有弹性的细长木条用压铁固定在节点上,其他地方让它自然弯曲,然后沿着木条画出曲线,称为样条曲线。这种曲线的曲率是处处连续的,即函数具有二阶连续导数。

要构造类似样条曲线的插值函数称为样条插值函数。分段线性插值函数是分段一次多项式,而样条插值是利用分段三次多项式,对应函数称为三次样条函数。

三次样条函数记作 $S(x)$,$a\leqslant x\leqslant b$。要求它满足以下条件:

① 在每个小区间$[x_{i-1},x_i]$($i=1,2,\cdots,n$)上是 3 次多项式;

② 在 $a\leqslant x\leqslant b$ 上二阶导数连续;

③ 样条函数插值条件

$$S(x_i)=y_i,\quad i=0,1,2,\cdots,n \tag{14.1}$$

由条件①不妨将 $S(x)$ 记为

$$S(x)=\{S_i(x),\quad x\in[x_{i-1},x_i],\quad i=1,2,\cdots,n\}$$

$$S_i(x)=a_ix^3+b_ix^2+c_ix+d_i \tag{14.2}$$

其中,a_i,b_i,c_i,d_i 为待定系数,共 $4n$ 个待定参数。

由条件②可有

$$\begin{cases}S_i(x_i)=S_{i+1}(x_i)\\S'_i(x_i)=S'_{i+1}(x_i),\quad i=1,2,\cdots,n-1\\S''_i(x_i)=S''_{i+1}(x_i)\end{cases} \tag{14.3}$$

容易看出，式(14.1)、式(14.3)共含有 $4n-2$ 个方程，为连续性条件。为确定 $S(x)$ 的待定参数，尚需再给出 2 个条件。最常用的是称为自然边界条件的条件，为

$$S''(x_0)=S''(x_n)=0 \tag{14.4}$$

把式(14.1)、式(14.3)与式(14.4)代入方程组(14.2)，得关于 a_i,b_i,c_i,d_i 的线性方程组，该方程组有唯一解，从而插值函数就唯一确定了(图 14.17)。

构造满足插值条件[式(14.1)]、连续性条件[式(14.3)]与自然边界条件[式(14.4)]的三次样条插值函数有很多种方法，我们一般使用 MATLAB 中函数命令进行计算。三次样条插值函数有良好的收敛性与稳定性，具有较好的光滑性，具有二阶光滑度，该插值方法在应用上具有重要意义。

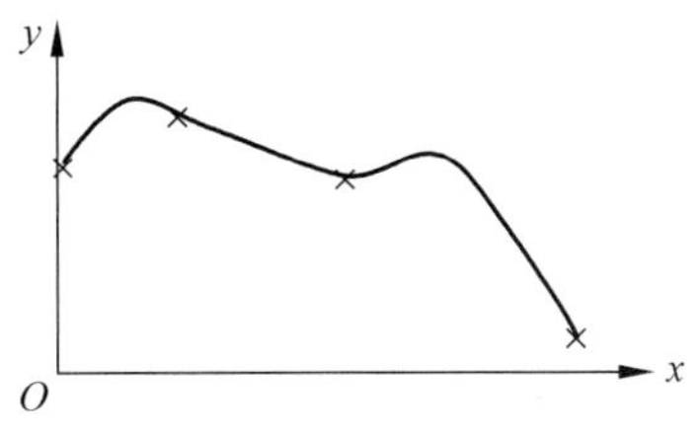

图 14.17　三次样条插值的几何意义

需要说明的是，既然样条插值光滑性好，分段一次插值计算量小，分段二次多项式插值(抛物线插值)未有显著优点，不再常用。

14.4.5　二元插值

可以将一元函数插值方法推广到二维情形，若节点在二维平面内，插值函数则为二元函数。

设给定二元函数 $z=f(x,y)$ 在平面矩形格上的函数值

$$z_{ij}=f(x_i,y_j),\quad i=0,1,\cdots,n,\quad j=0,1,\cdots,m$$

二元双线性插值公式为

$$P(x,y)=\sum_{i=p}^{p+1}\sum_{j=q}^{q+1}\left(\prod_{k=p,k\neq i}^{p+1}\frac{x-x_k}{x_i-x_k}\right)\left(\prod_{l=q,l\neq j}^{q+1}\frac{y-y_l}{y_j-y_l}\right)f(x_i,y_j)$$

$$x_p<x<x_{p+1},\quad y_q<y<y_{q+1},\quad p=0,1,\cdots,n-1,\quad q=0,1,\cdots,m-1$$

类似的也有样条插值公式，表达较为复杂，此处不再赘述。

14.5　拟合函数绘图

在解决实际绘图问题当中，根据某个未知函数或已知但难于求解的函数的已知数据点，绘制出函数的图形的另一类常用的解决方法是拟合方法。

14.5.1　拟合问题

插值法是一种用简单函数近似代替复杂函数的方法，它的近似标准是在插值点处的误差为零。但有时需要考虑整体误差更为合理，在科学与工程计算中，常常遇到的情形是 $f(x)$ 只体现在一组带有误差的实验数据，即已知 $x_1,x_2,\cdots,x_n$；$y_1,y_2,\cdots,y_n$，需要

将这些数据点拟合成为一条函数曲线。求一个简单易算的近似函数 $P(x) \approx f(x)$。

由于 y_i 本身就是测量值，不是精确值，即 $y_i \neq f(x_i)$。若测量精度很高，可以近似认为 $y_i = f(x_i)$，用插值方法是解决途径之一。然而常常是实验数据带有误差，这时没必要取 $P(x_i) = y_i$，而要使 $P(x_i) - y_i$ 总体上尽可能小。通常的做法是使 $\sum_{i=1}^{n} |P(x_i) - y_i|^2$ 最小。

鉴于向量 $\boldsymbol{a} = (a_1, a_2, \cdots, a_n)$ 的 2-范数为 $\|\boldsymbol{a}\|_2 = \sqrt{(a_1^2 + a_2^2 + \cdots + a_n^2)}$，上述求近似函数 $P(x)$ 的方法称为最佳平方逼近或最小二乘准则。

拟合方法与插值法共同点都是近似计算方法，两种方法都是通过已有的数据点，在定义域形成一个近似函数。两种方法的不同点是误差要求不同，拟合方法要求整体误差最小，插值方法要求在插值点处误差为零。

14.5.2 最小二乘法

已知一组(二维)数据，即平面上的 n 个点 (x_i, y_i)，$i = 1, 2, \cdots, n$，x_i 互不相同，寻求一个函数(曲线) $y = f(x)$，使 $f(x)$ 在某种准则下与所有数据点最为接近，即曲线拟合得最好，如图 14.18 所示，图中 δ_i 为 (x_i, y_i) 与 $y = f(x_i)$ 的距离，即 $\delta_i = |f(x_i) - y_i|$。

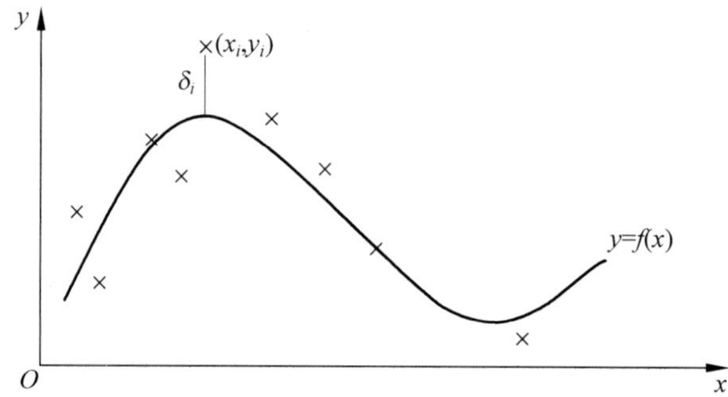

图 14.18 曲线拟合示意图(×表示给定的数据点)

基本思路是使 n 个点 (x_i, y_i) 与 $y = f(x_i)$ 的距离 $\delta_i (i = 1, 2, \cdots, n)$ 的平方和最小(最佳平方逼近准则)，这种依据最佳平方逼近准则进行曲线拟合的方法称为最小二乘法。

常用的最小二乘法是线性最小二乘法。对于连续函数空间 $C[a,b]$ 中的元素 $f(x)$，令

$$f(x) = a_1 r_1(x) + a_2 r_2(x) + \cdots + a_m r_m(x)$$

式中，$r_1(x), r_2(x), \cdots, r_m(x)$ 是事先选定的一组函数，称为基函数。

如果选取 $\{1, x, x^2, \cdots, x^{m-1}\}$ 作为基函数。$f(x) = a_1 + a_2 x + \cdots + a_m x^{m-1}$ 就是用多项式来拟合，多项式称为最佳平方逼近多项式。

记

$$J(a_1, \cdots, a_m) = \sum_{i=1}^{n} \delta_i^2 = \sum_{i=1}^{n} [f(x_i) - y_i]^2$$

$J(a_1,a_2,\cdots,a_m)$是关于 $a_1,a_2,\cdots,a_m$ 的二次函数，最小二乘法拟合就是求一函数 $f(x)$使得 J 最小，它就转化为寻找 $a_1,a_2,\cdots,a_m$ 使 J 达到最小。

利用多元函数取得极值的必要条件有

$$\frac{\partial J}{\partial a_k}=0,\quad k=1,2,\cdots,m$$

即

$$\begin{cases}\sum_{i=1}^{n} r_1(x_i)\left[\sum_{k=1}^{m} a_k r_k(x_i)-y_i\right]=0\\ \cdots \\ \sum_{i=1}^{n} r_m(x_i)\left[\sum_{k=1}^{m} a_k r_k(x_i)-y_i\right]=0\end{cases} \tag{14.5}$$

方程组(14.5)是关于 $a_1,a_2,\cdots,a_m$ 的线性方程组。

引入矩阵与向量记法

$$\boldsymbol{R}=\begin{bmatrix} r_1(x_1)\cdots r_m(x_1)\\ \vdots \quad\quad \vdots \\ r_1(x_n)\cdots r_m(x_n)\end{bmatrix}_{n\times m},\quad \boldsymbol{a}=\begin{bmatrix}a_1\\ \vdots\\ a_m\end{bmatrix},\quad \boldsymbol{y}=\begin{bmatrix}y_1\\ \vdots\\ y_m\end{bmatrix}$$

方程组(14.5)可表为

$$\boldsymbol{R}^{\mathrm{T}}\boldsymbol{R}\boldsymbol{a}=\boldsymbol{R}^{\mathrm{T}}\boldsymbol{y} \tag{14.6}$$

当 $r_1(x),r_2(x),\cdots,r_m(x)$线性无关时，$\boldsymbol{R}$ 列满秩，$\boldsymbol{R}^{\mathrm{T}}\boldsymbol{R}$ 为秩为 m 的满秩矩阵，可逆。于是方程组(14.6)有唯一解

$$\boldsymbol{a}=(\boldsymbol{R}^{\mathrm{T}}\boldsymbol{R})^{-1}\boldsymbol{R}^{\mathrm{T}}\boldsymbol{y}$$

由于 J 的最小值客观存在，最值点必然是极值点，可导函数的极值点必然是驻点，$\boldsymbol{a}=(a_1,a_2,\cdots,a_m)$是唯一驻点，因此该驻点 $\boldsymbol{a}=(a_1,a_2,\cdots,a_m)$就是 J 的最小值点，问题得以解决。

容易看出，只要 $f(x)$关于待定的系数 $a_1,a_2,\cdots,a_m$ 是线性的，在最小二乘准则下得到的方程(14.5)关于 $a_1,a_2,\cdots,a_m$ 也一定是线性的，故称为线性最小二乘法。

例如，已知实验数据

x_i	1	1.25	1.50	1.75	2.00
y_i	1.629	1.756	1.876	2.008	2.135

根据数据，在坐标纸上标出，可以发现数据线呈现线性关系，故可选择一次多项式函数作为拟合曲线。令 $y=a_1+a_2x$，

$$\boldsymbol{R}=\begin{bmatrix}1 & 1\\ 1 & 1.25\\ 1 & 1.50\\ 1 & 1.75\\ 1 & 2.00\end{bmatrix}_{5\times 2},\quad \boldsymbol{a}=\begin{bmatrix}a_1\\ a_2\end{bmatrix},\quad \boldsymbol{y}=\begin{bmatrix}1.629\\ 1.756\\ 1.876\\ 2.008\\ 2.135\end{bmatrix}$$

可计算

$$\boldsymbol{R}^{\mathrm{T}}\boldsymbol{R}=\begin{bmatrix}5 & 7.50\\7.50 & 11.875\end{bmatrix}_{2\times2},\quad \boldsymbol{R}^{\mathrm{T}}\boldsymbol{y}=\begin{bmatrix}9.404\\14.422\end{bmatrix}$$

即得方程组

$$\begin{bmatrix}5 & 7.50\\7.50 & 11.875\end{bmatrix}\begin{bmatrix}a_1\\a_2\end{bmatrix}=\begin{bmatrix}9.404\\14.422\end{bmatrix}$$

解得 $a_1=1.122, a_2=0.505$。于是 $y=1.122+0.505x$。

值得注意的是，面对一组数据$(x_i, y_i), i=1,2,\cdots,n$，用最小二乘法作曲线拟合时，关键问题是恰当地确定 $f(x)$的类型，即选取合理的数学模型。常用方法可以将数据$(x_i, y_i), i=1,2,\cdots,n$ 作图，直观地判断 y 与 x 之间的关系，应该用什么样的曲线去作拟合。当然也可以同时选几条曲线分别作拟合，然后比较，看哪条曲线的最小二乘指标 J 最小。

对于线性最小二乘法，常用的曲线有

- 直线　$y=a_1+a_2x$
- 多项式 $f(x)=a_1+a_2x+\cdots+a_mx^{m-1}+a_{m+1}x^m$
- 双曲线　$y=\dfrac{a_1}{x}+a_2$
- 指数曲线　$y=a_1\mathrm{e}^{a_2x}$

对于指数曲线，拟合前可以作变量代换，化为对 a_1, a_2 的线性函数。式 $y=a_1\mathrm{e}^{a_2x}$ 两边取对数得 $\ln y=\ln a_1+a_2x$，记 $\ln y=\bar{y}$，$\ln a_1=\bar{a}_1$，则有线性函数 $\bar{y}=\bar{a}_1+a_2x$。

最小二乘法应用较为广泛，如数据的线性回归与非线性回归分析中，参数的估计就可以由最小二乘法求得。

本节主要介绍了一元函数线性最小二乘法的计算过程，该方法亦可推广到多元函数的情形，也可有非线性最小二乘法。

14.6　常微分方程解函数绘图

科学中的很多问题都可以用微分方程来描述，但实际问题中得到的常微分方程在某些情况下初值问题求不出解析解，如黎卡提(Riccti)方程 $y'=y^2+x$ 就没有初等形式的解析解。解决此类问题，常用的方法是基于微分方程得到解函数的一系列函数值，也称为微分方程的数值解。微分方程的数值解可以认为是微分方程解曲线(积分曲线)的坐标，绘图方便，可以借助于图形直观分析微分方程解的变化趋势。

14.6.1　常微分方程初值问题

含有未知函数及其导数的方程称为微分方程。未知函数是一元函数的微分方程称为常微分方程，未知函数是多元函数的微分方程称为偏微分方程。并且常微分方程有初值问题与边值问题之分，本节主要介绍常微分方程初值问题的数值解。

一阶常微分方程初值问题为

$$\begin{cases} y' = f(x, y) \\ y(x_0) = y_0 \end{cases} \tag{14.7}$$

微分方程数值解法的基本原理是把连续的微分方程转化为一个离散的差分方程，将差分方程初值问题的解作为微分方程的解的近似值。

具体操作上，依据差分方程式，采用步进的方式依次计算 $y(x)$ 在区间 $[a, b]$ 离散点列 $x_i = x_{i-1} + h_i, i = 1, 2, \cdots, n$ 上近似值 y_i，将这些值作为微分方程的数学解，即将差分方程初值问题的解作为微分方程的解的近似值。这里 h_i 为步长，均为正数。

14.6.2 常微分方程数值解的欧拉方法

欧拉(Euler)方法是解常微分方程初值问题最简单最古老的一种数值方法，其基本思路就是把微分方程中的导数项 y' 用差商逼近，从而将一个微分方程转化为一个差分方程，以便求解。

设在 $[a, b]$ 中取等距节点 h，因为在节点 x_n 点上，由方程(14.7)可得

$$y'(x_n) = f(x_n, y(x_n))$$

若方程(14.7)在 x_n 处的导数由差商近似表示

$$y'(x_n) \approx \frac{y(x_{n+1}) - y(x_n)}{h}$$

则有

$$y(x_{n+1}) \approx y(x_n) + hf(x_n, y(x_n))$$

用 $y(x_k)$ 的近似值 $y_k (k = n, n+1)$ 代入，得计算 y_{n+1} 的差分方程(14.8)，称为欧拉公式。

$$y_{n+1} = y_n + hf(x_n, y(x_n)) \tag{14.8}$$

我们知道，微分方程的解 $y = y(x)$ 的图像称为积分曲线。图 14.19 显示了欧拉方法的几何意义，在积分曲线上，从初始点 $P_0(x_0, y_0)$ 出发，先依着点 P_0 的切线方向推进到 $x = x_1$ 上一点 $P_1(x_1, y_1)$，然后再沿着点 P_1 的切线方向推进到 $x = x_2$ 上一点 $P_2(x_2, y_2)$，循此前进做出一条折线，折线顶点 P_n 和 P_{n+1} 的坐标满足式(14.8)。欧拉方法也称为欧拉折线法。

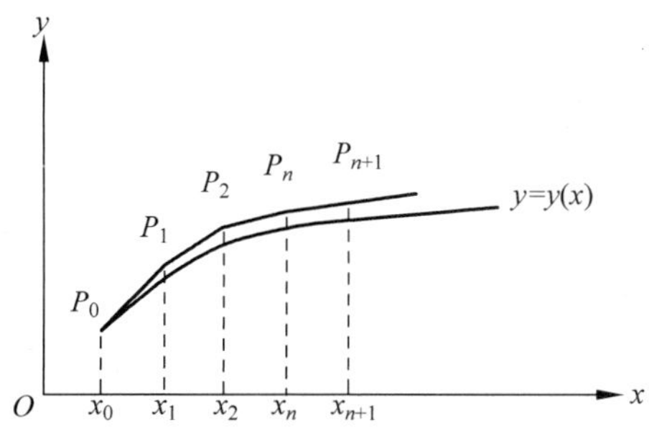

图 14.19 欧拉方法的几何意义

若方程(14.7)在 x_{n+1} 处的导数由差商近似表示

$$y'(x_{n+1}) \approx \frac{y(x_{n+1}) - y(x_n)}{h}$$

类似可得到计算 y_{n+1} 的向后欧拉公式

$$y(x_{n+1}) \approx y(x_n) + hf(x_{n+1}, y(x_{n+1})) \tag{14.9}$$

向后欧拉公式与欧拉公式有本质区别,式(14.8)是关于 y_{n+1} 的一个直接的计算公式,这类公式是显式的;而向后欧拉公式(14.9)是关于 y_{n+1} 的一个函数方程,这类公式是为隐式的。

从欧拉公式中可以看出,右端的 y_n 都是近似的,所以用它计算出来的 y_{n+1} 会有累积误差,这一点从图 14.19 也可以看出。累积误差比较复杂,为简化分析,考虑局部截断误差,即认为 y_n 是精确的前提下来估计 $y(x_{n+1})-y_{n+1}$,记为 ε_{n+1},泰勒展开有

$$y(x_{n+1}) = y(x_n) + hy'(x_n) + \frac{h^2}{2}y''(\xi) + O(h^3), \quad x_n < \xi < x_{n+1}$$

联立式(14.8)、式(14.9)得 $\varepsilon_{n+1} = \frac{h^2}{2}|y''(\xi)| + O(h^3) = O(h^2)$,根据数值算法精度的定义,如果一个数值方法的局部截断误差 $\varepsilon_{n+1} = O(h^{p+1})$则称这个算法具有 P 阶精度,所以,欧拉方法具有一阶精度。

为了得到比欧拉公式精度高的计算公式,人们对欧拉公式进行改进。将欧拉公式和向后欧拉公式取平均,可得

$$y_{n+1} = y_n + \frac{h}{2}(f(x_n, y_n) + f(x_{n+1}, y_{n+1}))$$

该公式是一个隐式计算公式,可以对其改善,首先用欧拉方法先求一个预估值 $\overline{y_{n+1}}$,再用这个校正值来计算 y_{n+1},即

$$\begin{cases} \tilde{y}_{n+1} = y_n + hf(x_n, y_n) \\ y_{n+1} = y_n + \frac{h}{2}(f(x_n, y_n) + f(x_{n+1}, \tilde{y}_{n+1})) \end{cases} \tag{14.10}$$

这样建立起来的预估-校正公式(14.10)称为改进的欧拉公式。

同欧拉法误差分析类似,用泰勒展开式可以判断出改进的欧拉方法具有二阶精度。

例如,用欧拉公式与改进欧拉公式求解初值问题。

$$\begin{cases} y' = y - \frac{2x}{y}, \quad 0 < x < 1 \\ y(0) = 1 \end{cases}$$

解 欧拉格式的具体形式为

$$y_{n+1} = y_n + h\left(y_n - \frac{2x_n}{y_n}\right)$$

改进欧拉公式的具体形式为

$$\begin{cases} y_{n+1}=y_n+\dfrac{h}{2}\left[\left(y_n-\dfrac{2x_n}{y_n}\right)+\left(\bar{y}_{n+1}-\dfrac{2x_{n+1}}{\bar{y}_{n+1}}\right)\right] \\ \bar{y}_{n+1}=y_n+h\left(y_n-\dfrac{2x_n}{y_n}\right) \end{cases}$$

可取步长 $y=0.1$，计算结果略。

14.6.3 龙格-库塔方法

基于改进的欧拉公式(14.10)可以写为下列平均化公式：

$$\begin{cases} y_{n+1}=y_n+\dfrac{1}{2}k_1+\dfrac{1}{2}k_2 \\ k_1=hf(x_n,y_n) \\ k_2=hf(x_n+h,y_n+k_1) \end{cases}$$

将该式推广为如下形式：

$$\begin{cases} y_{n+1}=y_n+\omega_1 k_1+\omega_2 k_2 \\ k_1=hf(x_n,y_n) \\ k_2=hf(x_n+\alpha h,y_n+\beta k_1) \end{cases} \tag{14.11}$$

假设 f 及其各阶微商都在$(x_n,y(x_n))$处取值，将函数泰勒展开，结合截断误差的定义可知

$$\begin{aligned} \varepsilon_{n+1}&=y(x_{n+1})-y(x_n)-\omega_1 hf(x_n,y(x_n))-\omega_2 hf(x_n+\alpha_2 h,y(x_n)+ \\ &\quad \beta hf(x_n,y(x_n))) \\ &=y(x_n)+hf+\frac{h^2}{2}(f_x+ff_y)-y(x_n)-\omega_1 hf- \\ &\quad \omega_2 h(f+\alpha_2 hf_x+\beta hff_y)+O(h^3) \\ &=(1-\omega_1-\omega_2)hf+\left(\frac{1}{2}-\omega_2\alpha_2\right)h^2 f_x+ \\ &\quad \left(\frac{1}{2}-\omega_2\beta\right)h^2 ff_y+O(h^3) \end{aligned}$$

由于上式可知必须有 $\varepsilon_{n+1}=O(h^3)$，所以

$$\begin{cases} \omega_1+\omega_2=1 \\ \omega_2\alpha=\dfrac{1}{2} \\ \omega_2\beta=\dfrac{1}{2} \end{cases}$$

上式有四个未知元，三个方程，故有无穷组解。所有满足式(14.11)的格式统称为二阶龙格-库塔(Runge-Kutta)公式，简称为 R-K 公式。

对于式(14.11)，取 $\omega_1=1,\omega_2=0$ 对应的公式为欧拉公式。取 $\alpha=\beta=1,\omega_1=\omega_2=1/2$

对应的公式就是改进的欧拉公式。

龙格-库塔公式的推导基于泰勒展开式。基本思路是想办法计算 $f(x,y)$ 在某些点上的函数值，然后对这些函数值做数值线性组合，构造出一个近似的计算公式，再把近似的计算公式和解的泰勒展开式相比较，使得前面的若干项相吻合，从而达到较高的精度。从二阶 R-K 公式的推导可以看出，每一步计算两次函数值，只能达到 2 阶精度，如果提高函数的计算次数，可以得到精度更高的计算公式，一般的 R-K 公式的形式如下：

$$\begin{cases} y_{n+1}=y_n+\sum\limits_{i=1}^{r}\omega_i k_i \\ k_1=hf(x_n,y_n) \\ k_i=hf\left(x_n+\alpha h,y_n+\sum\limits_{j=1}^{i-1}\beta_{ij}k_j\right), \quad (2\leqslant i\leqslant r) \end{cases} \tag{14.12}$$

当式(14.12)的局部截断误差达到 $O(h^{p+1})$ 时称式(14.12)为 p 阶 r 级 R-K 公式，经典的是如下四阶龙格-库塔公式：

$$\begin{cases} y_{n+1}=y_n+\dfrac{1}{6}(k_1+2k_2+2k_3+k_4) \\ k_1=hf(x_n,y_n) \\ k_2=hf(x_n+h/2,y_n+k_1/2) \\ k_3=hf(x_n+h/2,y_n+k_2/2) \\ k_4=hf(x_n+h,y_n+k_3) \end{cases} \tag{14.13}$$

四阶公式具有四阶精度，截断误差达到 $O(h^5)$。

从几何意义上讲，龙格-库塔公式与欧拉公式(14.8)比较，相当于用区间 $[x_n,x_{n+1}]$ 上若干点对应积分曲线处斜率的加权平均代替 (x_n,y_n) 处斜率来计算 $y(n+1)$ 的近似值 y_{n+1}。例如，四阶四级龙格-库塔公式(14.13)的加权平均斜率为 $(k_1+2k_2+2k_3+k_4)/6$。

以上对于常微分方程的数值解法，欧拉公式与龙格-库塔公式完全可以推广到常微分方程组情形，基本原理类似。

14.6.4 时滞微分方程初值问题

常微分方程模型假定事物的变化规律只与当前的状态相关。但是，许多事物的变化规律不仅依赖于当前的状态，而且和过去的历史状态有关，即存在时滞因素，基于此建立时滞微分方程模型来研究更为合理。时滞微分方程在自动控制、电子信息及机械工程等领域均有广泛应用。

时滞微分方程的数值求解的基本原理同常微分方程初值问题的数值计算方法类似，把连续的时滞微分方程转化为一个离散的差分方程，然后求近似数值解，具体方法在此不再叙述。

14.7 统计图

统计图是基于统计数据表示各种数量间关系及其变动情况的几何图形的总称，如条形统计图、扇形统计图、折线统计图等。在统计学中把利用统计图形表现统计资料的方法称为统计图示法，其特点是：对于数据分析形象具体、简明生动、通俗易懂、一目了然。统计图的主要用途有：表示现象间的对比关系；展示总体的结构构成；检查计划的执行进度；揭示现象间的依存关系，反映总体单位的分配情况；说明现象在空间上的具体分布。统计图一般采用直角坐标系，横坐标用来表示事物的组别或自变量，纵坐标常用来表示事物出现的次数或因变量；或采用角度坐标（如圆形图）、地理坐标（如地形图）等。按图尺的数字性质分类，有实数图、累计数图、百分数图、对数图、指数图等；其结构包括图名、图目（图中的标题）、图尺（坐标单位）、各种图线（基线、轮廓线、指导线等）、图注（图例说明、资料来源等）等。

根据图形形状，统计图的基本类型如下。

1. 条形统计图

条形统计图又称直条图，表示独立指标在不同阶段的情况，有二维或多维，如图 14.20～图 14.24 所示。

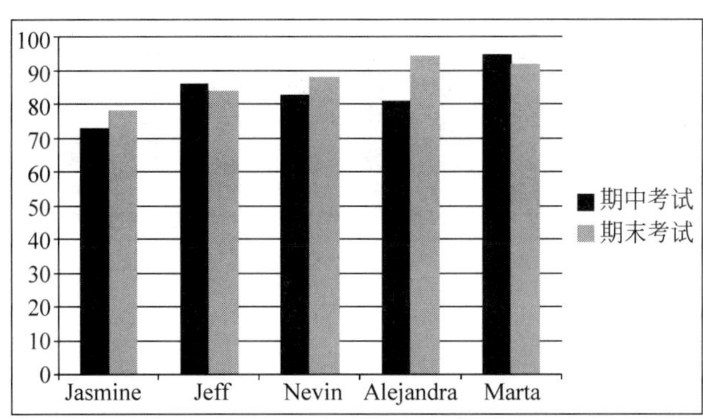

图 14.20　二维条图

注意，直方图是比较特殊的条形图，它在平面上用横坐标表示各组组距，每个小组的频数与数据总数 n 的比值称为这一小组的频率，用矩形面积表示各组频率，则纵坐标表示频率密度（频率密度＝频率/组距），这种直方图称为频率分布直方图，此时所有矩形面积之和为 1（图 14.23）。当组距相等时，为简便直观，常用纵坐标（矩形的高）表示各组频数（图 14.24），这种直方图称为频数分布直方图，此时所有数组的纵坐标之和等于数据总数 n。

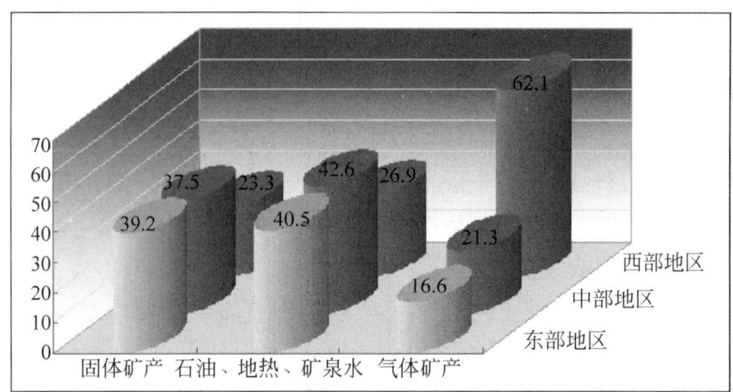

我国东中西部地区矿产品产量比较（%）

图 14.21　三维条图

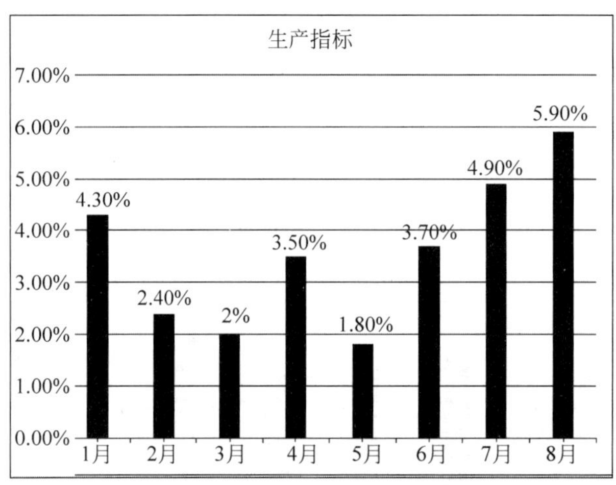

图 14.22　百分条图

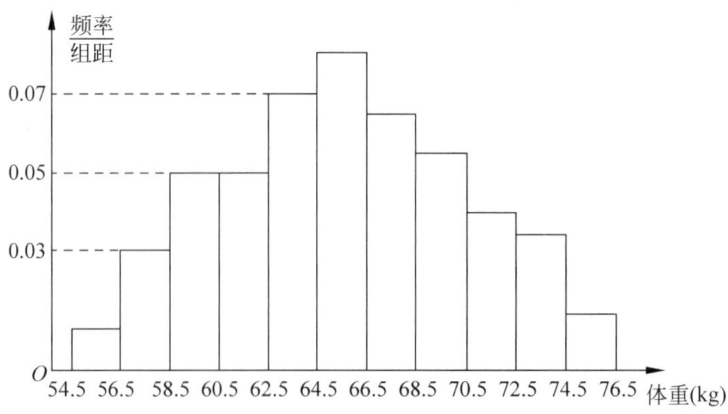

图 14.23　频率分布直方图

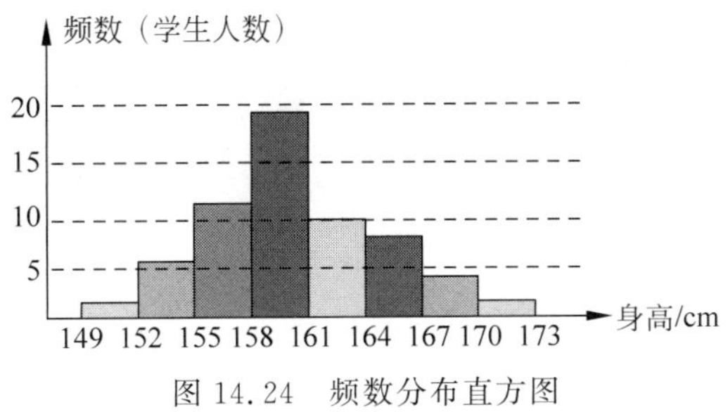

图 14.24 频数分布直方图

2. 扇形统计图

用一个圆的面积来表示总数，用圆内扇形的大小来表示各量占总数的百分比（构成比），如图 14.25 所示。

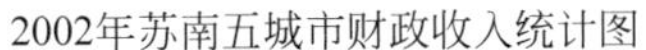

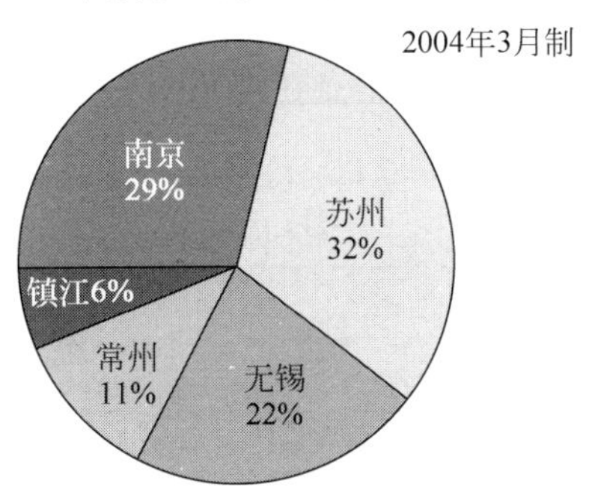

图 14.25 扇形图

3. 线形统计图

用线条的升降表示事物的发展变化趋势，主要用于计量资料，描述两个变量间关系，依据统计数量多少可做折线图或曲线图，如图 14.26 和图 14.27 所示。

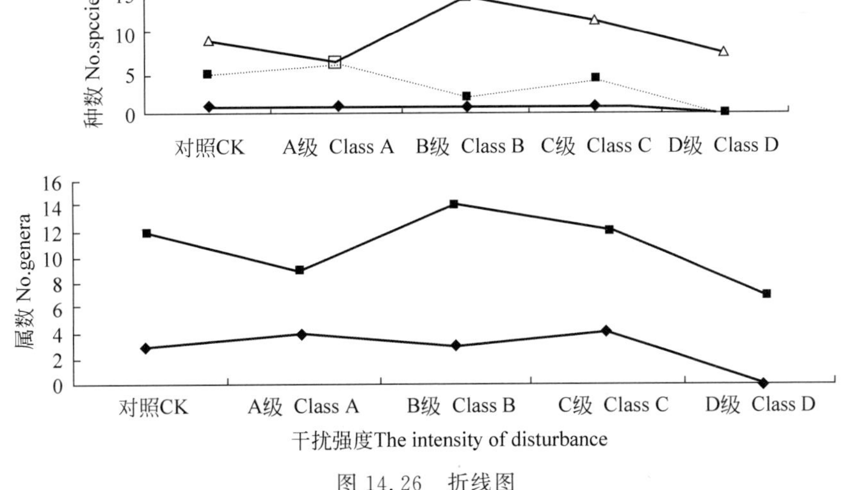

图 14.26 折线图

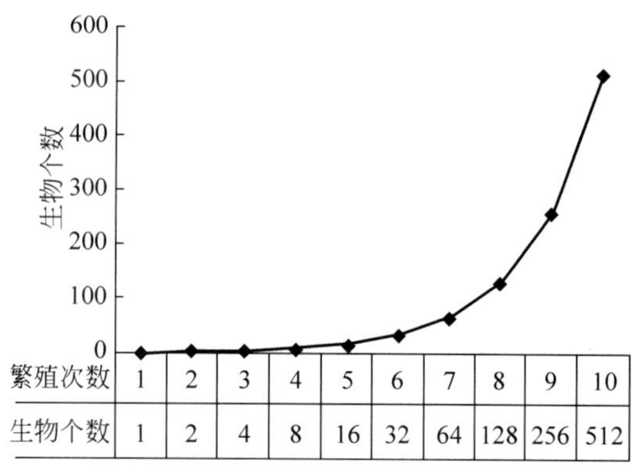

繁殖次数	1	2	3	4	5	6	7	8	9	10
生物个数	1	2	4	8	16	32	64	128	256	512

图 14.27　半对数曲线图

4. 散点图

散点图通常用于回归分析，通过数据点在直角坐标平面上的分布来描述两种现象的相关关系，如图 14.28 所示。

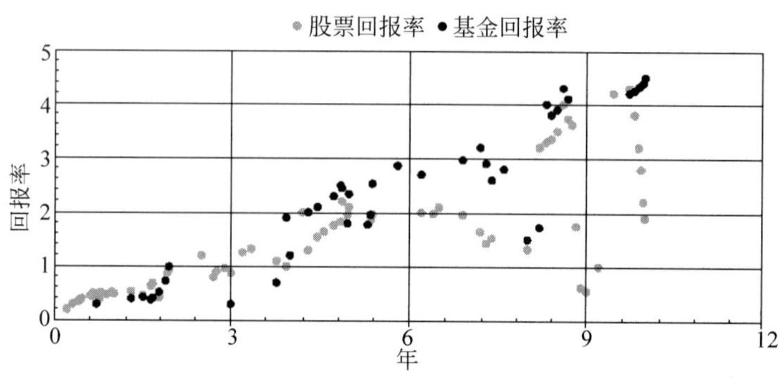

图 14.28　散点图

思考与练习题

1. 填空题

(1) 极坐标向直角坐标的转换式为(　　　　　　)。

(2) 球面坐标向直角坐标的转换式为(　　　　　　)。

(3) 基本图形的主要属性有(　　　　　　)。

(4) 扇形统计图的特点为(　　　　　　)。

2. 简答题

(1) 请叙述插值与拟合的区别与联系。

(2) 请叙述多元函数的极大值(极小值)与最大值(最小值)的相互关系与判定方法。

3. 计算题

(1) 当 $x=1,-1,2$ 时,$f(x)=0,-3,4$,求 $f(x)$ 抛物线插值多项式。

(2) 写出求解下面微分方程组的欧拉公式和改进欧拉公式:

$$\begin{cases}\dfrac{\mathrm{d}x}{\mathrm{d}t}=x(6-2x)\\x(0)=1\end{cases}$$

(3) 设某平面运动物体的轨迹近似满足椭圆方程$\dfrac{x^2}{a^2}+\dfrac{y^2}{b^2}=1$,若物体经过三点 $A(1,\sqrt{2})$,$B(\sqrt{2},2)$,$C(0,0)$,请依据数据估计椭圆的方程。

第15章 用MATLAB绘制科学图形

章前思考

1. 在采用计算机绘图时，你认为绘制科学图与绘制工程图有哪些相同之处和不同之处？

2. 在用计算机绘制一幅科学图形时，你认为有哪些方式可以用来区分不同的图形对象？

3. 在所了解的计算机软件中，你认为哪些软件可以用来进行科学制图？

MATLAB 是美国 MathWorks 公司于 1984 年推出的针对矩阵运算的高级计算机语言，目前已经成为国际通用的一款优秀科技应用软件。它将数值计算、可视化和编程功能集成在非常便于使用的环境中，具有方便的绘图功能和为解决各类科学和工程问题的工具箱。MATLAB 所提供的各种图形设计技术使得我们无须过多考虑图形实现技术的细节内容，使得图形绘制变得简单易行，甚至用一条命令就可得到直观、形象的绘图结果。相似的科学计算和绘图软件还有 Python 等。

本章将以任务驱动的方式概略介绍 MATLAB 的常用绘图命令以及用计算机进行科学绘图的基本方法，使读者了解科学制图软件的一般功能，并为后续采用计算机进行科学绘图奠定基础。所有绘图示例基于 MATLAB 的 R2019 版本，所述命令及程序亦基本适用于 MATLAB 的其他版本。

15.1 基于函数表达式绘图

MATLAB 最基本且应用最为广泛的绘图命令主要有：处理二维图形的 plot、fplot、subplot 等命令，处理三维图形的 plot3、eplot3、mesh、surf 与 ezsurf 等命令。

【例 15.1】 在$[-4\pi,4\pi]$区间绘制抽样函数 $y=\frac{\sin x}{x}$的曲线图形。

```
>> clear;clc;                    % 清除指令窗口命令；清除工作空间中保存的所有变量
syms x                           % 表示下面进行符号运算命令
y = sin(x)/x;
fplot(y,[ - 4 * pi,4 * pi],'b');  % 画图
title(' $ \displaystyle{y = \frac{sinx}{x}} $ ','interpreter','latex');   % 给出图形标题 y = sinx/x
grid on
```

例 15.1 程序下载

运行该脚本文件，得到图 15.1。

在此基础上，还可以对 MATLAB 生成的.fig 图形进行直接辅助修改，如增加坐标轴标注，修改曲线颜色、线度、线型等。MATLAB 有实线、点线、点画线与虚线四种线型，可以附加空心圆、星号、实心圆、菱形、三角形、五角星等十三种标记。

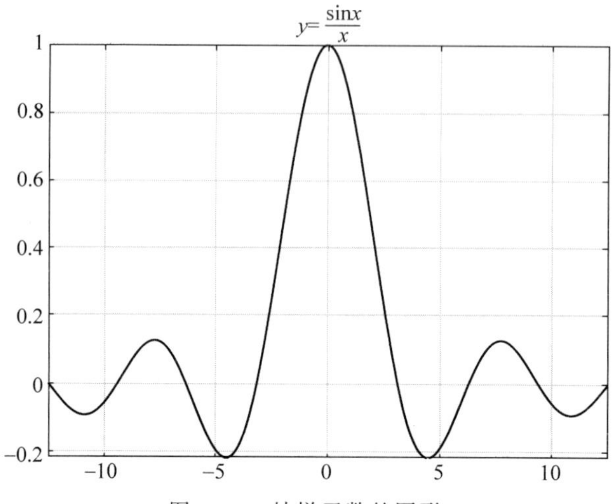

图 15.1 抽样函数的图形

【例 15.2】 绘制螺旋线参数方程

$$\begin{cases} x = 2\cos t \\ y = 2\sin t, \quad t \in [0, 10\pi] \\ z = t \end{cases}$$

所在的曲线图形,并绘制在各个坐标面上的投影。

```
>> clear; clc;
t = linspace(0,10 * pi,200);              % 均匀生成 200 个数组成的一维数组
x = 2 * cos(t);
y = 2 * sin(t);
z = t;
subplot(2,2,1)                            % 把一个画面分成 2×2 个图形区域,在第一个区域画图
plot3(x,y,z,'LineWidth',1)                % 在三维空间中画图,线宽为 1
grid on
box
xlabel('x = 2cos(t)');                    % 标明横坐标 x = 2cos(t)
ylabel('y = 2sin(t)');
zlabel('z = t')
title('螺旋线')
subplot(2,2,2)
plot(x,y,'LineWidth',1)                   % 在 xoy 坐标面中画图,线宽为 1
grid on
xlabel('xoy 面投影')
subplot(2,2,3)
plot(x,z,'LineWidth',1)
grid on
xlabel('xoz 面投影')
subplot(2,2,4)
plot(y,z,'LineWidth',1)
grid on
xlabel('yoz 面投影')
```

例 15.2
程序下载

运行该脚本文件,得到图 15.2。

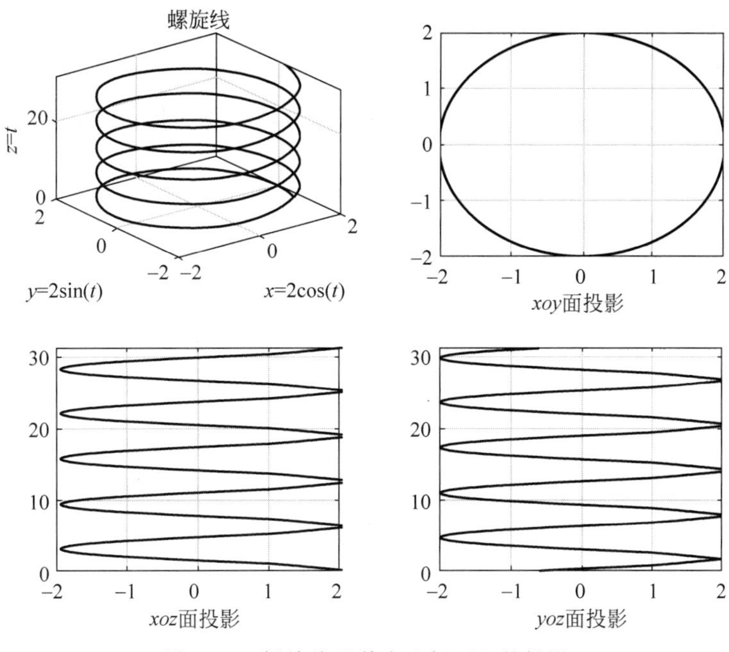

图 15.2 螺旋线及其在坐标面上的投影

注意,subplot(m,n,p)命令指当前窗口分成 $m\times n$ 个绘图区,m 行,每行 n 个绘图区,区号按行优先编号。其中第 p 个区为当前活动区。每一个绘图区允许以不同的坐标系单独绘制图形。

【例 15.3】 方波函数 $f(x)$是以 2π 为周期的周期函数,在$[-\pi,\pi]$上的表达式为

$$f(x)=\begin{cases}1, & 0<x\leqslant\pi\\ -1, & -\pi<x\leqslant 0\end{cases}$$

请绘制傅里叶(Fourier)级数的逼近图形。

$f(x)$ 的 Fourier 为 $f(x)=\dfrac{4}{\pi}\sum\limits_{k=1}^{\infty}\dfrac{1}{2k-1}\sin(2k-1)x\,(-\infty<x<+\infty,x\neq k\pi,k\in\mathbf{Z})$。

例 15.3 程序下载

```
clear;clc;
x = linspace( - 3 * pi,3 * pi, 200);
y1 = sign(sin(x));
plot(x,y1,'b','LineWidth',1);              % 在二维空间中画图,颜色是蓝色,线宽为 1
hold on
for n = 5:2:7
    for k = 1:n
    bk = 4 * 1/((2 * k - 1) * pi);
    s(k,:) = bk * sin((2 * k - 1) * x);
    end
     s = sum(s);
     plot(x,s);
```

```
    hold on
end
xlabel('x')
ylabel('F')
```

程序运算中取了级数的前 5 项与前 7 项。运行该脚本文件,得到图 15.3。

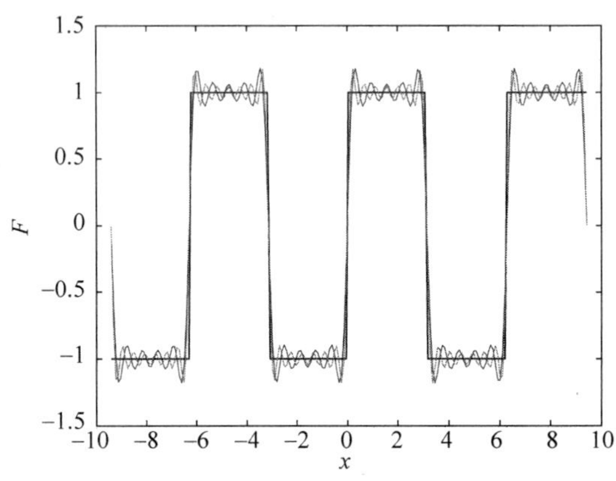

图 15.3　傅里叶级数逼近方波函数的图形

这里使用了循环程序结构,与其他程序设计语言一样,MATLAB 的基本程序也包括顺序、循环和分支三种,用法也类似。

【例 15.4】 利用简易命令绘制函数 $z=\frac{\sin\sqrt{x^2+y^2}}{\sqrt{x^2+y^2}}$,$-7.5\leqslant x,y\leqslant 7.5$ 的三维网格曲面,并添加颜色标尺。

$$z=\sin\sqrt{x^2+y^2}/\sqrt{x^2+y^2}$$

```
>> clear;clc;
syms x y
r = sqrt(x.^2 + y.^2) + eps;
Z = sin(r)./r;
ezsurf(Z,[ - 7.5,7.5, - 7.5,7.5]);       % 依据函数绘制三维曲面,线条之间的补面用颜色填充
colorbar('location','eastoutside');    % 颜色标尺
title(' $ z = \frac{sin\sqrt(x^2 + y^2)}{\sqrt(x^2 + y^2)} $ ','interpreter','latex')
        % 这里 z = sin√(x² + y²)/√(x² + y²) 用 Latex 软件语言编写,图形可以正常显示数学符号
```

例 15.4-1
程序下载

或

```
>> clear;clc;
x = linspace( - 7.5,7.5,100);
y = linspace( - 7.5,7.5,100);
[X,Y] = meshgrid(x,y);
r = sqrt(X.^2 + Y.^2) + eps;
Z = sin(r)./r;
surf(X,Y,Z);
```

例 15.4-2
程序下载

```
colorbar('location','eastoutside');
title('$ z = \frac{sin\sqrt(x^2 + y^2)}{\sqrt(x^2 + y^2)} $ ','interpreter','latex')
```

运行上面两个脚本文件之一，得到图 15.4。

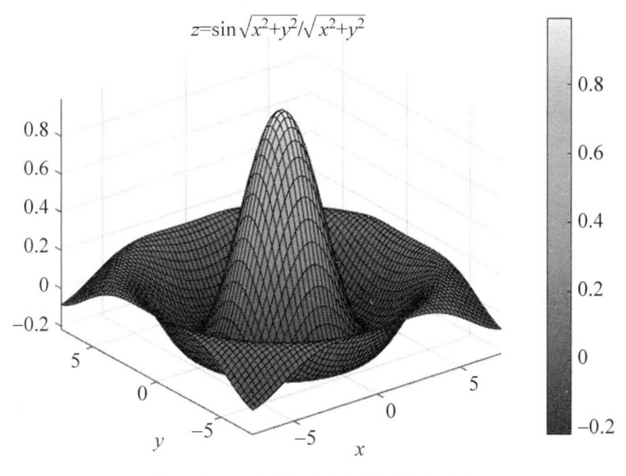

图 15.4　函数的三维网格曲面

15.2　插值方法绘图

1. 分段线性插值

分段线性插值的命令为

```
y = interp1(x0,y0,x)
```

x0，y0 分别为插值节点及相应的函数值，x 为插值点。

2. 样条插值

样条插值的命令为

```
y = spline(x0,y0,x)
```

$x0$，$y0$ 分别为插值节点及相应的函数值，x 为插值点。

y=csape(x,y,'边界条件','边界值')：生成各种边界条件的三次样条插值。其中，边界条件的类型可分为 complete(给定边界一阶导数)，not-a-kno(非扭结条件)，periodic(周期性边界条件)，没有该项默认不用指出；边界值的类型可分为 second(给定边界二阶导数)，variational(自然样条，边界二阶导数为零)，Periodic(周期性边界条件，不用给定边界值)。

此外，还有相关命令：ppval，计算出样条函数在 xi 的函数值；fnplt，绘制样条函数图形。

3. 拉格朗日插值

MATLAB 库函数中未直接提供拉格朗日函数插值命令，需自行编写。程序如下：

lagran.m
程序下载

```
function y = lagran(x0,y0,x)
n = length(x0);
m = length(x);
for i = 1:m
    z = x(i);
    s = 0;
  for k = 1:n
      p = 1;
      for j = 1:n
          if j~ = k
              p = p * (z - x0(j))/(x0(k) - x0(j));          % 计算基函数
          end
      end
      s = p * y0(k) + s;
    end
    y(i) = s;
End
```

读者可以将其存为 lagran. m 文件，以便随时调用。

【例 15.5】 零件加工轮廓曲线问题。表 15.1 给出的 x，y 数据位于机翼断面的下轮廓线上，假设需要得到 x 坐标每改变 0.1 时的 y 的坐标。试完成加工所需数据，画出曲线。

表 15.1　机翼断面下轮廓线上的部分数据

x	0	3	5	7	9	11	12	13	14	15
y	0	1.2	1.7	2.0	2.1	2.0	1.8	1.2	1.0	1.6

由于加工时要通过这些节点，并且数控机床加工时每一刀沿 x 方向或 y 方向只能走很小的一步，而所给数据间距太大，需要将数据加密，这就是插值问题。根据要求取步长为 0.1，分别采用拉格朗日插值、分段线性插值与样条插值三种方法进行插值计算。

程序如下：

例 15.5
程序下载

```
>> clear;clc;
x0 = [0 3 5 7 9 11 12 13 14 15];
y0 = [0 1.2 1.7 2.0 2.1 2.0 1.8 1.2 1.0 1.6];
x = 0:0.1:15;
y1 = lagran(x0,y0,x);                                   % 拉格朗日插值
y2 = interp1(x0,y0,x);                                  % 分段线性插值
y3 = spline(x0,y0,x);                                   % 样条插值
[x' y1' y2' y3']
subplot(3,1,1)
plot(x0,y0,'k + ',x,y1,'r'),                            % "k + "表示黑色" + "号标记
grid on,
```

```
title('lagrange')
subplot(3,1,2)
plot(x0,y0,'k + ',x,y2,'r'),
grid,
title('piecewise linear')
subplot(3,1,3)
plot(x0,y0,'k + ',x,y3,'r'),
grid,title('spline')
```

运行该脚本文件,得到图 15.5。

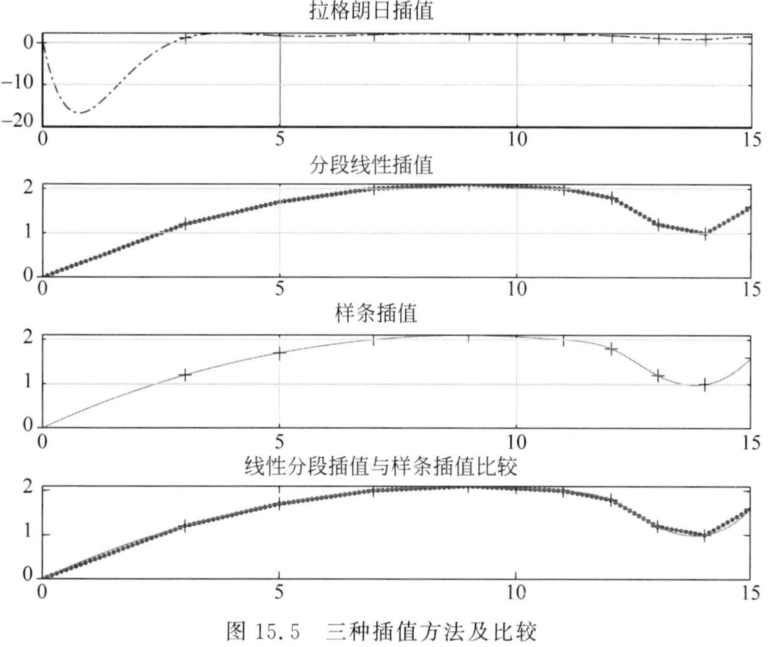

图 15.5　三种插值方法及比较

从图中可以看出,样条插值较之分段线性插值光滑性更好,而拉格朗日插值对该问题则误差较大不大适用。

【例 15.6】　凸轮轮廓曲线设计。某机械中有一个圆柱凸轮(图 15.6),其底圆半径 $R=300$mm,凸轮的上端面不在同一平面上,而要根据从动杆移动变化的需要进行设计制造。根据设计要求,将底圆 18 等分,得知第 i 个分点对应的柱高为 y_i,具体数值如表 15.2 所示。

表 15.2　凸轮对应柱高数据

i	0,18	1	2	3	4	5
y_i	502.8	525.0	514.3	451.3	326.5	188.6
i	6	7	8	9	10	11
y_i	92.2	59.6	62.2	102.7	147.1	191.6
i	12	13	14	15	16	17
y_i	236.0	280.5	324.9	369.4	413.8	458.3

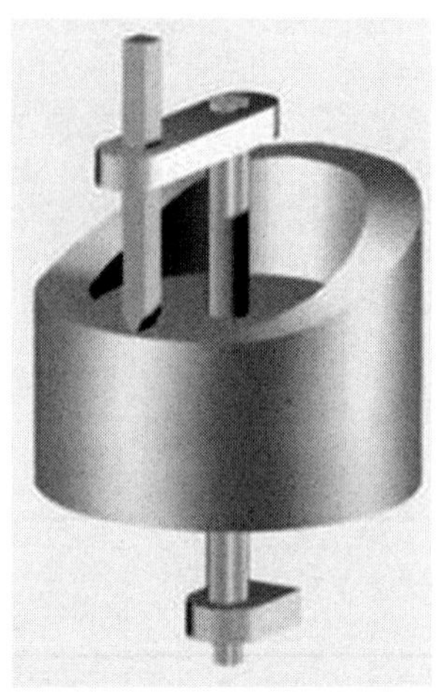

图 15.6　圆柱凸轮

为了数据加工，需要计算出底圆圆周上任意一点处的柱高。此系插值问题，首先依据数据绘制柱高曲线。

例 15.6-1
程序下载

```
>> clear;clc;
x = linspace(0,2 * pi * 300,18);
y = [502.8 525.0 514.3 451.3 326.5 188.6 92.2 59.6 62.2 102.7 147.1 191.6 236.0 280.5 324.9
369.4 413.8 458.3];
plot(x,y,'bp')
axis([0 2000 0 600])
```

运行该脚本文件，得到图 15.7(a)。

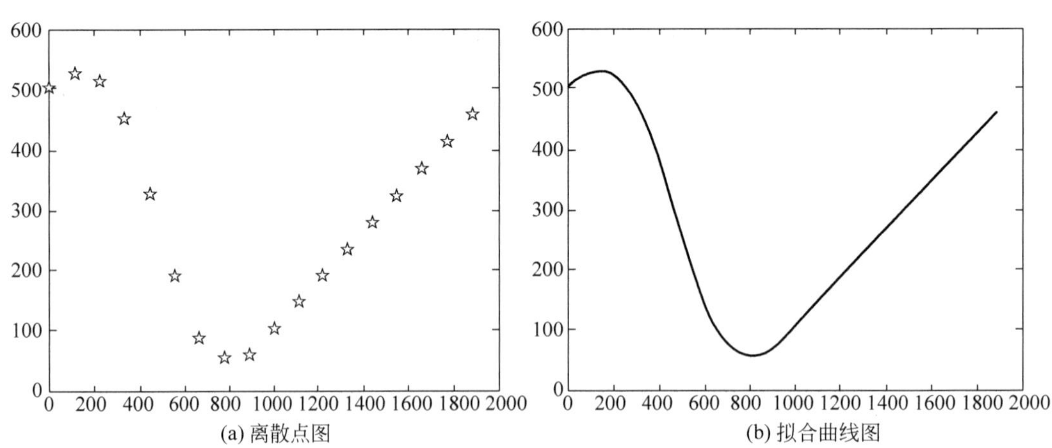

图 15.7　圆柱凸轮及其轮廓曲线的样条插值

由绘制图形可知，柱高是一个 V 形曲线。根据凸轮设计的相关要求，轮廓曲线只能使用插值的方法进行拟合。由于问题要求光滑性好，且系一条封闭曲线，故可以考虑采用周期性端点条件的样条插值。

程序如下：

```
>> clear;clc;
x = linspace(0,2 * pi * 300,18);
y = [502.8 525.0 514.3 451.0 326.5 188.6 92.2 59.6 62.2 102.7 147.1 191.6 236.0 280.5 324.9
369.4 413.8 458.3];
plot(x,y,'bp')
pp = csape(x,y,'periodic');
fnplt(pp)
axis([0 2000 0 600])
```

运行该脚本文件，得到图 15.7(b)。

例 15.6-2
程序下载

MATLAB 中常用二维插值的函数命令有：

```
1. Z = inter2(x,y,z,x1,y1,method)
```

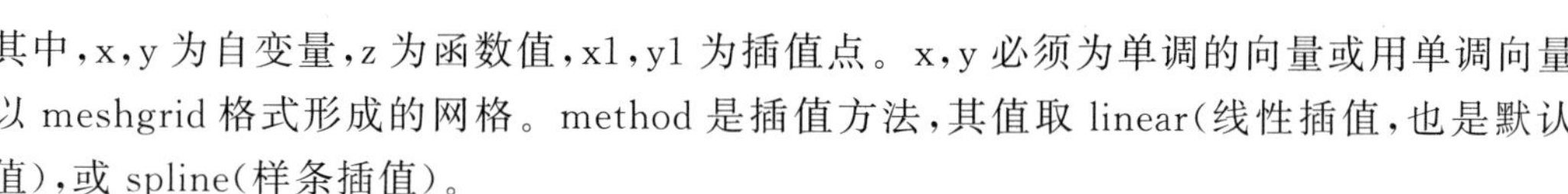

其中，x，y 为自变量，z 为函数值，x1，y1 为插值点。x，y 必须为单调的向量或用单调向量以 meshgrid 格式形成的网格。method 是插值方法，其值取 linear(线性插值，也是默认值)，或 spline(样条插值)。

```
2. ZI = griddata(x,y,z,XI,YI)
```

用二元函数 $z=f(x,y)$ 的曲面拟合有不规则的数据向量 x,y,z。griddata 将返回曲面 z 在点(XI,YI)处的插值，曲面总是经过这些数据点(x,y,z)。

两种命令的区别是：interp2 的插值数据必须是矩形域，即已知数据点(x,y)组成规则的矩阵，或称为栅格，可使用 meshgid 生成；griddata 函数的已知数据点(XI,YI)不要求规则排列，特别是对试验中获得的随机采集、没有规律的数据进行插值具有较好的效果。

【例 15.7】 已知某地区地貌的测量结果如表 15.3 所示，请依此数据绘制该地区的地貌图及等高线图。

表 15.3 某地区地貌的测量数据

	1	2	3	4	5	6	7	8	9	10
1		0.02	0.12		0.9		0.58	0.08		
2	0.02			2.38		4.96				−0.1
3		0.10	1.00		3.04		0.59		0.10	
4				3.52						
5	0.43	1.98				0.22		2.17		
6			2.29	3.1	0.69		2.59		0.30	
7	0.09		0.22			4.27				0.01
8				2.13	7.40		1.89		0.04	
9	0.1		0.58			1.75		0.35		
10		0.01			0.3					0.01

程序如下：

例 15.7-1
程序下载

```
>> clear;clc;
[x,y] = meshgrid(1:10);
% 测量数据
h = [0 .02  - 0.12 0  - 2.09 0  - .58  - .08 0 0; 0.02 0 0  - 2.38 0  - 4.96 0 0 0  - 0.1;
0 .1 1 0  - 3.04 0  - 0.53 0 .1 0; 0 0 0 3.52 0 0 0 0 0 0;  - 0.43  - 1.98 0 0 0 .77 0 2.17 0 0;
0 0  - 2.29 0 .69 0 2.59 0 0.3 0;  - 0.09  - .31 0 0 0 4.27 0 0 0  - 0.01; 0 0 0 5.13 7.4 0 1.89 0 .04 0;
0.1 0 .58 0 0 1.75 0  - 0.11 0 0;0  - 0.01 0 0 .3 0 0 0 0 0.01];
[xi,yi] = meshgrid(1:.1:10);
hi = interp2(x,y,h,xi,yi,'spline');                    % 二维插值,三次样条插值
surf(hi)                                               % 绘制地貌图
xlabel('x'),ylabel('y'),zlabel('h')
```

运行该脚本文件,得到图 15.8(a)。

进一步,运行命令[c,h]＝contour(xi,yi,hi,20)可得平面等高线图,见图 15.8(b)。

例 15.7-2
程序下载

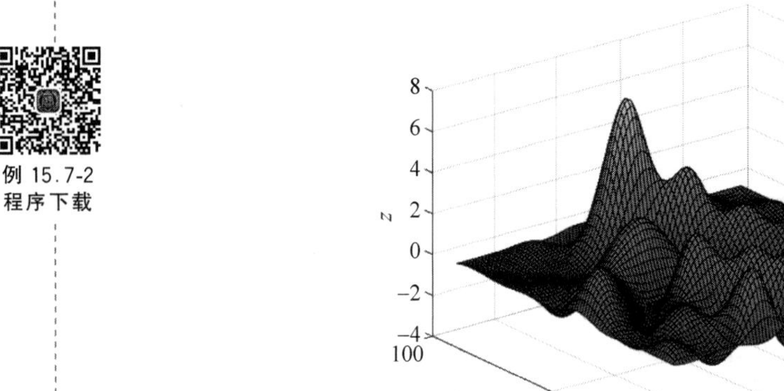

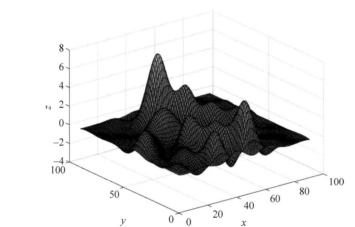

(a) 二维线性插值方法所得地貌

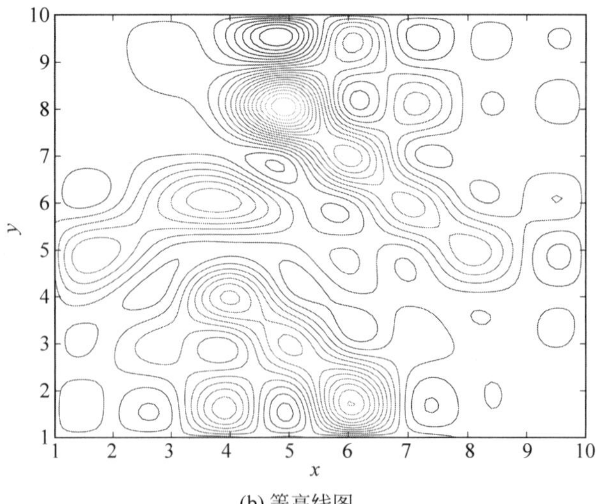

(b) 等高线图

图 15.8　三维地貌图及等高线图

15.3 拟合方法绘图

1. 线性最小二乘拟合

MATLAB 提供了实现线性最小二乘拟合的命令。常用调用格式如下：

```
f = lsqlin(C,d,A,b)
```

其中，A、C 是矩阵，b、d 是向量。本命令用于求在约束条件 $Ax=b$ 下矛盾方程组 $Cx=d$ 的最小二乘解，无约束条件时用[]代替 A、b。常用于线性拟合最小二乘解，向量 x 的分量就是所拟合的线性函数的系数。

2. 非线性最小二乘拟合

数据的拟合曲线比不一定是多项式拟合最为适合，例如指数函数也可以作为拟合函数。鉴于此，MATLAB 提供了函数 lsqcurvefit 和 lsqnonlin 实现非线性最小二乘拟合。常用命令格式如下：

```
C = lsqcurvefit(fun,x0,x,y,x1,x2)
C = lsqnonlin(fun,x0,x1,x2)
```

其中，fun 为拟合函数，(x,y)为一组观察数据，(x_1,y_1)，(x_2,y_2)，…，(x_n,y_n)，以 x_0 为初始点求解该数据拟合问题，x_1，x_2 分别为自变量 x 的上、下界限。

3. 多项式最小二乘拟合

用一元多项式拟合函数 $f(x)=a_1x^m+a_2x^{m-1}+\cdots+a_mx+a_{m+1}$ 有专属的拟合命令

```
f = polyfit(x,y,m)
```

这里，x，y 是要拟合的数据，m 是拟合多项式的次数。当 $m=1$ 时是线性拟合，否则是非线性拟合。

y=polyval(f,x)：计算多项式在 x 处的值。

类似有二元、三元多项式最小二乘拟合命令 polyfit2、polyfit3。

【例 15.8】 热敏电阻实验中，有一只对温度敏感的电阻，在不同温度下测得一组数据如表 15.4 所示，求其在 60℃时的电阻值。

表 15.4 热敏电阻数据

温度 t/℃	20.5	32.7	51.0	73.0	95.7
电阻 R/Ω	765	826	873	942	1032

分析：问题是根据已知点的值去确定未知点的值，很像例 15.5 中的插值问题，但又有所不同。主要体现在：

数据不同。在计算机床加工问题中，其中的点是函数的精确值，数据是函数曲线上的点。而此处是实验的数据，随实验设备、同一型号的不同电阻等有关，是随机数据，不是电阻温度曲线上的点。

要求不同。因为数据不同，相应解决问题的方法亦有所不同，插值是构造插值函数过节点，此处并不要求曲线过所有的数据点，因为这样未必是最好的，因为数据本身不是曲线上的点，故本题所要做的是寻找一条曲线与数据拟合得最好。

此问题更适合于使用拟合方法来解决。画图可知，电阻温度曲线大体呈现直线趋势，为此设 $R=at+b$，由实验数据确定 a、b，使之离所有曲线最近，由此计算 60℃时的电阻值 $R(60)$。

程序 1：用最小多项式拟合命令

例 15.8-1
程序下载

```
>> clear;clc;
t = [20.5 32.7 51.0 73.0 95.7];
R = [765 826 873 942 1032];
plot(t,R,'o');                          % 加空心圆标记
hold on
f = polyfit(t,R,1);                     % 一元多项式拟合
y = polyval(f,t);                       % 计算多项式在 t 处的值
plot(t,y,'LineWidth',1)
xlabel('t')
ylabel('R')
legend('y = 3.3987t + 702.0968')        % 图例
a = f(1)
b = f(2)
y = polyval(f,60)
```

运行该脚本文件，得到图 15.9，并可算出：$a=3.3987$，$b=702.0968$，$R(60)=906.0212$。

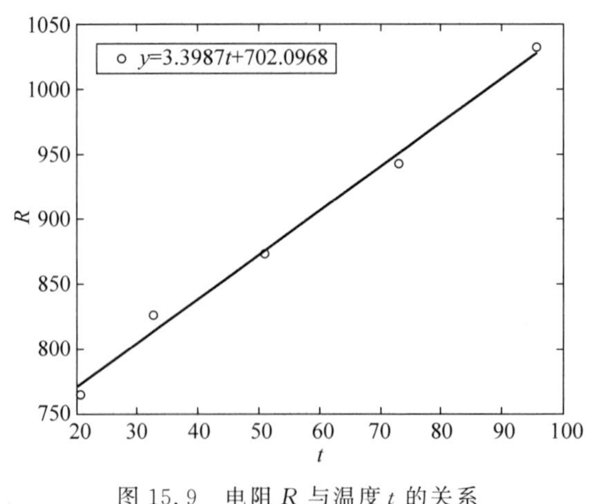

图 15.9　电阻 R 与温度 t 的关系

程序 2：用线性函数最小二乘拟合命令

```
clear;clc;
t = [20.5 32.7 51.0 73.0 95.7];
R = [765 826 873 942 1032];
e = [1 1 1 1 1];
plot(t,R,'o');
hold on
x = lsqlin([t;e]',R',[],[]);                    % 线性最小二乘法命令
y = x(1) * t + x(2);
plot(t,y,'LineWidth',1)
xlabel('t')
ylabel('R')
legend('y = 3.3987t + 702.0968')
x(1) * 60 + x(2)
```

例 15.8-2 程序下载

注解：这里 $C=\begin{bmatrix} t \\ e \end{bmatrix}$，$d=R$，$x=[a,b]$。

运行该脚本文件，亦可得到图 15.9。

虽然本程序较之程序 1 略显烦琐，但此方法可以进行多元线性函数的拟合。

15.4 微分方程数值解绘图

首先给一个欧拉方法的例子。

【例 15.9】 荷兰著名电子工程师 Balthazar van der Pol 为了描述 LC 回路，于 1927 年推导出的三极管电路的数学模型

$$\frac{d^2x}{dt}-\mu(1-x^2)\frac{dx}{dt}+x=0$$

现在用向前欧拉公式求解 van der Pol 方程，$y''-\mu(1-y^2)y'+y=0$，画出 xOy 面上的轨线图。

令 $x_1=y$，$x_2=y'$，则有

$$\begin{cases} \dfrac{dx_1}{dt}=x_2 \\ \dfrac{dx_2}{dt}=-x_1+(1-x_1^2)x_2 \end{cases}$$

程序如下：

```
>> clear;clc;
x(1) = 0;y(1) = 0.1;h = 0.01;                   % 步长 h = 0.01
mu = 1 0r 0.5
for i = 1:3000
x(i + 1) = x(i) + y(i) * h;                     % 微分方程对应的欧拉方程
y(i + 1) = y(i) + ( - x(i) + mu * (1 - x(i)^2) * y(i)) * h;
end
```

例 15.9 程序下载

```
plot(x,y,'LineWidth',1)
xlabel('x_1')
ylabel('x_2')
```

运行该脚本文件,得到图 15.10。

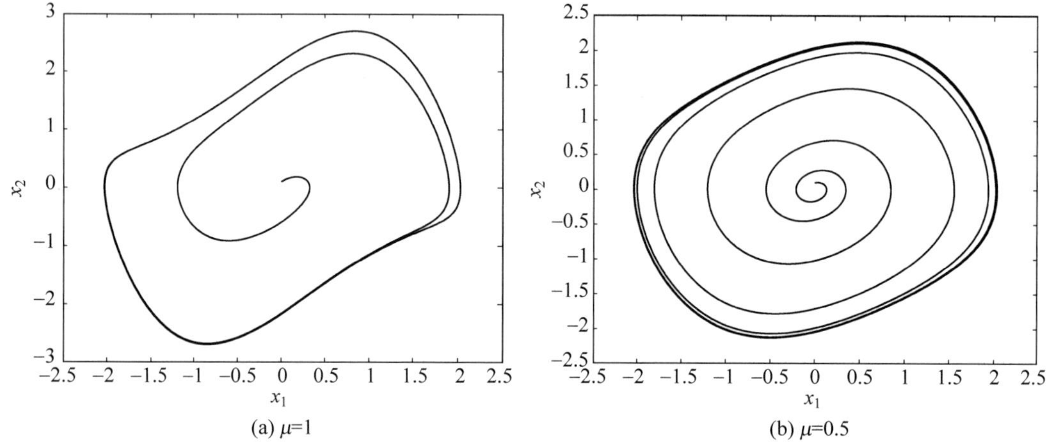

图 15.10　van der Pol 方程的振荡解

该图形显示三极管电路会产生稳定的自激振动。从数学理论上和物理实验上也都可以得到与此数值模拟相一致的结果。

MATLAB 专门提供了求解微分方程的函数 ode,四阶龙格-库塔公式 ode45 是采用 R-K 法的变步长求解器,和它一样的还有二阶龙格-库塔公式 ode23。常用的语法格式如下:

```
[t,x] = ode23('odefun',tspan,x0)
[t,x] = ode45('odefun',tspan,x0)
```

其中,odefun 为待求解微分方程右端函数,通常写成 M 文件,tspan 是求解区间 $[t_0, t_f]$,$x0$ 是初始值向量。

【例 15.10】 由蔡少棠(Leon O. Chua)教授 1983 年提出的蔡氏电路(图 15.11)是一种简单的非线性电子电路设计,其可以表现出标准的混沌理论行为,请作图验证之。

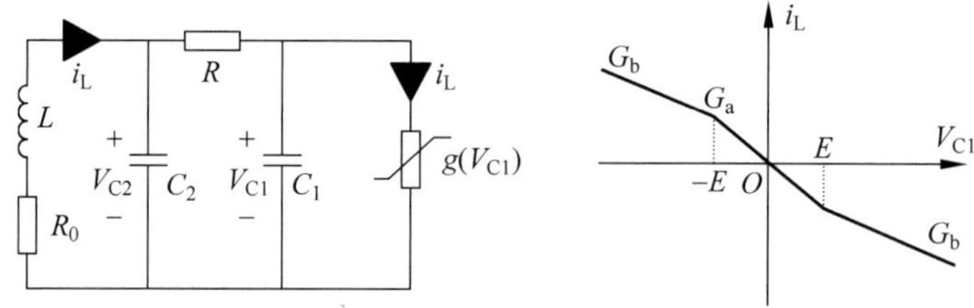

图 15.11　蔡氏电路及其非线性电阻特性

令 $x(t)$、$y(t)$ 分别表示电容 C_1、C_2 上的电压,$z(t)$ 表示电感 L 上的电流强度,则蔡氏电路满足如下微分方程。

$$\begin{cases}\dfrac{dx}{dt}=\alpha(y-f(x)) \\ \dfrac{dy}{dt}=x-y+z \\ \dfrac{dz}{dt}=-\beta y\end{cases}$$

式中，$\alpha=C_2/C_1$，$\beta=C_2R^2/L$，函数 $f(x)$描述了非线性电阻的电子响应，依赖于组件的特定配置，如分段线性电阻，$f(x)$满足 $f(x)=cx(t)+0.5(d-c)(|x(t)+1|-|x(t)-1|)$。

该系统一般呈现系统趋于稳定的情形，即各个变量趋于常数，见图 15.12(a)。取适合参数，该电路有混沌现象，通过方程数值解的图像可以验证。

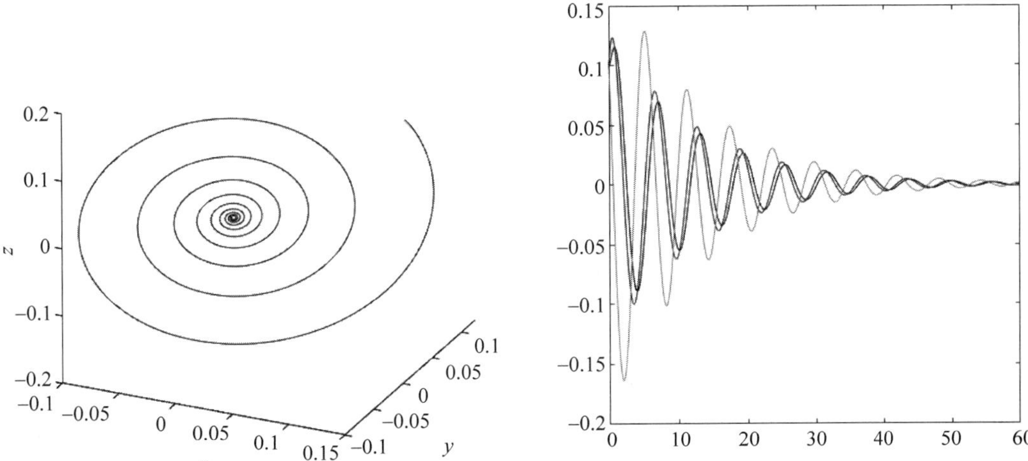

(a) 蔡氏电路的稳定情形

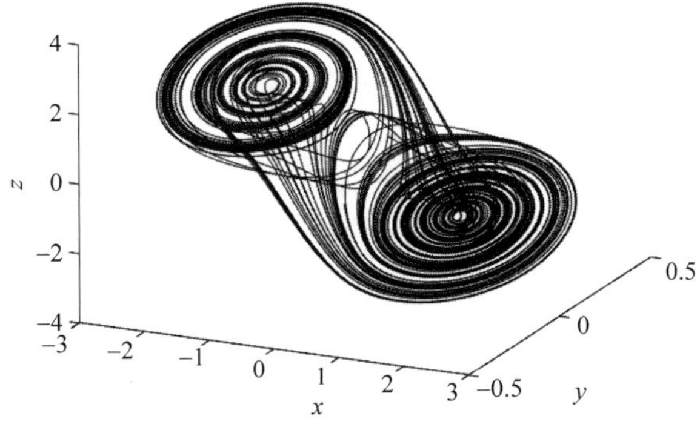

(b) 蔡氏电路的混沌现象

图 15.12 蔡氏电路方程数值解的相图

定义 Chua.m 函数的程序：

```
>> function dy = Chua(t,y)
a = 10;
```

```
b = 15;
c = - 0.6;
dy = [a * (y(2) - y(1) - (c * y(1) - 0.5 * 0.6 * (abs(y(1) + 1) - abs(y(1) - 1))))
y(1) - y(2) + y(3)
- b * y(2)];
```

求数值解、绘图程序：

例 15.10
Chua.m
程序下载

```
clear
t = 0:0.02:600;
y0 = [0.1,0.1,0.1];
[t,y] = ode45('Chua',t,y0);                 % 调用 Chua.m,并执行 ode45 算法
plot3(y(:,1),y(:,2),y(:,3))
xlabel('x')
ylabel('y')
zlabel('z')
view(25,25)                                  % 调整视点角度
box
```

例 15.10
程序下载

运行该脚本文件，得到图 15.12(b)。

MATLAB 专门提供有求解时滞微分方程的函数 dde23。其常用的语法格式如下：

```
sol = dde23('ddefun', lags, history, tspan):dde23
```

求解微分方程的解。其中，ddefun 待求解时滞微分方程右端函数，格式为 dydt = ddefun(t,x,z)，t 为时间变量，y 为列向量，z(：,j)代表 $x(t-\tau_j)$，值存储在 lags(j)中，ddefun 通常写成 M 文件。history 为初始函数，tspan 是求解区间 $[t_0, t_f]$。

【例 15.11】 求解下面二维人工神经网络模型所在方程的初值问题，并绘图其二维空间轨线图。

$$\begin{cases} \dfrac{dx_1}{dt} = -3x_1(t) + 12\sin(x_2(t-0.4)) \\ \dfrac{dx_2}{dt} = -2x_2(t) + 3\sin(x_1(t-0.4)) \end{cases}$$

程序如下：

```
function delay1                              % 绘图程序
clear; clc;
lags = [0.4];
tspan = [0,60];
sol = dde23(@ddefun,lags,@history,tspan);
subplot(1,2,1)
plot(sol.x,sol.y);
xlabel('t');
legend('x_1','x_2',2);
subplot(1,2,2)
```

```
plot(sol.y(1,:),sol.y(2,:));
xlabel('x_1');
ylabel('x_2');

function dydt = ddefun(t,y,Z)                        % 微分方程表示
ylag1 = Z(:,1);
dydt = [ - 3 * y(1) + 12 * sin(ylag1(2))
 - 2 * y(2) + 3 * sin(ylag1(1))];

function S = history(t)                              % 初始函数
S = ones(2,1);
```

例 15.11 程序下载

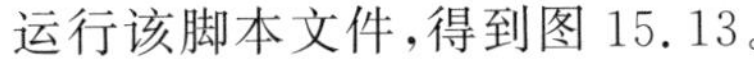

运行该脚本文件,得到图 15.13。

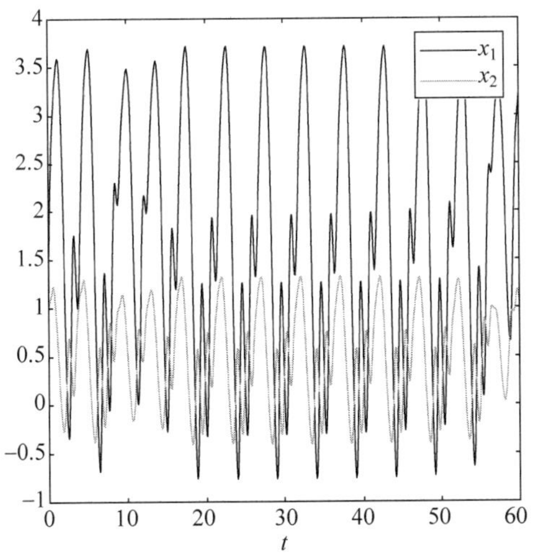

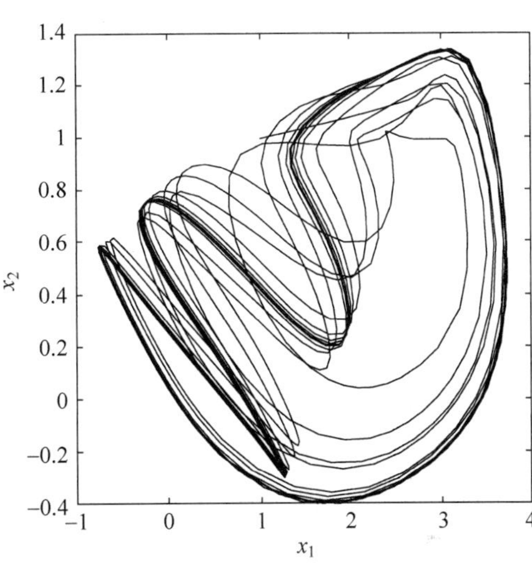

图 15.13 神经网络模型的状态变量时间响应图与相图

15.5 统计图绘制

为了实际使用,我们需要绘制统计图,如条形图、线形图、扇形图、散点图等。线图使用 plot 命令就可绘制。绘制条形图可使用命令 bar,扇形图可使用命令 pie,绘制散点图可使用命令 scatter。

【例 15.12】 机械加工误差 X 服从正态分布,设 $X \sim N(\mu,\sigma^2)$,u 为加工误差的平均值,σ 为标准差,表示尺寸的分散情况。用二维条形图表示正态分布曲线 $X \sim N(5,0.01)$。

例 15.12 程序下载

正态分布曲线描述的尺寸分散范围取 $x \in [5-3\sigma,5+3\sigma]$即可,根据题意 $\sigma=0.03$。

```
>> clear;clc;
x = 4.97:0.002:5.03;
y = 1/sqrt(2 * pi * 0.01) * exp( - (x - 5).^2/(2 * 0.0001));
bar(x, y,0.6, 'g')                                   % 绘制条形图,绿色,宽度 0.6
title('误差分布')
```

运行该脚本文件，得到图 15.14。

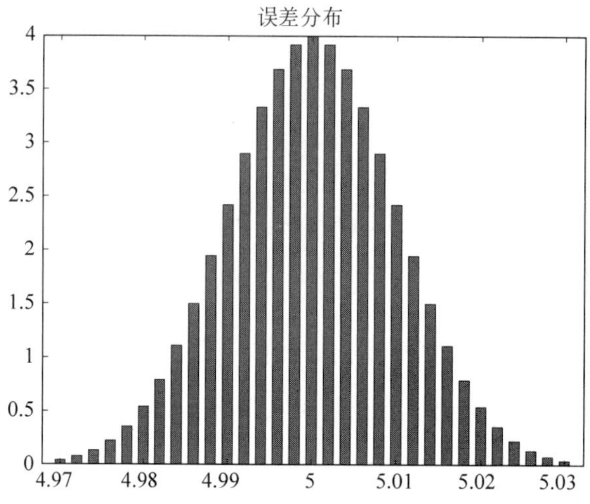

图 15.14　正态分布的垂直条形图形

【例 15.13】 某教研室教师职称结构情况如下：教授 2 人，副教授 6 人，讲师 10 人，助教 5 人。绘制描述该教研室职称分布情况的扇形图。

例 15.13
程序下载

```
>> clear;clc;
x = [2,6,10,5];
e = [1,0,0,0];
pie3(x,e); % 三维扇形图,e 为与 x 同维的数组,非零数组(教授)对应扇形外移
legend('教授','副教授','讲师','助教')            % 图例
```

运行该脚本文件，得到图 15.15。

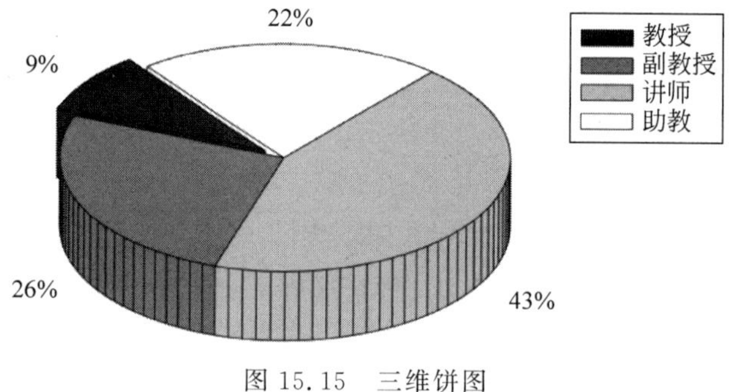

图 15.15　三维饼图

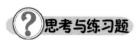

思考与练习题

1. 填空题

(1) 处理二维图形的主要命令有(　　　　　　　)。

(2) 绘制三维网格图形的命令有(　　　　　　　)。

(3) 样条插值命令是(　　　　　　)。

(4) linspace(a:b:n) 命令的含义是(　　　　　　)。

(5) MATLAB 常绘制的统计图形有(　　　　　　　)等类型。

2. 图形编程题

(1) 在[−6,6]区间绘制多项式函数 $y=2x^2+3x+1$ 的曲线图形。

(2) 在同一窗口绘制一元函数 $y=2\sin x$，$y=e^x$，$y=2x+1$ 的曲线图形，并用图例、颜色与线型区分。

(3) 绘制二元函数 $z=\sin(x+y)$，$-8\leqslant x,y\leqslant 8$ 的三维网格曲面，并添加颜色标尺，并另外绘制该函数的平面等高线图。

(4) ※绘制图 15.16 所示一个橘红色六边形、内部有四个圆环的无人机着陆图标。

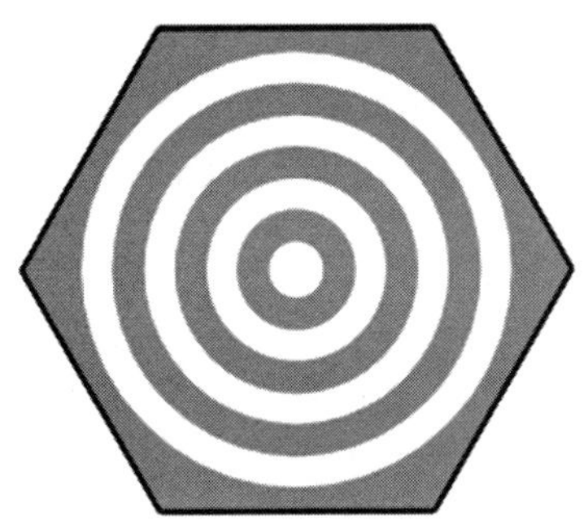

图 15.16　无人机着陆图标

(5) ※绘制图 15.17 所示两个球面，其中一个在另一个里面，将外面的球裁掉一部分，以便能看到里面的球。

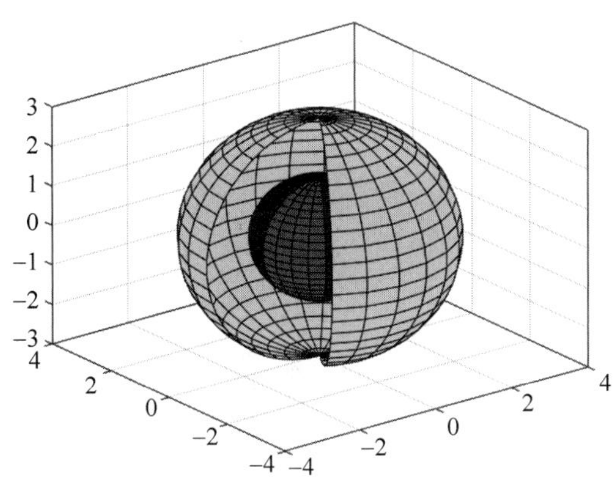

图 15.17　剖切球

(6) 绘制极坐标表示的心形线 $\rho=4(1-\cos\theta)$，$\theta\in[0,2\pi]$的图形。

(7) 在一个图形窗口中以子图形式在[0,4π]区间上绘制一元函数 $y=x$，$y=\cos x$ 与 $y=2\sin \pi x$ 的图形，并在每一图形上方显示函数标题。

(8) 观测物体的直线运动,得出表 15.5 所示数据,求运动方程并绘制图形。

表 15.5 直线运动数据

时间 t/s	0	0.9	1.9	3.0	3.9	5.0
距离 s/m	0	10	30	50	80	110

(9) 某二阶 RLC 电路电容上的电压 u_c 满足微分方程

$$u_c''+12u_c'+20u_c=200$$

求微分方程在区间[0,100]上的数值解,并绘制时间响应图与相图。

(10) 某教学班考试,优秀 5 人,良好 30 人,及格 8 人,不及格 3 人,绘制描述该班成绩分布情况的二维饼图。

附　　表

附表 1　普通螺纹直径与螺距/mm（摘自 GB/T 192、193、196）

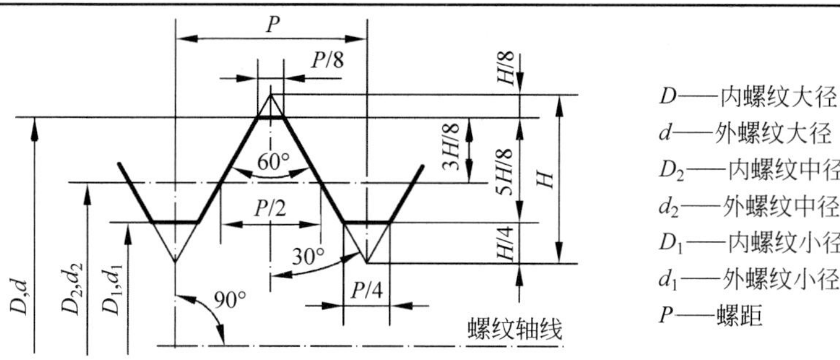

标记示例：

M10-6g（粗牙普通外螺纹、公称直径 d＝M10、中径及大径公差带均为 6g、中等旋合长度、右旋）

M10×1-6H-LH（细牙普通内螺纹、公称直径 D＝M10、螺距 P＝1、中径及小径公差带均为 6H、中等旋合长度、左旋）

公称直径（D、d）			螺距（P）		粗牙螺纹小径（D_1、d_1）
第一系列	第二系列	第三系列	粗牙	细牙	
4	—	—	0.7	0.5	3.242
5	—	—	0.8		4.134
6	—	—	1	0.75	4.917
	7	—			5.917
8	—	—	1.25	1、0.75	6.647
10	—	—	1.5	1.25、1、0.75	8.376
12	—	—	1.75	1.25、1	10.106
—	14	—	2	1.5、1.25、1	11.835
—	—	15		1.5、1	* 13.376
16	—	—	2	1.5、1	13.835
—	18	—	2.5	2、1.5、1	15.294
20	—	—			17.294
—	22	—			19.294
24	—	—	3		20.752
—	—	25	—		* 22.835
—	27	—	3		23.752
30	—	—	3.5	(3)、2、1.5、1	26.211
—	33	—		(3)、2、1.5	29.211
—	—	35	—	1.5	* 33.376
36	—	—	4	3、2、1.5	31.670
—	39	—			34.670

注：优先选用第一系列，其次是第二系列，第三系列尽可能不用；括号内尺寸尽可能不用；M14×1.25 仅用于发动机的火花塞；M35×1.5 仅用于滚动轴承锁紧螺母；带 * 号的为细牙参数，是对应于第一种细牙螺距的小径尺寸。

附表 2　管螺纹

用螺纹密封的管螺纹
（摘自 GB/T 7306）

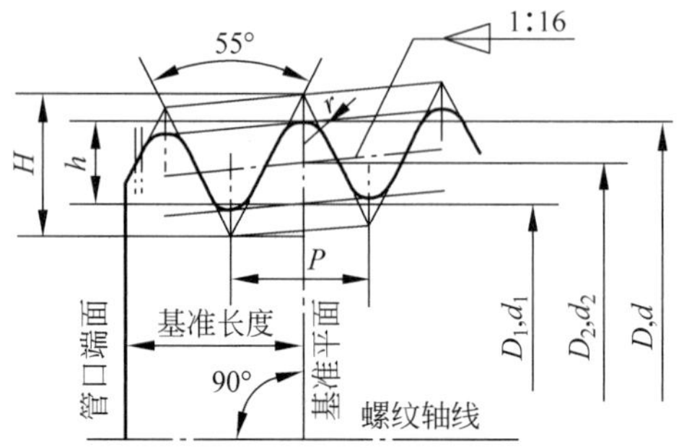

标记示例：
R1/2（尺寸代号 1/2，右旋圆锥外螺纹）
Rc1/2-LH （尺寸代号 1/2，左旋圆锥内螺纹）
Rp1/2 （尺寸代号 1/2，右旋圆柱内螺纹）

非螺纹密封的管螺纹
（摘自 GB/T 7307）

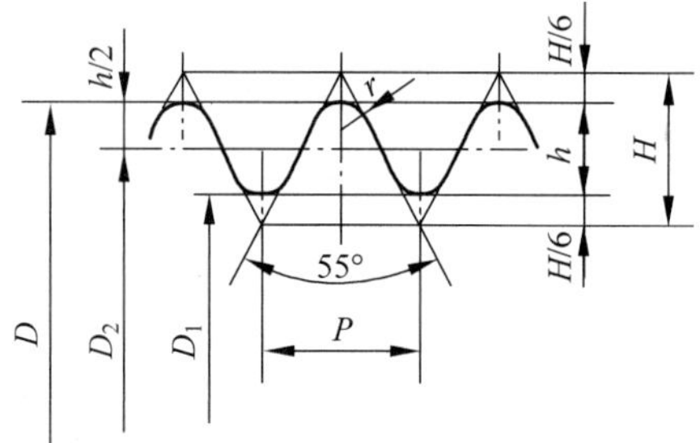

标记示例：
G1/2-LH （尺寸代号 1/2，左旋内螺纹）
G1/2A （尺寸代号 1/2，A 级右旋外螺纹）
G1/2B-LH （尺寸代号 1/2，B 级左旋外螺纹）

尺寸代号	基面上的直径（GB/T 7306）基本直径（GB/T 7307）			螺距（P）/mm	牙高（h）/mm	圆弧半径（R）/mm	每 25.4 mm 内的牙数（n）	有效螺纹长度（GB/T 7306）/mm	基准的基本长度（GB/T 7306）/mm
	大径（$d=D$）/mm	中径（$d_2=D_2$）/mm	小径（$d_1=D_1$）/mm						
1/16	7.723	7.142	6.561	0.907	0.581	0.125	28	6.5	4.0
1/8	9.728	9.147	8.566					6.5	4.0
1/4	13.157	12.301	11.445	1.337	0.856	0.184	19	9.7	6.0
3/8	16.662	15.806	14.950					10.1	6.4
1/2	20.955	19.793	18.631	1.814	1.162	0.249	14	13.2	8.2
3/4	26.441	25.279	24.117					14.5	9.5
1	33.249	31.770	30.291	2.309	1.479	0.317	11	16.8	10.4
$1^{1/4}$	41.910	40.431	28.952					19.1	12.7
$1^{1/2}$	47.803	46.324	44.845					19.1	12.7
2	59.614	58.135	56.656					23.4	15.9
$2^{1/2}$	75.184	73.705	72.226					26.7	17.5
3	87.884	86.405	84.926					29.8	20.6
4	113.030	111.551	110.072					35.8	25.4
5	138.430	136.951	135.472					40.1	28.6
6	163.830	162.351	160.872					40.1	28.6

附表 3　六角头螺栓/mm

六角头螺栓—C级(GB/T 5780)　　六角头螺栓—A级和B级(GB/T 5782)

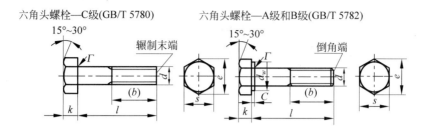

15°~30°　辗制末端　倒角端

标记示例

螺纹规格 d=M12、公称长度 l=80mm、性能等级为 4.8 级、C 级的六角头螺栓：

螺栓　GB/T 5780　M12×80

螺纹规格 d		M5	M6	M8	M10	M12	M16	M20	M24	M30	M36
b（参考）	l≤125	16	18	22	26	30	38	46	54	66	—
	125<l≤200	22	24	28	32	36	44	52	60	72	84
	l>200	35	37	41	45	49	57	65	73	85	97
c(max)		0.5	0.5	0.6	0.6	0.6	0.8	0.8	0.8	0.8	0.8
d_w	A 级	6.88	8.88	11.63	14.63	16.63	22.49	28.19	33.61	—	—
	B 级	6.74	8.74	11.47	14.47	16.47	22	27.7	33.25	42.7	51.1
k		3.5	4	5.3	6.4	7.5	10	12.5	15	18.7	22.5
r		0.2	0.25	0.4	0.4	0.6	0.6	0.8	0.8	1	1
e	A 级	8.79	11.05	14.38	17.77	20.03	26.75	33.53	39.98	—	—
	B、C 级	8.63	10.89	14.20	17.59	19.85	26.17	32.95	39.55	50.85	60.79
s		8	10	13	16	18	24	30	36	46	55
l		25～50	30～60	40～80	45～100	55～120	65～160	80～200	100～240	120～300	140～360
l(系列)		25、30、35、40、45、50、55、60、65、70、80、90、100、110、120、130、140、150、160、180、200、220、240、260、280、300、320、340、360									

注：A 级用于 d≤24 和 l≤10d 或≤150mm(按较小值)的螺栓；

B 级用于 d>24 和 l>10d 或>150mm(按较小值)的螺栓。

附表 4　螺钉/mm(摘自 GB/T 65、67、68)

(1) 开槽圆柱头螺钉(GB/T 65)

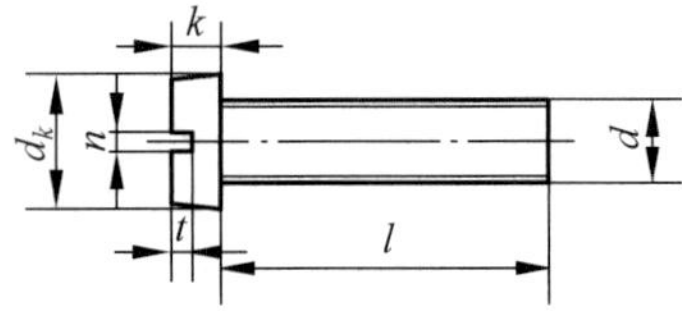

(2) 开槽盘头螺钉(GB/T 67)

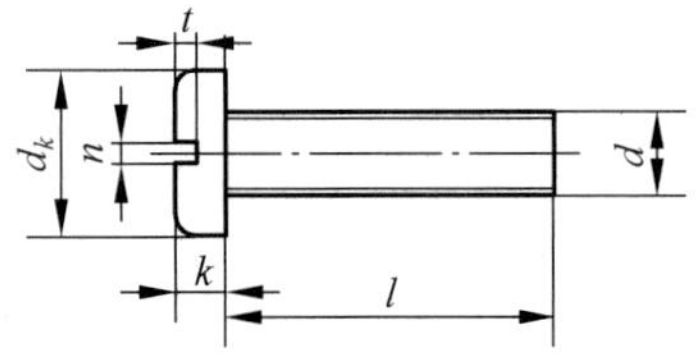

(3) 开槽沉头螺钉(GB/T 68)

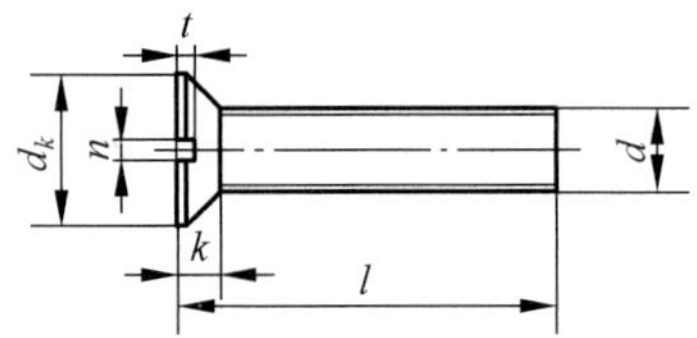

标记示例：

螺钉　GB/T 65　M5×20　(螺纹规格 d=M5、l=50、性能等级为 4.8 级、不经表面处理的开槽圆柱头螺钉)

螺纹规格 d		M1.6	M2	M2.5	M3	(M3.5)	M4	M5	M6	M8	M10
$n_{公称}$		0.4	0.5	0.6	0.8	1	1.2	1.2	1.6	2	2.5
GB/T 65	d_k(max)	3	3.8	4.5	5.5	6	7	8.5	10	13	16
	k(max)	1.1	1.4	1.8	2	2.4	2.6	3.3	3.9	5	6
	t(min)	0.45	0.6	0.7	0.85	1	1.1	1.3	1.6	2	2.4
	$l_{范围}$	2～16	3～20	3～25	4～30	5～35	5～40	6～50	8～60	10～80	12～80
GB/T 67	d_k(max)	3.2	4	5	5.6	7	8	9.5	12	16	20
	k(max)	1	1.3	1.5	1.8	2.1	2.4	3	3.6	4.8	6
	t(min)	0.35	0.5	0.6	0.7	0.8	1	1.2	1.4	1.9	2.4
	$l_{范围}$	2～16	2.5～20	3～25	4～30	5～35	5～40	6～50	8～60	10～80	12～80
GB/T 68	d_k(max)	3	3.8	4.7	5.5	7.3	8.4	9.3	11.3	15.8	18.3
	k(max)	1	1.2	1.5	1.65	2.35	2.7	2.7	3.3	4.65	5
	t(min)	0.32	0.4	0.5	0.6	0.9	1	1.1	1.2	1.8	2
	$l_{范围}$	2.5～16	3～20	4～25	5～30	6～35	6～40	8～50	8～60	10～80	12～80
$l_{系列}$		2、2.5、3、4、5、6、8、10、12、(14)、16、20、25、30、35、40、45、50、(55)、60、(65)、70、(75)、80									

附表 5 紧定螺钉/mm（摘自 GB/T 71、73、75）

开槽锥端紧定螺钉（GB/T 71）

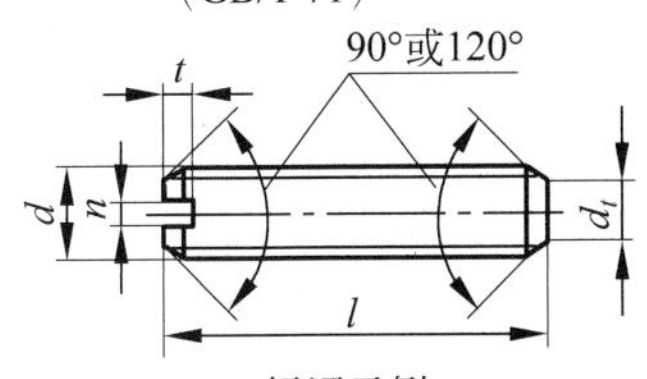

标记示例

螺纹规格d=M5、公称长度l=12mm、性能等级为14H级：

螺钉GB/T 71 M5×12

开槽平端紧定螺钉（GB/T 73）

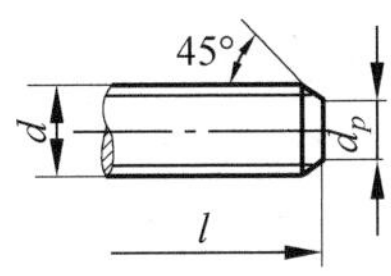

标记示例

螺纹规格d=M5、公称长度l=12mm、性能等级为14H级：

螺钉GB/T 73 M5×12

开槽长圆柱端紧定螺钉（GB/T 75）

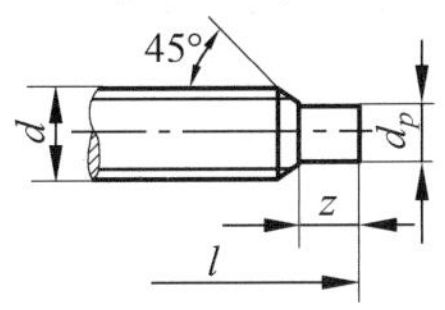

标记示例

螺纹规格d=M5、公称长度l=12mm、性能等级为14H级：

螺钉GB/T 75 M5×12

螺纹规格 d		M1.6	M2	M2.5	M3	M4	M5	M6	M8	M10	M12
n(公称)		0.25	0.25	0.4	0.4	0.6	0.8	1	1.2	1.6	2
t(max)		0.74	0.84	0.95	1.05	1.42	1.63	2	2.5	3	3.6
d_t(max)		0.16	0.2	0.25	0.3	0.4	0.5	1.5	2	2.5	3
d_p(max)		0.8	1	1.5	2	2.5	3.5	4	5.5	7	8.5
z(max)		1.05	1.25	1.25	1.75	2.25	2.75	3.25	4.3	5.3	6.3
l	GB71—85	2～8	3～10	3～12	4～16	6～20	8～25	8～30	10～40	12～50	14～60
	GB73—85	2～8	2～10	2.5～12	3～16	4～20	5～25	6～30	8～40	10～50	12～60
	GB75—85	2.5～8	3～10	4～12	5～16	6～20	8～25	8～30	10～40	12～50	14～60
l(系列)		2,2.5,3,4,5,6,8,10,12,(14),16,20,25,30,35,40,45,50,(55),60									

注：1. 尽可能不采用括号内的规格。

2. 商品规格 M1.6～M10。

附表 6 双头螺柱/mm（摘自 GB/T 897～900）

$b_m=1d$(GB/T 897) $b_m=1.25d$(GB/T 898) $b_m=1.5d$(GB/T 899) $b_m=2d$(GB/T 900)

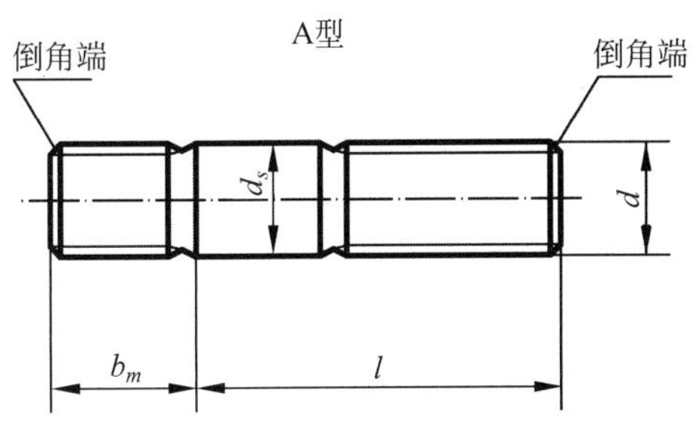

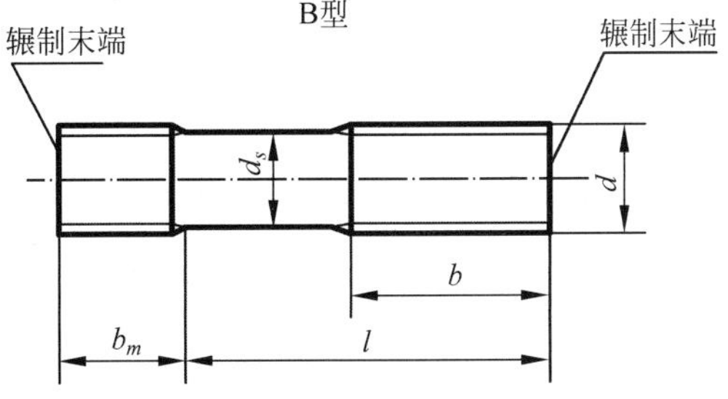

标记示例：

螺柱 GB/T 900 M10×50 （两端均为粗牙普通螺纹、d＝M10、l＝50、性能等级为 4.8 级、不经表面处理、B 型、$b_m=2d$ 的双头螺柱）

螺柱 GB/T 900 AM10-10×1×50 （旋入机体一端为粗牙普通螺纹、旋螺母端为螺距 $P=1$ 的细牙普通螺纹、d＝M10、l＝50、性能等级为 4.8 级、不经表面处理、A 型、$b_m=2d$ 的双头螺柱）

续表

螺纹规格(d)	b_m(旋入机体端长度)				l(螺柱长度)/b(旋入螺母端长度)
	GB/T 897	GB/T 898	GB/T 899	GB/T 900	
M4	—	—	6	8	$\frac{16\sim22}{8}$ $\frac{25\sim40}{14}$
M5	5	6	8	10	$\frac{16\sim22}{10}$ $\frac{25\sim50}{16}$
M6	6	8	10	12	$\frac{20\sim22}{10}$ $\frac{25\sim30}{14}$ $\frac{32\sim75}{18}$
M8	8	10	12	16	$\frac{20\sim22}{12}$ $\frac{25\sim30}{16}$ $\frac{32\sim90}{22}$
M10	10	12	15	20	$\frac{25\sim28}{14}$ $\frac{30\sim38}{16}$ $\frac{40\sim120}{26}$ $\frac{130}{32}$
M12	12	15	18	24	$\frac{25\sim30}{16}$ $\frac{32\sim40}{20}$ $\frac{45\sim120}{30}$ $\frac{130\sim180}{36}$
M16	16	20	24	32	$\frac{30\sim38}{20}$ $\frac{40\sim55}{30}$ $\frac{60\sim120}{38}$ $\frac{130\sim200}{44}$
M20	20	25	30	40	$\frac{35\sim40}{25}$ $\frac{45\sim65}{35}$ $\frac{70\sim120}{46}$ $\frac{130\sim200}{52}$
(M24)	24	30	36	48	$\frac{45\sim50}{30}$ $\frac{55\sim75}{45}$ $\frac{80\sim120}{54}$ $\frac{130\sim200}{60}$
(M30)	30	38	45	60	$\frac{60\sim65}{40}$ $\frac{70\sim90}{50}$ $\frac{95\sim120}{66}$ $\frac{130\sim200}{72}$ $\frac{210\sim250}{85}$
M36	36	45	54	72	$\frac{65\sim75}{45}$ $\frac{80\sim110}{60}$ $\frac{120}{78}$ $\frac{130\sim200}{84}$ $\frac{210\sim300}{97}$
M42	42	52	63	84	$\frac{70\sim80}{50}$ $\frac{85\sim110}{70}$ $\frac{120}{90}$ $\frac{130\sim200}{96}$ $\frac{210\sim300}{109}$
M48	48	60	72	96	$\frac{80\sim90}{60}$ $\frac{95\sim110}{80}$ $\frac{120}{102}$ $\frac{130\sim200}{108}$ $\frac{210\sim300}{121}$
$l_{公称}$	12、(14)、16、(18)、20、(22)、25、(28)、30、(32)、35、(38)、40、45、50、55、60、(65)、70、75、80、(85)、90、(95)、100～260(10 进位)、280、300				

注：1. 尽可能不采用括号内的规格。末端按 GB/T 2 规定。

2. $b_m=1d$，一般用于钢对钢；$b_m=(1.25\sim1.5)d$，一般用于钢对铸铁；$b_m=2d$，一般用于钢对铝合金。

附表 7　六角螺母

Ⅰ型六角螺母(GB/T 6170)　　　　六角薄螺母(GB/T 6172.1)

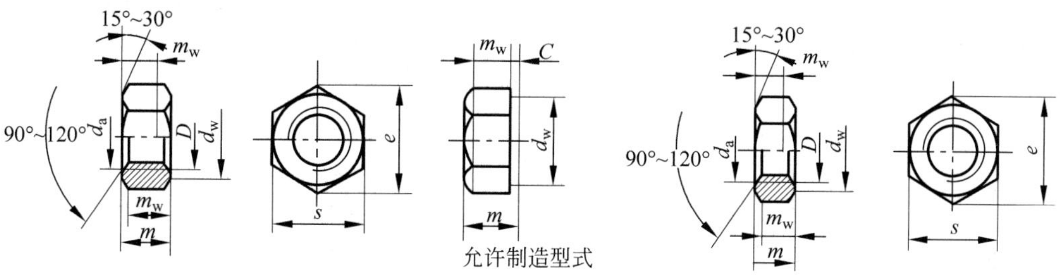

螺纹规格 D＝M12、性能等级为 10 级、不经表面处理、Ⅰ型六角螺母：螺母　GB/T 6170　M12

螺纹规格 D＝M12、性能等级为 04 级、不经表面处理、六角薄螺母：螺母　GB/T 6172　M12

螺纹规格 D	d_a		d_w	e	GB/T 6170—2000						GB/T 6172.1—2000				
					e	m		m_w	s		m		m_e	s	
	min	max	min	min	max	max	min	min	max	min	max	min	min	max	min
M3	3	3.45	4.6	6.01	0.4	2.4	2.15	1.7	5.5	5.32	1.8	1.55	1.2	5.5	5.32
M4	4	4.6	5.9	7.66		3.2	2.9	2.3	7	6.78	2.2	1.95	1.6	7	6.78
M5	5	5.75	6.9	8.79	0.5	4.7	4.4	3.5	8	7.78	2.7	2.45	2	8	7.78
M6	6	6.75	8.9	11.05		5.2	4.9	3.9	10	9.78	3.2	2.9	2.3	10	9.78
M8	8	8.75	11.6	14.38	0.6	6.8	6.44	5.1	13	12.73	4	3.7	3	13	12.73
M10	10	10.8	14.6	17.77		8.4	8.04	6.4	16	15.73	5	4.7	3.8	16	15.73
M12	12	13	16.6	20.03		10.8	10.37	8.3	18	17.73	6	5.7	4.6	18	17.73
M16	16	17.3	22.5	26.75	0.8	14.8	14.1	11.3	24	23.67	8	7.42	5.9	24	23.67
M20	20	21.6	27.7	32.95		18	16.9	13.5	30	29.16	10	9.10	7.3	30	29.16
M24	24	25.9	33.2	39.55		21.5	20.2	16.2	36	35	12	10.9	8.7	36	35
M30	30	32.4	42.7	50.85		25.6	24.3	19.4	46	45	15	13.9	11.1	46	45
M36	36	38.9	51.1	60.79		31	29.4	23.5	55	53.8	18	16.9	13.5	55	53.8

注：(1) A 级用于 $D \leqslant 16$ 的螺母、B 级用于 $D>16$ 的螺母；

(2) m_w 为扳拧高度。

附表 8　垫圈/mm

平垫圈　A 级(摘自 GB/T 97.1)　　　　平垫圈　C 级(摘自 GB/T 95)
平垫圈　倒角型　A 级(摘自 GB/T 97.2)　　　　标准型弹簧垫圈(摘自 GB/T 93)

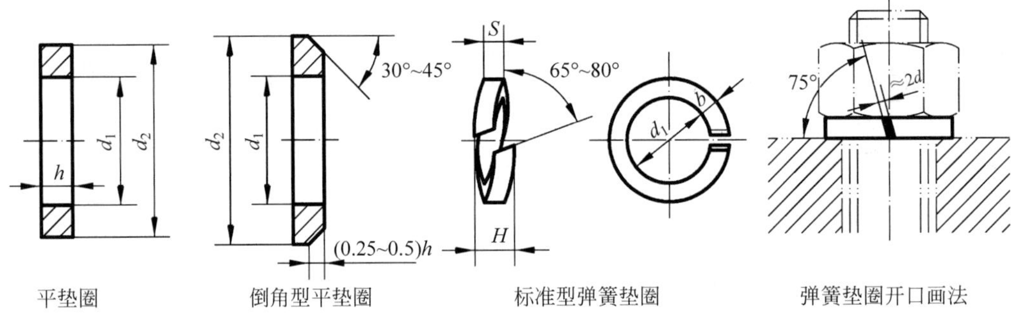

平垫圈　　倒角型平垫圈　　标准型弹簧垫圈　　弹簧垫圈开口画法

标记示例：

垫圈　GB/T 95　8-100HV　(标准系列、规格 8、性能等级为 100HV 级、不经表面处理，产品等级为 C 级的平垫圈)

公称尺寸 d (螺纹规格)		4	5	6	8	10	12	14	16	20	24	30	36	42	48
GB/T 97.1 (A 级)	d_1	4.3	5.3	6.4	8.4	10.5	13.0	15	17	21	25	31	37	—	—
	d_2	9	10	12	16	20	24	28	30	37	44	56	66	—	—
	h	0.8	1	1.6	1.6	2	2.5	2.5	3	3	4	4	5	—	—
GB/T 97.2 (A 级)	d_1	—	5.3	6.4	8.4	10.5	13	15	17	21	25	31	37	—	—
	d_2	—	10	12	16	20	24	28	30	37	44	56	66	—	—
	h	—	1	1.6	1.6	2	2.5	2.5	3	3	4	4	5	—	—
GB/T 95 (C 级)	d_1	—	5.5	6.6	9	11	13.5	15.5	17.5	22	26	33	39	45	52
	d_2	—	10	12	16	20	24	28	30	37	44	56	66	78	92
	h	—	1	1.6	1.6	2	2.5	2.5	3	3	4	4	5	8	8
GB/T 93	d_1	4.1	5.1	6.1	8.1	10.2	12.2	—	16.2	20.2	24.5	30.5	36.5	42.5	48.5
	$S=b$	1.1	1.3	1.6	2.1	2.6	3.1	—	4.1	5	6	7.5	9	10.5	12
	H	2.8	3.3	4	5.3	6.5	7.8	—	10.3	12.5	15	18.6	22.5	26.3	30

注：A 级适用于精装配系列，C 级适用于中等装配系列；C 级垫圈没有 Ra3.2 和去毛刺的要求。

附表 9 平键及键槽各部尺寸/mm(摘自 GB/T 1095、1096)

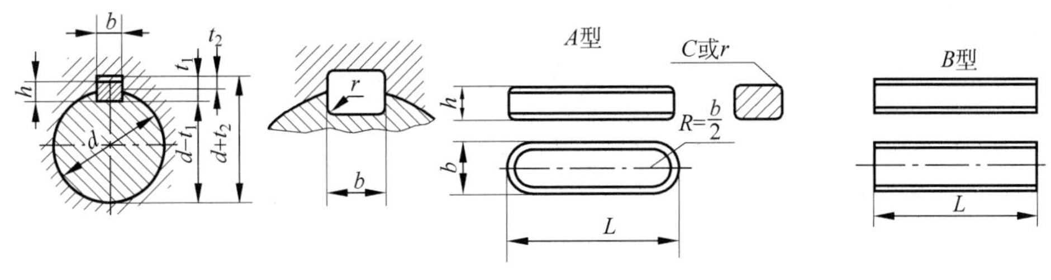

标记示例

圆头普通平键(A 型)$b=16$mm、$h=10$mm、$L=100$mm：GB/T 1096 键 16×10×100

平头普通平键(B 型)$b=16$mm、$h=10$mm、$L=100$mm：GB/T 1096 键 B16×10×100

轴	键	键槽											
公称直径 d	键尺寸 $b\times h$	宽度 b						深度				半径 r	
		基本尺寸 b	极限偏差					轴 t_1		毂 t_2			
			松连接		正常连接		紧密连接						
			轴 H9	毂 D10	轴 N9	毂 J_s9	轴和毂 P9	公称尺寸	极限偏差	公称尺寸	极限偏差	最小	最大
自 6～8	2×2	2	+0.025 0	+0.060 +0.020	−0.004 −0.029	±0.0125	−0.006 −0.031	1.2	+0.1 0	1	+0.1 0	0.08	0.16
>8～10	3×3	3						1.8		1.4			
>10～12	4×4	4	+0.030 0	+0.078 +0.030	0 −0.036	±0.015	−0.012 −0.042	2.5		1.8			
>12～17	5×5	5						3.0		2.3		0.16	0.25
>17～22	6×6	6						3.5		2.8			
>22～30	8×7	8	+0.036 0	+0.098 +0.040	0 −0.036	±0.018	−0.015 −0.051	4.0	+0.2 0	3.3	+0.2 0		
>30～38	10×8	10						5.0		3.3		0.25	0.40
>38～44	12×8	12	+0.043 0	+0.120 +0.050	0 −0.043	±0.0215	−0.018 −0.061	5.0		3.3			
>44～50	14×9	14						5.5		3.8			
>50～58	16×10	16						6.0		4.3			
>58～65	18×11	18						7.0		4.4			

附表 10　销(摘自 GB/T 119.1、GB/T 117、GB/T 91)

(1) 圆柱销(GB/T 119.1)

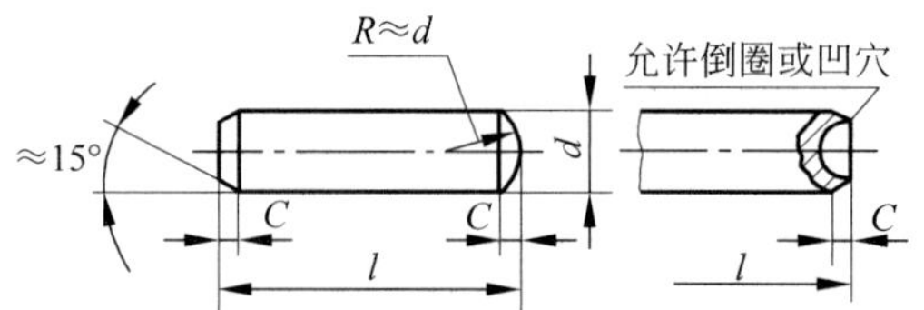

柱表面粗糙度：
m6　$Ra \leqslant 0.8$ μm
h8　$Ra \leqslant 1.6$ μm

标记示例

公称直径d=6mm、公差为m6、公称长度l=30mm、材料为钢、不经淬火、不经表面处理的圆柱销：销　GB/T 119.1　6m6×30

(2) 圆锥销(GB/T 117)

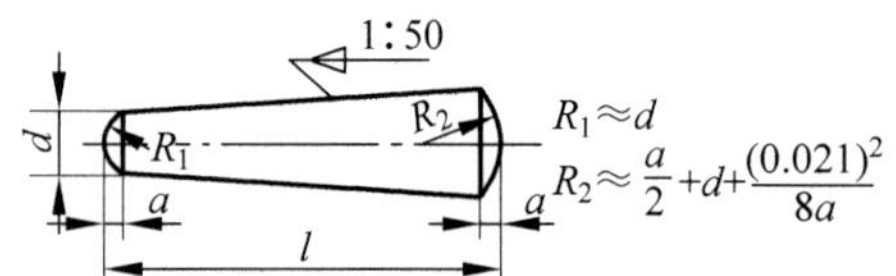

锥表面粗糙度：
A型　$Ra \leqslant 0.8$ μm
B型　$Ra \leqslant 3.2$ μm

标记示例

公称直径d=6mm、公称长度l=30mm、材料为35钢、热处理硬度28~38HRC，表面氧化处理的A型圆锥销：销　GB/T 117　6×30

公称直径 d		3	4	5	6	8	10	12	16	20	25
圆柱销	$c\approx$	0.5	0.63	0.8	1.2	1.6	2.0	2.5	3.0	3.5	4.0
	l(公称)	8～30	8～40	10～50	12～60	14～80	18～95	22～140	26～180	35～200	50～200
圆锥销	$a\approx$	0.4	0.5	0.63	0.8	1.0	1.2	1.6	2.0	2.5	3.0
	l(公称)	12～45	14～55	18～60	22～90	22～120	26～160	32～180	40～200	45～200	50～200
l(公称)的系列		12～32(二进位),35～100(五进位),100～200(二十进位)									

(3) 开口销(GB/T 91)

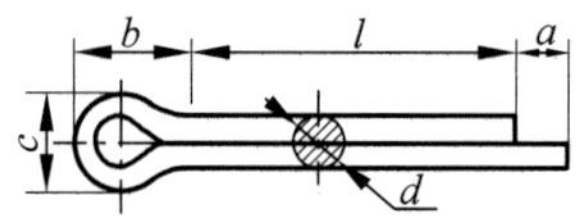

标记示例

公称直径d=5mm，长度l=50mm，材料为低碳钢不经表面处理的开口销：
销　GB/T 91　5×50

公称直径 d		0.6	0.8	1	1.2	1.6	2	2.5	3.2	4	5	6.3	8	10	12
a	max	1.6			2.5				3.2	4				6.3	
c	max	1	1.4	1.8	2	2.8	3.6	4.6	5.8	7.4	9.2	11.8	15	19	24.8
	min	0.9	1.2	1.6	1.7	2.4	3.2	4	5.1	6.5	8	10.3	13.1	16.6	21.7
$b\approx$		2	2.4	3	3	3.2	4	5	6.4	8	10	12.6	16	20	26
l(公称)		4～12	5～16	6～20	8～26	8～32	10～40	12～50	14～65	18～80	22～100	30～120	40～160	45～200	70～200
l(公称)的系列		6～32(二进位),36,40～100(五进位),120～200(二十进位)													

注：销孔的公称直径等于销的公称直径 d。

附表 11　滚动轴承

深沟球轴承(摘自 GB/T 276)	圆锥滚子轴承(摘自 GB/T 297)	单向推力球轴承(摘自 GB/T 301)
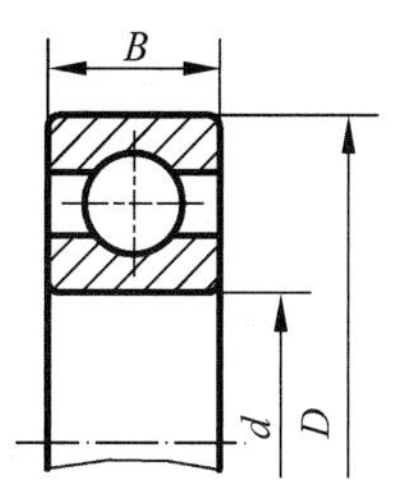	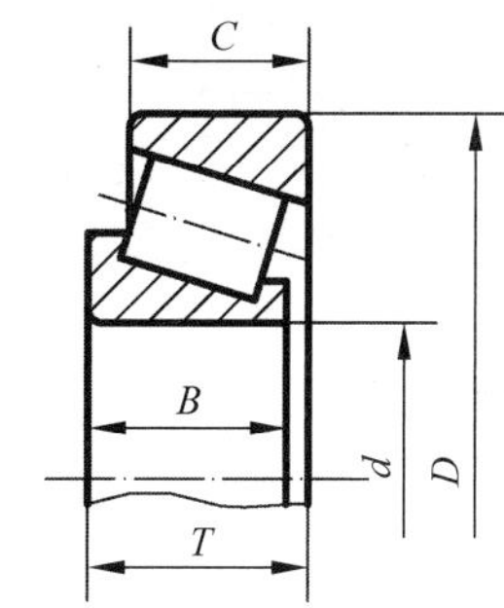	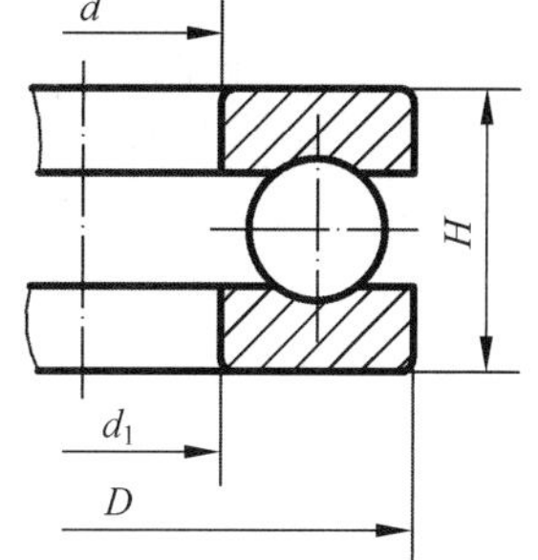
标记示例: 滚动轴承　6310　GB/T 276	标记示例: 滚动轴承　30212　GB/T 297	标记示例: 滚动轴承　51305　GB/T 301

轴承型号	尺寸/mm			轴承型号	尺寸/mm					轴承型号	尺寸/mm			
	d	D	B		d	D	B	C	T		d	D	T	d_1
尺寸系列〔(0)2〕				尺寸系列〔02〕						尺寸系列〔12〕				
6202	15	35	11	30 203	17	40	12	11	13.25	51 202	15	32	12	17
6203	17	40	12	30 204	20	47	14	12	15.25	51 203	17	35	12	19
6204	20	47	14	30 205	25	52	15	13	16.25	51 204	20	40	14	22
6205	25	52	15	30 206	30	62	16	14	17.25	51 205	25	47	15	27
6206	30	62	16	30 207	35	72	17	15	18.25	51 206	30	52	16	32
6207	35	72	17	30 208	40	80	18	16	19.75	51 207	35	62	18	37
6208	40	80	18	30 209	45	85	19	16	20.75	51 208	40	68	19	42
6209	45	85	19	30 210	50	90	20	17	21.75	51 209	45	73	20	47
6210	50	90	20	30 211	55	100	21	18	22.75	51 210	50	78	22	52
6211	55	100	21	30 212	60	110	22	19	23.75	51 211	55	90	25	57
6212	60	110	22	30 213	65	120	23	20	24.75	51 212	60	95	26	62
尺寸系列〔(0)3〕				尺寸系列〔03〕						尺寸系列〔13〕				
6302	15	42	13	30 302	15	42	13	11	14.25	51 304	20	47	18	22
6303	17	47	14	30 303	17	47	14	12	15.25	51 305	25	52	18	27
6304	20	52	15	30 304	20	52	15	13	16.25	51 306	30	60	21	32
6305	25	62	17	30 305	25	62	17	15	18.25	51 307	35	68	24	37
6306	30	72	19	30 306	30	72	19	16	20.75	51 308	40	78	26	42
6307	35	80	21	30 307	35	80	21	18	22.75	51 309	45	85	28	47
6308	40	90	23	30 308	40	90	23	20	25.25	51 310	50	95	31	52
6309	45	100	25	30 309	45	100	25	22	27.25	51 311	55	105	35	57
6310	50	110	27	30 310	50	110	27	23	29.25	51 312	60	110	35	62
6311	55	120	29	30 311	55	120	29	25	31.50	51 313	65	115	36	67
6312	60	130	31	30 312	60	130	31	26	33.50	51 314	70	125	40	72
尺寸系列〔(0)4〕				尺寸系列〔13〕						尺寸系列〔14〕				
6403	17	62	17	31 305	25	62	17	13	18.25	51 405	25	60	24	27
6404	20	72	19	31 306	30	72	19	14	20.75	51 406	30	70	28	32
6405	25	80	21	31 307	35	80	21	15	22.75	51 407	35	80	32	37
6406	30	90	23	31 308	40	90	23	17	25.25	51 408	40	90	36	42
6407	35	100	25	31 309	45	100	25	18	27.25	51 409	45	100	39	47
6408	40	110	27	31 310	50	110	27	19	29.25	51 410	50	110	43	52
6409	45	120	29	31 311	55	120	29	21	31.50	51 411	55	120	48	57
6410	50	130	31	31 312	60	130	31	22	33.50	51 412	60	130	51	62
6411	55	140	33	31 313	65	140	33	23	36.00	51 413	65	140	56	68
6412	60	150	35	31 314	70	150	35	25	38.00	51 414	70	150	60	73
6413	65	160	37	31 315	75	160	37	26	40.00	51 415	75	160	65	78

注：圆括号中的尺寸系列代号在轴承型号中省略。

附表 12　优先及常用配合中轴的极限

代号		a	b	c	d	e	f	g	h						
公称尺寸/mm		公差													
大于	至	11	11	*11	*9	8	*7	*6	5	*6	*7	8	*9	10
—	3	-270 -330	-140 -200	-60 -120	-20 -45	-14 -28	-6 -16	-2 -8	0 -4	0 -6	0 -10	0 -14	0 -25	0 -40
3	6	-270 -345	-140 -215	-70 -145	-30 -60	-20 -38	-10 -22	-4 -12	0 -5	0 -8	0 -12	0 -18	0 -30	0 -48
6	10	-280 -338	-150 -240	-80 -170	-40 -76	-25 -47	-13 -28	-5 -14	0 -6	0 -9	0 -15	0 -22	0 -36	0 -58
10	14	-290 -400	-150 -260	-95 -205	-50 -93	-32 -59	-16 -34	-6 -17	0 -8	0 -11	0 -18	0 -27	0 -43	0 -70
14	18													
18	24	-300 -430	-160 -290	-110 -240	-65 -117	-40 -73	-20 -41	-7 -20	0 -9	0 -13	0 -21	0 -33	0 -52	0 -84
24	30													
30	40	-310 -470	-170 -330	-120 -280	-80 -142	-50 -89	-25 -50	-9 -25	0 -11	0 -16	0 -25	0 -39	0 -62	0 -100
40	50	-320 -480	-180 -340	-130 -290										
50	65	-340 -530	-190 -380	-140 -330	-100 -174	-60 -106	-30 -60	-10 -29	0 -13	0 -19	0 -30	0 -46	0 -74	0 -120
65	80	-360 -550	-200 -390	-150 -340										
80	100	-380 -600	-220 -440	-170 -390	-120 -207	-72 -126	-36 -71	-12 -34	0 -15	0 -22	0 -35	0 -54	0 -87	0 -140
100	120	-410 -630	-240 -460	-180 -400										
120	140	-460 -710	-260 -510	-200 -450	-145 -245	-85 -148	-43 -83	-14 -39	0 -18	0 -25	0 -40	0 -63	0 -100	0 -160
140	160	-520 -770	-280 -530	-210 -460										
160	180	-580 -830	-310 -560	-230 -480										
180	200	-660 -950	-340 -630	-240 -530	-170 -285	-100 -172	-50 -96	-15 -44	0 -20	0 -29	0 -46	0 -72	0 -115	0 -185
200	225	-740 -1030	-380 -670	-260 -550										
225	250	-820 -1110	-420 -710	-280 -570										
250	280	-920 -1240	-480 -800	-300 -620	-190 -320	-110 -191	-56 -108	-17 -49	0 -23	0 -32	0 -52	0 -81	0 -130	0 -210
280	315	-1050 -1370	-540 -860	-330 -650										
315	355	-1200 -1560	-600 -960	-360 -720	-210 -350	-125 -214	-62 -119	-18 -54	0 -25	0 -36	0 -57	0 -89	0 -140	0 -230
355	400	-1350 -1710	-680 -1040	-400 -760										
400	450	-1500 -1900	-760 -1160	-440 -840	-230 -385	-135 -232	-68 -131	-20 -60	0 -27	0 -40	0 -63	0 -97	0 -155	0 -250
450	500	-1650 -2050	-840 -1240	-480 -880										

注：带 * 者为优先选用的，其他为常用的。

偏差/μm(摘自 GB/T 1800.2)

		js	k	m	n	p	r	s	t	u	v	x	y	z
等级														
*11	12	6	*6	6	*6	*6	6	*6	6	*6	6	6	6	6
0 -60	0 -100	±3	+6 0	+8 +2	+10 +4	+12 +6	+16 +10	+20 +14	—	+24 +18	—	+26 +20	—	+32 +26
0 -75	0 -120	±4	+9 +1	+12 +4	+16 +8	+20 +12	+23 +15	+27 +19	—	+31 +23	—	+36 +28	—	+43 +35
0 -90	0 -150	±4.5	+10 +1	+15 +6	+19 +10	+24 +15	+28 +19	+32 +23	—	+37 +28	—	+43 +34	—	+51 +42
0 -110	0 -180	±5.5	+12 +1	+18 +7	+23 +12	+29 +18	+34 +23	+39 +28	—	+44 +33	—	+51 +40	—	+61 +50
									—		+50 +39	+56 +45	—	+71 +60
0 -130	0 -210	±6.5	+15 +2	+21 +8	+28 +15	+35 +22	+41 +28	+48 +35	—	+54 +41	+60 +47	+67 +54	+76 +63	+86 +73
									+54 +41	+61 +48	+68 +55	+77 +64	+88 +75	+101 +88
0 -160	0 -250	±8	+18 +2	+25 +9	+33 +17	+42 +26	+50 +34	+59 +43	+64 +48	+76 +60	+84 +68	+96 +80	+110 +94	+128 +112
									+70 +54	+86 +70	+97 +81	+113 +97	+130 +114	+152 +136
0 -190	0 -300	±9.5	+21 +2	+30 +11	+39 +20	+51 +32	+60 +41	+72 +53	+85 +66	+106 +87	+121 +102	+141 +122	+163 +144	+191 +172
							+62 +43	+78 +59	+94 +75	+121 +102	+139 +120	+165 +146	+193 +174	+229 +210
0 -220	0 -350	±11	+25 +3	+35 +13	+45 +23	+59 +37	+73 +51	+93 +71	+113 +91	+146 +124	+168 +146	+200 +178	+236 +214	+280 +258
							+76 +54	+101 +79	+126 +104	+166 +144	+194 +172	+232 +210	+276 +254	+332 +310
0 -250	0 -400	±12.5	+28 +3	+40 +15	+52 +27	+68 +43	+88 +63	+117 +92	+147 +122	+195 +170	+227 +202	+273 +248	+325 +300	+390 +365
							+90 +65	+125 +100	+159 +134	+215 +190	+253 +228	+305 +280	+365 +340	+440 +415
							+93 +68	+133 +108	+171 +146	+235 +210	+277 +252	+335 +310	+405 +380	+490 +465
0 -290	0 -460	±14.5	+33 +4	+46 +17	+60 +31	+79 +50	+106 +77	+151 +122	+195 +166	+265 +236	+313 +284	+379 +350	+454 +425	+549 +520
							+109 +80	+159 +130	+209 +180	+287 +258	+339 +310	+414 +385	+499 +470	+604 +575
							+113 +84	+169 +140	+225 +196	+313 +284	+369 +340	+454 +425	+549 +520	+669 +640
0 -320	0 -520	±16	+36 +4	+52 +20	+66 +34	+88 +56	+126 +94	+190 +158	+250 +218	+347 +315	+417 +385	+507 +475	+612 +580	+742 +710
							+130 +98	+202 +170	+272 +240	+382 +350	+457 +425	+557 +525	+682 +650	+822 +790
0 -360	0 -570	±18	+40 +4	+57 +21	+73 +37	+98 +62	+144 +108	+226 +190	+304 +268	+426 +390	+511 +475	+626 +590	+766 +730	+936 +900
							+150 +114	+244 +208	+330 +294	+471 +435	+566 +530	+696 +660	+856 +820	+1036 +1000
0 -400	0 -630	±20	+45 +5	+63 +23	+80 +40	+108 +68	+166 +126	+272 +232	+370 +330	+530 +490	+635 +595	+780 +740	+960 +920	+1140 +1100
							+172 +132	+292 +252	+400 +360	+580 +540	+700 +660	+860 +820	+1040 +1000	+1290 +1250

附表 13　优先及常用配合中孔的极限

代号		A	B	C	D	E	F	G	H					
公称尺寸/mm		公差												
大于	至	11	11	*11	*9	8	*8	*7	6	*7	*8	*9	10	*11
—	3	+330 +270	+200 +140	+120 + 60	+45 +20	+28 +14	+20 + 6	+12 + 2	+6 0	+10 0	+14 0	+25 0	+40 0	+60 0
3	6	+345 +270	+215 +140	+145 +70	+60 +30	+38 +20	+28 +10	+16 +4	+8 0	+12 0	+18 0	+30 0	+48 0	+75 0
6	10	+370 +280	+240 +150	+170 +80	+76 +40	+47 +25	+35 +13	+20 +5	+9 0	+15 0	+22 0	+36 0	+58 0	+90 0
10	14	+400 +290	+260 +150	+205 +95	+93 +50	+59 +32	+43 +16	+24 +6	+11 0	+18 0	+27 0	+43 0	+70 0	+110 0
14	18													
18	24	+430 +300	+290 +160	+240 +110	+117 +65	+73 +40	+53 +20	+28 +7	+13 0	+21 0	+33 0	+52 0	+84 0	+130 0
24	30													
30	40	+470 +310	+330 +170	+280 +120	+142 +80	+89 +50	+64 +25	+34 +9	+16 0	+25 0	+39 0	+62 0	+100 0	+160 0
40	50	+480 +320	+340 +180	+290 +130										
50	65	+530 +340	+380 +190	+330 +140	+174 +100	+106 +60	+76 +30	+40 +10	+19 0	+30 0	+46 0	+74 0	+120 0	+190 0
65	80	+550 +360	+390 +200	+340 +150										
80	100	+600 +380	+440 +220	+390 +170	+207 +120	+126 +72	+90 +36	+47 +12	+22 0	+35 0	+54 0	+87 0	+140 0	+220 0
100	120	+630 +410	+460 +240	+400 +180										
120	140	+710 +460	+510 +260	+450 +200	+245 +145	+148 +85	+106 +43	+54 +14	+25 0	+40 0	+63 0	+100 0	+160 0	+250 0
140	160	+770 +520	+530 +280	+460 +210										
160	180	+830 +580	+560 +310	+480 +230										
180	200	+950 +660	+630 +340	+530 +240	+285 +170	+172 +100	+122 +50	+61 +15	+29 0	+46 0	+72 0	+115 0	+185 0	+290 0
200	225	+1030 +740	+670 +380	+550 +260										
225	250	+1110 +820	+710 +420	+570 +280										
250	280	+1240 +920	+800 +480	+620 +300	+320 +190	+191 +110	+137 +56	+69 +17	+32 0	+52 0	+81 0	+130 0	+210 0	+320 0
280	315	+1370 +1050	+860 +540	+650 +330										
315	355	+1560 +1200	+960 +600	+720 +360	+350 +210	+214 +125	+151 +62	+75 +18	+36 0	+57 0	+89 0	+140 0	+230 0	+360 0
355	400	+1710 +1350	+1040 +680	+760 +400										
400	450	+1900 +1500	+1160 +760	+840 +440	+385 +230	+232 +135	+165 +68	+83 +20	+40 0	+63 0	+97 0	+155 0	+250 0	+400 0
450	500	+2050 +1650	+1240 +840	+880 +480										

注：带“*”者为优先选用的，其他为常用的。

偏差表/μm(摘自 GB/T 1800.2)

	JS		K			M	N		P		R	S	T	U
等级														
12	6	7	6	*7	8	7	6	7	6	*7	7	*7	7	*7
+100 0	±3	±5	0 -6	0 -10	0 -14	-2 -12	-4 -10	-4 -14	-6 -12	-6 -16	-10 -20	-14 -24	—	-18 -28
+120 0	±4	±6	+2 -6	+3 -9	+5 -13	0 -12	-5 -13	-4 -16	-9 -17	-8 -20	-11 -23	-15 -27	—	-19 -31
+150 0	±4.5	±7	+2 -7	+5 -10	+6 -16	0 -15	-7 -16	-4 -19	-12 -21	-9 -24	-13 -28	-17 -32	—	-22 -37
+180 0	±5.5	±9	+2 -9	+6 -12	+8 -19	0 -18	-9 -20	-5 -23	-15 -26	-11 -29	-16 -34	-21 -39	—	-26 -44
+210 0	±6.5	±10	+2 -11	+6 -15	+10 -23	0 -21	-11 -24	-7 -28	-18 -31	-14 -35	-20 -41	-27 -48	— -33 -54	-33 -54 -40 -61
+250 0	±8	±12	+3 -13	+7 -18	+12 -27	0 -25	-12 -28	-8 -33	-21 -37	-17 -42	-25 -50	-34 -59	-39 -64 -45 -70	-51 -76 -61 -86
+300 0	±9.5	±15	+4 -15	+9 -21	+14 -32	0 -30	-14 -33	-9 -39	-26 -45	-21 -51	-30 -60 -32 -62	-42 -72 -48 -78	-55 -85 -64 -94	-76 -106 -91 -121
+350 0	±11	±17	+4 -18	+10 -25	+16 -38	0 -35	-16 -38	-10 -45	-30 -52	-24 -59	-38 -73 -41 -76	-58 -93 -66 -101	-78 -113 -91 -126	-111 -146 -131 -166
+400 0	±12.5	±20	+4 -21	+12 -28	+20 -43	0 -40	-20 -45	-12 -52	-36 -61	-28 -68	-48 -88 -50 -90 -53 -93	-77 -117 -85 -125 -93 -133	-107 -147 -119 -159 -131 -171	-155 -195 -175 -215 -195 -235
+460 0	±14.5	±23	+5 -24	+13 -33	+22 -50	0 -46	-22 -51	-14 -60	-41 -70	-33 -79	-60 -106 -63 -109 -67 -113	-105 -151 -113 -159 -123 -169	-149 -195 -163 -209 -179 -225	-219 -265 -241 -287 -267 -313
+520 0	±16	±26	+5 -27	+16 -36	+25 -56	0 -52	-25 -57	-14 -66	-47 -79	-36 -88	-74 -126 -78 -130	-138 -190 -150 -202	-198 -250 -220 -272	-295 -347 -330 -382
+570 0	±18	±28	+7 -29	+17 -40	+28 -61	0 -57	-26 -62	-16 -73	-51 -87	-41 -98	-87 -144 -93 -150	-169 -226 -187 -244	-247 -304 -273 -330	-369 -426 -414 -471
+630 0	±20	±31	+8 -32	+18 -45	+29 -68	0 -63	-27 -67	-17 -80	-55 -95	-45 -108	-103 -166 -109 -172	-209 -272 -229 -292	-307 -370 -337 -400	-467 -530 -517 -580

附表 14　常用钢材(摘自 GB/T 700、GB/T 699、GB/T 3077、GB/T 11352、GB/T 5676)

名　　称		钢号	主 要 用 途	说　　明
碳素结构钢		Q215-A	受力不大的铆钉、螺钉、轮轴、凸轮、焊件、渗碳件	Q 表示屈服点，数字表示屈服点数值(MPa)，A、B 等表示质量等级
		Q235-A	螺栓、螺母、拉杆、钩、连杆、楔、轴、焊件	
		Q235-B	金属构造物中一般机件、拉杆、轴、焊件	
		Q255-A	重要的螺钉、拉杆、钩、楔、连杆、轴、销、齿轮	
		Q275	键、牙嵌离合器、链板、闸带、受大静载荷的齿轮轴	
优质碳素结构钢		08F	要求可塑性好的零件：管子、垫片、渗碳件、氰化件	数字表示钢中平均含碳量的万分数，例如 45 表示平均含碳量为 0.45%
		15	渗碳件、紧固件、冲模锻件、化工容器	
		20	杠杆、轴套、钩、螺钉、渗碳件与氰化件	
		25	轴、辊子、连接器，紧固件中的螺栓、螺母	
		30	曲轴、转轴、轴销、连杆、横梁、星轮	
		35	曲轴、摇杆、拉杆、键、销、螺栓、转轴	
		40	齿轮、齿条、链轮、凸轮、轧辊、曲柄轴	
		45	齿轮、轴、联轴器、衬套、活塞销、链轮	
		50	活塞杆、齿轮、不重要的弹簧	
		55	齿轮、连杆、扁弹簧、轧辊、偏心轮、轮圈、轮缘	
		60	叶片、弹簧	
		30Mn	螺栓、杠杆、制动板	含锰量 0.7%～1.2% 的优质碳素钢
		40Mn	用于承受疲劳载荷零件：轴、曲轴、万向联轴器	
		50Mn	用于高负荷下耐磨的热处理零件：齿轮、凸轮、摩擦片	
		60Mn	弹簧、发条	
合金结构钢	铬钢	15Cr	渗碳齿轮、凸轮、活塞销、离合器	1. 合金结构钢前面两位数字表示钢中含碳量的万分数； 2. 合金元素以化学符号表示； 3. 合金元素含量小于 1.5%时，仅注出元素符号
		20Cr	较重要的渗碳件	
		30Cr	重要的调质零件：轮轴、齿轮、摇杆、重要的螺栓、滚子	
		40Cr	较重要的调质零件：齿轮、进气阀、辊子、轴	
		45Cr	强度及耐磨性高的轴、齿轮、螺栓	
	铬锰钛钢	20CrMnTi	汽车上的重要渗碳件：齿轮	
		30CrMnTi	汽车、拖拉机上强度特高的渗碳齿轮	
铸钢		ZG230-450	机座、箱体、支架	ZG 表示铸钢，数字表示屈服点及抗拉强度(MPa)
		ZG310-570	齿轮、飞轮、机架	

附表 15　常用铸铁(摘自 GB/T 9439、GB/T 1348、GB/T 9400)

名　称	牌　号	硬度(HB)	主要用途	说　明
灰铸铁	HT100	114～173	机床中受轻负荷,磨损无关重要的铸件,如托盘、把手、手轮等	HT 是灰铸铁代号,其后数字表示抗拉强度(MPa)
	HT150	132～197	承受中等弯曲应力,摩擦面间压强高于 500 MPa 的铸件,如机床底座、工作台、汽车变速箱、泵体、阀体、阀盖等	
	HT200	151～229	承受较大弯曲应力,要求保持气密性的铸件,如机床立柱、刀架、齿轮箱体、床身、油缸、泵体、阀体、皮带轮、轴承盖和架等	
	HT250	180～269	承受较大弯曲应力,要求体质气密性的铸件,如气缸套、齿轮、机床床身、立柱、齿轮箱体、油缸、泵体、阀体等	
	HT300	207～313	承受高弯曲应力、拉应力、要求高度气密性的铸件,如高压油缸、泵体、阀体、汽轮机隔板等	
	HT350	238～357	轧钢滑板、辊子、炼焦柱塞等	
球墨铸铁	QT400-15 QT400-18	130～180 130～180	韧性高,低温性能好,且有一定的耐蚀性,用于制作汽车、拖拉机中的轮毂、壳体、离合器拨叉等	QT 为球墨铸铁代号,其后第一组数字表示抗拉强度(MPa),第二组数字表示延伸率(%)
	QT500-7 QT450-10 QT600-3	170～230 160～210 190～270	具有中等强度和韧性,用于制作内燃机中油泵齿轮、汽轮机的中温气缸隔板、水轮机阀门体等	
可锻铸铁	KTH300-06 KTH350-10 KTZ450-06 KTB400-05	≤150 ≤150 150～200 ≤220	用于承受冲击、振动等零件,如汽车零件、机床附件、各种管接头、低压阀门、曲轴和连杆等	KTH、KTZ、KTB 分别为黑心、球光体、白心可锻铸铁代号,其后第一组数字表示抗拉强度(MPa),第二组数字表示延伸率(%)

附表 16　常用有色金属及其合金(摘自 GB/T 1176、GB/T 3190)

名称或代号	牌　号	主要用途	说　明
普通黄铜	H62	散热器、垫圈、弹簧、各种网、螺钉及其他零件	H 表示黄铜,字母后的数字表示含铜的平均百分数
40-2 锰黄铜	ZCuZn40Mn2	轴瓦、衬套及其他减磨零件	Z 表示铸造,字母后的数字表示含铜、锰、锌的平均百分数
5-5-5 锡青铜	ZCuSn5PbZn5	在较高负荷和中等滑动速度下工作的耐磨、耐蚀零件	字母后的数字表示含锡、铅、锌的平均百分数
9-2 铝青铜 10-3 铝青铜	ZCuAl9Mn2 ZCuAl10Fe3	耐蚀、耐磨零件,要求气密性高的铸件,高强度、耐磨、耐蚀零件及 250℃以下工作的管配件	字母后的数字表示含铝、锰或铁的平均百分数
17-4-4 铅青铜	ZcuPbl7Sn4ZnA	高滑动速度的轴承和一般耐磨件等	字母后的数字表示含铅、锡、锌的平均百分数
ZL201(铝铜合金) ZL301(铝铜合金)	ZAlCu5Mn ZAlCuMg10	用于铸造形状较简单的零件,如支臂、挂架梁等 用于铸造小型零件,如海轮配件、航空配件等	
硬铝	LY12	高强度硬铝,适用于制造高负荷零件及构件,但不包括冲压件和锻压件,如飞机骨架等	LY 表示硬铝,数字表示顺序号

附表 17　常用的热处理及表面处理名词解释

名　词	代号及标注示例	说　明	应　用
退火	Th	将钢件加热到临界温度以上 30～50℃,保温一段时间,然后缓慢冷却	用来消除铸、锻、焊零件的内应力、降低硬度,便于切削加工,细化金属晶粒,改善组织、增加韧性
正火	Z	将钢件加热到临界温度以上,保温一段时间,然后用空气冷却,冷却速度比退火快	用来处理低碳和中碳结构钢及渗碳零件,使其组织细化,增加强度与韧性,减少内应力,改善切削性能
淬火	C C48: 淬火回火至 45～50HRC	将钢件加热到临界温度以上,保温一段时间,然后在水、盐水或油中急速冷却,使其得到高硬度	用来提高钢的硬度和强度极限,但淬火会引起内应力使钢变脆,所以淬火后必须回火
回火	回火	回火是将淬硬的钢件加热到临界点以下的温度,保温一段时间,然后在空气中或油中冷却下来	用来消除淬火后的脆性和内应力,提高钢的塑性和冲击韧性

续表

名　　词		代号及标注示例	说　　明	应　　用
调质		T T235：调质处理至220～250HB	淬火后在450～650℃进行高温回火，称为调质	用来使钢获得高的韧性和足够的强度，重要的齿轮、轴及丝杠等零件需经调质处理
表面淬火	火焰淬火	H54：火焰淬火后，回火到50～55HRC	用火焰或高频电流，将零件表面迅速加热至临界温度以上，急速冷却	使零件表面获得高硬度，而心部保持一定的韧性，使零件既耐磨又能承受冲击，表面淬火常用来处理齿轮等
	高频淬火	G52：高频淬火后，回火到50～55HRC		
渗碳淬火		S0.5－C59：渗碳层深0.5，淬火硬度56～62HRC	在渗碳剂中将钢件加热到900～950℃，停留一定时间，将碳渗入钢表面，深度约为0.5～2，再淬火后回火	增加钢件的耐磨性能、表面硬度、抗拉强度和疲劳极限，适用于低碳、中碳（含量＜0.40％）结构钢的中小型零件
氮化		D0.3－900：氮化层深度0.3，硬度大于850HV	氮化是在500～600℃通入氮的炉子内加热，向钢的表面渗入氮原子的过程，氮化层为0.025～0.8，氮化时间需40～50h	增加钢件的耐磨性能、表面硬度、疲劳极限和抗蚀能力，适用于合金钢、碳钢、铸铁件，如机床主轴、丝杠以及在潮湿碱水和燃烧气体介质的环境中工作的零件
氰化		Q59：氰化淬火后，回火至56～62HRC	在820～860℃炉内通入碳和氮，保温1～2h，使钢件的表面同时渗入碳、氮原子，可得到0.2～0.5的氰化层	增加表面硬度、耐磨性、疲劳强度和耐蚀性，用于要求硬度高、耐磨的中、小型及薄片零件和刀具等
时效		时效处理	低温回火后、精加工之前，加热到100～160℃，保持10～40h，对铸件也可用天然时效（放在露天中一年以上）	使工件消除内应力和稳定形状，用于量具、精密丝杠、床身导轨、床身等
发蓝发黑		发蓝或发黑	将金属零件放在很浓的碱和氧化剂溶液中加热氧化，使金属表面形成一层氧化铁所组成的保护性薄膜	防腐蚀、美观，用于一般连接的标准件和其他电子类零件
硬度		HB（布氏硬度）	材料抵抗硬的物体压入其表面的能力称硬度，根据测定方法的不同，常用的是布氏硬度和洛氏硬度。 硬度的测定是检验材料经热处理后的力学性能——硬度	用于退火、正火、调质的零件及铸件的硬度检验
		HRC（洛氏硬度）		用于经淬火、回火及表面渗碳、渗氮等处理的零件硬度检验

附录　练习题部分三维模型及程序二维码

第 4 章

图 4.26-1

图 4.26-2

图 4.26-3

图 4.26-4

图 4.26-5

图 4.26-6

第 5 章

图 5.28-1　图 5.28-2　图 5.29-1　图 5.29-2　图 5.29-3

图 5.29-4　图 5.30-1　图 5.30-2　图 5.30-3　图 5.31-1

图 5.31-2　图 5.31-3　图 5.31-4　图 5.31-5　图 5.31-6

图 5.31-7 图 5.31-8 图 5.31-9 图 5.31-10 图 5.31-11

图 5.31-12 图 5.31-13 图 5.31-14 图 5.31-15 图 5.31-16

图 5.31-17 图 5.31-18 图 5.31-19 图 5.32-1 图 5.32-2

图 5.32-3 图 5.32-4

第 6 章

图 6.51-1 图 6.51-2 图 6.51-3 图 6.52-1 图 6.52-2

图 6.53-1 图 6.53-2 图 6.54-1 图 6.54-2 图 6.54-3

图 6.54-4 图 6.54-5 图 6.54-6 图 6.54-7 图 6.55-1

图 6.55-2　图 6.55-3a　图 6.55-3b　图 6.55-4a　图 6.55-4b

图 6.55-4c　图 6.55-4d　图 6.56-1　图 6.56-2　图 6.56-3

图 6.56-4　图 6.56-5　图 6.56-6　图 6.56-7　图 6.56-8

图 6.56-9　图 6.56-10　图 6.56-11　图 6.56-12　图 6.56-13

图 6.57-01a　图 6.57-01b　图 6.57-01c　图 6.57-01d　图 6.57-02a

图 6.57-02b　图 6.57-02c　图 6.57-03a　图 6.57-03b　图 6.57-03d

图 6.59-1　图 6.59-2

第 8 章

图 8.48-a

图 8.48-b

第 10 章

图 10.53-a

图 10.53-b

图 10.53-c

图 10.55

图 10.56

图 10.57

图 10.58

图 10.59

第 15 章

图 15.16
程序下载

图 15.17
程序下载

参 考 文 献

[1] 郭朝勇.工程设计制图[M].北京：中国建筑工业出版社，2019.

[2] 郭朝勇，朱海花.机械制图与计算机绘图(通用)[M].北京：电子工业出版社，2011.

[3] 郭朝勇.AutoCAD2019 中文版基础与应用教程[M].北京：机械工业出版社，2019.

[4] 孙振东，高红.电气电子工程制图与 CAD[M].2 版，北京：中国电力出版社，2015.

[5] 徐健，唐树忠.工程制图基础教程[M].天津：天津大学出版社，2006.

[6] 朱辉，曹桄，唐保宁，等.画法几何及工程制图[M].6 版.上海：上海科学技术出版社，2007.

[7] 李澄，吴天生，闻百桥.机械制图[M].2 版.北京：高等教育出版社，2003.

[8] 中国图学学会.2018—2019 图学学科发展报告[M].北京：中国科学技术出版社，2020.

[9] 江晓红.画法几何及机械制图[M].徐州：中国矿业大学出版社，2007.

[10] 何铭新，钱可强.机械制图[M].6 版.北京：高等教育出版社，2010.

[11] 蒋寿伟.现代机械工程图学[M].2 版.北京：高等教育出版社，2006.

[12] 杨培中，赵新明，宋健.形象思维与工程语言[M].北京：高等教育出版社，2011.

[13] 于万波.混沌的计算实验与分析[M].北京：科学出版社，2008.

[14] 薛世峰.MATLAB 工程与科学绘图[M].北京：清华大学出版社，2015.

[15] 萧树铁.数学实验[M].北京：清华大学出版社，2015.

[16] 何正风.MATLAB 在数学方面的应用[M].北京：清华大学出版社，2012.

[17] 马知恩，周义仓.常微分方程定性与稳定性方法[M].北京：科学出版社，2001.

[18] 杨晓松，李清都.混沌系统与混沌电路[M].北京：科学出版社，2007.

[19] 梁军利.图像曲线拟合理论及其应用[M].北京：科学出版社，2007.